PREMIER ET SECOND CYCLES UNIVERSITAIRES

GRAND AMPHI GÉOGRAPHIE

PRINCIPES DE GÉOGRAPHIE ÉCONOMIQUE

ISABELLE GÉNEAU DE LAMARLIÈRE
Maître de conférences à l'UFR de Géographie de l'université de Paris I, Panthéon-Sorbonne

JEAN-FRANÇOIS STASZAK
Maître de conférences au département d'Histoire-Géographie de l'université de Picardie – Jules-Verne, membre de l'Institut universitaire de France

Tous deux sont chercheurs au laboratoire Espace et Culture (CNRS – Université de Paris IV - Sorbonne)

Bréal éditions 1, rue de Rome, 93561 Rosny Cedex

OUVRAGE DE GÉOGRAPHIE DANS LA COLLECTION GRAND AMPHI

Éléments de géographie physique, J.-P AMAT, L. DORIZE, Ch. LE CŒUR

OUVRAGES D'HISTOIRE DANS LA COLLECTION GRAND AMPHI

Le Monde grec, sous la direction de M. KAPLAN

Le Monde romain, sous la direction de M. KAPLAN

Le Moyen Âge IVe-Xe siècle, sous la direction de M. KAPLAN

Le Moyen Âge XIe-XVe siècle, sous la direction de M. KAPLAN

Les XVIe et XVIIe siècles, sous la coordination de R. MUCHEMBLED

Le XVIIIe 1715-1815, sous la coordination de R. MUCHEMBLED

Le XIXe siècle, sous la coordination de J.-L. ROBERT

Le XXe siècle, sous la coordination de J.-L. ROBERT

OUVRAGES D'ÉCONOMIE DANS LA COLLECTION GRAND AMPHI

Macroéconomie, sous la direction de M. MONTOUSSE

Microéconomie, sous la direction de M. MONTOUSSE

Édition : David Lerozier.
Assistant d'édition : Nicolas Stenger.
Cartographie : Nicole Barbe, Alain Brucelle, Chantal Gounon et Olivier Herrbach, Vue d'ici.
Maquette : AD HOC.
Couverture : Joëlle Parreau.

Dépôt légal : mars 2000
ISBN 2 84291 456 2

Aubin Imprimeur, 86240 Ligugé. — Impr. L 59830

SOMMAIRE

INTRODUCTION

BIBLIOGRAPHIE

CHAPITRE 11 LA LOCALISATION DE LA FABRICATION INDUSTRIELLE

CHAPITRE 12 LA LOCALISATION DES SERVICES

CHAPITRE 13 GÉOGRAPHIE DE LA RICHESSE

INTRODUCTION

Le dernier manuel de géographie économique publié en France date de 1976. La géographie économique, qui constituait dans les années 1960-1970 presque un passage obligé dans de nombreux cursus universitaires, a depuis disparu des programmes de plusieurs départements de géographie ou, assez souvent, compte au nombre des matières optionnelles. Certes, de nombreux ouvrages décrivent et expliquent les évolutions de l'économie mondiale ou française. Toutefois, au sein des catalogues des maisons d'éditions et sur les rayons des librairies universitaires, rares sont, dans le champ de la géographie économique, les livres qui proposent un cadre théorique. La géographie économique, qui semblait à la pointe de la géographie humaine dans les années 1960-1970, est presque passée de mode : elle a laissé place à de nouveaux engouements.

Pourquoi alors publier aujourd'hui un manuel de géographie économique ? Peut-on, dans ce champ, apporter quelque chose de neuf ? La géographie économique peut-elle de nouveau intéresser les géographes ? Nous pensons que oui, et ce pour trois raisons.

– Le relatif abandon de la géographie économique au sein de la discipline semble aujourd'hui très frustrant. D'une part, beaucoup des mutations géographiques majeures actuelles sont liées à des transformations économiques, aussi bien en Chine que dans les pays de l'Europe de l'Est, aussi bien dans nos villes que dans nos campagnes. D'autre part, l'économie joue de nos jours un rôle central dans la socialisation des individus, la construction de leur culture, de leurs représentations du monde et donc de leurs rapports avec celui-ci, ce qui n'est pas sans conséquences géographiques.

– La géographie, en fait, s'est peut-être encore davantage détournée de la science économique que de la réalité économique elle-même. Or, depuis les années 1980, la science économique, si elle n'a fondamentalement changé ni d'objet ni de méthodes, a connu une nette diversification : les courants et les centres d'intérêt se sont multipliés. Certaines de ces nouvelles directions présentent un intérêt majeur pour la géographie. Elles conduisent par exemple à ne plus opposer approches culturelles et économiques, comme les géographes l'ont longtemps fait.

– Un renouveau de la géographie économique se dessine dans les pays anglo-saxons depuis les années 1990. Il doit moins à l'évolution de la science économique qu'à l'influence des courants postmoderne et culturel. Toutefois, toutes ces nouvelles approches tendent vers le même résultat : une intégration des dimensions sociales et culturelles en géographie économique.

La géographie économique est donc à l'heure d'un double renouveau : la discipline change, et la réalité dont elle parle aussi. Mais de quelle discipline et de quelle réalité s'agit-il ?

QU'EST-CE QUE LA GÉOGRAPHIE ÉCONOMIQUE ?

Comment définir la géographie économique ? On peut d'abord l'inscrire au carrefour de deux disciplines, la géographie et l'économie, mais cette assertion aide peu. Elle démultiplie le problème, car la définition de chacune de ces disciplines est peu aisée. Par ailleurs, les carrefours sont des lieux instables : l'histoire de la géographie prouve qu'elle n'a rien à gagner à se targuer d'un statut irénique de science-carrefour.

S'il semble nécessaire, dans l'introduction d'un manuel de géographie économique, de répondre à cette question, nous ne souhaitons pas énoncer une définition normative de la géographie économique. L'histoire et la sociologie des sciences, l'épistémologie montrent qu'une discipline, aussi scientifique qu'elle se prétende, à quelque objectivité qu'elle aspire, de quelque rigueur qu'elle se targue, est moins le reflet des faits que celui de l'esprit du temps : elle est aussi changeante que celui-ci. La géographie économique n'existe pas de toute éternité dans l'attente du scientifique qui peut-être va un jour s'y intéresser. Elle constitue un discours, qui prend place dans une *épistémè*, sert des stratégies, correspond à des institutions. Il n'existe pas de définition vraie, absolue, de la géographie économique. On peut en revanche examiner comment elle est pratiquée et conçue à un moment et dans un milieu académique donnés. Deux définitions alors se dégagent.

• • •

Une première définition, qui s'impose dans les années 1950-1960, assimile la géographie économique à une approche. Celle-ci est empruntée à la science économique, qui se définit alors comme la science de l'action rationnelle, celle qui permet de satisfaire au mieux des besoins illimités à partir de ressources rares. Lorsque la géographie économique adopte cette approche, c'est tout le champ de la géographie qu'elle embrasse, mais selon une perspective particulière : son intérêt pour les conséquences spatiales du comportement de l'homme rationnel et pour l'impact de l'espace sur ce même comportement. Elle ne s'intéresse pas à des faits ou à des processus en tant qu'ils sont économiques, mais plutôt elle décrit et explique les faits géographiques en tant qu'ils résultent du comportement de *l'homo œconomicus* dans l'espace. Dans la mesure où elle peut prédire quelles transformations de l'espace s'opéreront sous l'action de ce comportement rationnel, elle constitue un outil précieux pour l'aménagement du territoire. Cette approche a fait le succès de la géographie économique des années 1950-1970 ; elle constitue encore le fondement de l'analyse spatiale et de la « nouvelle géographie économique » développée depuis une dizaine d'années par P. Krugman.

Une deuxième façon de définir la géographie économique consiste à lui attribuer un objet : l'économique. La géographie économique s'intéresse à la distribution des ressources et des richesses, à la localisation des productions, aux régions économiques, à l'orientation des échanges... Pour en rendre compte, elle fait certes appel à l'économie, mais pas nécessairement davantage qu'à l'histoire, la sociologie, l'ethnologie, etc. Le géographe économiste qui s'attache à l'inégale distribution des richesses peut ainsi tenter d'en rendre compte en faisant appel à des facteurs relevant de la géographie physique, des structures sociales, des religions, de l'organisation économique et politique, de l'histoire coloniale, etc.

Sans aborder de front des questions épistémologiques lourdes, il est nécessaire, dans cette introduction, d'expliciter la position des auteurs sur ces questions.

Conformément à la définition qui a prévalu en économie jusqu'à la fin du XIXe siècle, nous avons assimilé l'économie à la production, la consommation et l'échange de richesses. Plus précisément, nous avons repris l'idée du circuit économique ou de la circulation des richesses qui se trouve à la base de l'analyse économique, pour l'étudier dans une perspective géographique. La géographie économique dont il est question dans cet ouvrage est donc plus proche de la deuxième définition proposée ci-dessus : elle tente d'expliquer la circulation et la répartition des richesses dans l'espace, en mobilisant des facteurs qui ne sont pas nécessairement économiques.

L'approche par le comportement rationnel est aujourd'hui souvent décriée en géographie, sans doute en raison des excès des années 1950-1970. Nous avons choisi de ne pas la rejeter. Nous ne considérons pourtant pas que le comportement rationnel soit nécessairement celui qui définit le mieux l'Homme en tout temps et en tout lieu, ou qu'il est le plus souhaitable pour le fonctionnement de la société. La rationalité constitue simplement aujourd'hui, pour diverses raisons, une part importante des comportements.

Enfin, nous avons également conservé de l'approche des années 1950-1970 une curiosité pour l'impact de l'espace sur l'économie, espace que nous avons toutefois tenté d'appréhender de façon plus large qu'à l'époque.

ÉCONOMIE, CULTURE ET GÉNÉRALISATIONS

À la fin du XXe siècle, le reflux de la géographie néo-positiviste fondée sur l'usage des modèles s'est accompagné d'une montée en puissance de la géographie culturelle. Aussi les modèles canoniques de l'analyse spatiale, qui constituaient les références essentielles de la géographie économique, ont-ils perdu de leur force théorique. La géographie culturelle peut-elle fournir à la géographie économique des explications de rechange ? Peuvent-elles rendre compte de la production, de la circulation et de la répartition des richesses dans l'espace ? S'il est nécessaire d'intégrer des facteurs autres qu'économiques, nous pensons qu'il convient de le faire en tentant de dépasser l'opposition classique entre facteurs économiques et facteurs culturels.

La culture déborde en effet de son champ propre et imprègne l'ensemble de l'économie. Les activités de production et de consommation sont, pour partie, des activités culturelles. L'organisation du circuit économique lui-même, les modes d'organisation des échanges comportent une dimension culturelle. Si la fonction sociale des circuits de don/contre-don est évidente, et si l'on admet facilement qu'ils reposent sur des systèmes culturels, il en va de même, quoique l'on s'en rende moins immédiatement compte, du système du marché.

Aussi, la géographie économique est culturelle. L'organisation de l'espace qui résulte des activités économiques, la gestion des risques et des ressources naturelles, les contrastes de développement ne peuvent être compris sans prendre en compte les faits de culture. Ils sont omniprésents : on les retrouve même dans les modèles de l'*homo œconomicus*. Il est facile de montrer comment cet être calculateur, égoïste et rationnel est lié à l'esprit des Lumières, au protestantisme, etc. : à la culture européenne occidentale.

Ce manuel accorde donc une place importante aux aspects culturels. La géographie culturelle « classique » s'intéresse à la diversité des sociétés ; la géographie culturelle postmoderne s'attache même à leur singularité. Jusqu'à un certain point, nous nous écartons de l'une comme de l'autre, en prêtant une attention forte au général et aux comportements partagés. Deux arguments différents, à dire vrai contradictoires, étayent cette position.

Le premier argument se fonde sur l'idée que la construction d'un individu, ce que l'on appelle parfois « culture », se réalise en grande partie par intercommunication. L'intercommunication conduit à un partage d'éléments culturels, même si la diffusion et l'assimilation de ceux-ci se font de façon fort différente selon les individus et les sociétés. Ces éléments communs permettent de construire des généralisations. Par exemple, et sans nier les différences qui existent au sein de la société nippone, on peut dire que les Japonais, puisqu'ils partagent le même culture édifiée par intercommunication au cours des siècles, pratiquent un certain type de don/contre-don. À une autre échelle, la diffusion inégalée, presque mondiale, du modèle de comportement économique occidental, permet de dire que, dans les limites de cette diffusion, presque tous les êtres humains adoptent aujourd'hui une attitude comparable face aux biens de consommation.

Le deuxième argument consiste à dire que si l'expression « être humain » a un sens, c'est que les hommes ont, par nature ou par définition, tous quelque chose en partage. Un autre être humain que moi-même, aussi étranger qu'il me soit, ne m'est pas *totalement* étranger. Il y a ce quelque chose en lui qui est aussi en moi, et que je peux donc, par projection, comprendre. Dans les limites de ce quelque chose, nous prenons tous la même décision si nous sommes confrontés à une situation que nous évaluons de la même façon. La délimitation et la définition de ce quelque chose est difficile : la conscience, le langage et le métalangage, le rire, le tabou de l'inceste, certaines émotions, le culte funéraire, le maniement d'outils, l'intelligence adaptative, etc., comptent parmi les éléments qui ont été avancés, mais la liste n'est pas close, et a suscité de vifs débats. Le XVIIIe siècle inscrit la Raison en haut de cette liste. Il est bien sûr difficile de s'entendre sur le contenu et l'universalité de la « raison ». Par exemple, si l'on assimile la raison aux principes de la logique formelle aristotélicienne, cela signifierait que tous les êtres humains respectent le principe d'identité (A = A), celui du tiers-exclu (soit A, soit non-A, et il n'y a pas de tierce possibilité) et celui de non-contradiction (A et non-A ne peuvent être tous les deux vrais). Sur la base de la raison que tous les hommes auraient en commun, on pourrait comprendre tous les êtres humains, et généraliser leurs comportements.

Statuer sur les validités respectives de ces deux arguments est dificile. Mais le débat est ici inutile, car les deux arguments aboutissent au même résultat : ils permettent de sortir des singularités irréductibles et autorisent une généralisation. Celle-ci peut s'opérer au moyen de typologies, ou en recourant à des lois et des modèles.

LA MODÉLISATION ET LES LOIS EN GÉOGRAPHIE ÉCONOMIQUE

L'existence et la teneur des lois des comportements humains, et des lois géographiques auxquelles elles correspondent, suscitent bien sûr les débats les plus vifs.

Si l'on entend par lois de simples régularités repérables statistiquement, il va de soi qu'elles existent. Le monde qu'étudie la géographie économique n'est pas éclaté en singularités irréductibles. Comment ne pas voir qu'il y a, par exemple, une corrélation globale positive entre le PIB/hab., le taux d'alphabétisation, l'espérance de vie, et la part de la population active occupée dans le secteur tertiaire ? Ces corrélations s'établissent de manière empirique, en observant, en compulsant des statistiques, etc. Cela permet de mieux décrire une réalité parfois embrouillée, mais pas de l'expliquer : on ne peut déduire rigoureusement d'une corrélation l'existence de liens de cause à effet.

L'établissement de lois explicatives est beaucoup plus difficile. La réalité produite par les activités économiques des hommes (zones industrielles, stations touristiques, centres commerciaux, etc.) n'a pas d'autre explication que les choix et les comportements des hommes qui y ont participé. La réalité, en tant que produit de l'activité des hommes, est-elle régie par des lois ? Il ne saurait exister de lois de l'espace géographique, si ce n'est par un audacieux raccourci stylistique : « Seuls des esprits religieux ont pu imaginer que des "lois de l'espace" autonomes pourraient exister hors des logiques sociales de production de "l'espace"[1]. »

Le géographe économiste s'est longtemps attaché à l'espace produit par le comportement rationnel. Sur la base des principes de la recherche raisonnée du profit et de quelques hypothèses de départ, il est en effet possible de modéliser le comportement des êtres rationnels (les hommes ?) et ses conséquences sur l'espace. Par exemple, W. Christaller analyse comment les décisions de localisation des pourvoyeurs de services aboutissent à la création de places centrales hiérarchisées et organisées en réseaux de forme hexagonale. Sans revenir sur les polémiques qui ont agité les géographes français durant les années 1970-1980, pendant lesquelles le recours aux modèles constituait une ligne de démarcation au sein d'une communauté scientifique en crise, il est nécessaire de dire quelques mots sur l'emploi des modèles dans cet ouvrage.

Sur le plan épistémologique, il n'y a pas lieu de faire de distinction entre les lois ou les théories générales exprimées par des mots et celles qui adoptent une formulation mathématique ou géométrique plus ou moins complexe. Les théories ou modèles auxquels l'ouvrage fait appel affectent souvent une formulation mathématique ou géométrique simple. Il est le plus souvent possible de présenter les modèles et les théories au moyen d'un exposé discursif. Les langages et les outils mathématiques permettent parfois de les exprimer de manière plus simple et synthétique. Ils autorisent également une formulation plus rigoureuse des démonstrations. Rarement, ils viennent se substituer au discours linéaire, quand celui-ci se révèle incompatible avec le niveau de complexité atteint par la théorie.

Bien sûr, ces raisonnements prennent place dans l'abstrait. Généralement, ils partent d'un espace homogène et isotrope, qui dans la réalité n'existe pas. Cette simplification n'est pas en soi un problème : il ne s'agit que de montrer comment s'organiserait l'espace s'il n'était différencié que par l'action des acteurs considérés. D'autres facteurs interviennent, nul ne l'ignore : mais, toutes choses égales par ailleurs, c'est bien tel type de structure spatiale que produit tel type de comportement de tel acteur. Si, dans la réalité, on n'observe pas cette structure, c'est que d'autres acteurs ou d'autres données initiales font que celle-ci est déformée au point de n'être plus guère identifiable. Le modèle s'avère justement précieux parce qu'il rend *mal* compte de la réalité : les écarts entre le modèle et la réalité observée sont le résultat pur des facteurs qu'il ne prend pas en compte, qu'il permet ainsi d'isoler et de mieux comprendre.

La seule contestation qui puisse vraiment mettre à mal ces raisonnements déductifs porte sur l'*homo œconomicus*. Une bonne part de notre vie (émotions, sentiments, foi, lien social, art, etc.) lui est totalement étranger. Personne, sans doute, ne soutient ni espère que pareil être existe. Cela dit, la plaine homogène dans laquelle se déploie la théorie de Christaller n'existe pas davantage, et ce n'est pas un problème, car c'est une simplification acceptable de la réalité. Est-ce le cas pour l'*homo œconomicus* ?

Les géographes humanistes ont par exemple soutenu que *l'homo œconomicus* n'est simplement pas un Homme. Peut-être constitue-t-il une simplification acceptable d'un animal ou d'une machine, mais il n'est pas une simplification de l'Homme : il est sa négation. Il réduit l'Homme à ce qui est le moins humain en lui. En sciences humaines, se fonder sur le modèle de *l'homo œconomicus*, c'est nier l'objet que l'on étudie : c'est une approche inacceptable parce que contradictoire.

On peut rétorquer qu'il n'est pas question de soutenir que l'être humain se réduit à *l'homo œconomicus*, mais de considérer qu'aussi, ou pour partie, son comportement est celui de *l'homo œconomicus*. Certes, je suis amoureux, j'ai peur des araignées, je m'interroge sur le sens de la vie, mais j'achète mon pain en bas de chez moi parce que c'est pratique, je choisis mes destinations de vacances en fonction du

---

1. R. Brunet, *Mappemonde*, 1999, 56/4, p. 18, n° 1.

prix du billet d'avion, et je réfléchis à deux fois, en mobilisant toutes les informations que je peux rassembler et en pesant le pour et le contre, avant d'acquérir un appartement. Ces derniers comportements satisfont pour partie aux règles que suit *l'homo œconomicus*, et ils ne sont ni sans importance ni sans conséquences. L'espace géographique résulte certes de mes peurs et de mes passions, mais aussi de mes calculs et de ma raison. S'il est très difficile, sans doute impossible, d'identifier des lois qui régissent les premières, on peut chercher à établir celles qui régulent les seconds.

On a par ailleurs reproché aux modèles de n'étudier que les comportements individuels, et de passer sous silence le rôle des acteurs collectifs. Il est vrai que *l'homo œconomicus* est un individu, et que l'espace géographique étudié par ces modèles ne résulte que de l'accumulation de comportements individuels. À un premier stade, ce n'est pas nécessairement un problème. Dans le cadre épistémologique de l'individualisme méthodologique faible, les seuls acteurs dont l'existence n'est pas à démontrer sont les individus, et l'étude de leurs comportements constitue une base sérieuse, et, à la vérité, la plus solide. Il ne s'agit pourtant pas de nier l'existence d'acteurs collectifs, mais de ne faire appel à eux qu'après avoir démontré leur existence et en les identifiant avec précaution.

Au total, le recours aux modèles nous paraît utile en géographie économique, tant qu'on ne leur demande pas plus que ce qu'ils peuvent donner. Ils constituent de précieuses expériences de l'esprit, dans un domaine – les sciences humaines – où l'on ne peut expérimenter « pour de vrai ». Ils permettent de mieux comprendre le jeu des facteurs en les isolant de manière artificielle. Ils rendent compte de certains comportements individuels (ceux de *l'homo œconomicus*) qui participent à la production de l'espace géographique. Bien sûr, jamais la réalité ne ressemble à ces modèles, beaucoup des éléments de celle-ci et des comportements qui la produisent leur échappent totalement. Autant l'usage exclusif des modèles risque de conduire à des impasses épistémologiques, autant le refus de les employer ferme des raccourcis pratiques et bouche des perspectives lumineuses. Peut-on par ailleurs mentionner cette jubilation propre aux exercices un peu abstraits que suscite la réflexion sur les modèles ?

Comme la présentation des modèles est souvent longue, nous ne l'avons pas intégrée dans les chapitres, où ils ne sont que rapidement évoqués ; c'est sous la rubrique « théories et modèles » que nous les exposons, à la fin des chapitres concernés.

GÉOGRAPHIE D'AUJOURD'HUI ET D'ICI, ÉCONOMIE D'HIER ET D'AILLEURS

Les écarts aux modèles nous intéressent au moins autant que ceux-ci. La diversité du monde en matière de géographie économique est au cœur de notre propos.

L'ouvrage ne s'est pas donné pour objectif de rendre compte de la géographie économique spécifique du monde dans lequel vivent les auteurs, et, très probablement, la plus grande part des lecteurs. Les pays riches, les économies de marché, les pays occidentaux ne constituent qu'un cas parmi d'autres. Leur étude sera privilégiée, soit par ethnocentrisme, soit parce que ces économies sont dominantes, soit parce que c'est à leur propos que l'on dispose du plus d'informations et de travaux. Nous aurons toutefois le souci de traiter d'autres économies, d'autres sociétés, qui existent dans le passé ou sur d'autres continents. Certains développements traiteront ainsi d'une économie et d'une société qui semblent ne plus exister, dans les pays riches tout du moins, ou de manière très marginale. Il est pourtant important de s'y arrêter, pour deux types de raisons.

La première tient à l'inertie historique de l'espace géographique. Aussi radicales et rapides que soient les mutations économiques, du passé elles ne font pas table rase. L'espace n'est pas une feuille vierge sur laquelle s'écrivent les systèmes économiques en place : on y lit les traces d'anciens systèmes depuis longtemps disparus. Pour comprendre la géographie économique du monde actuel, il est parfois (souvent, croyons-nous) aussi utile de comprendre les systèmes économiques qui prévalaient il y a quelques siècles que de décortiquer des mutations récentes, qui n'ont pas encore eu le temps d'affecter l'espace. La géographie historique joue donc un rôle central dans ce manuel, et l'actualisation des chiffres et des données, la prise en compte de l'actualité n'ont pas été des soucis systématiques ni majeurs.

Deuxième raison : ce qui semble marginal à première vue peut se révéler d'une grande importance. D'une part, même d'un point de vue strictement économique, et même dans les économies qui semblent les plus soumises au marché, celui-ci n'est pas tout. Il n'est que d'examiner nos vies quotidiennes pour s'en convaincre. Que ce soit en France ou aux États-Unis d'Amérique, les circuits de don/contre-don et de redistribution sont assurément fondamentaux, voire dominants. Réfléchir sur les formes pures qu'ils prennent dans des économies d'où le marché est presque absent est d'un grand intérêt heuristique. D'autre part, l'importance d'un phénomène, en géographie économique, ne se mesure pas nécessairement en milliards de dollars, en pourcentages de croissance, en tonnes de production. Ce n'est pas parce qu'une petite partie de l'humanité produit – et consomme – l'essentiel des biens et des services, qu'il faut faire passer le reste de l'humanité aux oubliettes de la géographie économique. En termes démographiques, c'est bien l'économie de marché qui est marginale. De toutes manières, le géographe, comme le sociologue, l'historien ou l'ethnologue ne lie pas l'intérêt d'un phénomène à son poids, de quelque manière qu'il le mesure. La diversité des sociétés est au cœur de ses interrogations, et, en la matière, l'économie de la chasse et de la pêche qui régissait la vie des Inuit, et compte encore beaucoup pour certains d'entre eux, a autant à nous apprendre sur l'Homme que l'économie tertiaire marchande à laquelle se consacrent New-Yorkais, Moscovites et Parisiens.

Cette attention à la diversité ne doit pourtant pas se traduire par une démission scientifique : le géographe ne doit pas se laisser hypnotiser ni paralyser par la variété des situations dont il cherche à rendre compte. La typologie, pour classique qu'elle soit, compte au rang des méthodes qui permettent d'appréhender la diversité. Nous y aurons souvent recours, et montrerons que, pour tel phénomène de géographie économique, on rencontre une série limitée de cas différents, auxquels peuvent être ramenés, au prix de quelques simplifications, la plupart des situations. Il n'existe pourtant pas une typologie que l'on puisse appliquer à l'ensemble du champ de la géographie économique.

Pour certains phénomènes, la diversité du monde peut être réduite à une grande opposition entre pays riches et pays pauvres. Pour d'autres, c'est en opposant sociétés agricoles, industrielles et de services que l'on rendra compte de la diversité des processus. Parfois, on opposera économies ouvertes et fermées. Rien d'étonnant ni de gênant à cela : une typologie ne vise pas à ranger l'ensemble des phénomènes dans des boîtes préexistantes pour le plaisir de mettre de l'ordre dans une pagaille trop frustrante pour l'esprit, mais sert à mieux comprendre la variété d'un phénomène donné au moyen des catégories les plus adaptées.

L'ESPACE EN GÉOGRAPHIE ÉCONOMIQUE

Après voir tenté de définir ce que nous entendons par économie et par géographie économique, il est nécessaire de s'arrêter sur le concept d'espace. Il ne s'agit pas de gloser sur un (le ?) terme central de la géographie, mais de préciser quelles en sont les acceptions dans l'ouvrage.

Nous distinguons deux types d'espace. Le premier est l'espace géométrique. C'est l'espace de l'étendue, il est isotropique. Le second est l'espace géographique. Anisotropique, il est pour partie produit par les sociétés, et, ce qui nous concerne principalement, par leurs économies. Le type d'organisation du circuit économique, la nature des activités économiques, la localisation des acteurs du circuit, les orientations, la nature et la quantité des flux entre eux, etc. déterminent largement l'anisotropie de l'espace géographique. Mais celui-ci présente aussi des caractéristiques plus ou moins indépendantes des hommes et de leurs activités. En matière de géographie économique, elles sont, selon nous, au nombre de trois.

La première caractéristique de l'espace géographique, la plus classique et celle à laquelle se sont beaucoup attachés les géographes économistes des années 1950-1970, tient à l'opacité de l'espace. Le franchissement de la distance nécessite de l'énergie, du temps et occasionne un certain coût. Les acteurs, les biens matériels et immatériels ne glissent pas sans effort dans un espace transparent. Dès que l'économie passe par un échange entre deux acteurs, ceux-ci sont par définition séparés par une distance qui demande un effort pour être parcourue, même à l'heure d'internet. La confrontation de l'économie à la distance est un enjeu de premier plan pour le géographe économiste.

La deuxième caractéristique a été négligée en géographie économique, mais a joué un rôle fondamental dans certaines branches de l'économie, comme l'économie internationale. Nous avons choisi de lui donner la même importance qu'à l'opacité. Il s'agit de l'hétérogénéité de l'espace. À les regarder de près, il n'existe pas deux lieux identiques. La distribution spatiale des hommes, des capitaux, des informations, des ressources naturelles, etc. est inégale. Aussi, un acteur économique, puisqu'il est à un moment donné situé à un endroit précis, se trouve dans une situation singulière, qui n'est pas indifférente à ce qu'il produit, consomme ou échange. La géographie économique doit s'intéresser aux rapports de l'économie à l'hétérogénéité de l'espace.

La troisième caractéristique tient à l'existence d'un milieu physique. L'espace n'est pas vide, n'est pas un pur contenant : il est plein d'objets, d'êtres, etc. Ceux-ci relèvent du monde matériel, régi par des lois physico-chimiques et biologiques propres qu'étudient les spécialistes des sciences dures. Or, l'économie participe aussi à ce monde matériel : elle y ponctionne des ressources, y rejette des déchets, etc. La logique économique, qui possède ses propres exigences, rencontre donc celle du milieu physique : cette confrontation est un thème qui relève de la géographie économique.

PLAN DE L'OUVRAGE

L'ouvrage se divise en trois parties.

Les deux premiers chapitres constituent un préliminaire qui pose les fondements nécessaires. L'histoire de la géographie économique (chap. 1) offre les mises en perspectives indispensables à l'approche adoptée dans le manuel. Le circuit économique (chap. 2) est le concept clef sur lequel s'organise l'ensemble de l'ouvrage.

La première partie porte sur « l'économie et l'espace géographique ». Les activités économiques de production et de consommation, la circulation des richesses ne flottent pas dans un espace géométrique. Elles s'inscrivent au contraire en des lieux précis, au sein d'un milieu spécifique, dans un espace hétérogène et opaque. Les caractéristiques du lieu et de l'espace géographique où il prend place influencent les activités et la circulation économiques. On verra donc comment le milieu physique (chap. 3), l'hétérogénéité de l'espace (chap. 4) et son opacité (chap. 5) interviennent dans l'économie.

La deuxième partie traite de « l'organisation du circuit économique et l'espace ». Le circuit implique des acteurs (chap. 6) de divers types, dont les logiques spatiales varient. Nous avons repris l'idée de l'anthropologue K. Polanyi, selon lequel les échanges entre acteurs peuvent être organisés selon trois grands types de systèmes : la réciprocité (ou don/contre-don) (chap. 7), la redistribution (chap. 8) et le marché (chap. 9). Nous verrons comment ces systèmes d'échange s'inscrivent dans l'espace géographique.

La troisième partie étudie « la géographie des activités économiques et des richesses ». Il s'agit d'abord de la localisation des activités. Parce qu'elles possèdent des logiques différentes, la localisation des activités agricoles, industrielles et de service seront examinées successivement dans les chapitres 10, 11 et 12. Le chapitre 13 a pour une part valeur de conclusion, au sens où il noue beaucoup des fils tirés dans le livre. Il traite de la géographie des richesses, et vise à expliquer leur inégale répartition spatiale.

SOURCES ET BIBLIOGRAPHIE GÉNÉRALE

Nous avons rassemblé ici les références générales relatives à la géographie économique. La bibliographie proposée pour chaque chapitre ne mentionne que des ouvrages spécialisés. La bibliographie qui suit comprend les ouvrages et les revues qui intéressent la géographie économique dans son ensemble. Nous avons aussi mentionné les rapports les atlas, et sites internet où l'on peut trouver des données statistiques.

I - Ouvrages généraux de géographie économique

AYDALOT Ph., *Économie régionale et urbaine*, Paris, Économica, 1985, 487 p.

DEBIÉ F., *Géographie économique et humaine*, Paris, PUF, 1995, 750 p.

CLAVAL P., *Éléments de géographie économique*, Paris, M.-Th. Génin, 1976, 361 p.

CLAVAL P., *Géographie humaine et économique contemporaine*, Paris, PUF, 1984, 442 p.

KNOX P. et AGNEW J., *Geography of the World Economy. An Introduction to Economic Geography*, Londres, Arnold, 1998 (3e éd.), 420 p.

LEE R. et WILLS J., *Geographies of Economies*, Londres, Arnold, 1997, 406 p.

LLOYD P. E. et DICKEN P., *Location in Space. Theoretical Perspectives in Economic Geography*, New York, Harper Collins, 1990 (3e éd.), 431 p.

MERLIN P., *Géographie humaine*, Paris, PUF, 1997, 576 p.

POLÈSE M., *Économie urbaine et régionale. Logique spatiale des mutations économiques*, Paris, Économica, 1994, 400 p.

VANDERMOTTEN C. et MARISSAL P., *La Production des espaces économiques* (t. 1), Bruxelles, Éditions de l'Université de Bruxelles, 1998, 322 p.

II - Ouvrages généraux d'économie spatiale

AURAY J.-P. *et al.* (dir.), *Encyclopédie d'économie spatiale. Concepts, comportements, organisations*, Paris, Économica, 1994, 427 p.

PONSARD C. (dir.), *Analyse économique spatiale*, Paris, PUF, 1988, 452 p.

RALLET A. et TORRE A. (dir.), *Économie industrielle et économie spatiale*, Paris, Économica, 1995, 473 p.

III - Ouvrages d'écononomie accessibles aux non spécialistes

A/ Introduction à l'économie

BIALÈS M., LEURION R. et RIVAUD J.-L., *Notions fondamentales d'économie*, Paris, Foucher, 1998, 429 p.

CLERC D., *Déchiffrer l'économie*, Paris, Syros/Alternatives économiques, 1999, 14e éd., 420 p.

COMBE E., *Précis d'économie*, Paris, PUF, 1996, 450 p.

COMBEMALE P. et PIRIOU J.-P., *Nouveau manuel. Sciences économiques et sociales*, Paris, La Découverte, 1999, 781 p.

DROUIN J.-C, *Tous économistes. Guide d'introduction à l'économie*, Paris, PUF, 1999, 272 p.

GÉNÉREUX J., *Introduction à l'économie*, Paris, Points-Seuil, 1992, 188 p.

B/ Dictionnaires d'économie

BEITONE A. *et al.*, *Dictionnaire de sciences économiques*, Paris, Armand Colin, 1991, 354 p.

BREMOND J. et SALORT M.-M., *Initiation à l'économie. Les concepts de base, les techniques, les grands économistes*, Paris, Hatier, 1986, 391 p.

BREMOND J. et GELEDAN A., *Dictionnaire économique et social*, Paris, Hatier, 1990, 392 p.

ECHAUDEMAISON C.-D., *Dictionnaire d'économie et de sciences sociales*, Paris, Nathan, 1998, 420 p.

TEULON F. (dir.), *Dictionnaire d'histoire, économie, finance, géographie*, Paris, PUF, 1997 (2e éd.), 711 p.

C/ Idées et courants

ALBERTINI J.-M. et SILEM A., *Comprendre les théories économiques*, Paris, Point-Seuil, 1983, 2 t. 1 : Clés de lecture, 352 p. 2 : Petit guide des grands courants, 226 p.

BEAUD M. et DOSTALER G., *La Pensée économique depuis Keynes*, Paris, Point-Seuil, 1996, 446 p.
BONCŒUR J. et THOUÉMENT H., *Histoire des idées économiques*, Paris, Nathan, 2 t. 1 : De Platon à Marx, Paris, 1989, 255 p. 2 : De Walras aux contemporains, 1993, 255 p.

D/ Histoire des faits économiques

ASSELAIN J. Ch., *Histoire économique de la France, du XVIIIe siècle à nos jours*, Paris, Point-Seuil, 2 t. 1 : De l'ancien Régime à la Première guerre mondiale, 1984, 227 p. 2 : De 1919 à la fin des années 70, 1984, 210 p.
BAIROCH P., *Victoires et déboires. Histoire économique et sociale du monde du XVIe siècle à nos jours*, Paris, Folio, Gallimard, 1997, 3 t. 1 : 1500-1850, 662 p. 2 : 1815-1914, 1015 p. 3 : le XXe siècle, 1010 p.
BRASSEUL J., *Histoire des faits économiques*, Paris, Armand Colin, 2 t. 1 : Antiquité-révolution industrielle, 1997, 327 p. 2 : Révolution industrielle-Première guerre mondiale, 1998, 333 p.

IV - Revues

A/ Revues de géographie économique

Géographie, économie, société
Revue d'économie régionale et urbaine
Revue française de géoéconomie
Annals of Regional Science (Springer Verlag, Allemagne)
Economic Geography (Clark University, Etats-Unis)
Environment & Planning (Pion, Angleterre)
International Journal of Urban and Regional Science (Blackwell, Angleterre)
Journal of Urban Economics (Academic Press, Etats-Unis)
Regional Studies (Carfax Pub. Co., Angleterre)
Tijdschrift voor economische en sociale geografie (Van Waesberge, Pays-Bas)

B/ Revues françaises de géographie, avec souvent des articles de géographie économique

Annales de géographie
Espace et sociétés
L'Espace géographique
L'Information géographique

C/ Revues françaises touchant à l'économie accessibles au non-spécialiste

Alternatives économiques
Cahiers français
Économie et statistique
Problèmes économiques
Sciences humaines

V - Rapports, données statistiques et atlas

A/ Publications annuelles

L'État de la France, Paris, La Découverte, publié depuis 1992.
L'Économie mondiale, Paris, La Découvert/CEPII.
Conjoncture. Le nouveau bilan économique, politique et social du monde, Bréal/CEDIMES/Les Échos.
Images économiques du monde, sous la dir. d'A. Gamblin, publié depuis 1953, SEDES, Paris.
L'État du monde : annuaire économique et géopolitique mondial, Paris, La Découverte, publié depuis 1980.
Ramsès, Rapport annuel mondial sur le système économique et les stratégies, Paris, Dunod/IFRI, publié depuis 1981.
Bilan du Monde, publié par Le Monde.
Cyclope, Les grands marchés mondiaux, publié par P. Chamlin depuis 1985, Paris, Économica. Données concernant un très grand nombre de produits, sous l'angle des productions et des échanges, sous celui de l'évolution des prix et des stocks.

B/ Rapports statistiques annuels ou pluriannuels

France et Union Européenne

Banque de France, *Rapport annuel.* Présentation du contexte international et de l'évolution économique de la France. Nombreuses données sur l'activité des marchés et sur les flux financiers, de capitaux, de devises, à l'échelle internationale et française.

Insee, *Annuaire statistique de la France.* Principaux résultats économiques, dont la balance des paiements. Publié depuis 1870 par le ministère de l'agriculture et du commerce, puis, après 1946, par l'Insee.

Insee, *Rapport sur les comptes de la nation.* Présentation simplifiée, destinée au grand public, de tous les chiffres clés de la comptabilité nationale. Publié depuis 1953.

Insee, *Tableaux de l'économie française.* Présentation des données économiques et sociales de la France les plus significatives : PIB, consommation, épargne, emploi, revenus, marchés financiers, dépenses budgétaires, production des branches, échanges extérieurs, etc. Publié depuis 1956.

Eurostat, *Annuaire. Vue statistique sur l'Europe.* Présentation des données économiques de base pour l'Union Européenne, publié depuis 1995.

Eurostat ; nombreux rapports annuels thématiques publiés par l'Union européenne.

Monde

Banque mondiale, *Rapport sur le développement dans le monde.* Données sur le développement, la croissance. Principaux indicateurs. Publié depuis 1978.

Banque mondiale, *Trends in Developing Economies.* Données économiques pays par pays pour les pays en développement. Publié depuis 1990.

FAO, *La Situation mondiale de l'alimentation et de l'agriculture.* Présentation générale des perspectives de l'agriculture mondiale. Nombreux tableaux statistiques. Publié depuis 1946.

FAO, *Annuaire FAO de la production.* Données concernant les superficies, les rendements, la production des cultures, les effectifs du cheptel, la population active agricole, l'irrigation, les machines agricoles. Indices sur les tendances mondiales de la production et des disponibilités alimentaires. Il existe parallèlement deux annuaires de la pêche (captures et produits), un des produits forestiers et un du commerce. Publiés depuis 1946.

FMI, *Perspectives de l'économie mondiale.* Données économiques générales, par groupes de pays. Publié depuis 1980.

FMI, *Statistiques financières.* Données générales sur les finances mondiales, pays par pays (création monétaire, créances, réserves, avoirs extérieurs, etc.). Publié depuis 1952.

Gatt puis OMC, *Le Commerce international.* Décomposition fine par produits, secteurs, régions et pays des résultats du commerce international. Publié depuis 1952.

OCDE, *Annuaire des statistiques d'investissement direct à l'étranger.* Présentation des flux sortants, entrants et des encours d'investissements directs, pour chacun des pays de l'OCDE, avec une décomposition par pays de destination ou d'origine et par catégorie d'investissement : production manufacturière, services financiers, etc. Publié depuis 1993. Chiffres depuis 1982.

OCDE, *Comptes nationaux des pays de l'OCDE.* Présentation des principaux agrégats des comptabilités nationales, pays par pays. Publié depuis 1950.

OCDE, *Principaux indicateurs économiques.* Données sur le commerce extérieur, le PIB, l'évolution des activités économiques, la consommation, l'emploi des pays de l'OCDE. Publié depuis 1960. Chiffres depuis 1950.

OCDE, *Statistiques financières.* Présentation pays par pays du montant des achats d'actions, d'obligations, de titres étrangers et de flux financiers divers. Publié depuis 1970.

ONU, *Manuel de statistiques du commerce international et du développement.* Données générales sur le commerce mondial (importations et exportations) par régions et par pays, décomposition par produits et régions d'origine et de destination, flux financiers, assistance, balance des paiements et endettement extérieur, indicateurs fondamentaux du développement. Publié depuis 1950. Chiffres depuis 1938.

ONU, *Statistiques de comptes nationaux. Principaux agrégats et tableaux détaillés.* Présentation pays par pays de statistiques des comptabilités nationales. Publié depuis 1957. Chiffres depuis 1950.

PNUD, *Rapport mondial sur le développement humain.* Rapport du Programme des Nations Unies pour le Développement. Chiffres essentiels (PIB, IDH, etc.) relatifs au développement, à la richesse et la pauvreté, à la croissance, décomposés par pays et grandes zones. Publié depuis 1990.

C/ Atlas

Atlas Bordas économique et politique, sous la dir. de P. Serryn, Paris, Bordas, 1990, 71 p.

Atlas de France, Reclus/Documentation Française. « Milieux et ressources », sous la dir. de J.C. Wieber, 1995, 144 p. ; « Emplois et entreprises », sous la dir. de P. Caro et Th. Saint-Julien, 1997, 128 p. ; « Industries », sous la dir. de Th. Saint-Julien, 1998, 128 p. ; « Services et commerces », sous la dir. de Th. Saint-Julien, 1999, 128 p.

Atlas de l'industrie, sous la dir. de Y. Detape, Paris, SESSI/Ministère de l'industrie, 1996, 153 p.

Atlas économique des régions françaises, sous la direction de Ph. Aydalot *et al.*, Paris, Économica, 1982, 133 p.

Atlas international des technopoles, sous la dir. de Y. Couvidat et J. Giusti, Paris, Datar/Ministère de la Ville et de l'Aménagement du territoire/Syros Alternative, 1991, 237 p.

Atlas mondial des multinationales, Montpellier/Paris, Reclus/Documentation Française. T. 1 : L'espace des multinationales, sous la dir. de P. Grou, 1990, 168 p. T. 2 : Stratégies des multinationales, sous la dir. de C. Dupuy, C. Milelli et J. Savary, 1991, 219 p.

Atlas mondial : économies, politiques, sociétés, Paris, The Economist/Presses de la fondation nationale des sciences politiques/Gründ, 1993, 390 p.

An Atlas of World Affairs, sous la dir. de A. Boyd, Londres/New York, Routlege, 1992, 243 p.

Atlas of World Development, sous la dir. de T. Unwin, John Willey, 1994, 346 p.

The Economist Atlas, The Economist Books Ltd, annuel depuis 1989.

The Word Bank Atlas, BIRD/Banque mondiale, Washington DC, annuel depuis 1970.

VI - Sources en ligne

A/ Sites web d'organismes intéressant la géographie économique

www.worldbank.org/data : site de la Banque mondiale
www.un.org/Depts/unsd : site de la division statistiques de l'ONU
www.wto.org/index.htm : site de l'OMC
www.fao.org/debut.htm : site de la FAO
www.oecd.org/statlist.htm : site de l'OCDE
www.undp.org/index5.html : site du PNUD
www.odci.gov/cia/publications/factbook : site de la CIA
europa.eu.int/en/comm/eurostat/servfr/home.htm : site de l'Union Européenne
www.insee.fr : site de l'INSEE

B/ Sites web de la presse intéressant la géographie économique

www.monde-diplomatique.fr : site du mensuel *Le Monde Diplomatique*
www.latribune.fr : site du quotidien *La Tribune*
www.lesechos.fr: site du quotidien *Les Échos*
www.lemonde.fr: site du quotidien *Le Monde*
www.scienceshumaines.fr : site du mensuel *Sciences Humaines*
www.courrierint.com: site de l'hebdomadaire *Courrier International*
www.ft.com : site du quotidien anglais *Financial Times*
www.economist.com : site de l'hebdomadaire anglais *The Economist*
www.cybergeo.presse.fr : revue en ligne des géographes français

C/ Pour chercher des sites web relatifs à l'économie

www.library.uu.nl/geosource/ html : liens proposés par l'université d'Utrecht
www.lib.umich.edu/libhome/Documents.center/stats.html : liens proposés par l'université du Michigan
www.auckland.ac.nz/lbr/stats/OFFSTATSmain.htm : liens proposés par l'université d'Auckland
hsb.baylor.edu/html/gardner/CESCH02.HTM : liens proposés par l'économiste H.S. Gardner
www.american.edu/academic.depts/cas/econ/econdata.htm : liens proposés par l'American University (Washington DC)
netec.wustl.edu/WebEc : bibliothèque économique virtuelle
web.mit.edu/krugman : site de l'économiste Paul Krugman

1

HISTOIRE ET OBJET DE LA GÉOGRAPHIE ÉCONOMIQUE

Il n'y a pas d'« objet » de la géographie économique qui existerait en soi, séparément de l'histoire de la discipline. C'est en fonction de choix épistémologiques et idéologiques, d'avancées théoriques et de communications entre disciplines, que le sujet de la géographie économique s'est défini et a évolué.

Ce chapitre vise à montrer comment ce sujet s'est constitué. On peut distinguer deux principales sources d'égale importance : les réflexions sur l'espace des économistes et les réflexions sur l'économie des géographes ; et trois grandes périodes, au sein desquelles les apports des économistes et des géographes seront distingués. La chronologie choisie est simplificatrice : les deux branches ont évolué à certains moments dans l'ignorance l'une de l'autre, et leur périodisation n'est pas toujours la même.

Jusqu'aux années 1860-1870, l'intérêt pour les faits économiques chez les géographes est quasi inexistant, alors que la prise en compte de l'espace par les économistes donne lieu à des développements riches et diversifiés. La période qui s'étend des années 1870 à 1970 est celle d'un appauvrissement des conceptions spatiales en économie, mais du développement progressif d'une géographie économique, qui aboutit à une rencontre presque osmotique avec l'économie, sous la forme de l'analyse spatiale. Depuis les vingt dernières années, la plupart des développements de chacune des disciplines s'effectuent à nouveau dans une sorte d'indifférence réciproque.

BIBLIOGRAPHIE DU CHAPITRE

Ouvrages de base

COFFEY W., « Géographie, économie, science régionale », *in* A. Bailly, R. Ferras et D. Pumain (dir.), *Encyclopédie de géographie*, Paris, Économica, 1992, pp. 159-175.

CLAVAL P., *Géographie humaine et économique contemporaine*, Paris, PUF, 1984, pp.175-231.

CLAVAL P., *Histoire de la géographie française*, Paris, Nathan, 1998, 543 p.

Ouvrages de référence

CLAVAL P., *Essai sur l'évolution de la géographie humaine*, Paris, Les Belles Lettres, 1964, pp. 131-154.

CLAVAL P,. « Les conceptions de l'espace économique », *Revue géographique de l'Est*, 1979, n° 1-2, pp.135-154.

DOCKES P., *L'espace dans la pensée économique du XVIe au XVIIIe siècle*, Paris, Flammarion, 1969, 461 p.

ISARD W., *Location and Space Economy. A General Theory Relating to Industrial Location Market Areas, Land Use, Trade and Urban Structure*, New York, John Wiley & Sons, 1956, 350 p.

PONSARD C., *Histoire des théories économiques spatiales*, Paris, Armand Colin, coll. « Études et mémoires » n° 41, 1958, 202 p.

Ouvrages et articles spécialisés

BENKO G., *La Science régionale*, Paris, PUF, 1998, 127 p.

CLAVAL P., *La Nouvelle Géographie*, Paris, PUF, 1977, 127 p.

CRANG P., « Cultural turns and the (re)constitution of economic geography », *in* R. Lee. et J. Wills (dir.) *Geographies of Economies*, Londres, Arnold, 1997, pp. 3-15.

L'Espace Géographique, débats sur le marxisme, le néo-marxisme et l'espace, engagés à partir de l'article de Claval P., « Le marxisme et l'espace », n° 3, 1977 ; n° 1 et 4, 1978 ; n° 4, 1979 ; n° 3, 1987 ; n° 1, 1988.

Espace et localisation. La redécouverte de l'espace dans la pensée de langue scientifique française, J.H.P. Paelink et A. Sallez (dir.), Paris, Économica, 1983, 340 p.

GÉNEAU DE LAMARLIÈRE I., « Géographie et économie. Généalogie d'un divorce à travers une lecture de l'itinéraire de Paul Claval », *in* J.-R. Pitte et A.-L. Sanguin (dir.), *Géographie et Liberté. Mélanges et hommages à Paul Claval*, Paris, L'Harmattan, 1999, pp. 39-59.

KRUGMAN P., *Development, Geography and Economic Theory*, Cambridge (MA)/London, The MIT Press, 1997, 117 p.

THRIFT N. et OLDS, K., « Refiguring the economic in economic geography », *Progress in Human Geography*, vol. 20, n° 3, 1996, pp. 311-337, traduit et commenté par I. Guéneau de Lamarlière, *in* J.-F. Staszak, *Géographie anglosaxonne*, Paris, Belin (à paraître 2000).

A

AVANT 1870

1 - Explication des différentiels de richesse en économie

■ L'économie comme science de la richesse

Le domaine auquel s'intéresse l'économie avant la fin du XIXe siècle est celui de la richesse et de sa gestion. Cela tout d'abord dans le cadre de l'économie domestique (économie vient de *oikos* – la maison, la famille – et de *nomos* – la loi ; pour les Grecs, l'économie est l'art qui permet de réussir dans la conduite de sa maison), puis plus tard de l'économie politique, avec les **mercantilistes**, les **physiocrates**, les **classiques** ou ***Karl Marx***. Les courants, les points de vue idéologiques, sont très différents, mais on retrouve presque toujours la volonté d'expliquer la richesse des États, le développement des activités matérielles, ou de découvrir des principes qui le favorisent. Cette conception de l'économie disparaîtra au XIXe siècle, sauf chez les marxistes et en Allemagne, où elle se maintient par l'influence de l'*école historique*, jusqu'aux années 1950. Cette école de la seconde moitié du XIXe siècle qui se refuse à l'emploi du raisonnement déductif et fonde la science sur la définition de constantes, isolées grâce à la comparaison spatiale et temporelle de données, privilégie en effet en économie l'explication des différentiels géographiques et historiques de développement.

K. Marx (1818-1883) : philosophe, économiste et révolutionnaire allemand qui entreprit de mettre à jour les lois fondamentales de l'histoire et de la société et notamment du système capitaliste. Ses analyses se fondent sur le matérialisme dialectique et historique, sur le plan philosophique et sur la théorie de la valeur sur le plan économique. *Manifeste du parti communiste* (1848) ; *Le Capital* (1867).

Mercantilistes, physiocrates et classiques. Le plus ancien de ces courants est le mercantilisme, doctrine développée aux XVIe-XVIIe siècles. Pour elle, c'est l'État qui doit régler la vie économique afin de veiller à l'intérêt national, au moyen du protectionnisme, de l'octroi de monopoles, de la réglementation des métiers, du développement des transports. Il doit favoriser un excédent commercial qui permette l'entrée de métaux précieux. J. Bodin, J.-B. Colbert, R. Cantillon, W. Petty comptent parmi ses principaux représentants.
La physiocratie ou « gouvernement de la nature » est une école française qui se développe quant à elle à partir de 1758, date de la publication du *Tableau économique* de F. Quesnay. La terre est la seule source de richesses. Le rôle du pouvoir devient donc d'aider un ordre naturel divin à opérer librement dans le domaine économique (doctrine du « laisser-faire »). C'est la première conception systémique de l'économie.
Les classiques sont pour leur part des économistes essentiellement anglais, de la fin du XVIIIe-début du XIXe siècle. Ils étudient la production, la circulation et la répartition des richesses matérielles. Ils s'accordent sur le rôle moteur de l'intérêt individuel, sur l'existence d'un ordre naturel et sur la fonction régulatrice du marché et de la libre concurrence. Ils sont tous favorables au libéralisme économique. A. Smith est considéré comme le fondateur de cette école. D. Malthus, D. Ricardo et J.-B. Say en sont d'autres représentants importants.

■ Une prise en compte diversifiée des aspects spatiaux

L'économie se caractérise alors non seulement par sa recherche de l'explication de la richesse, mais aussi par un souci de considérer tous les aspects : sociaux, culturels, historiques, économiques, géographiques.

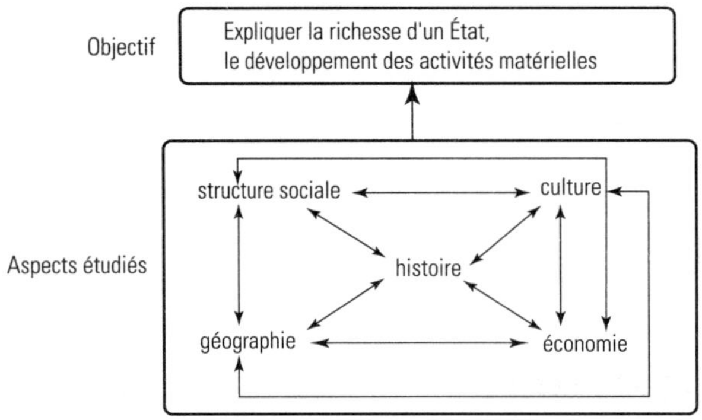

Les apports de cette conception de l'économie à la géographie économique sont importants et portent sur les points qui suivent.

De nombreuses études traitent du cadre socioculturel et des conséquences des aspects religieux, sociaux, des mentalités, sur le développement différencié dans l'espace de l'activité économique. Ceci concerne notamment l'école historique allemande ou des auteurs qui en sont proches, comme **Max Weber**.

Max Weber et l'impact des représentations religieuses sur l'économique. Max Weber (1864-1920) est une grande figure de la sociologie allemande. Ses écrits sont postérieurs à 1870, mais s'appuient toujours sur une conception de la science économique comme explication du développement des activités matérielles. Ses travaux sont fondés sur la signification que les individus attachent à leur action. Dans *L'Éthique protestante et l'Esprit du capitalisme* (1905), il montre que les comportements économiques ne sont intelligibles que si l'on prend en considération les conceptions du monde, dont font partie les croyances religieuses. Il relie la recherche rationalisée du profit, propre aux sociétés occidentales modernes, aux motivations psychologiques mises en place par le protestantisme. Le signe de l'élection divine fut recherché dans la réussite matérielle. Le mode de vie fait d'ascèse, de rigueur, de rationalité et de recherche de la productivité, permit l'accumulation capitalistique nécessaire au développement.

Les autres travaux de Max Weber portent sur les méthodes des sciences sociales et l'explication de la spécificité historique du capitalisme.

L'environnement naturel n'est pas oublié. Les physiocrates conçoivent un circuit économique inclus dans le milieu et qui suppose la reproduction de celui-ci. Les sociétés sont tenues de respecter les lois naturelles pour continuer à exister. Il faut une reconstitution des ressources (sols), la richesse principale étant l'agriculture. Chez les classiques, Malthus tente de comparer le rythme d'augmentation des subsistances agricoles à celui de la population, Ricardo montre que le rendement décroissant des terres a un impact sur la répartition des revenus et le développement général de l'économie. Les blocages de la croissance ont pour ces auteurs un fondement naturel.

La notion d'hétérogénéité de l'espace est à la base des réflexions sur l'activité et les échanges économiques de Ricardo. La distribution inégale en facteurs de production entre différentes nations est cause de productivités spatialement différenciées ; elle doit conduire à des spécialisations régionales et à l'intensification des échanges entre pays.

A. ***Smith*** (1723-1790) : philosophe et économiste écossais, célèbre pour ses *Recherches sur la nature et les causes de la richesse des nations* (1776). C'est dans la division du travail et le libre jeu de la « main invisible » (la régulation automatique par des lois du marché), qu'il trouve le facteur de la croissance.

La friction de la distance, le problème de l'accès aux facteurs de production et aux marchés sont évoqués. ***Adam Smith*** explique la division du travail par l'étendue du marché, permise par les progrès des transports. Plus le marché s'étend, plus la demande et la production augmentent, et plus les fabricants peuvent diviser le travail entre eux, pour élever leur productivité par la spécialisation. Chez les auteurs allemands, F. von Thünen rend compte de la localisation des activités agricoles par la contrainte de la distance et les coûts de transport. A. Weber reprend la même perspective, appliquée à l'industrie.

Le cas particulier que constitue la prise en compte de l'espace dans l'œuvre de Marx.
Marx se montre sensible à la dimension spatiale dans ses premiers travaux, de la même façon que les autres économistes de l'époque, mais il la fait disparaître à partir du *Capital* (1867). Plus précisément, l'espace reste présent, mais sous la seule forme de produit de la société. L'essentiel de la réflexion se situe au niveau du méta-système : accumulation du capital, extorsion de la plus-value, lutte des classes, développement des forces productives, évolution des rapports de production et succession de leurs modes. Les configurations spatiales du territoire ne sont qu'une conséquence des évolutions du système. La distance, l'hétérogénéité géographique, le milieu ne comptent plus guère.

2 - Une vision statistique de l'économie chez les géographes

À la fin du XVIIe siècle apparaît dans beaucoup de pays européens une science statistique, outil des hommes d'État qui cherchent à connaître la situation du pays. En France, c'est avec le projet de Dîme royale de Vauban (1707) que cette branche se développe, puis avec la création des départements qui nécessite la collecte de nouvelles données territoriales. Les premiers véritables travaux de géographie économique apparaissent à la même époque, sur la base de ces statistiques. Ils offrent des descriptions chiffrées de la population et des activités économiques. On peut trouver également un certain intérêt pour les faits économiques chez un grand géographe : ***Carl Ritter***. Celui-ci décrit les activités économiques et se révèle sensible à l'impact de l'amélioration des moyens de transport (navigation à vapeur) sur l'organisation de l'espace.

C. Ritter (1779-1859) : géographe allemand qui, par son ambition explicative, dépasse la vision statistique traditionnelle. Son œuvre est centrée sur l'influence des conditions naturelles sur les évolutions historiques. *Géographie générale comparée.* (1817-1859)

B

1870 - 1970

1 - Abstraction et réduction de la dimension spatiale en économie

■ La conception néo-classique de l'économie

Dans l'Angleterre du XVIIIe siècle, les évolutions culturelles conduisent à une remise en cause de l'interdit pesant sur la recherche de l'intérêt matériel. Les notions de profit et d'individu triomphent dans ***La Fable des abeilles*** **de** Bernard Mandeville, un médecin hollandais établi à Londres. Chez l'économiste classique A. Smith, c'est l'intérêt matériel égoïste qui sert de mobile à l'homme dans son activité économique. Par ailleurs, cet homme guidé par la recherche de cet intérêt personnel tient la conduite la plus avantageuse non seulement pour lui, mais aussi pour toute la société, grâce à une sorte d'ordre providentiel, une « main invisible » qui opérerait à travers les mécanismes du marché. ***Jérémie Bentham*** soutient par ailleurs que la propension matérialiste et égoïste de l'homme doit le conduire à mettre en balance les avantages et inconvénients matériels résultant de

La Fable des abeilles : *vices privés, bénéfices publics* (1705) : ce poème décrit, à l'aide d'une métaphore de la vie des abeilles dans une ruche, les bienfaits de la corruption (prospérité) et les méfaits de la vertu (pauvreté, inactivité et ennui). Il connut un succès de scandale, et fut lu et commenté par toute l'Europe instruite.

J. Bentham (1748-1832) : philosophe et jurisconsulte anglais, défenseur d'une morale utilitaire. Il définit l'économie comme *« l'arithmétique des plaisirs et des peines ».*

Néo-classique ou marginaliste : qualifie différentes écoles apparues à partir de 1870. Leur étude des agents rationnels et leur raisonnement « à la marge » permettent d'appliquer le traitement mathématique à l'économie. Comme chez les classiques, l'analyse est conduite dans le cadre du marché ; l'économie tend vers l'équilibre si rien n'entrave le jeu spontané du marché.

chaque action et à choisir, selon les critères de la raison, la voie la plus profitable, sans s'attarder sur des considérations altruistes.

À partir du milieu du XIXe siècle, avec le courant ***néo-classique***, cette conception de l'homme adopte une tournure plus abstraite. Un modèle de l'*homo œconomicus*, construit à partir de divers postulats, se met en place dans une science économique qui se définit dès lors moins comme science de la richesse que comme science de l'action rationnelle. On parvient à élaborer sur cette base une représentation de l'économie dans son ensemble, notamment à l'aide du modèle dit **« d'économie pure » de Léon Walras**, formé d'équations et d'hypothèses (concurrence pure et parfaite) posées comme étant celles devant mener à la réalisation d'un équilibre économique général.

Léon Walras, la théorie de l'équilibre général et l'économie pure. L. Walras (1834-1910) est un économiste français exilé à Lausanne. Ses *Éléments d'économie pure* (1874) sont associés à la « révolution marginaliste » et ont fondé l'économie mathématique. La théorie de l'équilibre général qui y est développée constituera le cœur de la théorie néo-classique. Walras démontre que le système de prix de marché est autorégulateur et que la concurrence pure et parfaite conduit à l'optimum en économie.
Par extension furent appelés « modèles d'économie pure » ceux qui définissent l'équilibre optimal d'un marché où chaque individu serait laissé libre d'agir rationnellement, pour maximiser son utilité. Dans la réalisation de tels modèles, l'économie est conçue comme une science dure.

Besoin primaire ou naturel : besoin vital physiologique (se nourrir, se vêtir, se chauffer).

Besoin secondaire : nécessaire, mais pas indispensable à la survie (instruction, loisirs...).

L'économie se donne alors comme objet l'étude du seul comportement rationnel. L'homme a des besoins (au sens économique, tout ce qu'il désire). Ces besoins sont illimités ; on distingue seulement les ***besoins primaires*** des ***besoins secondaires***. En face de ces besoins illimités, on a des biens rares (***biens économiques***). L'homme doit donc faire des choix pour optimiser sa satisfaction individuelle : que consommer ? Que produire ? La science économique devient celle de ces choix rationnels et adopte une ***position normative***.

Bien économique : objet ou service qui procure de l'utilité, qui existe en quantité limitée et s'échange sur le marché à un prix.

Position normative en économie : l'économie positive analyse « ce qui est ». L'économie normative est tournée vers « ce qui devrait être ».

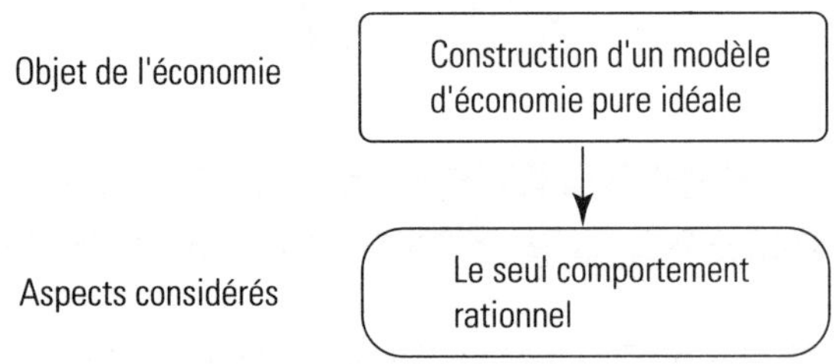

▪ L'ÉVACUATION DES CONSIDÉRATIONS SPATIALES

Toutes les curiosités pour les conséquences des autres comportements (sociaux, religieux, politiques) sur la répartition de l'activité économique, la circulation des richesses, disparaissent. Un seul mode de comportement intéresse l'économiste : le rationnel. Plus exactement, on considère que le comportement rationnel est à même d'expliquer tous les actes de la vie sociale.

L'idée d'une relation de l'activité économique à l'environnement, de gestion nécessaire du milieu, s'est perdue. Le raisonnement économique ne s'applique que pour les ressources rares. Or, certaines ressources ne sont pas rares dans le court terme, celui de la vie d'un individu qui cherche à maximiser son profit. Les ***biens libres*** sont exclus de l'économie, même si une rareté peut se révéler dans le long terme irréversible. La dimension biologique d'un milieu dont on devrait essayer de respecter les lois est abandonnée pour le marché, dont il convient d'assurer l'équilibre.

Bien libre : bien non économique, disponible sans travail et ne s'échangeant pas sur le marché (eau, air, plages...).

Les considérations spatiales ont été peu à peu évacuées de l'économie, avec la mise en place de cette conception. Les hypothèses et équations du modèle de l'économie pure ne prennent jamais en compte l'espace. Ce modèle est une sorte d'univers parfait où ne se posent pas de problèmes de distance à franchir, d'inégale répartition des hommes, des ressources. Sauf **exception**, les économistes néo-classiques ne prennent donc pas en compte l'espace.

L'exception marshallienne. Alfred Marshall (1842-1924) est un économiste anglais dont les *Principes d'économie politique* (1890) ont rencontré un grand écho en Grande-Bretagne. Il y a été considéré comme l'économiste dominant de la période.
Marshall est surtout connu pour son travail sur l'équilibre dit « partiel », réalisé dans le cadre néo-classique. Son souci du concret, de l'économie réelle, qui explique son choix d'un langage simple, compréhensible des hommes d'affaires, et son emploi des mathématiques en seul appendice, l'ont également conduit à être l'un des seuls grands auteurs néo-classiques à n'avoir pas négligé les aspects spatiaux. Il a ainsi été le premier à parler d'économies externes pour expliquer le choix de localisation des entrepreneurs et à mettre l'accent sur les avantages dus à la proximité d'activités, dans la formation de districts industriels.

■ L'ÉCONOMIE SPATIALE

En réponse aux insuffisances de prise en compte de l'espace, tout un courant s'est développé chez les néoclassiques, celui de l'***économie spatiale***. On y distingue deux voies.

Économie ou analyse spatiale : branche qui étudie l'influence de la distance, essentiellement de façon mathématique, sur la distribution géographique de l'activité économique.

La première vise à intégrer l'espace dans le système d'équation initial de Walras, de façon à en déduire un équilibre spatial idéal, parfaitement rationnel, des localisations des entreprises, des services. L'objet n'est alors pas de comprendre les répartitions des activités économiques dans l'espace. Il s'agit plutôt de construire une théorie qui pourra être utilisée pour vérifier si la réalité est oui ou non rationnelle, donc optimale, et pour la corriger. « Le véritable devoir de l'économiste n'est pas d'expliquer notre pauvre réalité, mais de l'améliorer ; la question de la localisation optimale comporte beaucoup plus de dignité que la détermination de la localisation réelle », écrit ***August Lösch*** (en 1940). De très nombreuses difficultés se sont posées aux théoriciens qui ont emprunté cette direction. La notion d'espace est, par nature, attachée à celle d'inégalité : les ressources, la main-d'œuvre, les prix de vente ne sont pas répartis de façon homogène ; la distance, les coûts de transports introduisent des différenciations spatiales. L'introduction de l'espace dans le modèle de l'équilibre général détruit la cohérence du système d'équations de base et rend l'équilibre inconcevable.

A. Lösch (1906-1945) : économiste allemand. Son ouvrage, *L'Ordre spatial de l'économie* (1940), considéré comme la pièce maîtresse de l'économie spatiale, mêle la théorie de la localisation avec la théorie de l'équilibre général de Walras. Il intègre dans le même problème de localisation, la différenciation des coûts de production dans l'espace et celle des prix de vente.

Conscients de l'incompatibilité du modèle de l'équilibre général avec l'espace, des économistes spatiaux, tel ***Tord Palander,*** préfèrent l'abandonner au profit d'une analyse qui s'intéresse aux processus réels de développement économique. Après la Seconde Guerre mondiale, l'analyse spatiale connaît un second souffle aux États-Unis.

T. Palander (1902-1972) : auteur suédois qui a tenté d'intégrer théorie de la localisation et théorie de l'équilibre général, puis s'est intéressé aux questions de la substitution et du monopole.

W. Isard (1919-) : économiste américain. Il promeut l'étude de la dimension spatiale en économie en croisant l'économie, la géographie et l'aménagement (« science régionale »). *Espace économique et localisation* (1956).

Walter Isard s'y inscrit dans la ligne ouverte par Palander. Il prend acte de la contradiction entre le système walrasien et l'espace, et préconise le développement d'une théorie générale plus large, englobant la théorie walrasienne qui ne correspondrait en fait qu'à une situation possible, celle où les coûts de transport sont nuls et les facteurs et produits parfaitement mobiles. Il ajoute des hypothèses « plus réalistes » d'un univers économique imparfait, où il étudie en particulier la théorie du monopole.

La dimension spatiale n'est toutefois réintroduite dans l'économie que par l'étude des contraintes dues au franchissement de la distance. L'hétérogénéité de l'espace n'est pas prise en compte. Seule l'économie internationale s'y intéresse : les facteurs de production, les ressources humaines, les dotations technologiques sont pour elle localisés et varient spatialement. Cette hétérogénéité sert de fondement à l'explication des flux d'échanges internationaux et des localisations industrielles. L'économie internationale reste pourtant presque sans communication avec l'économie spatiale. Toutes les tentatives de rencontre échouent : la première, fondée sur les idées de Ricardo, a évacué la distance pour se concentrer sur l'hétérogénéité et, la seconde, dans la tradition de von Thünen, se fonde sur le coût de franchissement de la distance, sans tenir compte de l'hétérogénéité.

Macroéconomie : elle s'intéresse au fonctionnement du système économique comme un tout, par opposition à la microéconomie du courant néo-classique, qui considère les agents individuels isolément. La macroéconomie a renouvelé la représentation en termes de circuit et a débouché sur les modèles de planification en économie libérale.

■ Autres conceptions de l'économie et de l'espace

Les données économiques se modifient au cours de la première moitié du XXe siècle : beaucoup de pays reviennent au protectionnisme, les structures capitalistes se rigidifient (par exemple par les monopoles) ; des crises, comme celle des années 1930, posent le problème du chômage, de la surproduction. D'autres modèles économiques sont offerts, avec la planification soviétique qui se met en place en 1928. Certains économistes pensent que les mécanismes spontanés du marché sont insuffisants pour résoudre les difficultés et proposent que l'État intervienne. L'approche ***macroéconomique*** se développe ainsi, notamment avec M. Keynes. De nouveaux aspects sont étudiés : la demande, l'investissement, le niveau de l'emploi, la croissance et les crises, ou encore le rôle des institutions ou des entrepreneurs comme chez J. Schumpeter.

H. Lefebvre (1900-1991) : sociologue français d'inspiration marxiste, qui a tenu un rôle important au cours des années 1960-1970, en mettant l'accent sur la dimension spatiale du capitalisme et en offrant une approche de l'urbain qui n'était plus descriptive. *La Pensée marxiste et la Ville* (1972), *La Production de l'espace* (1974).

Ces autres conceptions de l'économie s'accompagnent d'un intérêt nouveau pour les analyses du fonctionnement économique des territoires nationaux. Le multiplicateur keynésien est utilisé pour évaluer l'impact sur un pays, une région, une ville d'un investissement ; les recherches fondées sur la base économique cherchent à expliquer le développement urbain. F. Perroux et J.-R. Boudeville, dans les années 1950-1960, mettent en place la notion de croissance polarisée, appliquée par la suite à l'aménagement du territoire en Europe ou au développement régional dans les pays en développement (*cf.* chap. 13).

M. Castells (1942-) : sociologue marxiste d'origine espagnole, enseignant à Paris puis à Berkeley. Il est passé d'une analyse marxiste de l'urbain proche de celle de Lefebvre, à l'étude de l'impact de l'évolution du capitalisme sur les systèmes urbains et la restructuration régionale, *La Question urbaine*, 1972, *The Informational City*, 1989.

Le courant marxiste des années 1960, et surtout 1970, se penche sur les mécanismes du développement inégal et aboutit à la théorie de la DIT ou DST (division internationale ou sociale du travail [*cf.* chap. 13]). Des sociologues-économistes marxistes, comme ***Henri Lefebvre*** et ***Manuel Castells***, s'intéressent à l'échelle urbaine et à la question foncière (théorie marxiste de la formation des prix du sol, du logement). Dans toutes ces analyses marxistes, l'espace n'est pas une donnée. Il reste produit par les rapports sociaux.

2 - La constitution d'une géographie économique

De 1870 à 1970, période faste pour la géographie économique, deux moments se distinguent.

■ Premier moment : une géographie pragmatique

À la fin du XIXe siècle, la géographie humaine s'affirme au bénéfice de l'analyse des rapports de l'homme avec son milieu et au détriment de l'intérêt pour les faits économiques. La géographie économique, en compilant les statistiques, s'apparente à une science de cabinet, ignorant le travail de terrain qui devient cher aux géographes. Ces derniers vont donc la méconnaître. Quelques grands noms de l'**École française de géographie** s'interrogent toutefois sur les conséquences de certaines évolutions économiques et, à l'université, les aspects économiques ne sont donc pas complètement ignorés par la géographie humaine classique. Leur statut reste cependant mineur.

La prise en compte de la dimension économique dans l'École française de géographie. Le fondateur de ce que l'on nomme l'École française classique de géographie, P. Vidal de La Blache (1845-1918), s'est intéressé à la fin de sa vie à l'essor de régions industrielles et urbaines. Il montre le rôle du chemin de fer et des grands foyers d'activité économique dans les nouvelles formes de structuration de l'espace. Parmi ses successeurs les plus connus, J. Brunhes consacre un chapitre important de sa *Géographie humaine* (1910) à la géographie économique, A. Demangeon écrit sur les ressorts de la puissance britannique et le déclin de l'Europe et E. de Martonne sur la Ruhr.

En revanche, l'enseignement secondaire et pratique se penche sur les aspects économiques, à partir des années 1860. C'est ainsi que naît la géographie économique, en réponse aux besoins d'un public intéressé par les transformations du monde et l'élargissement des marchés (les sociétés de géographie coloniale, commerciale ou maritime, se multiplient dans les années 1870-1880). Elle gagne rapidement une telle audience qu'elle devient la branche qui a le plus de succès public.

On ne trouve pas de pères fondateurs en géographie économique, comme dans les autres branches de la discipline. Les noms connus sont ceux des auteurs des manuels de géographie économique ou de commerce, réédités souvent jusqu'à la Seconde Guerre mondiale (Dubois et Kergomard en France et, avant eux, K. Andrée en Allemagne, où la géographie économique est la plus florissante).

L'objet de cette géographie est de faire l'inventaire des ressources (minérales, énergétiques, agricoles) des différents pays, de décrire leur utilisation productive et de présenter les flux d'échanges internationaux correspondants (routes du commerce mondial, importations et exportations). On s'intéresse peu à la consommation, aux services, aux industries de transformation ou au fonctionnement de l'économie, et moins aux économies nationales qu'aux relations internationales. On insiste sur l'hétérogénéité de l'espace : c'est une inégale distribution des ressources entre pays qui explique les spécialisations et la répartition des activités. Les données naturelles (climat, pédologie), qui déterminent les activités économiques, détiennent un rôle essentiel. Toutefois, **Ernst Friedrich** est le seul géographe à véritablement s'intéresser aux problèmes que l'activité économique peut engendrer pour le milieu.

La *Raubwirtschaft* d'E. Friedrich. E. Friedrich est un géographe allemand qui a développé en 1904 le concept de *Raubwirtschaft* (*Wirtschaft* : économie, *Raub* : pillage). Quand les hommes exploitent les terres par un élevage et une agriculture raisonnables, ils ne prélèvent que des ressources renouvelables ; ils n'altèrent pas la nature et leurs activités peuvent se poursuivre indéfiniment. L'extraction minière s'attaque au contraire à un capital, elle repose sur l'utilisation de ressources rares. De même, certaines activités agricoles malmènent le milieu. C'est la *Raubwirtschaft* qui est condamnée à terme.

Cette géographie est très empirique ; elle s'appuie sur les faits, les statistiques et n'utilise pas de fondement théorique, son enjeu étant avant tout pratique. Ses emprunts à l'économie sont surtout descriptifs.

■ Deuxième moment : une géographie théorique

La crise des années 1930 montre que les ressources et la production ne suffisent pas à assurer la réussite économique. La fin du libre-échange affaiblit par ailleurs l'intérêt pour le commerce international. Certains géographes, conscients de ces transformations, font appel à la science économique pour renouveler leur approche. Le courant keynésien, avec son intérêt pour les cycles, le rôle des institutions, la politique monétaire, ses mesures de la consommation, ses travaux sur les économies nationales et le problème du développement, ne les laisse pas indifférents.

Idiographique : qui s'attache à la description du particulier (d'une région par exemple, en géographie).

Les opérations d'aménagement se développent. Les projets sont confiés à des ingénieurs ou à des économistes, plutôt qu'à des géographes dont la discipline très ***idiographique*** ne paraît pas offrir d'accès à la prévision. Certains d'entre eux, attirés par l'action, en ressentent un certain malaise.

L'orientation de la géographie économique vers de nouvelles curiosités avec Pierre George. P. George (1909-) est un géographe français qui exerça un fort ascendant à son époque. Spécialiste du monde soviétique et engagé au parti communiste, il souhaite réformer la société française et donc adapter la géographie à son époque. La géographie doit pouvoir servir les responsables, notamment dans les actions de planification. Il introduit dans la discipline des questions d'actualité (industrialisation, urbanisation, démographie et géographie sociale...) et tente de la faire passer d'une concentration trop exclusive sur les genres de vie, davantage adaptée à l'analyse des sociétés rurales, à une autre sur les modes de production. Il s'intéresse pour cette raison à la géographie économique.
Il n'y a pas pour P. George de mécanismes naturels d'ajustement par le marché, mais des conceptions du gouvernement qui divisent le monde en sociétés capitalistes et socialistes. Il place ainsi au cœur de son approche les régimes économiques et les politiques macroéconomiques (législation, infrastructure, protectionnisme). Les néo-classiques privilégient l'homme-consommateur, les marxistes, l'homme-producteur, et considèrent par ailleurs le tertiaire comme parasitaire. P. George se montre fidèle à ses idées dans sa géographie économique, mais n'ignore toutefois pas la consommation qui lui sert, entre autres, à mesurer les niveaux de développement des pays. *Précis de géographie économique* (1956).

P. George

En Allemagne, le géographe W. Christaller tente d'expliquer la disposition et la hiérarchisation régulières des villes par la localisation des activités de services, au moyen d'une approche déductive (*Théorie des lieux centraux,* 1933). Son travail ne trouve pas écho auprès des géographes allemands. Il est toutefois reconnu par des économistes tels que Lösch et découvert aux États-Unis, grâce à des cours que celui-ci a donnés à l'université de Princeton, et au géographe américain E.L. Ullmann qui, à partir des années 1950, se consacre à la diffusion des travaux allemands sur la localisation. Le groupe de science régionale qu'a créé Isard associe par ailleurs des géographes aux économistes et aménageurs. Ainsi s'établit peu à peu aux États-Unis une sorte d'osmose entre économie spatiale et géographie économique.

S'appuyant sur l'économie spatiale et sur les méthodes quantitatives pour former une nouvelle géographie économique, les géographes vont mettre eux aussi l'accent sur le rôle du comportement rationnel et la friction de la distance. De la même façon également que les économistes spatiaux, ils vont ignorer l'hétérogénéité géographique et la question des relations de l'activité économique à l'environnement. Dans les années 1960, la géographie économique est en fait devenue une science de la distance. La spécificité de certains géographes économiques de l'époque par rapport aux économistes spatiaux, notamment hors des États-Unis, tient seulement à une orientation moins théorique et plus pratique, à une utilisation des outils de la macroéconomie keynésienne et à un intérêt pour les faits de communication à travers l'échange d'informations (***école de Lund***).

École de Lund : groupe de géographes suédois (T. Hägerstrand, G. Törnqvist) qui s'intéressent à la façon dont les innovations se diffusent dans l'espace et qui montrent comment la nécessité d'échanger des informations dans la vie économique influe sur la formation des réseaux urbains.

La géographie économique de Paul Claval. En France, le géographe P. Claval (1932-) se consacre au cours des années 1960 à la géographie économique. Son approche, d'abord inspirée par les écrits de ***Claude Ponsard*** puis par des analystes spatiaux anglo-saxons, s'ouvre rapidement à de nouvelles dimensions.
Dans l'*Essai sur l'évolution de la géographie humaine,* paru en 1964, P. Claval propose une rénovation de la discipline par l'approche économique et l'étude du comportement rationnel. La microéconomie constitue la première étape de son projet. Dans la *Géographie générale des marchés* (1963), il traite de la dimension spatiale de la théorie des marchés, en accordant une place importante aux frais de transport et, ce qui est plus original, aux coûts d'information (école de Lund). L'ouvrage diffère de ce que pourrait produire un analyste spatial type. La tentative d'explication de marchés réels conduit en effet P. Claval à prendre en compte des comportements individuels variés, les rôles des organisations et des États. Dans la seconde étape de son projet, P. Claval s'intéresse aux rôles des mécanismes macroéconomiques dans le façonnement d'ensembles territoriaux, en mobilisant l'optique keynésienne, la réflexion de Boudeville et des théoriciens du développement. C'est l'objet de son ouvrage *Régions, nations, grands espaces* (1968). À partir de 1966, P. Claval a tenu par ailleurs une chronique de géographie économique dans *La Revue géographique de l'Est,* où il propose diverses mises au point : théorie des lieux centraux, comptabilités territoriales, localisations des activités industrielles, marchés fonciers... L'auteur se détournera par la suite de la géographie économique, mais plusieurs de ses ouvrages comporteront toujours une dimension économique.

Paul Claval à l'époque où il écrit *Les Éléments de géographie économique* (1976).

Cl. Ponsard : un des premiers économistes français à avoir tenté de réintroduire l'espace dans la théorie économique standard, *Économie et espace* (1955), *Histoire des théories économiques spatiales* (1958).

Les géographes, par le biais de la **géographie économique**, ont le sentiment de participer à la construction d'une science de l'espace. La mise à jour de lois, l'élaboration de modèles permettent de prévoir la manière dont les faits vont évoluer dans telle circonstance, d'établir des scénarios. La géographie devient ainsi pour eux une discipline enfin applicable à l'aménagement.

Géographie économique et « nouvelle géographie ». Les nouvelles orientations de la géographie économique, fondées sur la prise en compte de comportements rationnels, ont pris une telle importance dans les années 1950-1970 que des géographes les ont considérées comme une nouvelle base pour une refonte de l'ensemble de la géographie humaine. La géographie économique qui devait la résumer à elle seule fut même qualifiée de « nouvelle géographie ». Ce terme, qui apparaît en 1968, servira ainsi à désigner les courants qui se sont développés dans les années 1950-1960, depuis les États-Unis. La nouvelle géographie, par ses emprunts de modèles théoriques à l'économie, puis à la sociologie ou à la psychologie, privilégie une approche déductive et les méthodes quantitatives. Elle s'intéresse aux rapports des hommes entre eux dans l'espace, plutôt qu'aux rapports hommes/milieu.

C

DEPUIS 1970

1 - ENRICHISSEMENT DES CONCEPTIONS SPATIALES EN SCIENCE ÉCONOMIQUE

■ UN RETOUR À UNE CONCEPTION PLUS LARGE DE L'ÉCONOMIE

La conception néo-classique demeure vivace en économie, mais de nombreux travaux y révèlent la fin de l'idéal de l'équilibre et une orientation nette vers des objectifs plus explicatifs que normatifs.

Les réflexions sur l'information, les conduites stratégiques, ont affiné l'étude des comportements rationnels. On justifie par ailleurs l'intérêt pour ce type de comportement moins par une volonté normative que par ce que les études de psychologie économique révèlent : la rationalisation serait le résultat d'une évolution culturelle et historique ayant touché les individus et les institutions. Le comportement rationnel serait ainsi aujourd'hui souvent recherché par les individus, parce qu'il leur permet de s'intégrer à la société.

L'existence de pays socialistes conduisait les économistes à s'intéresser aux traits qui opposaient économie planifiée et économie de marché. Le déclin de ces mêmes pays leur a ouvert les yeux sur l'étonnante diversité des économies de marché. Le développement de l'Asie du Sud-Est, les transformations des ex-pays socialistes ont par ailleurs offert la possibilité d'observer *de visu* des tentatives de mise en place du système de marché. Toutes ces évolutions conduisent à une mise en doute de l'idée d'autorégulation par des « lois » du marché et à un déplacement de l'intérêt vers le rôle de l'État, les formes prises par les rapports sociaux, et vers les institutions en général.

L'école de la régulation. L'école de la régulation s'est développée au début des années 1970, sous l'impulsion d'économistes français tels M. Aglietta, R. Boyer ou A. Lipietz. Elle retient du marxisme une approche d'ensemble de la société et centre son attention sur les relations entre rapports sociaux, croissance et crises économiques. Elle tente d'expliquer la régulation de longues périodes de l'économie.
On part de l'idée marxiste de l'accumulation du capital comme fondement de l'économie capitaliste. Un *régime d'accumulation* dominant caractériserait chacune des grandes périodes du capitalisme. Ce régime est défini par des régularités qui favorisent une progression de l'accumulation du capital (par exemple, répartition salaires/profits qui permette à la demande de bien s'ajuster à la production : consommation de masse/production de masse). Chaque régime d'accumulation comporterait son *mode de régulation*, c'est-à-dire un ensemble de mécanismes et d'institutions qui assurent sa stabilité. Les formes institutionnelles (rapport salarial, fonction de l'État...) jouent donc un rôle déterminant. À chaque régime d'accumulation correspond par ailleurs également un mode d'organisation du système productif déterminé. Les crises économiques majeures sont des crises structurelles, des crises d'un mode de régulation. La crise de 1929 serait la crise du mode de régulation concurrentiel ; la crise de 1973, celle de la régulation fordiste qui a caractérisé les Trente Glorieuses. Elle ouvrirait la voie à un mode de régulation post-fordiste ou flexible.

L'étude des organisations connaît elle aussi un fort dynamisme. Il n'y aurait en fait pas d'ajustement magique des décisions économiques de multiples agents individuels par des « lois » du marché, mais différents types d'organisation qui participent à ces ajustements, comme la firme, dont on tente d'étudier le fonctionnement. Ces travaux s'enrichissent d'échanges intenses avec la sociologie des organisations, qui a développé elle-même de nouvelles curiosités. Aux approches stratégiques, aux études du pouvoir et des conflits au sein des organisations, qui dominaient dans les années 1970, a succédé un intérêt pour la façon dont se réalisent compromis et accords. Les travaux sur la dimension culturelle, confinés jusque-là à la branche du marketing, ont connu un essor par le biais de leur application au management et à la compréhension du fonctionnement des organisations. L'ethnologie des organisations a apporté une certaine méthode dans l'approche de la culture d'entreprise.

La psychosociologie économique s'est également développée. Ses études sur la construction de nos perceptions, de nos représentations des objets économiques, sur le développement cognitif, sur l'apprentissage des rôles économiques et la socialisation des enfants à travers l'économie, aboutissent à des résultats souvent fascinants.

Plus marginales mais elles aussi dynamiques, les recherches menées sur l'histoire de la pensée économique continuent à interroger les fondements de nos catégories économiques. Elles montrent avec toujours plus d'évidence l'historicité de nos représentations de l'économie, de nos notions du marché, de la concurrence. Ces recherches ne sont jamais très éloignées de celles menées en anthropologie économique, qui avaient les premières mis en lumière la non-universalité de nos conceptions de la rareté ou du calcul rationnel. Actuellement, tout un courant tente d'étudier les échanges de biens et services par le don/contre-don, et de comprendre pourquoi nos sociétés, malgré le caractère dominant de cette forme de circulation, se pensent néanmoins sur le mode du marché. Par ailleurs est remise en cause l'idée de **Karl Polanyi**, celle de l'autonomisation progressive de la dimension économique, autrefois inextricablement enchâssée dans le culturel, le social et le politique. Pour la génération actuelle des anthropologues, cet enchâssement existerait dans nos sociétés modernes tout autant que dans les sociétés traditionnelles. Ces anthropologues revendiquent le droit d'étudier les salles de Wall Street tout aussi bien que le *potlatch* des Indiens Kwakiutl.

Karl Polanyi et l'approche substantiviste.
K. Polanyi (1886-1964) est un historien de l'économie hongrois. Son œuvre majeure : *La Grande Transformation* (1944) est consacrée à l'étude de la genèse, dans l'Angleterre du début du XIXe siècle, de l'utopie du marché autorégulateur et de sa mise en place, grâce à l'intervention de l'État. L'économie, d'« encastrée » qu'elle était dans les rapports sociaux, aurait été autonomisée et considérée comme devant soumettre l'ensemble des rapports sociaux. Il montre sur quels effets dévastateurs déboucha cette fiction, et comment l'on fut conduit à mettre en place des mécanismes protecteurs.
Dans l'ensemble de ses travaux, Polanyi s'est opposé aux analyses qui appliquaient aux économies primitives des concepts qu'il ne considérait comme valables que dans le système du marché. Sa position fut à la source d'un renouveau de l'anthropologie économique et d'un débat très virulent, qui opposa, dans les années 1960, les « formalistes » aux « substantivistes ». Les premiers affirmaient que, dans toute culture, le choix individuel était le produit d'un calcul rationnel sous contrainte et, les seconds que les concepts de la rareté, du calcul rationnel des néo-classiques, n'avaient de signification que dans nos sociétés. K. Polanyi démontre qu'en plus de l'échange marchand existent deux autres formes de la circulation des richesses : la réciprocité (le don/contre-don) et la redistribution.

■ UNE EXTENSION DE L'INTÉGRATION DE L'ESPACE

Le courant d'économie spatiale perd de son importance, en partie à cause du caractère aujourd'hui secondaire du coût de transport. Les modifications introduites précisent et rendent plus réalistes les analyses antérieures plutôt qu'elles ne créent de grands bouleversements : on parle, par exemple, d'espaces économiques flous, de comportements spatiaux entachés d'imprécision ou à rationalité affaiblie. On travaille sur des distances qui ne sont plus uniquement euclidiennes, mais aussi sur des distances-temps, distances-coûts, ou distances perçues.

La tentative de réintégration du milieu dans la théorie économique, avec des réflexions menées sur la notion de bien rare, sur les temporalités différentes du milieu et de l'économie, n'a cessé de se poursuivre. Elle se renouvelle aujourd'hui par le biais de réflexions sur le développement durable et la recherche de solutions nouvelles dans la gestion de l'environnement.

Des développements théoriques importants sont réalisés en économie internationale. Cette branche est l'une des rares en économie à n'avoir jamais gommé la dimension spatiale, parce qu'elle s'est construite sur la théorie ricardienne fondée sur l'hétérogénéité géographique. L'amélioration des moyens de communication conduit aujourd'hui à ce que l'hétérogénéité spatiale prenne une valeur qu'elle n'avait jamais eue auparavant. Cette évolution confère une grande force explicative aux développements qui sont réalisés en économie internationale, qui permettent de comprendre mieux que jamais les formes prises par les flux d'échanges internationaux ou par la localisation des activités. Elle suscite par ailleurs un nouvel intérêt pour la géographie (***new economic geography***).

Paul Krugman et la *new economic geography*.
Très symptomatiquement, c'est par l'économie internationale et une réflexion sur l'hétérogénéité spatiale que la géographie revient par la grande porte en économie. Un économiste américain, Paul Krugman (1953-), professeur au MIT, est devenu un des chercheurs actuels les plus reconnus parce qu'il a participé à une réorientation fondamentale de la théorie du commerce international au cours des années 1980. Il a démontré que les échanges internationaux pouvaient exister, même en l'absence d'avantage comparatif, grâce aux seuls rendements croissants procurés par les économies d'échelle. Cette possibilité justifierait selon lui l'intervention publique, au moyen de politiques industrielles et commerciales volontaristes.
À partir de 1990, les recherches de P. Krugman se sont réorientées vers la géographie économique et surtout vers la question de la localisation. Une des tâches les plus importantes de l'économie, affirme-t-il, est de comprendre pourquoi les activités économiques apparaissent et se développent à tel endroit plutôt qu'à tel autre. Il montre qu'une région peut devenir, par effet cumulatif, et à partir d'un démarrage presque arbitraire, plus compétitive qu'une autre grâce aux rendements croissants permis par la concentration spatiale. La spécialisation des pays ne pourrait être comprise que si l'on observe, à l'intérieur de ceux-ci, leurs spécialisations locales, perspective qui avait été complètement occultée par la théorie traditionnelle du commerce international.

Par ailleurs, la redécouverte du rôle des institutions et des organisations permet non seulement d'expliquer le fonctionnement des économies de marché, mais aussi leur diversité géographique. Les modes de coordination obéissent en effet à des règles du jeu propres à chaque société. Les travaux qui se penchent sur les valeurs, les représentations partagées dans les organisations débouchent quant à eux souvent sur une analyse des relations entre la culture interne des organisations et celle de la société à laquelle elles appartiennent.

Enfin, comme pour la culture d'entreprise, on trouve dans le domaine de la psychosociologie économique de vastes enquêtes à finalité comparative, englobant des champs géographiques très larges. Elles révèlent l'impact de modèles culturels persistants, même au sein des pays à économie de marché, mais également une homogénéisation des représentations.

Les aspects sociaux, politiques et culturels sont en fait de nouveau mobilisés par la science économique pour expliquer la réussite économique différenciée des espaces.

2 - Déclin et renouveau de la géographie économique ?

■ Le déclin de la géographie économique

La mode de la géographie économique est retombée, ce qui est assez paradoxal, eu égard à l'importance de l'impact des transformations économiques sur les recompositions régionales actuelles, sur le façonnement des paysages, et à la place qu'occupe l'économique dans la socialisation des individus ainsi que dans la construction de leurs représentations et de leur rapport au monde.

Cette géographie économique, qui avait beaucoup emprunté à l'économie spatiale, a été comme celle-ci mise en porte-à-faux par le rôle capital conféré au coût de franchissement de la distance, que la révolution des transports faisait passer au second plan. Les géographes se sont détournés d'autant plus rapidement de l'analyse spatiale que, plus attachés que les économistes au monde réel, ils n'ont pas été attirés par des raffinements théoriques qui servaient souvent à masquer la perte de force explicative de modèles fondés sur la prise en compte de la distance. Ils ne se sont pas pour autant intéressés à l'économie internationale, dont les développements faisaient appel à l'hétérogénéité spatiale, parce qu'ils les méconnaissaient. Enfin, le cloisonnement intradisciplinaire de la géographie a cantonné la géographie économique à l'étude du comportement économique rationnel, alors que le comportement social était étudié par la géographie sociale, le comportement politique par la géographie politique, etc. Ainsi, les développements qui auraient pu se révéler utiles à la géographie économique se sont produits dans d'autres branches de la géographie humaine (géographie sociale, culturelle, politique), avec lesquelles peu de relations étaient entretenues.

Cependant, les travaux de géographie économique plus empiriques restent extrêmement nombreux. Ils sont consacrés aux marchés internationaux, aux localisations industrielles, aux activités de service, aux télécommunications, aux économies régionales ou nationales. Sans être spécifiquement théoriques, ils sont cependant plus explicatifs que descriptifs et s'intéressent à de nombreux facteurs de type social, culturel, à côté de catégories économiques.

L'IMPACT DES IDÉES RÉGULATIONNISTES EN GÉOGRAPHIE ÉCONOMIQUE

Un courant a toutefois conservé un intérêt central pour la géographie économique, avec une dimension théorique : celui des géographes néo-marxistes. Ces derniers furent de plus en plus nombreux à délaisser la théorie de la Division internationale du travail après l'avoir complexifiée, à cause de la transformation en centres d'anciennes périphéries, telles que le Sud-Est asiatique, et du peu d'attention qu'accordait cette théorie au rôle de l'État et des sociétés locales. Ils s'intéressèrent dès lors, au cours de la seconde moitié des années 1980, à l'application aux aspects spatiaux des idées des économistes de la régulation (on compte parmi eux de nombreux Anglo-Saxons tels que D. Harvey, A. Scott, M. Storper... et quelques rares Français, tel G. Benko). L'idée de base qu'ils développèrent est que le passage d'un régime d'accumulation à un autre entraînait une restructuration du tissu productif ayant des répercussions géographiques. Ils firent correspondre à un régime d'accumulation monopoliste et au système de production qualifié de fordiste, l'organisation centre/périphérie (et des régions telles que la Ruhr, le Nord et l'Est de la France, la *Manufacturing Belt* américaine). Au régime flexible furent liés le mode de production industriel dit « postfordiste », et rattachées des régions qui favorisaient une organisation flexible du travail, souvent regroupées sous le vocable de **district industriel** (Silicon Valley, ***Troisième Italie***). Les idées des économistes de la régulation furent également appliquées au domaine urbain, pour y étudier les marchés de travail, les mécanismes d'exclusion et les nouvelles formes d'inégalité.

Troisième Italie : région de l'Italie centrale et de la côte de l'Adriatique. Elle se distingue de l'Italie du Nord et du Sud par la multiplication de zones de PME innovantes et exportatrices, qui s'est opérée au cours des deux dernières décennies.

Les principales approches du district industriel. Plusieurs directions ont été empruntées dans l'étude de districts industriels, par des courants qui, au départ, ne se reconnaissaient pas toujours dans l'école de la régulation.

- Des sociologues et économistes italiens (A. Bagnasco, G. Becattini, S. Brusco), qui travaillaient sur la « Troisième Italie », se tournèrent vers Marshall. Ils mirent l'accent, dès la fin des années 1970, sur « l'atmosphère industrieuse » des districts, sur leur dimension socioculturelle.
- L'économiste français Ph. Aydalot avait, de son côté, lancé en 1984 la notion de l'autoproduction de territoires locaux et fondé le Gremi (Groupe de recherche européen sur les milieux innovateurs). L'entreprise ne s'imposait pas toujours au milieu local, pouvait être secrétée par lui, et la croissance pouvait s'expliquer par une dynamique interne. Ainsi, les interdépendances qui se tissent dans le territoire, le consensus qui y règne, la circulation des informations, les synergies entre les agents locaux se trouvaient à la racine de l'innovation.
- L'école californienne (A. J. Scott, M. Storper, A. Walker) se pencha plutôt sur des formes métropolitaines de districts et s'appuya quant à elle sur le concept néo-classique des coûts de transaction. L'importance plus grande de la flexibilité du système productif favorisait la désintégration verticale du processus de production et l'agglomération en un même lieu d'entreprises à la recherche de coûts de transaction minimaux.

Deux auteurs, M. Piore et C. F. Sabel, avaient présenté dans leur ouvrage *The Second Industrial Divide* (1984) le district industriel comme la forme du nouveau régime postfordiste, fondé sur la spécialisation flexible. Cette interprétation fut à l'origine d'un très vif et long débat. Au cours des années 1990, les travaux se concentrèrent sur la relativisation de cette idée. Certains auteurs, tels que P. Veltz, montrèrent que de grandes firmes se maintenaient, se développaient même. Dans leur organisation, elles ajoutaient simplement aux relations de hiérarchie différentes formes de coopération en réseau, construites autour des notions de partenariat et de relations contractuelles. Ces années 1990 révélèrent d'ailleurs la fragilité de nombreux districts et le poids des grandes entreprises globalisées.

Les études de cas menées sur les technopoles révélèrent que les relations internes au territoire étaient souvent relativement faibles par rapport à celles que les acteurs locaux entretenaient avec l'extérieur. Divers travaux, tels ceux du grenoblois A. Rallet, soulignèrent que la force d'un **territoire** tenait au fait d'être à la fois localisé et globalisé (*local globalisation* ou « glocalisation »). Le processus d'innovation serait dû à la fois à des relations locales et à des relations coopératives à distance.

Enfin, on s'est attaché à analyser plus précisément les relations interentreprises au sein des districts. Des géographes, tel M. Storper, démontrèrent qu'elles ne se résumaient pas à des seuls rapports marchands. De multiples formes de ***gouvernance*** coexistent. Elles auraient chacune leur propre transcription dans l'espace.

Gouvernance : de *governance* en anglais, qui désigne les formes de conduite d'une organisation humaine. Renvoie aux types d'arrangements institutionnels adoptés par les firmes, dans un système de production (collaboration, intégration verticale...).

L'entrée de l'espace par le « territoire ». L'introduction de la dimension spatiale dans la géographie néomarxiste a été permise par l'utilisation de la notion de « territoire ». Ce dernier est présenté comme une portion de la surface terrestre qui cristalliserait à la fois des rapports sociaux anciens, et des pratiques et représentations actuelles structurées par les relations sociales issues du capitalisme contemporain. On ne renonce pas au postulat de l'espace comme produit de la société ; ce sont les réalités sociales passées et présentes qui constituent la substance du territoire. Dans ce cadre, il devient acceptable d'analyser les interactions entre un groupe social et son territoire et de montrer comment le donné territorial influe sur la réalité.

Tournant culturel, postmodernisme et géographie économique

Deux courants se sont épanouis dans la géographie anglo-saxonne au cours des années 1980. Celui de la nouvelle géographie culturelle et celui du **postmodernisme**. Le premier se penche sur les systèmes de significations des individus et des groupes, leurs idéologies, leurs représentations, leurs discours, pour analyser les interprétations qu'ils donnent de leur environnement, la perception qu'ils en ont, le sens qu'ils lui attribuent, leurs liens au territoire, et l'impact de leurs conceptions sur la construction des paysages. Le second courant est l'interprétation géographique, d'abord engagée par des représentants de la ***géographie radicale***, d'un mouvement qui a affecté certaines disciplines artistiques et diverses sciences sociales.

Géographie radicale : courant d'inspiration marxiste, qui s'est développé au cours des années 1970 dans les pays anglo-saxons. Il reproche à la géographie officielle de masquer des rapports de classes et de faire le jeu des puissants. Le géographe doit s'engager auprès des minorités ethniques, des classes sociales opprimées. (D. Harvey, D. Massey, R. Peet...).

Le postmodernisme. Le postmodernisme est un courant de pensée qui s'est développé dans les sciences sociales à partir du milieu des années 1980. Il a pris beaucoup de vigueur dans les pays anglo-saxons, où il s'est principalement nourri de la pensée de philosophes français (Foucault, Derrida, Deleuze entre autres), mais a rencontré peu d'échos en France.
La pensée postmoderne s'inscrit en faux contre le projet positiviste et rationaliste de la modernité, et contre les grandes théories (marxisme, structuralisme) auxquelles il a abouti. Selon les penseurs postmodernes, il est illusoire de croire qu'un chercheur travaille de manière neutre, « scientifique » et que son analyse débouche sur une vérité.
La raison, la science, la distinction objet/sujet... ne sont en effet pas des valeurs universelles, mais des constructions sociales, des catégories qui n'ont de sens qu'en un lieu et à un moment, et que la pensée occidentale a tenté d'imposer comme universelles. Loin d'être neutres, elles cachent des rapports de pouvoir, entre les hommes et les femmes, les « Blancs » et les autres...
Pour les penseurs postmodernes, qui reconnaissent le relativisme de chaque valeur et se refusent à hiérarchiser les cultures et les points de vue, le savoir du sorcier vaudou, par exemple, ne doit pas être évalué sur la base de la science médicale élaborée en Europe, mais compris et analysé de l'intérieur, sur la base de ses propres valeurs et méthodes.
La postmodernité débouche sur un éclatement du discours, qui ne peut plus avoir de prétention universelle, et sur une multiplicité des points de vue.

D. Harvey *:* un des géographes anglais les plus influents. Il a abordé, dans une perspective marxiste, l'épistémologie de la géographie, les questions du racisme et de la pauvreté et de la justice environnementale. Il est un des premiers à s'interroger sur la postmodernité (*The Condition of Postmodernity*, 1989).

Ces courants influencèrent la géographie économique, tout d'abord au travers d'un rapprochement ambitieux effectué entre postfordisme et postmodernité, par des représentants de la géographie radicale, tels ***David Harvey*** et Edward Soja. La condition postmoderne et ses aspects culturels naîtraient d'une transformation des conditions matérielles, ainsi que de l'expérience du temps et de l'espace, liée à une nouvelle expansion du capitalisme et à la mise en place du régime d'accumulation flexible.

La géographie radicale et la géographie féministe avaient posé par ailleurs la question de la dimension spatiale des **« gender »**. Leur transcription en géographie économique inspire des travaux consacrés, par exemple, aux questions du genre et de la sexualité sur le lieu de travail.

La mise en rapport des mutations culturelles avec les transformations du capitalisme, effectuée par la géographie radicale, fut toutefois rapidement critiquée. Par ailleurs, la géographie économique anglo-saxonne ne fut pas aussi fermée que la française aux évolutions d'autres disciplines, telles la sociologie des organisations ou l'anthropologie économique, avec ses débats entourant le travail de Karl Polanyi. Toutes ces influences ont conduit à des déplacements, dans un mouvement qui englobe la géographie radicale, mais va bien au-delà, vers le développement d'approches de la géographie économique tout à fait neuves.

Les « gender studies ». Courant qui s'est développé depuis le début des années 1980, principalement dans les pays anglo-saxons, et qui y a suscité l'intérêt de nombreux(ses) géographes.
Pour les tenant(e)s des *gender studies*, l'identité sexuelle est une réalité biologique, mais elle n'a pas grand-chose à voir avec l'identité de genre, c'est-à-dire l'opposition homme/femme, qui est une construction socio-historique. Ces catégories (homme, femme) n'étant ni naturelles ni universelles et ayant légitimé une oppression violente des femmes par les hommes, elles doivent être dénoncées. Par ailleurs, la démarche scientifique elle-même est le produit d'une société fondamentalement phallocentrique, fondée sur les oppositions de genre. Certain(e)s spécialistes des *gender studies* tentent ainsi de construire de nouvelles méthodes, de mettre en place de nouveaux outils conceptuels, qui permettent non seulement d'analyser de manière « féministe » les questions de genre, mais aussi de recomposer tout le champ des sciences sociales sur de nouveaux fondements théoriques et épistémologiques.

Les « nouvelles géographies économiques » se réfèrent de moins en moins à une quelconque vision téléologique d'un ordre global, qu'il soit d'essence marxiste ou néo-classique, et privilégient une approche polycentrique, intégrant entre autres les perspectives féministes, s'intéressant à d'autres modes d'échange que le marché ou à d'autres visions de l'économie que celles occidentales. Elles ont abandonné également l'idée d'*un* objet désigné comme économique (l'action rationnelle, la lutte contre la rareté), autour duquel construire la géographie économique. Il n'y a plus par ailleurs pour elles de séparation, ni de domination, entre le social, l'économique, le culturel ou le politique, mais il existe des liens inextricables. Ces géographies s'interrogent donc sur le fondement social ou culturel du succès économique de certaines régions, sur le rôle de l'ethnicité dans la réussite de certaines entreprises… Elles réfléchissent aux fondements sociaux, culturels et religieux du sens que les hommes donnent à l'économique, voire à leur existence à travers l'économie. Elles travaillent sur les croyances, l'imaginaire (les symboliques de la consommation, du travail, de la monnaie), et aussi sur les mythes (les « lois » du marché, la rationalité économique) qui transparaissent dans les discours relatifs à l'économique. Elles analysent la transmission dans l'espace de telles représentations collectives, à l'aide desquelles les hommes façonnent la géographie économique.

À MAÎTRISER

Problématiques globales

Les rôle et limite des apports des économistes à l'analyse de l'espace, et des géographes à l'étude des faits économiques ; évolution des conceptions de l'économie et son impact sur la prise en compte de l'espace ; évolution de la géographie et son impact sur son traitement de l'économie ; les rapports entre les disciplines de la géographie et de l'économie ; la prise en compte du milieu, de la distance et de l'hétérogénéité géographique par les différentes écoles.

Concepts importants

Économie pure ; équilibre général ; bien économique ; bien libre ; besoins primaire et secondaire ; économie positive/normative ; *Raubwirtschaft* ; micro/macroéconomie ; gouvernance ; *gender studies.*

Écoles ou courants à connaître

Écoles : mercantiliste, physiocratique, classique, historique allemande, néo-classique ; économie ou analyse spatiale ; science régionale ; école suédoise de Lund ; nouvelle géographie ; courants formaliste/substantiviste ; *new economic geography* ; école régulationniste ; géographie radicale ; nouvelle géographie culturelle ; postmodernisme.

Auteurs à situer

A. Smith, K. Marx, M. Weber, L.. Walras, A. Marshall, A. Lösch, T. Palander, W. Isard, C. Ponsard, J.A. Schumpeter, H. Lefebvre, P. George, P. Claval, K. Polanyi, P. Krugman, A.J. Scott, M. Storper, D. Harvey, D. Massey.

DOCUMENTS À COMMENTER

Une histoire de la géographie économique à travers les textes

1 – PRÉSENTATION DES DOCUMENTS

Les six documents présentés sont composés d'extraits de préfaces et de tables des matières d'ouvrages de géographie économique. L'analyse des documents demandée consiste à repérer et à isoler différentes conceptions et objets de la géographie économique pour retracer, autant que faire ce peut, une évolution de la discipline.

Conseils généraux pour l'analyse : être attentif à la date de parution des ouvrages, au contexte économique et géographique correspondant, aux courants de pensée auxquels ces auteurs se rattachent. De même, prêter attention aux définitions de l'objet de la géographie économique donnée et au traitement de cet objet tel que les tables des matières le laissent apparaître.

1909 : *Géographie économique,* M. Dubois et J.-G. Kergomard

A/ PAGE DE TITRE

PRÉCIS

DE

GÉOGRAPHIE ÉCONOMIQUE

par MM.

MARCEL DUBOIS
Professeur de géographie coloniale à la Faculté des lettres de l'Université de Paris.
Maître de conférences à l'École normale supérieure de jeunes-filles de Sèvres.
Président de la Société d'économie politique nationale

J.-G. KERGOMARD
Professeur agrégé d'histoire et de géographie au lycée Lakanal et à l'École commerciale de Paris.

AVEC LA COLLABORATION DE

M. LOUIS LAFFITTE
Secrétaire général de la Chambre de Commerce de Nancy et de l'Office économique de Meurthe-et-Moselle

---

TROISIÈME ÉDITION. 1909
REVUE ET MISE AU COURANT

B/ Préface

Nous avons complètement remanié ce précis de Géographie économique auquel la jeunesse studieuse et le monde des affaires ont réservé un accueil si favorable. Une évolution du monde contemporain en matière économique est si rapide et si profonde qu'à dix ans d'intervalle tout homme de science sincère est obligé de modifier, non seulement les éléments d'information dont il se sert, mais encore et surtout les idées qu'il retire de l'étude des faits. [...]

La première réforme que nous avons introduite dans l'édition nouvelle de ce livre [1909 ; première édition en 1883], c'est le remaniement de la géographie physique et politique. De plus en plus, nous voulons faire de ces notions plus et mieux qu'une préface de pure forme à l'étude économique. Nous avons conscience, quand nous faisons précéder l'étude économique du Royaume-Uni d'une préface physique où l'on décrit la Tamise, les Grampians, les lacs d'Écosse et le littoral du pays de Galles, que nous ne donnons pas les séries de causes de l'activité commerciale et maritime dont ce pays est le théâtre. L'explication de l'activité de la Grande-Bretagne d'Europe se trouve aux quatre coins du monde : et c'est bien pourquoi un petit précis de la Géographie physique et politique, borné à l'étude locale des Îles Britanniques, est insuffisant. À plus forte raison, l'Allemagne, qui vit des colonies et des ports du reste du monde, n'est-elle exclusivement explicable, dans son essor économique, ni par la nature des côtes de Poméranie, ni par la conformation des montagnes de Bavière. Le temps des explications locales est passé : et s'il est vrai, d'une vérité de tous les siècles, qu'il n'y a de science que du général, c'est, en particulier à l'heure actuelle, la devise qui convient à la géographie économique. On pouvait jadis, en cette matière, comme en médecine, prêter une attention exagérée aux localisations d'un phénomène de santé ou de maladie : aujourd'hui il n'est si petit fait d'ordre économique qui ne soit la répercussion de beaucoup d'autres et qui ne réagisse à son tour sur l'univers entier. Localiser à outrance, c'est aujourd'hui fausser à coup sûr : plus les explications sont larges et compréhensives, plus elles ont de chances d'être proches de la vérité.

C'est assurément une grande peine que de ne pouvoir plus expliquer ni Liverpool par la Mersey, ni Londres par la Tamise, ni Hambourg par l'Elbe : ou plutôt, c'est un chemin naturel pour l'esprit, que de comprendre qu'avec la découverte des trains et des paquebots rapides, des télégraphes et des téléphones, des câbles sous-marins, les facultés de l'homme doivent se plier à cette complexité nouvelle du monde si elles veulent comprendre le monde. Et après tout, c'est un charme de plus pour la science que d'être ainsi étendue, délicate et difficile à saisir.

C'est pourquoi, si nous avions continué à faire un simple résumé de géographie physique et politique, pour introduire nos lecteurs à l'étude de la géographie économique, nous croirions n'avoir pas fait toute notre tâche. [...] Le résumé de la géographie physique d'un pays doit être fait de telle sorte qu'il montre l'aptitude naturelle du sol sur lequel s'est établie une nation. Mais en aucun cas, il ne doit prendre l'allure d'une annonce rigoureusement vraie, presque prophétique, de la géographie économique qu'on exposera plus loin. Et d'autre part, cet exposé doit être perpétuellement corrigé par la considération de l'état politique, social, et moral du peuple qui exploite un terroir : car, des mêmes richesses naturelles, une nation peut faire un emploi excellent, médiocre ou détestable, et sa manière de faire cet emploi dépend de ses conditions morales de courage ou de découragement, d'audace ou de timidité : il dépend aussi de l'union ou de l'état de discorde politique de ce peuple. [...]

Redirons-nous une fois de plus que le rôle de la géographie économique ne s'arrête pas aux énumérations, même logiquement ordonnées, des richesses de chaque pays ? Ce serait persuader au lecteur que l'état actuel du monde est un état définitif et qu'il suffit à un homme actif d'entrer dans les cadres des métiers sans rien tenter d'original ni de nouveau. Assurément, si l'on se contente de diviser une bonne fois le globe en un certain nombre de régions aux limites immuables, d'en définir la géographie physique et de vouloir expliquer par là le présent avec le passé ou même prophétiser l'avenir, il y a quelque chance pour que l'esprit des personnes qui étudient la géographie se prenne d'engourdissement et s'imprègne de fatalisme. L'étude de la géographie économique doit au contraire nous convaincre de la variation perpétuelle des localisations de la richesse parmi les humains. [...]

Il est des délicats, ceux « qui sont malheureux et que rien ne saurait satisfaire », qui ne veulent pas que la géographie économique prenne place dans nos études, du moins dans nos études classiques et supérieures : ils en font dédaigneusement la concession ou l'abandon aux élèves qui auront l'honneur, médiocre paraît-il, de défendre l'intérêt matériel de la France. Même il semble que la géographie économique leur inspire une sorte de dédain intellectuel.

Il y a là précisément une erreur intellectuelle et un manque de générosité : l'erreur intellectuelle consiste à croire d'une part que les études économiques ne sont point affaire de science, et d'autre part qu'elles ne peuvent véritablement contribuer à former un esprit distingué. L'erreur de générosité consiste à regarder tout à la fois la géographie économique comme un rebut et les catégories d'élèves qui en ont besoin comme une classe inférieure.

C/ Table des matières (extraits)

M. Dubois et J.-G. Kergomard, *Géographie économique*, Paris, Masson (3e éd.), 868 p.

2.1 - PISTES DE RÉFLEXION

– Qui sont précisément les auteurs de l'ouvrage ?

– À quel public s'adressent-ils ?

– Que déduire à partir des critiques présentées par les auteurs de l'approche de la géographie économique dans la géographie universitaire française de l'époque ?

– Quels changements majeurs les auteurs ont-ils introduits par rapports à l'édition antérieure dont l'esprit est davantage reflété dans le sommaire que dans la préface ? Comment les expliquer ?

1956 : *Précis de géographie économique*, P. George

Table des matières

Deuxième partie - L'économie et la production industrielles

Chapitre I. Structure et formes d'organisation
Industries lourdes et industries légères ; caractères généraux de l'organisation industrielle ; principaux facteurs de localisation des industries ; structures urbaines et nouveaux rapports économiques et sociaux entre villes et campagnes.

Chapitre II. La production de l'énergie
La production houillère mondiale ; la production mondiale de pétrole ; la mobilisation des forces naturelles.

Chapitre III. La production et la commercialisation des matières premières
La production des minerais métalliques ; matières premières d'origine végétale et animale.

Chapitre IV. Les industries lourdes. Les industries d'équipement
Les industries de première élaboration ; les industries d'équipement.

Chapitre V. Les industries légères ou industries de biens d'usage et de consommation

Troisième partie - Économie agricole et production de denrées alimentaires

Chapitre I. Les types d'économie agricole

Chapitre II. La production des grains
La production mondiale de blé et des céréales associées ; la production mondiale de maïs ; la production mondiale de riz.

Chapitre III. Cultures alimentaires diverses
Cultures destinées à la production des boissons ; cultures de plantes à huiles ; les plantes à sucre ; cultures de légumes et de fruits.

Chapitre IV. Les produits de l'élevage et de la pêche

Quatrième partie - Commerce et circulation

Chapitre I. Économie et commerce

Chapitre II. Les transports continentaux
Les transports ferroviaires ; la voie fluviale ; la circulation routière.

Chapitre III. Les transports maritimes et aériens
Les transports maritimes ; les transports aériens.

P. George, *Précis de géographie économique*, Paris, PUF, pp. 401-402.

2.2 - PISTES DE RÉFLEXION

– À quels aspects nouveaux laisse place cet ouvrage par rapport à celui de Dubois et Kergomard ?

– Quels sont les aspects qui au contraire disparaissent ?

– Expliquer les priorités successives adoptées dans le plan.

1990 : *Theoretical Perspectives in Economic Geography*, P. E. Lloyd, P. Dicken

A/ Préface

Cela fait maintenant dix-sept ans que la première édition de cet ouvrage est parue [...] Celle-ci commençait à dater, dans un monde qui a complètement changé. De fait, selon beaucoup d'observateurs, la géographie de l'activité économique a connu dans les années 1980 des changements particulièrement rapides, à toutes les échelles d'analyse. En même temps, les centres d'intérêt et les approches des géographes économiques se sont eux-mêmes substantiellement transformés. Dans la deuxième édition (1978), nous avons tenté d'intégrer des premières modifications, portant sur les aspects non rationnels des prises de décision en matière de localisation et sur le comportement spatial des entreprises pluriétablissements. Le but avait alors été d'ajouter des précisions supplémen-

taires et de complexifier le cadre des modèles classiques et néo-classiques, qui constituait toujours le cœur de l'ouvrage.
Au cours des années 1970, les béhavioristes et les économistes industriels d'abord, puis, de manière plus définitive, les marxistes et des auteurs influencés par le marxisme, ont mis de plus en plus en cause la pertinence de l'emploi, en géographie humaine, des approches néo-classiques fondées sur la modélisation. De telles critiques reflétaient en partie les bouleversements économiques qui avaient commencé à se produire vers 1973, dont les conséquences avaient souvent été catastrophiques pour les populations locales. Ces critiques prirent certainement plus de poids à cause d'un tel contexte. Pendant que les étudiants en géographie économique se colletaient aux plaines uniformément peuplées, où l'on trouvait de petites usines travaillant sous des conditions de concurrence parfaite, le monde autour d'eux apparaissait de plus en plus éloigné de telles abstractions. Pour certains, il fallait totalement rejeter cette approche – les géographes ont toujours eu une forte tendance à répondre aux changements en se débarrassant des vieilles idées et concepts, jusqu'à ce qu'ils se rendent compte qu'ils étaient peut-être allés un peu trop loin (« *to through Weber with the bath water* », comme l'un d'eux l'a noté).
Il était vraiment nécessaire d'adopter une démarche qui fût plus explicitement en accord avec un monde façonné par des firmes pluriétablissements et souvent internationales [...] Les géographes ont tenté de mettre l'accent sur les processus spécifiquement spatiaux, oubliant souvent les questions primordiales qui se posent à tout entrepreneur potentiel : y a-t-il lieu d'investir ? Et dans quoi investir ? Il faut poser ces deux questions avant de se demander où investir. Ainsi, les géographes se montraient plutôt naïfs face à la réalité du processus de production, tant ils étaient devenus obnubilés par l'espace et la localisation. Ils ne parvenaient pas, en fait, à transcrire dans les réalités complexes du monde moderne les règles simplificatrices de la concurrence et de l'échange du modèle néo-classique qu'ils avaient faites leurs.
Il faut cependant se convaincre que la démarche simplificatrice du modèle néo-classique reste utile pour tenter de comprendre le monde complexe et changeant dans lequel nous vivons. Il s'agit simplement d'une manière de voir et de comprendre ce monde complexe. En fait, cette approche a été à l'origine du premier grand élan qu'a fourni la géographie économique pour passer de la simple description à la théorie. Elle a le mérite considérable de la rigueur de sa démarche analytique [...] C'est la raison pour laquelle nous avons retenu le principe de l'approche modélisante pour la première partie de *La localisation dans l'espace*. Son propos est explicitement spatial. Elle porte sur les facteurs et les choix de localisation dans un monde simple. Dans cette partie, nous essayons donc de garder les aspects de la théorie classique de la localisation qui sont restés pénétrants.
La deuxième partie de la troisième édition est complètement nouvelle. Nous quittons le monde simpliste de la première partie pour porter un regard plus réaliste sur l'organisation de la production et de la concurrence dans le monde capitaliste contemporain, sur la base des développements récents de la géographie économique. Certains sont constitués par des critiques marxistes, d'autres viennent du monde des affaires. Cette partie vise à utiliser les apports provenant de différentes origines pour retravailler notre compréhension de la localisation dans l'espace, du point de vue spécifique de l'organisation de la production dans le cadre de la concurrence moderne. [...] Nous pensons que la version révisée de ce livre sera extrêmement utile pour les étudiants en géographie et pour les nombreux étudiants en commerce qui suivent des cours de géographie. Le nouveau contenu de la deuxième partie devrait particulièrement intéresser ces derniers.

B/ Table des matières

Chapitre 4. Les variations des coûts de production dans l'espace
Combinaison des facteurs de production : travail, capital, technologie ; impact sur la localisation des variations spatiales des coûts des facteurs.

Chapitre 5. Demande, échelle et agglomération
Variation spatiale de la demande ; économie d'échelle ; économie d'agglomération.

Chapitre 6. La dimension espace-temps : le développement économique cumulatif
Les ressorts du développement ; la croissance, un processus cumulatif ; innovation et croissance ; diffusion de la croissance.

Partie 2 - La localisation dans l'espace : les perspectives alternatives

Chapitre 7. Le monde des affaires contemporain : structure économique, formes d'organisation industrielle et processus de la concurrence
Les structures de la concurrence ; environnement incertain et théorie des jeux ; les avantages des grandes organisations.

Chapitre 8. Comportement stratégique des grandes organisations industrielles : une perspective géographique
Décisions stratégiques ; stratégies de concurrence ; stratégies et structure ; organisation spatiale des grandes organisations économiques.

Chapitre 9. Aperçu des théories sociales et économiques de Marx

Chapitre 10. Les relations sociales et la géographie de la production
L'approche par les cycles ; le débat sur l'organisation du travail ; la DST et la DIT ; la fin du fordisme et le débat sur la flexibilité.

P. E. Llyod et P. Dicken, *Theoretical Perspectives in Economic Geography*, New York, Harper Collins, 1990, (3e éd.), 431 p.

2.3 - PISTES DE RÉFLEXION

- Isoler dans le plan la part de l'ouvrage qui correspond à la première édition et identifier les arguments qui permettent de la retrouver.
- Quelles raisons expliquent les changements entre les différentes éditions ?
- Quelles nouvelles approches ont influencé les chapitres 7 et 8 ?
- De quel courant s'inspire le chapitre 10 ?

1976 : Éléments de géographie économique, P. Claval

A/ Préface

La géographie économique étudie les aspects spatiaux de la lutte que les hommes mènent contre la rareté ; elle explique les mouvements et la répartition des richesses ainsi créées ; elle souligne les obstacles auxquels se heurtent les producteurs et indique ce qui, parmi eux, est dû à la nature et ce qui tient aux institutions ; elle montre comment les paysages et l'ordonnance des groupes les uns par rapport aux autres résultent des décisions prises afin de tirer le meilleur parti des ressources. [...]
La multiplicité de ses emprunts n'interdit pas à la géographie économique de constituer un domaine cohérent et dont le développement a été singulièrement fécond au cours des vingt dernières années. Cela tient à la simplicité des principes sur lesquels elle repose : elle sait mettre à jour la logique des décisions et expliquer la manière dont elles s'harmonisent ; elle parvient à prévoir leurs conséquences.
Une bonne partie des progrès de la géographie humaine générale a résulté, dans le courant des années 1950 et 1960, de l'utilisation des méthodes et des concepts de la géographie économique : ceux-ci ont permis d'interpréter la distribution spatiale de la production et de la consommation, mais aussi les problèmes de la ville et de la région, de la croissance et de la stagnation. Depuis quelques années, la curiosité s'est déplacée. La géographie économique a cessé de se confondre avec la géographie humaine de pointe. Elle n'en constitue pas moins un

domaine très riche : les conditions du développement, les pénuries qui menacent le monde civilisé et qui frappent déjà durement les pays sous-développés, les pollutions qui détruisent certains milieux sont au cœur de ses préoccupations. [...]

La géographie économique cherche à expliquer la distribution des faits de production, de répartition et de consommation. Pour les appréhender, elle utilise les catégories proposées par les économistes en précisant la manière dont l'espace les modèle ou les modifie. La description qu'elle mène alors révèle la multiplicité des agents et des sujets économiques, la diversité des rôles qu'ils remplissent et le nombre de relations qui les unissent. L'ordre de l'ensemble s'éclaire lorsque sont analysées les décisions que prennent les acteurs et la manière dont elles sont amenées à conciliation – car les projets individuels sont rarement harmonieux. Les frictions qu'entraînent la dispersion des activités, l'opacité du milieu et l'obstacle de la distance, écartent des conditions idéales dans lesquelles se meut l'économie classique.

La géographie économique montre donc, lorsqu'elle évoque les mécanismes d'ajustement des décisions par les marchés ou par les revenus, la multiplicité des configurations que prend le système économique en fonction de la répartition des dotations naturelles, de l'esprit des institutions et du niveau technique des civilisations. Elle insiste sur l'opposition qui apparaît entre les sociétés où l'économique est mal isolé des autres sphères de l'activité et celles où il est vraiment autonome. Elle indique comment la dispersion nuit à l'efficience de l'ensemble aussi bien en économie centralisée qu'en économie décentralisée. Elle souligne aussi ce qui tient, dans la géométrie de l'espace, à la manière dont les communications sont structurées par les systèmes de relations sociétales.

B/ Table des matières

coûts absolus et les coûts comparatifs dans les économies traditionnelles ; la croissance, les internalités et les externalités (les effets du progrès technique).

Chapitre X - L'économie centralisée
Les principes de l'économie centralisée ; la logique de l'économie centralisée et ses implications spatiales ; la diversité des systèmes socialistes.

Chapitre XI - Progrès technique et organisation de l'espace
Des sociétés traditionnelles aux sociétés post-industrielles : les étapes du progrès ; les grands types d'organisation de l'espace.

Chapitre XII - Le système économique mondial et la croissance
Le système mercantiliste ; le système économiste ; les crises du système économiste.

Chapitre XIII - L'économie mondiale et le problème des ressources
Bilan et perspective de l'économie mondiale ; l'économie des ressources naturelles ; les limites de la croissance.

Conclusion - La fin de l'économisme et l'organisation de l'espace

P. Claval, Éléments de géographie économique, Paris, M.-Th. Génin, 1976, 361 p.

2.4 - PISTES DE RÉFLEXION

Expliquer le renversement de priorité pour les chapitres II et III, par rapport au manuel de P. George, et isoler dans le plan la dimension la plus neuve, qui n'apparaissait pas dans les ouvrages précédents.

Ce document présente la particularité de se référer à deux définitions de la géographie économique, apparaissant au début des premier et quatrième paragraphes de la préface.

- Déterminer les courants dont chacune d'elles s'inspire, les conceptions très différentes de l'économie sur lesquelles elles se fondent.
- Spécifier l'approche géographique que chacune de ces définitions sous-tend, tenter de les retrouver dans le plan.
- Réfléchir à l'ambiguïté que cette double définition peut créer dans l'approche générale de la géographie économique.
- Retrouver quel courant d'anthropologie économique inspire la phrase : « Elle insiste sur l'opposition… autonome » et réfléchir aux conséquences que cette conception de P. Claval a pu avoir sur la prise en compte des aspects culturels ou sociaux dans l'étude de la géographie économique de nos sociétés modernes.

1986 et 1992 : deux ouvrages d'A. J. Scott et M. Storper

A/ Préface de *Production, Work, Territory : the Geographical Anatomy of Industrial Capitalism*

M. Storper

Cet ouvrage tente d'éclairer les fondements géographiques du capitalisme industriel moderne. Avec la progression des recherches sur le processus général de production et de développement social, il est en effet devenu de plus en plus évident que ces fondements étaient d'une signification politique et théorique majeure. Les chapitres qui suivent se centrent résolument sur ce sujet, en fournissant une vue d'ensemble du système de production

A. J. Scott

capitaliste moderne et de ses effets importants sur l'organisation et les transformations du territoire. Simultanément, on montre comment l'aspect territorial, en tant que tel, structure et restructure le capitalisme industriel, conçu comme un système donné de pratiques et de relations sociales.
Dans cet ouvrage, la géographie économique du capitalisme industriel est traitée à plusieurs niveaux différents. On examine, premièrement, la structure générale et la temporalité du capitalisme. Deuxièmement, on considère les dynamiques de la production et du travail, en accordant une attention et un soin particuliers aux questions fondamentales de l'organisation industrielle, de la technologie, et des marchés locaux du travail. Troisièmement, sont retracées les conséquences de tout cela, en termes de développement territorial, de reproduction et de transformation des complexes d'activité, depuis l'échelle locale jusqu'à l'échelle globale. Tout au long du livre, on tente de faire apparaître les significations sociales et politiques plus larges de ces recherches. [...]

Production, Work, Territory : the Geographical Anatomy of Industrial Capitalism, Boston, Allen & Unwin, 1986, 344 p.

B/ Table des matières de *Pathways to Industrialisation and Regional Development*

Partie I. Introduction
1. Industrialisation et dévelopement régional (*Allen J. Scott et M. Storper*).

Partie II. Une nouvelle ère dans le développement capitaliste ?
2. Les divisions internationales du travail fordiste et postfordiste et les régimes monétaires (*E. Altwater*).
3. Fordisme et postfordisme : une reformulation critique (*B. Jessop*).
4. Spécialisation flexible *vs* postfordisme : théorie, preuve et implications politiques (*P. Hirst et J. Zeitlin*).
5. Le modèle japonais du postfordisme (*M. Itoh*).

Partie III. Les nouvelles technologies et l'organisation de la production industrielle
6. La revitalisation de la production de masse à l'âge de l'ordinateur (*B. Coriat*).
7. Les trajectoires technologiques et la nouvelle économie classique (*M. Piore*).
8. La structure de la production industrielle et les frontières entre les firmes et les marchés (*G. Dosi et R. Salvatore*).

Partie IV. Les fondations territoriales des systèmes de production
9. Confiance, communauté et coopération : vers une théorie des districts industriels (*Edward H. Lorenz*).
10. Un réexamen du modèle italien de la production flexible à partir d'un point de vue comparatif (*B. Courault et C. Romani*).
11. Le dévelopement industriel et les sytèmes industriels locaux dans la France de l'après-guerre (*B. Ganne*).
12. Les systèmes industriels localisés en France : un type particulier de système industriel (*J. Saglio*).

Partie V. L'incorporation du travail
13. Les voies alternatives pour parvenir à la flexibilité du travail (*G. Standing*).
14. Les conventions de travail, les fluctuations économiques et la flexibilité (*R. Salais*).

Partie VI. L'ordre collectif et la politique industrielle dans le postfordisme
15. Les échelons de l'intervention politique et la nature de la compétition postfordiste (*P. Bianchi*).
16. Des modèles divergents d'organisation des affaires dans la Silicon Valley (*A.-L. Saxenian*).
17. Erreurs conceptuelles et questions ouvertes sur le postfordisme (*D. Leborgne et A. Lipietz*).

Pathways to Industrialisation and Regional Development, London, Routledge, 1992, 405 p.

2.5 - PISTES DE RÉFLEXION

– Réfléchir à la façon dont est introduit et utilisé le territoire dans la préface des deux auteurs.
– Observer dans le plan l'ordre des priorités adopté dans le regroupement des articles en parties.
– Isoler les champs géographiques privilégiés dans l'adaptation de l'approche régulationniste à la géographie.

1997 : *Geographies of Economies*, R. Lee, J. Wills (dir.)

A/ Préface

« Ancienne » et « nouvelle » géographies économiques ?

Au cours de ces dernières années, la géographie économique a été ébranlée par des bouleversements économiques, par les défis posés à l'analyse politique et économique, et par le développement d'une théorisation plus contemporaine, liée à l'approche « postmoderne ». Ces évolutions incitèrent beaucoup d'entre nous à s'engager dans de nouvelles voies. Les géographes économiques entreprennent actuellement des recherches sur des thèmes aussi divers que ceux du capital financier, de la globalisation, des nouveaux modèles de consommation, de l'identité et des représentations de l'économie. Les chapitres de ce volume illustrent cette « nouvelle » recherche en géographie économique. En présentant une partie de ce « nouveau » savoir, nous tenons cependant beaucoup à mettre l'accent sur ses liens avec le passé, le « tournant culturel » ayant conduit à reformuler plus qu'à remplacer les sujets traditionnels d'investigation. Les chapitres de la section I explorent les voies par lesquelles l'intérêt renouvelé pour la culture et la théorie sociale a enrichi la recherche en géographie économique. Les auteurs de la seconde section du livre illustrent ensuite ces préoccupations « nouvelles » de la géographie économique, en prêtant attention aux processus de globalisation. En explorant les connexions entre le discours et les pratiques matérielles, ils développent de nouvelles idées, mais restent conformes, dans la formulation de leurs interrogations, au standard de l'économie politique traditionnelle. Dans la troisième et dernière section du livre, cette continuité avec le passé est encore plus claire ; ce sont toujours les outils de l'économie politique traditionnelle qui sont utilisés pour analyser la nature changeante du développement inégal, le rôle de l'État et la pratique politique. Au-delà de cette reconfiguration du sujet, les géographes économiques soulèvent également de nouvelles interrogations, introduisant les questions du sens, du discours et de l'identité dans leur programme de recherche.

[...] L'attention portée à la contingence du sujet est indispensable, pour se mettre en garde contre des hypothèses parfois aspatiales, intemporelles et même déterministes de certaines des analyses de l'économie politique traditionnelle, mais plusieurs des implications de cette contingence restent à clarifier en géographie économique. C'est peut-être cette question, plus qu'aucune autre, qui différencie les écrits qui s'inscrivent dans la tradition de l'économie politique de ceux qui ont pris forme dans la théorie sociale et culturelle. Bien que le travail de Karl Polanyi (1944), par exemple, suscite l'intérêt de beaucoup des auteurs de ce livre, les solutions qu'il offre semblent insuffisantes à la lumière de la théorisation contemporaine. [...] La difficulté pour l'analyse contemporaine est de trouver un espace où asseoir l'« agent humain », ce « sujet essentiel ». Beaucoup de philosophes du XXe siècle – et les penseurs structuralistes ou poststructuralistes en particulier – ont à juste titre mis en pièces toute notion de sujet désencastré et ahistorique. [...]

Plutôt que de manifester une « postmodernité » ou un « courant culturel » emblématiques de la crise, nous espérons que ce volume témoigne de la nouvelle recherche interdisciplinaire, explorant les croisements entre l'économie, la culture, la société et la politique à des échelles spatiales variées. Dans ce contexte, comme Martin le dit avec un bel à-propos, la géographie économique a besoin d'être reconstruite comme un ensemble d'approches « plus multidimensionnelles, à perspectives multiples et à voix multiples ». Ce processus, selon nous, est déjà en cours, et les chapitres de ce livre illustrent à la fois l'ampleur du champ d'enquête et l'ampleur de la recherche entreprise. Il s'agit de contextualiser plus que de remettre en cause les fondements de l'économique, en le situant au sein des relations culturelles, sociales et politiques à travers lesquelles il prend un sens et une direction.

B/ Liste sélective d'articles

Prologue : les géographies de l'économie : représentations et interprétations (*R. Lee*)

Première section : (re)constitution des géographies économiques

Introduction : les tournants culturels et la (re)constitution de la géographie économique (*P. Crang*).

1. La dialectique de la culture et de l'économie (*A. Sayer*).
2. Économique/non économique (*D. Massey*) [Analyse des racines culturelles de la construction masculine de l'espace dans les centres de Recherche et Développement].

3. La production culturelle de formes économiques (*R. Peet*).
6. La nature comme artifice, la nature comme artefact : développement, environnement et modernité à la fin du xxe siècle (*M.-J.Watts and J. McCarthy*).
9. La restructuration des entreprises reconsidérée (*S. Halford et M. Savage*) [Approche des opérations de restructuration bancaire par les questions de l'identité et du genre].
10. L'allégorie de deux villes ? Organisations enchâssées et travailleurs incarnés à Londres (*L. MacDowell*). [Application des pratiques institutionnelles sur le marché du travail londonien des analyses par le genre et l'appartenance sociale].

Section 2 : (re)penser la globalisation

Introduction : histoires vraies ? Cauchemards planétaires, rêves planétaires ; relater la globalisation (*A. Leyshon*) [Réflexion menée sur les discours sur la globalisation].
11. Globalisation, socio-économie, territorialité (*A. Amin et N. Thrift*).
12. Déballer le global (*P. Dicken, J. Peck et A. Tickell*).
13. Exclure l'autre : la production d'échelles et la politique en termes d'échelle (*E. Swyngedouw*).
14. Globalisation et géographies des luttes ouvrières dans cette fin de xxe siècle (*K.-R.Cox*).
17. La globalisation de la RD dans l'industrie électronique : l'expérience récente du Japon (*D.-P. Angel et L. Savage*).

Section 3 : les nouvelles géographies du développement inégal

Introduction : les théories de l'accumulation et de la régulation : revivifier la géographie économique (*T.-J. Barnes*) [Analyse des métaphores employées dans les théories de la régulation].
19. Économies régionales comme valeurs relationnelles (*M. Storper*).
20. Divergence, instabilité et exclusion : les dynamiques régionales en Grande-Bretagne (*Michael Dunford*).
21. L'État postkeynésien et le traitement de l'espace (*R. Martin et P. Sunley*).
25. Les villes informelles ? Le travail féminin et les activités informelles aux marges de l'Union européenne (*D. Vaiou*).
26. Détruire l'ancien pour faire du neuf ? Les géographies du développement inégal dans l'Europe centrale et de l'Est (*A. Smith*).

R. Lee et J. Wills (dir.), *Geographies of Economies*, Londres, Arnold, 1997, 406 p.

2.6 - PISTES DE RÉFLEXION

– Par rapport à tous les autres ouvrages précédents, quels véritables nouveaux champs sont ouverts par certains des articles présentés dans le plan ?

– Les deux auteurs insistent sur la multiplicité des discours. Or, les interprétations de l'économie ou de la géographie économique étaient déjà multiples au cours des périodes précédentes. Qu'est-ce qui a changé ?

– Comment peut-on expliquer la grande prudence vis-à-vis de théorisations et d'interprétations antérieures qui apparaît, dans le choix des articles comme dans l'introduction des auteurs ?

– En quoi le travail de Polanyi semble-t-il pouvoir susciter l'intérêt de nombreux géographes économiques contemporains ?

– Quelles peuvent être les limites des interprétations qu'il a offertes, évoquées par les auteurs ?

2

LE CIRCUIT ÉCONOMIQUE ET SON EXTENSION SPATIALE

Le premier à se représenter et à décrire un circuit économique fut le physiocrate François Quesnay, en 1758. Également médecin de Louis XV, il estimait que la circulation des richesses entre différentes classes d'agents au sein d'une société devait être semblable à celle du sang dans le corps humain. Le circuit est demeuré à la base des analyses des économistes. Ils le conçoivent comme une représentation schématisée de la circulation de flux de richesses (monnaie, biens, services, main-d'œuvre) entre des pôles (production, consommation), qui leur sert à évaluer des grandeurs économiques (la production et la consommation nationales, l'exportation).

On peut considérer ces circuits relativement à leur degré de complexité. L'économie d'une société paysanne fonctionnant en quasi-autarcie pourra n'être représentée que par deux pôles (production, consommation) et quelques flux (travail, biens alimentaires) quand, dans nos sociétés complexes, de nombreux autres pôles (les institutions financières, l'État, les firmes multinationales...) jouent un rôle actif dans une circulation des richesses beaucoup plus dense et diversifiée (versements de prêts, prélèvements d'impôts, sortie de capitaux...).

Le géographe est intéressé par l'échelle du circuit. Les échanges sont-ils cantonnés à des partenaires proches, ou s'ouvrent-ils à des partenaires éloignés ? La circulation des biens s'effectue-t-elle principalement à l'échelle locale, nationale ou internationale ? Autant de questions importantes à l'heure d'une mondialisation de l'économie qui suscite beaucoup de débats. On verra que l'élargissement des circuits est un processus ancien et qui n'est pas toujours progressif. Il est lié à des moyens logistiques, mais aussi à la volonté de certains acteurs, et comporte une dimension idéologique. La réalité de la mondialisation économique peut d'ailleurs être appréciée de manière nuancée.

BIBLIOGRAPHIE DU CHAPITRE

Ouvrages de base

ADDA J., *La Mondialisation de l'économie. 1. Genèse,* Paris, La Découverte, 1996, 127 p.

ADDA J., *La Mondialisation de l'économie. 2. Problèmes,* Paris, La Découverte, 1998, 127 p.

ARCHAMBAULT E., *La Comptabilité nationale,* Paris, Économica, 1994 (5e éd.), 253 p..

CEPII, *L'Économie mondiale,* Paris, La Découverte, coll. « Repères », 1994-1999.

COMBEMALE P. et QUILES J. J., *L'Économie par le circuit. Comprendre la macroéconomie,* Paris, Nathan, 1990, 221 p.

DICKEN P., *Global Shift. The Internationalization of Economic Activity,* Londres, Paul Chapman, 1992, 492 p.

FERRANDÉRY J.-L., *Le Point sur la mondialisation,* Paris, PUF, 1996, 170 p.

Ouvrages de référence

BRAUDEL F., *Civilisation matérielle, économie et capitalisme : XVe-XVIIIe siècles,* t. 2, *Les jeux de l'échange ;* t. 3 : *le temps du monde,* Paris, Armand Colin, 1967-1979.

WALLERSTEIN E., *The Modern World System,* New York, Academic Press, 3 vol. 1974-83, trad. franç., *Le système du monde du XVe siècle à nos jours,* Paris, Flammarion, 2 vol. 1980, 1984.

Ouvrages et articles spécialisés

ANDREFF W., *Les Multinationales globales,* Paris, La découverte, 1996,127 p.

BARBER B., *Djihad versus McWorld,* Paris, Desclée de Brouwer, 1997, 360 p.

BEAUD M., DOLFUS D., GRATALOUP C. et *al., Mondialisation. Les mots et les choses,* Paris, Karthala, 1999, 360 p.

CASTELLS M., *La Société en réseaux. L'ère de l'information,* Paris, Fayard, 1998, 613 p. (1re éd. 1996).

CHAUNU P., *Histoire, science sociale. La durée, l'espace et l'homme à l'époque moderne,* Paris, Sedes, 1974, 437 p.

CHESNAIS F., *La Mondialisation du capital,* Paris, Syros, 1994, 286 p.

COX K. R., *Spaces of Globalization Reasserting the Power of the Local,* New York, Guilford Press, 1997, 292 p.

GIUSSANI P., « Empirical evidence for trends toward globalization. The discovery of hot air », *Journal of Political Economy,* vol. 26, 1997, pp.15-37.

HEROD A., O TUATHAIL G. et ROBERTS S. (dir.), *An Unruly World ? Globalization, Governance and Geography,* Londres, Routledge, 1998, 256 p.

Insee, *Rapport sur les comptes de la nation,* annuel.

LÉON P., *Histoire économique et sociale du monde,* t. 1 : L'ouverture du monde : XIVe-XVIe siècle, BENNASSAR B., CHAUNU P., (dir.), Paris, Armand Colin, 1977, 606 p.

O'BRIEN R., *Global Financial Integration : The End of Geography,* Londres, Pinter Publishers, 1992, 120 p.

MADDISON A., *L'Économie mondiale 1820-1992 : analyse et statistiques.* Paris, OCDE, 1995, 274 p.

MATTELART A., *Histoire de l'utopie planétaire. De la cité prophétique à la société globale,* Paris, La Découverte, 1999, 423 p.

MUCCHIELLI J.-L., *Multinationales et mondialisation,* Paris, Le Seuil, 1998, 375 p.

RAINELLI M., *Le Commerce international,* Paris, La Découverte, 1998, 127 p.

Sciences Humaines, hors série n°17, juin/juillet 1997, « La mondialisation en débat ».

A
LE CIRCUIT ÉCONOMIQUE

Le circuit économique est une schématisation de la circulation des richesses. Comme tout circuit, il est constitué de flux. Leur circulation s'effectue entre ce que les économistes définissent comme ***pôles***. L'étude du circuit économique est un exemple type d'**approche macroéconomique**.

Pôle économique : catégorie composée d'agents qui exercent une fonction économique principale et prennent des décisions qui déclenchent des flux (consommation, production...).

Le circuit : une approche macroéconomique.
Lorsque l'on étudie un circuit économique, on se situe au niveau d'une économie dans son ensemble, souvent nationale, pour appréhender des grandeurs résultant du choix de millions d'individus. Pour cela, il a fallu regrouper des données globales significatives : agents (producteurs, consommateurs...), opérations (consommation, emploi, investissement, épargne...) et agréger les données qui leur correspondent.
En France, les données servant à la construction des grandeurs agrégées, ou ***agrégats***, sont collectées par l'Insee, tandis que l'organisme chargé des calculs et de la représentation du réel sous forme de circuit est la Comptabilité nationale.

Le plus utilisé des ***agrégats*** calculé par la Comptabilité nationale est le produit intérieur brut. Il évalue la richesse créée sur le territoire d'un pays pendant un an. Le PIB est souvent considéré comme un indicateur de richesse d'un pays et le PIB par habitant une mesure du niveau de vie.
PIB de la France en valeur de 8 500 milliards de francs en 1998 (4e rang). Cinq premiers pays en 1997 : États-Unis, Japon, Allemagne, France, Royaume-Uni. Mais la France n'a que le quinzième rang pour PIB/hab. ppa (1er : Luxembourg).

1 - Circuit économique simple

Le circuit économique le plus simple qu'on puisse construire, celui d'une société fonctionnant en quasi-autarcie, est le suivant : le pôle de production regroupe tous les ***agents*** qui, dans la société, par le travail, fournissent des biens et des services que le pôle de consommation absorbe. Le pôle de consommation ne s'identifie pas parfaitement au pôle de production. Certains de ses agents (les vieillards, les enfants en bas âge, les infirmes) ne participent pas aux activités productives. Un grand nombre offrent toutefois leur travail. Les flux entre ces pôles sont composés de biens et services, de travail et d'informations. Dès que la société s'ouvre, que les liens entre les agents composant les pôles se distendent, s'ajoutent des contreparties aux flux initiaux (paiement des biens et services, du travail) qui peuvent être de nature monétaire.

Agent économique : personne ou catégorie agrégée de personnes, que l'on désigne par sa fonction principale dans la vie économique (consommateur, épargnant, exportateur).

Les flux d'un circuit économique peuvent prendre deux formes : une forme matérielle ou immatérielle. Par exemple, un producteur automobile (pôle de production) peut s'enquérir par son service d'étude de marché des désirs des consommateurs (entrée d'informations immatérielles), afin d'écouler une production d'automobiles (matériel), en contrepartie de laquelle il recevra un paiement (opération bancaire immatérielle).

Circuit économique simple

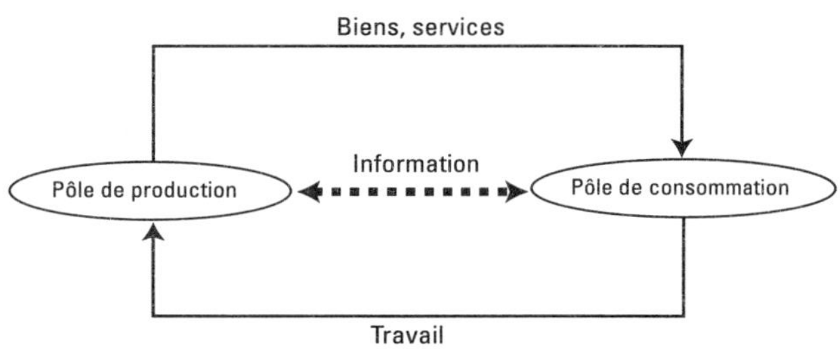

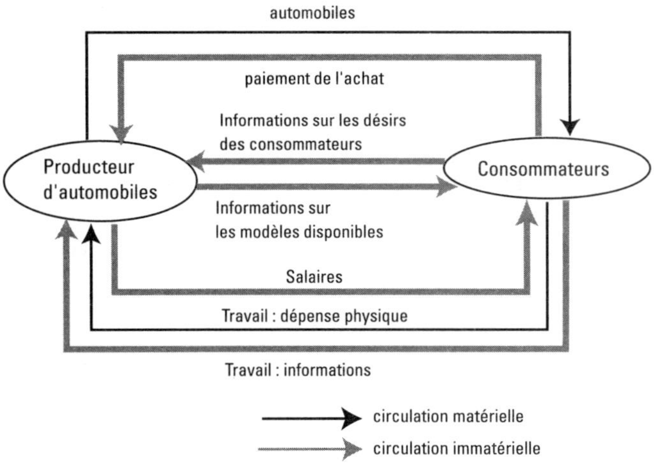

Il offre aussi des salaires qui sont généralement virés au moyen d'une opération télématique (immatériel) en échange d'un travail qui comporte lui-même une dimension à la fois physique (« force de travail », dépense d'énergie) et informationnelle (l'employé offre à son entreprise un savoir-faire, des informations acquises par sa formation et son expérience). Les acheteurs d'une automobile, avant d'acquérir un modèle donné, ont eux-mêmes entrepris une quête d'informations (immatériel).

On peut découvrir dans cet exemple l'importance que prennent les flux immatériels par rapport aux matériels, dans les échanges entre producteurs et consommateurs.

2 - Circuits économiques complexes

■ La prise en compte d'un plus grand nombre de pôles

La distinction entre production et consommation est en fait très réductrice. On a vu que la plupart des agents sont à la fois producteurs et consommateurs. Ainsi, les entreprises participent certes à la production, mais aussi à la consommation : elles achètent des matières premières et font appel à des pourvoyeurs de services (banques, transporteurs, etc.). Il y a par ailleurs plus de deux pôles. Pour nos économies contemporaines, où la ***division du travail*** est importante, on considère en général les ménages, les entreprises, les administrations et les institutions financières. Le circuit qui en résulte est donc beaucoup plus complexe.

Division du travail : dès qu'une société s'organise, s'instaure une division du travail, c'est-à-dire une répartition des tâches entre individus ou groupes spécialisés dans des activités complémentaires. Celle-ci peut être de nature sociale (répartition selon le sexe, l'âge, l'appartenance à des castes) et/ou fondée sur des spécialisations professionnelles (banquier, enseignant, entrepreneur).

Ainsi, les flux monétaires ne sont, par exemple, plus aussi simples que dans le premier schéma : ils sont également pris en main par les banques (investissements, prêts) et par l'administration (impôts, subventions).

Circuit économique complexe

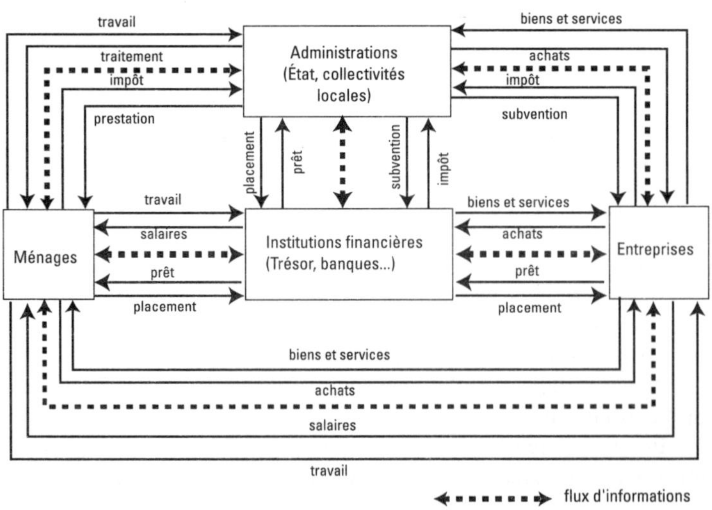

■ La prise en compte de l'extérieur

Le circuit économique d'une société fonctionne rarement en système clos ou en complète ***autarcie***. Il est généralement ouvert sur l'extérieur ; des flux se dirigent vers ou proviennent de certains agents qui ne font pas partie de cette société (institutions financières, entrepreneurs, consommateurs, étrangers).

Autarcie : état d'une société qui n'échange rien avec l'extérieur (Japon avant l'ère Meiji, Albanie socialiste).

Ces agents extérieurs commandent des flux, qu'on qualifie d'internationaux si la société en question est constituée en nation. Ils sont alors constitués d'importations et d'exportations de marchandises, de services, de capitaux et d'information. Le circuit économique comprend un nouveau pôle : le Reste du monde (RDM), qui intervient d'ailleurs en tant que tel dans la comptabilité nationale.

Circuit économique ouvert sur le RDM

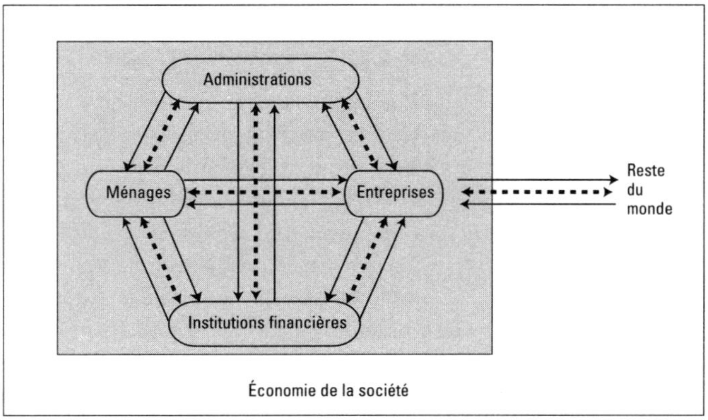

B

L'EXTENSION SPATIALE DES CIRCUITS

1 - Un élargissement géographique

Sur le long terme, l'évolution des circuits se caractérise par son extension spatiale. Les circuits économiques englobent des acteurs toujours plus éloignés géographiquement les uns des autres, même s'il a existé des phases de repli (ralentissement du désenclavement entrepris par l'Europe vers 1600, crise des échanges internationaux de 1929), et des rythmes d'ouverture différenciés selon les parties du monde.

■ Un circuit centré sur la maisonnée et l'espace tribal

Dans les sociétés primitives, le circuit économique s'organise en différents secteurs emboîtés, caractérisés chacun par des systèmes d'échange et une nature particulière de biens échangés. Au sein du cercle intime de la maisonnée, du village, la circulation des biens fonctionne sur le mode d'une redistribution réglée par la coutume. Dans les secteurs où se trouvent les autres villages de la même tribu, et les tribus voisines alliées, une part plus grande des biens circule sous la forme du don/contre-don. Le troisième cercle est celui de l'Autre (tribu inconnue ou méprisée). C'est le troc ou l'appropriation violente qui est à l'origine de la circulation des richesses. Les systèmes d'échanges du troc ou du don/contre-don peuvent permettre aux biens de franchir des distances considérables, par un mécanisme de transmission de proche en proche. La circulation de colliers et bracelets de prestige par le don/contre-don qui prenait place dans le système de la *kula* embrassait ainsi un nombre considérable d'îles et de régions de la Mélanésie (*cf.* chap. 7). Ces formes d'échanges ne sont toutefois appliquées qu'à une part infime des richesses. La plupart ne sortent en fait pas des premiers secteurs villageois et tribaux.

■ Du troisième au quatrième cercle : le désenclavement

L'historien Pierre Chaunu a proposé une théorie des cercles de communication rendant compte de l'organisation spatiale des échanges des univers enclavés. En Europe, elle s'applique à la période qui s'écoule du Moyen Âge aux années 1700-1750, mais pourrait sans doute être étendue à la période antique, sans que l'on ait besoin de lui faire subir de changements majeurs. 90 % des échanges portant sur la production ne s'effectuaient alors que dans un cercle dont le rayon ne dépassait pas 5 kilomètres autour du village. La production est en fait essentiellement destinée à l'autoconsommation, et au troc au sein de communautés d'habitat et entre communautés circonvoisines. Sur les 10 % restants, 9 % étaient retenus dans un deuxième cercle, centré sur un marché local, identifié par l'auteur comme étant celui du petit pays. Le rayon de ce second cercle correspond à la distance aller-retour qui peut être couverte en une journée de marche (20-25 km). Seul 1 % de la production parvenait donc jusqu'à un troisième cercle, où il alimentait l'économie nationale et internationale.

Prêt à la grosse aventure **:** le marchand, pour se décharger des risques considérables du voyage maritime, emprunte (avec de lourds intérêts) pour acheter les marchandises, et ne rembourse que s'il arrive à bon port.

***Négoce par commenda* :** un bailleur de fonds (100 % du capital) sédentaire confie des marchandises à un commissionnaire chargé du transport. Ce dernier reçoit une part des bénéfices une fois la marchandise livrée à destination.

Les volumes de biens qui circulent dans le cadre de ce troisième cercle, celui du **commerce au loin**, sont donc infimes. Les biens concernés sont toutefois vitaux (le blé) et/ou de valeur (épices, métaux précieux). Les échanges auxquels ils donnent lieu permettent par ailleurs de mettre en contact des acteurs très différents les uns des autres et de développer de nouvelles formes d'organisation, à l'origine du capitalisme marchand (en Europe, à partir du XIe siècle : ***prêt à la grosse aventure, négoce par commenda***).

Une existence ancienne du commerce au loin. L'existence d'un commerce au loin est attestée avant l'époque médiévale. Il existe déjà de tels échanges lors de l'Antiquité mésopotamienne, qui donnèrent naissance à la plupart des techniques commerciales et financières utilisées plus tard par les Phéniciens et les Grecs. Du IXe au IIIe avant J.-C., le bassin méditerranéen et la mer Noire furent le lieu d'un vaste réseau d'échanges. Athènes, à l'époque classique, était une place marchande et financière où banquiers et marchands organisaient les échanges au loin. De même, l'Empire romain a pris en charge le transport de biens sur de longues distances (acheminement du blé vers Rome depuis l'Égypte, la péninsule Ibérique, la Gaule méridionale, etc.).

Les distances parcourues par les biens qui circulent au sein du troisième cercle peuvent être importantes. Les produits lainiers et drapiers qui s'échangent lors des foires de Champagne, aux XII-XIIIe siècles, proviennent du nord de l'Europe (région des Flandres, Hambourg, Lubeck), la soie et les épices ont transité par les cols alpins, depuis Venise ou Gênes. Apportées par les Italiens, elles ont auparavant voyagé le long de routes commerciales établies jusqu'en Inde et en Chine. Lorsque le détroit de Gibraltar est pris par la flotte castillo-génoise à la fin du XIIIe siècle, les mêmes produits sont transportés depuis la Méditerranée vers les Flandres et l'Angleterre. Cette circulation, même si elle inclut des extensions jusqu'en Orient, demeure toutefois aux dimensions de la chrétienté latine.

Un quatrième cercle se serait mis en place entre le XIVe et le XVIe siècle, avec le désenclavement maritime et commercial, opéré sous l'impulsion des monarchies ibériques. L'ouverture d'une voie océanique directe entre l'Atlantique et l'océan Indien, grâce à la circumnavigation de l'Afrique de Vasco de Gama, et la découverte de l'Amérique mettent en communication des mondes jusque-là isolés et offrent un très grand rayon au déplacement de nombreux produits de valeur. Par la mise en place de ce quatrième cercle **l'économie-monde** européenne s'étend à de nouveaux continents.

L'extension de l'économie-monde européenne, entre 1500 et 1775

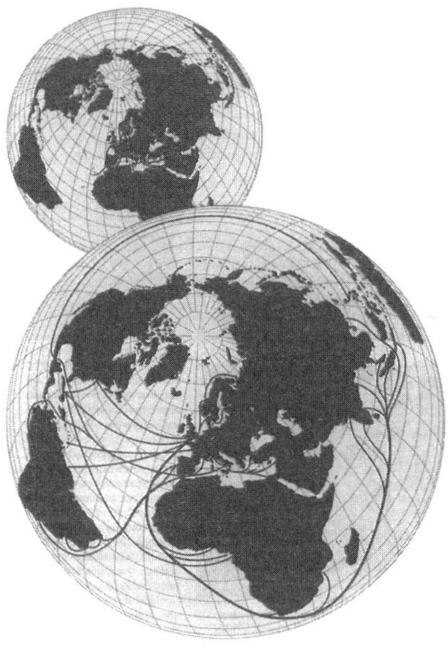

L'Histoire, n° 239, janvier 2000, p. 63.

L'économie-monde selon Braudel et Wallerstein. ***Fernand Braudel*** définit l'économie-monde comme « un fragment de l'univers, un morceau de la planète économiquement autonome, capable pour l'essentiel de se suffire à lui-même et auquel ses liaisons et ses échanges intérieurs confèrent une certaine unité organique » (79, p. 12).
L'historien économique américain, E. Wallerstein a quant à lui introduit le concept de système-monde qui décrit tout réseau d'échanges impliquant une division du travail qui se déploie sur un espace plurinational. Les deux principaux types en sont l'empire-monde (division du travail au sein d'un espace étatique unique) et l'économie-monde (division du travail dans un espace interétatique). Les systèmes-monde qui ont précédé celui de l'Europe (Mésopotamie, Méditerranée antique, Rome, Chine, Perse) se seraient toujours transformés en empire-monde. L'Europe, alors même qu'elle reste cloisonnée, qu'elle ne constitue pas d'empire, étend dès le XVIe siècle ses ramifications au monde entier ; c'est une économie-monde.

F. Braudel (1902-85) : historien français, chef de file de la « Nouvelle Histoire » (école des Annales), après la disparition de ses fondateurs : M. Bloch et L. Febvre. Il a privilégié lui aussi la longue durée, les évolutions lentes de la vie matérielle et des structures économiques. Le cadre principal de ses recherches fut l'Europe des Temps modernes. Il montre que le capitalisme fut largement antérieur à la révolution industrielle. *Civilisation matérielle, Économie et captalisme. XVe-XVIIe siècle* (1979), *La Dynamique du capitalisme* (1985).

■ L'APPARITION DE CIRCUITS NATIONAUX

À partir du XVIIe siècle en Europe occidentale, ce sont les circuits économiques nationaux qui se développent, suivant un mouvement que les historiens ont souvent décrit comme allant de l'extérieur (désenclavement planétaire) vers l'intérieur (formation de marchés nationaux). En fait, ce sont plutôt des jonctions, d'une part, entre les multiples circuits locaux et, d'autre part, entre une circulation qui devient nationale et le commerce extérieur, qui sont réalisées. Les acteurs de ces jonctions sont les États-nations. Le processus de centralisation du pouvoir politique nécessite le financement d'une bureaucratie et d'une armée et oblige à la mobilisation de fonds par l'impôt ou l'emprunt. Les États y parviennent en ouvrant en quelque sorte les deux premiers cercles de Chaunu, en permettant à une plus grande partie des richesses d'en sortir. Ils procèdent pour cela à un démantèlement des multiples obstacles à la circulation interne des marchandises (péages, monopoles des corporations) et à une harmonisation des conditions de cette circulation (unification monétaire, réglementations). Les échanges opérés à une échelle nationale deviennent plus nombreux.

Commerce triangulaire : commerce organisé entre l'Europe, l'Afrique et l'Amérique du Nord, du XVIe au XIXe siècle. Sur les côtes africaines, des négriers européens échangent des produits manufacturés contre des esclaves. Leurs cargaisons sont ensuite cédées en Amérique contre des produits tropicaux, revendus plus tard en Europe.

Les circuits du commerce extérieur s'organisent, s'intensifient et se diversifient. L'institution de colonies, de protectorats, l'octroi de monopoles, l'imposition de traités commerciaux permettent aux États européens d'exploiter de façon plus intensive les ressources des pays étrangers. Ceci conduit dans ces pays à la **ruine de l'industrie**, à l'affaiblissement des circuits intérieurs et au développement, au contraire, d'une production destinée à l'extérieur. À l'exploitation minière (or du Brésil, argent du Mexique) s'ajoutent ainsi des cultures tropicales (canne à sucre, café, coton, caoutchouc). Cette exploitation de ressources peut elle-même s'appuyer sur une circulation forcée de main-d'œuvre à une vaste échelle (***commerce triangulaire***).

La ruine de l'industrie locale indienne. Le conflit de 1812 entre les États-Unis et l'Angleterre prive l'industrie anglaise d'une source d'approvisionnements importante en coton. Les producteurs anglais obtiennent de leur gouvernement deux mesures douanières : la première leur permet d'exporter leurs cotonnades en Inde ; la seconde handicape les exportations de textile indien en Angleterre. Ces mesures ruinent l'industrie indienne jusque-là prospère. L'Inde se met à exporter son coton vers l'Angleterre et à importer depuis ce pays les cotonnades.

Investissement direct : opération par laquelle une entreprise acquiert des biens de production ou de commercialisation, par création d'unités ou prise de participation dans une autre entreprise (participation égale ou supérieure à 10 % du capital). Il s'oppose à l'***investissement en portefeuille*** qui est une acquisition de valeurs immobilières (actions ou obligations) dans un but de placement.

Cette période de constitution de circuits nationaux est donc aussi celle d'une extension de l'économie-monde européenne. Se forme alors un réseau d'échanges aux dimensions internationales, auquel les autres continents sont progressivement intégrés, le plus souvent par la force, car cette création de circuits s'appuie sur une domination politique. Les biens intermédiaires et de consommation courante y prennent une place plus importante par rapport aux produits précieux ou exotiques, ainsi que les capitaux (prêts publics ou privés, ***investissements directs ou de portefeuille***).

■ De l'internationalisation à la mondialisation

Commerce d'indisponibilité : échanges permettant à un pays de se procurer un bien qu'il ne peut pas produire. La plupart des échanges de matières premières (pétrole, minerais) s'expliquent ainsi.

Après le ralentissement des échanges lié aux deux guerres mondiales et à la crise de 1929, qui ont favorisé un retour du protectionnisme, l'élargissement des circuits reprend. Nombre des circuits qui se sont mis en place présentent toutefois deux particularités nouvelles. Les échanges relèvent moins fréquemment du ***commerce d'indisponibilité*** que des avantages comparatifs (*cf.* chap. 4) offerts par différents espaces (par exemple des différentiels de coûts de main-d'œuvre), et exploités au moyen de la division des processus productifs. Cette évolution se lit dans la composition des échanges, où les produits manufacturés occupent une place toujours plus grande.

Composition en valeur des exportations mondiales (en % du total)

	1913	1963	1998
Produits primaires	64	45	20,7
- agricoles	50	29	10,8
- minéraux	n.d.	6	3,1
- énergétiques	n.d.	10	6,8
Produits manufacturés	36	55	79,3

Gatt, OMC.

Par ailleurs, le mouvement d'internationalisation qui s'approfondit après la Seconde Guerre mondiale ne s'inscrit plus dans la seule logique traditionnelle interétatique. Des agents privés, dont les intérêts ne recoupent pas toujours ceux des États dont ils sont originaires, exercent un rôle plus important. Après 1950, l'**internationalisation** d'entreprises, qui tentent d'exploiter les disparités de l'espace économique mondial pour renforcer leur position compétitive, progresse. Des firmes multinationales se développent. La compétition entre ces acteurs les conduit à des actions de contournement de barrières protectionnistes, à une remise en cause des chasses gardées nationales, à une demande de déréglementations. Ce proccessus qui se serait affirmé depuis le début des années 1980 favoriserait un tel élargissement des circuits que l'on parle désormais de **globalisation ou de mondialisation**.

Internationalisation/globalisation/mondialisation. L'internationalisation signifie simplement que les États-nations s'ouvrent davantage sur l'extérieur. Les marchés nationaux restent largement protégés et régulés par les États. Le terme de globalisation, apparu dans les années 1980 dans les écoles de management américaines, rendu en français par celui de mondialisation, traduirait une rupture. La mobilité des données, des images et des capitaux permise par la révolution des communications rendrait désuète la notion de frontière ou de territoire. Un mouvement complexe d'ouverture des frontières économiques et de déréglementations permettrait aux activités économiques de s'étendre à l'ensemble de la planète et ferait perdre aux États une partie de leur autonomie. Ce processus déterminerait aussi la création de réalités transnationales : zones monétaires, production mondialisée, nouvelles formes d'institutions politiques ou économiques.
Le terme de globalisation est employé également dans un sens plus restreint, qui s'applique à la seule logique des firmes. Les processus évoqués ci-dessus les encourageraient à planifier leur développement directement à l'échelle mondiale (conception de produits mondiaux, rationalisation de l'ensemble des opérations à l'échelle de la planète).

2 - Moyens et raisons de l'extension

Comment expliquer l'extension spatiale des circuits économiques ? Des moyens logistiques, une volonté et une organisation sont nécessaires pour que certains acteurs réalisent des échanges à des échelles plus larges.

■ Les moyens logistiques de l'échange

L'extension des flux nécessite d'abord des moyens de transport, qui permettent, d'une part, la circulation du bien lui-même, d'autre part celle de l'information nécessaire à l'échange. Plus ces moyens sont efficaces, plus les échanges peuvent s'établir sur de longues distances. L'invention du gouvernail, de la boussole, du chemin de fer, du moteur à explosion, de l'aviation, etc., sont autant d'étapes qui ponctuent l'élargissement des circuits économiques. Grâce au téléphone, à Internet, l'échange peut se réaliser sans déplacement des partenaires vers un marché concret : ceux-ci peuvent être éloignés les uns des autres.

L'échange suppose un code pour décrire le produit, négocier son prix. L'élargissement du circuit passe donc par l'émergence d'un code partagé à une nouvelle échelle. Les ***pidgins,*** l'anglais commercial, la standardisation de l'information par des logiciels largement distribués permettent de dépasser les codes locaux et d'échanger avec des partenaires étrangers.

Pidgin (ou *pidgin english*) : langue composée d'un mélange d'anglais (vocabulaire) et de chinois (base grammaticale), utilisée pour le commerce en Asie de l'Est. Il existe aussi un *pidgin* mélanésien. Le mot *pidgin* est une altération chinoise du mot *business*.

Les échanges internationaux peuvent se faire par le troc, mais les quantités impliquées restent limitées. La plus grande part du commerce international s'opère par règlement monétaire. Il peut donc être perturbé par des fluctuations des taux de change. L'établissement d'un étalon monétaire stable, partout accepté, condi-

Système de Bretton Woods : système monétaire international, créé en juillet 1944. Réglé par le Fonds monétaire international (FMI), il institue le dollar, convertible en or (35 US $ = une once d'or), en monnaie internationale. Il prend fin en 1973.

tionne la mondialisation des échanges. Cet étalon a longtemps été un métal précieux (l'or et, dans une moindre mesure, l'argent). Les monnaies convertibles en or, avec parité fixe, jouent exactement le même rôle : par exemple le dollar américain dans le ***système de Bretton Woods***. La convertibilité n'est pas indispensable pour qu'une monnaie serve d'étalon : il suffit qu'elle suscite la confiance, sur la base de la solidité de l'économie du pays qui l'émet. Le dollar peut donc rester la monnaie du commerce international après la suspension de la convertibilité or en 1973. Pour faciliter les échanges au sein de l'Europe communautaire, une **union monétaire** est peu à peu constituée.

L'union monétaire européenne. Le Serpent monétaire européen (SME), établi en 1972, cale les fluctuations des monnaies les unes par rapport aux autres dans des marges raisonnables (+/- 1,125 %). Le Système monétaire européen le remplace en 1979, et introduit l'écu, unité de compte commune dans laquelle entrent toutes les monnaies de la communauté européenne, mais où le mark allemand joue un rôle de premier plan. Les accords de Maastricht de 1995 mettent en place une monnaie commune : l'euro. Les monnaies des pays qui ont respecté certains critères de convergence sont associées en 1999 à celui-ci par une parité fixe. C'est en 2002 que l'euro sera mis en circulation pour remplacer les monnaies nationales.

De nouveaux instruments financiers autorisent l'ouverture des circuits. Le développement de circuits marchands à l'échelle de l'Europe fut lié à cet instrument de règlement à distance qu'est la lettre de change, qui apparaît en Italie au XIIIe siècle. La mondialisation récente des marchés financiers fait appel aux « produits dérivés », qui protègent les intervenants contre les risques de variation du taux de change ou d'intérêt (*cf.* chap. 9).

Protectionnisme : ensemble de mesures visant à protéger le marché intérieur de la concurrence internationale (droits de douane, contingentements).

Fr. Litz (1789-1846) : journaliste-économiste allemand qui estimait que le libre-échange servait avant tout les intérêts de la Grande-Bretagne. Il était favorable à l'élargissement d'un marché intérieur protégé, qui permette aux « industries dans l'enfance » de se développer avant d'affronter la concurrence internationale. Le *Zollverein* (l'union douanière allemande) concrétisa la réalisation de ses idées. *Système national de l'économie politique* (1840).

Libre-échange : politique se caractérisant par la suppression des obstacles douaniers pouvant entraver les mouvements de marchandises ou de capitaux, à l'entrée ou à la sortie d'un pays.

■ Le choix de l'ouverture

L'ouverture ne va pas de soi. On peut chercher à privilégier les échanges internes, au sein d'un groupe ou d'une société donnée, si l'on estime que les échanges avec l'extérieur font encourir un risque (économique, culturel, politique). Sans pousser la logique du ***protectionnisme*** jusqu'à son terme qui est l'autarcie, ***Friedrich Litz*** montrait toutefois la nécessité, pour une nation qui souhaitait développer ses capacités productives, d'un protectionnisme éducateur. Des pays tels que l'Allemagne et les États-Unis appuyèrent ainsi, dans les années 1870, leurs efforts d'industrialisation sur un protectionnisme rigoureux. Le Japon pratiqua délibérément une politique d'isolement pendant plus de deux siècles (1653-1859). La Corée a pu développer son industrie et exporter ses produits grâce à une politique protectionniste volontariste. Les mercantilistes, poussaient à la libéralisation du commerce intérieur des États-nations en constitution, mais soulignaient que le gouvernement devait tout faire pour préserver ses marchés intérieurs et tenter d'accroître ses avantages aux dépens des autres, par le commerce international et la constitution de colonies réservées à l'extérieur.

L'élargissement des circuits est prôné par les partisans du ***libre-échange***. Selon eux, les différents circuits doivent être totalement ouverts les uns aux autres, et les échanges s'opérer sans que quiconque tente de les freiner ou de les régenter. De cette manière, l'avantage comparatif joue à plein, et chacun atteint le meilleur niveau de production et de consommation. Le libre-échange peut s'exercer à toutes les échelles : la Révolution française, en abrogeant les douanes intérieures entre les régions, a instauré un libre-échange sur le territoire français ; l'Union européenne tente de l'assurer à l'échelle de l'Europe occidentale ; l'OMC, à l'échelle de la planète.

L'intérêt matériel n'est pas la seule motivation qui pousse à l'élargissement des échanges. Échanger peut être un moyen d'augmenter sa puissance. La dimension stratégique des échanges se lit à leur utilisation comme arme : on parle de « l'Arme verte » pour désigner l'agriculture américaine. Les céréales que les États-Unis mettent sur le marché leur donnent un pouvoir sur tous les pays demandeurs (embargo sur le blé en 1981 pour sanctionner l'invasion de l'Afghanistan). Les blocus commerciaux (Cuba, Irak) attestent de la même réalité. Inversement, l'échange peut permettre, en développant la coopération entre les partenaires, de garantir une paix mondiale. C'est dans l'objectif d'œuvrer à la réconciliation européenne (et particulièrement franco-allemande) qu'a été créée la ***CECA***.

CECA : Communauté européenne du charbon et de l'acier. Créée en 1957 (traité de Rome), elle établit dans ce secteur un marché commun entre la France, la RFA, la Belgique, l'Italie, le Luxembourg et les Pays-Bas.

La dimension idéologique et culturelle

L'élargissement des circuits ne relève pas de la seule logique économique : il comporte une dimension idéologique. La mondialisation des échanges correspond à l'émergence d'un Homme universel, citoyen du monde. A. Mattelard (1999) montre que les acteurs de la mondialisation mobilisent l'idéologie d'une « utopie planétaire », qui possède de nombreux avatars. Tous les hommes seraient égaux, disposeraient des mêmes droits. Ils auraient aussi, pour une part, les mêmes valeurs et les mêmes aspirations. Avec la fin de la guerre froide et l'effondrement des pays socialistes, un accord général se met en place autour de la démocratie et du libéralisme économique, malgré de notables résistances. Une certaine unification culturelle, largement centrée sur le modèle occidental, particulièrement états-unien, autorise une convergence des modes de vie et donc de la consommation.

Cette évolution est objet de débat. Pour certains, comme ***Francis Fukuyama***, l'unification du monde est en cours, sous la forme du triomphe universel et définitif de la démocratie et du marché. Sa thèse a semblé être confirmée par l'effondrement du bloc soviétique, mais elle reste cependant très controversée. Ainsi, pour ***Samuel T. Huntington***, le monde au contraire se fragmente en grandes aires de civilisation (il en distingue 7 : l'occidentale, l'islamique, l'orthodoxe, la chinoise, la japonaise, l'hindou et la latino-américaine). Ce sont elles qui devraient s'opposer à l'avenir parce que, particulièrement à travers les religions, elles fondent des identités fortes, qui nourrissent les conflits. B. Barber insiste sur l'existence de deux tendances contraires. La première, qu'il appelle Djihad par métonymie, est l'émergence ou le renforcement des particularismes (intégrismes, nationalismes, opposition à la mondialisation telle qu'elle s'est violemment manifestée au sommet de Seattle en 1999). La seconde, qu'il nomme McWorld, réside dans l'intégration planétaire (multinationales, uniformisation culturelle et technique, mondialisation de l'information).

Fr. Fukyama : politologue américain. Dans un article publié en 1989 « La fin de l'histoire », il présente, dans une perspective hégélienne, la démocratie libérale capitaliste comme le dernier stade de l'évolution politique.

S. T. Huntington : géostratège américain. Dans un article publié en 1993, « The clash of civilization », développé sous la forme de livre en 1996, il défend la thèse, très controversée, selon laquelle les conflits de l'après-guerre froide opposeraient des civilisations.

L'organisation des échanges internationaux

Le bilatéralisme constitue un premier niveau : les échanges s'opèrent par des négociations d'État à État. On arrive à un accord entre deux pays, qui régule les droits de douane, les quantités, les prix, la nature des échanges. À une deuxième échelle, le ***régionalisme*** instaure un libre-échange entre les pays concernés, et un certain protectionnisme autour de la « région » (Union européenne, Alena, Apec, etc.).

Régionalisme : mode de négociation commerciale entre plusieurs États au sein d'un même ensemble géographique : une « région économique ».

Les principales organisations régionales de coopération commerciale

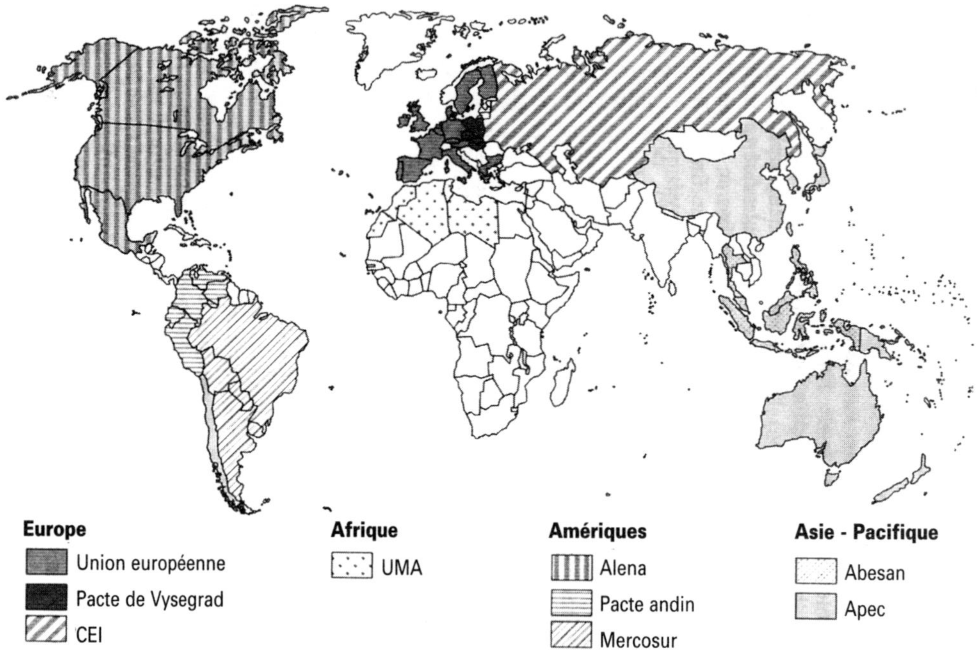

J.-L. Ferrandéry, *Le Point sur la mondialisation*, Paris, © PUF, 1996, p. 51.

Clause de la nation la plus favorisée : obligation, pour un État, d'accorder à tout importateur potentiel les conditions (douanes, normes, etc.) qu'il applique au partenaire commercial le plus privilégié.

Le multilatéralisme va plus loin. Il refuse la constitution d'espaces économiques réservés, de zones où les échanges internes sont privilégiés au détriment des échanges externes. Il se fonde sur ***la clause de la nation la plus favorisée*** pour faire respecter une concurrence pure et parfaite, à la base de l'économie de marché. Le **Gatt**, puis l'**OMC** défendent ce type de position libérale. Les *rounds* visent à faire tomber petit à petit toutes les barrières au libre-échange, afin de parvenir à une homogénéisation des règles du commerce à l'échelle mondiale dans le sens de l'ouverture la plus grande.

Du Gatt à l'OMC. Le Gatt (*General Agreement on Tariffs and Trade*) est un accord multilatéral sur les tarifs douaniers et les politiques commerciales, conclu à Genève en 1947. Cet accord se renégociait lors de rencontres multilatérales périodiques (*rounds*). Le Gatt représenta un point culminant d'une politique conduite par les États-Unis en faveur d'une libéralisation des échanges. Grâce à son action, le taux moyen des tarifs douaniers appliqué par les pays industrialisés diminua de 40 % en 1947 à 5 % en 1990. L'OMC (Organisation mondiale du commerce) est quant à elle une institution internationale, créée en 1995 pour se substituer au Gatt. Elle possède un siège permanent (à Genève) et une cour de justice (ORD), qui peut statuer et sanctionner. Elle doit poursuivre l'œuvre du Gatt, mais aussi élargir le libre-échange à de nouveaux secteurs (principalement les services : transport, finances, audiovisuel, propriété industrielle). L'OMC s'est réunie en novembre 1999 à Seattle pour lancer un nouveau *round* commercial international (libéralisation de l'agriculture et des services, questions de l'environnement et des normes sociales), qui n'a débouché sur aucun accord.

La baisse de la protection douanière

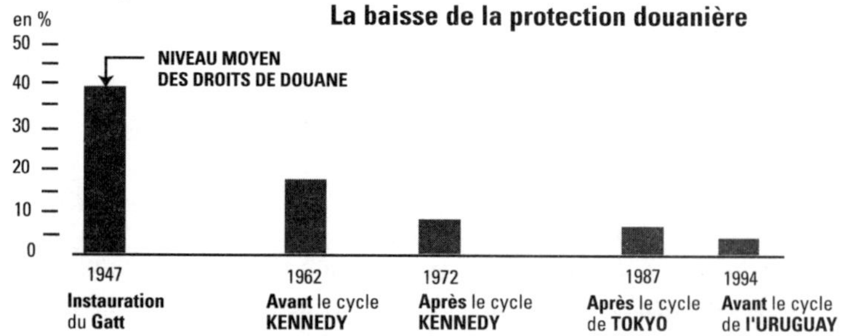

Le Monde, 26 mars 1998.

Enfin, les échanges ne peuvent s'opérer que dans un climat de confiance, qui garantit que l'Autre (toujours suspect) respectera les règles en vigueur. On a ainsi expliqué le développement des économies capitalistes par le climat de confiance qui y règne entre les partenaires et par la force des contrats passés, même oralement. Inversement, on pourrait aujourd'hui imputer à cette absence de confiance le difficile décollage des pays de l'ancien bloc socialiste. Une autorité garantit aussi souvent la sérénité des opérateurs (contrôle sur les marchés des prix, commissions boursières). Les discussions interminables et les conflits qui caractérisaient les différents *rounds* du Gatt attestent de la difficulté à s'accorder en l'absence d'instance supérieure. Les normes à respecter, les taxes à payer, les taux de change, les prix et les subventions constituent autant de pierres d'achoppement.

■ Les acteurs de l'élargissement des échanges

Les États sont parmi les premiers acteurs impliqués dans l'ouverture des circuits économiques. Ce sont ainsi les monarchies centralisées d'Europe occidentale qui, à partir du XVIIe siècle, créent progressivement un marché intérieur intégré. Les politiques d'homogénéisation culturelle (langue, religion), d'aménagement du territoire (transport, administration) favorisent également l'émergence d'un circuit économique national. L'ouverture sur l'extérieur des économies nationales doit aussi beaucoup à l'État. La colonisation élargit les horizons économiques de l'offre (matières premières, produits exotiques) et de la demande (produits manufacturés) pour les économies métropolitaines. Les États qui mènent cette politique d'ouverture sont généralement ceux qui occupent des positions dominantes en matière économique : ainsi, les États-Unis n'affaiblissent leurs barrières douanières et ne se rallient au multilatéralisme qu'après la Seconde Guerre mondiale, au moment où leur puissance économique est sans égale. Ils jouent depuis un rôle central dans le processus de mondialisation.

Les ***firmes multinationales*** (FMN) jouent un rôle actif dans l'élargissement récent des échanges. Les premières apparaissent à la fin du XIXe siècle (Ford possède des usines au Canada, en Europe et en Amérique du Sud dès les années 1910), mais elles se sont multipliées après la Seconde Guerre mondiale. Les FMN étaient 7 000 à la fin des années 1960 ; elles sont 60 000 en 1998 (Cnuced), mais leur **degré d'internationalisation** est variable. Les firmes se multinationalisent (c'est-à-dire investissent dans des unités de production à l'étranger) pour deux types de raison : produire mieux et/ou à moindre coût en exploitant des avantages locaux (main-d'œuvre, technologie, intrants) et accéder plus facilement au marché local (contournement des barrières douanières, information sur la demande). Le développement des FMN se traduit par une explosion des échanges internationaux intra-firme, correspondant à des flux de biens matériels (matières premières et surtout produits intermédiaires), d'informations, de capitaux et de personnes (cadres).

Firme multinationale : firme possédant au moins une unité de production à l'étranger (c'est-à-dire en détenant au moins 10 % du capital). Nestlé, FMN agroalimentaire suisse, réalise, en 1998, 93 % de son chiffre d'affaires à l'étranger.

Les quatre degrés de l'internationalisation.
Les *entreprises nationales* visent leurs marchés intérieurs, mais exportent parfois une partie de leur production. Elles concentrent leurs activités sur le domaine où elles ont des compétences propres. Leurs valeurs sont celles de leur pays ; elles attendent de leurs clients étrangers qu'ils s'y adaptent. Les *entreprises plurinationales* opèrent dans plusieurs pays, où elles produisent en fonction de la demande locale. Chaque marché est géré séparément. Le fonctionnement de l'entreprise est décentralisé. Au siège central, les affaires internationales sont gérées par une équipe spécifique. Les *entreprises multinationales* possèdent dans plusieurs pays des infrastructures, qui leur permettent de produire à meilleur coût et de répondre aux besoins de marchés internationaux. Ceci requiert une centralisation forte et une organisation à l'échelle internationale. La recherche d'économies d'échelle les pousse à minimiser les différences culturelles. Exemple : le fabricant de jeans Levi's a développé ses activités internationales en localisant

une partie de ses usines à l'étranger. Au siège social, la direction exerce un contrôle centralisé fort et conserve les fonctions autres que la production et la distribution. Les *entreprises transnationales ou mondiales* appréhendent le monde comme un vaste marché où produire et diffuser leurs produits et leurs idées. La production vise à dominer le marché mondial dans le cadre du « sur-mesure de masse » (adéquation aux besoins spécifiques locaux). Leur maxime est : « Penser local, agir mondial ; penser mondial, agir local. » L'organisation privilégie les compétences locales et la synergie entre les différentes filiales. La prise en compte des différences culturelles est essentielle au succès de l'entreprise. Exemple : Unilever, Sony qui s'efforcent de créer des relations synergétiques entres structures mondiales et locales. (D'après N.J. Adler, *Comportement organisationnel : une approche multiculturelle*, R. Goulet, 1994, présenté dans *Sciences humaines*, hors série n° 20, mars-avril 1998, p. 49).

Les ONG internationales interviennent également depuis quelques décennies dans l'élargissement des échanges. Ceux-ci prennent la forme de dons. Ils sont quantitativement négligeables par rapport aux flux marchands, mais ils privilégient les pays pauvres, qui intéressent peu les FMN.

3 - Mondialisation : réalités et limites

Si l'espace n'intervenait plus dans l'extension et l'orientation des flux d'échange, la géographie économique du circuit n'aurait plus lieu d'être. Ainsi, un ouvrage publié en 1992 s'intitulait : *Global Financial Integration : The End of Geography*. Selon celui-ci, le développement des télécommunications permettant d'accéder n'importe où à n'importe quelle information, la localisation serait devenue indifférente aux acteurs financiers et la géographie aurait perdu tout intérêt. L'idée de flux devenus complètement mondialisés, d'échanges où les États n'interviendraient plus est en fait aussi répandue que contestable.

Mesure de l' ouverture des circuits économiques

On étudie généralement l'internationalisation des économies sous deux aspects : le commerce des biens et services, les flux de capitaux.

– L'internationalisation *des échanges commerciaux* peut être appréhendée par trois indicateurs. Le premier est le rapport du commerce international à la production mondiale (C/P). Le deuxième est le ***taux d'ouverture***, le troisième le ***taux de pénétration du marché intérieur***. Ils révèlent tous les mêmes évolutions.

L'internationalisation commerciale des économies est réelle, mais elle n'est pas récente. Le taux d'ouverture de certains pays (Grande-Bretagne, Japon, etc.) est aujourd'hui inférieur à ce qu'il était avant 1914. Le rapport C/P augmente en fait à partir de la seconde moitié du XIXe siècle, ce qui prouve qu'une part de plus en plus importante de la production mondiale est alors exportée. Les deux guerres mondiales et la crise de 1929 ont toutefois entrainé une chute du commerce extérieur. Après 1950, deux périodes se distinguent. Entre 1950 et 1970, le commerce international croît à un rythme rapide (10 % en moyenne par an), grâce à la croissance économique, et à la mise en place d'instances de régulation (***FMI***, Gatt). La crise des années 1970 introduit une rupture. Le rapport C/P continue d'augmenter, mais plus en raison de la stagnation de la production que d'un essor considérable des échanges. Pour les seuls pays de l'***OCDE*** (environ 80 % de la production mondiale), le rapport C/P cesse même de croître. Il diminue de 1975 à 1994 si l'on fait abstraction du commerce intra-européen.

– Les *flux de capitaux* ont progressé plus vite que les échanges commerciaux depuis la Seconde Guerre mondiale, si bien que le montant des transactions finan-

Taux d'ouverture : [(Exportations + importation) / 2] / PIB.

Taux de pénétration du marché intérieur : part de la demande intérieure couverte par des produits importés : Importations/demande intérieure. [Demande intérieure = PIB + (importations - exportations)].

FMI (Fonds monétaire international) : institution créée en 1944 par les accords de Bretton Woods pour assurer la stabilité des changes. Le FMI a pour fonction actuelle de consentir des prêts à des conditions avantageuses à des pays en crise qui s'engagent à adopter une politique de rigueur très libérale sur le plan économique. Chaque pays finance le FMI à la mesure de sa place dans les échanges commerciaux.

OCDE (Organisation de coopération et de développement économique) : organisme de concertation et d'étude qui a pris la suite de l'OECE, créée en 1948 pour gérer l'attribution de l'aide Marshall. Elle regroupe essentiellement les pays anciennement industrialisés.

cières internationales est, en 1996, cinquante fois plus important que celui du commerce mondial. L'étude des **balances des paiements** des pays industrialisés fait ressortir la part aujourd'hui prépondérante des flux de capitaux.

La balance des paiements. La balance des paiements est un instrument statistique enregistrant l'ensemble des flux entre résidents et non-résidents d'un pays, pendant une année. On calcule également des balances partielles : la *balance commerciale* (ou des marchandises) d'un pays correspond à ses exportations de biens moins ses importations. Le solde peut être négatif (déficit) ou positif (excédent). Si on ajoute à la balance commerciale celle des services et celle des transferts unilatéraux (dons, transferts de revenus des travailleurs migrants), on obtient la *balance des paiements courants.*
Balance commerciale + balance des services + balance des transferts unilatéraux = balance des paiements courants.
Balance des paiements courants + balance des capitaux (investissement, crédits, prêts) = balance des paiements.

Évolution de la part des flux dans la balance des paiements française

Part dans la balance (en %)	1980 crédit	1980 débit	1997 crédit	1997 débit
Transactions courantes	71,2	72,5	13,4	12,3
Flux financiers	28,8	27,5	86,6	87,7
dont investissements de portefeuille	8	7,9	78,5	79,3
dont investissements directs	2	2	6,2	6,5

Importance des flux financiers en France

	1980 crédit	1980 débit	1997 crédit	1997 débit
Flux financiers en % du PIB	14,3	13,8	205,3	208,5

Banque de France, Comptes de la nation.

L'augmentation des flux de capitaux est le fait, en partie, de celle des investissements directs à l'étranger (IDE). Les IDE ont augmenté à un rythme plus rapide que celui de la croissance de la production mondiale depuis la fin de la Seconde Guerre mondiale. Certains pays (notamment la Grande-Bretagne) n'ont toutefois pas rattrappé le rapport IDE/PIB de la période 1880-1913. Par ailleurs, les investissements directs domestiques sont toujours beaucoup plus importants que les IDE, malgré la forte croissance de ces derniers depuis le milieu des années 1980. Cette augmentation est surtout due aux vagues de fusions, principalement entre FMN. Ce sont les services et, parmi eux, l'assurance, la finance et l'immobilier qui bénéficient le plus de l'augmentation des IDE. Comme ces secteurs sont touchés par la spéculation à court terme, les IDE sont très sensibles à la conjoncture.

Les investissements de portefeuille, alors qu'ils constituent la sphère de loin la plus globalisée, ont été moins étudiés. Leur internationalisation croissante, surtout à partir du début des années 1980, est due simultanément à la dérégulation financière (démantèlement, notamment, du ***contrôle des changes***), à la ***désintermédiation*** menée par les gouvernements et au développement des outils télématiques. Il y a toujours toutefois une très grande supériorité de l'investissement de portefeuille domestique.

Le mouvement d'internationalisation n'est donc pas aussi avancé que ce que l'ont dit parfois, sauf pour les produits immatériels tels l'information et les produits financiers. Si l'on parle aujourd'hui autant de globalisation, c'est que, depuis la récession de 1974, la compétition internationale est devenue très vive entre firmes et entre États.

■ Une indifférenciation géographique ?

Les progrès des communications, les dérégulations étatiques ne conduisent pas aujourd'hui à une circulation des flux indifférente à l'espace. Les échanges commerciaux, de capitaux sont en fait plus concentrés que par le passé.

Contrôle des changes : contrôle qui vise à limiter la convertibilité de la monnnaie nationale, c'est-à-dire la possibilité de l'échanger contre des devises. Il fut totalement aboli en France en 1990.

Désintermédiation : les financements peuvent être intermédiés (une entreprise obtient des crédits en empruntant auprès des intermédiaires banquiers) ou désintermédiés (elle vend directement au public, des titres en passant par la Bourse). La désintermédiation traduit l'augmentation de la deuxième forme de financement (43 % en 1985 ; 80 % en 1997, en France).

Triade **:** terme apparu en 1985, dans *Triad Power, The Coming Shape of Global Competition*, où K. Ohmae fournit une série de conseils aux entreprises qui souhaiteraient atteindre une dimension « triadique », c'est-à-dire prospérer dans les trois pôles de l'économie mondiale (É-U et Canada, UE, Japon).

Au sein de l'OCDE se réalise 73 % du commerce mondial de marchandises et 80 % de celui des services commerciaux (1998). À cause de l'effondrement de l'économie des pays socialistes et de la part toujours très faible des pays en développement dans les échanges internationaux, 90 % de ceux-ci impliquent au moins un des pays de la ***Triade***. L'émergence des ***NPI*** à partir des années 1970 se traduit toutefois par l'apparition d'un nouveau pôle dans le commerce international.

C'est aujourd'hui, pour l'essentiel, des échanges de produits manufacturés que le commerce international des marchandises tire son dynamisme. Or, plus de la moitié de ces échanges (plus de 80 % pour l'Allemagne, la France et le Royaume-Uni) sont des échanges croisés de produits similaires ou ***intra-branche***. Ceux-ci sont surtout intenses entre pays aux niveaux de développement proches et élevés, et aux structures de demande identiques. Les échanges Nord-Nord surpassent ainsi les échanges Nord-Sud.

Flux des exportations mondiales

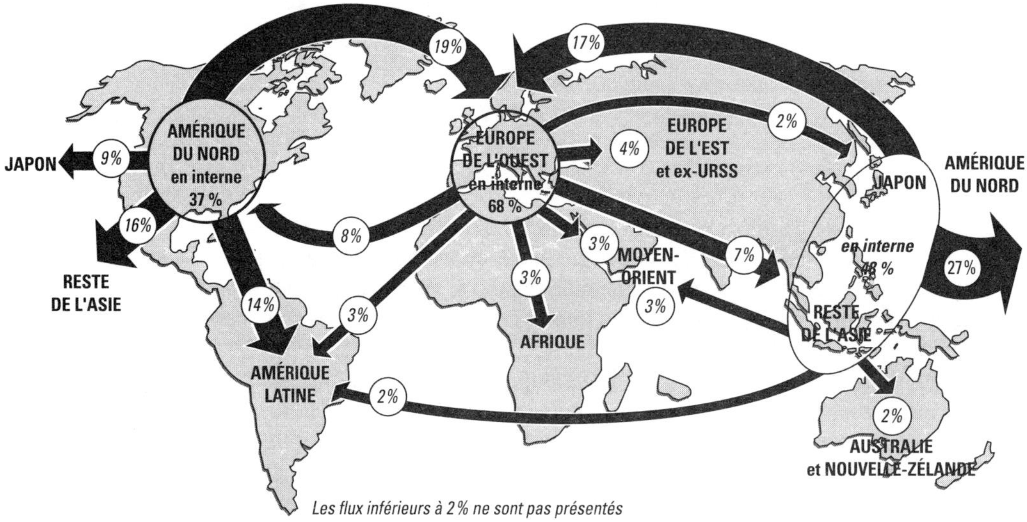

Le Monde Dossiers & Documents, mai 1996.

PART DES PRINCIPAUX PÔLES DANS LE COMMERCE MONDIAL *(en pourcentage) - données 1995 -*

EUROPE DE L'OUEST : 44 %, JAPON ET ASIE DU SUD-EST (hors Australie et Nouvelle-Zélande) : 25,5 %, AMÉRIQUE DU NORD : 16,5 %, AMÉRIQUE LATINE : 4,5 %, MOYEN-ORIENT : 3 %, AFRIQUE : 3 %, EUROPE DE L'EST, CENTRALE ET EX-URSS : 3 %

NPI (nouveaux pays industrialisés) **:** pays dont les produits manufacturés répresentent une part importante des exportations et qui connaissent une croissance économique et des transformations structurelles rapides (Hong Kong, Singapour, Taiwan, Inde, Brésil, etc.)

Commerce intra-branche **:** échange croisé de produits similaires (échange de voitures Renault contre des Fiat).

De même, les flux d'IDE sont aujourd'hui plus centralisés. Dans les années 1960-1970, les pays développés aidaient les pays en développement ; des années 1970 aux années 1980, les pays exportateurs de pétrole finançaient les pays en développement et les déficits des pays industrialisés ; à partir du milieu des années 1980, l'essentiel des capitaux transite entre pays industrialisés (« investissements croisés »). En 1998, 75 % des investissements internationaux ont été réalisés dans les pays développés (les deux tiers ont été captés par l'Europe et les États-Unis) et 1,3 % seulement sur le continent africain (Cnuced, 1999).

Les FMN sont tout aussi concentrées : presque 95 % d'entre elles ont leur siège dans des pays de l'OCDE, et un peu moins de 75 % dans les 14 pays les plus riches. Elles s'appuient sur un pouvoir étatique et gardent une base nationale. En moyenne, plus de 50 % des ventes des FMN se font au sein de leur marché domestique, et plus de 70 % de leurs actifs restent aux mains de nationaux.

■ Le maintien de barrières

Tous les pays ont maintenu des barrières douanières qui rendent les échanges externes plus difficiles que les échanges internes. Ce n'est pas le cas quand prévaut le régionalisme, puisque les échanges internationaux dans la « région » se font sans taxes douanières, mais les échanges avec le reste du monde sont alors taxés. Les normes qu'un pays met en place restent également souvent un moyen détourné de fermer les marchés : ainsi l'Allemagne, dont les normes en matière de bière écartent la production française. Les États, même les plus libéraux, comme l'explique la **géoéconomie**, accordent soit des aides à l'exportation, soit, de manière plus détournée, des subventions ou des compensations au producteur, de manière à ce qu'ils puissent proposer des prix très attractifs sur les marchés étrangers.

La géoéconomie est un champ nouveau de réflexion, ouvert au cours des années 1990, qui traduit l'entrée en force des questions économiques dans la géopolitique. Pour la géopolitique classique, la volonté de puissance des États s'exprime dans des rivalités territoriales et s'appuie sur des instruments militaires et diplomatiques. Selon la géoéconomie, depuis la fin de la guerre froide, les antogonismes s'expliqueraient plutôt par des objectifs de protection et de conquête de positions enviées au sein de l'économie mondiale. Les instruments seraient économiques (financement de Recherche-Développement, politiques industrielles, mise en place de barrières douanières, etc.). Seules les pratiques des États intéressent la géoéconomie, mais elle considère que celles-ci sont initiées par eux seuls ou établies en liaison étroite avec les entreprises. Les interrogations sur les relations entre puissance et espace occupent une place centrale en géoéconomie, mais il s'agit d'un espace mouvant, « virtuel », et non plus de l'espace physique et territorial de la géopolitique traditionnelle (E. Luttwak, P. Lorot).

Enfin, certains secteurs des économies nationales sont jugés « sensibles », et les États n'acceptent pas de les exposer à une concurrence internationale qui pourrait les mettre en péril : secteurs d'importance stratégique ou politique de premier plan (agriculture dans l'Union européenne, mais aussi aux États-Unis d'Amérique), secteurs trop faibles pour pouvoir résister à l'ouverture économique... La France argue d'une « exception culturelle » pour refuser l'ouverture complète du secteur culturel : il ne pourrait résister à la machine américaine, et ce serait rien moins que l'identité de la France qui serait menacée.

À MAÎTRISER

Problématiques globales

Les circuits économiques simple et complexe ; l'élargissement géographique des circuits économiques au cours de l'histoire ; la théorie des trois cercles de communication de P. Chaunu ; les moyens et les raisons de l'ouverture ; l'organisation des échanges internationaux ; les acteurs de l'internationalisation ; les quatre degrés de l'internationalisation ; les mesures de l'ouverture ; les limites de la mondialisation.

Concepts importants

Circuit économique ; pôle économique ; agrégat ; agent économique ; PIB ; comptabilité nationale ; division du travail ; autarcie, négoce par *commenda* ; prêt à la grosse aventure ; l'économie-monde ; commerce triangulaire ; investissement direct ; investissement de portefeuille ; commerce d'indisponibilité ; internationalisation/globalisation/mondialisation ; système de Bretton-Woods, union monétaire européenne ; protectionnisme ; libre échange ; CECA ; régionalisme ; multilatéralisme ; clause de la nation la plus favorisée ; Gatt et OMC ; FMN ; taux d'ouverture ; taux de pénétration ; FMI ; OCDE, balance des paiements ; IDE ; contrôle des changes ; désintermédiation ; triade ; NPI ; commerce intra-branche.

Auteurs à situer

F. Quesnay, W. Leontief, F. Braudel, E. Wallerstein, F. Litz, Fr. Fukuyama, S.T. Huntington.

Exercice commenté

La comptabilité nationale

PRÉSENTATION

Toutes les grandes nations disposent d'une comptabilité nationale qui représente la réalité économique dans une optique de circuit. Le caractère des informations présentées est essentiellement économique. La maîtrise de ces données est cependant utile au géographe :

– la connaissance des principaux agrégats de la comptabilité nationale permet de comprendre et d'employer les informations statistiques sur l'économie d'un pays ;

– à travers le tableau entrées-sorties, il est possible de savoir comment a pu être réalisée et a été employée la production dans un espace national, régional, etc., avant de réfléchir à une possible inscription spatiale des flux économiques entre les agents impliqués.

A/ Circuit

L'administration centralise les informations relatives aux flux économiques entre les agents et présente annuellement un bilan monétaire du circuit économique : les comptes de la nation (disponibles sous une forme simplifiée).

Le circuit économique de la comptabilité nationale française comprend sept pôles (appelés « secteurs institutionnels ») et les flux entre eux.

Circuit de la comptabilité nationale française

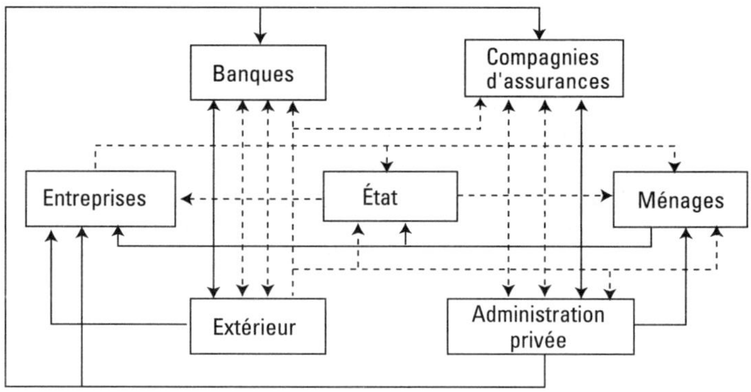

B/ Objet

La comptabilité nationale permet de connaître le montant des richesses créées dans un pays pendant un an (le PIB) et sa répartition entre les agents économiques. Elle est un instrument de prévision important pour la politique économique de l'État. Grâce à elle, les entreprises peuvent aussi se renseigner sur le contexte économique général de leur branche d'activité.

C/ Agrégats

1. Définition

Les agrégats sont des grandeurs obtenues par l'addition d'une série d'opérations d'un même type (consommation, investissement…). Ils dressent le bilan annuel de l'activité d'un pays. Le plus utilisé est le PIB, souvent considéré comme un indicateur de sa richesse, bien que cette utilisation soit très critiquée. La croissance d'un PIB peut en effet recouvrir une élévation des coûts sociaux (augmentation du temps de travail, du temps passé dans les transports...), des nuisances environnementales (déforestation, pollution...).

Le produit intérieur brut s'obtient par l'addition des valeurs ajoutées de toutes les branches d'activité sur le territoire d'un pays[1], pendant un an. La valeur ajoutée est la valeur qu'un agent économique « ajoute » par son travail et son capital (machines...) aux biens et services qu'il achète pour produire.

Pourquoi ne pas mesurer la richesse par la somme des productions des entreprises (chiffre d'affaires) ? Parce qu'il ne faut pas comptabiliser plusieurs fois la même production mais tenir compte des consommations intermédiaires[2].

2. Exemple : de l'hévéa au pneu

Imaginons l'économie simplifiée d'un pays où l'on ne trouverait qu'un planteur d'hévéas, une industrie du caoutchouc et une fabrique de pneus.

La plantation vend pour 10 millions de brozoufs (Bz) de latex au producteur de caoutchouc. Celui-ci transforme le latex et vend sa production pour 18 millions de Bz à la fabrique de pneus. Ce dernier vend ses pneus pour 30 millions de Bz. La somme des productions donnerait : 10 + 18 + 30 = 58 millions. En fait, le latex a été compté trois fois et le caoutchouc deux. Si le planteur décidait de fabriquer lui-même les pneus, le PIB serait seulement de 30 millions. Plus le circuit est long, plus les consommations intermédiaires sont importantes, plus la somme des chiffres d'affaires de ce qui a été produit dans le pays est grande, alors que la valeur de la production ne change pas.

C'est pour éviter cela que l'on ne comptabilise que la contribution propre à chaque unité de production, qui est sa valeur ajoutée. La valeur ajoutée (VA) se calcule ainsi :

VA = production totale – consommations intermédiaires.

Dans le cas évoqué, on obtient :

	planteur	**usine de caoutchouc**	**fabrique de pneus**	**PIB**
production	10	18	30	
consommation Intermédiaire	0	10	18	
valeur ajoutée	10	8	12	30

unité : Bz.

La détermination du PIB est bien sûr plus difficile pour une économie complexe. Le tableau qui permet son calcul en éliminant les consommations intermédiaires prend la forme d'un **TES : tableau entrées-sorties,** connu également sous le nom de tableau input-output ou de tableau intersectoriel. Il indique comment la production est réalisée et employée.

Le TES est fondé sur une méthode mise en place dans les années 1930, par W. Leontief, un économiste russe qui avait émigré aux États-Unis en 1930 et qui s'était inspiré des travaux ayant servi à la mise en place du premier plan quinquennal soviétique de 1928. Le TES fut très utilisé après 1945 par la planification et l'aménagement.

1. **Le PNB** (produit national brut) était l'agrégat que l'on rencontrait dans les statistiques jusqu'en 1976, avant qu'on utilise le PIB. Il prend en compte le revenu *national*, c'est-à-dire celui des Français dans le monde et non celui des étrangers en France. C'est l'inverse pour le PIB, qui tient compte des revenus des étrangers en France, non de ceux des Français à l'étranger.

2. **La consommation intermédiaire** concerne les produits qui disparaissent dans le processus de production. Ainsi, l'énergie consommée par une usine automobile, l'acier incorporé dans les voitures relèvent de consommations intermédiaires. Ce n'est pas le cas des robots utilisés par les chaînes, puisqu'ils survivent au processus de fabrication.

D/ Le tableau entrées-sorties

1. Le TES est formé de quatre tableaux articulés

Le **tableau des ressources en produits** comptabilise ce dont un pays dispose grâce à la production et l'importation (maïs, pétrole, automobiles, brevets). Certaines de ces ressources sont employées pour la production (maïs pour nourrir les animaux, pétrole pour la pétrochimie) : il s'agit de consommations intermédiaires. Celles-ci sont détaillées par branche dans le **tableau des échanges intermédiaires**. Les ressources non utilisées dans le production sont affectées à des emplois qualifiés de finals : consommation finale (maïs consommés directement sous forme de *pop corn*), investissement (achat de machines), exportations. Ces ressources sont prises en compte dans le tableau des emplois finals. Dans le **tableau compte de production et d'exploitation des branches**, on trouve : le total, pour chaque branche, des consommations intermédiaires mobilisées par la production ; la valeur ajoutée ; la production. On peut alors totaliser les valeurs ajoutées de chaque branche, ce qui donne le PIB du pays.

Les tableaux sont construits à partir de regroupements de produits d'une part (en ligne) et de branches[1] d'autre part (en colonnes).

2. Exemple : TES simplifié de la France en 1997

(en milliards en francs)

tableau des ressources en produits

production effective	*importations*	***total des ressources***
1 538	175	1 713
5 734	1 397	7 131
8 997	284	9 281

tableau des échanges intermédiaires

produits	branches *agriculture*	branches *industrie*	branches *services*	***somme des consommations intermédiaires***
produits agricoles	428	36	99	563
produits industriels	146	1 809	707	2 662
services	106	879	4 025	5 010

tableau des emplois finals

somme des consommations intermédiaires	*consommation finale*	*investissement*	*exportations*	***total des emplois***
563	907	1	242	1 713
2 662	1 699	1 306	1 464	7 131
5 010	3 806	42	423	9 281

tableau des comptes de production

somme des cons. interm.	680	2 724	4 831
valeur ajoutée	858	3 010	4 166
production effective	1 538	5 734	8 997

somme des valeurs ajoutées (PIB) = 8 034

Remarque : TES simplifié, car branches et produits sont en principe décomposés en une quarantaine de catégories.

1. On distingue la **branche et le secteur d'activité**. La différence entre les deux termes tient au fait que certaines entreprises ont une activité principale et une activité secondaire. Les secteurs regroupent la production globale des entreprises selon leur activité principale. Une branche se définit, quant à elle, par la nature particulière de sa production. Si la production d'une entreprise automobile correspond pour moitié à des automobiles, pour 1/4 à des tracteurs et 1/4 à des robots industriels, toute sa production sera comptabilisée dans le secteur de l'industrie automobile, mais 1/2 dans la branche automobile, 1/4 dans celle des tracteurs et 1/4 dans celle des machines-outils. Une entreprise ne fait partie que d'un secteur mais peut participer à l'activité de plusieurs branches.

■ Exemple de lecture appliquée à l'industrie.

Dans le *tableau des ressources en produits*, on totalise en ligne les produits industriels dont on dispose (5 734 de production nationale + 1 397 d'importations = 7 131). Dans le *tableau des échanges intermédiaires*, on voit en ligne l'affectation de ces produits aux consommations intermédiaires des différentes branches : branche agricole, 146 (engrais, par exemple) ; branche industrielle, 1 809 (acier) ; branche des services, 707 (papier) ; total, 2 662. Dans le *tableau des emplois finals*, on voit en ligne la distribution du reste des produits industriels : la consommation finale, 1 699 (lessive) ; l'investissement, 1 306 (ordinateur) ; l'exportation, 1 464 ; total, 7 131 (on remarque que c'est bien aussi le total des ressources). Dans le *tableau des échanges intermédiaires*, on trouve en colonne les consommations intermédiaires dont la branche industrielle a besoin pour assurer sa production : produits agricoles, 36 (coton) ; produits industriels, 1 809 (acier) ; services, 879 (marketing). Dans le *tableau du compte de production*, on totalise en colonne les consommations intermédiaires de la branche industrielle (2 724), on reporte la production industrielle inscrite dans le tableau ressources en produits (5 734), on calcule la différence qu'on inscrit dans la ligne « valeur ajoutée » de la colonne « branche industrielle » (3 010).

3. Exemple : TES, PIB et circuit économique du Brozoufland

L'économie du Brozoufland, petit État côtier de l'Afrique tropicale, est fondée sur la culture de l'hévéa. La production d'hévéas est aux mains de la United Hevea. Celle-ci vend toute sa récolte à la Caoutchouc Inc. Cette société assure la transformation du latex, et exporte la totalité du produit raffiné sous la forme de pneus. Les besoins en énergie, équipement et alimentation sont satisfaits par des importations. Le circuit économique du pays prend donc la forme qui suit :

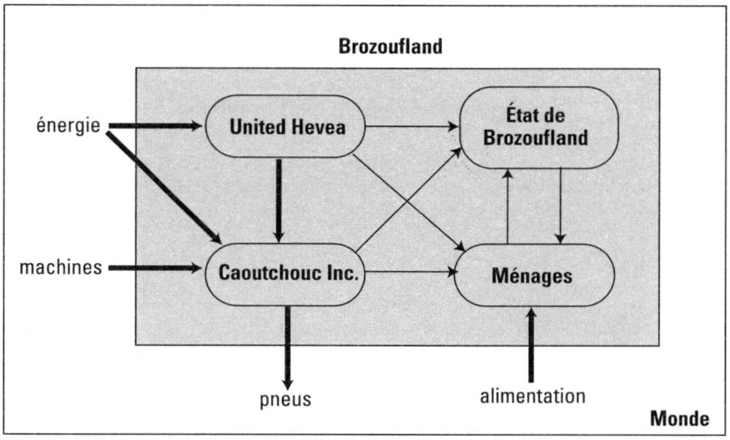

On n'étudiera que les flux et les pôles indiqués en gras, car ils sont les seuls impliqués dans la réalisation et l'emploi des produits, les seuls à entrer dans le TES.

Entre les quatre pôles, les flux s'établissent comme suit (en milliards de Bz) :

Le Reste du monde fournit : alimentation : 400 à la population ; machines : 200 à la Caoutchouc Inc. ; énergie : 40 à la Caoutchouc Inc., 10 à la United Hevea. Le reste du monde reçoit pour 800 M. de Bz de pneus.

L'United Hevea vend sa production à la Caoutchouc Inc. pour 150.

Compléter dans le TES qui suit les cases marquées d'une croix et calculer le PIB (on doit normalement trouver 750 milliards de Bz) :

tableau des ressources en produits

produits	*production effective*	*importations*	***total des ressources***
énergie		X	50
latex	150		X
pneus	800		X
biens alimentaires		X	X
machines		X	X

tableau des échanges intermédiaires

	branches					
produits	*branche énergétique*	*hévéa*	*industrie alimentaire*	*industrie d'équipement*	*industrie du pneu*	***somme des consommations intermédiaires***
énergie		X			X	X
latex					150	X
pneus						X
biens alimentaires						X
machines						X

tableau des emplois finals

produits	*somme des consommations intermédiaires*	*consommation finale*	*investissement*	*exportations*	***total des emplois***
énergie	X				X
latex	X				X
pneus	X			X	X
biens alimentaires	X	X			X
machines	X		200		X

tableau des comptes de production

somme des cons. interm.	X	X	X	X	X
valeur ajoutée	X	X	X	X	X
production effective	X	150	X	X	X

somme des valeurs ajoutées (PIB) = X

Le circuit économique du Brozoufland s'inscrit dans l'espace. On peut, à partir de la carte qui suit, expliquer la localisation des pôles du circuit, rendre compte des flux, en prenant en compte le jeu des trois données géographiques (milieu, hétérogénéité, opacité de l'espace).

Géographie économique du Brozoufland

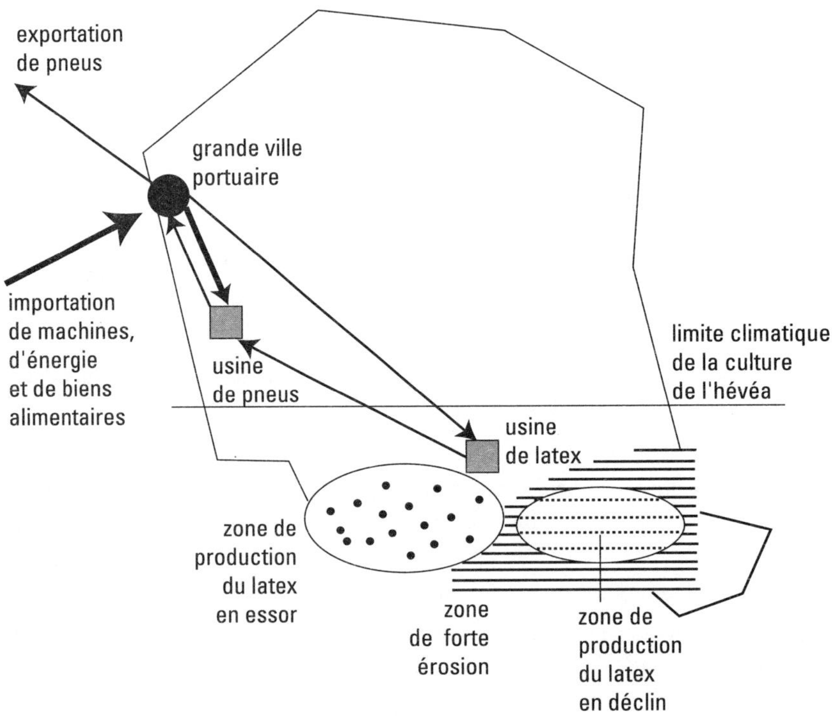

Documents proposés

Globalisation ?

Les biens et services. Le commerce international

Doc. 1 - Part de la production mondiale de biens et services exportée (1870 à 1996)

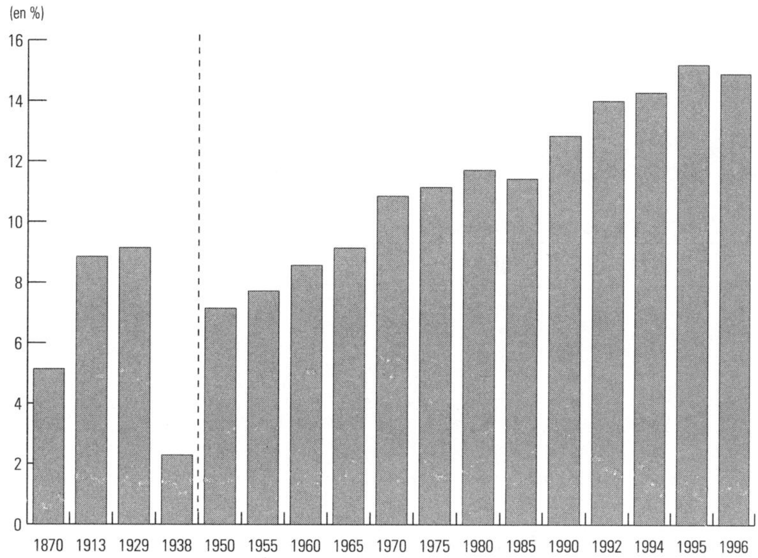

Attention : l'échelle de temps n'est pas respectée. A. Maddison, *Monitoring World Economy. 1820-1992,* Paris, OCDE, 1995 ; Nations unies, *Manuel de statistiques du commerce international et du développement* (1999) pour les exportations ; FMI, *Perspectives de l'économie mondiale* (1998) pour les PIB (parité du pouvoir d'achat).

Doc. 2 - Part de la production de biens et services de l'OCDE exportée (1950-1996)

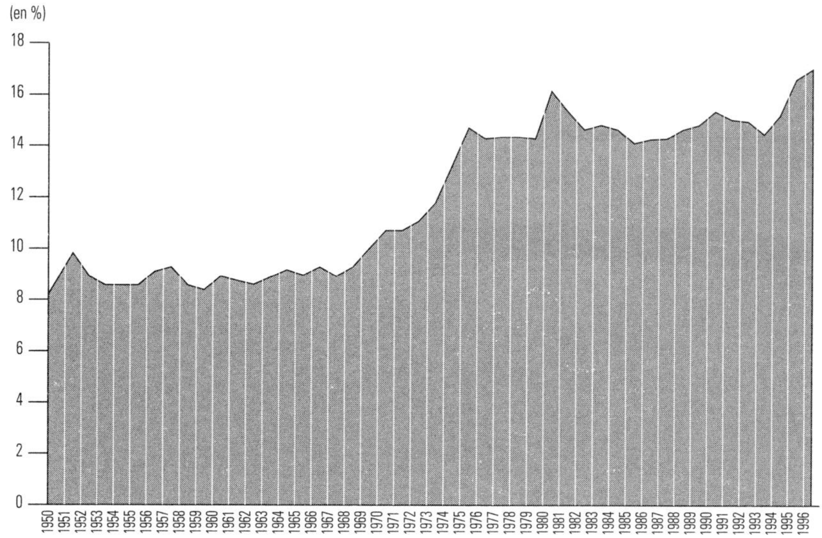

Nations Unies, *Manuel de statistiques du commerce international et du développement* (1999) pour les exportations ; OCDE, Principaux indicateurs économiques (1999), pour les PIB.

Doc. 3 - Part de la production mondiale utilisée dans le commerce mondial, commerce intra UE non compris (1960-1996)

Nations unies, *Manuel de statistiques du commerce international et du développement* (1999) pour les exportations ;
FMI, *Perspectives de l'économie mondiale* (1998) pour les PIB (parité du pouvoir d'achat).

Doc. 4 - Degré d'ouverture sur l'extérieur de quelques pays (1913-1998)

%	1913	1950	1973	1990	1995	1998
France	15,5	10,7	14,6	17,8	18,3	20,3
Allemagne	18,1	10,1	17,7	23,7	20,4	23,5
Japon	15,1	8,2	9,1	8,4	7,6	8,8
Pays-Bas	50,0	35,5	37,4	43,5	47,0	50,5
Royaume Uni	23,6	18,6	18,8	21,6	22,8	21,1
États-Unis	5,6	3,5	5,4	8,0	9,7	9,9

A. Maddison (1995), OCDE, *Principaux indicateurs économiques*, sept. 1999.

Doc. 5 - Taux de croissance moyen annuel de la production mondiale (A) et du commerce international (B) de biens et services (1853-1994)

	1853-1872	1872-1999	1899-1913	1913-1950	1950-1973	1973-1990	1990-1994
A	3,7	3,3	3,6	1,9	5,3	2,3	1
B	4,3	3,1	4,1	0,5	9,4	3,4	4,9
B/A[1]	1,16	0,94	1,14	0,26	1,77	1,48	4,9

1. B/A = croissance du commerce international comparé à celui de la production mondiale.

A. Maddison (1995) et Nations unies, *Manuel de statistiques du commerce extérieur.*

Doc 6. - Part des différentes régions dans les exportations internationales (1950-1996)

	1950	1955	1960	1965	1970	1975	1980	1985	1990	1995	1996
Amérique du Nord	21	20,2	19,6	18,6	18,8	16,2	14,5	15,8	15	15,2	15,5
Europe occidentale	32,9	36,8	39,3	41,2	43,3	40,8	39,7	38,7	45,6	42,5	41,9
Australie, Nouvelle-Zélande	3,5	2,6	2,2	2	1,9	1,5	1,4	1,4	1,4	1,3	1,4
Europe de l'Est	6,4	8,2	1,2	10,5	9,6	8,7	7,4	8,6	4,9	3,6	3,8
Amérique latine	12,1	9,9	7,7	6,8	5,7	5,4	5,4	5,6	4,1	4,4	4,8
Afrique	7,2	6	5,7	4,9	5,2	4,6	5,9	4	3	2,1	2,5
Moyen-Orient	3,3	3,3	3,3	3,5	8,5	9,4	10,4	5,2	3,9	2,9	3,3
Asie	13,3	11	11,5	10,8	11,8	12,5	14,7	20	21,5	26,9	25,9
dont : Japon	1,4	2,2	3,3	4,7	6,4	6,5	6,7	9,4	8,6	8,7	7,7
Chine	0,9	1,5	2	1,1	0,7	0,8	0,9	1,4	1,8	2,9	2,8
7 pays commerçants d'Asie[1]	6,3	4,2	3,5	2,9	3,1	n.d.	5,8	7,9	9,8	13,7	13,7

1. Hong Kong, Singapour, Corée, Taiwan, Indonésie, Malaisie, Thaïlande.

Nations unies, *Manuel de statistiques du commerce international et du développement.*

La production : les FMN

Doc. 7 - Distribution géographique (en %) des ventes et des actifs des FMN de différents pays en 1993

Origines et secteurs	VENTES					ACTIFS				
	Domest.	États-Unis	Europe	Japon	Autres	Domest.	États-Unis	Europe	Japon	Autres
États-Unis										
Primaire		48	7,5	0,8	43,7	–	55	7,5	0,7	36,8
Industrie		64	17	1	18	–	70	11	1,4	17,6
Services		75	6	1	18	–	74	6,1	0,8	19,1
Japon										
Primaire		1,3	1,6	86	11,1	–	0	0	50	50
Industrie		1,6	3,1	75	20,3	–	0	0	97	3
Services		7,1	7,3	77	10,6	–	4	0	92	4
Allemagne										
Primaire	73	3,2	8,2	0,5	15,1	–	–	–	–	–
Industrie	48	7,6	27	0,7	16,7	–	–	–	–	–
Services	65	7,5	13,4	0,6	13,5	–	–	–	–	–
France										
Primaire	68	3,3	8,6	0,8	19,3		nd	nd	nd	nd
Industrie	45	8,5	31	1	33,5	54	31	5,5	0,7	8,8
Services	69	2,6	13,7	0,7	14	50	34	1,2	0,8	14
Roy.-Uni										
Primaire	62	15	7,8	0,8	14,4	40	6	24	0,6	29,4
Industrie	36	17	26,5	0,8	19,7	39	18,5	17	0,7	24,6
Services	61	14	15	1	9	61	5	7,6	0,7	25,2

P. Hirst et G. Thomson, *Globalization in Question*, Londres, Polity Press, 1996.

Les capitaux

Doc. 8 - Rapport des sorties d'IDE (en %) à la production nationale (1980-1997)

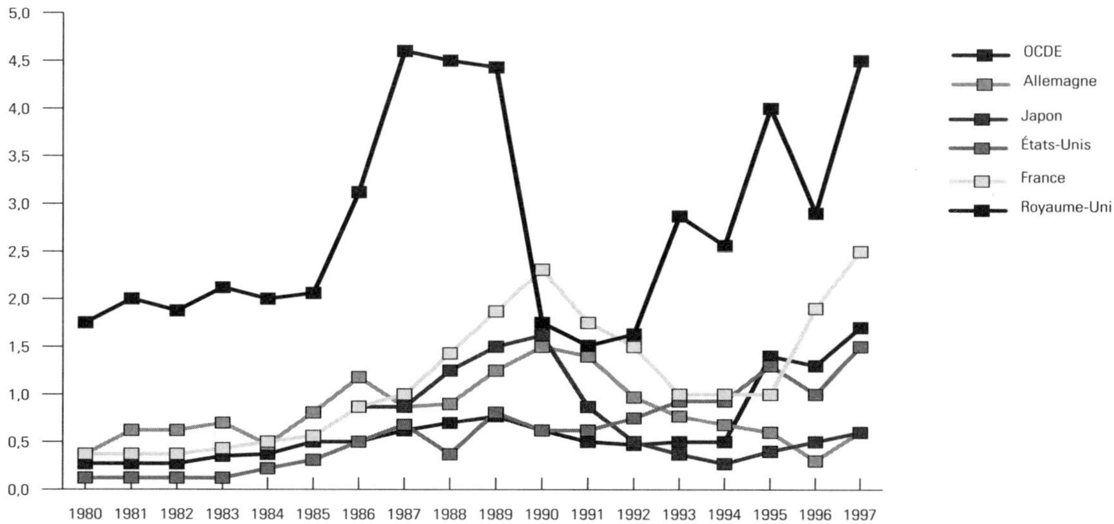

OCDE, *Annuaire des statistiques d'investissement direct à l'étranger*, 1998.

Doc. 9 - Entrées d'IDE aux États-Unis (en %) pour reprises de firmes (A) ou créations (B)

	1980	1981	1982	1983	1984	1985	1986	1987	1988	1989	1990	1991	1992	1993
A	9,0	18,2	6,6	4,8	18,8	20,1	31,5	33,9	64,9	59,7	55,3	17,8	10,6	23,1
B	3,2	5,1	4,3	3,2	3,4	3,1	7,7	6,4	7,8	11,5	10,6	7,7	4,7	3,1
B/A	2,81	3,57	1,53	1,50	3,47	6,70	4,09	5,30	8,32	5,19	5,22	2,31	2,26	7,45

E.M. Graham et P.R. Krugman, *FDI in the USA*, Washington D.C., Institute for Commercial Economics, 1995.

Doc. 10 - Part des flux sortants d'IDE (en %) dirigés vers les pays de l'OCDE (1982- 1997)

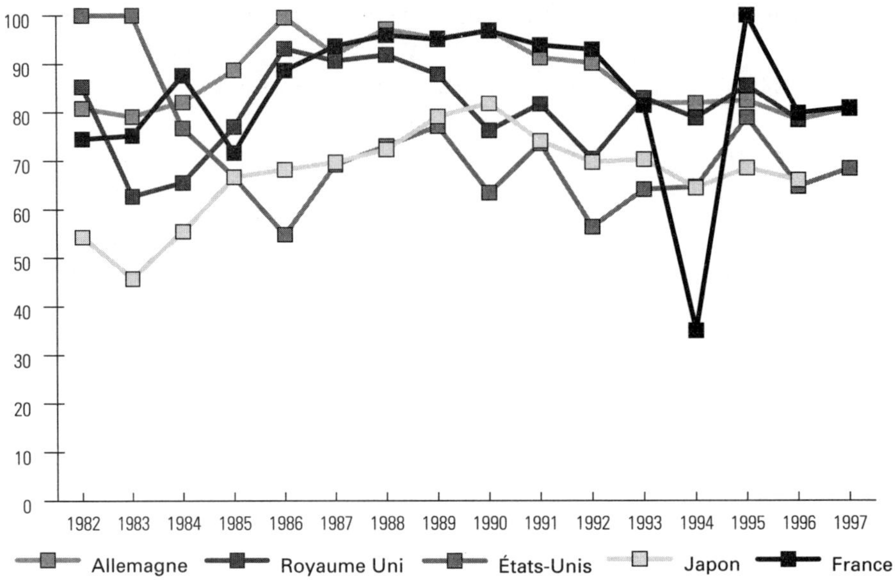

OCDE, *Annuaire des statistiques d'investissement direct à l'étranger.*

Doc. 11 - Part des services et de la sphère Crédit, Assurance, Finance, Immobilier (CAFI) dans le total des flux sortant d'IDE (1984-1997)

	France		Allemagne		Royaume-uni		Japon		États-Unis	
	Services	CAFI	Services	CAFI	Services	CAFI	Services	CAFI	Services	CAFI
1986	53,1	16,8	25,1	n.d.	42,8	n.d.	77,1	n.d.	29,5	n.d.
1987	56,9	40,9	44,7	n.d.	40,8	n.d.	73,2	n.d.	25	n.d.
1989	36,1	27,4	44,5	n.d.	38,8	n.d.	72,6	n.d.	39,7	n.d.
1990	41,3	23,2	40,2	n.d.	46,7	n.d.	68,7	n.d.	20,8	n.d.
1991	46	15,7	38,1	n.d.	28	n.d.	66	n.d.	76,7	n.d.
1992	35,4	15,5	48,1	37,9	58	n.d.	65,5	n.d.	100	n.d.
1993	38,5	18,3	58,8	41,1	64,8	51,5	65,4	34,6	100	54,9
1994	22,6	9,4	59	46,2	23,6	27,5	63,2	28,3	86	23,3
1995	34,6	13,4	56,4	40,6	50	35,5	58,8	n.d.	57,7	24,3
1996	70,8	43,2	65,7	51,6	44,8	18,3	51,9	29	43,9	20,6
1997 (p)	69,1	44,9	57,2	47,8	n.d.	n.d.	n.d.	n.d.	63	22

p : prévisions ; n.d. : nom déterminé

OCDE, *Annuaire des statistiques d'investissement direct à l'étranger.*

Doc. 12 - Poids des transactions internationales sur titres (a) (en % du PIB)

	1975	1980	1985	1990	1995
États-Unis	4,2	9	35	89	135
Japon	1,5	7,7	63	120	65
Allemagne	5,1	7,5	33	57	169
France	3,3	8,4[1]	21	54	180
Italie	0,9	1,1	4	27	253
Royaume Uni	n.d.	n.d.	367	690	n.d.
Canada	3,3	9,6	27	64	195

1. Chiffre de 1982.

(a) Total des achats et ventes d'obligations entre résidents et non-résidents.

FMI, *Perspectives économiques mondiales*, mai 1997.

Le type et le choix des documents présentés ci-dessus s'inspirent de l'article de P. Giussani, « Empirical evidence for trends toward globalization. The discovery of hot air », *Journal of Political Economy*, vol. 26, 1997, pp. 15-37.

EXERCICE

SYNTHÈSE DE DOCUMENTS

La synthèse de documents consiste à commenter un ensemble de documents, de nature diverses, portant sur un thème majeur, en fonction de la problématique proposée ou suggérée par l'énoncé.

A/ Le travail préparatoire

– Lire le sujet qui indique quel est le thème principal et fait apparaître une problématique. Observer les documents avec attention, dans l'ordre de composition de l'exercice.

– Analyser chaque document. Dégager à chaque fois les thèmes traités, en notant au brouillon les faits, idées ou concepts.

– Comparer et mettre en relation les documents. À partir des thèmes définis, regrouper les informations contenues dans chacun d'entre eux. Sont-ils complémentaires ou contradictoires ?

– Classer les thèmes, une fois regroupés, de sorte que cela réponde à la problématique.

B/ La réponse à la question

– Présenter les documents, en fonction du sujet, et en portant sur eux un regard critique (nature des graphiques, source, originalité, etc.).

– Sélectionner les informations principales de chacun d'entre eux, les classer, les confronter afin d'établir des liens de causalité, de dépendance, etc.

– Regrouper ces informations en quelques thèmes dont l'ordre doit être agencé pour construire une démonstration cohérente et préparer la synthèse.

C/ Rédaction de la synthèse

– Présenter une réponse structurée et argumentée à la problématique définie par le sujet. La synthèse doit faire appel à l'ensemble des informations tirées des documents pour appuyer la démonstration.

– Introduire et conclure brièvement la synthèse.

D/ Coup de pouce

La problématique est : y a-t-il ou non globalisation ? Le thème de la globalisation est à la mode. Il n'est, en fait, pas très clair. Signifie-t-il qu'un seuil critique a été franchi par l'internationalisation des économies ? Décrit-il une tendance à l'œuvre ? Indique-t-il un changement de nature de l'internationalisation ? Quelles sont alors les implications géographiques de chacune de ces réponse ?

Différentes approches empiriques sont possibles. Trois aspects sont généralement étudiés pour traiter de l'évolution de l'internationalisation (et donc d'une possible globalisation) : le commerce des biens et services, la production, les capitaux. On les retrouve très distinctement dans les documents proposés.

DOCUMENTS PROPOSÉS

L'espace des multinationales

Localisation des sièges et des usines de firmes multinationales

Le siège des multinationales en 1997

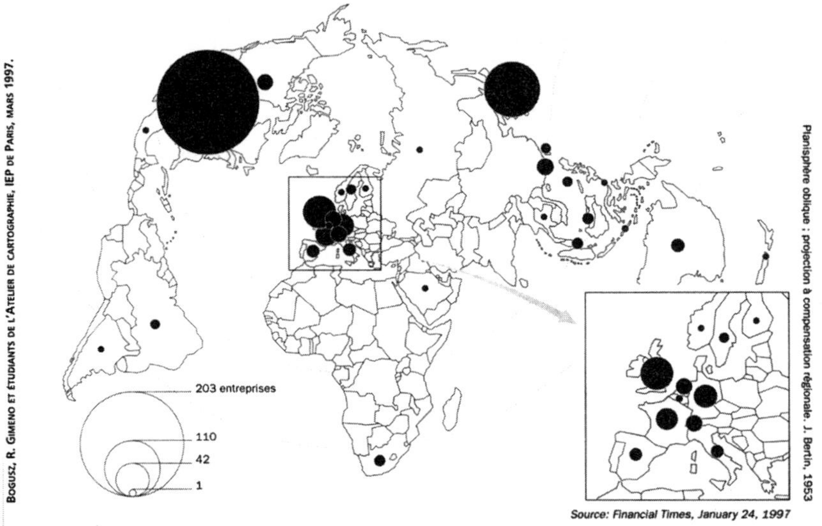

Sciences humaines, hors série n° 17, juin-juillet 1997, p. 51.

Localisation des usines Renault, Ford et Toyota

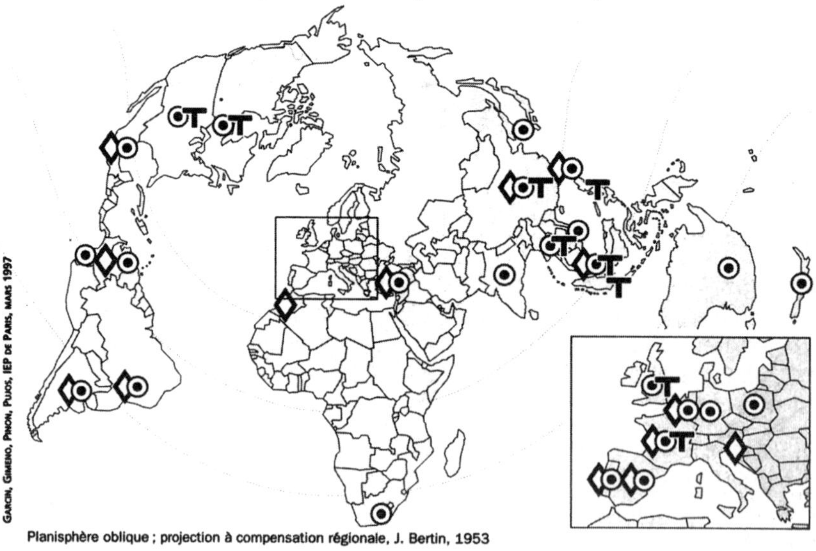

Planisphère oblique ; projection à compensation régionale, J. Bertin, 1953

Présence d'au moins une usine automobile

◇ RENAULT
◉ FORD
T TOYOTA

Sources :
- *Atlas économique*, Renault, 1996 ;
- *A Pocket Reference on Ford Motor Company Worldwide Plants*, Ford, 1996 ;
- *Toyota Motor Corp. in Business Week*, 7 avril, 1997.

Idem, p. 59.

QUESTIONS

Ces cartes permettent de réfléchir sur l'espace de l'internationalisation, qui n'est pas l'espace mondial, et sur les stratégies spatiales des multinationales.

– Quelles sont les caractéristiques de la répartition des usines de chacune des firmes automobiles et des sièges des multinationales (zones de forte concentration, zones négligées) ?

– À quelles logiques répondent les distributions illustrées par les cartes ? En quoi et pourquoi celles des deux cartes diffèrent ?

– Dans quelle mesure ces cartes attestent-elles d'une mondialisation ?

Document proposé

Internet et la mondialisation des échanges

La Toile est-elle bien mondiale ?

Les ventes générées par le commerce électronique doublent ou triplent chaque année dans de nombreux pays. Mais cette évolution masque un curieux paradoxe : le commerce qui s'effectue grâce au réseau mondial qu'est le Web reste terriblement casanier. Un exemple concret en est fourni par le groupe d'études Forrester Research, selon lequel près de la moitié (46 %) des sites d'e-commerce basés aux États-Unis sont obligés de refuser des commandes en provenance de l'étranger pour la simple raison qu'ils ne savent pas comment les honorer. C'est d'autant plus inquiétant pour eux que, selon le cabinet International Data Corp. (IDC), si en 1998 24 % du commerce électronique a été réalisé hors des États-Unis, la proportion s'élèvera à 45 % en 2002. D'ores et déjà, les internautes sont plus nombreux hors des États-Unis qu'à l'intérieur. Les difficultés rencontrées en Amérique latine sont révélatrices. Une enquête d'IDC auprès de 500 entreprises de la région révèle que 85 % d'entre elles font du commerce électronique ou ont l'intention d'en faire dans les deux ans. Mais, si les nuances de la langue représentent un problème mineur, il n'en va pas de même avec les modes de paiement, le transport et les formalités douanières. En effet, pas d'e-commerce sans une infrastructure de stockage et de livraison d'excellente qualité dans le monde réel.

Cependant, une lente internationalisation des pratiques de commerce électronique commence à se manifester. En Grande-Bretagne, par exemple, British Telecommunications vient d'inaugurer un service de comparaison en ligne de produits vendus aux États-Unis et outre-Manche. Le fait qu'il s'agisse de la même langue ne résout pas tout. Certains mots ne sont pas épelés de la même façon, et les monnaies ne sont pas les mêmes. Et même les gouvernements bougent. Au début du mois de décembre, les pays membres de l'Union européenne ont jeté les bases d'un accord cadre pour le commerce électronique. Parmi les sujets de discussion : les problèmes de responsabilité transfrontalière. Le consensus est nécessaire si l'on songe que de 18 milliards de francs (2,8 milliards de dollars) cette année, le commerce électronique mondial devrait passer à 305 milliards de francs (48 milliards de dollars) en 2003.

Les détails culturels revêtent parfois une grande importance. Ainsi le portail Lycos a-t-il découvert, au moment d'ouvrir un site, en Corée, que sa mascotte – un chien – était du plus mauvais effet. « Nous espérions que notre chien, qui a l'air très gentil, deviendrait un symbole mondial, a déclaré à Info World Jeff Vander, responsable des opérations globales de Lycos. Mais les responsables de Lycos Corée nous ont signalé que, là-bas, les chiens ont une connotation alimentaire. Il n'était pas très populaire en Europe non plus. » Face à cette diversité culturelle, les entreprises américaines, qui tendent à penser que tout le monde parle anglais, ne sont pas nécessairement les mieux placées pour en profiter, malgré l'expérience technique et commerciale dont elles disposent. Habitués à vivre avec les différences institutionnalisées, les Européens ont une carte à jouer.

Fr. Pisani, « L'e-commerce reste local », *Le Monde*, 12 janvier 2000.

QUESTIONS

– Pourquoi Internet pourrait-il permettre une mondialisation des échanges ?

– Quelle est en fait la géographie des échanges réalisés par le commerce électronique ?

– Quels sont les facteurs qui font obstacle à leur mondialisation ? Comment les classer ? Comment ces obstacles pourraient-ils être surmontés ?

– Certains conditions nécessaires à l'élargissement des circuits économiques ne sont pas évoquées par le texte. (*Cf.* cours : « Moyens et raisons de l'extension »). Sont-elles remplies ?

– D'autres modes de télécommunications ont joué un rôle dans l'élargissement des circuits : le courrier, le téléphone, le Minitel. Quelles ont été les limites de ces élargissements ? Pourquoi ?

PARTIE 1

ÉCONOMIE ET ESPACE GÉOGRAPHIQUE

Le circuit économique n'est pas qu'une représentation abstraite d'économistes en mal de schématisation. La circulation des richesses a une existence concrète et s'inscrit pour cette raison dans l'espace géographique. Le circuit n'est ainsi pas déconnecté de la réalité de la terre sur laquelle il opère, et dont il tire les ressources à l'origine de toute circulation de richesses. L'espace n'accueille pas non plus le circuit dans l'indifférence d'une plaine homogène où l'on trouverait de tout partout et où la distance se franchirait sans difficulté.

En termes de géographie économique, l'espace géographique présente trois caractéristiques, liées à la nature du monde dans lequel les êtres humains vivent, ou tout du moins à la façon dont ceux-ci le conçoivent.

Premièrement, il existe un milieu physique, matériel, qui obéit à certaines lois, indépendantes du mode de fonctionnement des circuits économiques. Certaines ressources sont par exemple épuisables : un puits de pétrole se tarit. Elles peuvent aussi se transformer suivant des lois biologiques qui n'ont rien à voir avec l'économie : une forêt incendiée ne repousse pas telle quelle, l'écosystème côtier breton ne peut rester inchangé après plusieurs marées noires. L'activité économique se trouve confrontée à deux problèmes liés au milieu physique : les stocks de ressources peuvent ne pas durer éternellement, les écosystèmes ne peuvent supporter sans altération majeure n'importe quelles prédation et déprédation. La question des rapports entre l'économie et le milieu est traitée dans le chapitre 3.

Deuxièmement, l'espace est hétérogène : il se décompose en lieux, en régions ou en pays nettement différenciés. Chaque producteur, chaque consommateur, puisqu'il est en un endroit précis à un moment donné, se trouve donc dans une situation spécifique, très probablement unique si on l'observe attentivement. Les ressources naturelles ou financières dont on dispose, la main-d'œuvre, la structure de production, la demande ne sont pas partout les mêmes, car les travailleurs, les consommateurs, les capitaux, les détenteurs de savoir-faire, de technologies, etc., ne sont pas distribués également. Les qualités propres au lieu ne sont bien sûr pas indifférentes à l'acteur économique qui s'y trouve : elles peuvent déterminer ou conditionner son activité. L'hétérogénéité spatiale n'est toutefois pas toujours antérieure aux activités économiques : elle est aussi souvent le résultat de celles-ci. Les contrastes de développement, les concentrations spatiales de la production, de la consommation et des richesses, la spécialisation de certains espaces dans un type de production sont des phénomènes économiques qui se traduisent par des discontinuités spatiales majeures. Que l'hétérogénéité de l'espace soit d'origine économique ou non, elle constitue un fait avec lequel l'économie doit composer : c'est l'objet du chapitre 4.

Troisièmement, l'espace géographique est opaque : la distance ne peut y être franchie instantanément et sans énergie. Les facteurs naturels (comme le relief) l'expliquent, mais jouent souvent un rôle secondaire. Le degré d'opacité de l'espace dépend le plus souvent du niveau des techniques de transport et de télécommunication, ainsi que des réseaux de transport en place, des barrières juridiques, douanières ou politiques qui peuvent freiner le déplacement des biens et des personnes. Cette plus ou moins grande facilité de circulation oriente nombre des décisions des acteurs du circuit économique. Afin de déterminer une localisation, l'entrepreneur prend en compte le coût de transport, en argent et/ou en temps, pour l'acheminement des matières premières, de la production finale, pour ses propres déplacements ou celui des cadres de l'entreprise. Le consommateur intègre la distance dans le choix de son appartement et de celui des commerces qu'il fréquente. Les échanges sont très sensibles à la distance, si bien que celle-ci intervient dans le degré de spécialisation des acteurs. Le chapitre 5 examine comment la distance est prise en compte par l'économie.

Du point de vue du géographe économiste, les lois du milieu physique, l'hétérogénéité et l'opacité de l'espace ne sont pas indépendantes. Elles constituent plutôt trois faces d'un même phénomène. Ainsi, l'hétérogénéité de l'espace ne mérite d'être mentionnée dans un manuel de géographie économique que dans la mesure où l'espace est opaque. S'il est parfaitement transparent, quelle importance que les lieux soient différents ? On pourrait instantanément, sans énergie et sans coût, faire venir d'ailleurs ce qui localement n'est pas disponible (ressources naturelles, capitaux, main-d'œuvre, etc.), et vendre là-bas ce que l'on ne peut écouler ici. Inversement, de quelle importance serait l'opacité de l'espace si celui-ci était parfaitement homogène ? Puisque l'on trouverait exactement la même chose et les mêmes personnes partout, il ne servirait à rien de les déplacer. Le risque de l'épuisement et de l'altération du milieu pèserait-il d'un poids quelconque si les ressources et les personnes n'étaient pas plus ou moins fortement liées à l'endroit où elles se trouvent, du fait de l'opacité de l'espace ?

Pour des raisons de clarté, les chapitres qui suivent mettent chacun l'accent sur l'un des trois faits évoqués, mais ils y sont nécessairement examinés en fonction les uns des autres.

3

ÉCONOMIE ET MILIEU

Le circuit économique, quelque forme qu'il prenne, dans quelque société que ce soit, est ouvert sur le milieu physique : c'est dans le milieu qu'on prélève les matières premières et l'énergie, qu'on se débarrasse des déchets, que l'on construit des routes... L'étymologie des mots « économie » et « écologie » renvoie à la même racine grecque, *oikos* : la maison.

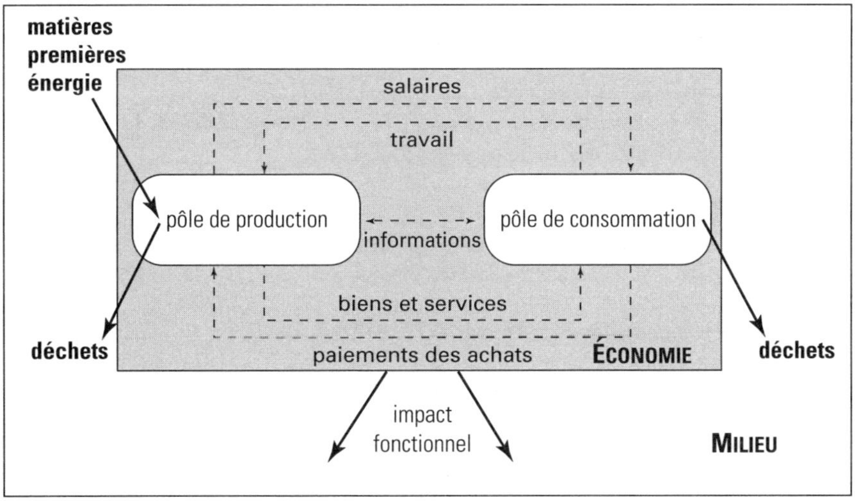

Le circuit économique dans le milieu

Or, le milieu est régi par des lois physico-chimiques et biologiques sur lesquelles l'homme, fondamentalement, n'a pas prise : il ne peut pas modifier la loi de la gravitation universelle, ni empêcher les êtres vivants de mourir. Certes, on sait faire voler des avions et soigner des maladies, mais cela revient à composer avec ces lois.

L'activité économique, dans son rapport au milieu, se trouve ainsi confrontée à certains faits dont elle doit s'accomoder. Le pétrole n'est pas disponible en quantité infinie. Les déchets nucléaires présentent des dangers. Le labourage des sols en pente accélère leur érosion. Tous ces éléments portent préjudice à la société dans son ensemble, mais posent également des problèmes à l'activité économique elle-même. Ces faits seront analysés dans ce chapitre.

On examinera d'abord la nature des rapports entre l'économie et le milieu, pour présenter ensuite les deux problèmes économiques que sont l'épuisement et l'altération du milieu, puis évaluer comment ces difficultés sont gérées. On distinguera enfin les liens entre l'économie et le milieu dans différents types de société.

Milieu, environnement, nature. Pour désigner l'ensemble des conditions dans lesquelles, en un lieu, vivent les êtres humains, il règne un certain flou lexical. Il faut éviter de parler de « nature » car l'ensemble de la planète est affecté par la présence et l'activité des hommes : il n'existe plus guère d'espace ou de cadre naturels. Les écologues (et les écologistes) emploient volontiers le terme d'environnement. Les géographes utilisent depuis longtemps celui de milieu. Pour certains, le milieu se résume au « milieu physique », c'est-à-dire à l'ensemble des conditions matérielles dans lesquelles, en un lieu, vit un être humain ; c'est d'ailleurs en ce sens que le mot est employé dans cet ouvrage. Ce n'est pas le milieu naturel, car certaines de ces conditions matérielles résultent de l'activité des hommes (il existe un milieu physique urbain, qui est peu naturel...). Pour d'autres, les conditions sociales, économiques et culturelles doivent aussi être prises en compte. On peut encore élargir – ou affiner – l'acception du terme, et souligner, comme le fait A. Berque, que le milieu n'est pas un objet ni une chose en soi : il n'existe pas indépendamment des hommes qui sont « dedans ». Le milieu réside dans le rapport entre les hommes et le cadre matériel dans lequel ils vivent.

BIBLIOGRAPHIE DU CHAPITRE

Ouvrages de base

BEAUD C., M. et LARBI BOUGUERRA M. (dir.), *L'État de l'environnement dans le monde*, Paris, La Découverte 1993, 438 p.

BETHEMONT J., *Les Richesses naturelles du globe*, Paris, Masson, 1987, 251 p.

BONTEMPS P. et ROTILLON G., *Économie et développement*, Paris, La Découverte, 1998, 122 p.

VIVIEN F.D., *Économie et écologie*, Paris, La Découverte, 1994, 122 p.

Ouvrages de référence

BERQUE A., *Médiance. De milieux en paysages*, Montpellier, Reclus, 1990, 163 p.

GEORGESCU-RŒGEN N., *The Entropy Law and the Economic Process*, Cambridge (MA), Harvard University Press, 1971, 457 p.

MEADOWS D.H., *Halte à la croissance*, Paris, Fayard, 1972, 315 p.

ODUM H.T., *Environment, Power and Society*, New York, John Wiley and Sons, 1971, 331 p.

PASSET R., *L'Économique et le Vivant*, Paris, Payot, 1979, 287 p.

Ouvrages et articles spécialisés

CLAVAL P., « Nature, environment, ecology, and eocial systems in advanced industrialized societies », *in* Dirkes M. et Bierver B. (dir.), *European Social Science in Transition*, Campus Verlag, Francfort, 1992, pp. 143-177.

Commissariat général du Plan, *L'Économie face à l'écologie*, Paris, La Découverte, 1993, 275 p.

FAUCHEUX S.et NOEL J.-F., *Économie des ressources naturelles et de l'environnement*, Paris, Armand Colin, 1995, 370 p.

FERRY L., *Le Nouvel Ordre écologique. L'arbre, l'animal et l'homme*, Paris, Grasset, 1992, 275 p.

PELLETIER Ph., *L'imposture écologique*, Montpellier, Reclus, 1993, 208 p.

SACHS I., *L'Éco-développement*, Paris, Syros, 1997 (2e éd.), 123 p.

STOFFAES C. (dir.), *L'Économie face à l'écologie*, Paris, La Découverte, 1993, 274 p.

A

CIRCUIT ÉCONOMIQUE ET MILIEU

Les échanges entre le milieu physique et les activités économiques se fondent sur une circulation de flux énergétiques. Les éléments que les hommes prélèvent ou rejettent dans le milieu sont en fait divers, mais l'énergie est essentielle car elle sert de base à l'action des hommes. **L'éco-énergie** permet de plus de mesurer en termes énergétiques toutes les relations de l'économie avec le milieu puisqu'il est possible d'attribuer à tous les biens une valeur énergétique.

L'éco-énergie. L'éco-énergie, ou étude de la régulation des flux d'énergie dans la société, mesure la valeur énergétique des biens. Cette branche s'est surtout développée dans les années 1970, grâce aux travaux d'Odum. Ses résultats ont été appliqués à l'économie, car l'analyse des flux et bilans énergétiques a semblé être le meilleur instrument pour lier économie et écologie. Un bien peut être évalué par l'énergie qu'il contient – un pain de 500 g contient environ 1 300 calories – et par l'énergie dépensée dans le travail nécessaire pour le mettre à disposition du consommateur (l'énergie dépensée par l'agriculteur, par l'industrie de la panification, par le transport, etc.).

1 - ÉCONOMIE, ENTROPIE ET NÉGUENTROPIE

Les organismes vivants sont soumis à la loi générale de l'***entropie*** : ils tendent spontanément avec le temps à se désorganiser, en libérant de l'énergie. Par exemple, un organisme qui se décompose dégage de la chaleur. Ils ont cependant la particularité de pouvoir lutter pendant un temps contre cette tendance, en empruntant au milieu de l'énergie : ainsi, la plante se maintient en vie grâce à l'énergie solaire. Si les flux d'énergie prélevés sont inférieurs à ceux de l'énergie perdue, les êtres se désorganisent (dégradation entropique). La plante qui ne reçoit pas suffisamment de rayonnement solaire dépérit, meurt et se déstructure. Si les flux sont identiques, les êtres maintiennent leur structure. Si les flux prélevés sont supérieurs, c'est-à-dire lorsqu'il y a ***néguentropie***, ils peuvent se développer, se complexifier et se reproduire.

Entropie : grandeur qui, en thermodynamique, permet d'évaluer la dégradation de l'énergie d'un système. Elle définit donc aussi son état de désordre : plus l'entropie est élevée, plus il y a désorganisation.

Néguentropie : entropie négative ou augmentation du potentiel énergétique. La reproduction ou la croissance des êtres vivants sont des processus néguentropiques.

■ ÉCONOMIE ET NÉGUENTROPIE

L'activité économique a une fin essentiellement néguentropique. Les hommes prélèvent de l'énergie dans leur environnement : directement, par exemple à travers la consommation de fruits sauvages, de racines, d'animaux ou de façon plus complexe, grâce à l'agriculture, la machine à vapeur ou la fission de l'atome. Cette énergie permet aux hommes de se maintenir en vie, de se développer, c'est-à-dire de lutter contre la dégradation entropique.

L'acquisition d'énergie demande elle-même une dépense énergétique. L'homme qui chasse, qui fait la cuisine, produit un effort, qui lui fait perdre des calories et qui affaiblit son organisme : il s'agit d'un processus entropique. En mangeant le produit de sa chasse, il absorbe au contraire de l'énergie et reconstitue son équilibre.

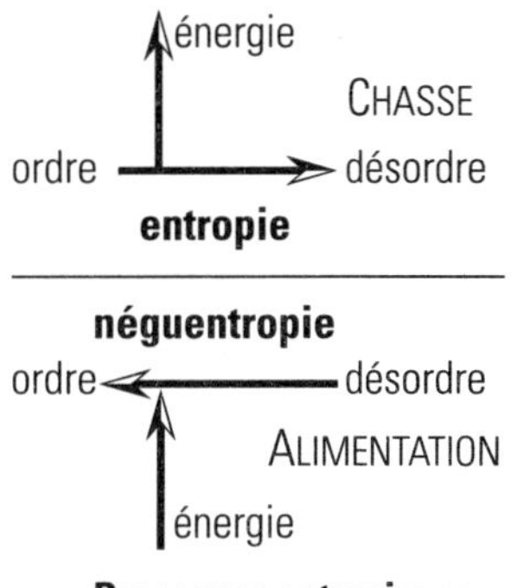

Processus entropiques et néguentropiques chez l'homme

■ Bilan néguentropique pour l'homme

L'énergie dépensée dans l'effort (la chasse) est généralement inférieure à celle qui résulte de l'effort (l'alimentation), si bien que le bilan est globalement néguentropique. Le surplus s'obtient grâce à un apport d'information. Ainsi, le chasseur mal informé qui court après les lièvres dépense beaucoup d'énergie pour un profit proportionnellement faible, tandis que le chasseur expérimenté dépense peu d'énergie en posant un piège, et rapporte la même prise. Sur la base d'une même dépense énergétique, l'apport d'une information de plus en plus complexe permet d'obtenir une énergie de plus en plus importante (l'exploitation de la fission nucléaire s'appuie sur une haute technologie).

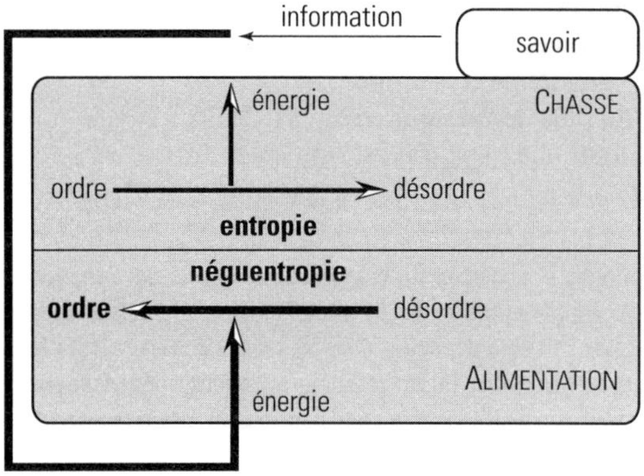

Le rôle de l'information dans le bilan énergétique humain

Le résultat de l'activité économique peut se mesurer par le subside énergétique : *output* énergétique / *input* énergétique. L'*output* est l'énergie mise à disposition des hommes (biens alimentaires, biens matériels...) évaluée en calories ; l'*input* représente les calories nécessaires à cette mise à disposition (alimentation de la main-d'œuvre, fabrication et fonctionnement des machines engagées dans la production, transport, etc.). Le subside énergétique mesure en fait le nombre de calories produites par rapport aux calories absorbées. Dans les systèmes économiques évolués ou à des échelles importantes telles que celle d'un pays, le calcul devient très complexe et imparfait, mais il reste utile pour évaluer les rapports des hommes avec leur milieu.

■ Bilan entropique pour le milieu

Le bilan néguentropique de l'activité humaine ne constitue pas une exception à la loi de l'entropie. Le schéma qui précède ne mentionne pas que l'économie s'inscrit dans le milieu, et ce de trois façons. Premièrement, le gain énergétique obtenu

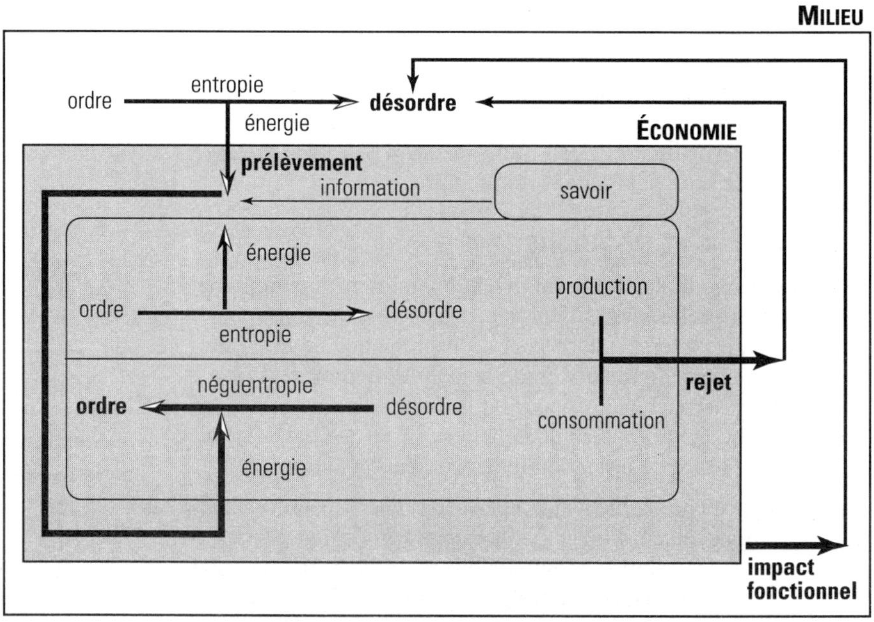

Néguentropie économique et entropie du milieu

par les hommes correspond à un prélèvement dans le milieu (par exemple, je coupe du bois pour me chauffer). Deuxièmement, l'activité économique produit nécessairement des rejets : les substances relativement organisées, prélevées en amont du système économique pour être transformées, se retrouvent toujours restituées en aval sous des formes déstructurées (fumées, cendres, déchets divers). Troisièmement, et indépendamment de tout rejet et prélèvement, l'activité économique s'accompagne d'un impact fonctionnel : le chasseur piétine les jeunes pousses, dérange les animaux, etc. Du fait de l'activité économique, les forêts sont détruites, les animaux meurent... En conséquence, l'entropie du milieu augmente.

2 - Les ressources naturelles

■ Qu'est-ce qu'une ressource naturelle ?

Les ressources servent de base à la satisfaction de besoins ou à la production de biens : ainsi l'air, l'eau, les fruits de la chasse, le minerai de fer... Certaines sont constituées par des biens économiques (le minerai de fer), d'autres par des biens libres (tel l'air que nous respirons). Toutefois, toutes les ressources sont nécessaires à une activité économique ou sont impliquées dans son élaboration ; aussi faut-il les aborder en géographie économique.

Il n'existe pas de ressource en soi, indépendamment des besoins des hommes et des structures économiques. Les ressources se définissent par rapport à des biens et à des fins, variables selon les sociétés. Le silex constituait une ressource de première importance pour les hommes préhistoriques, il n'en est plus de même aujourd'hui. À l'inverse, l'uranium n'est devenu une ressource que très récemment. L'air que l'on respire à Paris constitue une ressource, non un bien économique, tandis que celui que les plongeurs respirent est une ressource et un bien économique car ils doivent acheter les bouteilles.

Les capitaux, les machines, la main-d'œuvre, les savoir-faire constituent des ressources pour une production, mais ce sont des ressources artificielles et non naturelles : elles résultent de l'action des hommes. Les ressources naturelles ne sont pas des artefacts. Il s'agit de biens que l'homme consomme par son activité, mais qu'il ne peut créer. Il en va ainsi du rayonnement solaire, des vents, des lièvres, du pétrole. Le lièvre tué par le chasseur existe indépendamment de l'action de ce dernier : il constitue une ressource naturelle. Le lapin élevé en clapier, nourri de luzerne cultivée, fruit de manipulations génétiques, est le résultat de l'action humaine ; il n'existerait pas sans l'homme : c'est un produit économique, non une ressource naturelle. Les fruits de l'agriculture (blé, etc.) ne sont pas des ressources naturelles : ce sont des produits de l'activité économique humaine, fondés sur l'exploitation des ressources naturelles que sont le rayonnement solaire, les eaux, les sols, etc.

On peut classer les ressources naturelles selon leur origine : toute matière première est empruntée à la matière terrestre ; toute énergie, à l'exception du nucléaire, au soleil (par l'intermédiaire des plantes, des animaux, du vent...). Du point de vue des hommes qui les exploitent, la principale distinction oppose les ressources non renouvelables aux ressources renouvelables. Les **ressources non renouvelables** sont constituées par des stocks qui ne sont pas susceptibles de se régénérer à mesure qu'on y puise : ainsi, dans une mine de fer, l'extraction de minerai diminue le stock disponible, et celle-ci s'épuise. La consommation des ressources non renouvelables conduit inéluctablement (même si c'est un processus très lent) à leur épuisement. Il en va ainsi des minerais, des énergies fossiles.

Les **ressources renouvelables** connaissent une dynamique propre. Constituées de stocks (une masse de poissons), elles sont susceptibles d'augmenter (reproduction) ; constituées de flux (rayonnement solaire), elles sont dispensées régulièrement sans être affectées par la consommation qu'en font les hommes (on parle de ressource permanente). Ces ressources existent donc en quantité non finie et ne semblent pas susceptibles d'épuisement. On verra que ce n'est pas toujours le cas : pour les ressources renouvelables de stock, l'épuisement menace si l'on ne respecte pas certaines règles. Ainsi, certaines espèces animales disparaissent du fait de leur surexploitation. En fait, les ressources renouvelables *peuvent* ne pas s'épuiser, alors que les ressources non renouvelables *ne peuvent pas* ne pas s'épuiser. Cette distinction, quoique imparfaite, est très utile car elle se traduit par des différences essentielles quant à la gestion des ressources.

Renouvelable *vs* non renouvelable. La distinction renouvelable / non renouvelable n'est pas totalement satisfaisante. Certaines ressources sont pleinement non renouvelables : leur consommation passe par leur destruction (on brûle le pétrole). Le cuivre est une ressource non renouvelable au sens où le minerai s'épuise dans les mines : le stock n'augmente pas. Mais l'épuisement ne menace pas vraiment car on ne consomme pas le cuivre en l'utilisant : le recyclage permet de se prémunir de toute diminution du stock. New York constitue aujourd'hui la plus importante réserve de cuivre à l'échelle mondiale, grâce à son réseau de fils de cuivre, appelé à être démantelé à l'heure de la fibre optique. Toutefois, l'utilisation d'une ressource peut s'accompagner d'une dégradation (entropie) qui rend sa réutilisation telle quelle impossible (cuivre oxydé). De plus, le recyclage demande une énergie (collecte, tri, etc.). L'eau est une ressource non renouvelable particulière, dans la mesure où son recyclage se produit souvent naturellement, grâce à l'énergie solaire.
La classification renouvelable / non renouvelable dépend surtout du niveau technique et du point de vue duquel on se place. Ainsi, le pétrole lui-même n'est non renouvelable qu'à l'échelle de l'homme et de l'histoire, il ne l'est pas à celle des temps géologiques (les forêts actuelles pourraient en effet fournir le pétrole des millénaires à venir).

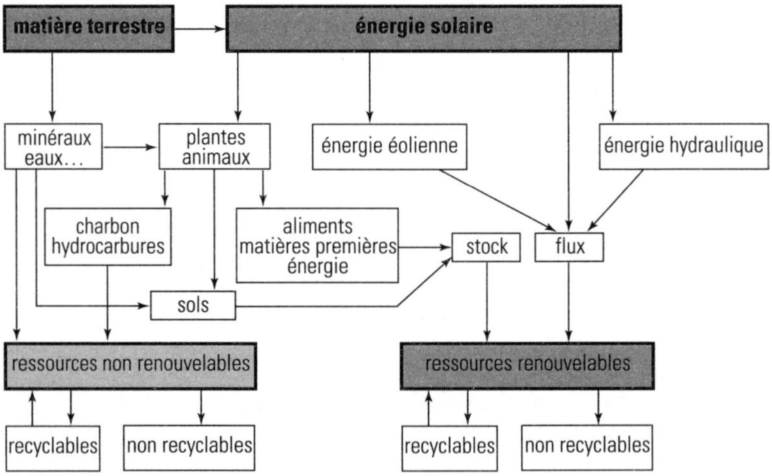

■ Les ressources naturelles sont des biens non reproductibles et collectifs

Quand un cuniculteur tue un couple de lapins pour la vente, son acte ne présente pas de véritable difficulté. Son élevage produira d'autres lapins car le lapin est un produit. Même s'il tue le dernier couple de lapins d'élevage sur terre, on pourra en « refaire » en croisant des lapins de garenne. Le lapin de garenne appartient, au contraire du lapin d'élevage, à la catégorie des ressources naturelles. L'homme ne peut le produire. Un chasseur qui tue le dernier couple de lapins de garenne prive définitivement l'humanité de cette espèce. Le coût de cet acte est, pour cette raison, inestimable.

Si le chasseur tue un lapin de garenne parmi d'autres, l'acte est moins grave : l'espèce n'est pas mise en danger. Toutefois, sur le plan éthique, on comprend mal qu'un particulier tire avantage d'une ressource qui ne lui appartient pas (il n'a pas élevé ce lapin). L'appropriation individuelle du produit de la chasse est d'ailleurs interdite dans certaines sociétés. De même, quand une usine pollue un cours d'eau par ses rejets, les pêcheurs et les baigneurs acceptent difficilement que cet acteur privé leur ôte l'objet de leur plaisir, qui ne lui appartient pas. En tant que contribuables, ils n'apprécient pas non plus de payer le coût du traitement des eaux polluées par cette entreprise. Le lapin de garenne, le cours d'eau, etc. – comme tout élément du milieu – constituent des ***biens collectifs***.

Bien collectif : bien peu susceptible d'appropriation privée, qui dispense des services simultanément et de façon indivisible pour tous, donnant difficilement lieu à l'établissement d'un prix sur le marché (ex. : pluie, paysage, éclairage public des rues...).

3 - Prélèvements, rejets et impacts fonctionnels

L'économie intervient de trois façons dans le milieu. Elle y effectue des prélèvements : il s'agit d'y ponctionner des ressources naturelles. Les modalités de ce prélèvement sont nombreuses (extraction minière, chasse, barrages hydroélectriques, exploitation agricole des sols, etc.) et varient en fonction de la nature de la ressource et du niveau technologique. Les deux autres interventions de l'économie dans le milieu passent par les rejets et l'impact fonctionnel.

■ Les rejets

Les rejets sont les sous-produits de l'activité humaine libérés dans le milieu, soit lors de la phase de production (fumée des usines), soit après la phase de consommation (emballages vides). On peut distinguer les rejets de la même manière que les ressources, d'abord selon leur source et leur nature physico-chimique. On oppose les déchets minéraux (carcasse de voiture), chimiques (huiles de vidange) et organiques (lisier). On distingue les rejets solides (cendres), gazeux (CO_2), liquides (eaux usées). Il existe des rejets thermiques (réchauffement des rivières lié aux rejets de l'eau passée par les circuits de refroidissement des centrales électriques), des rejets radioactifs (fuites ou accidents dans une centrale, sous-produits, etc.).

	recyclable	*non recyclable*
biodégradable	papier	lisier
non biodégradable	aluminium	déchets nucléaires

Une classification fondée sur les problèmes de gestion conduit à deux oppositions : recyclable / non recyclable, biodégradable / non biodégradable. Un rejet pose d'autant moins de problèmes qu'il est recyclable ou biodégradable. Dans le premier cas, au prix d'un certain coût entropique, il est transformé et réintègre le circuit économique. Dans le second, il est abandonné aux lois entropiques du milieu, dans lequel il se déstructure assez rapidement puis disparaît. Les déchets biodégradables sont principalement organiques. Ceci ne signifie pas qu'ils sont inoffensifs (le lisier pose d'importants problèmes de pollution des nappes phréatiques). Le caractère biodégradable d'un produit renvoie à la question plus large des quantités et des ***rythmes d'absorption des rejets par le milieu***.

Rythmes d'absorption des rejets par le milieu : les déchets organiques disparaissent en quelques années, une bouteille de plastique en plusieurs dizaines de milliers d'années. La période des produits radioactifs dépasse l'échelle humaine.

■ L'impact fonctionnel

En dehors de tout rejet et de tout prélèvement qu'elle effectue, chaque activité économique a un impact fonctionnel sur le milieu, qui s'exerce de manière indirecte. Il peut être causé par les infrastructures nécessitées par l'activité (un barrage hydroélectrique noie une vallée) ou par l'activité elle-même (le piétinement des touristes déstabilise les dunes). Considérons l'exemple des safaris-photos. L'impact direct lié aux prélèvements et aux rejets des touristes qui fréquentent les réserves animalières du Kenya est heureusement fort limité (pas de chasse, peu de pollution). En revanche, le passage incessant des 4 x 4 sur des circuits qui varient peu, la présence d'infrastructures assez lourdes (les *lodges*, hôtels luxueux), le harcèlement subi par les espèces les plus appréciées ont nécessairement un impact sur les écosystèmes.

B

ÉPUISEMENT ET ALTÉRATION

Les prélèvements, les rejets et l'impact inhérents à l'activité néguentropique ne constitueraient ni un objet de préoccupation ni un sujet de géographie économique, s'ils n'étaient confrontés aux capacités du milieu à les supporter. On ne peut prélever ni rejeter *ad libitum*. Le franchissement de certaines limites peut se traduire par deux types de problèmes : l'épuisement et l'altération du milieu.

1 - Le risque de l'épuisement du milieu

Prélèvement d'énergie dans le milieu : la seule manière de lutter contre l'entropie a longtemps été l'alimentation. Ensuite, on en est venu à utiliser l'énergie calorique du feu, l'énergie cinétique animale (traction), hydraulique (moulin) ou éolienne (navigation à voile). Il a fallu attendre la machine à vapeur, puis le moteur à explosion, pour que les combustibles (bois, charbon, puis gaz et pétrole) fournissent une énergie cinétique.

Une société a un niveau de besoins donné, qui est fonction de sa population et de son mode de vie. Elle s'efforce de satisfaire ses besoins au moyen de techniques à fin néguentropique, par lesquelles elle ***prélève*** de l'***énergie dans le milieu***. Généralement, la maîtrise technique limitée dont une société dispose cantonne ses prélèvements à quelques formes énergétiques, qui ne représentent qu'une très faible part de la masse énergétique disponible. De plus, pour une forme énergétique donnée, les stocks disponibles se résument en fait aux gisements dont les conditions techniques et économiques autorisent l'exploitation (concentration du minerai, profondeur des couches, etc.). Malgré la quantité gigantesque d'énergie existante, le stock d'énergie mobilisable par une société donnée, avec des techniques données, est finalement assez réduit. La limite est moins celle du milieu lui-même que celle de l'activité néguentropique des hommes, celle de la capacité des sociétés à exploiter les ressources présentes dans celui-ci. **Il reste** encore bien **des choses à connaître** et des techniques à inventer.

Deux ou trois choses qui restent à connaître.
« Nous ne savons pas comment convertir l'énergie solaire en carburants pratiques et rentables pour un large champ d'application, ni comment créer des combustibles de nouvelle génération pour les réacteurs à fission nucléaire. Les sources alternatives d'énergies renouvelables et sûres sont cruciales pour notre qualité de vie et préservent notre environnement. Nous ne savons pas comment extraire toute l'énergie des sources existantes ; nous savons qu'une certaine quantité d'énergie est stockée dans les liaisons chimiques, mais, lorsque nous brûlons un combustible pour rompre ces liaisons, nous perdons une bonne partie de l'énergie émise, sous forme de chaleur inexploitée et de dérivés chimiques » West C. (MIT), *Washington Post*, janvier 1996.

Le caractère fini des stocks de ressources mobilisables ne paraît pas poser de problème quand le stock reste très important par rapport aux besoins. La situation est plus préoccupante si les prélèvements augmentent, que ce soit à cause de la croissance de la population ou de celle de l'économie. Fatalement, au bout d'un certain temps, les besoins toujours croissants vont atteindre, voire dépasser, les ressources disponibles, ce qui pose de graves difficultés. ***Thomas R. Malthus*** a été le premier à formaliser la question de la rareté. Il remarque que la population, compte tenu de la fécondité et de la mortalité habituelles, croît à un rythme géométrique, tandis que les subsistances produites à partir des ressources naturelles n'augmentent qu'à un rythme arithmétique. Inévitablement, elles viennent à manquer, d'où une famine et une crise démographique majeure.

T.R. Malthus (1766-1834) : économiste classique anglais, auteur de l'*Essai sur les principes de la population* (1798), dans lequel il développe une vision très pessimiste des rapports entre la population et les ressources.

2 - Le problème de l'altération du milieu

L'activité économique néguentropique se traduit nécessairement par une augmentation de l'entropie du milieu, c'est-à-dire par sa déstructuration. Celle-ci résulte de **trois impacts** : à l'amont, celui des prélèvements ; à l'aval, celui des rejets ; enfin, celui de l'impact de l'activité économique elle-même (impact fonctionnel). Les logiques de la déstructuration échappent à l'activité des hommes : elles relèvent de lois physiques et d'effets en chaîne. Ainsi, les effluents de l'industrie modifient la composition de l'atmosphère (en fonction de lois chimiques et selon les conditions météorologiques), ce qui se traduit par une modification de la flore, de la faune, etc. Une fois le rejet effectué, la maîtrise de l'homme sur les conséquences qu'il entraîne est très limitée. La mesure et surtout la prédiction de celles-ci sont très difficiles.

Les trois impacts du transport routier. En amont, le transport routier nécessite de nombreux prélèvements (minerai de fer, pétrole, etc.) : les mines à ciel ouvert, les forages en mer ont un impact important sur l'environnement. En aval, le rejet de gaz d'échappement modifie la composition de l'atmosphère (impact sur la santé, le climat). Le transport a un impact fonctionnel : les routes qu'il nécessite perturbent l'écoulement des eaux et mettent en péril la faune (animaux écrasés, fragmentation des paysages, etc.).

La déstructuration entropique liée à l'activité économique n'est pas nécessairement négative en elle-même : après tout, les modifications du milieu ne sont positives ou négatives qu'eu égard aux opportunités qu'il semble présenter aux hommes. Pourtant, les ***changements*** du milieu sont souvent ***perçus négativement***. En effet, une modification peut affecter l'activité économique elle-même, dans la mesure où cette dernière prélève des ressources naturelles dans le milieu, et que ces dernières peuvent être altérées. Une boucle de rétroaction lie l'activité économique au milieu qu'elle exploite et altère à la fois. Par exemple, l'agriculture sur brûlis se fonde sur une altération majeure du milieu : la déforestation. Celle-ci expose les sols mis à nus aux pluies tropicales, qui les lessivent vite en emportant les éléments précieux, si bien que toute agriculture est impossible après deux ans. Bien sûr, l'activité économique peut s'adapter aux modifications du milieu, en substituant une ressource ou une activité à une autre. Toutefois, toute réadaptation suppose des reconversions, qui sont lentes, coûteuses et hasardeuses.

La perception négative de tout changement peut aussi s'expliquer par une sanctification de la « nature », considérée comme une valeur en soi, qu'il faut respecter, dans le cadre de certaines représentations idéologiques et religieuses (animisme, écologisme « dur »).

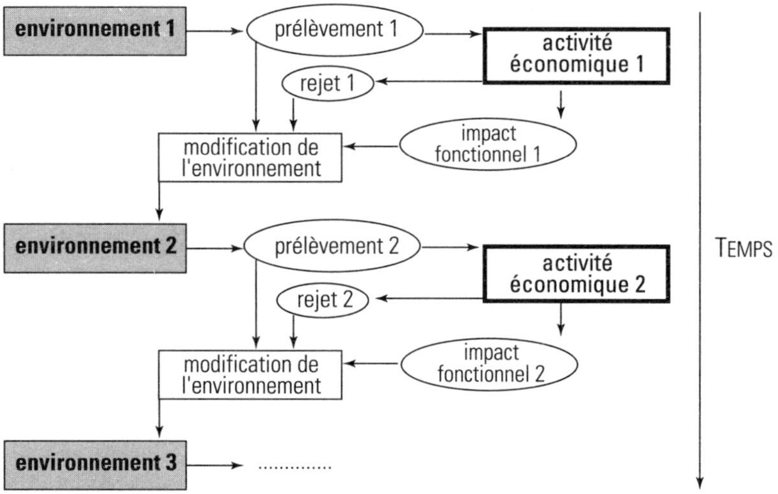

Les activités économiques responsables ne sont pas les seules à pâtir de la crise écologique qu'elles occasionnent : l'ensemble du circuit économique (et de la société) est affecté, dans la mesure où il s'inscrit dans cet environnement qui se dégrade. Par exemple, les rejets industriels aboutissent à une modification de la composition des eaux, ce qui peut affecter la pêche.

Les sociétés ne sont pas responsables de toutes les modifications environnementales dont elles ont à souffrir. Le milieu n'est pas stable : le climat, par exemple, évolue pour une grande partie indépendamment de l'activité des hommes, comme en attestent les glaciations qu'a connues la planète. Une inversion de courant marin, comme celle qui fait apparaître El Niño, n'est pas d'origine anthropique. Ses conséquences sur la pêche et l'économie péruviennes n'en sont pas moins dramatiques.

3 - Hétérogénéité et opacité de l'espace

Les problèmes que pose le milieu, examinés ci-dessus à une échelle globale et sur un plan théorique, s'inscrivent en fait dans une réalité géographique différenciée. Ces difficultés sont d'abord celles d'une société donnée, caractérisée par la nature de ses besoins et leur évolution. Cette société s'inscrit dans un milieu particulier, où certaines ressources sont présentes, d'autres manquent, et dont l'éco-système possède certaines capacités. Or, en matière de besoins des sociétés et de possibilités que présente le milieu, l'espace est marqué par une grande hétérogénéité. Il n'y a pas de ***milieu riche ou pauvre en soi***, mais, eu égard à une ressource donnée, il y a des inégalités de répartition, des pays plus ou moins dotés. De même, les besoins varient dans l'espace, selon, par exemple, les densités ou les modes de vie. Ainsi, les problèmes liés au milieu ne sont pas perçus de la même manière selon le lieu ou selon l'époque. D'une part, ils ne se posent guère avant que l'on y soit confronté, c'est-à-dire lorsque l'on s'approche d'une situation de crise. D'autre part, la perception des problèmes liés au milieu dépend de certaines valeurs (la « nature »), de certaines visions du monde (croyance en le progrès, peur de l'apocalypse), de certaines idéologies (panthéisme, **écologie**), de certains modes de vie (urbain ou rural). Telle modification de l'environnement, considé-

Le désert n'est pas ***un milieu riche ou pauvre en soi***, il ne peut être qualifié ainsi que d'un certain point de vue. Ce milieu semble particulièrement pauvre aux yeux de l'Européen, mais pas à ceux de l'éleveur nomade qui y vit. L'Européen change d'ailleurs d'avis quand on y trouve des gisements de pétrole.

rée comme une dégradation intolérable ici, ne suscite ailleurs qu'indifférence. La déforestation amazonienne suscite ainsi de vives campagnes dans les pays développés, mais elle est considérée positivement par la paysannerie brésilienne qui bénéficie des terres libérées.

La prise de conscience écologique. Une prise de conscience des problèmes liés au milieu semble s'être opérée pour nos sociétés occidentales dans les années 1970. Est-ce parce que ce que les rejets ou les prélèvements soudains posent des problèmes ? Sans doute pas uniquement. Le changement tient d'abord aux perceptions. Les Trente Glorieuses étaient l'époque de la technologie triomphante, de l'optimisme d'une croissance sans faille. Ensuite, les défaillances de la société de consommation, la faillite des grandes idéologies, etc., ont conduit à un sentiment de doute et de désarroi, qui s'exprime à travers une valorisation de la nature.

Par ailleurs, le milieu est d'autant plus menacé que les prélèvements et les rejets sont confinés sur place. Si l'espace est opaque et les transports difficiles, on ne peut exploiter que le milieu proche : les ressources sont alors peu nombreuses et peu diversifiées, l'épuisement peut survenir. Parallèlement, les prélèvements et les rejets étant très concentrés dans l'espace, le risque d'altération devient important. La question se pose de manière particulièrement aiguë pour les sociétés denses, très consommatrices, recluses dans des territoires exigus. Si l'espace est moins opaque, il est possible d'importer les ressources qui manquent ou qui s'épuisent, et d'exporter les rejets. On peut échapper aux problèmes rencontrés dans l'exploitation d'un milieu donné en exploitant un autre milieu à distance. Pour ce faire, il faut disposer de transports efficaces, mais surtout avoir accès à des ressources lointaines, par l'achat ou le ***pillage***.

Le ***pillage*** des ressources des pays conquis a souvent accompagné la colonisation. Ainsi, la conquête de l'Amérique du Sud par les Européens s'est accompagnée d'une exploitation intensive des gisements de minerais précieux, qui conduisit à terme à l'épuisement des sites (mines d'argent de Potosi, Bolivie).

C

GESTION DU MILIEU

Face à l'épuisement d'une ressource, face à une altération grave du milieu – d'origine anthropique ou non –, une société peut, dans la mesure du possible et au prix d'un certain coût, s'orienter vers de nouvelles activités. Dans le cas où le risque d'épuisement ou d'altération est dû à l'activité économique, la société, si elle en prend conscience, peut assurer la pérennité de cette activité par une **gestion** prudente de la pression de celle-ci sur le milieu qu'elle exploite.

Les conditions de la gestion : autorité et technique. La collectivité peut décider des règles de gestion du milieu en intervenant dans la sphère économique. Cette intervention peut s'exercer par le biais de l'autorité des coutumes, des lois, ou de décisions économiques. Dans le cadre d'une économie de marché pure, la gestion du milieu devrait être abandonnée aux lois de l'offre et de la demande : on constate que c'est rarement le cas. Tout comme le travail ou la monnaie, le milieu ne se résume pas à un simple bien économique : c'est dans cette mesure qu'il échappe à la sphère du marché.
La gestion du milieu demande par ailleurs des connaissances et un savoir-faire. C'est à partir de ce que l'on sait du milieu et de l'impact des activités économiques que se fonde la gestion. Ces savoirs sont changeants car ils dépendent de facteurs scientifiques et idéologiques : la gestion suit leur évolution.

1 - Le problème de l'affectation

Les biens issus du milieu étant collectifs, comment assurer l'exploitation de ce milieu ? Il n'y a pas de problème si l'exploitation se fait de manière collective, si les bénéfices et les nuisances concernent chacun. Il en va ainsi dans une société où tous cultivent une terre qui appartient à la communauté, laquelle s'en partage les fruits. Toutefois, la propriété collective re résout qu'une partie du problème car elle n'impose pas l'exploitation collective. En effet, en dehors des formes primitives de chasse ou d'agriculture, celle-ci n'est guère réalisable. L'exploitation est le plus souvent confiée à un individu, à un groupe, ou à une entreprise spécialisée. Deux situations se présentent. Premièrement, le groupe peut exploiter le milieu en lieu et place de la collectivité, à laquelle il reverse les prélèvements. Ainsi, la chasse est assurée par les hommes adultes qui offrent ensuite le gibier à la communauté. Ainsi, les Charbonnages de France exploitaient les gisements au nom de l'État, en théorie au bénéfice de tous. Deuxièmement, l'exploitation peut être concédée. Si les droits d'exploitation sont équitablement répartis entre chacun (distribution des terres collectives), la question de l'affectation semble réglée. Si ces droits ne sont octroyés qu'à quelques acteurs privés, qui ne cherchent que leur intérêt, ces derniers doivent les acheter. La nécessaire compensation peut être versée sous diverses formes. La compagnie pétrolière paye une concession et des impôts, qui correspondent au privilège qui lui est accordé d'exploiter des ressources qui ne lui appartiennent pas, et d'en tirer profit. L'industrie qui pollue le milieu verse une compensation à la collectivité qui en pâtit. Fondamentalement, ceci revient à internaliser un coût collectif, un **coût externe**.

Coût externe et externalité. Une déséconomie externe ou externalité négative est le résultat d'une action d'un agent qui se traduit par une désutilité pour un autre, sans que celle-ci apparaisse dans des prix directs (les désutilités sont extérieures au marché). Un acteur économique qui affecte des biens collectifs (épuisement de ressources non renouvelables ou exploitations des sols trop intensive, altération des paysages, pollution des eaux, etc.) occasionne des nuisances pour l'ensemble de la société, présente ou à venir. La collectivité devra payer pour trouver de nouveaux gisements et pour traiter les eaux. Les coûts liés au milieu sont rarement payés par l'acteur qui les occasionne : ils lui sont externes.

L'internalisation soulève d'importantes difficultés pratiques. La mesure des externalités s'avère extrêmement difficile. Quel peut être, par exemple, le coût pour les générations futures de déchets qui resteront radioactifs pendant des centaines de milliers d'années ? L'identification du pollueur est malaisée également. Ainsi, la pollution des nappes phréatiques par les nitrates doit-elle être incriminée aux agriculteurs ou aux entreprises productrices d'engrais ?

Un autre problème se pose pour les milieux qui n'appartiennent en propre à aucun pays. En théorie, on ne devrait pas les polluer : un pétrolier ne peut dégazer dans les eaux internationales. Les ressources n'y appartiennent à personne : ainsi, les poissons en haute mer, les nodules polymétalliques hors des eaux territoriales, les ressources de l'Antarctique... ou celles de la Lune. On peut les attribuer aux premiers exploitants ; ceci revient à les offrir aux pays qui ont la meilleure maîtrise technique, c'est-à-dire à ceux qui sont déjà les plus riches. La seconde solution consiste à les attribuer à l'humanité dans son ensemble, c'est-à-dire à les déclarer « **patrimoine commun de l'humanité** ».

Les océans, « patrimoine commun de l'humanité » ? La Convention internationale du droit de la mer de 1982 (dite de Montego Bay) a introduit la notion de « patrimoine commun de l'humanité » au sujet des ressources des fonds marins des eaux internationales. Considérant que la liberté de la mer est un puissant facteur d'inégalité (« entre le fort et le faible, c'est la liberté qui opprime et la loi qui affranchit », écrit Lacordaire), les pays du tiers-monde chargent une autorité internationale d'établir un « mécanisme approprié, sur une base non discriminatoire, pour assurer le partage équitable des avantages financiers et autres avantages économiques retirés des activités menées dans cette zone ». Il est question que l'autorité accorde les concessions d'exploitation contre le paiement de redevances à verser aux pays du tiers-monde.

2 - La gestion des prélèvements des ressources naturelles

Si le caractère collectif des ressources est pris en compte par la gestion de leur affectation, leur caractère naturel, c'est-à-dire non reproductible, nécessite la gestion des prélèvements à cause du risque d'épuisement.

■ Le risque d'épuisement des ressources non renouvelables

Les ressources non renouvelables semblent *a priori* présenter les plus grands risques d'épuisement. On disposerait d'un stock une fois pour toutes et, à force d'y puiser, il finirait par disparaître. Si l'on dispose d'un stock donné d'une ressource (quantité Q), il est clair que le temps (T) avant sa disparition est fonction de la consommation annuelle (c) : $T = \frac{Q}{c}$. Se pose alors la question suivante : vaut-il mieux consommer une ressource maintenant, au risque de l'épuiser rapidement, ou réduire dès aujourd'hui les prélèvements pour en profiter plus longtemps ?

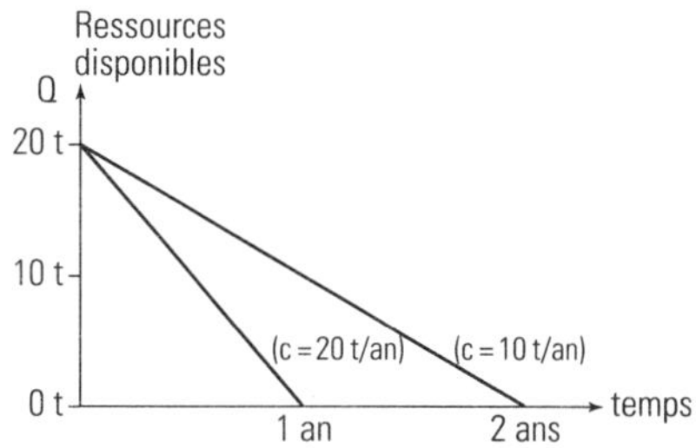

Pour les entreprises, et selon les lois du marché, la logique est souvent de maximiser des rendements dans le court terme : beaucoup de calculs économiques privilégient les activités pouvant être source du maximum de profit le plus rapidement. Les entreprises ont un comportement parfaitement rationnel quand elles épuisent les stocks aussi vite que possible, pour maximiser les prélèvements qui sont source de revenus. L'épuisement éventuel du gisement n'a pas à être pris en compte. Une autre stratégie consiste à ***limiter les prélèvements***, afin d'entretenir la rareté et de soutenir les prix.

L'exploitant ne peut ***limiter les prélèvements*** que lorsqu'il est en mesure d'imposer une hausse du prix du produit. Ainsi, l'Opep définit des quotas de productions. Ils n'appauvrissent pas les pays producteurs car le manque à gagner est compensé par un prix du baril très élevé. Elle permet de plus aux pays producteurs disposant de réserves réduites de bénéficier plus longtemps de la rente pétrolière.

Pour l'État, la question ne relève pas de la seule rentabilité, mais prend une dimension plus éthique et politique qu'économique. On peut autoriser la surexploitation d'une richesse, son gaspillage par une génération et en priver les générations à venir. Cette politique hédoniste vise à maximiser l'utilité dans le présent sans se préoccuper de l'avenir, attitude très optimiste et certaines fois électoraliste. L'autre choix relève d'une politique conservationniste, de nature malthusienne, qui limite la consommation et l'utilité dans le présent pour assurer l'avenir, en intervenant vigoureusement dans la sphère économique. Si l'on ne peut attendre d'un État qu'il calcule sa politique énergétique sur plusieurs siècles, il doit bien le faire sur quelques décennies. Il ne peut en tout cas accepter que l'épuisement s'effectue « rapidement », ni qu'il mette en cause l'indépendance nationale. On voit que le choix de l'État dépend largement du projet de société qu'il soutient, ce qui indique combien il est politique.

Le chiffre du stock des ***réserves exploitables*** n'inclut que les gisements dont l'exploitation serait rentable : on ne compte pas ceux dont la qualité est faible ou l'exploitation difficile.

L'exploitation des hydrocarbures en mer du Nord doit beaucoup aux ***nouvelles techniques*** de forage *off shore,* à l'envol des prix du baril consécutif aux deux chocs pétroliers et à la volonté politique de maîtriser l'approvisionnement énergétique.

Le nucléaire civil est un ***produit de substitution*** des énergies fournies par les centrales thermiques.

	1973	1997
charbon	27,8	14,4
pétrole	126,6	86,1
gaz naturel	13,3	30,7
hydraulique	10,7	5,2
nucléaire	3,3	100,8
énergies renouvelables	2	10,4
total	183,7	247,5

Évolution de la consommation énergétique en France (en tonnes équivalent pétrole).

L'épuisement n'est toutefois pas une fatalité. Premièrement, l'épuisement d'une ressource donnée, même non renouvelable, n'est pas prévisible. Le stock d'une ressource donnée peut être limité, mais il est impossible de savoir à quelle quantité. Le chiffre souvent retenu du stock des ***réserves exploitables*** a peu de sens : en effet, le caractère exploitable ou non (rentable ou non) d'une réserve – lié aux coûts d'extraction et au cours du produit – n'a rien de définitif. Qu'une ***nouvelle technique*** rende l'extraction moins onéreuse, que le cours du produit s'élève, et tel gisement, jusque-là considéré comme trop profond et peu intéressant, sera exploité, bénéfices à la clé. De plus, on est longtemps allé chercher plus loin de nouveaux gisements, à mesure que les plus proches s'épuisaient. Certaines parties de la Sibérie, de l'Antarctique et surtout les océans constituent des espaces encore peu ou pas exploités.

Deuxièmement, les progrès techniques proposent de nouveaux produits, susceptibles de se substituer à ceux qui sont en voie de raréfaction. On utilise ainsi d'autres sources que fossiles (solaire, éolienne). La biomasse peut remplacer le pétrole : les automobiles brésiliennes utilisent comme carburant l'alcool produit grâce à la canne à sucre. Les ***produits de substitution*** peuvent d'ailleurs exister depuis un certain temps, mais être plus onéreux que le produit classique. La raréfaction de ce dernier, si elle s'accompagne d'une hausse de son prix, peut rendre le produit de substitution compétitif. Troisièmement, on peut réduire la consommation en faisant appel à des techniques moins « énergivores » qui peuvent rendre compatibles une hausse de la production industrielle avec une diminution des prélèvements. Pour réduire la consommation, il existe des méthodes plus drastiques encore. Selon **Malthus**, qui n'envisageait pas les solutions offertes par le progrès technique, le seul moyen d'éviter la misère et les crises réside dans la limitation volontaire de la taille des familles, par un « comportement vertueux », un mariage tardif, et en supprimant l'assistance aux pauvres.

Les pratiques malthusiennes et le néo-malthusianisme des années 1970. On qualifie de malthusiennes les pratiques et les politiques qui visent à limiter la croissance démographique : infanticide, abstinence sexuelle, contraception, politique de l'enfant unique, etc.

Les thèses malthusiennes connaissent un renouveau vigoureux dans les années 1970, à la suite du rapport Meadows. Selon ce dernier, la croissance exponentielle de la population entraînerait celle de la consommation d'espace, d'énergie, de matières premières, de produits agricoles et industriels, et enfin celle des rejets. Cette croissance serait incompatible avec la finitude des ressources. La solution proposée est de nature malthusienne : arrêt sévère de la croissance démographique et économique (croissance zéro), et gestion prudente des ressources naturelles.

Ressources et limites de la croissance d'après le rapport Meadows

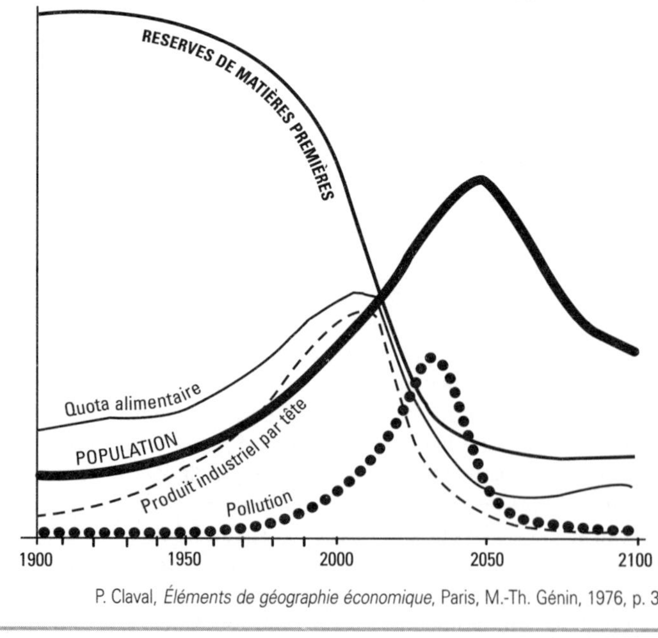

P. Claval, *Éléments de géographie économique*, Paris, M.-Th. Génin, 1976, p. 335.

■ La gestion du risque d'épuisement des ressources renouvelables

On peut exploiter le banc de poisson comme une mine, c'est-à-dire considérer les ressources renouvelables comme des ressources non renouvelables. La question de la gestion se pose alors dans les termes que l'on vient de voir. Si l'on prend en compte le caractère renouvelable de la ressource, d'autres possibilités apparaissent : à condition que l'on s'y prenne bien, les ressources renouvelables (sols, faune, flore) *peuvent* ne pas s'épuiser malgré la régularité des prélèvements.

Si le **taux de prélèvement** de la ressource est inférieur ou égal à son taux de reproduction, aucun problème ne se pose : le stock de ressource reste identique ou augmente, le prélèvement peut se maintenir sans que la ressource ne se raréfie. Si le taux de prélèvement est supérieur au taux de reproduction, la ressource ne cesse de diminuer pour finalement disparaître définitivement.

Taux de prélèvement, seuil de reproduction. Une population de 1 million de poissons, dans une mer fermée, connaît un accroissement naturel de 10 % par an. Tant que les pêcheurs ne prélèvent que 100 000 poissons par an, le stock de poisson reste stable. Si le prélèvement est supérieur (par exemple, 200 000 poissons), le stock diminue. De 1 million, il passe à :
- après un an : 1 000 000 + (1 000 000 x 10 %) – 200 000 = 900 000 ;
- après deux ans : 900 000 + (900 000 x 10 %) – 200 000 = 790 000.

temps	poissons
année 1	900 000
année 2	790 000
année 3	669 000
année 4	535 900
année 5	389 490
année 6	228 439
année 7	51 283
année 8	0

Le prélèvement reste constant, mais le stock diminue. On parle de surpêche. Très vite, certains problèmes se posent : les prises sont moins importantes. Les saisons de pêche doivent être plus longues, les efforts plus fournis, pour parvenir aux 200 000 prises.

Si les prises se maintiennent à 100 000 par an, avant sept ans, tous les poissons auront disparu. Il ne peut en aller ainsi car, la sixième année, il est impossible d'attraper les 228 439 poissons restants dispersés dans la mer : déjà, on ne pêche plus grand-chose. Ceci ne change rien à la disparition de l'espèce : en dessous du seuil de 250 000 (seuil de reproduction), les poissons ne sont plus assez nombreux pour former de grands bancs. Leurs conditions de survie sont donc compromises. À cause de l'isolement, les opportunités de reproduction diminuent : l'espèce est condamnée à l'extinction dès la sixième année.

Le risque d'épuisement est rarement pris en compte par les exploitants d'une richesse renouvelable : tant qu'il n'y a pas de problème majeur, ils se comportent comme ceux d'une richesse non renouvelable. La prise de conscience de l'épuisement et les mesures destinées à le pallier viennent tardivement, une fois les ***prises*** rendues difficiles par la ***raréfaction***. Le stock a alors diminué ; parfois le seuil de reproduction est déjà atteint. Il est alors trop tard ; les mesures seront sans effet. Que faire s'il est encore temps ?

Une première solution consiste à limiter quantitativement et qualitativement les prélèvements. On fixe le niveau des prises (quotas de chasse attribués par le gouvernement canadien aux Inuit du Grand Nord... et aux touristes), ou bien on les espace dans le temps (jachère, agriculture itinérante), afin que l'écosystème puisse se reconstituer. On favorise le renouvellement des stocks : la largeur des mailles des filets est réglementée pour assurer la survie des alevins ; certaines saisons ou certaines zones (frayères) sont interdites aux chalutiers. Quand la menace d'extinction semble imminente (on atteint le seuil de reproduction), la politique de limitation est poussée à son terme et aboutit à l'interdiction de tout prélèvement (espèces protégées, parcs naturels, etc.). Le souci récent de préserver la ***biodiversité*** rend encore plus impérative la protection des espèces menacées. Toutes ces mesures sont généralement imposées par les États ou les organisations internationales, qui voient plus loin que les entreprises exploitantes.

La ***raréfaction des prises*** est le premier signe du caractère excessif du prélèvement (encore qu'il puisse traduire une simple migration des espèces). Ce n'est que depuis quelque temps que les scientifiques sont – parfois – en mesure de tirer la sonnette d'alarme à temps.

La politique de ***biodiversité*** est une tentative de préservation des différentes variétés végétales et animales, chaque espèce possédant un patrimoine génétique unique et irremplaçable, susceptible d'être exploité dans l'avenir (médecine, agriculture...). Cela a constitué l'un des thèmes majeurs de la conférence des Nations unies de 1992, à Rio.

La deuxième solution, concernant les activités économiques fondées sur l'exploitation des ressources renouvelables (secteur primaire), cherche à en contourner les rythmes et les logiques en artificialisant leur production. À un premier stade, on essaye d'accélérer le rythme de l'écosystème, d'accroître ses capacités de reproduction et donc d'augmenter les possibilités de prélèvements. Pour ce faire, on restitue au milieu une partie de ce qu'on lui prend. Ainsi, l'agriculture se plie bien rarement aux rythmes lents de la reconstitution des sols. Pour intensifier la culture sans mettre en cause la ressource, on apporte des éléments qui compensent ceux que l'on prélève. Les engrais naturels restituent au sol la part non utilisée du prélèvement (composts, écobuage, brûlis), ou une partie de celui-ci après son utilisation (fumier, lisier, guano...). Les engrais chimiques (nitrates, phosphates) jouent le même rôle.

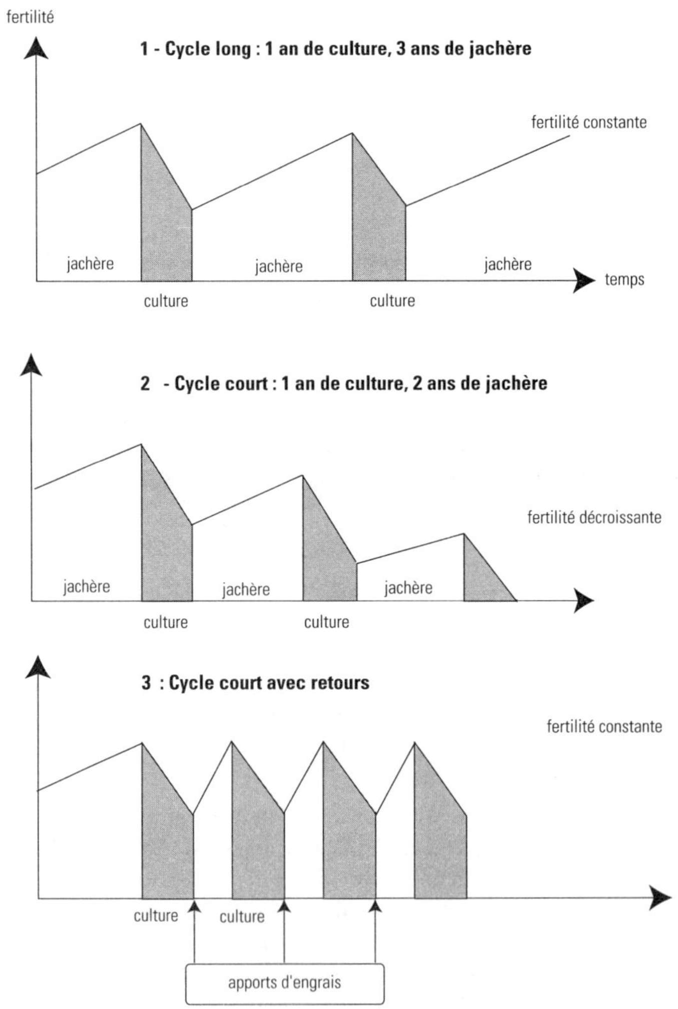

Rythmes du milieu et rythmes agricoles

À un autre stade, on tente de dégager l'activité économique des ressources naturelles, de remplacer les ressources par des produits : les fruits de l'agriculture et de l'élevage se substituent à ceux de la chasse et de la cueillette ; l'agriculture elle-même se pratique sous serre, sans sol ; les poissons et les coquillages sont de plus en plus souvent issus de l'aquaculture.

3 - La gestion des rejets et de l'impact fonctionnel

■ Traitement et éloignement des déchets

On peut jouer sur la quantité et la nocivité des rejets en les filtrant ou en leur faisant subir divers traitements avant sortie, mais le traitement après émission (« dépollution ») s'avère très délicat. Une autre voie consiste à trouver un mode de stockage qui présente peu de dangers. L'exportation des déchets constitue une dernière « solution ». On peut aussi limiter les rejets en se détournant des activités très polluantes (on tertiarise l'économie, on délocalise les industries polluantes dans le tiers-monde). La gestion des **déchets nucléaires** utilise chacune de ces solutions.

Le problème des déchets nucléaires. Les sous-produits de l'industrie nucléaire civile posent de redoutables problèmes de gestion. Une centrale de 1 000 MW produit annuellement 3 m³ de déchets hautement radioactifs, 50 m³ de déchets moyennement et faiblement radioactifs. Ils peuvent être, pour partie, traités et recyclés (usine de La Hague). Pour les résidus, plusieurs solutions sont envisagées : stockage souterrain pour l'instant, largage en haute mer, envoi dans l'espace dans l'avenir. Les contraintes de sécurité sont déterminantes, mais bien difficiles à définir... et à respecter. On ne peut, par ailleurs, oublier le problème des rejets accidentels (Tchernobyl, 1986).

■ Internaliser et interdire

L'agriculteur qui emploie massivement des engrais chimiques et ne traite pas ses rejets obéit à une rationalité économique. Le déséquilibre du milieu naturel qui en résulte n'est pas son problème : l'agriculteur internalise les bénéfices des activités tirées du milieu et en socialise (externalise) les coûts. La collectivité doit faire face. Elle peut assumer directement le traitement des rejets (stations d'épuration, collecte et traitement des ordures). Ceci pose toutefois un problème : le coût de la dépollution n'incombe pas au pollueur, mais à l'ensemble de la collectivité. C'est pourquoi on tente d'internaliser les coûts externes. Au lieu de les rejeter sur la collectivité, on essaie de faire supporter les coûts de détérioration de l'environnement aux responsables, pour les inciter à réduire leurs rejets et financer leur traitement (principe du ***pollueur-payeur***, taxes). Un deuxième type de mesure consiste à légiférer de manière à interdire ou réduire certaines activités polluantes ou à risques dans les milieux que l'on estime sensibles. Ainsi, on déconseille ou interdit la circulation automobile et le fonctionnement de certaines usines dans les grandes villes certains jours, lorsque la situation atmosphérique empêche la dispersion des rejets.

Le principe du ***pollueur-payeur*** est à la base de la législation française sur la pollution des eaux. Exxon paye le nettoyage des côtes de l'Alaska, Amocco indemnise les communes bretonnes, après l'échouage de leurs pétroliers.

■ Recycler

Le ***recyclage*** est envisageable pour les produits qui ne sont pas consommés lors de leur utilisation, c'est-à-dire pour tous ceux qui ne se résument pas à de l'énergie. Théoriquement, il résout à la fois les problèmes de l'épuisement des ressources et ceux de l'altération du milieu par les déchets. À terme, on vise un fonctionnement de l'économie en circuit fermé, indépendant de l'environnement (Fig. 2, page suivante).

Dans les pays industrialisés, le ***recyclage*** joue déjà un rôle important dans l'industrie de l'aluminium, du verre, du papier, et dans la sidérurgie (récupération des ferrailles).

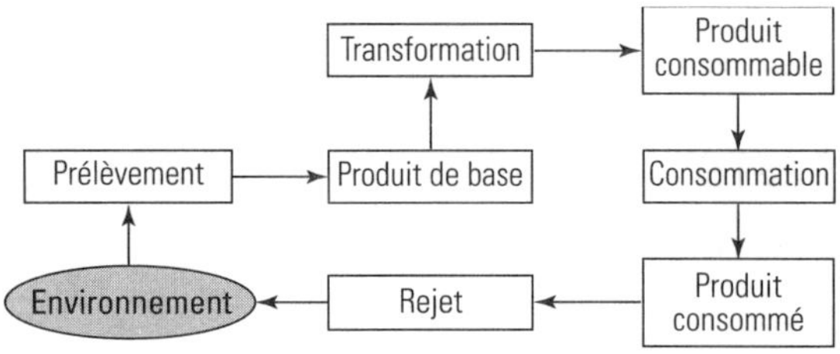

Fig. 1 - Circuit économique classique

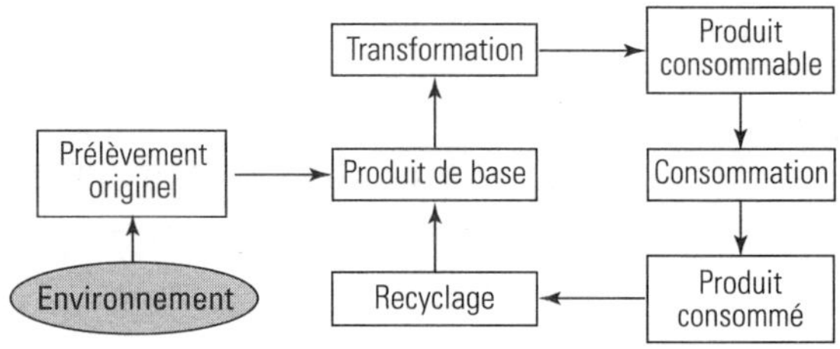

Fig. 2 - Circuit économique idéal avec recyclage

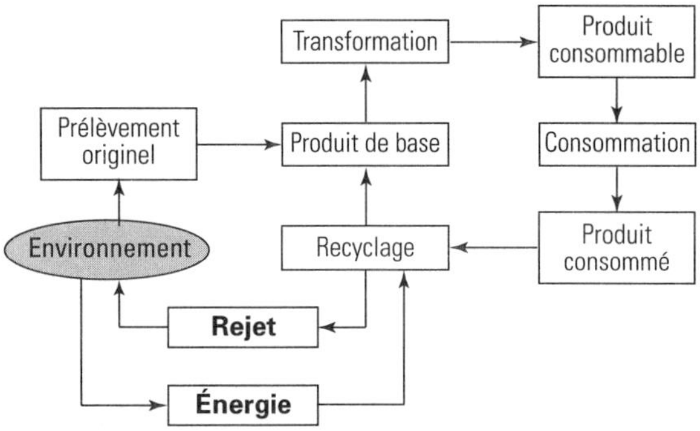

Fig. 3 - Circuit économique réel avec recyclage

En fait, ce fonctionnement autarcique n'est pas possible, à cause de la loi de l'entropie. La consommation d'un produit le déstructure et augmente l'entropie. Son recyclage, à l'inverse, est une restructuration, une activité néguentropique qui nécessite de l'énergie. Comme tout processus néguentropique, elle induit une augmentation d'entropie (consommation d'énergie, rejets) ailleurs, c'est-à-dire dans le milieu (fig. 3).

Le recyclage d'un produit limite-t-il les prélèvements et les rejets dans le milieu ? En fait, ce n'est pas le cas si le coût énergétique du recyclage est supérieur à celui du prélèvement (ce qui peut se produire). Il ne va pas de soi non plus que le recyclage limite les rejets. La pollution occasionnée par l'activité de recyclage peut en effet être supérieure à celle induite par le simple rejet du produit consommé. Cela peut être le cas, par exemple, du ***recyclage du papier.***

Le ***recyclage du papier*** est censé sauver nos forêts. Il fait appel à de l'énergie et à une grosse quantité de produits chimiques, dont certains sont très toxiques (chlore, par exemple). Il ne va pas de soi que l'environnement y gagne.

Les formes industrielles du recyclage entraînent fréquemment un surcoût économique, qu'on estime devoir assumer, en raison de son utilité sociale et écologique, mais qui en cantonne le recours aux pays riches. Un type de recyclage plus modeste joue un grand rôle dans les pays pauvres et les sociétés traditionnelles (tri et récupération d'ordures, réemploi détourné de certains objets, fumure animale et humaine...).

■ LA GESTION DE L'IMPACT FONCTIONNEL

La gestion de l'impact fonctionnel s'avère très complexe. L'impact des activités économiques est difficile à évaluer car il porte sur des systèmes dont on ne maîtrise pas toutes les logiques. Les ***études d'impact***, qui s'appuient sur des savoirs scientifiques complexes, cherchent à les prendre en compte. L'étude d'impact, souvent obligatoire quand un investisseur propose un projet industriel ou d'aménagement, tente d'évaluer *a priori* les effets globaux de l'activité prévue : la collectivité peut alors le refuser ou imposer des modifications en connaissance de cause. Certaines pratiques permettent en effet de limiter l'impact d'une activité économique. Dans l'agriculture, l'alternance des cultures, le labourage parallèle aux courbes de niveau, le morcellement des parcelles évitent le ravinement. L'arrosage goutte à goutte, souterrain ou en pluie, est plus respectueux des sols.

Étude d'impact : analyse, pour un projet, des réactions du milieu, qui permet de comparer les avantages qu'il procure et l'altération de l'environnement qu'il suscite, de rechercher des alternatives, ou de l'abandonner, en cas d'atteinte irrémédiable à l'environnement.

D

RAPPORT ÉCONOMIE / MILIEU DANS DIFFÉRENTES SOCIÉTÉS

1 - Les sociétés de chasseurs-cueilleurs

Dans ces sociétés, l'énergie sollicitée dans l'activité néguentropique est essentiellement humaine. Si le **rendement énergétique**, calculé par le subside, est **élevé**, c'est grâce à la faiblesse des *inputs* engagés. La quantité d'énergie utilisable dégagée par individu est toutefois insuffisante pour servir au développement économique ou démographique des sociétés humaines.

Un rendement énergétique élevé. La base moyenne d'une ration alimentaire est de 3 000 calories par jour. Grâce à elle, un homme peut développer une énergie mécanique d'environ 600 calories, pour ses déplacements, la cueillette, la chasse ou la pêche. L'énergie utile qui en résulte est faible ; en moyenne 5 000 calories, employées pour 3 000 à l'alimentation et pour 2 000 comme matière première de diverses activités domestiques (habitat, instruments de chasse, etc.). Le subside énergétique est cependant bon, avec : $s = \frac{5\ 000}{3\ 000} = 1{,}67$.

De plus, les hommes consacrent en moyenne très peu d'heures par jour aux activités de subsistance : ils préfèrent conserver une part importante de leur temps pour les loisirs et les ***activités sociales***.

Répartition des ***activités sociales des hommes*** du village bamba de Kasaka (Zimbabwe) :

journées passées à travailler : jardin, chasse, pêche, artisanat, construction	55 %
journées passées principalement à ne pas travailler : visites aux parents, beuveries de bière, loisirs	44,5%
maladie	0,5%
durée moyenne de travail lors d'une « journée passée à travailler »	4,72 h/jour

Richard A.I., *Land, Labour and Diet in Northern Rhodesia*, 1962 cité *in* M. Sahlins, *Âge de pierre, âge d'abondance*, Paris, Gallimard, 1976, p. 104.

Les groupes humains ont un impact notable sur les ressources renouvelables du milieu. Les espèces chassées, pêchées ou cueillies, peuvent se raréfier sur place, le couvert végétal être affecté par les incendies qui servent aux besoins de la chasse. Les ponctions sur les ressources non renouvelables sont réduites. On a rarement recours à l'extraction de matières premières, qui demanderait un effort considérable ; on creuse parfois des puits pour en extraire le silex, mais on privilégie l'accès le plus direct aux richesses naturelles. On utilise plutôt l'os, le bois, la peau, les dents. Toutes choses égales par ailleurs, les prélèvements sont réduits du fait de la faiblesse des densités et du peu d'intérêt pour les biens matériels. Les activités de production et de consommation donnent lieu à de rares rejets : éclats de silex, entassements de coquilles, de restes de nourriture.

Si les ressources s'avèrent menacées, du fait de leur dynamique propre ou à cause de l'augmentation des prélèvements, le groupe se déplace alors vers des sols encore peu exploités ou des forêts plus riches en gibier. Lorsque le groupe est moins mobile, ou les ressources disponibles trop éloignées, le risque est plus important. Ainsi, les modifications des courants marins, qui détournent les mammifères marins de certains espaces, ont parfois gravement menacé la survie de groupes esquimaux. Les mutations du milieu sont toutefois rarement le fait des groupes qui y vivent. Ceux-ci développent en effet une connaissance intime des conditions de reproduction des ressources dont ils dépendent et témoignent d'un respect religieux pour la nature, avec laquelle ils trouvent un équilibre. Pour éviter la famine ou les déplacements consécutifs à l'épuisement local des ressources, certains groupes tentent également de limiter la pression sur celles-ci par des pratiques malthusiennes : suppression des vieillards, infanticide, etc.

2 - Les sociétés agricoles

Une pression accrue sur le milieu

Un ***convertisseur énergétique*** sert à transformer l'énergie pour lui donner une forme plus utilisable : c'est la fonction d'un cheval de trait, d'une machine à vapeur ou d'un moulin à vent.

Avec la révolution néolithique, les hommes emploient plus systématiquement des ***convertisseurs énergétiques***. Le cultivateur utilise les plantes pour convertir l'énergie solaire en énergie assimilable (aliments). L'emploi de ces convertisseurs produit un supplément d'énergie utile par personne, qui autorise une croissance démographique. L'impact de l'activité économique sur le milieu se modifie avec l'élévation des prélèvements qu'entraîne l'augmentation de la population. De plus, les groupes sédentarisés qui pratiquent l'agriculture doivent tirer presque tout ce qui est nécessaire à leur survie du milieu où ils vivent, en raison de l'insuffisance des techniques de transport. Ils y rejettent aussi les déchets de leurs activités de production et de consommation.

La faiblesse des techniques rend cependant difficile l'extraction de grands volumes de ressources non renouvelables. On en est souvent réduit à n'exploiter que des gisements superficiels, à ciel ouvert. Des puits plus profonds ne sont creusés que pour les métaux rares tels que le cuivre, l'étain, l'argent. Lorsque les gisements les plus accessibles ou les plus rentables finissent par s'épuiser, il faut importer de plus en plus loin ces ressources, qui deviennent plus coûteuses. Comme chez les chasseurs-cueilleurs, la solution consiste à utiliser au maximum les ressources renouvelables (par le biais de la pêche, de l'activité forestière, de l'agriculture, de l'élevage, etc.). L'énergie hydraulique ou éolienne sert les activités domestiques et artisanales. Le volume des rejets augmente, quant à lui, en raison de la sédentarisation et de densités humaines plus élevées.

Une gestion rigoureuse du milieu, avec pourtant des risques de déséquilibres

Ce sont les sociétés agricoles qui assurent souvent la plus grande protection à leur base écologique. Comme on a recours presque exclusivement aux ressources naturelles locales, les erreurs de gestion sont rapidement et durement sanctionnées. Les hommes ont de ce fait une conscience aiguë de leur dépendance vis-à-vis de leur milieu. Les groupes, qui se maintiennent sur le même établissement, finissent par ailleurs par en acquérir une connaissance très fine, transmise de génération en génération. Les sociétés agricoles cherchent à exploiter l'environnement de la façon la plus large possible, mais en maintenant un équilibre entre cette exploitation et le renouvellement de l'écosystème qui leur sert d'assise. Les solutions offrent une très grande diversité selon les cultures et les milieux physiques : jachère, irrigation, aménagement des pentes, etc.

La gestion des rejets pose peu de problèmes. Beaucoup sont biodégradables puisqu'ils proviennent de ressources renouvelables. On recycle aussi au maximum (fumure, réutilisation des métaux, etc.). Toutefois, du fait des densités importantes, le milieu peut parfois peiner à absorber les rejets. Ainsi, les sols situés près des habitations sont trop riches en nitrates à cause des déjections humaines et animales ; les eaux de surface ou les nappes phréatiques sont fréquemment polluées.

Lorsque la population croît, elle doit mettre en culture des terres plus éloignées ou moins fertiles, dont l'exploitation est plus difficile. Dans un premier temps, la production totale augmente, mais la production par tête diminue et, par conséquent, la ration alimentaire également. Dans un second temps, l'absence de nouvelle terre encore disponible n'autorise plus aucune augmentation de la production, et la croissance de la population se traduit par une diminution plus nette des ressources alimentaires. Le ***déséquilibre*** entre le nombre d'hommes et les ressources qu'ils peuvent tirer du milieu se résout alors par des famines, des épidémies, dans une population affaiblie par la malnutrition, jusqu'à ce qu'elle soit ramenée en dessous d'un plafond de subsistances, à un niveau compatible avec les ressources (*cf.* schéma : crise démographique). La crise peut être plus grave. Si le groupe ne perçoit pas les conséquences de son activité sur le milieu (par exemple parce qu'elles ne se manifestent qu'à long terme, comme celles de la déforestation), ou si l'explosion démographique l'oblige à une gestion moins précautionneuse (raccourcissement de la durée des jachères), la crise démographique se double d'une crise écologique (*cf.* schéma). Les terres ou les pâturages s'épuisent, subissent l'érosion, les combustibles font défaut. Le milieu s'appauvrissant, la productivité énergétique baisse. La crise démographique survient de plus en plus fréquemment et à des niveaux de plus en plus bas.

Ce type de ***déséquilibre*** a été attesté par les études de démographie historique, avec les grandes mortalités qui les accompagnent, en l'Europe, jusqu'au XVIIIe siècle.

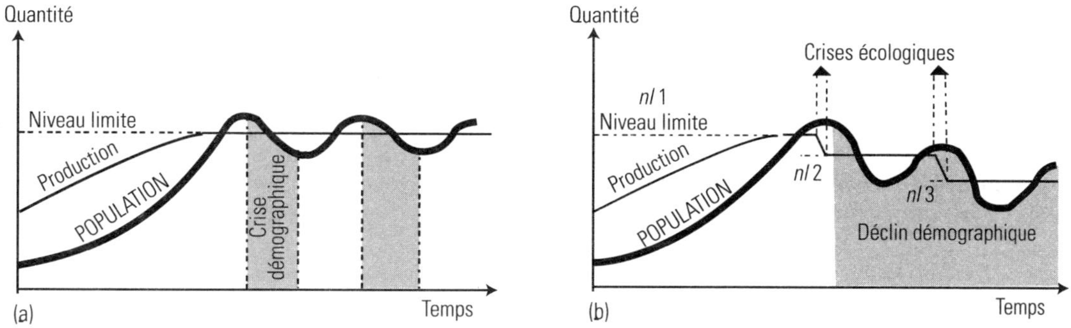

Crise démographique **Crise écologique**

P. Claval, *Éléments de géographie économique*, M.-Th. Génin, Paris, 1976, p. 322.

3 - Les sociétés industrielles

■ Les nouvelles conditions d'exploitation des ressources

Les ressources naturelles peuvent provenir de régions éloignées, grâce aux progrès réalisés dans les communications, que l'on ***importe*** la ressource naturelle elle-même (produit de la pêche hauturière, combustibles) ou ***le produit*** transformé de celle-ci. L'invention de nouveaux convertisseurs (machine à vapeur, moteur à explosion) donne accès à de nouvelles sources d'énergie : les énergies fossiles (charbon, pétrole). Le progrès technique permet également d'augmenter la rentabilité de l'exploitation des ressources dont on dispose sur place. On peut ainsi travailler les terres autrefois trop lourdes grâce à la mécanisation, celles autrefois considérées comme peu fertiles grâce aux engrais.

Les nouvelles conditions d'exploitation des ressources naturelles autorisent une élévation considérable de la captation d'énergie. Cependant, pour rendre une calorie utile (*output* du subside), il faut consommer de plus en plus d'énergie (*input*). En amont, les nouvelles techniques minières (fabrication par exemple des équipe-

Au XIXe siècle, l'Europe se met à ***importer des produits*** alimentaires des régions éloignées : céréales des États-Unis, du Canada ; ovins et bovins d'Amérique du Sud, de Nouvelle-Zélande ou d'Australie. Dans les deux cas, on importe le produit de l'exploitation des ressources naturelles (sol, prairie naturelle), faute d'importer celle-ci directement.

ments de forage, forage lui-même pour accéder aux couches de pétrole en profondeur) et agricoles (emploi de machines dans **l'agriculture industrielle**) consomment beaucoup d'énergie, de même qu'en aval, la transformation des produits (industrie chimique, industrie agro alimentaire...), leur transport et leur distribution. L'étude de l'évolution des subsides énergétiques, entre la fin de la Seconde Guerre mondiale et les années 1970, révèle l'ampleur et la rapidité de la ***décroissance des rendements énergétiques***. Si cette décroissance n'est pas alarmante en soi, elle est inquiétante dans les rapports de la société avec son milieu car, à production égale, les prélèvements vont croissant. Ceux-ci augmentent d'autant plus que la production suit l'explosion démographique qui accompagne l'industrialisation.

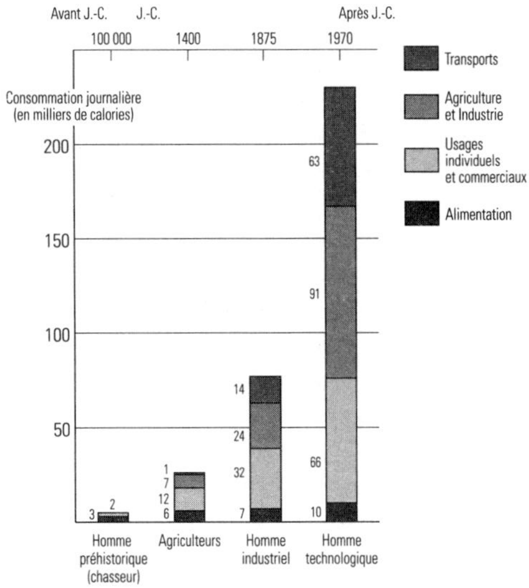

La consommation d'énergie au cours des âges

D'après E. Cook, « The Flow of Energy in an Industrial Society », *Scientific American*, septembre 1971, p. 136.

La ***décroissance du rendement énergétique*** n'est pas alarmante en soi. Les *inputs* énergétiques mobilisés, qui entrent dans le calcul du subside, peuvent n'avoir aucune utilité directe pour un consommateur final (celui-ci n'ingérerait pas du fer ou un rayonnement solaire). En revanche, ces *inputs* permettent de produire une énergie qui est utile à l'homme (outils, machines, électricité, etc.). Ce sont les disponibilités en énergie utile qui importent plus que le résultat du subside.

L'augmentation des *inputs* énergétiques : le cas de l'agriculture industrielle. Dans l'agriculture industrielle, l'obtention de rendements plus élevés repose de plus en plus sur l'emploi de matériel agricole, sur l'irrigation, les amendements, etc. Les animaux et végétaux sélectionnés donnent des résultats supérieurs à ceux obtenus traditionnellement, mais ils sont moins rustiques et il faut des engrais, des pesticides et des vaccins, pour les protéger et assurer leur croissance. Tous ces éléments impliquent une utilisation d'énergie. L'augmentation de la production agricole s'accompagne d'une consommation croissante d'énergie par unité obtenue. Dans une société traditionnelle, la production est moindre, mais l'énergie nécessaire pour la réaliser également (force humaine et animale, semences, fumures, etc.). Dans une société industrielle, la production d'énergie par l'agriculture est élevée, mais au prix d'une consommation d'énergie qui l'est encore plus.
Ainsi, le subside énergétique des agricultures industrielles est faible (50/500), alors qu'il est élevé pour les agricultures traditionnelles (50/10).

■ UNE PRESSION FORTE SUR LE MILIEU

La consommation comporte une part beaucoup plus importante de ressources non renouvelables que dans les sociétés traditionnelles. Les sources d'énergie sont plus fréquemment fossiles ; les produits de synthèse issus de l'industrie chimique, qui remplacent les matières premières traditionnelles, par exemple dans le textile, sont dérivés du charbon, du pétrole, etc. L'agriculture industrielle nécessite l'utilisation de ressources non renouvelables ; on y substitue en effet les fertilisants chimiques à l'engrais naturel, l'énergie fossile tirée des combustibles à celle fournie par le travail humain ou animal. À des procédés de production fondés sur des ressources renouvelables se substituent donc des procédés consommateurs de ressources non renouvelables.

D'autres conséquences de l'accroissement considérable de la consommation, de la production et du changement de nature des ressources utilisées apparaissent en aval. Le milieu absorbe moins facilement les rejets d'une activité économique fondée sur des ressources non renouvelables que ceux d'une activité consommatrice de ressources renouvelables, souvent biodégradables. Par ailleurs, des volumes beaucoup plus importants sont rejetés sur des espaces plus réduits, en raison de l'urbanisation accélérée et de la concentration de la production. Il est plus difficile de traiter les ordures, d'évacuer les eaux sales, dans un espace urbain où les taux de concentration dépassent les possibilités d'absorption du milieu.

À cause de l'urbanisation et de la spécialisation de l'espace, ce que l'on consomme ne provient plus de ce qui existe sur place : on perçoit ainsi moins la diminution des stocks et le danger qu'il peut y avoir à transgresser certaines limites. La consommation peut provoquer des déséquilibres écologiques dans d'autres régions, mais ce ne sont pas les consommateurs en cause qui la subissent car leur demande est satisfaite par des ***importations***. Les enchaînements qui vont de la ressource naturelle à l'objet de consommation s'allongent, et les liens de causalité s'estompent. Il est plus facile de saisir la relation entre le pain et le blé, qu'entre un *Tupperware* et le pétrole qui a servi à sa fabrication. L'urbanisation et la modernisation dissolvent les anciennes communautés paysannes. Avec l'exode rural et le changement des systèmes de valeurs, le respect de l'équilibre naturel et les techniques traditionnelles de gestion du milieu local se perdent. La production d'énergie et de matières nouvelles dépend désormais des hommes et des techniques, et moins directement de la nature, qui semble ainsi maîtrisée.

Les ***importations*** de blé en Europe au XIXe siècle, depuis les États-Unis, avaient induit des transformations dans l'agriculture de ce pays (pratique du *dry-farming*) et ont causé, au début du XXe siècle, la formation du *dust-bowl.*

Dans les **économies industrielles de marché**, le **prix** devient l'indicateur auquel les agents sont le plus sensibles. Or, le prix de la plupart **des ressources naturelles** ne cesse de baisser, sans refléter leur raréfaction ni décourager leur consommation. En effet, si le produit résulte de la confrontation dans l'immédiat des offres et des demandes, les demandes en matières premières et en énergie sont très fortes au début de l'industrialisation, mais il n'y a pas de tension sur le marché car l'offre est également importante. Il existe deux types de coûts lorsqu'une entreprise exploite des ressources naturelles : des coûts internes et des coûts externes. Ces derniers n'apparaissent pas dans les comptes des entreprises : pour elles, le coût de production se résume aux seuls coûts internes, privés. Or, ceux-ci diminuent avec l'industrialisation et le progrès technique. Les entreprises présentent donc sur le marché des quantités abondantes à bas prix.

Le prix des ressources naturelles en économie de marché. Ce qui coûte à une entreprise, c'est seulement le prélèvement d'une ressource, l'effort fait pour se la procurer. Ce que dispense la nature apparaît comme un don gratuit (*cf.* la distinction bien économique / bien libre), que l'entreprise n'a pas à gérer. Lorsque l'on achète une tonne de charbon, ce n'est pas l'énergie qui contient, le temps qu'il a mis à se constituer, que l'on paie. Le coût reflète le travail qu'il a fallu exécuter pour l'extraire, le transporter, et le résultat de la confrontation entre l'offre et la demande. Les forêts, les animaux sauvages ne prennent une valeur comptable que lorsqu'ils sont transformés (bois, viande, fourrure).

Dans les économies régies par le système de la redistribution, en théorie, une détermination rationnelle des besoins et de leur satisfaction, par la mise en œuvre d'une planification des ressources, se substitue au jeu du marché. Les ressources naturelles seraient gérées en dépassant les intérêts immédiats, pour maintenir les grands équilibres naturels dans l'intérêt de la société présente et à venir. Dans les faits, et comme l'illustre le cas des ***sociétés industrielles socialistes***, les planificateurs n'ont guère été préoccupés par la protection de l'environnement. Ceci est lié à la priorité accordée aux industries lourdes, aux déficiences techniques, et au fait que les déséconomies externes sont encore moins supportées par ceux qui les provoquent qu'en Occident, faute de pression de l'opinion publique.

Les ***sociétés industrielles socialistes***, ont été moins économes en ressources que celles de l'Europe de l'Ouest. La Pologne consomme en 1990 trois fois plus d'énergie que la Belgique, avec un PIB inférieur.

Fondamentalement, dans les économies industrielles, la logique des acteurs consiste à internaliser au maximum les bénéfices des activités tirées du milieu et à en socialiser les coûts. Le chef d'entreprise qui utilise des ressources naturelles gratuites, qui rejette ses déchets dans le milieu sans les traiter, obéit à cette rationalité, qui explique aussi les parcellaires géants ou la pêche industrielle.

4 - Les sociétés tertiaires

Il est encore difficile d'évaluer les rapports de l'économie avec l'environnement dans les sociétés tertiarisées.

En 1970, le PIB français était constitué à 43 % de ***biens matériels***. En 1990, ce chiffre est de 35 %.

Intensité énergétique : quantité d'énergie nécessaire pour produire une unité de PIB. L'intensité énergétique varie de manière inverse au subside. Pour réaliser un millier de dollars de PIB, 0,75 TEP étaient nécessaires en 1970 aux États-Unis. En 1993, il en faut 0,5. La baisse a aussi été supérieure à 30 % en France.

■ Une croissance moins prédatrice, des rejets plus encombrants

Certaines évolutions, telles que la croissance de la métropolisation et une spécialisation des espaces, qui s'effectuent maintenant à une échelle mondiale, sont génératrices de dépenses d'énergie, en raison des transports qu'elles nécessitent. Toutefois, dans les sociétés tertiaires, la population se stabilise et la croissance est moins prédatrice. On exploite toujours de l'énergie fossile et des matières premières non renouvelables, dans des volumes considérables, mais qui n'augmentent plus. Ceci est dû en partie à la saturation de la consommation de ***biens matériels***. La croissance est dominée par des activités de services, pour lesquelles le matériel et l'énergie ne sont que les supports accessoires de productions immatérielles. La tertiarisation s'accompagne donc d'une dématérialisation de la production. Les activités de service consomment peu d'énergie, d'eau.

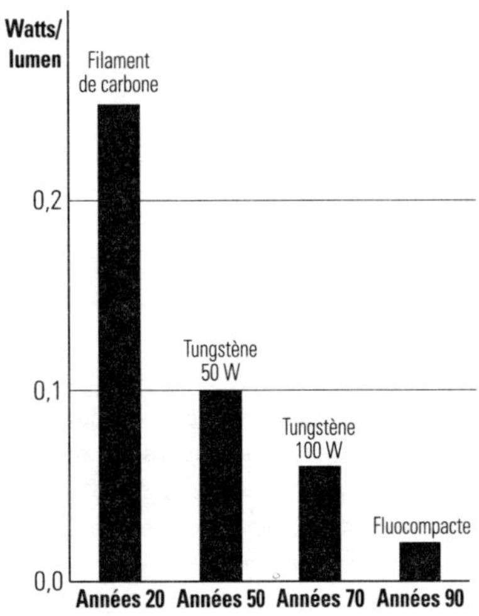

Consommation de l'éclairage

Alternatives économiques, n° 17, hors série, 1993, p. 28.

La limitation des prélèvements s'explique aussi par le fait que la demande industrielle en richesses naturelles, très forte et inélastique, a autorisé une hausse des prix de certaines de celles-ci. Les utilisateurs sont incités à l'achat d'équipements plus économiques, fournis grâce aux innovations techniques. La hausse des prix a favorisé le recyclage du fer, du cuivre, etc. Enfin, les avancées technologiques augmentent le rendement des convertisseurs énergétiques, ou permettent d'en mettre au point de nouveaux, très performants (centrales nucléaires). Avec les mêmes prélèvements, la production d'énergie est plus importante. ***L'intensité énergétique*** diminue donc. La menace de l'épuisement des ressources naturelles s'éloigne.

Les activités tertiaires sont moins polluantes que les activités secondaires ; pourtant, le problème des rejets se pose avec plus d'acuité. D'une part, les sociétés tertiaires doivent gérer les rejets accumulés lors de la phase industrielle, si bien que les problèmes dépassent souvent l'échelle locale. Il existe également des rejets très toxiques dont la durée de vie est extrêmement longue : les déchets nucléaires. D'autre part, la question des rejets, qui ne suscitait guère de débat auparavant, devient très sensible car une prise de conscience s'opère, liée à des facteurs culturels. Ces difficultés sont amplifiées par la poursuite de l'urbanisation, qui rétrécit encore l'espace sur lequel ces rejets sont effectués. La qualité de l'eau et de l'air se dégrade dans les grandes agglomérations, les déchets s'accumulent.

■ De nouvelles tentatives de gestion du milieu

Les besoins des sociétés tertiaires se traduisent par des prélèvements plus lointains et dispersés que jamais. La dissociation des zones de consommation et de production d'avec celles de prélèvement et de rejet amoindrit la conscience des relations au milieu. Toutefois, la plupart des besoins quantitatifs et matériels ayant été satisfaits, les désirs se déplacent vers des valeurs plus qualitatives : la qualité des paysages, de la vie, le naturel, etc. Suivant une évolution qui, dans les sociétés occidentales, trouve son origine au XVIIIe siècle, le besoin psychologique de rejeter l'immondice hors des lieux de vie prend toujours plus d'importance. C'est sur la base de toutes ces valeurs que l'on a mis en place la plupart des mesures décisives de protection de l'environnement. Aérosols sans CFC, pots catalytiques, essence sans plomb, etc., se sont imposés grâce à de vastes campagnes médiatiques.

Ces sociétés sont aussi des sociétés de l'information, diffusée par les scientifiques ou les médias. La compréhension des cycles biologiques et des régulations de l'environnement naturel progresse. Les médias vulgarisent souvent ces découvertes et font leur une sur les « catastrophes écologiques », dont on sait qu'elles vont susciter l'émotion : les « pluies acides », l'« effet de serre », le « trou de la couche d'ozone ».

La réception du rapport Meadows. En 1972, le rapport de Meadows : *The Limits to Growth*, créa une certaine effervescence et nourrit les premiers doutes sur le modèle industriel de développement. La même année se tint aussi à Stockholm la première conférence internationale sur l'environnement. L'effet du rapport Meadows fut amplifié par la crise pétrolière. La hausse du prix du pétrole de 1973 était due davantage à la politique de l'Opep qu'à un épuisement des ressources pétrolières, mais elle fit comprendre que la hausse du prix de l'énergie entraînait celle de tout ce qui suppose son utilisation, et qu'une croissance fondée sur des sources fossiles limitées était fragile.

La prise de conscience débouche sur le thème majeur de la ***croissance « soutenable »***. Pour atteindre cet objectif, il faut lutter contre l'épuisement des ressources (surtout des combustibles) et les conséquences des rejets. Contrairement à ce qu'avait envisagé Meadows, ce sont ces derniers qui posent le plus de difficultés. Toutes les solutions de gestion sont mobilisées : techniques moins « énergivores », sources autres que fossiles, recyclage, règlements relatifs à la reconstitution des stocks. Beaucoup de politiques publiques sont mises en place à l'aval du processus productif de manière à **internaliser** des coûts externes, surtout par le biais de la fiscalité (taxes appliquées aux émissions polluantes dans l'atmosphère, etc.). On a de plus en plus recours à des normes qui fixent des niveaux de rejets.

Croissance « soutenable » (dans le sens de « durable », *sustainable growth*) : croissance qui satisfait les besoins de la population actuelle sans que cela se fasse au détriment des générations futures. C'est un thème majeur du sommet de Rio.

Les résultats mitigés des politiques d'internalisation. Les politiques d'internalisation stoppent souvent la croissance de la pollution, sans la faire pour autant diminuer. Les taux de redevance sont généralement faibles, pour ne pas handicaper les entreprises, si bien qu'il est moins coûteux pour elles de continuer à polluer tout en payant des taxes. Ces politiques d'internalisation sont difficiles à mettre en place entre nations, le pays pollué ne pouvant taxer les entreprises ou les consommateurs de celui qui pollue. Or, de plus en plus de problèmes écologiques dépassent l'échelle locale. Certaines tentatives sont entreprises à une échelle régionale, par exemple avec le projet européen de taxation sur le CO_2. De ce fait, les entreprises européennes fortes émettrices de CO_2 menacent de se délocaliser en Asie.

Cet arsenal de mesures tente généralement de résoudre les problèmes au coup par coup. Beaucoup de solutions techniques existent, mais pas les conditions politiques et sociales pour les appliquer avec succès, et l'on n'est pas encore parvenu à une croissance sobre ni au recyclage systématique.

5 - Une difficile cohabitation

La cohabitation de ces différents types d'économie ne suscite guère de difficultés tant que les effets des activités de chacune sont cantonnés au milieu qu'elle exploite (les chasseurs dans les montagnes, les agriculteurs dans les plaines). Avec l'industrialisation massive, les seuils franchis dans les prélèvements et les rejets se traduisent par des effets globaux. Il est alors nécessaire d'envisager des règles de gestion du milieu à cette échelle. C'était le but du **sommet de Rio** (1992). Après avoir privilégié l'aspect « environnement global » (effet de serre...), les débats ont porté sur les inégalités de développement. Les pays en voie de développement, dont on souhaitait qu'ils mettent en place des mesures de protection de l'environnement, ont renvoyé la balle aux pays industriels, qui, avec 25 % de la population mondiale, sont responsables de 80 % de la consommation de l'énergie et de l'émission de gaz carbonique mondiale. Un des points forts de Rio a été de lier les problématiques de l'environnement et du développement.

Le sommet de Rio, ou sommet de la Terre.
Le « Sommet de la Terre » est une conférence des Nations unies, sur l'environnement et le développement, qui s'est tenue à Rio en 1992. Il a débouché sur deux conventions internationales signées par la quasi-totalité des chefs d'État de la planète, l'une concernant le climat (effet de serre) et l'autre la biodiversité (protection des réservoirs naturels des pays du Sud, en tant que patrimoine commun de l'humanité, avec impossibilité de breveter des gènes « découverts » dans des espaces vierges). C'est ce dernier aspect qui a entraîné le refus de signature des États-Unis, qui souhaitaient protéger les entreprises américaines du secteur des biotechnologies. Les entreprises transnationales, très présentes à ce sommet, ont toutefois signé une charte des entreprises pour le développement durable.

La scène internationale est dominée par les pays riches d'économie tertiaire qui tentent d'imposer leurs principes de gestion. Luxe possible car, pour eux, l'industrialisation, la transition démographique et la pression sur l'environnement qui les accompagne, relèvent du passé. Il en va différemment des pays du tiers-monde. L'explosion démographique, l'essor de la production alimentaire, l'industrialisation parfois, passent par une augmentation considérable des prélèvements et des rejets. Ces États acceptent mal que les pays riches tentent de leur imposer des normes environnementales peu compatibles avec leur développement.

À MAÎTRISER

Problématiques globales à maîtriser

L'activité économique comme activité néguentropique, son effet entropique sur le milieu ; la menace de l'épuisement ; la menace de l'altération ; les effets de l'hétérogénéité spatiale sur le milieu ; l'importance des perceptions des risques ; les difficultés des typologies des ressources et des rejets ; les particularités des rapports économie / milieu dans différentes sociétés (chasseurs-cueilleurs, agricoles, industrielles, tertiaires) ; l'évolution du subside énergétique.

Concepts importants

Entropie et néguentropie ; malthusianisme et néo-malthusianisme ; ressources, ressources naturelles ; ressources renouvelables et non renouvelables ; déchet ; impact fonctionnel ; subside énergétique ; convertisseur énergétique ; transfert des ressources renouvelables aux non renouvelables ; dématérialisation de la production ; intensité énergétique.

Auteurs à situer

H. T. Odum, T. R. Malthus, D. H. Meadows.

Document proposé

Énergie et développement économique

Évolution des intensités énergétiques du PIB

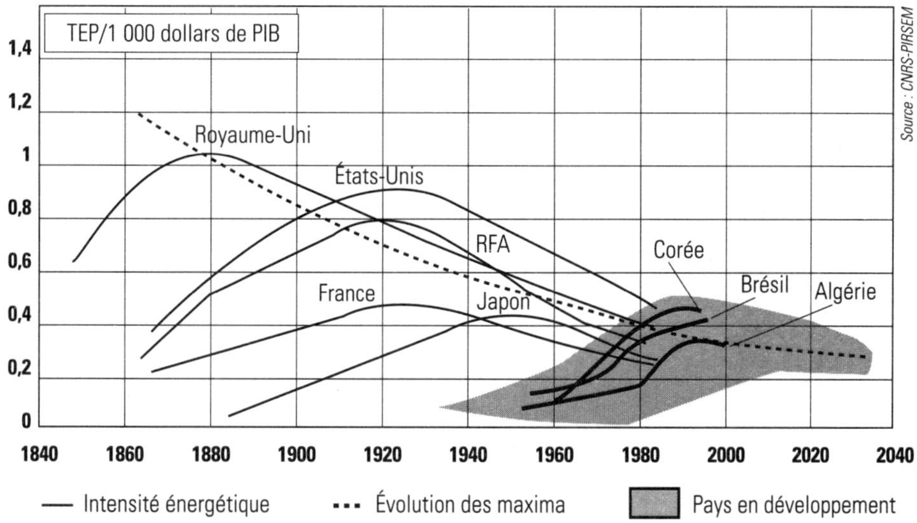

TEP : Tonne Équivalent Pétrole

D'après CNRS-Pirsem, cité dans *Alternatives Économiques*, hors série n° 19, 1993.

QUESTIONS

– Qu'est-ce que l'intensité énergétique ?

– Quelle est la forme type de l'évolution temporelle de l'intensité énergétique du PIB pour un pays ? À quelle phase économique correspond chaque partie de la courbe ? Quels facteurs explicatifs peut-on avancer ?

– Comment peut-on expliquer la forme de la courbe de la tendance générale (*trend*) des maxima ?

– En quoi l'évolution de l'intensité énergétique du PIB est-elle révélatrice de l'état de développement économique d'un pays ? En quoi le niveau du maximum est-il révélateur de la date du développement ?

– Pourquoi la courbe des États-Unis se maintient-elle à un niveau si élevé ?

DOCUMENT PROPOSÉ

La menace de l'épuisement

« Les prédictions de Meadows »

	unité	stock	demande annuelle (1970)	taux de croissance de la demande[1]	délai avant l'épuisement[2] (sans croissance)	délai avant l'épuisement[2] (avec croissance)
terre arable	10^{12} ha	3,2	1,5	2		40
pétrole	10^9 milliards de barils	455	14,7	3,9	31	20
gaz naturel	10^{12} pieds cubiques	1140	30	4,7	38	22
charbon	10^9 tonnes	5000	2,2	4,1	2300	111
aluminium	10^6 tonnes	1170	11,7	6,4	100	31
cuivre	10^6 tonnes	308	8,6	4,6	36	21
fer	10^9 tonnes	1000	0,4	1,8	240	93
zinc	10^6 tonnes	123	5,4	2,9	23	18

1. En % par an.
2. En années.

Daprès D.H. Meadows, *Halte à la croissance*, Fayard, 1973 (édition anglaise : 1972).

« Les hypothèses du néo-malthusianisme »

La position pessimiste peut être ramenée aux six affirmations qui suivent :

1 Le monde est fini. L'offre en ressources est donc limitée, de même que le niveau de production qui peut être soutenu.

2 Les évolutions de presque toutes les activités humaines de base peuvent être représentées par des courbes de croissance exponentielles. Ceci comprend le niveau de production.

3 Toutefois, la croissance de la production marquera nécessairement un arrêt quand la limite de l'offre en ressources sera atteinte.

4 Cette limite sera atteinte « bientôt ».

5 Le fait d'atteindre cette limite aura probablement des conséquences catastrophiques.

6 En conséquence, on doit s'efforcer d'infléchir la tendance exponentielle de la croissance et de limiter les activités humaines aux bornes imposées par la finitude du monde.

D'après G.A. Norton, *Resource Economics*, London, Arnold, 1984.

QUESTIONS

A/ Sur le tableau

- Sur quels calculs sont fondées les prédictions de Meadows ? Quels sont les éléments (chiffres de stocks, méthodes de calcul du temps d'épuisement) qui semblent contestables ?
- Les prédictions de Meadows se sont-elles réalisées ? Pourquoi ?
- Pour la terre arable, le pétrole, le charbon, le cuivre, le fer, quelles ont été les évolutions marquantes (offre, demande, techniques) depuis 1972 ?

B/ Sur le texte

- Comment les six hypothèses de base fondent-elles la démarche de Meadows ?
- Quelles sont les raisons qui peuvent faire refuser certaines de ces hypothèses ?

Document proposé

La gestion des rejets

Des « boues rouges » dans la baie de Cassis

Le ministre de l'Environnement veut réduire les rejets de « boues rouges » dans la baie de Cassis. L'usine Aluminium-Pechiney de Gardanne est accusée de polluer la flore et la faune marines avec des déchets de bauxite.

Marseille

À plus de 7 kilomètres de la côte méditerranéenne, dans la baie de Cassis (Bouches-du-Rhône), une canalisation déverse chaque jour près d'un millier de tonnes de résidus provenant de l'usine Aluminium-Pechiney de Gardanne. Depuis trente ans, ce boyau de 30 centimètres de diamètre crache le minerai de bauxite d'où a été extraite l'alumine, formant ainsi un tapis de 50 kilomètres de long sur 5 de large, sur le fond du canyon de Cassidaigne, une fosse sous-marine d'une profondeur de 2 400 mètres.

La polémique sur les « boues rouges » de Cassis a été relancée dans les derniers jours de décembre 1995 avec l'opposition de Corinne Lepage, ministre de l'Environnement, au renouvellement pour quinze ans de l'autorisation d'occupation du domaine public maritime par cette canalisation qui traverse le plateau continental avant de plonger dans la mer jusqu'à 320 mètres de profondeur. La précédente autorisation, d'une durée de trente ans, arrivait à échéance le 31 décembre 1995. Sur les consignes du ministre, Hubert Blanc, préfet de la région Provence-Alpes-Côte d'Azur, a limité, par un arrêté du 29 décembre 1995, à une année seulement l'occupation du domaine maritime accordée à Aluminium-Pechiney. Mme Lepage, « sensibilisée à la nécessité de prendre une décision compatible avec les impératifs industriels », a promis un examen rapide du dossier.

Avis favorable de la Drire

Fer de lance de la contestation écologique, l'association Cassis vert et bleu, présidée par Gilbert Rastoin, ancien maire (RPR), se félicite d'avoir « gagné une bataille mais pas la guerre », tandis qu'à Gardanne les six cents salariés d'Aluminium-Pechiney manifestent leur inquiétude après le gel d'un programme d'investissement et d'un plan d'embauche de cinquante jeunes sans qualification. L'industriel réclame au préfet de région une décision définitive, mi-mars au plus tard, la limitation de l'autorisation à un an étant « lourde de conséquences », indique Jean-Claude Guiot, directeur des matières premières chez Pechiney.

Aujourd'hui seule usine française productrice d'alumine, Aluminium-Pechiney avait, en 1966, obtenu une déclaration d'utilité publique pour la construction de cette canalisation d'une quarantaine de kilomètres, depuis Gardanne jusqu'à la mer. La production d'une tonne d'alumine génère 600 kilos de résidus, auxquels les éléments ferreux donnent leur teinte rouge.

Chargé de l'instruction du dossier en vue du renouvellement de l'autorisation d'occupation du domaine public maritime, le service maritime et la direction régionale de l'industrie, de la recherche et de l'environnement (Drire) avaient donné un avis favorable à une exploitation de la canalisation pour quinze années supplémentaires. Sur la base d'études scientifiques menées au début des années 90, sous l'autorité de l'Institut français de la mer (Ifremer), Dominique Tixeront, directeur régional de la Drire, estime « acceptable pour l'environnement », l'impact de ces rejets. « Mais, précise-t-il, personne n'a le droit de polluer et 1 000 tonnes de "boues rouges" évacuées chaque jour dans la mer, cela ne peut pas être anodin. » La granulométrie et les taux de métaux contenus dans les résidus seraient voisins de ceux de l'argile des grands fonds marins, avec cependant quelques exceptions notables, tel le chrome. Chimiquement inertes, ces traces de métaux sont qualifiées de « faibles » par la Drire, selon laquelle il n'existerait aucun risque de dissolution dans l'eau.

« Aucune étude scientifique indépendante ne démontre un danger réel sur la faune et la flore », surenchérit Pierre Bayle, secrétaire général à la préfecture. Une étude du Centre d'océanologie de Marseille écarte toute incidence chimique et ne relève « aucune différence subtantielle » entre les peuplements vivant sur le tapis de « boues rouges » et ceux étudiés dans d'autres secteurs de la baie de Cassis. Au débouché du tuyau, toute vie est néanmoins absente, les boues glissant vers les grands fonds.

Pour rassurantes que soient les études menées et contrôlées chaque année par un comité scientifique, les habitants n'acceptent plus « le principe d'une mer poubelle ». « Rendez-vous compte que cela crache depuis trente ans de façon ininterrompue », tonne Gilbert Rastoin, qui prône un arrêt immédiat des rejets. « Pechiney dispose d'une capacité de stockage à terre de deux années. Pendant ce temps-là, des solutions de recyclage des boues doivent être mises en place », préconise-t-il. Le stockage à terre coûterait à Pechiney 100 millions de francs par année de production contre 6,5 millions pour le rejet en mer.

Inertie

Élu en juin 1995 à la mairie de Cassis, Jean-Pierre Teisseire (sans étiquette) réclame l'arrêt des rejets avant la fin du siècle mais se refuse à « opposer les emplois touristiques de Cassis aux emplois industriels de Gardanne ». Relayant l'inquiétude des plongeurs, M. Teisseire redoute surtout une fissure de la canalisation sur le plateau continental, qui constituerait selon lui « une catastrophe aussi grave que celle de l'Amoco-Cadiz ». Les écologistes, pour leur part, s'insurgent contre l'inertie de Pechiney, qui « en trente ans n'a rien fait pour rechercher d'autres solutions », que le rejet en mer. La valorisation des « boues » apparaît comme une solution intéressante et Aluminium-Pechiney y travaille intensément. Trois principales voies sont expérimentées. Mélangées aux cendres produites par les Houillères de Gardanne, elles pourraient servir de remblai pour les routes. La couverture des décharges apparaît comme une autre utilisation possible et Pechiney poursuit à Entressem, près d'Istres (Bouches-du-Rhône), des expérimentations sur des petites parcelles. L'horticulture s'intéresse aussi aux résidus de l'usine de Gardanne qui, mélangés aux boues de la station d'épuration de Marseille, livrent des résultats jugés encourageants. Mais Yves Ocello, directeur de l'usine, réclame du temps : « On travaille pour réussir le recyclage des résidus, pas pour faire semblant. »

Le Monde, 5 mars 1996.

QUESTIONS

- Quels sont les différents acteurs qui interviennent dans le débat sur les boues rouges ?
- Montrer et expliquer pourquoi un rejet industriel peut engendrer des tensions (économiques, idéologiques, politiques et administratives, juridiques, scientifiques) entre la logique économique et la logique écologique.
- Quelles peuvent être les solutions à ces tensions ?

Documents à commenter

Des chiffonniers à l'emballage écologique

Les « zabbalin », chiffonniers du Caire

Mégalopole de plus de quinze millions d'habitants, le Caire ne possède pas de services publics organisés pour assurer le ramassage des ordures ménagères et des déchets. On y rencontre des monceaux d'ordures à chaque coin de rue, et les tentatives d'amélioration effectuées par le gouvernorat (achat de bennes à ordures italiennes) sont restées sans effet. La situation est d'autant plus affligeante que les populations rurales, récemment urbanisées, occupent d'anciennes habitations bourgeoises ou de nouvelles constructions, précaires, sans eau courante ni électricité, en compagnie de leurs animaux domestiques (ânes, chèvres, moutons...).
Traditionnellement, c'est la corporation, majoritairement copte, des zabbalin, que l'on appelle aussi les « chiffonniers du Caire », qui se charge du ramassage des ordures. Le spectacle des zabbalin vaquant à cette tâche (ce sont généralement des enfants, parfois même très jeunes), dans les immeubles des quartiers huppés de la ville, est très familier. Mais la fonction essentielle et la plus lucrative des zabbalin est le recyclage des rebuts. Concentrés dans un quartier sud du Caire, leurs habitations s'élèvent sur le lieu même de leur travail : une immense décharge, d'où montent en permanence les panaches des fumée des foyers d'incinération, et où l'insalubrité est dramatique. Chaque famille est spécialisée, qui dans la vente ou le recyclage des os, qui dans celle des vieux vêtements, du plastique, du verre ou encore du métal. Les os sont revendus aux industriels fabriquant de la colle et des engrais, les tissus des vieux vêtements sont transformés en paillassons, le plastique, après refonte, sert à fabriquer des peignes et des arrosoirs, voire des jouets. La récupération des métaux permet à une foule de petits ateliers industriels de vivre, la fonte du verre donne même des... objets d'art, et les bouteilles sont réutilisées. Quant aux déchets alimentaires, ils servent à nourrir des porcs, que les zabbalin sont pratiquement les seuls à élever en Égypte, et qui sont vendus aux boucheries coptes. Les ordures inutilisables sont brûlées.
La corporation des zabbalin est très hiérarchisée. Certains ont accédé à une certaine prospérité qui leur permet d'acquérir le contenu des bennes à ordures du gouvernorat avant leur arrivée à la décharge, et d'« employer » leurs compagnons dans ces activités de triage et de recyclage. Grâce à ce système, des milliers d'artisans cairotes survivent, mais cela dispense le gouvernorat de mener une politique en la matière et empêche par là même toute amélioration. Chacun en effet, habitants et artisans et zabbalin, peut considérer que la situation existante présente des avantages.

M. Larbi Bouguerra, « Les "Zabbalin", chiffonniers du Caire », *in* M. et C. Beaud et M. L. Bouguerra (dir.), *L'État de l'environnement*, Paris, La Découverte, 1993, p. 101.

La Société Éco-Emballages

La mission d'Éco-Emballages

Éco-Emballages est une société anonyme, créée le 20 août 1992, pour répondre au décret du 1er avril 1992 obligeant les entreprises à pourvoir ou à contribuer à l'élimination de leurs emballages ménagers.

Agréée par les pouvoirs publics depuis le 22 novembre 1992, Éco-Emballages est chargée d'une mission d'intérêt général : valoriser 75 % des déchets d'emballages ménagers d'ici à 2002, c'est-à-dire les transformer en matière première et en énergie.
Grâce aux contributions financières des entreprises adhérentes, Eco-Emballages participe financièrement à la mise en place et au développement des programmes de collecte sélective et de tri des emballages ménagers dans les collectivités locales, ainsi qu'à leur valorisation. Éco-Emballages accompagne, par ailleurs, ces collectivités dans l'information et la sensibilisation des habitants, afin de mobiliser, à terme, l'ensemble de la population française et l'inciter à accomplir ce geste appelé à devenir quotidien : « jeter utile » pour préserver notre cadre de vie et lutter contre le gaspillage.

Les partenaires du programme

Pour remplir sa mission, le programme Éco-Emballages associe tous les acteurs de la « chaîne de l'emballage » :
– les entreprises qui mettent sur le marché des produits emballés à destination des consommateurs et choisissent d'adhérer à Éco-Emballages.
En contrepartie d'une contribution financière (en moyenne 1 centime par emballage), Éco-Emballages

prend en charge l'obligation d'élimination de leurs emballages ménagers qui incombe aux entreprises. Les entreprises adhérentes apposent alors le « point vert » sur les emballages de leurs produits ;
– les collectivités locales qui choisissent de s'engager, par contrat avec Éco-Emballages, à organiser la collecte sélective, le tri des emballages ménagers à recycler. [80 % du budget d'Éco-Emballages est consacré au soutien financier à la collecte] ;
– les filières de matériaux (acier, aluminium, papiers-cartons, plastiques, verre) qui s'engagent, par contrat avec Éco-Emballages, à reprendre les emballages triés dans les collectivités locales et désignent les entreprises chargées de les recycler ;
– les consommateurs qui acceptent de trier leurs emballages ménagers à recycler, dès que leur commune en organise la collecte sélective.

Quelques chiffres

– 9 311 entreprises ont adhéré à Éco-Emballages (au 31.12.98). La quasi-totalité des produits de consommation sont marqués du « point vert ». Le montant des contributions des entreprises adhérentes a été de 505 millions de francs en 1998.
– 533 collectivités locales (communes, syndicats de communes, départements), regroupant 13 862 communes et 32 millions d'habitants, ont déjà signé (au 31.12.98) un contrat avec Éco-Emballages.
– 158 centres de tri des déchets ménagers sont opérationnels sur l'ensemble du territoire.

Environnement : l'ambiguïté des Français

Plébiscitée par les Français, la protection de l'environnement semble promise à un bel avenir. Une étude sur le tri sélectif, réalisée par Cofremca en 1998 pour Éco-Emballages révèle une réalité pourtant plus nuancée.
Paradoxe : alors que la protection de l'environnement arrive en tête des problèmes pour lesquels les Français déclarent « être concernés et agir ou pouvoir agir », le nombre d'opposants au tri des déchets ménagers augmente légèrement en 1998.

Peu sensibles au collectif, les Français ne s'intéresseraient à l'environnement que dans la mesure où ils comprennent le bénéfice personnel qu'ils peuvent en retirer. Or, le tri des déchets est encore trop souvent vécu comme une contrainte quotidienne supplémentaire.

Les réticences au tri des emballages ménagers sont surtout d'ordre psychologique. Les « opposants » invoquent des raisons de commodité personnelle : « Je ne veux pas me compliquer la vie, il y a des gens payés pour ça. » Quant aux « hésitants », ils ont une vision individualiste de la société, quand l'adhésion au tri suppose un minimum de sentiment collectif. Résultat : ils ne passent pas à l'acte.
D'après une étude faite pour Cofremca Sociovision en 1998, ceux qui trient le moins ont entre 15 et 35 ans, vivent dans de grandes villes (+ de 100 000 habitants) et en immeuble. Pour eux, le tri manque de séduction, d'intérêt.

• 30 % disent se moquer de ce que deviendra la planète dans deux cents ans.

• 52 % pensent parfois à la pollution mais cela ne change rien à leur façon de vivre.

• 49 % se disent concernés mais ne voient pas comment ils peuvent agir pour la protection de l'environnement.

Pour rallier opposants et indécis et leur faire comprendre qu'ils ont « un monde plus beau à portée de main », Éco-Emballages a choisi de privilégier deux directions en 1999 : simplifier au maximum le geste de tri afin d'en faciliter l'insertion dans les modes de vie, et montrer à tous les Français que le tri est un geste qui « fait du bien », qui compte pour l'environnement.

extrait de SA Éco-Emballages, *Rapport annuel*, 1998 et note, 1999.

QUESTIONS

– Sur le schéma, qui représente le circuit de recyclage décrit dans le deuxième texte, indiquer à quoi correspond chaque flèche. Représenter par un schéma le recyclage présenté au Caire.

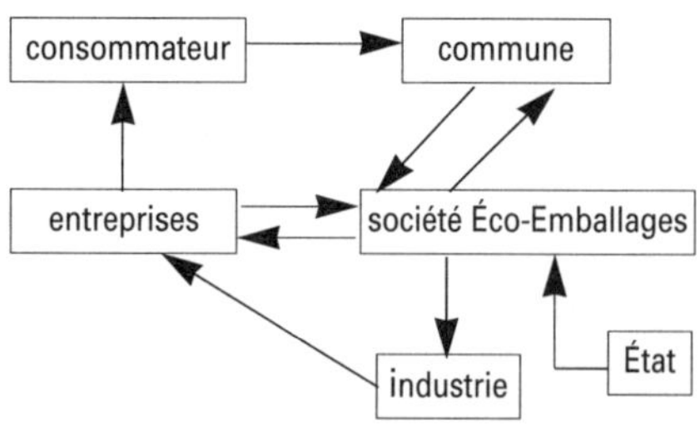

– Dans les deux cas, dresser la liste des acteurs qui participent au recyclage, et identifier leurs motivations.

– Comment expliquer les différences entre les motivations des acteurs au Caire et en France ?

– Quelles sont les grandes différences entre les deux types d'organisation ? Comment les expliquer ?

– Quels sont, en France, les obstacles au recyclage ? Comment les comprendre et les lever ?

Document proposé

Les stratégies des Inuit face à une crise écologique

« Sources de chaleur sur la banquise »

Il y a une histoire, qui pendant plus d'un siècle, a été transmise de génération en génération. Cette histoire, c'est celle de la disparition du caribou des îles Belcher (baie d'Hudson). Les anciens racontent donc qu'il y a très longtemps [vers 1850 ?], avant même qu'ils soient nés, les îles étaient habitées par de nombreux caribous. Non seulement ils fournissaient de la nourriture, mais aussi les peaux indispensables à la confection du chaud vêtement d'hiver, ainsi que les tendons à partir desquels on fabriquait du fil [à coudre]. De fait, dans toute la région circumpolaire, le matériau par excellence des habits d'hiver a toujours été fourni par le caribou et le renne.

Mais lors d'un hiver inhabituel, un réchauffement temporaire accompagné de pluies fut suivi par une période de gel intense, si bien que l'archipel entier fut pris sous une couche de glace impénétrable. Malgré leurs efforts, les caribous ne parvenaient pas à briser avec leurs sabots la croûte glacée pour atteindre les lichens qui constituent leur seule nourriture hivernale. Les personnes âgées racontent que cet hiver-là, le dernier caribou des Belcher mourut de faim et que, depuis lors, il fallut chercher ailleurs nourriture et habits d'hiver. [...]

Les vêtements sont loin d'être une préoccupation secondaire dans une région où les températures hivernales descendent régulièrement au-dessous de -30° C et où la principale source d'alimentation est constituée en hiver par les phoques harponnés au loin sur la banquise, après des heures épuisantes d'attente immobile. [...]

Ailleurs dans le Grand Nord, de nombreux explorateurs et missionnaires ont été témoins des conditions difficiles auxquelles devaient faire face les Inuit en cas d'échec de la chasse au caribou. [...]

Dans le Québec arctique au cours de la première moitié de notre siècle, la population des caribous du Labrador s'effondra et la Compagnie de la baie d'Hudson importa des peaux de renne de l'Arctique canadien de l'Ouest pour que les Inuit du Québec aient de quoi confectionner leurs vêtements d'hiver. Dans d'autres cas, lorsque la population de caribous a disparu, les Inuit ont simplement plié bagage pour aller s'établir ailleurs. [...]

L'insuffisance vestimentaire pouvait toutefois avoir des conséquences encore plus désastreuses. Selon un Inuk groenlandais, la famine qui ravagea le village de Tassermiut en 1862 était largement due à des « vêtements insuffisants ». À ses yeux, « si le manque d'habits ne les avait pas rendus incapables de se réchauffer, ils n'auraient pas été affaiblis à ce point, et, comme en plus ils ne pouvaient s'alimenter correctement, ils devinrent très vulnérables au froid et peu disposés à sortir ».

Or, quand les caribous disparurent des îles Belcher au milieu ou à la fin du XIXe siècle, les Inuit ne moururent pas de faim et ne partirent pas non plus. Ils restèrent sur place et trouvèrent des solutions au problème de l'habillement hivernal. Tout d'abord, ils firent du commerce avec les Inuit du Québec continental, leur livrant des défenses de morse, de puissants chiens de traîneau élevés à la viande et à la graisse de morse et même des traîneaux complets fabriqués en bois flotté et armés d'ivoire, en échange de paquets de peaux de caribou et de fils de tendon de caribou. Et lorsque au tournant du siècle, la population de caribous du Québec déclina à son tour rapidement, les habitants des îles Belcher se replièrent sur leurs propres ressources, celles de la mer. Pour continuer à vivre sur la banquise, ils recoururent à une solution inhabituelle. Ils fabriquèrent leurs vêtements à partir de peaux d'oiseaux marins recouvertes d'un épais plumage. [...]

Ce n'est pas une tâche facile, particulièrement parce qu'il est indispensable de dépouiller l'oiseau sans déchirer sa peau délicate et sans abîmer la base des plumes qui y sont plantées. La chaleur de la peau, et par conséquent des manteaux, dépend entièrement de la conservation de l'intégralité du plumage. Chez les oiseaux marins, celui-ci se compose de deux couches, l'une externe, formée de pennes (plumes à tiges rigides), puis, cachée par celles-ci, une couche interne de duvet pelucheux. Si ces couches sont mises à mal, des endroits froids apparaîtront là où des plumes sont tombées ou ont été usées.

La technique de nettoyage mise au point par les Qikirtamiut est appelée *angulaktuq*, mastication et aspiration de la graisse de la peau. Elle requiert une dentition puissante et bien régulière, ni trop tranchante ni trop jeune. En effet, les femmes doivent soigneusement mastiquer chaque centimètre carré de la surface interne de la peau afin de détacher progressivement toute la graisse qui entoure la base des innombrables plumes.

Les jeunes n'étaient jamais autorisées à mastiquer les peaux d'oiseau, car on disait que leurs dents étaient trop neuves, et donc trop aiguisées. Elles avaient tendance à accrocher la base des plumes et à leur faire transpercer la peau, ce qu'il fallait absolument éviter, parce qu'une fois délogées, les plumes laissaient un trou à travers lequel le vent polaire pouvait facilement s'engouffrer.

Pour cette technique, la solidité des dents de devant est essentielle. De vieilles femmes m'ont expliqué qu'elles avaient dû renoncer à faire des vêtements en peau d'eider après s'être fait arracher une ou plusieurs dents par le dentiste itinérant qui passait périodiquement au village. Les dentistes ne se rendaient certainement pas compte des terribles conséquences de ce qu'ils considéraient vraisemblablement comme un traitement dentaire ordinaire ! [...]

Mais comme les Qikirtamiut le disent eux-même, si les plumes d'oiseau isolent du froid, c'est la viande et surtout le sang de phoque qui produisent la chaleur du corps. En effet, manger de la viande et boire le sang cru de phoque est un acte, à la fois symbolique et physiologique, que les Inuit jugent essentiel pour survivre sur la glace. Pour reprendre les mots mêmes d'un chasseur, « le sang, c'est la source de force pour les humains, car c'est la source de vie de l'animal ». Quand on mange le phoque, quand on boit son sang, on ne sent plus le froid.

Cependant, pour les Inuit des îles Belcher, la vie sur la banquise va bien au-delà de la simple satisfaction des besoins matériels. La survie n'est pas seulement déterminée par des vêtements conservant la chaleur et une nourriture générant cette même chaleur ; le résultat de la chasse n'est pas davantage exclusivement déterminé par le savoir et la compétence du chasseur. Il y a une autre dimension essentielle qui persiste chez les Qikirtamiut, malgré des décennies de christianisme, de technologie moderne et de contacts croissants avec le monde extérieur. C'est la force du partenariat entre les hommes et les animaux, le chasseur et le phoque. Car le phoque est le symbole de la vie, dans un cycle perpétuel menant du monde des chasseurs au monde sous-marin où l'âme du phoque se revêt de sang et de chair. En échange du sang chaud que le phoque lui apporte des profondeurs de la mer, le chasseur donne au phoque qu'il a capturé de l'eau claire et fraîche, symbole de la terre.

La photographie illustrant cet article est de l'auteur.

D. Nakashima, « Sources de chaleur sur la banquise. Plumes d'oiseau et sang de phoque chez les Inuit des îles Belcher » *in* S. Bobbé (dir.), *Banquises. Les Inuit et l'Infini arctique*, Paris, © Éditions Autrement, coll. « Monde/Nature extrême », hors série n° 113, mars 1999, pp. 75-125.

QUESTIONS

- Quelle est la modification du milieu à laquelle les Inuit sont confrontés ? Quelles en sont les causes ?
- Dans quelle mesure et pourquoi cette modification constitue-t-elle un problème pour les Inuit ?
- Quelles sont les diverses stratégies employées par les différents groupes ?
- Dans le cas des Inuit des îles Belcher, sur quels types de savoirs se fonde la stratégie adoptée ? Comment peuvent-ils avoir été acquis ?
- Pourquoi cette histoire « a-t-elle été transmise de générations en générations »?
- Pourquoi « le chasseur donne[-t-il] au phoque qu'il a capturé de l'eau claire et fraîche » ?

DOCUMENT À COMMENTER

Les principes de protection des forêts

Le sommet de Rio

Au sommet de juin 1992 à Rio, les nations participantes avaient élaboré une série de principes axés sur l'utilisation durable des ressources forestières. Ce premier consensus mondial sur la question envisage à la fois les exigences des collectivités qui désirent protéger les forêts pour des motifs écologiques et culturels, et les besoins des communautés qui en exploitent les ressources à des fins de développement économique. Les principes de Rio pourraient former la base de négociations futures en vue d'un accord exécutoire.

La Déclaration souligne que les forêts jouent un rôle essentiel pour le développement économique et le maintien de toutes les formes de vie. Elles fournissent du bois, des aliments et des médicaments, et recèlent de nombreuses richesses biologiques encore méconnues. Elles stockent des réserves d'eau et de carbone, qui seraient autrement libérées dans l'atmosphère, où elles accentueraient l'effet de serre. Les forêts abritent une multitude d'espèces sauvages et comblent des besoins culturels et spirituels vitaux des communautés humaines.

Voici quelques-uns des principes énoncés à Rio :

- toutes les nations devraient contribuer à la conservation et à la restauration du couvert végétal, véritable poumon de la planète ;
- les États peuvent librement disposer des ressources forestières pour couvrir leurs besoins de développement social et économique, mais leur exploitation doit être basée sur des politiques nationales axées sur le développement durable ;
- l'utilisation durable des ressources forestières suppose l'application de modes de production et de consommation durables à l'échelle mondiale ;
- les forêts doivent être gérées de façon à satisfaire les besoins sociaux, économiques, écologiques, culturels des générations présentes et futures ;
- les découvertes et autres bénéfices issus des ressources biologiques et génétiques des forêts doivent être partagés avec les pays d'où proviennent lesdites ressources ;
- les forêts plantées représentent des sources écologiquement rationnelles d'énergie et de matières premières renouvelables. Dans les pays en développement, où l'on utilise le bois comme combustible, il est essentiel de promouvoir un mode d'utilisation durable de cette ressource et de compenser le déboisement par de nouvelles plantations ;
- les plans nationaux d'aménagement du territoire devraient garantir la protection des forêts anciennes et de celles présentant une valeur culturelle particulière ;
- une assistance financière internationale, y compris privée, doit être apportée aux nations en développement pour les aider à protéger leurs forêts ;
- toutes les nations doivent mettre en œuvre des politiques écologiquement rationnelles en matière de foresterie ;
- les plans de foresterie devraient prendre en compte aussi bien les valeurs économiques que non économiques des forêts. Toute politique comportant une incitation à dégrader les forêts devrait être bannie ;
- la planification et l'application des politiques forestières nationales devraient associer le plus large éventail possible de partenaires, y compris les femmes, les communautés indigènes vivant en milieu forestier, les industries et autres exploitants forestiers ;

[...]

- les sources de pollution forestières devraient être vigoureusement contrôlées.

D'après I. Sachs, *L'Écodéveloppement*, Paris, Syros, 1993, pp. 104-106.

COMMENTAIRE

– Quels sont les grands principes, les fondements idéologiques, à la base des recommandations ? Comment ceux-ci apparaissent-ils à travers le vocabulaire employé ? Dans quelle mesure ces recommandations sont-elles applicables ?

– Quelles peuvent-être les positions d'un représentant d'un pays du tiers-monde face à certains des principes retenus à Rio ? Les problèmes qui se posent en matière de gestion des ressources forestières relèvent-ils davantage de conflits entre logique économique et écologique, ou de conflits entre logiques d'États à différents niveaux de développement ?

DISSERTATION PROPOSÉE

Logiques économiques, logiques écologiques (4 heures)

1 - ANALYSE DU SUJET (20 MN)

■ SYNTAXIQUE

Les pluriels soulignent la multiplicité des logiques envisageables et appellent une typologie. Ainsi, il ne faut pas réduire les logiques économiques au seul cas envisagé par les économistes classiques : un comportement rationnel visant à maximiser le profit dans une situation d'information complète. La virgule est à comprendre comme une ponctuation signifiante. On aurait pu écrire : à la place, et, ou, contre... Le sujet porte exclusivement sur les rapports entre les logiques économiques et écologiques. Un plan qui les étudierait séparément est à proscrire car il conduirait au hors-sujet.

L'ordre des mots porte davantage l'accent sur l'économique, qui constitue le point de vue duquel il convient de partir.

■ LEXICALE

Il faut définir brièvement les termes du sujet dès l'introduction, même si ces définitions sont appelées, dans la suite du développement, à être nuancées ou mises en cause.

Logique : il n'est pas nécessaire de s'appesantir. On peut donner ici comme synonymes lois, règles, etc. Il s'agit des principes, des rythmes, des dynamiques, des objectifs... qui régissent un domaine.

Logiques économiques : il est nécessaire de donner rapidement une définition sans s'enferrer dans des débats épistémologiques. Plusieurs options sont envisageables. Eu égard au sujet, on peut proposer : principes qui régissent les moyens par lesquels les hommes luttent contre la rareté des biens utiles à la satisfaction de leur besoin (il s'agit de délimiter les biens économiques). Il peut être habile de donner un exemple (et de souligner que ce n'est qu'un exemple) : la recherche du meilleur profit.

Logiques écologiques : lois physiques et biologiques (lois naturelles) auxquelles le milieu physique des hommes est soumis. Exemple : les seuils et les rythmes de reproduction des espèces vivantes. Attention aux contresens : il ne s'agit pas des logiques ou idéologies des mouvements écologistes (même si la question peut être abordée par la suite).

■ LIMITES DU SUJET

Il s'agit de bien baliser les marges du sujet, afin de ne rien oublier et de ne rien traiter d'inutile (« tout le sujet, rien que le sujet »). Aucune limite n'est énoncée dans le sujet. Il faut donc se garder de centrer le propos sur les économies développées actuelles. Il faut envisager tous les types de sociétés (chasseurs-cueilleurs, agriculteurs, industrielle, tertiaire). Il faut traiter aussi bien les prélèvements que les rejets, aussi bien les logiques de production que de consommation.

Limite spatiale : aucune. Il faut que les exemples soient aussi variés que possible et couvrent tous les grands ensembles géographiques.

Limite temporelle : aucune. Il convient donc de remonter dans le passé, d'expliquer les évolutions, même si le propos est géographique et non historique.

■ Intérêt du sujet

Il s'agit de bien lire le sujet pour comprendre l'orientation choisie par l'enseignant : pourquoi ce sujet, de quel point de vue faut-il le traiter, quels sont les pièges éventuels, quels sont les grands thèmes sous-jacents non explicités ? En l'occurrence, il s'agit d'un sujet de géographie. Il faut donc mettre l'accent sur les rapports hommes-milieu, l'organisation de l'espace, les échelles, la diversité régionale, les paysages...

La question importante, évidente même si elle n'est pas exprimée, que tout étudiant doit pouvoir reformuler, est bien sûr : logiques économiques et logiques écologiques sont-elles contradictoires ?

2 - PLAN, PROBLÉMATIQUE ET CARTOGRAPHIE (60 MN)

■ Problématique (10 mn)

Il s'agit de « traduire » le sujet sous la forme d'une question à laquelle la dissertation va tenter de répondre. Le travail d'analyse du sujet permet d'aboutir à cette problématique. Généralement, guère plus de deux ou trois problématiques sont envisageables, dans la mesure où l'on traite tout le sujet et rien que le sujet. Une des questions possibles est ici : comment les sociétés gèrent-elles les éventuelles contradictions entre leurs systèmes de production et de consommation et les capacités du milieu ? On peut aussi accepter la formulation suivante : les activités économiques sont-elles nécessairement une menace pour le milieu ?

■ Liste des idées-clés et des exemples importants (15 mn)

Il s'agit de dresser rapidement une liste de tous les points à aborder et des principaux exemples, afin de balayer l'ensemble du sujet. À ce stade, cette liste n'est pas ordonnée. Exemple : crises écologiques et crises de production (*Dust Bowl*), surpêche (esturgeon), épuisement des gisements (charbon), traitement des rejets et recyclage (verre), rythme des sols (brûlis), menace sur la biodiversité (plantes), contradictions entropie/néguentropie.... On classe ensuite tous ces éléments en deux, trois ou quatre grands ensembles (en utilisant de deux à quatre couleurs), en essayant différents procédés de regroupements. En général, des thèmes doivent se dégager.

■ Plan (15 mn)

Le plan est un compromis entre les nécessités du sujet (les thèmes identifiés précédemment) et les règles de la dissertation géographique. Traditionnellement, le géographe affectionne un balancement entre une (des) partie(s) générale(s) et une (des) partie(s) typologique(s). Il préfère commencer par les aspects descriptifs pour passer ensuite aux explications, aux évolutions. Il aime les articulations par changement d'échelle. Il évite certaines démarches, qu'il juge trop historiques (plan chronologique) ou trop réductrices (plan promenade : à chaque partie correspond un espace géographique).

Les plans « classiques » varient le plus souvent sur la base de la structure suivante :

I. Description du phénomène, de la région

II. Explications et évolutions

III. Typologie

On choisira de le respecter si l'on manque d'inspiration où si l'on tient à adopter une forme canonique. Un plan thématique plus audacieux est envisageable mais plus délicat à conduire. On peut s'essayer à un mélange des genres.

Un plan aussi détaillé que possible doit être arrêté. Les différentes parties doivent être de taille comparable : si ce n'est pas le cas, il faut essayer de modifier le plan pour les rééquilibrer.

■ Cartographie (20 mn)

Si le sujet s'y prête (ce qui est le cas dans 99 % des cas), il faut réaliser une carte de synthèse sur une pleine page indépendante, en suivant les règles de la cartographie (voir, par exemple, Lézy E., et Nonjon A., *Cartes sur table. La cartographie aux concours*, Paris, Espaces études éditions, 1996, 118 p. ; ou Gauchon P., *L'Épreuve de cartographie*, Paris, Ellipses, 1991, 127 p.).

La carte doit toujours se rapporter à la problématique. Ici, il faut cartographier les rapports entre l'économie et le milieu. On peut ainsi distinguer par des plages de couleurs les espaces où l'« économie minière » le dispute aux économies vivrières peu prédatrices, les espaces d'économie dématérialisées (tertiaires) où les principales difficultés tiennent à la gestion de l'héritage industriel et des rejets... Souvent, ces plages qui doivent colorier l'ensemble de la carte reprennent les grandes catégories de la typologie. De même, les facteurs explicatifs proposés dans les premières parties doivent être représentés.

3 - RÉDACTION (2 H 30 MN)

On rédige en suivant le plan. L'introduction – qui doit être très soignée – est toutefois rédigée à la fin.

■ Proposition de corrigé

I. Des contradictions fondamentales entre l'économie et le milieu ?

a. L'économie, activité néguentropique, se traduit par une augmentation d'entropie dans le milieu, qui se désorganise

b. Épuisement du milieu, à cause des prélèvements de ressources renouvelables et non-renouvelables

c. Altération du milieu, à cause des prélèvements, des rejets et de l'impact fonctionnel

d. Le circuit économique est *in fine* menacé

e. La question des externalités

II. La gestion des contradictions

a. L'internalisation

b. Limitation des prélèvements et des rejets par limitation des activités et des besoins ou par de meilleurs rendements

c. La fuite en avant dans les substitutions (bois, charbon, pétrole...)

d. En amont, des seuils et des rythmes à respecter (ressources renouvelables)

e. En aval, traitement du milieu (dépollution), retours au milieu (engrais), recyclage

III. Typologie

a. Sociétés de chasseurs-cueilleurs : âge de pierre, âge d'abondance

b. Sociétés d'agriculteurs

c. Sociétés industrielles : prédation et déprédation
   - sociétés capitalistes
   - sociétés à économie planifiée

d. Sociétés tertiaires

4 - RELECTURE (10 MN)

Il s'agit de corriger les fautes et les maladresses d'expressions, de biffer les répétitions et de repérer (puis de combler) d'éventuelles lacunes.

4

ÉCONOMIE ET HÉTÉROGÉNÉITÉ DE L'ESPACE

L'espace géographique est fondamentalement hétérogène. Il n'y a pas deux lieux parfaitement semblables. Cette variété tient à la géographie physique (relief, climat, végétation...), mais aussi à la présence humaine (contrastes de densités, distribution des civilisations, différentiels de développement...). Cette hétérogénéité débouche sur une frustration fondamentale : le lieu où l'on se trouve présente des caractéristiques très spécifiques, qui ne permettent pas d'exercer toutes les activités humainement envisageables, de faire ce que pourtant l'on peut faire ailleurs. Cette limitation ne tient pas seulement aux capacités de l'homme ou des sociétés, mais à celles du lieu. Chaque lieu se prête mieux ou moins bien que les autres à une activité donnée, voire ne s'y prête pas du tout.

Cela pèse sur toutes les activités humaines, notamment celles qui ont trait à l'économie. On ne peut ni produire, ni consommer de la même manière partout. Par exemple, si je dispose en un lieu d'une fortune donnée, je ne peux pas en faire exactement ce que j'en veux. Si je décide de la dépenser, je ne trouve pas localement tous les produits que je peux vouloir : il est difficile de trouver des livres universitaires en anglais à Paris. Si je décide de l'investir pour produire, je ne peux pas envisager tous les secteurs : cela n'a pas de sens de créer un laboratoire de recherche dans une région où il n'y a guère de main-d'œuvre qualifiée.

On voit tout de suite qu'il existe un moyen de pallier l'hétérogénéité spatiale : commander les livres aux États-Unis, les acheter à Londres, faire venir des chercheurs ou les faire participer aux expériences par Internet. Le déplacement permet effectivement de s'affranchir des limites du lieu. C'est là le but de tout transport. Aucun être humain n'envisagerait de changer de lieu si tous les lieux étaient strictement identiques. Transporter des biens n'aurait pas davantage de sens, puisque l'on trouverait les mêmes produits partout. Toutefois, le transport n'est pas toujours possible. Certains biens, certaines informations ou personnes ne se déplacent pas, ou à un coût rédhibitoire. Là, il faut bien composer avec le lieu. L'hétérogénéité de l'espace ne joue un rôle que si l'espace est assez opaque pour que l'on n'aille pas chercher ailleurs ni que l'on fasse venir d'ailleurs ce qui manque sur place, pas sans grandes difficultés en tout cas.

Ce chapitre examinera comment l'hétérogénéité spatiale pèse sur l'activité économique, comment l'économie tente de s'en affranchir. On verra enfin dans quelle mesure l'économie elle-même produit de l'hétérogénéité spatiale.

BIBLIOGRAPHIE DU CHAPITRE

Il n'existe pas de manuel traitant directement l'ensemble des questions abordées dans ce chapitre.

BAUMONT C., « Économie, géographie et croissance. Quelles leçons pour l'intégration régionale européenne ? », *Revue française de géoéconomie,* n° 3, 1998, pp. 35-56.

DICKEN P. et LLOYD P.E., « Demand, scale, and agglomeration », in *Location in Space. Theoretical Perspectives in Economic Geography,* New York, Harper Collins, 1990, pp. 179-218.

DURANTON G., « La nouvelle géographie économique : agglomération et dispersion », *Économie et prévision,* t. 131, n° 5, 1997, pp. 1-24.

HOTELLING H., « Stability in competition », *Economic Journal,* n° 39, 1929, pp. 40-57.

FUJITA M. et THISSE J.-F., « Économie géographique. Problèmes anciens et nouvelles perspectives », *Annales d'économie et de statistique,* n° 45, 1997, pp. 37-88.

FUJITA M., KRUGMAN P. et VENABLES A.J., *The Spatial Economy. Cities, Regions and International Trade,* Cambridge (MA)/London, MIT Press, 1999, 359 p.

KRUGMAN P., *Geography and Trade,* Leuve/Cambridge (MA)/London, Leuven University Press/MIT Press, 1991, 142 p.

KRUGMAN P., « History versus expectation », *The Quarterly Journal of Economics,* t. 106, n° 2, mai, 1991, pp. 651-667.

KRUGMAN P., *L'Économie auto-organisatrice,* Bruxelles, De Boeck Université, 1998, 126 p.

LINDER S.B., *An Essay on Trade and Transformation,* New York, John Wiley and Sons, 1961, 167 p.

LINDERT P.H. et PUGEL T.A., *Économie internationale,* Paris, Économica, 1997, 956 p.

MASSEY D., *Spatial Division of Labour. Social Structures and the Geography of Production,* New York, Methuen, 1984.

MUCCHIELI J.L., *Principes d'économie internationale. 1 : le commerce international,* Paris, Économica, 1987, 396 p.

POLESE M., « Externalités et économies d'agglomération », in *Économie urbaine et régionale. Logique spatiale des mutations économiques,* Paris, Économica, 1994, pp. 61-82.

RAINELLI M., *La Nouvelle Théorie du commerce international,* Paris, La Découverte, 1997, 128 p.

Revue d'économie régionale et urbaine, n° spécial « Économie de proximités », n° 3, 1993.

Revue d'économie régionale et urbaine, n° spécial « Les économie d'agglomération : la genèse d'un concept », n° 4, 1995.

SCHELLING T., *La Tyrannie des petites décisions,* Paris, PUF, 1980, 247 p. ; traduit de l'anglais *Micromotives and Behaviour,* New York, Norton, 1978.

SCOTT A.J., « French Cinema. Economy, Policy and Place in the Making of a Cultural-Products Industry », *Theory, Culture & Society,* vol. 17, n° 1, 2000, pp. 1-37.

SCOTT A.J. et STORPER M., « Industries de haute technologie et développement régional : revue critique et reformulation théorique », *Revue internationale de sciences sociales,* n° 112, 1987.

STASZAK J.-F., « Prophéties autoréalisatrices et géographie », *L'Espace géographique,* à paraître, 20 p.

STORPER M. et CHRISTOPHERSON S., « Flexible specialisation and regional industrial agglomeration : the case of US motion picture industry », *Annals of the American Association of Geographers,* n° 77, 1987, pp. 104-117.

RICARDO D., *Des principes de l'économie politique et de l'impôt,* Paris, Flammarion, 1977 (1re éd. 1817), 379 p.

VERNON R., « International investment and international trade in the product cycle », *Quaterly Journal of Economics,* mai 1966, pp. 190-207.

A

LES HÉTÉROGÉNÉITÉS SPATIALES

Quelles sont les hétérogénéités qui peuvent constituer un problème pour l'activité économique ?

1 - La distribution inégale des ressources naturelles

Les ressources naturelles, pour la plupart d'entre elles, sont distribuées de manière inégale. À un premier niveau, les ressources en énergies solaire, éolienne ou hydraulique, les ressources en eau, la biomasse ne sont pas présentes dans les mêmes quantités partout. La distribution des gisements de minerais ou d'hydrocarbures est encore plus contrastée. Si l'on n'est pas en mesure de faire venir des ressources d'ailleurs, les activités économiques sont très limitées par le panel des ressources locales. Tant que le coût de transport de l'eau douce restera très élevé, l'agriculture sera difficilement envisageable en Arabie Saoudite.

Les seules activités possibles en un lieu sont alors celles autorisées par les ressources locales, ce qui limite fortement la gamme des produits offerts à la consommation. La production agricole doit se plier aux possibilités offertes par les sols, les pentes et les climats. Les industries doivent se contenter des matières premières et de l'énergie disponible localement.

La distribution des ressources naturelles : un fait économique ? On a toutefois fait observer dans le chapitre précédent qu'il n'est pas possible de considérer les ressources naturelles indépendamment de toute activité économique. D'une part, ce sont les besoins de l'économie qui décident de ce qui constitue une ressource ; d'autre part, ce sont les niveaux technologiques (qui ont à voir avec le développement) qui permettent d'identifier et d'exploiter des gisements ; enfin, c'est le contexte économique (taux d'intérêt, cours des minerais...) qui fait que tel gisement est rentable ou non. On ne peut donc pas tout à fait considérer l'hétérogénéité en ressources naturelles comme un fait antérieur à l'économie, comme une donnée non économique.

2 - Les inégalités de peuplement

Les contrastes de peuplement doivent bien sûr être pris en compte par le géographe économiste, car ils constituent une hétérogénéité majeure pour l'activité économique. L'homme, en termes économiques, est en effet à la fois un facteur de production et un consommateur.

■ Une distribution inégale

La distribution des hommes, en termes purement quantitatifs, est très inégale à l'échelle de la planète. Les contrastes de peuplement sont très marqués. À l'échelle du globe se détachent des foyers principaux (l'Asie de l'Est et le sous-continent indien, qui abritent presque la moitié des êtres humains) et secondaires

(Europe, Nord-Est de l'Amérique, Proche-Orient...). À l'échelle régionale, se démarquent de grandes vallées (Gange, Nil...), des littoraux (ceux de la Méditerranée). Des métropoles géantes (Tokyo, Mexico, São Paulo...) concentrent la population à l'échelle locale.

La transition démographique

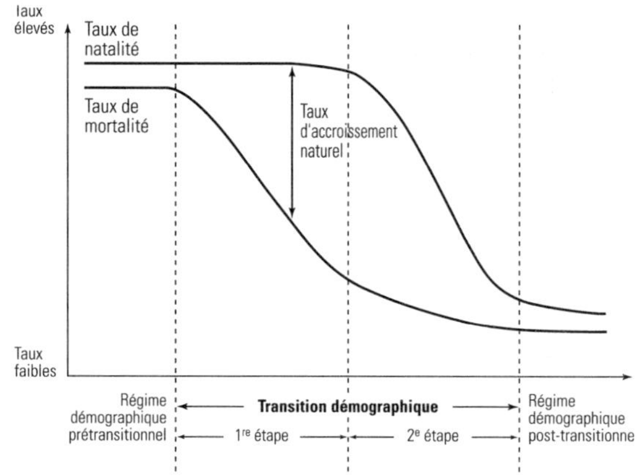

Ces très vifs contrastes de peuplement s'expliquent par deux types de facteurs. Le premier a trait à l'histoire des taux de croissance naturelle, c'est-à-dire à l'évolution des taux de mortalité et de natalité. Le modèle de la ***transition démographique*** permet d'en rendre compte. Le second renvoie à l'histoire des migrations. Certaines zones ont vu, pour diverses raisons, leur population partir, alors que d'autres les ont accueillies.

Les cartes par points fournissent une bonne image des foyers de peuplement. Les densités constituent un indicateur utile, encore qu'elles doivent être maniées avec prudence : on aboutit à des résultats assez différents selon l'échelle de l'espace sur lequel on effectue le calcul, et les densités constituent des moyennes qui ne rendent pas nécessairement compte des situations observées. Ainsi, une densité 100 hab./km^2 peut correspondre à un espace très contrasté, divisé entre deux zones de superficies égales, l'une désertique, l'autre connaissant une densité de 200 hab./km^2. La mesure du ***potentiel de population*** fournit une mesure plus intéressante, à laquelle on a souvent recours en géographie économique. Il évalue en effet la concentration de population en un lieu, non seulement en fonction de la population de ce lieu, mais aussi en fonction de celle qui se trouve aux alentours, pondérée par la distance qui la sépare du lieu en question.

Potentiel de population : le potentiel démographique d'un lieu *i* dans un espace donné est égal à la somme de la population P*j* de chaque lieu *j* de cet espace divisé par la distance D*ij* entre le lieu *i* et le lieu *j* (potentiel de *i* = ∑P*j*/D*ij*). Cette formulation est la plus simple ; elle est généralement affinée par l'emploi de coefficients et le recours à des mesures plus complexes de la population et de la distance.

Potentiel de population en Europe vers 1988

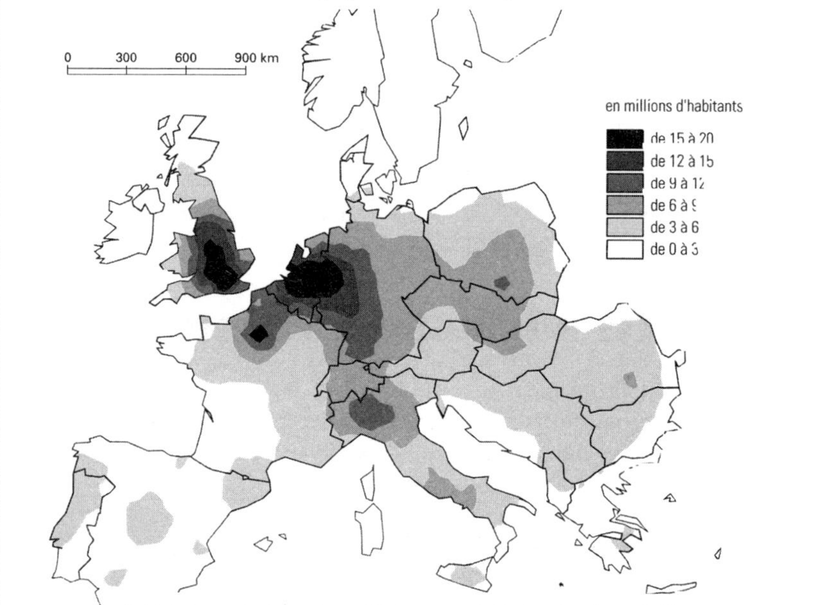

Portée moyenne des interactions : 100 km   Perméabilité des frontières : 100%

I. Boursier-Mougenot et *al.*, « Images de potentiels de population en Europe », *L'Espace géographique*, n° 4, 1993, p. 336.

■ L'HOMME, FACTEUR DE PRODUCTION

La main-d'œuvre disponible n'est donc pas présente partout dans les mêmes quantités (il s'agit là d'une question de densités, qu'on ne développera pas). Mais surtout, elle ne présente pas partout les mêmes qualités, en termes de coût de travail et de qualification. D'autres critères comptent aussi : la souplesse, la fiabilité, la motivation, la syndicalisation... La plupart de ceux-ci peuvent être ramenés, du point de vue de l'employeur, à des questions de qualification.

Grosso modo, on peut opposer trois types d'espaces. Dans les régions ou les pays les plus développés, les producteurs disposent d'une main-d'œuvre qualifiée, et le ***coût horaire du travail*** est relativement élevé (même pour les tâches peu qualifiées). Dans les espaces plus pauvres ou très récemment industrialisés, il n'y a guère de main-d'œuvre qualifiée, mais le coût du travail est faible. Les nouveaux pays industrialisés (NPI) se trouvent dans une situation intermédiaire : la main-d'œuvre y est encore relativement bon marché, et le niveau de qualification est assez élevé.

Coût salarial horaire en dollars dans l'industrie textile en 1996
(charges sociales incluses)

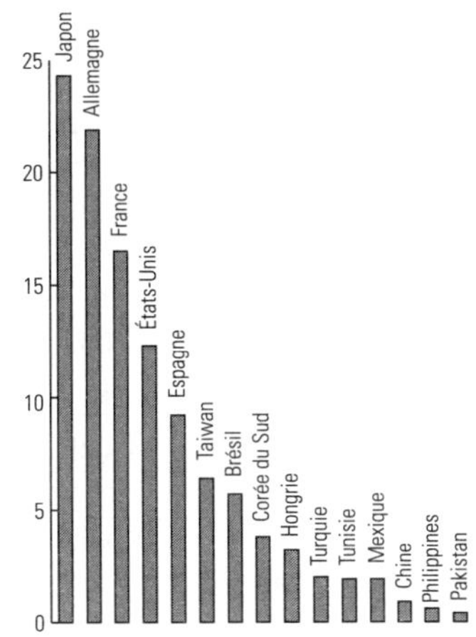

D'après A. Chevallier, « Émergence, mondialisation et échanges internationaux », *Revue française de géoéconomie*, n° 6, 1998, p. 57.

Cette hétérogénéité spatiale des ressources humaines ne pèserait pas comme une contrainte si la force de travail ou la qualification pouvait facilement être déplacée, c'est-à-dire si les hommes étaient très mobiles ou si le **télétravail** n'impliquait pas certaines difficultés. Ce n'est pas le cas. Certes, aux XIXe et XXe siècles surtout, de grands flux migratoires ont amené de la main-d'œuvre, plus ou moins qualifiée selon les cas, vers les pays neufs (États-Unis, Australie, Argentine, etc.) ou les anciennes puissances coloniales (Royaume-Uni, France, Russie, etc.). Ces grands mouvements se sont taris à partir des années 1920. La migration reste difficile : partir de son pays et y laisser sa famille et sa culture ne va pas de soi ; se retrouver immigré dans un pays étranger non plus. L'espace est assez transparent pour le déplacement provisoire des hommes (dans le cadre du tourisme, par exemple), mais il ne l'est pas pour ces déplacements plus définitifs que sont les migrations de travail. La mondialisation n'a pas facilité ce genre de flux, qui restent limités par des barrières politiques et juridiques. Le marché du travail n'est pas régi par le libre-échange.

Le télétravail, qui permet de travailler à distance et donc libère l'activité économique de la contrainte de la localisation de la main-d'œuvre, est dans les faits très limité, malgré les espoirs qu'il avait suscités dès les années 1970. Tout travail qui porte sur de l'information semble pouvoir s'en accommoder, dans la mesure où les données traitées peuvent transiter par le téléphone, le fax, ou Internet. On verra dans le chapitre 5 que cette possibilité ne concerne que le traitement simple d'une information standardisée et peu sensible : saisie informatique, secrétariat, gestion de base, etc. Dès que l'information est plus complexe ou plus délicate, son traitement plus sophistiqué, le vis-à-vis, c'est-à-dire la coprésence physique des interlocuteurs, s'avère nécessaire : ainsi l'enseignement, l'audit, le conseil juridique, etc. Le télétravail ne peut encore libérer l'économie de la localisation de la main-d'œuvre.

La distribution géographique de la main-d'oeuvre est donc un facteur majeur de localisation des activités économiques. De manière générale, les activités économiques très spécialisées, de haut niveau technologique, pour lesquelles l'innovation et l'information complexe jouent un rôle important sont obligées de se cantonner aux espaces où elles trouvent la main-d'œuvre très qualifiée dont elles ont besoin (grandes métropoles de la Triade). Les activités manufacturières, peu automatisées, qui nécessitent une main-d'œuvre abondante recherchent les pays où le coût de la main-d'œuvre est faible (pays émergents). Il n'est guère facile de développer une société de conception de logiciels en Malaisie, pas plus que de créer des usines de textiles bas de gamme en Europe occidentale. Le panel des activités économiques possible est limité par les caractéristiques de la main-d'œuvre locale.

■ Géographie de l'homme-consommateur

La seconde dimension du peuplement qui importe en géographie économique est celle de l'homme consommateur. Les inégalités de peuplement mentionnées plus haut correspondent à des inégalités en termes de marché. On ne reviendra pas ici sur les aspects quantitatifs, même s'il est sûr que, toutes choses égales par ailleurs, les espaces densément peuplés garantissent des demandes plus élevées.

La demande n'est pas la même partout car les pouvoirs d'achat ne sont pas identiques : pays riches et pays pauvres présentent évidemment des demandes très contrastées. Par aileurs, en fonction de critères principalement sociaux et culturels, les hommes n'achètent pas partout les mêmes produits. Beaucoup de facteurs entrent en jeu pour expliquer que l'on mange là du blé, ici du maïs, là du riz, que l'on aime les parfums capiteux ou frais... Enfin, les structures de la consommation évoluent avec le revenu.

Ernst Engel (1821-1896) a montré que, lorsque le revenu augmente, la part des dépenses consacrées à l'alimentation diminue. Celles des vêtements, du logement, du chauffage restent constantes, celles des autres consommations s'élèvent. Cette évolution se vérifie aussi bien dans le temps (l'évolution des revenus et des consommations dans une société donnée) que dans l'espace (comparaison des structures de consommation des pays plus ou moins développés, ou de la consommation des classes aux revenus différents dans un même pays).

Colin Clark a adapté cette loi à la classification en secteurs. Lorsque le revenu est faible, il est presque entièrement consacré aux dépenses alimentaires fournies par le secteur primaire. Au début de l'augmentation des revenus, les dépenses alimentaires croissent, mais cette augmentation quantitative cesse vite. On observe ensuite seulement des déplacements au sein de la catégorie, des biens « inférieurs » vers des biens « supérieurs », qui correspondent toujours à une augmentation des dépenses.

Dans tous les cas, l'augmentation brute des dépenses alimentaires est inférieure à celle du revenu : la part relative des dépenses alimentaires décroît. Inversement, les dépenses relatives au secteur secondaire (vêtements, logement, biens durables : électroménager, automobile) augmentent aussi bien en termes bruts que relatifs : elles augmentent plus vite que le revenu. À son tour, la consommation secondaire se sature, une fois un certain niveau d'équipement atteint (il n'y a plus que des dépenses de remplacement ou celles liées à des produits de luxe). Les besoins matériels satisfaits, la part du tertiaire, restée jusqu'alors réduite, s'accroît : augmentation des dépenses de santé, de transport, de formation et de loisirs. Il y a donc un déplacement des affectations budgétaires (des parts relatives) du primaire vers le secondaire, puis du secondaire vers le tertiaire.

Puisque toutes les sociétés ne se sont pas industrialisées en même temps, puisque la domination du tertiaire n'est pas encore effective partout, on comprend alors que les structures de la demande soient très variables dans l'espace.

Bien sûr, cette hétérogénéité des marchés peut constituer une lourde contrainte pour le producteur qui n'a accès qu'au marché local, parfois réduit et peu solvable. Parmi les blocages que certains ont jugés responsables du sous-développement, il y a celui de la consommation. Comment développer une activité économique dans un pays pauvre, alors que le bien produit ne trouve pas de client ?

3 - La distribution inégale des capitaux

La quantité de capitaux disponible n'est pas la même partout. L'histoire économique locale, particulièrement celle du taux de croissance, et la ***propension à épargner*** l'expliquent largement. Une croissance ancienne et continue, de larges profits permettent l'accumulation de capitaux. La présence de ceux-ci peut également être due à des flux : un excédent de la balance commerciale, des investissements, des placements, ou des prêts qui viennent de l'extérieur...

La propension à épargner est la part du revenu consacrée à l'épargne. L'autre affectation possible étant la consommation, la propension à épargner est inverse à la propension à consommer. La propension à épargner croît avec le revenu, avec les taux d'intérêt, et aussi avec la peur de l'avenir.

Nous allons exclure ce deuxième aspect : si les capitaux sont mobiles, l'hétérogénéité de l'espace en la matière n'est plus un problème en soi. Les capitaux, d'ailleurs, ne sont jamais totalement mobiles. Malgré l'importance des flux financiers et la mondialisation de l'économie, les capitaux ont une forte tendance à rester sur place. Surtout, si les flux de capitaux peuvent aller vers la Suisse, les Bermudes ou les États-Unis, ils ignorent nombre de pays. Tous les pays dont les perspectives de croissance sont faibles ou incertaines, où le risque politique et économique est important, n'ont pas accès aux capitaux internationaux. Ils sont délaissés par les « capitaux flottants », qui se déplacent au gré des opportunités de profit (en suivant les fluctuations des taux d'intérêt et des taux de change, par exemple). Entre les pays riches, entre ceux-ci et les NPI, les capitaux circulent assez facilement. Ce n'est pas le cas entre pays riches et pays pauvres, à l'exception de quelques prêts ou dons. La mobilité des capitaux ne concerne pas les pays pauvres : on ne prête qu'aux riches. On a donc d'un côté les pays riches ou émergents, où les capitaux sont importants et circulent facilement ; de l'autre, les pays pauvres, où les capitaux sont rares et n'ont par conséquent pas accès aux flux financiers qui circulent entre pays riches.

Pays d'accueil de l'IDE (investissements directs à l'étranger)
(Flux cumulés 1985-1995)

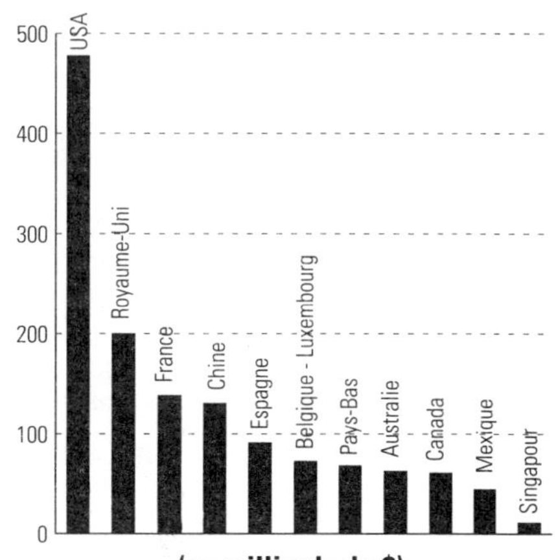

(en milliards de $)

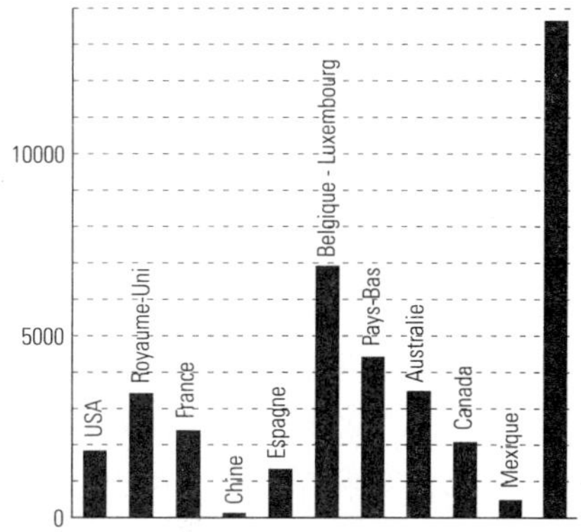

(en $/hab.)

OMC, 1996. Parmi les 11 premiers pays récepteurs, la Chine et le Mexique sont les seuls pays à ne pas faire partie des 20 premiers pays émetteurs de l'IDE.

Les capitaux, qu'ils proviennent de l'épargne ou de l'emprunt sont un facteur de production, car ils servent à l'investissement. Là où ils ne sont pas disponibles, la production est difficile. L'hétérogénéité spatiale en matière de capitaux débouche sur les trois situations suivantes :

- la production est difficile dans les pays pauvres à cause de l'indisponibilité des capitaux ;
- la production est facilitée dans les pays riches par la présence de capitaux ou la capacité à les attirer ;
- dans les pays émergents, dont les forts taux de croissances attirent des capitaux flottants, prompts à se retirer en cas de problème ou si l'on anticipe une crise, la production peut souffrir de l'instabilité des investissements.

B

L'ÉCONOMIE FACE À L'HÉTÉROGÉNÉITÉ SPATIALE

Si l'espace est très opaque et s'il n'est pas possible de faire venir quoi que ce soit de l'extérieur (coût de transport prohibitif, blocus...), comment alors faire face à l'hétérogénéité de l'espace ?

Une solution consiste à s'y soumettre, c'est-à-dire à adapter l'économie au lieu. Ce n'est pas toujours facile : par exemple, se nourrir des ressources locales dans le désert ne va pas de soi, mais c'est possible. Cette stratégie d'adaptation consiste à exploiter au mieux les capacités locales, en les connaissant bien, en en faisant le meilleur usage, en modifiant son genre de vie et ses exigences. C'est la stratégie adoptée par les éleveurs nomades dans le désert.

L'autre solution consiste à tenter de faire l'inverse : adapter le lieu à l'activité économique que l'on veut choisir, c'est-à-dire modifier le lieu. Il s'agit, grâce à des prouesses techniques et à une œuvre de longue haleine, de transformer le lieu. Pour reprendre l'exemple du désert, cette stratégie de modification est celle des cultivateurs des oasis. Comme il s'agit de changer le lieu, de changer les choses ou les êtres qui sont dans le lieu, ces solutions sont donc *in fine* de nature politique.

1 - Hétérogénéité des ressources naturelles

L'hétérogénéité, en matière de ressources naturelles, relève de la question du milieu. Il est ainsi plus facile de cultiver du blé en France qu'en Arabie Saoudite, parce que certaines ressources y sont présentes (eau, sol). Il est sans doute raisonnable que l'Arabie importe le blé qu'elle souhaite consommer. Elle peut toutefois le produire, moyennant de lourds efforts. En dessalant de l'eau de mer, en créant des climats artificiels sous serre, en fabriquant des sols, les ingénieurs agronomes parviennent à créer les conditions et les ressources nécessaires à la céréaliculture. Cette stratégie consiste à artificialiser, à substituer les ressources naturelles qui font défaut par des produits de l'activité humaine.

Pour se libérer de l'hétérogénéité spatiale des ressources naturelles, les solutions sont principalement techniques. On peut aussi substituer une ressource à une autre (remplacer le pétrole par le nucléaire), limiter les besoins en ressources rares (inventer des moteurs moins gourmands), chercher de nouveaux gisements...

2 - Hétérogénéité du peuplement

L'hétérogénéité de l'espace en termes de peuplement pose des problèmes relatifs à la production et à la consommation.

Transformer la main-d'œuvre

Pour pallier les insuffisances d'une main-d'œuvre locale, un certain nombre de stratégies peuvent être déployées, qui visent non pas à importer de la main-d'œuvre ni à recourir au télétravail (car l'opacité de l'espace ne le permet guère), mais à transformer celle qui existe sur place. Si la main-d'œuvre est quantitativement insuffisante, une politique nataliste (limitation de la contraception, interdiction de l'avortement, allocations familiales), accompagnée d'efforts dans les domaines de la médecine et de l'hygiène, permet d'augmenter la force de travail potentielle. On peut accroître la population active en faisant entrer les femmes ou les enfants dans le marché du travail, en repoussant l'âge de la retraite. On demande plus à chaque travailleur, en allongeant la journée de travail, en limitant les jours chômés.

Si ce sont les qualités de la main-d'œuvre qui soulèvent des problèmes, on tente de la modeler pour la conformer aux attentes. Une politique d'éducation obligatoire, de formation professionnelle permet d'améliorer la qualification. Un encadrement paternaliste ou syndical, un contrôle politique ou policier, un embrigadement social, des ***efforts de propagande*** aident à **obtenir une main-d'œuvre suffisamment souple et soumise.**

Efforts de propagande : Stakhanov, mineur soviétique ayant battu des records d'extraction, était dans les années 1930 la figure idéale et largement mythique du « bon ouvrier » à laquelle chacun, en URSS, devait se conformer.

Obtenir une main-d'œuvre moins onéreuse.
Pour limiter le coût de la main-d'œuvre, une politique coercitive peut s'avérer efficace. La police brise les grèves, la loi interdit les syndicats, les ouvriers sont embrigadés... Ces solutions ont été utilisées en Europe au XIXe siècle ; elles le sont toujours par certains États d'Asie du Sud-Est. Sans doute sont-elles difficiles à conduire à long terme. D'autres biais sont possibles. Le premier consiste à subventionner, de manière plus ou moins directe, la main-d'œuvre. L'État peut imposer des prix très bas pour des denrées de première nécessité (pain, riz... ou vodka) de manière à ce que, malgré des salaires très bas, les ouvriers puissent vivre correctement. L'État peut offrir des primes ou des allégements fiscaux aux entreprises qui embauchent, pour vaincre leurs réticences à employer un personnel dont le coût du travail est jugé trop élevé. Un second type de politique intervient directement sur le coût du travail lui-même. Par exemple, une inflation conjuguée à un blocage des salaires revient à une diminution du coût de la main-d'œuvre.

Transformer le marché

Le marché local peut causer des difficultés en raison de l'insuffisance de la demande. Que faire quand l'espace est trop opaque pour envisager le transport du produit ? Il faut alors développer des stratégies visant à transformer le marché local. On peut créer une demande.

Pour ***Jean-Baptiste Say*** et les libéraux, la question n'a guère de sens. Selon la loi des débouchés (ou loi de Say), les mécanismes du marché assurent automatiquement l'écoulement des produits. Leur fabrication a en effet été accompagnée du versement de salaires, qui ont gonflé la demande et les débouchés. Cet ajustement a été démenti dans la pratique par les violentes crises de surproduction des années 1930, et remis en cause sur le plan théorique par ***John Maynard Keynes***. L'État se doit, selon celui-ci, de soutenir l'activité économique et l'emploi au moyen d'une intervention sur la demande des particuliers (politique en faveur de la consommation) et sur celle des entreprises (politique en faveur de l'investissement). Une politique budgétaire – distribution de revenus (institution d'un RMI, augmentation du Smic), grands travaux qui offrent des débouchés aux entreprises et occasionnent des versements de salaires –, et une politique monétaire (baisse des taux d'intérêt) pour stimuler l'investissement, permettent de parvenir à ce résultat. Les aides doivent par ailleurs être dirigées plutôt vers les classes modestes, dont la propension à consommer est plus élevée ; la faiblesse de leur

J.-B. Say (1767-1832) : économiste français, enseignant et industriel. Partisan du développement de l'industrie et du machinisme, il formule la loi des débouchés, selon laquelle toute surproduction est impossible.

Les politiques keynésiennes, efficaces jusque dans les années 1970, sont devenues plus difficiles à pratiquer depuis, en raison de l'ouverture des économies qui favorise des effets de fuite. Ces politiques peuvent avoir pour résultat d'augmenter davantage les importations que la production des entreprises nationales.

épargne favorise l'effet multiplicateur (achat de biens qui entraîne une production supplémentaire, qui entraîne le versement de nouveaux salaires, qui entraîne l'achat de biens, etc.) (*cf.* chap. 13).

Les aspects quantitatifs ne sont pas les seuls qui importent : il faut tenir compte de la qualité de la demande. Même si la clientèle solvable existe, elle peut ne pas s'intéresser à un produit. La publicité, le marketing visent à la convaincre d'acheter, en l'informant sur le produit ou en tentant de créer de nouveaux besoins.

L'hétérogénéité qualitative de la demande est un problème pour les firmes qui visent à approvisionner le marché mondial. Comme tout pays a ses spécificités culturelles, il est difficile d'exporter le même produit partout : s'il est séduisant ici, il peut ne pas l'être là. Une première solution consiste à adapter le produit à chaque marché, mais c'est une solution coûteuse et difficile à mettre en place. De plus, les producteurs les plus à même de s'adapter à la spécificité d'un marché sont les producteurs locaux, difficiles alors à concurrencer sur leur terrain. Une seconde solution consiste à changer les besoins des différents marchés de manière à les ***uniformiser*** pour que tous demandent le même produit.

L'uniformisation passe par la diffusion de modèles comportementaux, de valeurs, de goûts, de références... Si Coca-Cola, *Star Wars*, Madonna, les chaussures Nike sont des produits qui se vendent dans le monde entier, c'est parce que les États-Unis ont su exporter leur modèle culturel et idéologique, l'*american way of life*...

3 - Les capitaux

Dans les pays où il n'y a pas (assez) de capitaux disponibles, certaines stratégies permettent de mobiliser localement des capitaux. Une politique économique peut ainsi inciter à l'épargne, et donc dégager des capitaux. Une hausse des taux d'intérêt (de même qu'une diminution de l'inflation) détourne de la consommation (pour laquelle on ne veut pas emprunter) et pousse à un investissement qui gagne en rentabilité. Une fiscalité légère sur les revenus du capital favorise également l'investissement.

Firmes multinationales, hétérogénéité de l'espace, coûts de transaction et hybridation. L'hétérogénéité de l'espace peut être préjudiciable pour les firmes, car elle augmente les coûts de transaction. Les droits de douane, les langues et les cultures du travail différentes, les législations variées entraînent en effet des dysfonctionnements du marché, et rendent les échanges moins faciles. Plutôt que de recourir à un partenaire commercial dans un pays étranger, ce qui s'avère coûteux, la multinationale décide d'y créer elle-même une filière. Les établissements de celle-ci partageront la même culture d'entreprise que la société-mère. La multinationale crée ainsi un espace homogène qui lui est propre, et qui se superpose à l'espace hétérogène : l'espace hétérogène externe, régulé par le marché et où les coûts de transaction sont élevés, est remplacé par un espace homogène interne, au sein duquel le circuit économique n'est pas régi par le marché, mais principalement par la redistribution (*cf.* chapitre 8). L'internalisation d'activités exercées à l'étranger, c'est-à-dire la formation de firmes multinationales, est une réponse à la contrainte d'hétérogénéité. Il faut ajouter que l'internationalisation ne vise pas toujours à combattre l'hétérogénéité spatiale : elle peut viser à l'exploiter, dans la mesure où elle permet à la firme d'accéder à des avantages comparatifs multiples, de limiter les risques en diversifiant les implantations. Le succès d'une implantation à l'étranger passe d'ailleurs souvent par une « hybridation », c'est-à-dire par une certaine adaptation aux spécificités du milieu d'implantation, par une prise en compte de l'hétérogénéité de l'espace que la multinationalisation vise à exploiter ou dépasser. Le modèle productif de la firme n'est pas nécessairement efficace dans le nouveau contexte où elle souhaite s'implanter : son bon fonctionnement dépend de l'environnement d'accueil (système de prix, configuration de la demande, relations professionnelles). Pour qu'un implant « prenne », il doit s'adapter aux conditions locales, sans pour autant totalement renier la culture économique de la firme multinationale à laquelle il appartient : il doit être hybride. « La notion d'hybridation est définie comme intermédiaire entre simple imitation et innovation radicale. Elle fait intervenir le plus ou moins grand degré de transformation des méthodes de production domestiques » (R. Boyer).

C

L'ÉCONOMIE PRODUIT DE L'HÉTÉROGÉNÉITÉ SPATIALE

Si l'hétérogénéité de l'espace entrave pour partie les activités économiques, elle en est aussi le produit. Les migrations de travail intervenant dans l'hétérogénéité du peuplement ne sont-elles pas liées aux gradients économiques ? L'inégalité de la géographie des capitaux ne résulte-t-elle pas aussi d'un développement économique inégal ? Les géographes d'inspiration marxiste ont ainsi insisté sur le rôle des structures de production et d'investissement, de la division du travail dans la fabrication de l'espace.

L'activité économique, en tant que telle et toutes choses égales par ailleurs, tend-elle à augmenter ou à réduire l'hétérogénéité de l'espace ? L'hétérogénéité spatiale à laquelle l'économie est confrontée semble, pour une part, le résultat de l'activité économique elle-même. C'est un des principaux thèmes de la « nouvelle économie géographique ».

L'hétérogénéité économique de l'espace peut résulter de deux processus différents : la spécialisation et la concentration. La spécialisation tend à faire adopter le même type d'activité aux acteurs qui occupent un même espace ; elle découpe l'espace en zones économiques différenciées. La concentration pousse les acteurs économiques à se rapprocher les uns des autres ; elle rend l'espace plus hétérogène en augmentant les contrastes de densité.

1 - Spécialisation

En matière de production, les acteurs, à tous les niveaux, ont à choisir entre la spécialisation et la diversification. Un agriculteur peut décider de ne faire que du maïs ou de consacrer ses terres à de nombreux types de production. Un avocat peut se spécialiser dans les divorces ou accepter tout type d'affaire. Un gouvernement peut pousser l'économie d'un pays à se polariser sur tel type d'industrie ou chercher à ce que tous les secteurs soient représentés. Un espace hétérogène résulte des logiques de spécialisation, alors que les stratégies de diversification préservent son homogénéité.

La volonté de se livrer à des activités diversifiées est liée à un besoin d'autonomie, à un refus des situations de dépendance. Peu de pays acceptent ainsi de se spécialiser totalement dans les secteurs secondaires et tertiaires, car ils se refusent à dépendre complètement de l'extérieur pour l'alimentation (la spécialisation suppose en effet que l'on se procure, par l'échange, les biens que l'on ne produit pas). Un exploitant agricole peut refuser de consacrer toutes ses terres à la même production, afin de se prémunir des risques de fluctuation des cours de ce produit, ou des mauvaises récoltes liées aux aléas climatiques auxquels le produit est spécifiquement sensible.

La spécialisation permet d'accroître l'habileté de chaque ouvrier, de ne pas perdre de temps en passant d'une tâche à l'autre. Adam Smith a ainsi développé l'exemple d'une manufacture d'épingles où chaque ouvrier est affecté à une tâche spécifique. (*Recherches sur la nature et les causes de la richesse des nations, 1776*).

Le grand intérêt de la ***spécialisation*** réside bien sûr dans les gains de productivité qu'elle autorise, comme l'avait vu A. Smith. Quel que soit le domaine, la spécialisation permet l'emploi de savoir-faire très précis et efficaces, l'usage de machines parfaitement adaptées au type de bien produit, la parfaite connaissance d'un secteur commercial étroit... Tout comme un sportif peut difficilement être champion à la fois en lancer de poids et en natation, un établissement peut difficilement exceller dans la fabrication d'ordinateurs et dans la conception de logiciels.

2 - CONCENTRATION

■ FORCES CENTRIFUGES ET CENTRIPÈTES

Les logiques de localisation sont tendues par deux types de forces spatiales.

Les unes sont centrifuges, et incitent les acteurs et les activités à s'éloigner les uns des autres, à se disperser ; elles poussent à l'homogénéisation de l'espace. Pour l'essentiel, elles s'expliquent par les coûts de transport.

Les hexagones de Christaller

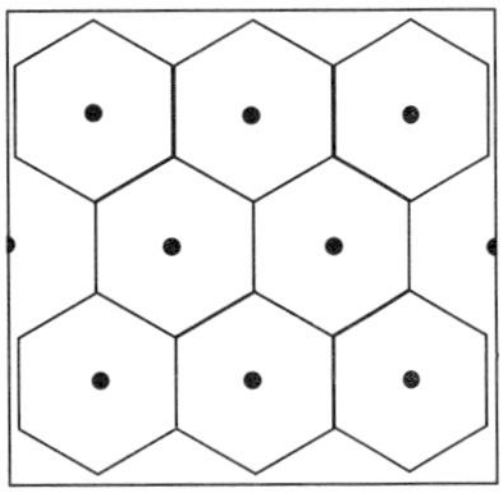

Théorie des lieux centraux : *cf.* « Théories et modèles », chapitre 12, pp. 402-407.

Modèle de Hotelling : *cf.* « Théories et modèles », chapitre 4, pp. 145-147.

Dans un espace homogène, une logique de partage spatial du marché peut en effet pousser les marchands à la dispersion, de manière à desservir tout l'espace sans susciter de concurrence. Une force centrifuge les pousse alors à se répartir régulièrement dans l'espace. L'homogénéité initiale (anté-économique) de l'espace n'est pas remise en cause par l'activité économique. *Christaller*, dans sa *Théorie des lieux centraux*, montre ainsi que les pourvoyeurs de service, afin de ne pas se concurrencer, maintiennent entre eux une distance égale à deux fois leur portée-limite. Ils se distribuent donc régulièrement dans l'espace.

Si l'on tient compte autrement des effets de concurrence, en considérant non la volonté de chaque acteur d'établir un monopole spatial, mais celle de gagner des parts de marché, on n'aboutit pas à la même conclusion. Le *modèle de Hotelling* montre qu'une force centripète pousse les marchands à se placer au même endroit, au centre du marché, précisément pour gagner des clients sur leurs concurrents. Dans cette logique, l'homogénéité originelle de l'espace est bouleversée par l'économie, qui introduit une hétérogénéité spatiale.

Le triomphe des forces centripètes sur les forces centrifuges ne laisse guère de doutes : il n'est que de regarder des cartes à diverses échelles pour constater à quel point les activités économiques sont concentrées. Il existe en effet d'autres motifs puissants pour lesquels les activités économiques se concentrent : les rendements croissants.

■ ÉCONOMIES D'ÉCHELLE, DE LOCALISATION ET D'URBANISATION

Pourquoi les activités tendent-elles souvent à se concentrer ? Cette concentration peut prendre trois formes, qui renvoient en fait à la même explication : elle autorise des gains de productivité.

Économie d'échelle ou rendement d'échelle *:* diminution des coûts de production par unité, obtenue grâce à une augmentation des quantités produites.

Premièrement, l'efficacité économique d'une grosse unité de production peut être meilleure que celle de plusieurs petites unités. Les ***économies d'échelle*** déterminent en effet des rendements croissants. Les coûts de production de la dernière voiture fabriquée dans une usine qui en livre 100 par an sont certainement supérieurs à ceux du dernier véhicule produit par l'usine qui en livre 1000. Les économies d'échelle sont notamment dues à une répartition des frais fixes, des investissements, sur un plus grand volume de produits, à la possibilité de peser sur ses fournisseurs ou de mettre en place une meilleure organisation. Ainsi les grosses unités de production peuvent plus facilement se mécaniser, les investissements y sont plus vite amortis, etc. Il s'agit d'économies internes à l'entreprise, qui la poussent à concentrer sa production sur un même site. C'est ainsi que l'on a observé, surtout jusqu'aux années 1970, une course à la taille des usines sidérurgiques ou des raffineries. La forme spatiale qui résulte des économies d'échelle est celle d'usines colossales, d'énormes hypermarchés, d'aéroports à grande capacité : c'est la figure du gigantisme.

Fig. 1

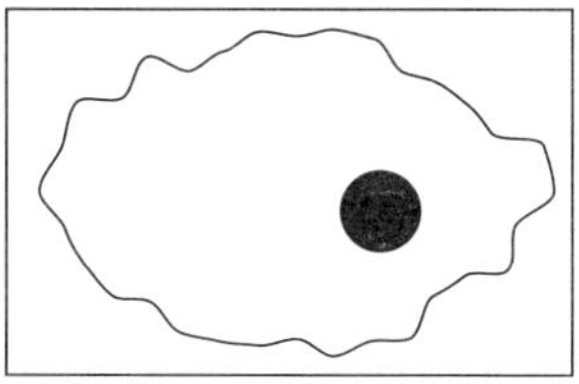

Deuxièmement, quelle que soit la taille d'une unité de production, elle a intérêt à se situer près d'autres unités pour bénéficier d'***externalités***. Ainsi, une entreprise industrielle tire avantage d'une localisation dans une aire où les usines sont déjà massivement présentes : les sous-traitants et les entreprises clientes y sont nombreux, les réseaux déjà en place, les seuils franchis pour certaines ***indivisibilités***. Un commerçant a intérêt à s'installer dans un secteur où existe d'autres commerces, car il est fréquenté par les clients de ceux-ci, qu'il peut espérer séduire. Les jeunes couples avec enfants gagnent à déménager vers des quartiers où se trouvent beaucoup de foyers du même type, et donc des crèches, des pédiatres, des parcs de jeu... Autant de cas où un acteur économique profite de l'action d'autres acteurs sans que cela ne lui coûte rien. Or, toutes les externalités que nous venons de mentionner sont localisées : elles sont liées à un lieu, à l'immédiate proximité d'autres acteurs : on parle d'***économies de localisation***. Elles tendent clairement à rendre l'espace plus hétérogène, puisqu'elles incitent les mêmes acteurs à se localiser au plus près les uns des autres. Les formes spatiales de cette concentration sont celles du quartier commerçant, des **districts industriels,** des corridors de développement... c'est la figure de la grappe.

Fig. 2

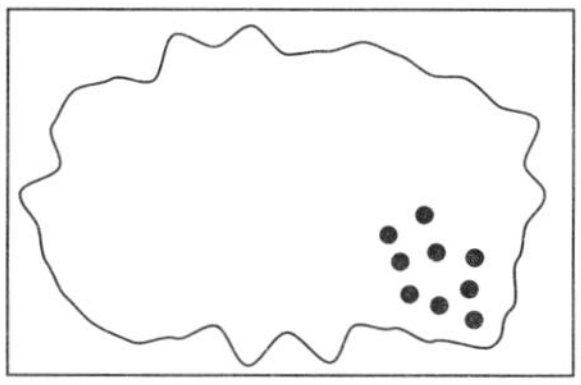

Économie externe ou ***externalité :*** avantages procurés à une entreprise qui ne dépendent pas de son action et ne se traduisent pas par un paiement direct.

Indivisibilité : ce qui ne peut se diviser, et donc n'existe pas en dessous d'un certain seuil. Si deux usines utilisent un canal, une usine ne peut utiliser un demi-canal.

Économie de localisation : économie externe à une entreprise et spécifique au secteur économique de celle-ci, liée à son implantation en un lieu précis, à proximité immédiate d'autres entreprises (ex. : présence de sous-traitants).

Districts industriels, postfordisme et économies de localisation. Le district industriel est une entité socio-territoriale, constituée d'une concentration de nombreuses entreprises spécialisées dans différents segments d'une même activité, développée au départ par des initiatives surtout locales. Les établissements se situent à proximité immédiate, pour fonctionner en réseau flexible, et exportent leur production. On parle aussi de « district marshallien », ce terme ayant été créé par A. Marshall pour désigner certaines zones manufacturières qui apparaissaient à la fin du XIXe siècle (Lancashire : textile ; Birmingham : cycle du fer). Cette forme a connu récemment un nouveau développement : Troisième Italie (confection), Silicon Valley (microélectronique), Toyota City (automobile). Le corridor de développement correspond à un alignement d'entreprises le long d'un grand axe de communication (la route 128 à Boston, le Corridor M4 à l'ouest de Londres). L'« école californienne » (A.J. Scott, M. Storper) a expliqué pourquoi l'économie postfordiste était localisée ainsi. L'exigence de flexibilité caractéristique du postfordisme s'est traduite par l'externalisation de nombreuses activités, qui étaient jusque-là accomplies au sein des firmes. Ce processus d'externalisation a obligé les firmes à être plus attentives aux coûts de transaction qu'entraînait le recours au marché. Or, ces coûts augmentent avec la distance, surtout quand des informations complexes sont en jeu. Les firmes, très sensibles désormais aux économies de localisation, ont donc recherché les économies externes offertes dans certaines agglomérations, où elles se sont entourées de fournisseurs et sous-traitants.

Les économies d'urbanisation sont des économies externes liées aux avantages retirés d'une implantation dans une grande ville, et proportionnelles à la taille de celle-ci (exemple : présence d'infrastructures de transport). Elles sont relatives aux fortes concentrations de population, qui sont le plus souvent urbaines (d'où le terme). En toute logique, on observe aussi des économies d'urbanisation dans des régions très peuplées ou des espaces ruraux très denses, où l'on ne trouve guère de villes.

Les biens publics sont ceux qui ne peuvent être produits par des entreprises privées, pour diverses raisons : ainsi un aéroport, les services de police.

Troisièmement, sans que la taille de l'unité de production importe, et sans prendre en compte ses voisins immédiats, elle a souvent intérêt à se situer dans des espaces où les activités et la population sont concentrées, car des ***économies d'urbanisation*** en résultent. Les fortes densités garantissent en effet la présence d'une main-d'œuvre abondante, d'un marché important, d'infrastructures de bon niveau comme celles des ***biens publics***. Les effets de seuil font qu'en dessous d'une certaine masse de population (ou de production), certaines activités économiques ou infrastructures ne sont pas envisageables. Ce seuil est de plusieurs centaines de milliers d'habitants pour une université, de plusieurs millions pour un aéroport international. Comme ces infrastructures sont nécessaires aux activités de recherche-développement (université) ou de messagerie internationale (aéroport), celles-ci respectent ces mêmes seuils. Les formes spatiales de cette concentration sont celles des métropoles, des mégalopoles, des grands bassins de population (fig. 3)...

Fig. 3

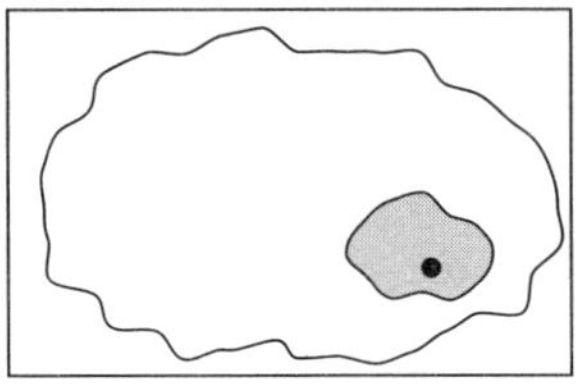

Fig. 4

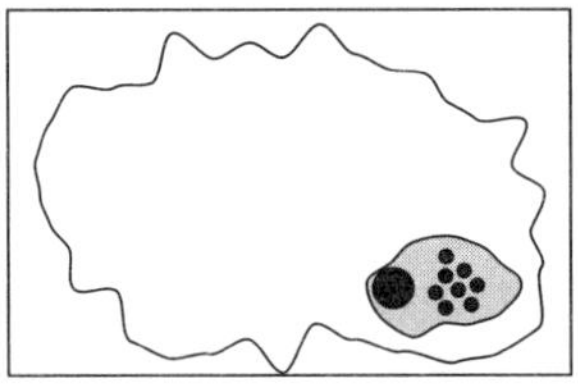

Économies d'agglomération =
économies de localisation + économies d'urbanisation

Souvent, tant que l'on n'observe pas de **déséconomies d'échelle**, ces formes se conjuguent et se renforcent (économies d'agglomération), et participent à la construction d'espaces où l'on trouve à la fois de grandes unités de production et de nombreuses unités à proximité les unes des autres, au sein d'un espace de concentration (fig. 4).

Les déséconomies d'échelle. On parle de déséconomies d'échelle quand le rendement diminue alors que la production augmente (rendements décroissants). Elles naissent souvent de gaspillages liés au fonctionnement de grandes organisations (coût de contrôle, de coordination, etc.). Une entreprise, au-delà d'un certain seuil de production, peut se trouver confrontée à des problèmes nouveaux, coûteux à résoudre : une usine qui produit plus de pièces se voit dans la nécessité de construire un entrepôt pour stocker ce qu'elle ne peut écouler dans l'instant. Les grandes villes souffrent de déséconomies d'échelle au-delà d'un certain seuil de population (embouteillages, pollution, lourdeurs de gestion, etc.).

Combinaisons complexes

Des combinaisons différentes et plus complexes existent, qui rendent mieux compte des formes récentes de l'espace économique. P. Krugman propose le cas de l'agglomération de Los Angeles, qui possède un centre peu marqué et plusieurs pôles d'activités tertiaires plus périphériques, *edge cities* (fig. 5). Il suffit pour aboutir à cette situation (que Krugman qualifie de *plum pudding*), de jouer sur l'équilibre entre les forces centrifuges, qui poussent les entreprises à s'éloigner les unes des autres, et les forces centripètes, qui tendent à les rapprocher. On démontre qu'il suffit que deux conditions soient respectées. Premièrement, la tension entre les deux forces ne doit pas être trop forte. Deuxièmement, ces dernières doivent s'exercer à des échelles différentes : ainsi un magasin de sport se réjouit de la proximité immédiate d'une salle de *body building*, mais souffre de la présence à quelques kilomètres d'un autre centre sportif. On aboutit alors, pour des raisons très simples, à cette structure polycentrique.

Fig. 5

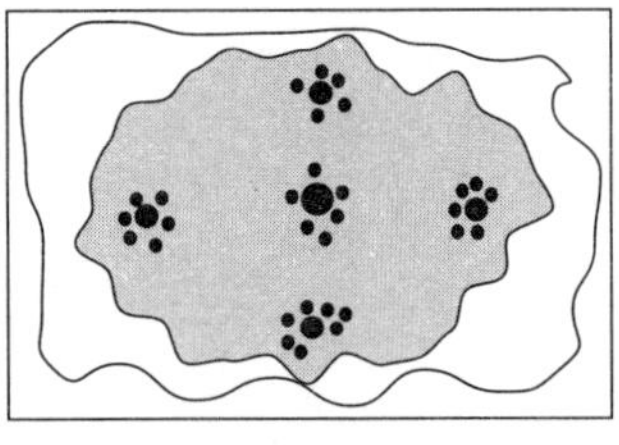

3 - Spécialisation et concentration

■ Spécialisation et concentration vont-elles de pair ?

Les tendances à la spécialisation se superposent-elles aux tendances à la concentration, pour produire une hétérogénéité marquée de l'espace économique ?

Il faut tenir compte de l'échelle à laquelle s'opère la spécialisation. La spécialisation des individus, des usines, des firmes, des régions ou des pays produit des formes d'hétérogénéité spatiale très diverses. À l'échelle individuelle et la plus locale, la spécialisation est nécessairement productrice d'hétérogénéité, mais, à une autre échelle, le problème se pose en des termes différents. Si les acteurs spécialisés sont dispersés dans l'espace, celui-ci présente une configuration homogène (fig. 6). En revanche, si les acteurs se regroupent selon leur spécialisation, ils produisent une configuration spatiale hétérogène, une ségrégation des activités (fig. 7).

Fig. 6

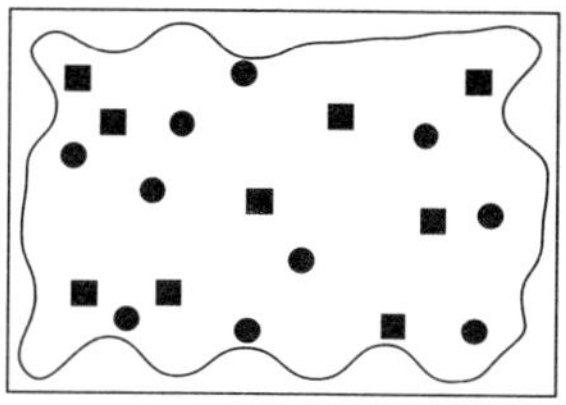

La tendance à la dispersion peut relever de deux processus. Le premier est dû aux effets de complémentarité : quand deux activités différentes sont liées, elles tendent à se localiser l'une à côté de l'autre. La distribution des théâtres et des restaurants suit la figure 6, car les spectateurs vont dîner après la représentation à côté du théâtre. Le second processus tient au partage spatial du marché, examiné plus haut : les acteurs se distribuent de manière à desservir tout le territoire.

Fig. 7

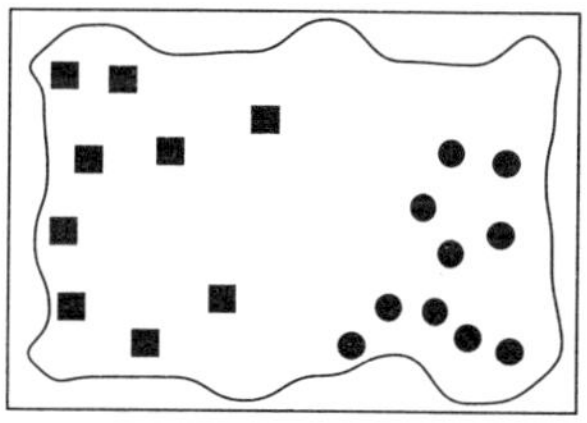

La tendance au regroupement des acteurs selon leur spécialité peut premièrement s'expliquer par l'absence d'effets de complémentarité. Ce sont alors les économies de localisation qui priment. La sidérurgie et les industries de haute technologie se distribueraient ainsi selon la figure 7. D'une part, elles n'ont aucun intérêt à se localiser à proximité les unes des autres, car elles ne sont pas des partenaires économiques. D'autre part, les hauts-fourneaux profitent de leur regroupement pour partager des infrastructures lourdes (comme les installations portuaires), de même que les entreprises de haute technologie, grâce à leur rassemblement, peuvent faire appel à des services communs (cantine, sécurité, maintenance, etc.).

Deuxièmement, certaines activités, comme les commerces occasionnels, ne se soucient pas de la desserte *spatiale* du marché, car leurs clients, qui les fréquentent rarement, acceptent de se déplacer. Ces commerces ont alors intérêt à se regrouper. Les marchands de meubles et les bijoutiers peuvent ainsi se concentrer dans certaines rues ou certains quartiers.

Troisièmement, certaines activités tolèrent mal leur proximité respective. C'est pour cette raison que la distribution des industries lourdes et des activités liées aux loisirs suit la figure 7. Curieusement, la concentration des activités résulte alors de forces centrifuges, raison pour laquelle il vaut mieux parler de ségrégation. Le **modèle de Schelling** montre qu'il suffit de peu de choses pour que des activités peu compatibles débouchent sur de vastes effets de ségrégation.

Le modèle de Schelling. Considérons deux activités peu compatibles : les boutiques chics (▲) et les magasins d'accessoires automobiles (□). Les clientèles en sont très différentes, et peu compatibles. Schelling fait l'hypothèse qu'une boutique qui n'a qu'un voisin n'accepte pas que ce soit un magasin de l'autre catégorie. Si elle a deux voisins, il faut qu'un des magasins voisins soit de sa catégorie. Si elle en a de trois à cinq, il faut que deux au moins soient dans le même secteur, etc. On voit qu'il ne s'agit pas de forces centrifuges très fortes. Ces exigences sont compatibles avec un espace homogène (fig. 8).

Fig. 8

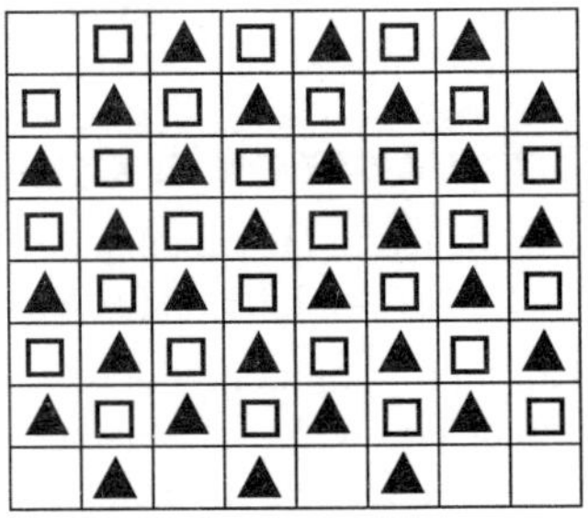

Imaginons que 20 boutiques, choisies de manière aléatoire, ferment (on a alors 20 cases libres supplémentaires), et que 5 des baux disponibles soient repris, de manière aléatoire, par un magasin chic ou d'accessoires automobiles. Ce n'est pas une perturbation très forte. On obtient la configuration de la figure 9, où 13 cases sont désormais vacantes et 3 seulement ont changé d'occupant.

Fig. 9

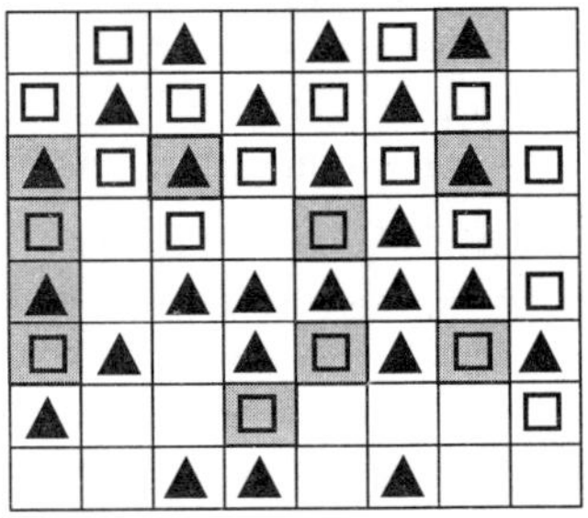

Dans cette nouvelle configuration, certaines boutiques (grisées sur la figure 9) ne sont plus satisfaites de leur voisinage : elles ferment et vont s'installer dans des emplacements vides qui leur conviennent, entraînant ainsi une nouvelle configuration, qui fait de nouveaux insatisfaits qui déménagent, etc.

Au bout d'un certain nombre d'itérations, la configuration se stabilise : tous les magasins sont satisfaits de leur voisinage. On obtient la distribution de la figure 10. Une petite perturbation a ainsi suffi pour que l'on passe d'un espace homogène, compatible avec l'existence de forces centrifuges faibles, à un espace totalement ségrégué.

Fig. 10

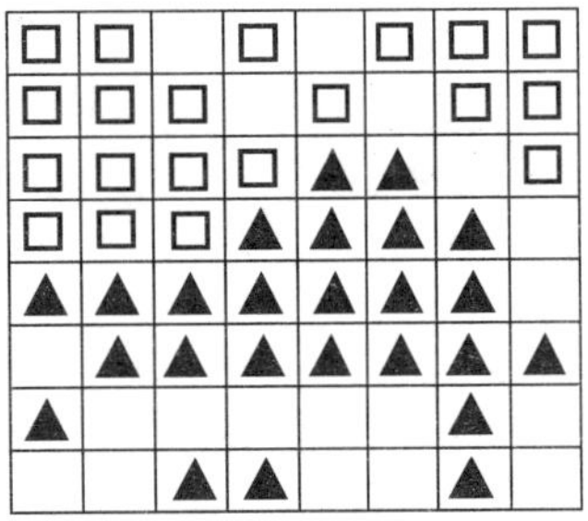

(présentation empruntée à P. Krugman)

Quand la tendance au regroupement des activités selon leur secteur prévaut, la spécialisation et la concentration se conjuguent pour produire un espace économique très hétérogène. On reconnaît dans la figure 11 une structure spatiale commune en géographie : celle des régions fonctionnelles, celle de la distribution différenciée des activités dans la ville selon les quartiers...

Fig. 11

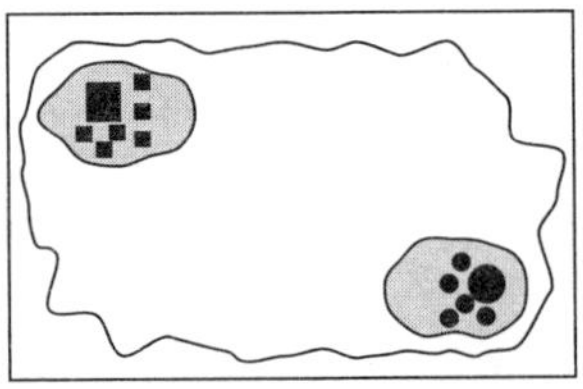

On peut combiner la spécialisation avec le modèle du *plum pudding* incarné par Los Angeles. On tient compte du fait que certaines activités spécialisées tendent à s'agglomérer (●, ▬), d'autres non (■), que certaines activités sont compatibles (● avec ■), d'autres non (▬ avec aucune des autres activités) [Fig. 12].

Fig. 12

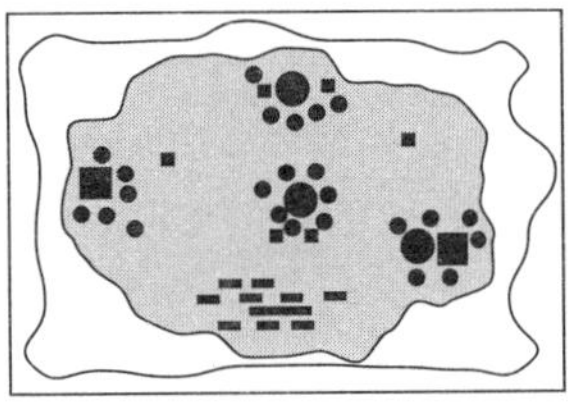

■ Effets cumulatifs

Boucle de rétroaction positive : au sein d'un système, action en retour qui tend à augmenter les effets de l'action (cercle vertueux). Exemple : la plantation d'arbres fixe les sols et l'humidité, ce qui favorise le développement de la végétation.

Ces différents processus de concentration et de spécialisation s'auto-entretiennent : on parle d'effet boule-de-neige, de processus cumulatif ou de ***boucle de rétroaction positive***. En effet, si la concentration et la spécialisation, du fait des économies externes, tendent à s'accentuer, les économies externes augmentent du même coup, ce qui rend les pôles encore plus attractifs. Ainsi, les entreprises veulent se trouver en un lieu où le marché est important, et le marché est important en un lieu... si l'on y trouve de nombreuses entreprises. Dès que, au sein de l'espace économique, apparaît la moindre **concentration,** la plus légère spécialisation, la plus faible hétérogénéité, elles tendent à se renforcer.

Jusqu'où va la concentration ? L'accentuation des concentrations dure tant qu'il existe des économies d'échelle, ou, plus précisément, tant que celles-ci ne sont pas contrebalancées par des déséconomies d'échelle. Il existerait ainsi une « taille optimale « de la ville, au-delà de laquelle toute augmentation de population coûte plus cher qu'elle ne rapporte : la détermination de cette « taille optimale », dans différents contextes, suscite de nombreux débats (*cf.* R. Capello, « Économies d'échelle et taille urbaine : théories et études empiriques revisitées », *Revue d'économie régionale et urbaine*, n° 1, 1998, pp. 43-62). Les activités économiques peuvent toutefois continuer à bénéficier d'économies externes même après le franchissement de ce seuil, car ce ne sont pas nécessairement les entreprises qui souffrent les premières des déséconomies d'échelle : c'est souvent la collectivité qui en assume le coût. La concentration peut donc continuer à s'accentuer alors que son coût global, pour l'ensemble de la société, est bien plus important que les économies qu'elle autorise. C'est la raison pour laquelle l'État ou la municipalité interviennent : les politiques publiques de décentralisation, de déconcentration visent à pallier la tendance à la concentration en contrebalançant par des taxes les économies externes qui lui sont liées (ce qui revient à internaliser les déséconomies d'échelle). L'État peut aussi tenter d'atténuer l'hétérogénéité économique de l'espace pour un autre motif, qui ne tient pas à l'efficacité économique elle-même : la justice spatiale. Une société peut se refuser à tolérer l'existence d'inégalités territoriales trop criantes, qu'elles aient trait au niveau de vie, à l'emploi, à l'accès à certains services...

D

QUELLES SPÉCIALISATIONS, QUELLES CONCENTRATIONS ?

On voit bien pourquoi et comment, une fois que la spécialisation et la concentration existent, elles tendent à s'accentuer : elles rendent le secteur d'activité et le lieu (de plus en plus) attractifs en augmentant les économies externes. En revanche, il est plus difficile de saisir comment la spécialisation et la concentration se mettent en place, pourquoi telle région a connu le développement économique de tel secteur plutôt que de tel autre, pourquoi les concentrations se sont faites ici plutôt que là.

1 - L'effet des hétérogénéités spatiales préexistantes

Un premier type d'explication est de nature déterministe. Les domaines dans lesquels s'effectuent les spécialisations, les lieux ou s'opèrent les concentrations sont déterminés par des conditions initiales, par une hétérogénéité spatiale préexistante, antérieure à l'activité économique concernée.

D. Ricardo : (1772-1823). Économiste classique et homme d'affaires anglais. *Principes de l'économie politique et de l'impôt* (1817). Ses apports essentiels sont la théorie de la rente foncière, la théorie de la valeur-travail et celle des coûts comparés.

Avantage comparatif : supériorité relative ou moindre infériorité qu'un agent détient dans la production de biens et de services par rapport à celle d'autres biens.
Cf. « Théories et modèles » chapitre 4, pp. 141-144.

■ La spécialisation selon les avantages comparatifs

Considérons un pays qui, pour des raisons inhérentes aux avantages de la spécialisation que nous avons examinées plus haut, a intérêt à se spécialiser. Quel domaine doit-il choisir ? Celui pour lequel il est comparativement le meilleur, ou tout du moins le moins mauvais, comme le démontre la théorie de ***David Ricardo***. Tout pays, en fonction des conditions initiales, possède un ***avantage comparatif*** dans un domaine, une production, pour laquelle il est, en termes relatifs, mieux doué. C'est dans ce domaine qu'il a le plus intérêt à se spécialiser.

Mais quelles sont ces conditions initiales qui déterminent l'avantage comparatif et donc le choix de spécialisation ? Certains facteurs sont antérieurs à toute activité économique : ainsi le climat, les terres disponibles, etc. Assurément, les pays tropicaux jouissent d'un avantage pour la production de bananes, les pays tempérés pour celle des pommes. D'autres facteurs sont économiques : le coût de la main-d'œuvre, les capitaux, les technologies, etc. Ainsi, il semble que les États-Unis soient bien placés pour dessiner les nouveaux modèles de chaussures Nike et assurer leur promotion, alors que les pays d'Asie du Sud-Est présentent de bonnes conditions pour assurer leur fabrication. On voit que, si ces avantages sont liés aux structures économiques, ils sont antérieurs à la spécialisation qu'ils déterminent. Il existe plusieurs théories qui rendent comptes des **avantages comparatifs**.

Les avantages comparatifs. Les avantages comparatifs ont été imputés, selon les auteurs, à la technologie, aux proportions de facteurs et à la demande.
Le courant néo-ricardien, né dans les années 1960, explique les avantages comparatifs par des différences de technologie, elles-mêmes dues à des capacités d'innovation et d'imitation des pays très inégales (montant de l'investissement en Recherche-Développement, nombre de chercheurs, etc.). R. Vernon, dont sa théorie du cycle de vie du produit, distingue ainsi la nation « leader » (États-Unis), à l'origine de toutes les innovations, les pays « suiveurs » (Europe), et les pays en voie de développement (*cf.* chapitre 11). Les écarts techniques entre ces pays expliquent les spécialisations, jusqu'à ce que la banalisation du produit autorise partout sa fabrication ; ce sont alors les écarts de salaires qui interviennent.
Dans le modèle d'Hecksher-Ohlin (dit HOS), ce sont seulement les dotations relatives en facteurs qui changent : la terre, le travail, le capital ne sont pas disponibles dans les mêmes quantités partout. Cette variété influe sur l'établissement des prix relatifs de ces facteurs au sein des différents pays et détermine les spécialisations. Par exemple, l'Argentine dispose de beaucoup de terres et de peu d'hommes. Le prix de la terre est faible par rapport à celui du travail ; les biens dont la production nécessite beaucoup de travail, sont à un prix réduit par rapport à ceux qui nécessitent beaucoup de travail. En Belgique, la situation est inversée car les densités humaines sont élevées sur peu d'espace. L'Argentine se spécialise donc dans l'élevage extensif qui lui est relativement moins coûteux et exporte de la viande ; la Belgique opte plutôt pour la culture et l'exportation de produits intensifs en travail, comme les primeurs. Dans cette même ligne, le courant néo-factoriel s'est intéressé au seul facteur travail, qu'on décompose en différents niveaux de qualification. Ainsi, si les États-Unis se spécialisent dans des produits dont la fabrication exige un investissement plus important en travail qu'en machines, c'est parce qu'il s'agit de travail qualifié, que ce pays détient en relative abondance.
La théorie de la demande représentative (S.B. Linder) souligne que des biens sont plus fortement demandés dans certains pays, à cause des traditions, de la culture des consommateurs. Cette demande importante est source d'économies d'échelle et du développement d'un savoir-faire chez les entrepreneurs domestiques, qui procure un avantage comparé.

Dans tous les cas, il s'agit de choisir et de privilégier l'activité économique la plus adaptée aux conditions de départ, qui ne sont pas les mêmes selon les pays. Selon cette manière de voir, l'économie exploite et bien sûr accentue l'hétérogénéité spatiale. Par le biais des spécialisations, l'hétérogénéité économique des activités et des productions vient en effet s'ajouter à l'hétérogénéité de départ (celle des facteurs de production ou des ressources naturelles).

Dans certains cas, cette explication est incontestable. L'extraction du charbon a une nette tendance à se faire sur les bassins houillers ; les ports (et les touristes) à se localiser au bord de la mer. Rendre compte de la distribution de l'industrie automobile, de la « vocation » bancaire de Francfort ou du « destin » cinématographique de Hollywood, est bien plus délicat.

La concentration selon les qualités du lieu

On peut expliquer de manière comparable les raisons pour lesquelles les activités se concentrent en un endroit plutôt qu'en un autre.

Traditionnellement, les géographes ont expliqué le succès et le développement des grandes métropoles par leur ***site et leur situation***. Les positions de carrefour, de frontière, etc., les sites de vallée, d'*oppidum*, de piémont constituent des avantages qui expliquent la concentration des populations et des activités économiques, et donc l'essor des villes. Le lieu de la concentration est ainsi expliqué par une hétérogénéité spatiale antérieure à la concentration elle-même, ce qui semble d'une logique satisfaisante. Ce n'est sans doute pas pour rien qu'aucune ville du rang de Paris n'a prospéré sur le plateau de Millevaches ou en Corse.

Site et situation : le site d'une ville est son environnement immédiat (un méandre, une colline, un estuaire...) ; sa situation est sa place dans un espace plus vaste, régional ou national (contact entre deux zones, carrefour, marche...). Ces deux notions géographiques classiques renvoient à des échelles différentes.

Ces explications présentent plusieurs types d'insuffisances. Premièrement, on trouve toujours des qualités à un site ou à une situation. Rien d'étonnant dans le succès de Paris : c'est une position de convergence. Celui de Moscou ? Rien de mystérieux : c'est une position de diffluence ! Deuxièmement, il convient de rappeler, pour reprendre notre exemple, qu'à certains moments de l'histoire, Rouen a été plus peuplé que Paris, et qu'à d'autres, Lyon était une capitale tout ce qu'il y a de plus acceptable. Troisièmement, si les positions de carrefours, tellement valorisées, sont antérieures aux concentrations qu'elles déterminent, où (vers quels pôles ?) allaient donc les biens et les personnes qui transitaient par ces carrefours ? Ne faut-il pas plutôt considérer que les flux, et donc les carrefours, sont déterminés par les concentrations qui produisent ces flux ? Ce n'est peut-être pas tel site de carrefour qui y a déterminé une concentration, mais plutôt telle concentration qui a érigé le lieu en carrefour.

2 - Les explications de la nouvelle théorie des échanges

Ces explications déterministes sont remises en cause par la « nouvelle théorie économique des échanges » élaborée durant les années 1980, principalement par P. Krugman.

Les rendements croissants

La spécialisation économique et la concentration des activités peuvent ne rien devoir à l'existence d'avantages comparatifs préexistants, mais s'expliquer par l'existence de ***rendements croissants***, liée aux économies internes et externes. Un pays donné peut se spécialiser dans n'importe quel secteur, il va rapidement y exceller du fait même des avantages procurés par la spécialisation. Les activités économiques peuvent se concentrer n'importe où, elles prospéreront vite grâce aux atouts de la concentration.

Rendements croissants : le rendement est le rapport entre l'*output* et l'*input*, il est croissant si le même *input* peut produire un *output* supérieur.

C'est la spécialisation qui crée des avantages comparatifs, et non l'inverse, comme dans la théorie de Ricardo. C'est la concentration et le développement de la ville qui font la qualité de sa situation, et non l'inverse.

À cause des boucles de rétroactions positives qui caractérisent les effets de spécialisation, une région ou une ville peuvent en effet évoluer vers divers types, ou plus exactement, vers n'importe quels types de spécialisation, aussi légitimes, stables et auto-entretenus les uns que les autres. Les cercles vertueux des effets de concentration garantissent partout le succès de celle-ci. Il suffit que n'importe quelle différenciation spatiale (concentration ou spécialisation) légère se manifeste pour qu'elle s'amplifie et prospère.

Mais comment le processus débute-t-il, si ce n'est pas une hétérogénéité préexistante, prééconomique ? On peut proposer deux explications : l'histoire et les anticipations.

■ Explication par l'histoire

Pour les tenants de l'explication historique comme P. Krugman, ce sont les conditions initiales d'une économie ou d'une société qui la conduisent vers un équilibre plutôt qu'un autre, mais de manière à peu près imprévisible. De petites variations locales, presque imperceptibles, peuvent entraîner des développements économiques très contrastés, à cause des rendements croissants, c'est-à-dire à cause des boucles de rétroactions positives spécifiques aux effets de spécialisation et de concentration. Il suffit donc d'une infime hétérogénéité originelle de l'espace, d'un micro-événement pour que l'espace économique devienne rapidement extrêmement contrasté. Il est difficile de dire que la concentration et la spécialisation se fondent sur une différence préexistante, tant celle-ci a au fond peu d'importance, tant l'économie aurait facilement pu évoluer dans une tout autre direction.

Les causes historiques du développement de la haute technologie au Massachusetts et de l'industrie du tapis à Dalton. P. Krugman raconte que Catherine Evans, en 1895, fabriqua à Dalton (Georgie) un couvre-lit tufté pour l'offrir à un mariage. En conséquence directe de ce cadeau de mariage, mais à travers diverses péripéties, Dalton est devenu après la Seconde Guerre mondiale le centre national de fabrication des tapis aux États-Unis. De même, le développement des industries de haute technologie dans le Massachusetts (Nord-Est des États-Unis) s'inscrit dans une chaîne de déterminations. Les Puritains présents en Nouvelle-Angleterre avaient besoin d'institutions pour former leurs prêcheurs, d'où le développement d'universités comme Cambridge (à côté de Boston). Ces universités ont pu servir de centres de recherche liés à Seconde Guerre mondiale et à la guerre froide. Les industries de haute technologie en sont les héritières. Comme le commente Krugman, « à chaque étape, il y a une bonne raison qui explique ce qui s'est passé, mais personne n'aurait pu parvenir à prévoir l'ensemble des enchaînements ».

■ Explication par les prophéties autoréalisatrices

Prophétie autoréalisatrice : assertion induisant des comportements de nature à la valider.

Dans certains cas, il semble que ce ne sont pas les conditions initiales qui déterminent les dynamiques économiques d'un lieu, mais plutôt les anticipations des acteurs économiques. Il peut en effet suffire que les acteurs économiques anticipent, prévoient le triomphe de tel type d'équilibre pour que celui-ci effectivement advienne. Il s'agit de ***prophéties autoréalisatrices***.

Considérons le cas d'un pays pauvre ou d'une économie en crise. Aucun acteur n'envisage d'y investir, car le marasme général offre peu de perspectives de réussites (pas de clients, pas de partenaires économiques...). On ne peut guère construire une usine si l'on est seul à le faire. Chaque acteur, anticipant l'échec, reste donc en retrait, et l'économie ne décolle pas. Or, la création d'une usine produit des externalités positives. Si la première usine construite a peu de chances d'être rentable, la seconde, qu'un autre investisseur bâtit à côté le sera davantage : elle bénéficiera à peu de frais des infrastructures construites par la première, et éventuellement du marché ouvert par celle-ci. Comme la concentration est un processus cumulatif, la troisième usine sera encore plus rentable. On voit que si aucun acteur – pris individuellement – n'a intérêt à être le premier et le seul investisseur, tous les acteurs – pris collectivement – ont intérêt à investir. Chacun ne peut donc accepter d'investir que s'il estime que les autres en feront autant. C'est en anticipant sur le comportement des autres acteurs et l'évolution de la situation économique que chaque acteur fait ses choix. Si les prédictions de la plupart des acteurs sont positives, ils investissent, ce qui, grâce aux économies externes, autorise la reprise.

On voit que, quelle que soit la prédiction de l'acteur (persistance de la crise ou reprise), elle est juste puisqu'elle détermine les choix qui y conduisent. Il s'agit bien de prophéties autoréalisatrices. Le développement serait-il une question de pessimisme ou d'optimisme ?

Dans cette perspective explicative, le développement de telle région plutôt que de telle autre, la spécialisation de telle ville dans tel secteur, la concentration des activités en tel lieu n'ont plus rien à voir avec des conditions initiales. Elles n'exploitent ni ne supposent aucune hétérogénéité spatiale préexistante. Au contraire, l'économie produit à partir de rien, invente de toutes pièces une hétérogénéité spatiale. Le rôle des prophéties autoréalisatrices ne doit toutefois pas être surestimé. Selon P. Krugman, les prophéties autoréalisatrices ne peuvent jouer un rôle de premier plan que dans certaines circonstances (principalement à l'échelle locale, quand les taux d'intérêts sont bas, les économies d'échelle et les vitesses d'ajustement élevées).

La théorie de l'avantage comparatif démontre donc que l'activité économique amplifie l'hétérogénéité spatiale préexistante ; la nouvelle théorie des échanges soutient que l'activité économique produit une hétérogénéité complètement disproportionnée par rapport aux variations initiales, ou même totalement indépendante de celles-ci. Dans tous les cas, une fois que cette hétérogénéité est en place, elle tend de plus en plus à s'amplifier, car elle s'entretient elle-même.

3 - Les échelles de l'hétérogénéité économique spatiale

Quelles formes prend l'hétérogénéité économique ? À quelle échelle est-elle la plus forte ? Quelles figures spatiales dessine-t-elle ?

■ L'hétérogénéité au sein des espaces économiques

L'hétérogénéité économique est souvent plus forte à l'intérieur d'un pays qu'entre les pays. Au sein d'un pays, il n'est pas rare que certaines régions soient très spécialisées. Les exemples de villes ou de régions monofonctionnelles sont nombreux : Detroit dans l'industrie automobile, Francfort dans la finance, Los Angeles dans le spectacle, Oxford dans l'enseignement supérieur, Cancun dans le tourisme... En revanche, la plupart des pays présentent des profils économiques comparables et souvent complets. Les pays complètement spécialisés sont relativement rares. Ce n'est pas qu'une question d'échelle : il existe de grandes régions spécialisées plus vastes et peuplées que des pays au profil généraliste. Comment l'expliquer ?

Le cloisonnement politique, culturel et économique limite les échanges, il oblige donc chacun à produire partout un peu de tout et bride la spécialisation. Il tend donc à construire un espace économique assez homogène. Le décloisonnement politique, la disparition des frontières et l'essor du libre-échange facilitent le commerce, et poussent donc à la spécialisation. L'espace gagne en hétérogénéité. En conséquence, l'hétérogénéité est toujours plus forte au sein d'un même espace politique (un même pays, une union douanière ancienne) qu'entre deux espaces politiques (deux pays). Voici pourquoi, à une échelle comparable, le profil économique des régions des États-Unis est beaucoup plus différencié que celui des pays européens, comme le montre **l'exemple de l'industrie automobile**.

L'exemple de l'industrie automobile. Beaucoup de régions aux États-Unis ne fabriquent pas d'automobiles. La production est encore très largement concentrée à Detroit, même si des pôles secondaires sont apparus récemment (Californie). On n'observe pas pareille hétérogénéité spatiale en Europe : on construit des voitures en Allemagne, en France, en Italie, au Royaume-Uni... En revanche, au sein de chacun de ces pays, la distribution des usines automobiles n'est pas uniforme : on ne les trouve ni dans toutes les villes ni dans toutes les régions.

En conséquence, tout élargissement des marchés (Union européenne, Alena) tend à accentuer l'hétérogénéité économique de l'espace concerné. Ainsi, les espaces agricoles européens se sont davantage spécialisés avec la construction de l'Europe (*cf.* chap. 10).

■ SPÉCIALISATION ET TAILLE DES ESPACES ÉCONOMIQUES

Certains pays connaissent toutefois une spécialisation. Ils sont généralement de petite taille : Luxembourg (banque), Bahamas (tourisme), Singapour (commerce). Un économiste belge – J. Drèze – a montré que, dans les petits pays, l'étroitesse du marché intérieur ne permet pas de développer la spécialisation. Pour ce faire, ils doivent s'adresser directement à la demande internationale. En choisissant de produire des biens vendus sur de nombreux marchés extérieurs, standardisés internationalement, ils peuvent réaliser des économies d'échelle. Les petits pays se spécialisent ainsi souvent dans la fabrication de demi-produits ou dans la phase de l'assemblage ou dans les services. Dès que la taille du pays augmente (et avec elle celle du marché intérieur), la panoplie de ses activités s'élargit. La spécialisation diminue avec la taille des pays, jusqu'à atteindre un certain seuil, au-delà duquel tous les pays présentent à peu près la même panoplie d'activités. Même si certains secteurs sont plus développés ou plus compétitifs que d'autres, si certaines productions font défaut, la gamme tend à s'élargir.

À MAÎTRISER

Problèmatiques globales et théories

Hétérogénéité et opacité de l'espace ; les différents types d'hétérogénéité spatiale et les contraintes qu'ils font peser sur l'économie ; stratégies économiques face à l'hétérogénéité de l'espace ; firmes multinationales et hétérogénéité spatiale ; les processus de spécialisation et de concentration ; forces centrifuges et centripètes ; modèle de Hotelling ; postfordisme et économies de localisation ; rapports entre spécialisation et concentration, limites de la concentration ; spécialisation et avantage comparatif ; nouvelle théorie économique des échanges ; histoire *vs.* prophéties autoréalisatrices ; échelles de l'hétérogénéité spatiale.

Concepts importants

Potentiel de population ; Triade ; propension à épargner ; IDE ; stakhanovisme ; loi de Say ; politiques keynésiennes ; hybridation ; portée-limite ; économies d'échelle ; économies de localisation ; économies d'urbanisation ; économies d'agglomération ; économie externe ou externalité ; district industriel ; corridor de développement ; bien public ; indivisibilité ; déséconomies d'échelle ; *edge city* ; *plum pudding* ; modèle de Schelling ; taille optimale de la ville ; justice spatiale ; avantage comparatif ; avantage comparatif construit ; cycle de vie du produit ; modèle HOS ; théorie de la demande représentative ; site et situation ; rendements croissants ; prophéties autoréalisatrices.

Auteur et courants à situer

E. Engel, C. Clark, J.-B. Say, J.M. Keynes, W. Christaller, D. Ricardo, R. Vernon, HOS, École californienne, P. Krugman.

THÉORIES ET MODÈLES

La théorie des avantages comparatifs ou théorie de Ricardo

PROBLÉMATIQUE

Comprendre et justifier la spécialisation et les échanges internationaux sur la base de l'avantage *absolu* ne pose pas de problèmes. Si un pays est très bon dans la fabrication de chapeaux et qu'un autre, par exemple, excelle dans celle des chaussures, il va de soi que la production totale augmente si le premier s'arrange pour se concentrer sur la fabrication des chapeaux et le second sur celle des chaussures. Ainsi, grâce aux échanges de ces biens, la consommation de chacun d'eux augmentera dans chaque pays. Il s'agit-là d'avantage *absolu*, tel que l'a conçu A. Smith. Chaque pays est meilleur que l'autre dans la fabrication d'un certain bien, et la spécialisation et l'échange engendrent des profits.

On dispose d'un avantage *comparatif* là où sa marge de supériorité est la plus forte, ou sa marge d'infériorité, la plus faible. On peut en posséder un pour une production donnée, même si l'on n'y est pas le meilleur. En fait, on peut même disposer d'un avantage comparatif pour une production dans laquelle on est pire que tous les autres. Maria Callas est meilleure que moi *à la fois* dans le domaine du chant et de l'histoire de la musique : dans les deux cas, elle dispose d'un avantage absolu. Mais je possède un avantage comparatif en histoire de la musique, où ma marge d'infériorité, aussi importante qu'elle soit, est tout de même plus réduite. Inversement, l'avantage comparatif de Maria Callas se situe dans le chant, où sa supériorité est écrasante.

Dans la mesure où l'on est moins mauvais dans un domaine que dans un autre, on dispose d'un avantage comparatif dans cette activité. Si l'on fonde la spécialisation et les échanges internationaux sur l'avantage comparatif, on aboutit à l'idée suivante : même les pays qui sont désespérément mauvais dans tous les domaines peuvent tirer avantage de la compétition internationale, et prospérer grâce au commerce, aussi inefficaces qu'ils soient (en termes absolus) dans leur spécialité. À première vue, cette assertion semble improbable, pour ne pas dire miraculeuse. Pourtant, pour beaucoup d'économistes, le principe de l'avantage comparatif est la seule théorie économique intéressante qui ne soit pas fausse.

HYPOTHÈSES

Pour D. Ricardo, la valeur d'un bien correspond au travail qu'il a fallu investir pour le réaliser. La valeur d'une pièce de drap se mesure au nombre d'ouvriers qui ont participé à sa fabrication.

Il considère par ailleurs que les facteurs de production sont immobiles à l'échelle internationale, mais peuvent être déplacés à l'intérieur d'un pays (un ouvrier peut passer du textile à l'agriculture au sein de son pays, mais il ne peut pas émigrer). Seuls les biens peuvent être échangés entre les pays. Ricardo se propose de montrer que les nations peuvent s'enrichir par ce seul échange de marchandises et par une spécialisation intelligente.

DÉMONSTRATION

L'exemple choisi par Ricardo est celui des productions de drap et de vin, au Portugal et en Angleterre. Le Portugal, à l'époque, est plus doué pour les deux productions du vin et du drap (il y dispose de deux avantages absolus). On n'y a besoin que de 80 hommes pour fabriquer une quantité donnée de vin, et 90 hommes pour une quantité donnée de drap. En Angleterre, il en faut 120 et 100 pour produire les mêmes quantités de vin et de drap.

Ricardo démontre que le Portugal, qui a un avantage productif encore plus grand dans le vin que dans le drap, délaisserait avec profit la draperie pour une spécialisation vinicole et que l'Angleterre, dont le désavantage est moindre pour la draperie (avantage comparatif dans le drap), la développerait avec intérêt. En effet, avant échange, au Portugal, on peut obtenir contre une unité de vin, 0,88 unité de drap (80/90). 0,88 est le rapport d'échange interne du vin sur le drap ou encore son *prix relatif*. En Angleterre, pour la même unité de vin, on peut se procurer 1,2 unité de drap (120/100). Le Portugal dispose d'un avantage comparatif dans le vin, car le vin y est, relativement au drap, meilleur marché qu'en Angleterre. En Angleterre, en autarcie, pour une unité de drap, on obtient 0,83 unité de vin (100/120). Au Portugal, pour la même unité de drap, on peut se procurer 1,125 unité de vin (90/80). L'Angleterre dispose d'un avantage comparatif dans le drap.

Les différences entre les prix relatifs dans chaque pays expliquent leur intérêt à échanger et la direction des flux. Le Portugal, en vendant du vin en Angleterre, obtient plus de drap qu'il n'en obtiendrait en le vendant sur son propre marché. L'Angleterre, pour les mêmes raisons, vend son drap au Portugal. Si le Portugal se spécialise dans le vin, et emploie un certain nombre d'ouvriers du textile à la viticulture pour l'exportation, la quantité de drap obtenu en échange du vin vendu en Angleterre est supérieure à la quantité que produisaient ces ouvriers quand ils travaillaient dans la draperie portugaise. Pour les mêmes raisons, l'Angleterre se spécialise dans le drap, dont elle exporte une partie de sa production en échange de vin. Les deux partenaires profitent de l'échange car, dans chaque pays, les niveaux de production et de consommation après échange sont supérieurs à ce qu'ils étaient avant échange.
La question du prix relatif auquel s'effectue l'échange international n'a pas été abordée. Or, on passe de deux prix relatifs différents avant échange à un prix relatif unique auquel se fait l'échange.
Pour un pays donné qui s'est spécialisé dans un domaine, il faut que les exportations permettent – au moins – d'acheter le bien dont la production a été abandonnée. Cet impératif s'impose aux deux partenaires de l'échange. Le prix relatif de l'échange international (les termes de l'échange drap/vin) doit donc être intermédiaire entre les prix relatifs nationaux avant échange (90/80 et 100/120). Dans ce cas, l'échange est possible, et il profite aux deux pays.

EXERCICE

Que se passe-t-il si le terme de l'échange est :
– de 100/50 ?
– de 50/100 ?

APPROFONDISSEMENT : ÉCHANGES ET AUGMENTATION DE LA CONSOMMATION

On peut essayer de déterminer quantitativement les niveaux de production et de consommation, avant et après échange, ainsi que les quantités échangées.
On imagine deux pays, le Nord et le Sud, et l'on fixe les facteurs de production à 100 ouvriers dans chaque pays. Avec 100 ouvriers, le Nord peut produire 100 pains *ou* 100 bouteilles de vin par jour si tous les ouvriers se consacrent à l'une ou à l'autre des productions. Évidemment, toutes les combinaisons intermédiaires sont possibles. Le prix relatif est 100 pains = 100 bouteilles (rapport 1/1).
La combinaison de production choisie s'inscrit forcément dans la limite des possibilités techniques et prend donc place sur la droite Qn de la figure 1. La production retenue dépend aussi de la demande et de la satisfaction que les habitants retirent de la consommation des deux produits. La droite Qn représente en même temps les possibilités de consommation avant échange, puisque l'on se consomme que ce que l'on produit. Pour la suite de l'exercice, on considère que le Nord produit (et consomme) 70 pains et 30 bouteilles (point A*n*). La pente de la droite Q*n* est fonction du prix relatif au pain et du vin (1/1).

Fig. 1

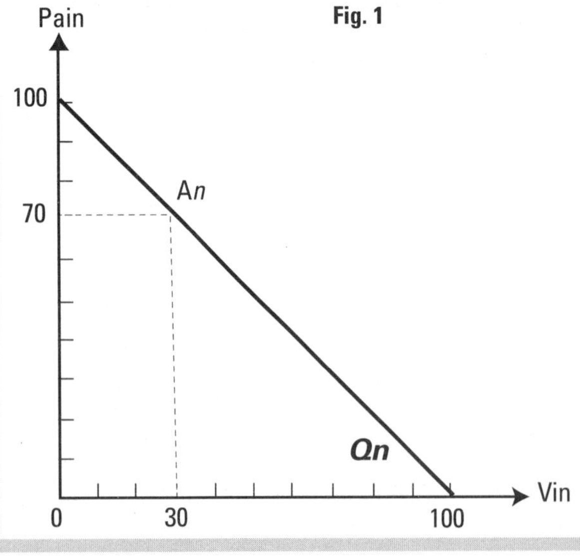

Avec 100 ouvriers, le Sud peut fabriquer seulement soit 30 pains, soit 90 bouteilles par jour, ou toute combinaison intermédiaire (droite Q*s*, fig. 2). Le prix relatif des deux produits est 30 pains = 90 bouteilles (rapport 1/3). Pour la suite de l'exercice, on considère que le Sud choisit de produire (et de consommer) 20 pains et 30 bouteilles (point A*s*).
Si les deux pays décident d'échanger et de se spécialiser là où ils possèdent un avantage comparatif, les choix de production se modifient. Prenons le cas du Nord. Sur la figure 3, la production choisie est alors le point B*n* (spécialisation : 100 pains, 0 bouteille).
Les échanges entre les deux pays se font à un prix intermédiaire entre ceux du Nord

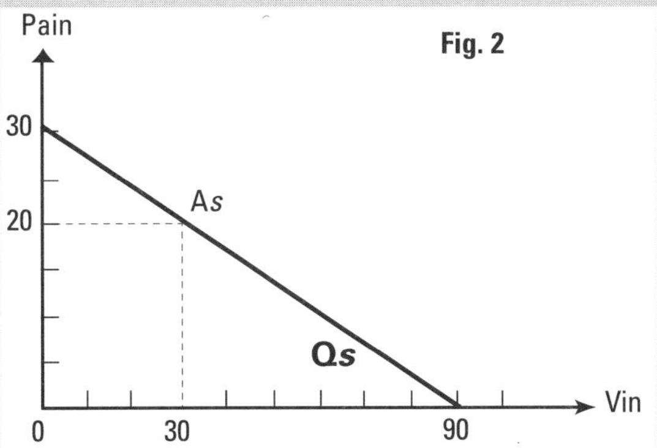

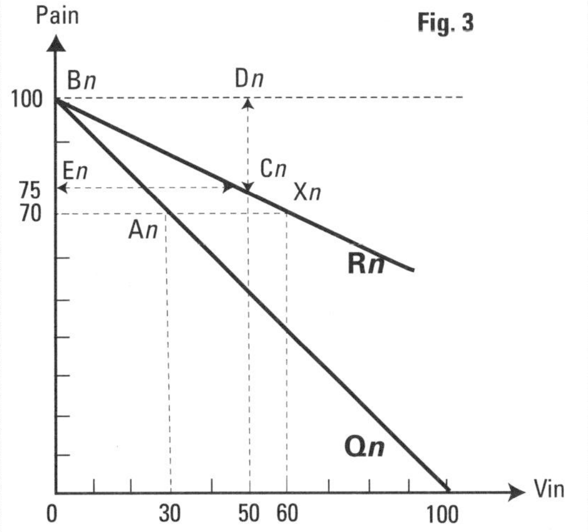

(1/1) et ceux du Sud (1/3) [*cf.* exercice précédent] : disons qu'il se fixe à 1/2 (1 pain = 2 bouteilles).

La droite R*n* est celle des possibilités de consommation dans le cadre d'échanges : elle montre la quantité de vin que l'on peut obtenir en offrant une partie des 100 pains (la pente de la droite représente le prix relatif des échanges : 1/2). Ainsi, pour 30 pains exportés, on obtient 60 bouteilles. Il y a donc une consommation possible (après échanges) de 70 pains (100 produits – 30 exportés) et 60 bouteilles (échangés contre les 30 pains) : c'est le point X*n*. On remarque que, sur la courbe Q*n*, la consommation était avant échange de 70 pains et seulement de 30 bouteilles (point A*n*). Une autre consommation possible est représentée par le point C*n* : 75 pains et 50 bouteilles.

On voit que la courbe des possibilités de consommation après échange (R*n*) est en tout point au-dessus de celle des consommations avant échange (Q*n*). Le pays est toujours gagnant. Tant que la droite de la consommation après échange est moins pentue que la droite avant échange, c'est-à-dire tant que le prix relatif avant échange du bien dans lequel le pays s'est spécialisé est inférieur à ce prix après échange (1/1 > 1/3), la consommation après échange est supérieure à la consommation avant échange.

Les quantités échangées sont données par la figure 3. La distance C*n*-D*n* représente la différence entre la production et la consommation de pain du Nord : c'est la quantité de pain exportée. La distance C*n*-E*n* représente la différence entre la quantité de vin produite (soit 0) et la quantité de vin consommée : il s'agit de la quantité de vin importée. Chaque point de la droite R*n* indique ainsi, pour une production au Nord de 100 pains, les possibilités de consommation, d'importation et d'exportation de pain et de vin.

Adapté de *The Economist*, 27 janvier 1996.

EXERCICE

• Sur la figure 3, tracer la droite R'*n* pour le point B'*n* correspondant à une production de 80 pains et 20 bouteilles. Comparer la droite R*n* et la droite R'n. Que doit-on en conclure ?

• Faire la même figure (fig. 4) pour le Sud, et tracer la droite Rs.

• Le Nord comme le Sud, dans le cadre d'une économie de marché, se spécialisent totalement et choisissent de fixer leur production au point B. Les possibilités de consommation et d'échanges pour chaque pays sont donc représentées par les droites R*n* et Rs.

– Quel est le point retenu sur chaque droite ?

– Quels sont les niveaux de consommation, quelles sont les quantités exportées et importées ?

• Le niveau est nécessairement au-dessus du niveau d'origine, avant échange (point A) – c'est le but du jeu –, et il doit respecter les proportions exigées par la demande. Il correspond au point où la droite R croise la courbe d'indifférence la plus haute. On ne développera pas ce point ici : on dira que pour le Nord, la consommation se fixe, après échange, à 75 pains et 50 bouteilles (point C*n*, fig. 3).

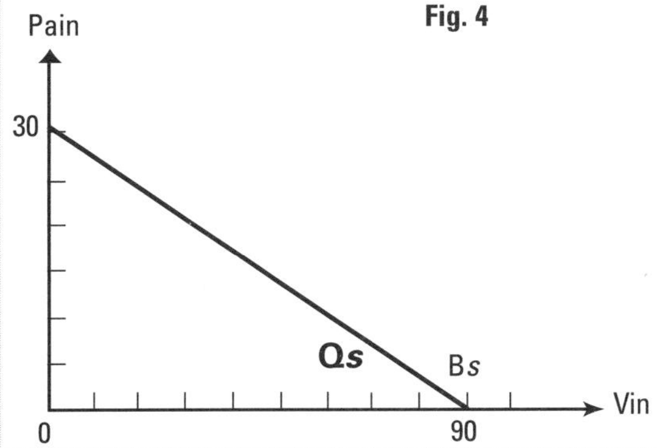

– Compléter le tableau suivant :

	prix relatif (pain/ bouteille)	pain produit	pain consommé	pain importé (+) et exporté (-)	vin produit	vin consommé	vin importé (+) et exporté (-)
Avant échange							
Nord	1/			0			0
Sud	1/			0			0
Ensemble	aucun			0			0
Après échange							
Nord	1/						
Sud	1/						
Ensemble	1/			0			0
Gains après échange							
Nord							
Sud							
Ensemble							

Grâce aux échanges, le Nord consomme plus de pain et de vin, et, plus étonnant, il en va de même pour le Sud, pourtant bien moins doué.

THÉORIES ET MODÈLES

Le modèle de Hotelling

PROBLÉMATIQUE

Comment l'activité économique peut-elle introduire de l'hétérogénéité dans un espace originellement homogène ? Le modèle de Hotelling peut être utilisé pour montrer par quels processus l'activité économique produit *ex nihilo* de l'hétérogénéité spatiale. Il permet de démontrer que, dans certaines conditions, des acteurs économiques concurrents (des pourvoyeurs du même service) ont intérêt à se localiser tous au même endroit. Cette localisation se traduit par une discontinuité spatiale importante, puisque émerge un centre où se rassemblent tous les acteurs économiques.

L'enjeu de l'article où Harold Hotelling expose son modèle (« Stability in competition », *Economic Journal*, n° 39, mars 1929, pp. 40-57) n'est pas directement l'hétérogénéité de l'espace. Aussi, l'exposé qui suit s'écarte sensiblement de la démonstration de Hotelling, n'en retenant que les aspects ici pertinents et en y ajoutant certains développements.

HYPOTHÈSES

Outre les hypothèses liées au comportement de l'*homo œconomicus*, le modèle se fonde sur un certain nombre de simplifications, qui visent à rendre le raisonnement plus facile et à isoler le facteur dont on veut examiner le rôle.

On considère que les acheteurs d'un bien sont distribués de manière uniforme le long d'une ligne (Hotelling cite les exemples d'une rue commerçante et d'une ligne de chemin de fer), qui se termine aux points A et B. Il n'existe sur ce marché que deux vendeurs, qui, en leur lieu de vente, proposent le même bien au même prix. Les consommateurs choisissent de recourir au vendeur le plus proche, car les frais de transport sont à leur charge et les deux vendeurs offrent le même service.

DÉMONSTRATION

Considérons une plage où les vacanciers se répartissent de manière égale, entre les extrémités A et B de la plage. Imaginons que deux marchands de glace décident de s'y localiser. Où vont-ils se placer ? L'irruption de l'économie va-t-elle respecter l'homogénéité spatiale originelle ou la perturber ?

La figure 1 semble présenter une très bonne solution. Les consommateurs situés entre A et M achètent leur glace en α, ceux situés entre M et B en β. Aucun client ne doit se déplacer sur une distance supérieure au quart de la distance AB : c'est la solution qui minimise les coûts de transport totaux. Ceux-ci auraient été évidement supérieurs si les deux marchands s'étaient établis en M. Cette solution maximise l'utilité des consommateurs.

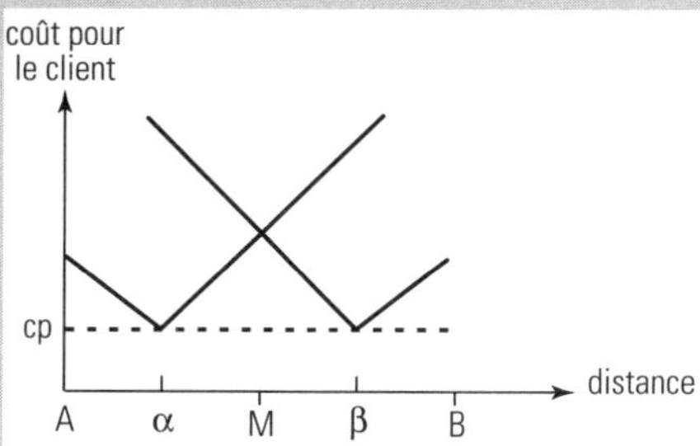

Fig. 1

Quel est son intérêt pour les marchands ? Il faut distinguer plusieurs cas, selon la distance que les clients sont prêts à parcourir pour acheter une glace. Considérons qu'il existe une portée-limite, une distance que les clients ne sont pas prêts à dépasser pour aller acheter une glace. Cette portée-limite correspond au coût maximum (cm) que le client est prêt à supporter (prix de vente + coût de transport).

Si ce coût maximum est tel qu'il permet aux deux marchands de desservir exactement une moitié de la plage (cm = cm_1), la solution semble aussi idéale pour les marchands, car elle maximise leur marché (fig. 2). Prenons le cas du marchand localisé en β. S'il se déplace vers B, il perd des clients du côté de M, et n'en gagne aucun du côté de B, où son aire de marché bute sur le bout de la plage. S'il se déplace vers M pour adopter par exemple la localisation β' (fig. 3), il perd davantage de clients du côté de B (les plagistes situés entre B et B' ne peuvent plus acheter de glace) qu'il n'en gagne du côté de M (où il fait face à la concurrence du marchand localisé en α).

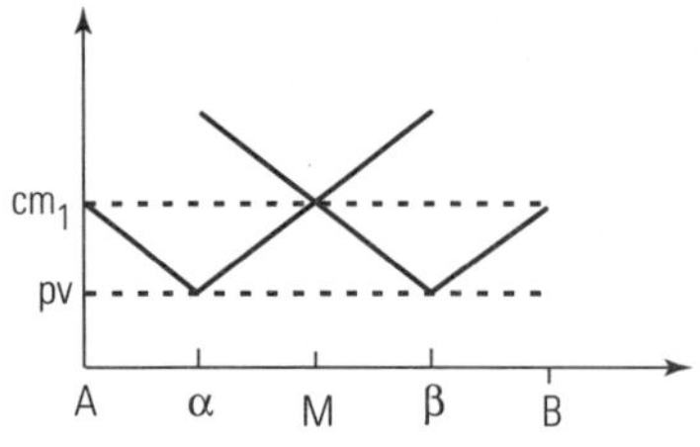

Fig. 2

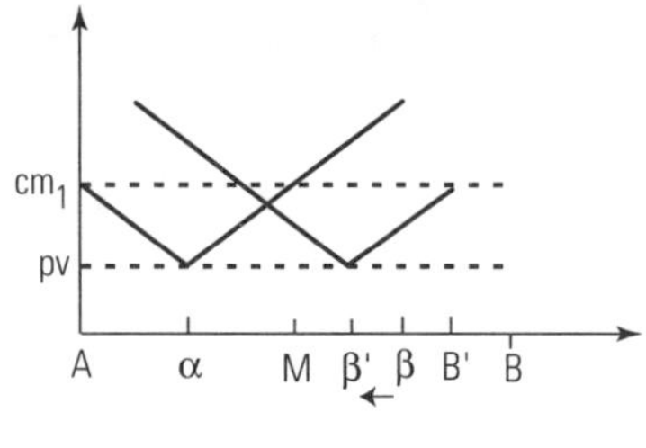

Fig. 3

Si le coût maximum diminue ($cm_2 < cm_1$), aucun des marchands ne peut desservir une moitié de plage. Certains vacanciers ne pourront acheter de glace. Chaque marchand a intérêt alors à s'éloigner de l'autre marchand, pour éviter toute concurrence. Dans la zone où son aire de marché ne recoupe pas celle de son concurrent et ne bute pas sur le bout de la plage, sa localisation est indifférente (fig. 4). Les localisations des marchands peuvent ainsi glisser, mais chacune au sein de deux espaces distincts.

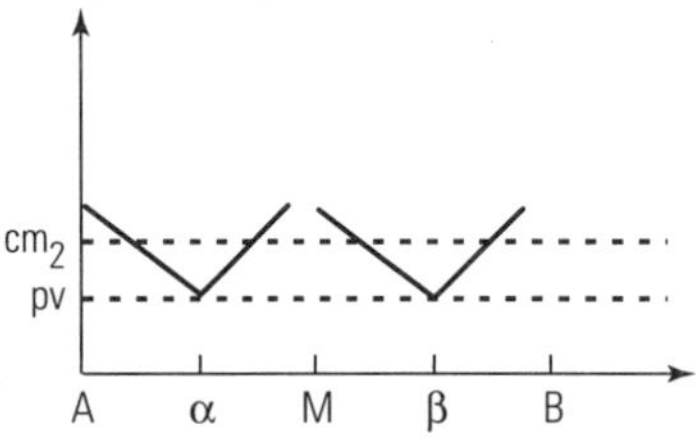

Fig. 4

Considérons maintenant un coût maximum acceptable élevé ($cm > cm_1$) : les vacanciers sont prêts à faire quelques kilomètres pour acheter une glace. Dans le cas ou cm = cm_3, chaque marchand peut espérer desservir les 3/4 de la plage : pour le premier, l'étendue Aβ ; pour l'autre, la portion αB. Les marchands sont concurrents sur la partie αβ. Dans cette zone, les clients se tournent vers le marchand le plus proche : ceux qui se trouvent entre α et M fréquentent ainsi le marchand localisé en A (fig. 5). Chacun des marchands dispose ainsi d'une moitié du marché.

Ce n'est pourtant pas la solution optimale pour les vendeurs. Si le marchand localisé en α se rapproche de M en allant en M', il gagne des clients sur son concurrent : ceux situés entre M et M'' (fig. 6). À partir du moment où chaque marchand peut desservir plus de la moitié du marché, il tente de se rapprocher de son concurrent pour capter les clients de celui-ci.

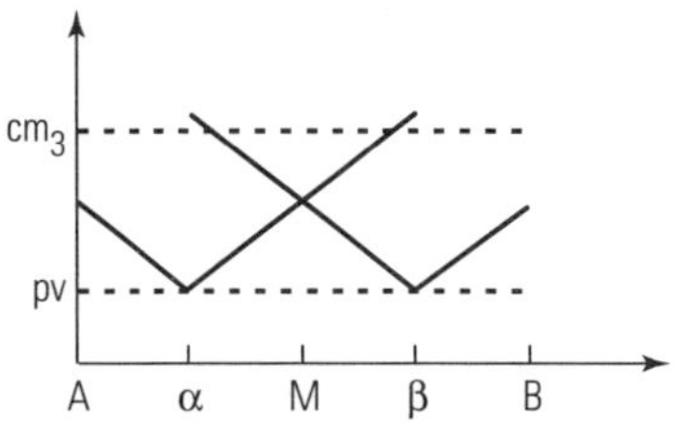

Fig. 5

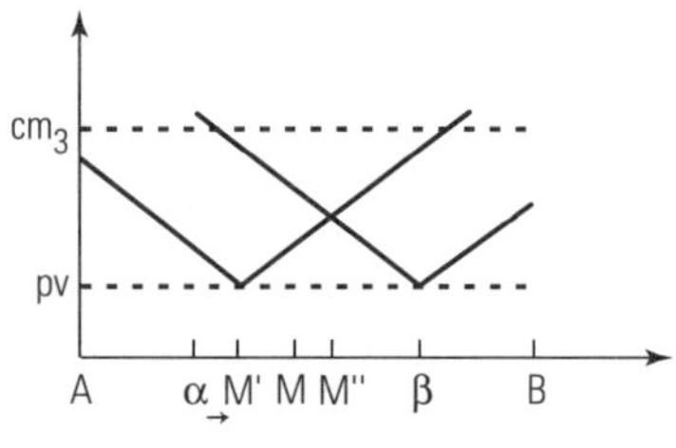

Fig. 6

Dans l'exemple proposé (ou le coût maximum pour le client est cm_3), le marchand se déplace de A en M', mais il n'a guère de raison d'aller plus loin : ce qu'il gagnerait en se déplaçant vers M, il le perdrait en s'écartant des clients situés près de A (aucun marchand ne peut desservir l'ensemble de la plage).

Imaginons alors que les clients aient encore davantage envie de manger une glace, et que le coût maximum soit très élevé (cm_4), ou même n'existe pas (portée-limite infinie). Chaque marchand est capable alors de desservir toute la plage (fig. 7).

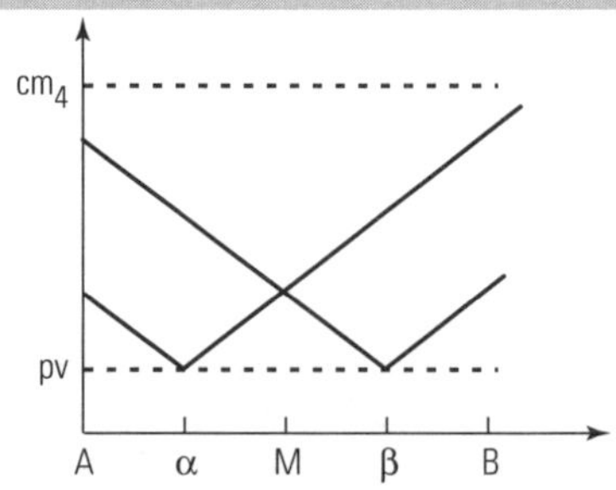

Fig. 7

La question de la concurrence devient alors déterminante : le modèle de Hotelling permet de démontrer que la localisation optimale est en M pour les deux marchands (fig. 8). En effet, dès que l'un s'écarte de M (en direction de A par exemple), l'autre le suit au même endroit, et gagne ainsi la clientèle située entre cet endroit et M (fig. 9). La seule localisation où un marchand est assuré qu'un déplacement du concurrent ne lui fera pas perdre de clients est le point M. On note que cette configuration est loin d'être la meilleure pour les clients : ceux situés près de A et de B doivent parcourir de grandes distances.

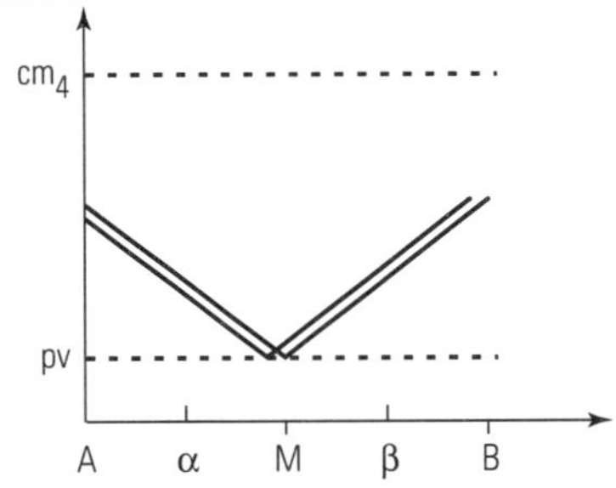

Fig. 8

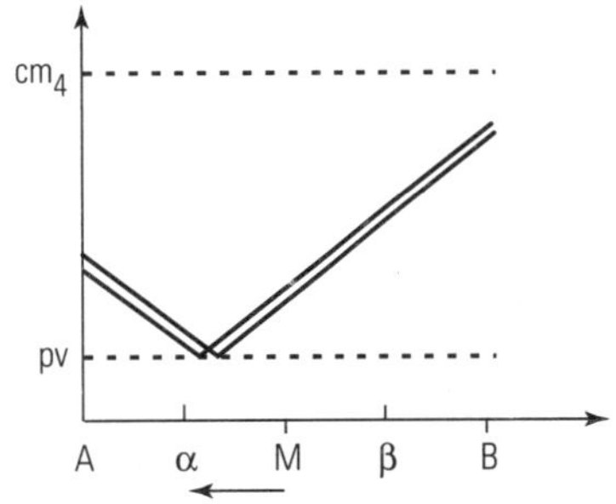

Fig. 9

Pour la clarté du raisonnement, nous avons fait varier le coût maximum que le client tolère, mais nous aurions aussi bien pu faire varier le coût du transport lui-même (le pente des droites). Dans les deux cas, c'est la portée-limite qui change, et qui détermine les localisations des marchands. Un coût de transport élevé pousse à la dispersion, un coût de transport faible au regroupement.

Nous avons pris l'exemple d'un marché linéaire, mais les conclusions sont les mêmes pour un marché à deux dimensions, où l'on débouche sur des configurations de dispersion ou de regroupements (fig. 10 et 11), selon que les portées-limites sont petites ou grandes.

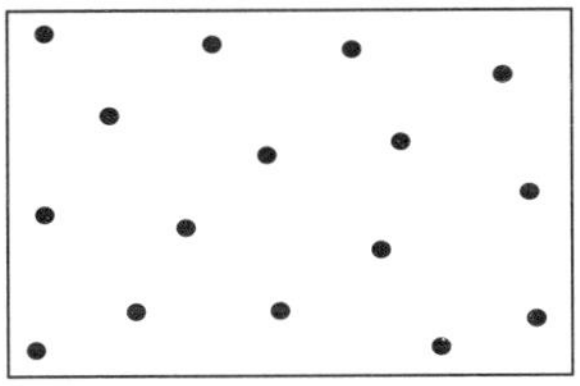

Fig. 10

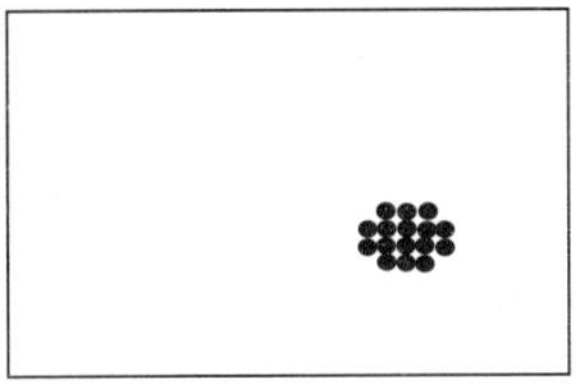

Fig. 11

Questions

– Dans quels cas l'activité économique est-elle facteur d'homogénéité ? Dans quels cas introduit-elle de l'hétérogénéité ? Quels sont les éléments déterminants ?

– Trouver des exemples concrets d'activités ou d'espaces économiques correspondant aux cas identifiés dans la question précédente. En examinant dans ces cas la question de l'hétérogénéité et de l'homogénéité spatiales, vérifier la validité du modèle.

– Le raisonnement développé dans cet exercice se fonde sur un modèle, qui isole certains facteurs pour mieux examiner comment ils jouent. Pour ce faire, il est nécessaire (et légitime) de simplifier la réalité en éliminant des aspects qui ne sont pas directement intéressants et risquent de compliquer la démonstration. Une fois celle-ci effectuée, on peut faire entrer dans le modèle, un à un, les facteurs que l'on a exclus. Tenter de reprendre la démonstration en imaginant une plage circulaire (celle d'un petit lac, par exemple), c'est-à-dire une plage qui n'a pas de « bout », et examiner les choix de localisation de trois marchands.

Pour en savoir plus : P. Krugman, *Geography and Trade*, Leuve/Cambridge (MA)/London, Leuven University Press/MIT Press, 1991, pp. 84 *sq.*

DOCUMENTS À COMMENTER

Le risque-pays et l'investissement international

Géographie des risques en 1997

Carte 1

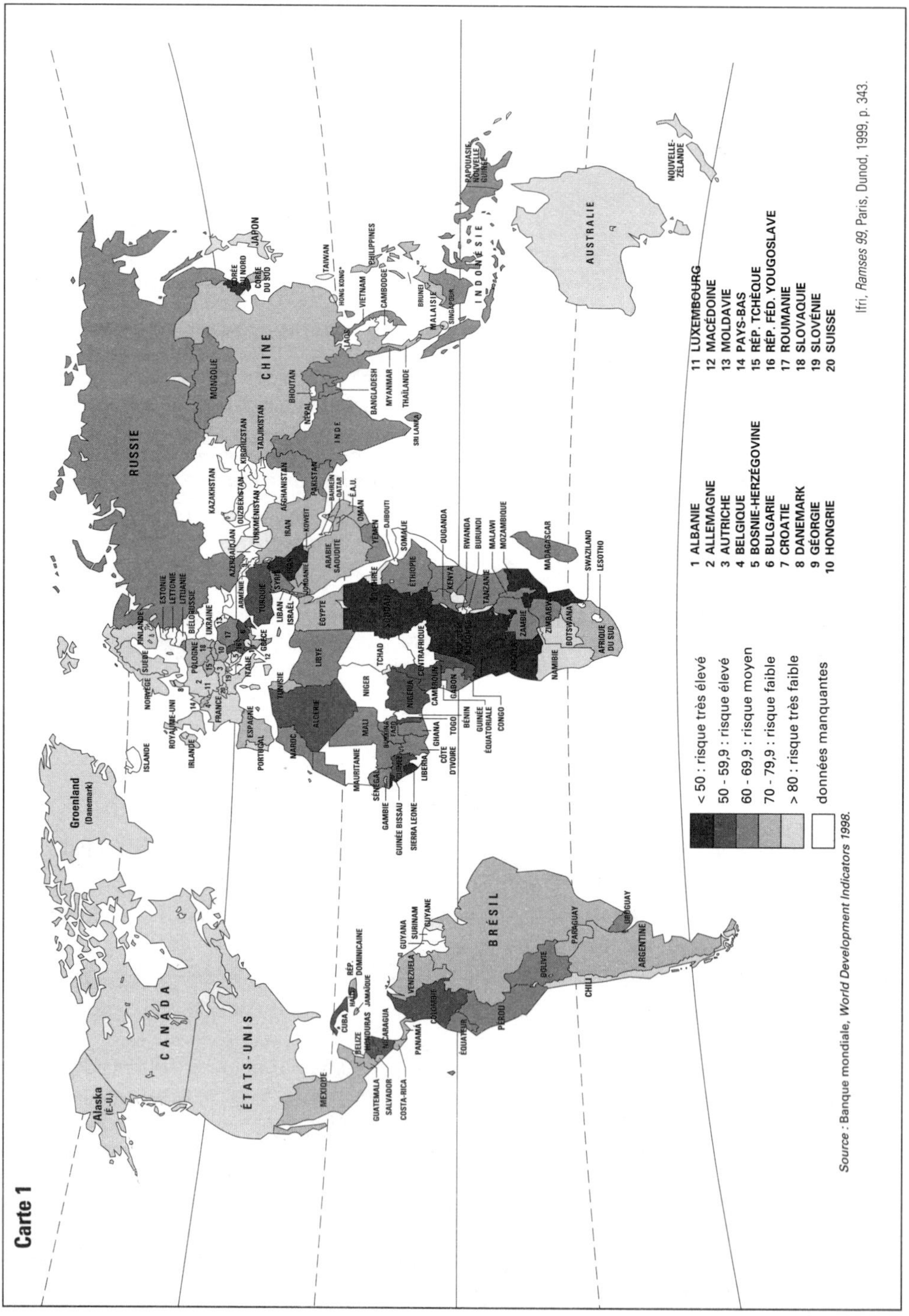

Source : Banque mondiale, *World Development Indicators 1998.*

Ifri, *Ramses 99*, Paris, Dunod, 1999, p. 343.

L'investissement international

Carte 2 : IDE sortants

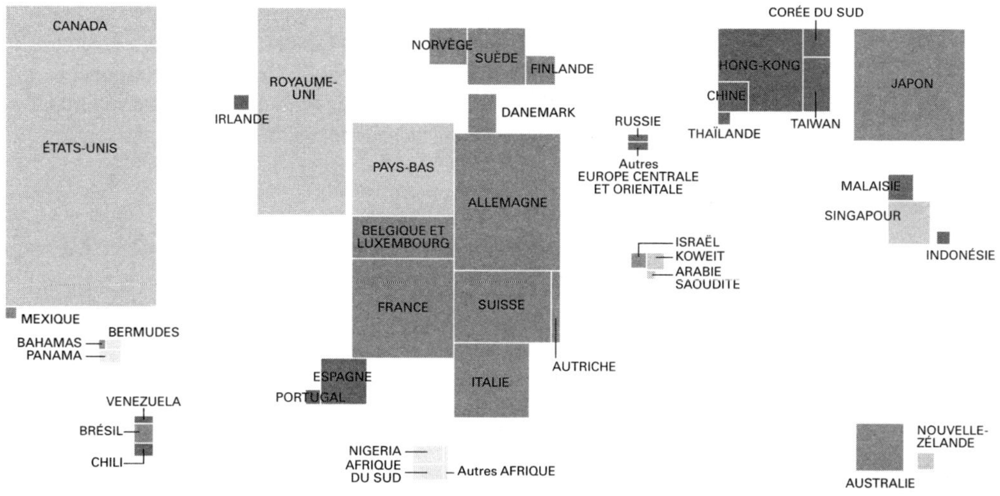

Taux de croissance annuel moyen du stock d'IDE sortants 1985-1997
(moyenne mondiale : 14,6 %)

- moins de 10 %
- de 10 à 15 %
- de 15 à 25 %
- plus de 25 %

Carte 3 : IDE entrants

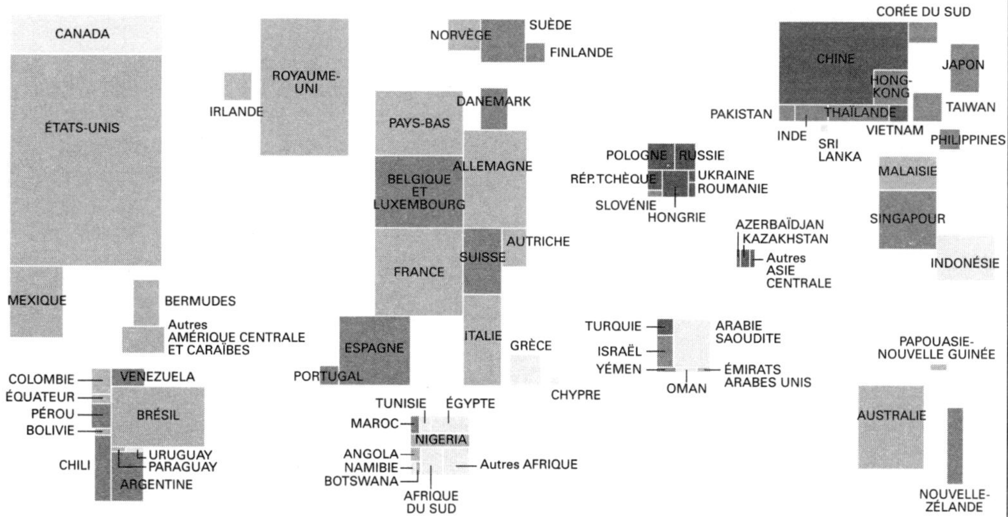

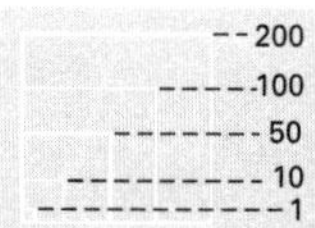

Stock d'IDE entrants par pays d'accueil et sortants par pays d'origine, en milliards de dollars en 1997

Taux de croissance annuel moyen du stock d'IDE entrants 1985-1997
(1990-1997 pour les pays d'Europe centrale et orientale et pour l'Asie centrale; moyenne mondiale : 13,5 %)

- moins de 10 %
- de 10 à 15 %
- de 15 à 25 %
- plus de 25 %

Source : Nations unies, *World Investment Report 1998 : Trends and Determinants.*

Ifri, *Ramses 2000*, Paris, Dunod, 2000, p. 256.

1 - PRÉSENTATION DES DOCUMENTS

« Les niveaux de risque sont calculés à partir de l'indice ICRG (International Country Risk Guide) qui s'appuie sur 22 composantes mesurant le niveau de risque politique, économique et financier sur une échelle qui s'étend de 0 à 100. Les données correspondent à la situation en décembre 1997.

L'indice ICRG, repris par la Banque mondiale, est élaboré chaque année depuis 1980 par le groupe américain Political Risk Services (PRS Group). Il inclut parmi les facteurs de risques : le non-remboursement de prêt, les retards de paiement des crédits fournisseurs, le leadership politique, le risque de conflit civil, le non-respect de l'État de droit, l'inflation, les ratios de liquidité internationale, le risque d'expropriation des actifs privés, et d'incapacité ou de refus d'honorer les contrats » (Ramses, 1999).

L'IDE (investissement direct à l'étranger) est défini au chapitre 2.

2 - QUESTIONS

A/ Carte 1

La première carte mesure l'hétérogénéité de l'espace en matière de « risque-pays ». Elle évalue, pour chaque pays, les risques qui peuvent mettre en danger la rentabilité d'un financement. Elle informe ainsi l'investisseur sur l'hétérogénéité des situations économiques et politiques dans l'espace, et l'aident à prendre des décisions.

- Quels sont les pays pour lesquels les données sont « manquantes » ? Pourquoi ?
- Quel est le point commun entre la plupart des pays où le risque est « très faible » ?
- De quelle nature est le risque principal dans les pays où il est « très élevé » ?
- Quel est le lien entre le risque et le niveau de « développement », que ce dernier soit mesuré par l'Indice de développement humain (IDH) ou le PIB/hab. en $ ou $ppa (voir cartes p. 438) ?
- Dans quelle mesure le risque mesuré résulte-t-il des activités économiques ?
- L'information dispensée par la carte influence l'investisseur. Est-ce de manière à accroître ou à réduire l'hétérogénéité économique de l'espace ?

B/ Cartes 2 et 3

- Quels sont les principaux pays émetteurs, récepteurs d'IDE ?
- Quels pays n'apparaissent pas sur les cartes ?
- Quels sont les pays dont les flux d'IDE (sortants et entrants) connaissent les taux de croissance les plus forts et les plus faibles ?
- Quels sont les pays pour lesquels le rapport entre les IDE entrants et sortants est le plus déséquilibré ?
- Quels sont les facteurs qui expliquent la géographie des flux d'IDE ?
- Les mouvements d'IDE tendent-ils à augmenter ou à réduire l'hétérogénéité de l'espace ?

C/ Mise en perspective des cartes 1, 2 et 3

- Les IDE entrants et sortants sont-ils proportionnels au risque-pays ?
- Quels sont les liens de cause à effet entre la géographie des risques et celle des flux d'IDE ?

DOCUMENTS À COMMENTER

Coca-Cola, firme mondiale ?

The Coca-Cola Company

Siège : Atlanta, Georgie (USA).
CA 1998 : 18,813 milliards de dollars (plus de 111 milliards de francs).
Résultat net : 3,533 milliards de dollars.
Valeur boursière : 165 milliards de dollars.

■ Production : près de 50 % des *soft drinks* consommés dans le monde sont produits par The Coca-Cola Company.
Total des ventes des produits de The Coca-Cola Company en 1998 : plus de 84 milliards de litres.
Consommation : les produits de The Coca-Cola Company sont consommés plus d'un milliard de fois par jour dans près de 200 pays.
Les produits de The Coca-Cola Company représentent 2 % de l'ensemble des boissons consommées dans le monde.

■ Les principales marques de The Coca-Cola Company sont :
- Coca-Cola
- Diet Coke (ou Coca-Cola Light)
- Cherry Coke
- Fanta
- Sprite
- Nestea
- Minute Maid

■ La répartition des ventes de Coca-Cola dans le monde en 1998

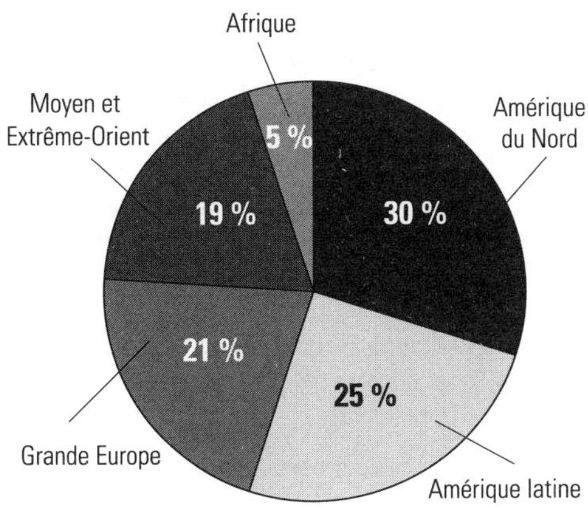

■ Consommation de Coca-Cola en litres par an par habitant en 1998

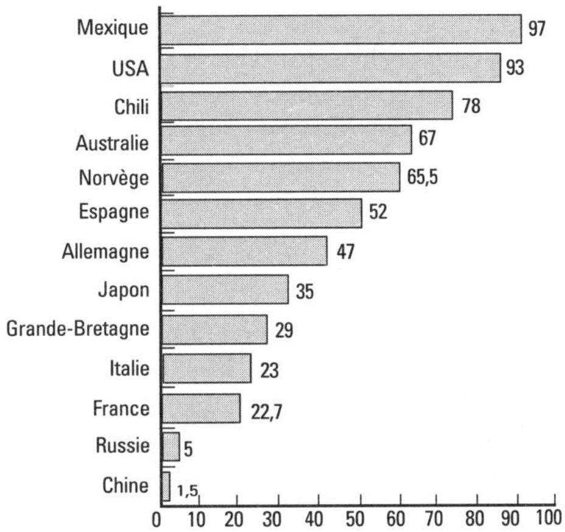

■ Quelques dates
- 1886 : invention du Coca-Cola à Atlanta
- 1928 : Coca-Cola devient « boisson officielle » des Jeux olympiques.

Seconde Guerre mondiale : Coca-Cola est déclaré « fourniture de guerre ». Robert Woodruf lance le défi de distribuer Coca-Cola à chaque soldat américain éloigné de son pays, pour le prix de « 5 cents », où qu'il soit, et quoi que cela puisse coûter à la compagnie. Cinq milliards de bouteilles sont ainsi distribuées. À la fin de la guerre, le monde entier connaît Coca-Cola.
- 1979 : introduction de Coca-Cola en Chine populaire.
- 1985 : création pour la navette spatiale d'une « Coca-Cola Space Can », boîte adaptée à la consommation de boissons gazeuses en état d'apesanteur. Coca-Cola est ainsi la première boisson rafraîchissante à être bue dans l'espace.
- 1990 : des accords sont signés avec Nestlé pour la production et la commercialisation de Nestea, boisson rafraîchissante aux extraits de thé et arômes de citron ou de pêche.
- 1996 : Coca-Cola est partenaire officiel des Jeux olympiques d'Atlanta.

Création d'un joint-venture Minute Maid Danone pour la production et la commercialisation

d'une gamme de jus de fruits réfrigérés, dans plus de 50 pays dans le monde d'ici à l'an 2000.
– 1997 : Signature d'un accord entre The Coca-Cola Company et la société Pernod-Ricard portant sur un projet d'acquisition de la marque Orangina et de la totalité des activités afférentes.[1]

1. [Le gouvernement français s'opposera à cette acquisition].

Coca-Cola (http://www.coca-cola.fr.)

Coca-Cola ou le déclin d'un empire américain

« Je suis votre concurrent, je veux votre clientèle, mon but est de prendre votre place dans les rayons des magasins et dans l'estomac des consommateurs. » Ainsi s'exprimait Douglas Ivester, alors directeur général de Coca-Cola, en 1995, devant ses pairs de l'Association américaine des industriels du *soft drink*. Les propos mirent en émoi les concurrents de Coca-Cola. Devenu depuis président du groupe d'Atlanta, M. Ivester a appris la diplomatie, mais il n'a guère changé de stratégie.

La volonté de puissance, voire d'hégémonie, est inscrite dans les gènes de la Coca-Cola Company depuis sa naissance en 1892. C'est elle qui a permis à Coca-Cola de devenir la marque la plus connue au monde, et la plus chère. En 1996, lors des Jeux olympiques d'Atlanta, un sondage avait montré que 94 % des habitants de la planète connaissaient Coca, contre 92 % pour les anneaux olympiques.

En 1997, selon le magazine *Financial World*, la valeur financière de la seule marque Coca-Cola était de 48 milliards de dollars (le tiers de la capitalisation boursière du groupe), juste devant la marque de cigarettes Marlboro et loin, très loin devant sa rivale de toujours, Pepsi-Cola, dix-septième marque mondiale avec une valeur de « seulement » 9,3 milliards de dollars.

Cette puissance, sans précédent dans l'histoire des marques, semble avoir révélé ses limites lors de la crise qu'a traversée Coca-Cola en France et en Belgique.

Non seulement la notoriété de Coca ne l'a pas protégée, mais elle s'est retournée contre elle, dès lors que le « contrat » tacite conclu avec le consommateur a été, à tort ou à raison, rompu. Coca-Cola, prototype de la marque mondiale, omniprésente dans deux cents pays, contrôlant plus de la moitié du marché des *soft drinks*, cette marque dont l'objectif avoué est de se trouver à tout moment « à portée de main » de toute personne en instance de boire sur la planète, s'est montrée incapable de se rapprocher de ses clients, au moment crucial où ceux-ci auraient eu besoin d'être rassurés[2].

Coca-Cola a commencé par nier la réalité des problèmes, a ensuite expliqué qu'ils étaient circonscrits à la Belgique – comme si le marché unique européen n'existait pas –, a mené elle-même son enquête pour ne pas avoir à rouvrir les portes de ses usines... pour finir par conclure sur une campagne de publicité. Celle-ci, au-delà des « excuses » du PDG, spectaculaires mais tardives, visait en fait à s'auto-absoudre, disant en substance : « Nous avons contrôlé nos produits, nous les trouvons bons, continuez à nous faire confiance. » [...].

Cette attitude arrogante et distante n'est clairement plus acceptée par les consommateurs. D'autant plus que la part d'une firme qui, dans l'inconscient collectif, en particulier en France, est l'archétype de la *world company* chère aux « Guignols de l'info » de Canal Plus, ultime avatar de l'impérialisme américain. Une telle attitude n'est certes pas le monopole de Coca-Cola, même si la multinationale d'Atlanta l'a portée à son paroxysme. D'autres grandes marques américaines tout aussi « mythiques », Marlboro, Levi's, McDonald's, Nike, Kellogg's, Toys R Us, doivent elles aussi se remettre en cause. [...] McDonald's a dû autoriser ses filiales étrangères à modifier l'immuable menu hamburger-frites-Coca, pour introduire dans sa carte des salades tomates-mozzarella ou des yaourts Danone. [...].

Chacune de ces firmes, à l'instar de Coca, est numéro un mondial de sa spécialité. Pour avoir quasiment inventé leur marché et réussi à en garder le leadership, elles ont cru avoir trouvé la martingale. [...]

L'heure ne serait donc – déjà – plus aux marques mondiales, « totalitaires » et centralisées, mais aux marques « internationales », qui savent mieux se couler dans la culture et le paysage locaux, au lieu de les « polluer » en leur imposant leurs visuels obsédants et criards (le rouge Coca, le jaune McDo...). Signe des temps : McDonald's met désormais un point d'honneur à faire appel à des architectes du cru pour mieux insérer ses restaurants dans le tissu urbain. GAP, Calvin Klein, Ralph Lauren, les nouvelles idoles américaines de la mode, ne prétendent surtout pas porter haut les couleurs de l'Amérique mais s'inscrivent au contraire dans une mondialisation qui se veut plus ouverte, plus cosmopolite, même si elle n'en est pas moins implacable.

2. [En juin 1999, on soupçonne des canettes de Coca contaminées par des produits toxiques d'avoir causé des malaises chez les consommateurs en Belgique, puis en France.]

Le Monde, 9 juillet 1999.

Le Guarana, l'aphrodisiaque qui inquiète Coca-Cola

Selon une légende amazonienne, le premier arbuste guarana poussa à l'endroit même où la foudre avait frappé deux amants maudits. Le guarana est aujourd'hui à la fois la boisson non alcoolisée préférée des Brésiliens (1/4 du marché des boissons gazeuses) et l'aphrodisiaque le plus répandu dans le pays.

Mais personne, dans le troisième pays consommateur de boissons gazeuses du monde, ne semble davantage obsédé par le guarana que le géant américain Coca-Cola, dont les parts du marché brésilien sont tombées à 46 %, bien qu'il ait lui-même lancé une boisson au guarana (*Kuat*, dont le motif sur l'emballage s'inspire de la forêt tropicale). Selon Coca-Cola, ce sont le goût et le prix qui comptent aux yeux des buveurs de soda, et non un quelconque mythe sexuel amazonien. Soucieux de remporter la prochaine manche, la compagnie baisse ses prix et assure la promotion de *Kuat*, qui reste distancé par ses concurrents locaux.

De plus, d'Israël à la Chine, la boisson brésilienne connaît un engouement international. Aux États-Unis, la boisson profite de la vague New Age, et a inspiré la création de boissons « énergisantes » aux noms suggestifs (*Guts*, *Bawls*, termes argotiques qu'il n'est pas ici question de traduire). Au Brésil, le producteur national qui contrôle le quart du marché de l'élixir amazonien (Antartica) a lancé une campagne de publicité offensive : « Demandez donc à Coca-Cola de vous montrer un arbre à Coke », clame un personnage dans un spot télévisé tourné dans une plantation de guarana. Pour Coca, la menace vient aussi de l'essor de petits producteurs, qui profitent du côté bon marché et non consigné de leurs bouteilles. Ainsi, une petite entreprise du centre du Brésil a lancé une marque baptisée *Ginga* (« secousse ») : « Nous voulions un nom qui représente le Brésil. Nous ne pensions pas forcément au sexe, mais si les gens y pensent en achetant du *Ginga*, tant mieux », déclare la direction.

D'après *The Wall Street Journal* (*Courrier International*, n° 455, 22-28 juin 1999, p. 15).

QUESTIONS

- Où se concentrent les ventes de Coca-Cola. Pourquoi ?
- Quels sont pour chaque pays les principaux facteurs explicatifs d'ordre économique et culturel de la consommation de Coca-Cola par habitant ?
- Dans quelle mesure, comment et en quoi Coca-Cola est-elle devenue une firme mondiale, transcendant l'hétérogénéité de l'espace ?
- En quoi l'hétérogénéité de l'espace pose-t-elle des problèmes à une firme multinationale comme Coca-Cola ? Quel est le type d'hétérogénéité qui pose le plus de problèmes ? Comment les firmes multinationales tentent-elles de régler ces problèmes ?

DOCUMENTS À COMMENTER

Spécialisations économiques régionales aux États-Unis

1 - PRÉSENTATION DES DOCUMENTS

Le coefficient de localisation, pour une région X et une activité α, est le pourcentage des emplois consacrés à l'activité y dans la région X rapporté à la part des emplois consacrés à α dans l'espace de référence. Par exemple, si 20 % de la population active d'une région est employée à l'agriculture, dans un pays où 5 % de la population pratique cette activité, le coefficient de localisation dans l'agriculture de la région en question est de 4 (20/5). Plus le coefficient est fort, plus la région est spécialisée par rapport au profil moyen national.

Les coefficients de localisation sont des chiffres doublement relatifs : ils ne mesurent pas la production d'une région, ni même la part de celle-ci dans la production de l'espace de référence. Une région X dont la production est faible (parce que la région est petite, parce qu'elle a peu d'habitants, parce que la productivité est médiocre...), et très spécialisée dans une activité α, possède pour celle-ci un coefficient fort. Une région Z dont la production globale, en chiffres absolus, est supérieure, mais qui n'est pas spécialisée dans l'activité α (coefficient faible), peut pourtant produire beaucoup plus dans l'activité y que la région X.

Enfin, ce n'est pas parce que 60 % de la population active d'une région relève de telle activité que cette région est spécialisée dans cette activité. Par exemple, si 60 % de l'emploi de la région est dans le secteur tertiaire, alors que 70 % de l'emploi est tertiaire dans l'espace de référence, la région est en dessous de la moyenne : le coefficient de localisation est faible (60/70 = 0,86).

Cartes : coefficients de localisation de divers services et industries

1. Industrie pétrolière

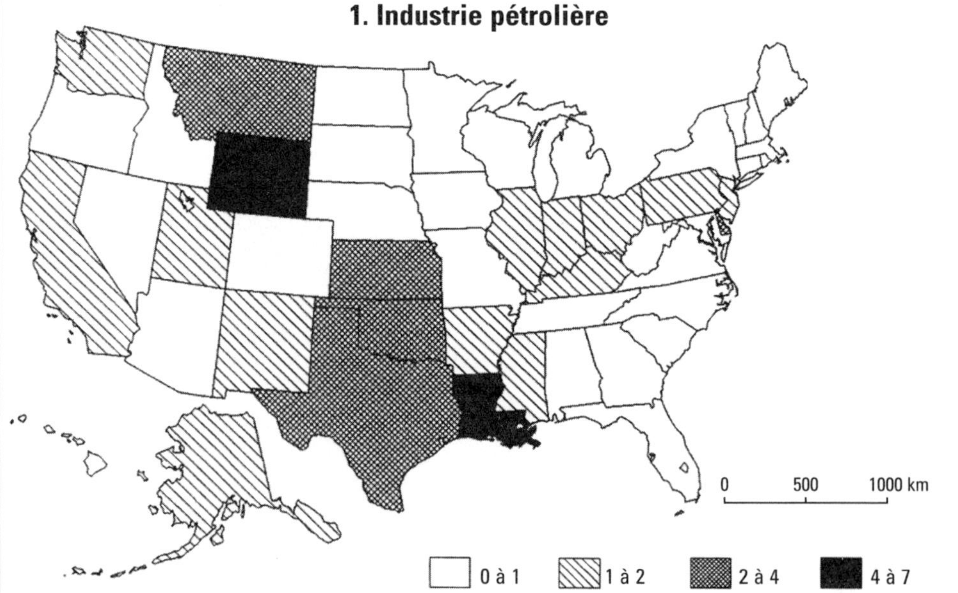

2. Industrie textile

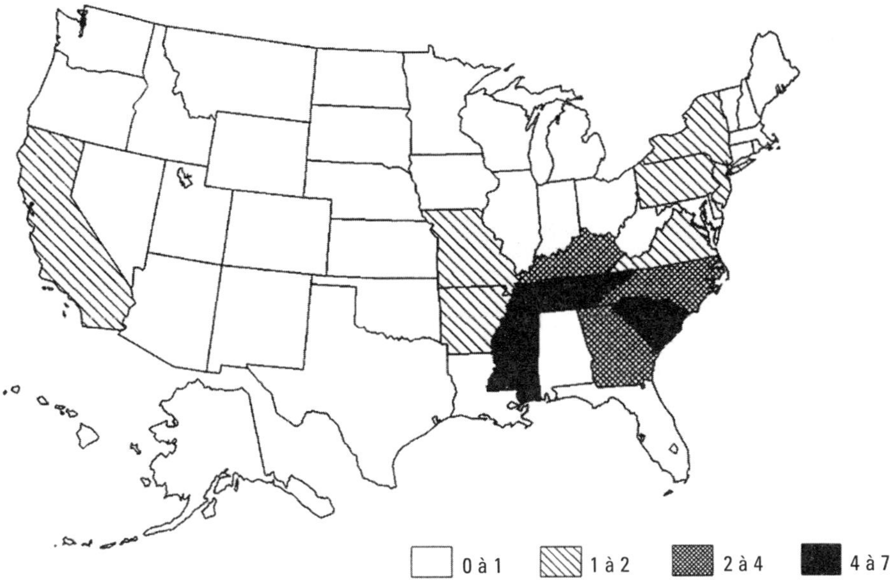

3. Industrie de l'habillement

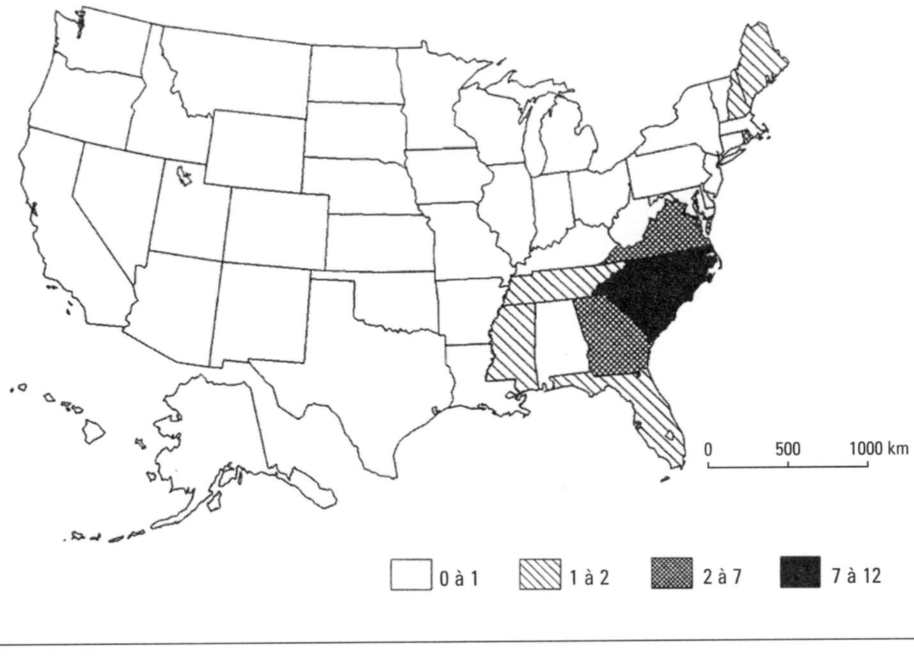

4. Industrie des équipements de transport

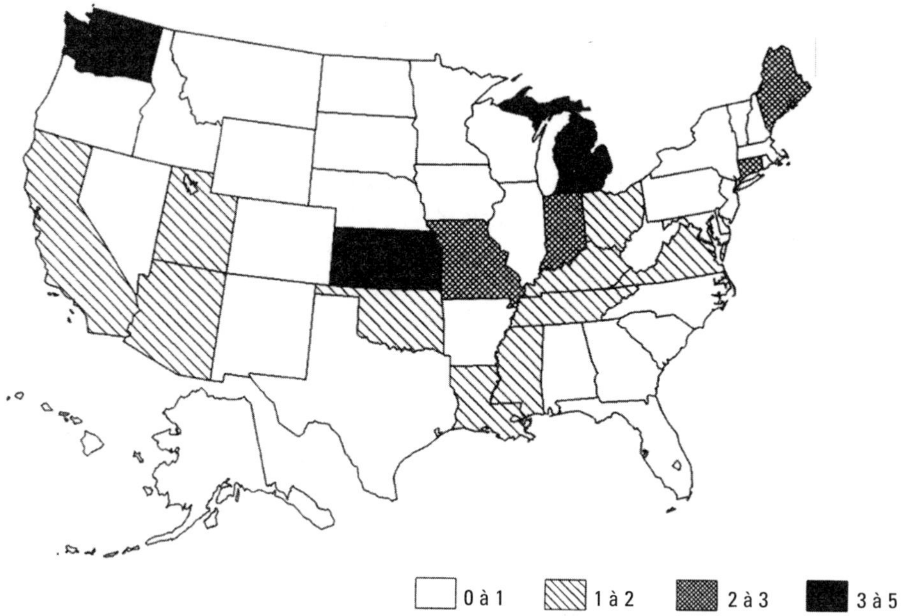

5. Services aux entreprises

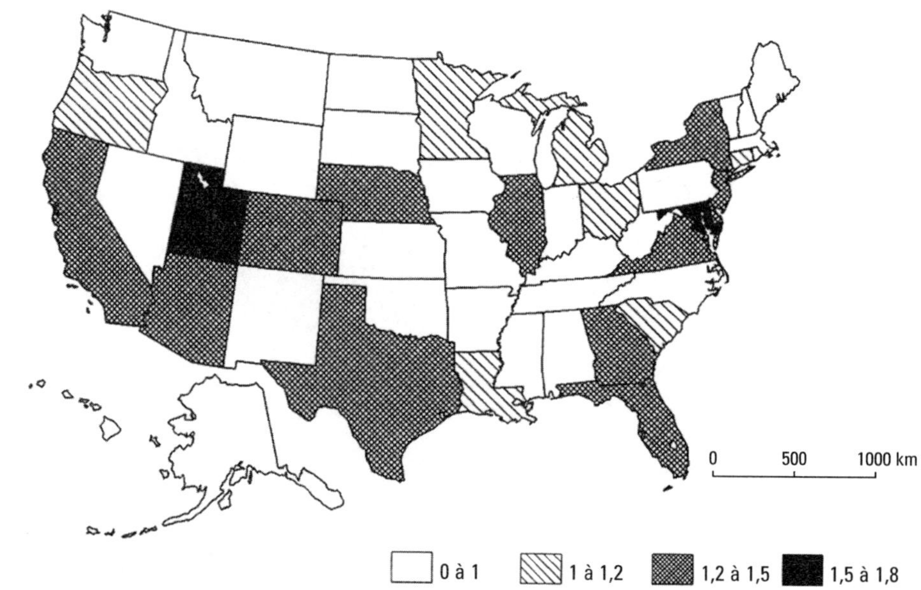

6. Services juridiques

7. industrie cinématographique

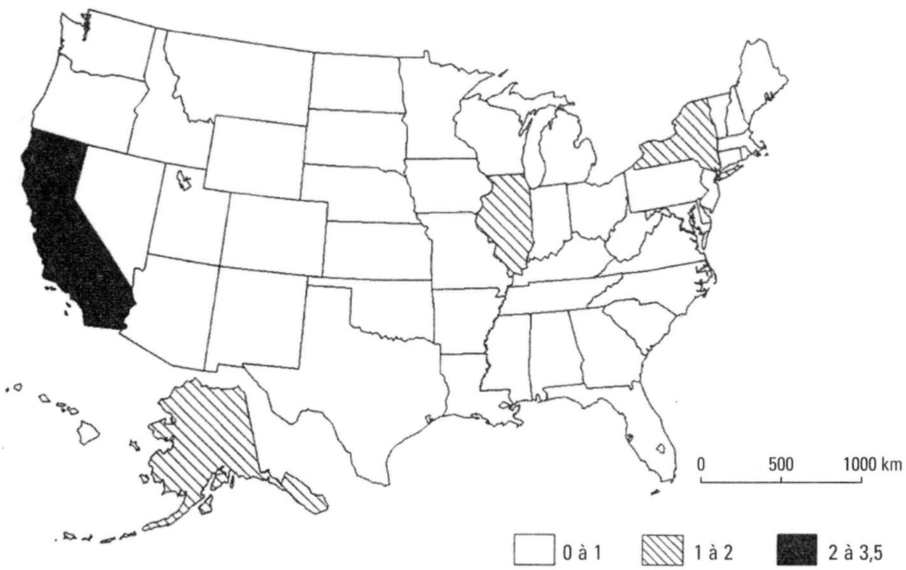

J.-W. Harrington and B. Warf, 1995, *Industrial Location. Principles, Practice & Policy*, London, Routeldge, pp. 76-84.

2 - QUESTIONS

– Quels sont les secteurs pour lesquels certains États présentent des coefficients forts ? Quels sont les secteurs pour lesquels tous les coefficients sont faibles ? Dans quels secteurs économiques l'espace est-il le plus et le moins hétérogène ? Pourquoi ?

– Pour chaque activité, identifier les États les plus spécialisés. En regardant dans un atlas (cartes de géographie physique et de population), examiner si cette spécialisation peut être due à un facteur non directement économique. Quand ce ne semble pas être le cas, quelles explications peut-on donner ?

– Comparer les cartes de l'industrie textile et celle de l'habillement, et tenter d'interpréter les conclusions en termes d'externalités.

– Quelles sont les cartes (et les spécialisations) qui semblent principalement pouvoir être expliquées par :

- la portée-limite ;
- les économies de localisation ;
- les économies d'urbanisation ;
- les avantages comparatifs ;
- les déterminations historiques ;
- les prophéties autoréalisatrices.

5

ÉCONOMIE ET OPACITÉ DE L'ESPACE

Le franchissement de l'espace est toujours un problème plus ou moins important. Tout déplacement prend du temps, consomme de l'énergie, présente des risques... Tout transport se paye, d'une manière ou d'une autre. L'espace n'est jamais parfaitement transparent, la distance constitue toujours – mais à des degrés divers – un obstacle. Comme l'homme ne peut abroger la distance, dont l'existence tient à la nature de la réalité dans laquelle il vit, celle-ci constitue une donnée extérieure, indépendante, qui pèse sur ses activités : nous parlerons d'une opacité de l'espace.

Les activités économiques supposent des déplacements de personnes et le transport de biens matériels ou immatériels. Du chasseur obligé de poursuivre son gibier et de le ramener au camp à l'industriel qui fait venir les matières premières destinées à fabriquer le produit qui sera distribué, chaque acteur économique se trouve confronté à la distance.

L'hétérogénéité de l'espace en est directement responsable. C'est parce que l'on ne trouve ni les mêmes choses ni les mêmes personnes partout que les unes et les autres se déplacent. Le chasseur doit débusquer le lièvre là où il se cache. De plus, dès que l'on sort de l'autoconsommation, c'est-à-dire dès que le consommateur n'est pas le producteur, l'économie prend la forme d'un circuit et passe par un échange entre deux acteurs, qui, par définition, ne peuvent se trouver au même endroit au même moment : ainsi, La Redoute doit envoyer ses colis au domicile de ses clients.

Ce chapitre est consacré à la confrontation de l'économie à l'opacité de l'espace, principalement à travers les transports.

On s'intéressera d'abord à l'activité de transport elle-même, en tant qu'elle constitue une réponse à l'opacité de l'espace. Les techniques de transport, leurs évolutions, les réseaux méritent d'être analysés, même en dehors de toute dimension spatiale, parce qu'à terme, c'est bien d'espace et de franchissement de l'espace dont il est question.

On verra ensuite comment l'opacité de l'espace et les transports déterminent l'organisation de l'espace économique. La façon dont on prend en compte la distance, l'évolution des techniques de transport, la forme des réseaux structurent la distribution des activités économiques.

Le transport, activité économique tertiaire.
Les activités de transport appartiennent au secteur économique tertiaire. Elles emploient des travailleurs, produisent des plus-values, participent à l'économie locale et structurent l'espace : une gare est un centre de services, au même titre qu'un hypermarché. Les transports concernent donc la géographie économique au même titre que n'importe quelle activité économique. En tant que secteur économique, ils seront présentés dans le chapitre 12 sur la localisation des services.
Toutefois, le transport est une réponse à ces deux contraintes géographiques que sont l'hétérogénéité de l'espace et la distance. En tant que tel, le transport en soi intéresse donc le géographe, alors que le commerce, par exemple, en tant que tel, ne le concerne pas directement.

BIBLIOGRAPHIE DU CHAPITRE

Ouvrages de base

MARCADON J. *et al.*, *Les Transports. Géographie de la circulation dans le monde d'aujurd'hui*, Paris, Armand Colin, 1997.
MERENNE E., *Géographie des transports*, Paris, Nathan, 1995, 192 p.
MERLIN P., *Géographie, économie et planification des transports*, Paris, PUF, 1991, 492 p.
MERLIN P., *Géographie des transports*, Paris, PUF, coll. « Que sais-je ? », 1992, 128 p.
WOLKOWITSCH M., *Géographie des transports*, Paris, Armand Colin, 1992, 191 p.

Ouvrages et articles spécialisés ou de référence

BAKIS H., *Géographie des télécommunications*, Paris, PUF, coll. « Que-sais-je ? », 1984, 127 p.
BAKIS H. (dir.), *Communications et territoires*, Paris, La Documentation française, 1990, 404 p.
BAUCHET A., *Les Transports mondiaux, instruments de domination*, Paris, Économica, 1998, 304 p.
BONNAFOUS A., *Circuler demain*, Paris, Datar/Éditions de l'aube, 1993, 188 p.
BONNAFOUS A. , « Réseaux de transport », *in* J.-P. Auray et *al.* (dir.), *Encyclopédie d'économie spatiale. Concepts, comportements, organisations*, Paris, Économica, 1994, pp. 325-332.
CASTELLS M., *La Société en réseaux. Tome 1 : l'ère de l'information*, Paris, Fayard, 1998 (éd. angl. : 1996) , 613 p.
DUPUY G., *Systèmes, réseaux et territoires : principes de réseautique territoriale*, Paris, Presses de l'ENPC, 1985, 168 p.
Espaces et sociétés, n[os] spéciaux « Infrastructures et formes urbaines », n° 95 et n° 96, 1998/1999.
Espace géographique, n° spécial « Réseaux et transports », 1993. Articles de G. Dupuy, M. Savy, R. Brunet, J.-M. Offner, J.-J. Bavoux et M. Mamoghli.
GOUSSOT S., *Géographie des télécommunications*, 1998, Paris, Armand Colin, 96 p.
PLASSARD F., « Les réseaux de transport et de communication », *in* A. Bailly, R. Ferras et D. Pumain (dir.), *Encyclopédie de géographie*, Paris, Économica, 1992, pp. 533-556.
TAAFFE E.J. et GAUTHIER H.L., *Geography of Transportation*, Englewood Cliffs (NJ), Prentice Hall, 1973, 226 p.

A

TECHNIQUES DE TRANSPORT

1 - Ce qui est transporté

■ Les biens matériels : les marchandises

Les biens matériels présentent des exigences particulières quant à leur transport, différentes de celles des biens immatériels et des personnes. On peut les classer en deux catégories : les ***pondéreux et les non-pondéreux***. Pour ces derniers, le coût de transport unitaire atteint ou dépasse très vite le prix de vente du produit. Les pondéreux sont donc astreints à n'employer que des moyens de transport très économiques, surtout s'ils franchissent de longues distances. À l'inverse, un produit dont la valeur ajoutée au kilogramme est élevée (produit de luxe, de haute technologie...) ne subit pas les mêmes contraintes : le coût de transport est presque négligeable eu égard à la valeur du produit.

Pondéreux et non-pondéreux : il ne s'agit pas d'opposer ce qui est lourd ou léger : l'or est lourd, mais n'est pas un pondéreux. La distinction porte sur le rapport entre le poids et la valeur ajoutée. Les pondéreux sont des produits à faible valeur ajoutée au kilogramme. Il sont souvent bon marché et transportés en grande quantité (charbon, pétrole, blé...).

Le coût de transport des pondéreux

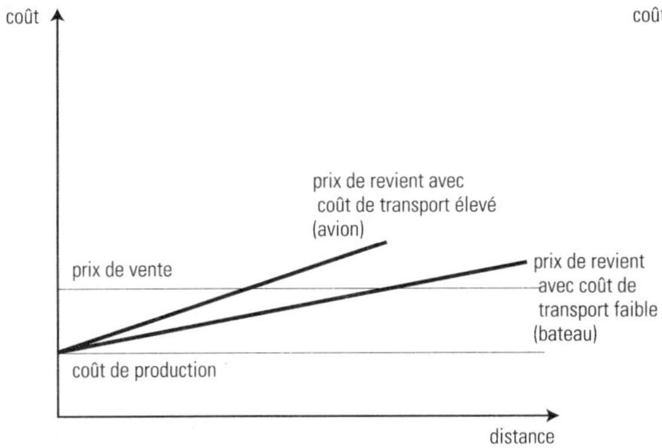

Le coût de transport des non-pondéreux

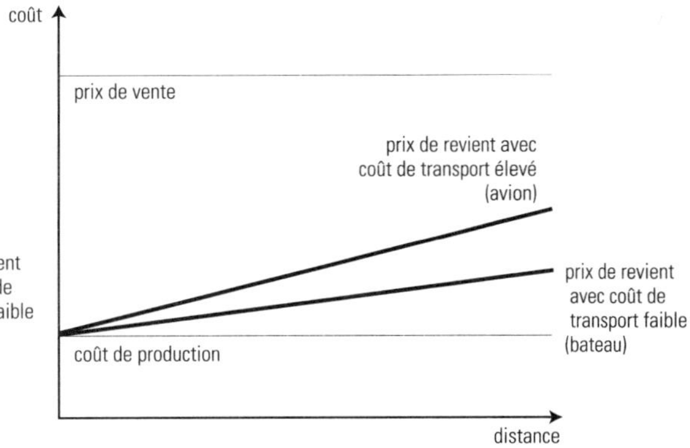

prix de revient = coût de production + coût de distribution

En fait, dès que l'on sort du domaine des pondéreux, chaque produit a des exigences particulières, qui ne se résument pas aux seuls coûts (même si l'on cherche toujours à les minimiser). C'est par exemple la rapidité pour les denrées périssables (aliments frais, fleurs), la ponctualité pour les produits nécessaires à un moment précis (médicaments, pièces de rechange...) ; le transport délicat du fait de la fragilité des produits (œufs, bouteilles, fleurs...) ; les températures constantes (chaîne du froid des produits surgelés) ; une hygiène irréprochable (poissons, produits laitiers, viandes).

Les personnes

La particularité du transport de passagers réside dans le fait que l'« objet » transporté paye le coût de son transport et a, par ailleurs (ou en fonction de cela), des exigences qu'il convient de prendre en compte. Certaines sont partagées par d'autres « marchandises », comme la rapidité. En fonction de ses moyens, le voyageur choisit le mode de transport le plus rapide, et est très exigeant quant au respect des horaires : il peut être prêt à payer cher pour gagner du temps. Les diligences, le train, l'avion puis le TGV ont été conçus pour répondre à sa demande.

Le passager réclame des conditions de sécurité parfaite, surtout quand il s'agit d'un transport collectif (avec sa voiture, c'est une autre histoire). Les compagnies d'autocars, de chemin de fer, les compagnies aériennes doivent être très attentives aux conditions de sécurité dans lesquelles s'effectuent les voyages.

Le passager exige des conditions de confort, qui restent un des principaux objets de concurrence entre les compagnies aériennes. Il veut être bien assis, écouté, bien nourri... Le transporteur doit assurer un service, qui inclut celui de la restauration ou de l'hôtellerie si le voyage est long.

Par ailleurs, l'individu se trouve face à un choix qui ne se pose pas pour les marchandises : transport individuel ou collectif. Le transport collectif présente l'inconvénient de manquer de souplesse et souvent de confort, mais il est toujours meilleur marché, pour l'individu et la société, et souvent plus rapide.

Les biens immatériels : l'information

À l'heure d'une économie postindustrielle où l'information tient lieu de matière première, on saisit l'importance de sa ***transmission***, même si celle-ci a toujours été essentielle.

La ***transmission*** de savoirs portant sur les techniques agricoles a été à la base de la révolution néolithique. L'expansion de la culture grecque, l'hellénisation, puis la romanisation du bassin méditerranéen se sont faites par la diffusion d'une langue, d'une religion, d'une philosophie, d'un modèle social, politique, économique et de certaines techniques. L'humanisme médiéval s'est aussi développé par la communication des idées.

On peut distinguer quatre types d'information, selon leur fréquence et leur facilité d'échange.

		Fréquence	
		rare	*fréquent*
Facilité	*échange difficile et complexe*	expertise : audit	enseignement
	échange facile	commande de produit standard	cours de la Bourse

Chacun de ces types d'information présente des exigences de transport particulières. Les informations dont l'échange est peu fréquent et difficile supposent un déplacement des personnes intéressées, soit pour obtenir l'information, soit pour la délivrer. Il s'agit souvent d'informations complexes, stratégiques. Ainsi, l'élaboration d'un rapport d'expertise sur les comptes d'une entreprise suppose que l'expert se déplace pour s'entretenir avec les responsables. La remise du rapport final nécessite aussi une entrevue. Un face à face est souvent indispensable, soit que l'information soit confidentielle, soit qu'elle suppose un ***échange*** pour une part ***non discursif***. Inversement, les informations simples à obtenir et à transmettre peuvent se passer du déplacement de personne (courrier, téléphone...). Toutefois, si les échanges sont fréquents, des moyens de communication sophistiqués peuvent être nécessaires (réseau informatique).

Échange non discursif : toute communication comporte une part non verbale (échanges de regards, évaluation des caractères, convivialité...). Cette part peut être essentielle (négociation de contrat).

2 - Les techniques

■ Historique

Les techniques de transport peuvent être rudimentaires : le chasseur qui ramène son gibier sur l'épaule, le voyageur qui porte sa valise... Le transport de biens reste alors très limité, tant pour les quantités mobilisées que pour les distances franchies. L'usage de l'attelage à roues a permis un accroissement des quantités transportées, si ce n'est de leur vitesse. Pourtant, à un premier niveau de technique, le transport terrestre reste dispendieux dès que l'on veut transporter de grosses quantités.

La ***voie d'eau*** présente l'intérêt de limiter les frottements, et donc de diminuer l'énergie dépensée, d'autant que des énergies extérieures sont disponibles : le vent et le courant. Certains itinéraires étaient toutefois forcément continentaux ; on les parcourait par caravanes (chevaux, mulets, dromadaires). Les expéditions étaient harassantes, coûteuses et périlleuses et ne pouvaient être entreprises que pour des marchandises légères dont on espérait un bon prix : épices, métaux et tissus précieux. Il a fallu attendre le chemin de fer pour que les espaces continentaux soient franchis facilement.

La ***voie d'eau*** a été privilégiée par le commerce dès que les quantités à transporter ont été importantes : cabotage sur les côtes, halage ou navigation sur les rivières, puis traversées maritimes.

■ Les différents modes de transport

Le choix d'un des modes dépend bien sûr des réseaux existant sur l'itinéraire envisagé, mais aussi de l'objet qui est transporté et des qualités propres des différents modes.

Le transport routier est d'une grande souplesse. Chaque véhicule est autonome, il peut aller à peu près partout puisque ce n'est pas un ***transport en site propre***. Le conducteur ne dépend que de lui-même : par ce mode de transport, il dispose donc d'une grande liberté dans les horaires comme dans l'itinéraire. La principale qualité du transport routier réside dans sa flexibilité : livraison porte à porte, disponibilité immédiate. En revanche, il présente une série d'inconvénients, pour la collectivité en premier lieu. C'est un transport très polluant (pollution atmosphérique et sonore), dont l'emprise au sol est importante (voies des autoroutes, parkings), qui génère des embouteillages (surtout en ville) : le coût social est lourd, et plus encore si les accidents graves sont fréquents. Pour les individus et les entreprises, le transport routier est lent comparativement au train ou à l'avion, et les conditions de trafic aléatoires ne permettent pas de garantir une heure d'arrivée. Son coût est par ailleurs élevé (amortissement du véhicule, assurance, taxes diverses).

Transport en site propre : qui exige des infrastructures spécifiques (métro, par opposition aux bus qui empruntent le réseau routier).

Le rail présente le profil inverse. Le train pollue peu, car sa traction est le plus souvent électrique. Il consomme assez peu d'espace, eu égard aux passagers et aux tonnages transportés. Le transport est économique : la friction sur les rails est très limitée, si bien que la quantité transportée influe peu sur l'énergie nécessitée par la traction. Le train est relativement bon marché. Il est très sûr, ses horaires sont fiables. Il est rapide, surtout s'il roule à Très Grande Vitesse. Toutefois, c'est un mode de transport qui présente une forte rigidité : il ne fonctionne que de gare à gare. On va à la gare pour amener ou décharger des marchandises et on en revient : ces ***ruptures de charge*** impliquent des surcoûts et des retards dommageables, rédhibitoires pour certains produits.

Rupture de charge : changement de mode de transport nécessitant déchargement et chargement.

Le transport aérien est le plus rapide. C'est net sur les grandes distances (plus de 500 km), où il est beaucoup plus avantageux en termes de temps que le chemin de fer. C'est plus douteux sur les distances intermédiaires ou courtes. Les aéroports, en raison de la place qu'ils ont exigée à la phase finale d'une urbanisation, à cause des nuisances sonores qu'ils occasionnent, sont implantés en banlieue, une banlieue souvent lointaine, embouteillée, quelquefois mal reliée au centre (Orly). Aller du centre-ville à l'aéroport de départ, se rendre de l'aéroport d'arrivée au centre, réclame parfois plus de temps que les deux heures d'un vol européen.

L'enregistrement des passagers et de leurs bagages, les mesures de sécurité, le transit de la salle d'embarquement vers l'avion prennent un certain temps. Ces procédures sont beaucoup plus rapides dans les gares, qui présentent par ailleurs le grand avantage de se trouver en centre-ville. De plus, malgré la baisse des prix liée aux charters, à la déréglementation et à la concurrence sauvage des compagnies sur certaines lignes (transatlantiques par exemple), l'avion reste très cher. Il garde le monopole du trafic passager sur les grandes distances. Le coût élevé limite le fret à des produits à haute valeur ajoutée.

Grand gabarit (voies d'eau à...) : canal ou fleuve aménagé de manière à pouvoir être emprunté par des bateaux de grande taille (plus de 3 000 tonnes). On parle aussi de gabarit européen.

Trois ***réseaux hydrographiques*** jouent dans le monde un rôle essentiel : l'axe rhénan (avec sa récente connexion au Danube), les Grands Lacs et le Saint-Laurent, le système des cinq mers (ex-URSS).

Pont continental : réseau transcontinental (routier ou ferroviaire) reliant deux façades maritimes. Les navires ne contournent pas les continents, mais débarquent leurs marchandises sur une façade ; celles-ci empruntent l'axe continental et sont chargées sur un autre navire, sur l'autre façade.

La voie d'eau continentale (fleuve ou canal à ***grand gabarit***, car les petits canaux ne jouent plus qu'un rôle anecdotique) est d'une grande rigidité. Contrairement à la voie d'eau maritime, elle est tributaire d'un ***réseau hydrographique***, qui doit par ailleurs être aménagé : rectifié, dragué, calibré... ou d'un réseau de canaux souvent lacunaire (pas de liaison Rhin-Rhône, ni Rhin-Seine). Là où il est possible, ce mode de transport est très attractif, essentiellement pour les pondéreux : il est très bon marché. Il est également très lent, mais ceci n'a pas une grande importance pour ces produits. Cela en a une pour les passagers qui se sont détournés des grands paquebots pour leur préférer l'avion. Les *ferries* n'assurent que le transport sur des traversées maritimes trop courtes pour l'avion (la Manche est ainsi le premier axe mondial de transit passagers). Aussi, le transport maritime est surtout celui des marchandises. Le train n'est envisageable pour changer de continent que s'il existe des ***ponts continentaux***. Le transport maritime dispose donc d'un trafic captif. Il assure les trois quarts du commerce international en tonnage.

Le tube, réservé au transport de fluides, liquides ou gazeux, concerne essentiellement les produits énergétiques, transportés du gisement ou d'un port d'importation vers un centre de traitement (raffinage par exemple) ou vers un port d'exportation.

■ La circulation de l'information

La circulation de l'information : dès le XIIIe siècle les banquiers et marchands italiens avaient besoin d'informations récentes et précises sur l'offre et la demande, mais aussi sur la conjoncture (spécialement politique) susceptible d'influer sur leurs affaires. Entre leurs comptoirs, ils entretenaient tout un réseau d'informateurs appointés (auprès des cours d'Ancien Régime notamment) et de porteurs de missives.

L'information a longtemps circulé par l'intermédiaire du déplacement d'un bien ou d'une personne (circulation matérielle). Jusqu'à la Renaissance, cette diffusion ne s'opérait que selon deux modes : le bouche-à-oreille (ce qui suppose le déplacement d'au moins un des interlocuteurs) et la transmission de manuscrits (lettres, parchemins). Cette ***circulation de l'information*** était pourtant déjà organisée rigoureusement en réseaux, et considérée comme cruciale. Grâce à l'imprimerie, le livre n'est plus un objet précieux, recopié pendant de longues heures, mais un exemplaire reproduit à l'identique. Les perfectionnements techniques autorisent rapidement une fabrication bon marché, et l'information livresque devient plus accessible.

L'amélioration des services postaux permet ensuite une amélioration de la vitesse de circulation des nouvelles. Cela conjugué à la montée de l'urbanisation et à l'abaissement des coûts de reproduction autorise l'existence de journaux, qui assurent une diffusion rapide de l'information. Le train, l'automobile, puis l'avion accélèrent encore le transport de l'information sur support matériel (publication, courrier, personne détentrice d'informations).

La nouvelle mutation s'opère au XIXe siècle : grâce à la télécommunication, le transport de l'information peut se passer de support matériel (circulation immatérielle). Le télégraphe (1844), le téléphone (1876) font passer l'information de manière quasi immédiate par un réseau de fils, rapidement tissé à l'échelle planétaire. Toutefois, le transport est encore dépendant d'un réseau physique. L'utilisation des faisceaux hertziens l'en dégage ; radio, télévision, télécommunication satellitaire baignent la Terre d'un rayonnement permanent chargé d'informations, chacun pouvant les recevoir, selon ses moyens et, dans une certaine mesure, selon sa localisation. Les évolutions récentes font appel à l'outil informatique. Les modems permettent aux ordinateurs de communiquer entre eux, de se mettre en réseau. Internet connecte ainsi plusieurs dizaines de millions d'internautes. L'avenir est peut-être aux ***autoroutes de l'information***.

Autoroute de l'information : infrastructure de télécommunication permettant, grâce au satellite, au réseau téléphonique ou au câble en fibres optiques, de diffuser très rapidement d'énormes quantités d'information encodées (banque de données, images...).

La maîtrise de ces technologies suppose un certain niveau de développement : tous les pays ne disposent pas d'un satellite d'observation ou de télécommunication, ni de lanceurs. Cela exige un investissement très important, à la hauteur des retombées (si l'on peut dire) attendues. Outre les enjeux stratégiques (information... et désinformation), la diffusion de l'information est un marché. Des agences de presse (Reuter, Havas...) s'occupent de la collecte des nouvelles et les délivrent aux entreprises et aux grands médias : presse, radio, télévision. Certains sont spécialisés dans l'information (*Le Monde*, France-Info, CNN) et possèdent leurs propres reporters.

3 - Nouvelle organisation des transports

Les nouvelles possibilités liées aux progrès techniques, alliées aux nouvelles exigences du marché, autorisent de nouveaux modes d'organisation des transports.

■ Normalisation

Améliorer le transport, c'est d'abord opérer une standardisation. Si les dimensions des objets transportés sont homogénéisées, il devient possible de se servir des mêmes outils de chargement et de déchargement pour tous les moyens de transport de par le monde. Cela réduit les manipulations, accroît la rapidité du transport en diminuant les coûts : il s'agit de limiter la gêne des ruptures de charge.

Grâce aux ***conteneurs*** (de plus en plus utilisés), toutes les marchandises peuvent être traitées de la même façon : le coût du transport se calcule d'ailleurs à la boîte. Les navires, les camions, les wagons s'adaptent à ces formats ; il est dès lors beaucoup plus facile et rapide de charger ou de décharger les navires (au moyen de grues adaptées), de déposer les conteneurs (au moyen de portiques) sur les trains ou les remorques. L'emploi des conteneurs est toutefois réservé aux produits manufacturés (dont ils assurent 80 % du trafic), qui représentent une faible part des produits échangés en tonnage, mais beaucoup plus en valeur.

Conteneurs : grandes caisses métalliques aux dimensions standardisées (20, 30 ou 40 pieds de long), dans lesquelles les marchandises sont stockées.

Pour les matières brutes, une spécialisation des moyens de transports s'est effectuée. Méthaniers, pétrolier, minéraliers et vraquiers assurent un transport peu onéreux des pondéreux, parce que les navires sont de très grosse taille et qu'ils sont adaptés au produit qu'ils transportent.

Pour l'information, la normalisation se traduit par l'emploi de langages informatiques standardisés (Mac ou PC), l'existence de logiciels utilisés par tous (quasimonopole de Microsoft), l'usage de l'anglais comme langue internationale...

■ INTERMODALITÉ

La facilité du transbordement des conteneurs autorise une plus grande intermodalité des transports, puisque les ruptures de charge, dans les centres bien équipés, n'entraînent ni ralentissement, ni surcoût important. On peut alors changer de moyen de transport en fonction des coûts de ceux-ci, des exigences de la marchandises et de l'itinéraire.

Roll on/roll off : procédé intermodal par lequel les camions entrent directement dans les navires à quai pour en effectuer le chargement et le déchargement.

Ferroutage : couplage de deux modes de transport : le camion (souple, mais assez cher, lent et polluant) et le train (rigide, bon marché et rapide). Les camions assurent la desserte locale « porte à porte », mais prennent le train sur les grandes distances.

Cela s'opère dans des centres où les modes de transport sont mis en rapport, où un équipement sophistiqué assume les ruptures de charge : les plates-formes multimodales. Les plus complètes mettent en rapport la voie d'eau (port ou canal), le train (gare) et la route (gare routière). Le transbordement peut s'effectuer par portage des conteneurs. La seconde solution consiste à permettre l'interpénétration des modes de transport ***roll on/roll off*** ou par ***ferroutage***.

Les plates-formes multimodales jouent un rôle essentiel. Elles assurent les ruptures de charge nécessaires à la dispersion des marchandises importées ou à l'exportation de celles collectées. Leur rôle consiste donc à permettre les changements d'échelle dans la distribution, qui s'accompagnent de changement de mode de transport : le camion est efficace surtout pour l'échelle locale en raison de sa souplesse, le fer et le canal pour l'échelle nationale, le transport maritime pour l'échelle internationale, en raison de son faible coût.

L'intermodalité a aussi gagné le transport de l'information, qui utilise aussi bien les faisceaux hertziens que le câble. Les téléports et les centres de réception satellitaire reçoivent une information portée par les ondes, qu'ils redistribuent localement par le câble.

■ GESTION

Logistique : science et pratique visant à assurer les moyens matériels d'une opération. Les transport y jouent un rôle premier.

La complexité des connexions qu'il faut assurer, la multiplicité des mouvements que traitent les plates-formes supposent de gros efforts d'organisation. La ***logistique*** prend une part de plus en plus grande. Exploiter complètement les nouvelles possibilités suppose une gestion très rigoureuse des stocks et de la production. Les transports sont suffisamment rapides, souples et bon marché pour écouler la production de manière continue, en faisant l'économie du stockage dispendieux des marchandises : c'est la politique « zéro stock ». La gestion des flottes de camions ou de navires doit alors se conduire à l'heure près, en fonction des informations fournies par les clients des compagnies de transport. Cela a été rendu possible par l'usage de l'informatique et des télécommunications, qui permettent d'optimiser l'usage d'un parc de véhicules. Ainsi, les navires porte-conteneurs opèrent des tours du monde continus d'une grande rapidité, chargeant et déchargeant à chaque escale – celles-ci étant déterminées en fonction des opportunités. Les ordres viennent de la compagnie mère, qui les transmet par satellite et rationalise les circuits par ordinateur.

L'information relative aux biens transportés (qualités, quantités, destinataires...) n'est plus véhiculée en même temps que le bien lui-même. Elle suit un autre rythme, un autre itinéraire, et elle est traitée par des centres, voire des entreprises, différents. La circulation de l'information est donc devenue essentielle ; elle doit être centralisée et dispersée de manière presque instantanée pour gérer les transports. Cette fonction est assurée par les téléports, comme à New York ou à Londres.

■ Prix

La rationalisation et la standardisation des transports, alliées aux progrès des techniques elles-mêmes (accroissement des vitesses, économies d'énergie), ont entraîné une chute brutale des coûts kilométriques. Celle-ci est également liée à toute une série d'autres facteurs : diminution du coût de la main-d'œuvre (***pavillons de complaisance***), accroissement des capacités (supertankers, avions-cargos), contrecoup pétrolier, ***déréglementation*** et concurrence sauvage (entre compagnies aériennes par exemple).

Pavillon de complaisance : domiciliation des navires dans des pays où la fiscalité est légère et la législation du travail peu contraignante (Panama, Liberia).

Déréglementation : assouplissement d'une législation dans un certain domaine. Désigne spécialement l'ouverture du marché des transports par les États qui le contrôlaient (monopole, tarification, restrictions diverses...). On parle aussi de dérégulation.

Baisse du coût des transports et des communications (en dollars de 1990)

Année	Transport maritime (coût moyen du fret maritime et des droits de port, par tonne)	Transport aérien (recette moyenne par passager/mile)	Communications téléphoniques (3 minutes entre New York et Londres)	Ordinateurs (indice 100 = 1990)
1920	95	–	–	–
1930	60	0,68	245	–
1940	63	0,46	189	–
1950	34	0,30	53	–
1960	27	0,24	46	12 500
1970	27	0,16	32	1 947
1980	24	0,10	5	362
1990	29	0,11	3	100

FMI, 1997.

Le coût au kilomètre est donc devenu très faible, mais certains coûts sont moins compressibles : ceux de la simple prise en charge d'un passager ou d'une marchandise. Quelle que soit la distance parcourue par un navire, le chargement et le déchargement, les taxes portuaires sont les mêmes. Un taxi compte une douzaine de francs de prise en charge quelle que soit la course. Les longs voyages sont ceux qui reviennent le moins cher au kilomètre, car les coûts fixes de prise en charge sont étalés sur une grande distance. Prendre un taxi sur deux mètres coûte 12 francs (6 FF/m) contre 20 francs sur deux km (2 centimes/m) ! Le coût du transport n'est donc pas une fonction linéaire de la distance.

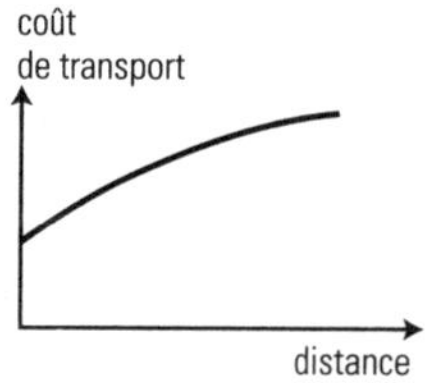

B

LES RÉSEAUX ET LES FLUX

1 - Qu'est-ce qu'un réseau ?

■ De l'itinéraire au réseau

Tout transport emprunte un itinéraire : il trace dans l'espace (il « géographie ») une ligne qui va de A à B. Quand bien même cette ligne est une ligne droite, l'itinéraire relève d'un choix entre une infinité de possibilités. Ce choix est retenu parce qu'il est considéré comme le meilleur, eu égard aux impératifs que l'on se donne, et dans le cadre des informations dont on dispose. Ceux-ci ne sont pas les mêmes selon les individus, ni selon la nature de ce que l'on transporte. L'homme d'affaires pressé ne choisira pas le même itinéraire pour aller d'un endroit de la ville à l'autre que le touriste. Par ailleurs, quel que soit le mode de transport utilisé, tous les itinéraires ne sont pas possibles. Le marcheur est bloqué par les cours d'eau, le navigateur doit les suivre. Les itinéraires sont donc « canalisés » de manière plus ou moins stricte.

Plus le mode de transport est spécialisé, plus il est performant, plus il exige un choix drastique ou un aménagement de l'itinéraire retenu. Le transporteur perd de sa liberté de mouvements, et devient tributaire d'un ensemble d'itinéraires déterminés, éventuellement aménagés.

Dès lors, l'espace perd aussi de ses dimensions ; les choix se réduisent à quelques axes et carrefours, qui constituent un réseau. Le marcheur, qui a peu d'exigences, se contente de chemins plus ou moins faciles selon ses dispositions ; le cycliste est plus difficile ; l'automobiliste n'emprunte que les routes goudronnées ; le voyageur en train suit les rails, et ses possibilités sont encore moins nombreuses s'il exige un TGV. La situation est équivalente pour le **réseau de transport de l'information**.

Le réseau de transport de l'information : du courrier au courrier électronique. Tant que l'information était transportée de manière simple, sous la forme par exemple de lettres véhiculées par des cavaliers, celle-ci pouvait être délivrée à peu près partout. Parallèlement, il suffisait de savoir écrire ou d'avoir recours à un écrivain public, d'acheter un timbre, pour envoyer une missive. Mais il ne fallait pas être trop pressé. L'adoption d'une technique beaucoup plus performante comme le courrier électronique permet un échange beaucoup plus rapide. Mais l'expéditeur doit disposer d'un ordinateur, d'un modem, d'un pourvoyeur d'accès à Internet. Il doit opérer un codage complexe de l'information, et respecter des protocoles précis. Le destinataire doit disposer du même équipement et maîtriser les mêmes techniques. L'information transite par des centres de traitement hiérarchisés interconnectés, qui n'autorisent guère la desserte de la Mongolie ou du Burkina Faso.
Le passage d'un mode frustre à un mode très technique s'accompagne ainsi d'un côté d'une plus grande rapidité du transport, de l'autre d'une canalisation de celui-ci par un réseau et d'une standardisation contraignantes.

■ INFRASTRUCTURES ET ÉQUIPEMENT DU RÉSEAU

Les lieux de départs et les lieux d'arrivées sont rarement utilisés par un seul individu ; les itinéraires sont généralement empruntés par plusieurs. En fonction des besoins et des possibilités techniques d'une société, ils sont aménagés, généralement par la puissance publique : depuis l'époque des ***voies romaines***, l'État planifie la construction des infrastructures de transport en tenant compte d'impératifs politiques et de rentabilité.

Les ***Romains*** dallaient les ***voies*** pour faciliter la course des chars, les rectifiaient pour diminuer les parcours. Le souci d'augmenter la vitesse des déplacements relevait aussi d'impératifs politiques et même stratégiques : il s'agissait d'assurer la maîtrise et la sécurité de l'Empire (mobilité des informateurs, des légions...).

Les infrastructures de transport sont lourdes, et donc très coûteuses. Leur construction suppose des sacrifices, et donc des choix. Ceux-ci se font en fonction des objectifs, qui peuvent être divers (contrôle d'un territoire, exploitation des ressources, aménagement de l'espace...). Dans le cadre dominant de l'économie de marché, une contrainte majeure pèse sur ces choix : celle de la rentabilité financière.

Certains pôles et certaines lignes sont sélectionnés. D'importants investissements y sont réalisés. Ces pôles deviennent des carrefours majeurs bien équipés (gros aéroport, port international, téléport...) ; ces lignes, des axes complets (autoroute de l'information, TGV, canal à grand gabarit). Les pôles et les lignes délaissés n'ont un rôle que secondaire (aéroport local, route départementale). L'espace peut ainsi être desservi sans multiplier les infrastructures lourdes, grâce à la constitution d'un réseau de transport hiérarchisé.

■ La constitution d'un espace réticulé

L'espace est ainsi maillé par un réseau de transport. Cela suppose un changement spatial : l'espace se polarise sur les points desservis. Les angles morts du réseau, à cause de leur enclavement, ne sont plus fréquentés, et sortent d'une certaine manière du territoire. Ils sont abandonnés aux animaux des parcs naturels et aux randonneurs agiles. À l'inverse, les carrefours bien desservis polarisent les flux.

Le réseau de transport transforme l'espace plus ou moins isotropique en un nouvel espace réticulé, fait d'axes et de carrefours, dit « ***anisotropique*** ». Les deux espaces ne se superposent pas géométriquement : le second ne constitue pas une surface. Pourtant, le réseau, surtout s'il s'appuie sur une voirie très aménagée, s'inscrit dans les paysages, possède une emprise sur le premier type d'espace – celui de l'étendue.

Anisotropique : caractère d'un espace hétérogène et orienté. L'espace géographique est anisotropique. L'espace géométrique est isotropique.

■ L'interconnexion des réseaux

Sur l'espace de l'étendue s'inscrivent plusieurs types de réseaux, qui n'ont pas toujours la même forme et qui ne relèvent pas toujours de la même échelle : réseau des routes et autoroutes, des chemins de fer, des voies d'eau, des tubes, des égouts, de la distribution de l'électricité, etc. , mais aussi câbles (télégraphe, fibre optique, téléphone)... Quand le transport est immatériel (information), la structure qui le porte peut, elle aussi, être immatérielle : par extension, on parle de ***réseaux*** pour la télévision, la radio, et toute la télécommunication par faisceaux ***hertziens***.

Les axes des ***réseaux hertziens*** n'ont pas de réelle existence : ils correspondent aux zones desservies par les émetteurs, qui peuvent être assez étroites (ceux des stations FM) ou plus larges (ceux des satellites). Les nœuds sont bien concrets : antenne d'émission, satellite de télécommunication, centre de réception et de redistribution, poste de réception individuel (téléphone portable, radio, télévision).

La valeur d'un carrefour réside dans la qualité et le nombre de ses connexions entre différents types de réseaux. Ainsi, l'aéroport doit être desservi par l'autoroute, le métro (ou le RER). À plus petite échelle, une ville ne peut espérer jouer un vrai rôle de carrefour que si elle dispose d'un échangeur autoroutier, d'une gare bien desservie (si possible TGV), d'un aéroport international, voire d'un port important.

Le problème de cette interconnexion est celui des ruptures de charges. Le voyageur chargé de valises tente de minimiser les correspondances et de limiter le nombre de modes de transport utilisés (c'est l'avantage du TGV par rapport à l'avion : les gares sont souvent en centre-ville). Le problème est plus « massif » pour les marchandises, ce qui explique le rôle fondamental des plates-formes multimodales.

2 - Les formes des réseaux

■ Décrire la forme des réseaux

L'espace réticulaire est constitué d'axes (segments) qui se croisent en des carrefours (nœuds). Ce n'est pas un espace euclidien. Sa représentation s'accommode d'ailleurs fort bien de l'oubli des distances ou des orientations effectives : le plan du métro de Londres n'est pas superposable à la carte de l'agglomération londonienne.

Les carrefours importent le plus : les axes ne font que les rejoindre. L'axe emprunté est indifférent, du moment qu'il permet de se rendre rapidement et à bon marché d'un endroit à l'autre. La qualité d'un réseau tient plus au nombre des nœuds qu'à celui des segments.

Un réseau forme ce qu'on appelle en mathématiques (topologie) un « graphe » ; c'est en faisant appel aux outils de cette discipline que les réseaux de transport sont étudiés. Pour les caractériser, on compte le nombre de liens et de nœuds, et de sous-réseaux indépendants, ce qui permet de calculer une série d'indices mesurant la complexité, la connexité, l'achèvement d'un réseau. Des modèles ont été conçus pour rendre compte, par exemple, des phases d'évolution d'un réseau de pays sous-développé (voir figure ci-dessous). De manière plus descriptive, la forme générale d'un réseau peut être qualifiée par métaphore : on parle de toile d'araignée, d'étoile, d'arbre, de grille... Mais pourquoi un réseau adopte-t-il telle forme ou telle autre ?

Modèle diachronique d'un réseau situé dans un pays sous-developpé

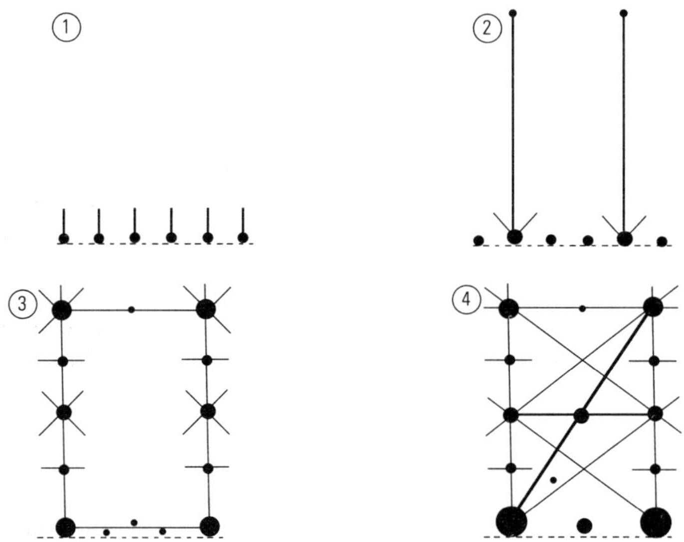

E.J. Taaffe et H.L. Gauthier, *Geography of Transportation*, 1973.

■ Expliquer la forme des réseaux

Les réseaux répondent à différents types d'exigences. Le point de vue de l'utilisateur privilégie une forme de réseau qui minimise les coûts d'utilisation (coût et durée du déplacement, confort...) : colonne A du tableau ci-contre. Les intérêts du constructeur des infrastructures du réseau le poussent à limiter le coût de l'équipement (quantité de bitume pour une autoroute, coût des centraux téléphoniques pour les télécommunications...) : colonne B. Enfin, on peut envisager des solutions de compromis entre les deux logiques : colonne C. Par ailleurs, selon que les axes ou les nœuds sont les plus onéreux à équiper, le constructeur tentera de réduire le nombre des uns (ligne X) ou des autres (ligne Y), et de les hiérarchiser.

La révolution des transports met en œuvre des modes de plus en plus complexes et coûteux en infrastructures. C'est donc de plus en plus rarement le point de vue de l'utilisateur seul qui l'emporte. La logique dominante est celle qui vise à limiter le coût – exorbitant – des infrastructures, en les hiérarchisant autant que possible. Il s'ensuit une polarisation de plus en plus forte de l'espace économique, car celui-ci est structuré par les transports.

Les types de formes de réseaux et leurs logiques

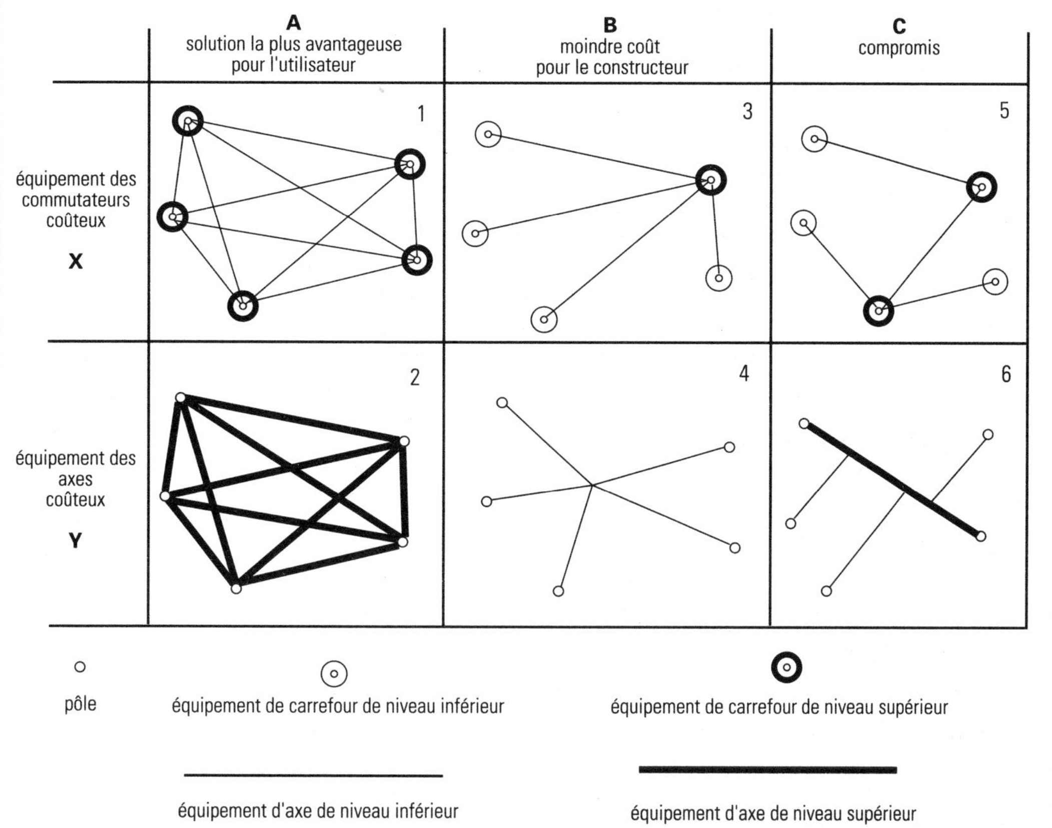

Remarque : nous rejoignons ici certaines conclusions de Paul Claval, dans son *Initiation à la géographie régionale*, Paris, Nathan, 1993, p. 107.

Les cellules 1 et 2 correspondent aux logiques des utilisateurs seuls : ils sont indifférents aux coûts des infrastructures et préfèrent donc privilégier le maximum de liaisons directes. Évidemment, rares sont les cas où le coût des infrastructures n'est pas pris en compte : ces formes de réseaux ne se rencontrent que lorsque les équipements sont peu coûteux et/ou abandonnés à la responsabilité des individus. On peut donner comme exemple, pour le cas 2 : un réseau de pistes entre des villages dans une savane ; pour le cas 1 : l'équipement en tam-tams de chacun de ces villages.

Les cellules 3 et 4 répondent à la logique du constructeur seul : la forme des réseaux vise à minimiser le coût des équipements, c'est-à-dire le nombre des nœuds ou la longueur des axes, dans l'indifférence des détours que ceci peut occasionner aux utilisateurs. Le cas 4 correspond par exemple au réseau des chemins de fer en France. Le cas 3 est illustré par la structuration en *hubs* et *spokes* des réseaux aériens. Les *hubs* constituent des pivots aériens dont l'équipement est coûteux ; ce sont de grosses plates-formes aéroportuaires en rapport avec des destinations multiples et lointaines, au moyen d'avions gros porteurs, dont les vols ont une fréquence importante ; ils polarisent l'essentiel du trafic et assurent les correspondances. Les *spokes* rayonnent de ces centres pour les relier à des petits aéroports à vocation locale, qui ne sont en rapport qu'avec les *hubs* les plus proches, au moyen d'avions plus petits dont les fréquences de vol sont plus réduites.

Les cellules 5 et 6 présentent des exemples de compromis entre les intérêts des utilisateurs et des constructeurs. La forme des réseaux vise à limiter à la fois les coûts des infrastructures (longueur des axes, équipement des nœuds) et celui de leur utilisation (temps et coût de transport). La cellule 6 correspond à l'exemple d'une autoroute à laquelle les utilisateurs accèdent par des routes. La cellule 5 montre la hiérarchisation des télécommunications au moyen de deux centraux importants.

3 - Réseaux et flux

À travers le réseau s'effectue le déplacement des biens, des personnes et de l'information. La géographie des transport analyse les flux aussi bien que les réseaux.

Pour mesurer un flux, il faut tenir compte de la quantité transportée et de la distance franchie. 1000 passagers qui prennent un train pour parcourir 50 kilomètres reviennent au même que 100 passagers sur 500 kilomètres : la SNCF encaissera (à peu près) la même somme. Les flux se quantifient en passagers/km ou en tonnes/km. La géographie des flux dépend de plusieurs critères. Un lieu est d'autant plus émetteur et récepteur que la population y est nombreuse et le marché (consommation et production) important. Par ailleurs, les flux entre deux villes sont d'autant plus denses que ces deux villes sont proches. Il s'agit là du **modèle de gravité**, très pertinent pour les déplacements de personnes.

Le modèle de gravité. La loi de la gravité universelle d'I. Newton pose que l'attraction entre deux corps (1 et 2) est proportionnelle à leur masse et inversement proportionnelle au carré de leur distance : $A_{1/2} = \frac{P_1P_2}{D_{1/2}^2}$, où P est la masse, D la distance, et A la force d'attraction.
On assimile la force d'attraction entre deux corps aux flux entre deux villes (1 et 2), et l'on obtient : $F_{1/2}= \frac{P_1P_2}{D_{1/2}^2}$. Le flux entre deux villes est proportionnel au « poids » de ces deux villes et inversement proportionnel à la distance qui les sépare.
Cette expression du modèle de gravité est la plus simple. Il est habituellement compliqué au moyen d'un coefficient k qui quantifie, par exemple pour les flux de personnes, la propension à migrer, variable selon les cas. De même, la distance n'est pas toujours portée au carré : on l'élève à une puissance *n* qui est la mesure du frein opéré par la distance, plus ou moins fort selon les situations : $A_{1/2} = k \frac{P_1P_2}{D_{1/2}^n}$. On peut également affiner l'indice utilisé pour mesurer le poids de la ville.
Ce modèle de gravité permet d'estimer ou de prévoir des flux que l'on ne connaît pas. Il permet aussi de comparer les flux théoriques aux flux observés, pour voir s'il y a plus ou moins de trafic que ce à quoi on pourrait « normalement » s'attendre. Ce modèle a fait les preuves de son efficacité, mais ne prétend pas bien sûr épuiser la réalité dont il rend compte. Précisément, c'est surtout l'écart au modèle qui intéresse le géographe.

Les flux ne sont pas indépendants des infrastructures de transport et du réseau lui-même. Plus le réseau est performant (transport rapide et bon marché), plus les flux sont importants. On parle de trafic induit : il s'agit d'un flux qui est proprement engendré par les infrastructures. Telle activité industrielle, impossible dans une région enclavée, devient rentable grâce à l'abaissement des coûts de transport consécutif à l'amélioration ou la construction d'un réseau qui la dessert. Ainsi, des flux d'hommes d'affaires sont « engendrés » par les gares TGV ou les aéroports, parce que la qualité de la desserte autorise la création de bureaux ou d'entreprises de services, dans un espace où ces activités n'étaient jusqu'alors pas envisageables.

À ce trafic induit s'ajoute un trafic détourné. Les flux évitent tous les itinéraires comportant des obstacles, coûteux en temps comme en argent. Barrières du relief, insuffisance de l'équipement, absence de relais, insécurité... : autant d'éléments qui limitent le trafic. Celui-ci se concentre au contraire dans les vallées accumulant plusieurs moyens de transport de qualité, dans des conditions de sécurité satisfaisantes. C'est un effet « boule de neige » : le trafic est canalisé par les grands couloirs, précisément équipés pour répondre aux exigences d'un trafic important. Les aménageurs le savent bien : plus on perfectionne un réseau, plus dense est le trafic qui s'y développe. Par exemple, il ne sert pas à grand-chose d'améliorer la circulation pour tenter de limiter les embouteillages. Si ceux-ci sont momentanément éliminés, il s'ensuit très rapidement une augmentation du trafic, chaque automobiliste envisageant d'emprunter cet itinéraire attractif : les embouteillages reprennent de plus belle.

Le réseau tend à être de plus en plus hiérarchisé, et le trafic de plus en plus concentré. On améliore en effet l'équipement des axes et des carrefours les plus pratiqués, qui tendent à polariser le trafic. À l'inverse, les infrastructures des axes et des carrefours peu fréquentés n'attirent pas d'investissement ; ils se détériorent et sont de plus en plus évités par le trafic.

C

DISTANCE ET STRUCTURATION DE L'ESPACE

Les transports permettent donc aux hommes de pallier l'opacité de l'espace. Les types de réponses proposés modèlent l'organisation de l'espace économique.

1 - Mesures de la distance : kilomètre, temps, coût

La distance à laquelle l'acteur géographique se trouve confronté n'est pas la distance ***géométrique euclidienne*** – ou bien rarement. Il existe plusieurs types de distances.

Il y a la distance géométrique, mesurable en mètres. Mais, le nombre de mètres franchis a moins d'importance que le temps mis pour les parcourir. On dit plus facilement : « J'habite à cinq minutes du centre » que : « J'habite à 800 mètres » ; c'est une ***distance-temps***. Il existe également une ***distance-coût***, qui mesure un déplacement à son prix de revient. Je peux dire : « Je suis à 30 francs de la gare (en taxi). » Cette mesure de l'espace en coût n'est pas parfaitement proportionnelle à celle en distance géométrique (les premiers kilomètres parcourus coûtent plus cher que les derniers). Dans un espace homogène, la distance autour d'un point se calcule indifféremment dans toutes les directions. Les lignes d'égale distance à ce point sont également des lignes d'égal coût de transport : des ***isodapanes***. Elles forment des cercles concentriques autour du point où le coût de transport est plus élevé.

Par ailleurs, on n'utilise pas nécessairement la ligne droite pour rejoindre deux points. On peut lui préférer un chemin détourné, pour diminuer le temps de parcours (il vaut mieux 500 kilomètres en TGV que 300 en train classique) ou diminuer le coût (parcourir 1000 kilomètres de voie d'eau est moins onéreux que de circuler sur 200 kilomètres de route).

Géométrie euclidienne : géométrie acceptant le postulat d'Euclide (selon lequel par un point, il ne passe qu'une droite parallèle à une droite donnée).

Distance-temps : distance mesurée selon le temps de parcours.

Distance-coût : distance mesurée selon le coût de parcours.

Isodapane : ligne reliant les points à partir desquels le coût de transport pour rejoindre une destination donnée est le même. L'équivalent de l'isodapane pour la distance-temps s'appelle un isochrone.

2 - La distance en géographie économique

La géographie économique classique s'est beaucoup appuyée sur la seule distance géométrique pour proposer des modèles économiques spatialisés, sur la base d'hypothèses simplifiant la réalité géographique.

■ Réduire le coût de la distance

Pour raisonner sur le rôle de la distance et de son franchissement dans la structuration d'un espace, on pose l'hypothèse d'un espace parfaitement homogène, pour éliminer l'impact des autres facteurs (comme la forme du réseau de transport lui-même, mais aussi, la variété des sols, la localisation des villes...). L'organisation spatiale ne sera alors fonction que de l'opacité de l'espace : le frein de la distance. Trois modèles géographiques fondent une organisation spatiale sur le jeu pur des distances.

F. von Thünen : voir « Théories et modèles » dans chapitre 10, pp. 335-338.

La rente de localisation de *F. von Thünen*, qui détermine le choix des activités agricoles, est inversement proportionnelle à la distance qui sépare l'exploitation du marché : la minimisation du coût de transport est l'élément unique qui rend compte de la structure auréolaire de l'espace agricole autour du marché. L'application de ce modèle à l'espace urbain permet également de rendre compte de la décroissance des prix du mètre carré et des densités au fur et à mesure qu'on s'éloigne du centre. Pour partie, les avantages d'une localisation urbaine sont effectivement proportionnels au temps (plus qu'au coût) qui la sépare du centre-ville.

A. Weber : voir « Théories et modèles » dans chapitre 11 pp. 365-370.

Le modèle d'*A. Weber* explique que la localisation d'une usine se fait de manière à abaisser autant que possible la somme des coûts de transport des matières premières amenées à l'usine, et des produits finis qui en sortent pour être livrés au marché. Les transports structurent donc l'espace industriel.

W. Christaller : voir « Théories et modèles » dans chapitre 12, pp. 402-407.

Portée-limite : distance maximale sur laquelle un centre de services peut offrir ses produits. Au-delà de cette limite, les clients potentiels ne sont pas prêts à se déplacer pour accéder au centre en question.

W. Christaller et A. Lösch étudient le rôle de la distance dans l'organisation spatiale des services. Le service offert par un établissement tertiaire a une ***portée-limite*** : les clients choisissent leur fournisseur en fonction de sa proximité, et donc les prestataires de service se localisent en tenant compte de la distance qui les sépare de leurs clients potentiels. Comme les centres de services sont des villes, les transports interviennent dans la structuration des réseaux urbains.

■ Exploiter le coût de la distance

Dans les trois modèles que nous venons d'évoquer, la distance entraîne un coût pour le producteur. Il cherche donc à le limiter. Mais **l'opacité de l'espace** peut aussi jouer un rôle positif : elle **protège un producteur de ses concurrents.**

L'opacité de l'espace protège de la concurrence. Considérons deux entreprises A et B de fabrication de bicyclettes, situées dans la même région et qui offrent les mêmes produits. L'entreprise A est plus productive ; ses bicyclettes peuvent être vendues à prix inférieur à celles de B ($P_A < P_B$). Dans une situation d'opacité de l'espace où le transport est onéreux (premier graphique), A n'emportera pas pour autant l'ensemble du marché. Le coût de livraison de la bicyclette viendra s'ajouter au prix de vente. Plus on s'éloigne de l'entreprise A, plus ce coût augmente et le prix total de A devient rapidement (au point *m*) plus important que celui de la bicyclette B. Du seul fait de l'existence d'un coût de transport, B – pourtant peu performante – peut subsister, jouir d'une aire de marché protégée par la distance. Elle détient une rente de localisation. L'effet serait tout à fait identique si la contrainte d'accès était due à un tarif douanier. L'opacité de l'espace diminue si les moyens de communication s'améliorent ou les droits de douane baissent. Les coûts de transport sont alors moins élevés. Le prix de vente de la bicyclette produite par A est cette fois-ci partout inférieur à

celui de B, même dans son ancienne aire de marché. Les clients vont se détourner des produits de B, qui fera faillite.
La concurrence devient ainsi plus intense. Il y a concentration de la production au profit de l'entreprise plus efficace, qui étend son aire de marché et pourra sans doute encore davantage se spécialiser et améliorer son efficacité. Les consommateurs pourront alors acheter des bicyclettes à meilleur marché. L'économie y gagne de façon globale. Il y a toutefois des coûts sociaux particuliers (fermeture de B et licenciements).

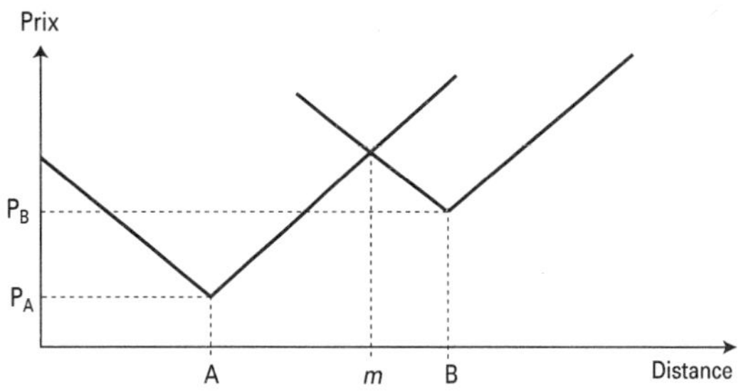

Partage du marché avec coût de transport élevé

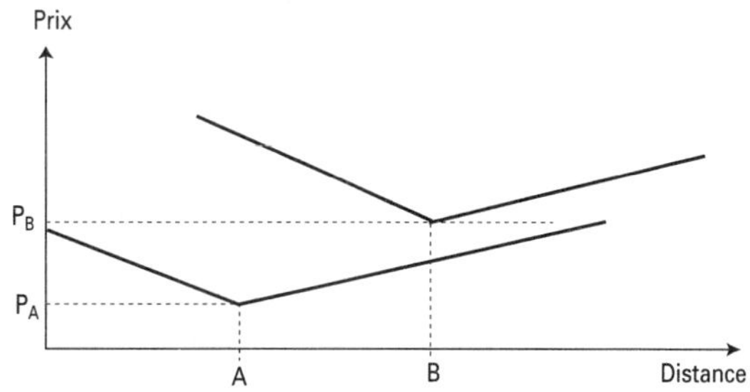

Concurrence avec coût de transport bas

Ce cas de figure a trouvé de nombreuses illustrations dans le domaine commercial. Il y a quelques dizaines d'années, chaque commerçant du centre-ville avait, du fait de l'opacité de l'espace, une clientèle captive et ne craignait pas la concurrence de détaillants lointains. Les prix étaient fixés à un niveau assez élevé, qui permettait de réaliser des profits. Le développement de l'automobile a élevé la mobilité des acheteurs. De nouveaux concurrents sont alors apparus : les hypermarchés, souvent localisés en banlieue. Grâce à des économies d'échelle et à des prix fonciers plus bas, ils peuvent proposer des prix plus intéressants. Les économies que réalisent les clients en se rendant dans ces grandes surfaces sont largement supérieures au coût du transport occasionné. Les petits commerces du centre-ville ne peuvent faire face à cette concurrence. Beaucoup mettent la clé sous la porte parce qu'ils ont perdu la protection liée à l'opacité de l'espace.

3 - Distance-temps contre distance-coût

Les modèles de von Thünen, Weber et Christaller s'appliquent jusqu'au début du XXe siècle, quand l'espace était très rugueux, très opaque. Les distances étaient franchies difficilement, à cause des techniques de transport d'alors. De ce fait, les coûts (et les temps) de transport étaient très importants, et entraient pour une bonne part dans les prix de vente : ils réduisaient de beaucoup les bénéfices. Or, les coûts de transport ont très fortement diminué. Leur rôle dans la rentabilité d'une entreprise est aujourd'hui beaucoup moins important, quand il n'est pas négligeable. Pour l'exploitant agricole, la distance au marché n'est plus rédhibitoire. Pour l'industriel, l'éloignement des sources de matières premières, la localisation des consommateurs peuvent être des facteurs secondaires ; le coût du transport est généralement inférieur à 2 % des coûts de production. Ces trois modèles accordent donc un poids aujourd'hui discutable au coût de transport.

En fait, c'est surtout le rôle de la distance-coût qui s'étiole, mais la distance intervient encore en tant que distance-temps. Dans le cadre d'économies de plus en plus concurrentielles, de production en flux tendus (*cf.* chap. 11), la rapidité avec laquelle on dispose des matières premières, de l'information, celle avec laquelle on répond à la demande, sont des facteurs essentiels. Les lieux où l'on peut accéder rapidement aux biens et aux informations déterminent de plus en plus la structuration de l'espace économique.

4 - Impact des changements techniques

■ Rétrécissement de l'espace et mondialisation

Le progrès des techniques de transport a donc dégagé quelque peu les hommes des contraintes de la distance, rendu l'espace plus transparent. Aussi, le choix des activités ou celui des localisations dépend d'autres facteurs, dont le rôle était jusqu'alors écrasé par le poids des coûts de transport. D'autres éléments deviennent déterminants : la main-d'œuvre et sa qualification, le prix du terrain, la législation, les aménités... On observe le même affranchissement pour les particuliers. On peut désormais habiter assez loin de son lieu de travail. Les villes à la périphérie de la région Île-de-France accueillent des travailleurs parisiens à la recherche de meilleures conditions de vie. La facilité des transports autorise des migrations plus lointaines, qui ne relèvent pas de l'exil.

Les qualités des lieux sont infiniment variables, et différemment appréciées selon les activités à développer. Il en a sans doute toujours été ainsi, mais quand la distance était difficilement franchie, les choix de localisation étaient limités. Le progrès des transports autorise une grande mobilité dans le cadre d'un espace rendu transparent. L'hétérogénéité de l'espace joue alors plus que son opacité.

Ce rétrécissement du monde est à mettre en rapport avec l'accroissement phénoménal du trafic, aussi bien en tonnage qu'en kilomètres parcourus. C'est une véritable mondialisation des échanges qui s'est opérée. Les produits consommés par chacun (ou certains composants de ceux-ci) viennent de l'ensemble du globe, les productions d'une région ne sont plus indépendantes de concurrents ou de marchés lointains. C'est la fin des économies autarciques, dans le cadre du triomphe du libre-échange et des marchés communs.

■ Télécommunication et polarisation

Les évolutions sont plus complexes en ce qui concerne le transport de l'information. Les progrès dans les moyens de télécommunication ont également rétréci l'espace et fait croire pendant un temps à une quasi-abolition de la distance.

Certaines activités économiques, fondées sur l'information, se trouvent en effet totalement dégagées des contraintes de localisation, puisqu'il suffit de disposer d'une antenne pour être relié efficacement à l'ensemble du globe. Dans bien des cas, un téléphone (accompagné d'un fax et d'un modem) suffit : tout cela se trouve partout, jusque dans les voitures. À terme, le bureau peut ne plus servir à rien, on parle de « bureau virtuel ».

Les activités liées au traitement de l'information (secrétariat, comptabilité...) peuvent désormais s'exercer par télétravail n'importe où, au domicile par exemple. Or, ces activités sont essentiellement le fait d'urbains, qui travaillent dans des immeubles de bureaux en centre-ville. S'ils travaillent chez eux, c'est la fin du ***commuting*** et des engorgements qu'ils occasionnent. Aux États-Unis, c'est sur le travail à domicile que l'on compte, comme dernier recours contre les embouteillages. Ce travail à domicile peut aussi être la solution pour des espaces ruraux, enclavés, en dehors de tout réseau matériel, qui se trouvent soudain de plain-pied avec le « ***village mondial*** ». Cette mutation n'en est pourtant qu'au stade de l'esquisse.

Ces progrès dans les télécommunications sont loin d'avoir aboli la distance. L'explosion des échanges d'informations s'est accompagnée de changements dans la nature de ces échanges. D'une part, on exige une rapidité de plus en plus

Commuting (ou migration pendulaire) : déplacement alternant et régulier des travailleurs le matin vers leur travail, le soir vers leur domicile. Il s'opère fréquemment entre la banlieue et le centre-ville.

Village mondial (ou village planétaire) : selon le sociologue américain McLuhan, l'instantanéité des télécommunications abolit la distance au point de transformer le monde en un gigantesque village.

grande sous la pression de la compétitivité ; d'autre part, le contenu de l'information est de plus en plus complexe. Les personnes impliquées dans l'échange doivent se maintenir proches les unes des autres pour limiter les coûts et les temps de transport. Un bureau chargé d'études de marché ou des relations avec la clientèle doit rester localisé à proximité des clients. La proximité dont il s'agit porte plus sur les distance-temps que sur les distances géométriques. Les grandes métropoles qui disposent d'interconnexions performantes en télécommunication gardent un avantage certain.

D

RÉSEAUX ET STRUCTURATION DE L'ESPACE À DIFFÉRENTES ÉCHELLES

Malgré tous les progrès dans les techniques de transport, la transparence de l'espace n'est pas totale. De plus, les réseaux de transport laissent entre leurs mailles des ombres d'espace opaque. Les axes du réseau eux-mêmes ne participent pas pleinement à la transparence. S'ils ne sont pas piquetés de gares, de ports, de sorties d'autoroute, ils ne rendent pas plus transparent l'espace traversé : ils l'ignorent. Tout se passe dans les nœuds, aux carrefours.

La principale conséquence de la révolution des transports sur les structures de l'espace géographique réside dans la forte polarisation de ce dernier. Cette polarisation a pour corollaire l'abandon de certaines aires (tant par les transports que par les activités économiques) qui constituent des discontinuités de l'espace géographique et participent à sa division en sous-espaces différenciés, ceci à toutes les échelles. Les frontières économiques correspondent souvent à des ruptures entre réseaux de transports (ruptures de charge, extrémités de réseaux, absence de moyens de transport).

1 - Structuration à petite échelle

▪ Échelle mondiale

À l'échelle de la planète, les réseaux comme les trafics se concentrent sur certains territoires, en ignorent ou en contournent d'autres.

Les carrefours sont les grands ports et les aéroports internationaux, selon ce qui est transporté. Sans surprise, on les trouve en Europe, aux États-Unis et dans l'Est asiatique (Japon, NPI). Il s'agit des trois éléments de la « triade ». Seuls ces pays développés ont les moyens techniques et financiers de polariser des flux importants, à la mesure de leur PIB. Les grands flux s'opèrent évidemment entre ces pôles, à travers l'Atlantique et, de plus en plus, le Pacifique. En fonction de leurs itinéraires, les routes maritimes donnent une grande importance à certains détroits (Gibraltar, Ormuz, Bab El-Mandeb, Malacca...) et canaux (Suez, Panama), dont le contrôle est un enjeu géopolitique de premier plan.

Les ports qui se situent sur ces grandes routes disposent d'un avantage certain, d'une rente de situation liée au rôle d'escale qu'ils peuvent jouer (le développement de Hong Kong et surtout de Singapour en est la preuve).

Les 10 premiers ports mondiaux

Localisation	Marchandises (en Mt) en 1996
Singapour	314
Rotterdam[1]	307
Chiba	178
Shanghai	166
Nagoya	137
Kobe	136
Yokohama	126
Hong Kong	125
Inchon	116
Kwangju	112

1. : 1997.

Images économiques du monde, ©Sedes, 1999.

Les 10 premiers aéroports mondiaux

Localisation	Nbre de passagers (en millions) en 1997
Londres	91,5
New York	87,3
Chicago	80,3
Tokyo	74,9
Atlanta	68,2
Dallas	67,2
Los Angeles	66,4
Paris	60,3
San Francisco	40,6
Francfort	40,2

Images économiques du monde, © Sedes, 1999.

Par ailleurs, la « triade » se démarque également du reste du monde par la densité de ses réseaux de transport internes. Le nombre de véhicules par habitant en constitue un bon indice.

Nombre de voitures pour 1000 habitants (1997)

Pays	États-Unis	Allemagne	France	Japon	Corée du Sud	Russie	Côte d'Ivoire	Inde
Voitures	489	500	442	373	165	120	21	4

World Development Indicator, World Bank, 1999.

On peut parler d'un modèle centres/périphéries. Chaque élément de la « triade » constitue un centre polarisant les flux venant d'autres centres, qui traversent des périphéries.

■ ÉCHELLE RÉGIONALE

À l'échelle régionale, le processus est comparable. Les grandes métropoles, qui seules disposent des connexions plurimodales, concentrent les flux qui traversent, indifférents, l'espace de l'étendue entre les métropoles. Le phénomène est d'autant plus accentué qu'il s'agit d'un transport rapide qui limite les arrêts. Autant le train omnibus ou la route départementale desservent plus ou moins régulièrement les espaces interstitiels entre les villes, autant les autoroutes et les voies TGV ne s'ouvrent que sur quelques échangeurs, quelques gares. L'espace se noue sur ces rares sorties, alors qu'entre elles, le véhicule file. On parle d'« **effet tunnel** » : le TGV et l'autoroute passent comme dans un tunnel à travers l'espace rural (et négligent les petites villes, qui ne méritent pas un détour dans la rectitude du tracé) ; ils ne sortent du « tunnel » que pour s'arrêter dans les gares des grandes métropoles. La grande vitesse n'est pas compatible avec la desserte d'un espace de l'étendue, elle est en revanche très adaptée à celle d'un espace polarisé et hiérarchisé, comme celui des réseaux urbains. On note d'ailleurs que la programmation des lignes **TGV** pérennise en France la hiérarchie urbaine.

Les réseaux « grande vitesse » participent donc à la métropolisation des territoires, polarisant les activités sur les villes qui monopolisent les activités en même temps que les fonctions de carrefour.

TGV et effet tunnel. « Pour les ingénieurs SNCF, l'ennemi, c'était à l'origine Air Inter. Il fallait offrir un train filant à la même vitesse que l'avion. La logique SNCF a donc été de relier le plus rapidement possible des métropoles qui engendrent entre elles un trafic suffisant pour rentabiliser une ligne. Comme dans un réseau aérien. Dans un tel système, les villes intermédiaires sont sacrifiées : ainsi, Dijon n'est plus sur la voie Paris-Lyon. Les rares gares installées sur le parcours, Le Creusot-Montchanin et Mâcon, ont pour fonction majeure d'améliorer le coefficient de remplissage des trains aux heures creuses. Ces gares sont d'ailleurs construites en rase campagne, comme un aéroport, faisant perdre ainsi au chemin de fer l'un de ses principaux avantages qui est de prendre et déposer ses voyageurs en centre-ville. La priorité est donnée au profil de la ligne, afin de ne pas freiner les beaux joujoux des ingénieurs. Là où s'arrête la ligne nouvelle, la compatibilité du TGV lui permet néanmoins d'offrir le même service qu'un train corail classique, ce qui permet d'étendre le bénéfice du gain de temps réalisé sur le tronçon à grande vitesse : le système fonctionne particulièrement bien dans la région Rhône-Alpes, région de forte densité urbaine et industrielle, dont toutes les grandes cités sont désormais à trois heures de Paris, *via* Lyon ou Mâcon. Mais cet acquis se paye d'un prix : le sacrifice de toutes les villes intermédiaires situées entre Paris et Lyon. »

P. Sohlberg, « La course au TGV », *Alternatives économiques*, novembre 1993, p. 47.

2 - Structuration à grande échelle

Les axes

L'impact des réseaux de transport se cristallise aux carrefours. Les mers bénéficient peu du trafic maritime (les seules retombées sont les marées noires et les dégazages) ; l'avion vole au plus vite et au plus court pour rejoindre les aéroports ; le TGV coupe la campagne par la voie la plus directe pour mettre en rapport les métropoles.

L'impact local d'un axe se résume donc le plus souvent à son emprise, et cet impact est rarement positif. C'est pourquoi chaque commune se bat pour obtenir une gare TGV, alors qu'aucune ne veut des lignes ! Que ce soit dans l'espace urbain ou rural, les infrastructures lourdes constituent des saignées qui mettent en cause des organisations spatiales très anciennes. Le piéton – et même l'automobiliste – traversent difficilement le périphérique, qui pose une vraie frontière entre Paris et ses banlieues. La commune traversée par le TGV voit son finage coupé par la ligne, d'autant que celle-ci est bordée d'une bande de sécurité fermée d'un grillage. La structure spatiale de l'espace rural et l'économie agricole elle-même sont bouleversées ; les communes en profitent parfois pour effectuer un remembrement.

Les activités induites aux carrefours

Beaucoup d'activités sont liées au chargement, au déchargement, au transbordement, au rassemblement et à l'éclatement des marchandises (marchés d'intérêt national comme Rungis). Il y a toute une économie du carrefour, riche en effets induits. Il suscite des emplois (douane, personnel navigant et commercial, maintenance, surveillance...), des plus-values (service de transport). L'ensemble n'est pas négligeable ; certaines villes-carrefours ont une économie qui tourne sur cette fonction de service.

Duty free : boutique hors douane qu'on trouve dans les aéroports, sur certains bateaux, permettant aux voyageurs d'acheter des produits sans payer un certain nombre de taxes.

Toutes aussi importantes sont les activités induites de manière indirecte. Il y a d'abord les services et les commerces liés à la présence des voyageurs : kiosques de presse, boutiques ***duty free***, restauration, hôtellerie. De même, il y a des activités directement liées aux ruptures de charge dans le transport des marchandises : entrepôts, emballage. On passe insensiblement à un autre niveau : adaptation aux normes locales, assemblage, finition... Avec le jeu des économies d'agglomérations, cela peut déboucher sur une véritable zone industrielle.

Par ailleurs, certaines activités restent très tributaires des infrastructures de transport. Premièrement, les industries lourdes qui font appel à des pondéreux (sidérurgie, raffinerie, chimie lourde...). À cause de l'importance des coûts de transport, elles doivent nécessairement se situer sur de grandes voies d'eau : ports maritimes et fluviaux. Les grosses unités de production de l'acier relèvent nécessairement de la sidérurgie sur l'eau, car elles sont dépendantes des navires aussi bien pour l'approvisionnement en charbon et en minerai que pour l'exportation des produits finis. Deuxièmement, et à l'opposé, le tertiaire supérieur et les industries de pointe exigent une très grande rapidité d'accès pour les hommes, les informations, et pour la réception ou l'expédition de certaines pièces. Ces activités se localisent donc dans les métropoles desservies par l'avion ou le TGV, où elles tendent même à se rapprocher des aéroports. C'est le cas des technopoles.

La présence d'un carrefour complet peut donc jouer un rôle moteur essentiel dans le développement local.

■ Organisation spatiale du carrefour

Les *fonctions banales (non basic)* sont celles qui, au sein d'une ville, ne visent qu'à assurer son bon fonctionnement et l'approvisionnement de ses habitants (presse et transport locaux, commerce de détail...). Elles sont relativement indépendantes du dynamisme économique de la ville.

Les *fonctions spécifiques (basic)* trouvent leur justification en dehors de la ville : ainsi une usine automobile ou un aéroport visent d'autre marchés que celui de la ville où ils sont implantés. Apportant un bénéfice important à la ville qui « exporte », ils sont les moteurs du dynamisme économique de la ville.

Le carrefour n'est pas un point, comme la schématisation d'un réseau le laisse croire, il s'inscrit dans l'étendue de l'espace urbain, qu'il structure pour partie. En effet, le carrefour se matérialise en certains lieux dans la ville.

Les carrefours prennent sens à deux échelles. D'une part, la ville constitue un espace, une étendue desservie par des réseaux qui en assurent la desserte (bus, métro...). Ces réseaux comportent des nœuds à ***fonction banale (non basic)***, à vocation urbaine : portes du périphérique, gares RER, stations de métro, correspondances de bus... D'autre part, la ville constitue un carrefour dans un réseau régional ou national : elle possède certains nœuds à ***fonction spécifique (basic)*** : gares de grandes lignes, ports, aéroports, grands échangeurs autoroutiers... Les deux types de réseaux communiquent : une grande gare possède des lignes de banlieue et des grandes lignes.

Pour les deux types de réseaux, le centre est traditionnellement privilégié, surtout dans le cadre d'un plan de ville radio-concentrique. Les routes, les voies des transports en site propre, convergent vers le centre-ville, qui assume presque toutes les interconnexions. Cela conduit à terme à une congestion des infrastructures du centre, consécutive à l'accentuation de l'opposition centre/périphérie.

Du fait de cette congestion, de la saturation de l'espace central, les nouvelles activités (y compris les activités de transport, comme les gares routières) se tournent vers la banlieue, où il y a encore de l'espace libre et où il y a moins d'embouteillages. Par ailleurs, pour soulager le centre, on multiplie les liaisons transversales et périphériques. Du coup, certaines banlieues deviennent plus faciles d'accès que le centre lui-même. Directement desservies par une autoroute pas trop congestionnée, proches d'un aéroport, elles acquièrent une centralité à l'échelle de la région, et même parfois à l'échelle de la ville. Cette fonction de carrefour induit des activités, et l'on observe la formation de petits pôles de banlieue, très vite entretenue par les économies d'échelle. Les interconnexions TGV en banlieue parisienne (Roissy, Marne-la-Vallée, Massy) en seront peut-être l'illustration.

Le réseau de transport est donc à la base de la structuration de l'espace urbain : il rend compte du modèle centre/périphérie, de ses crises et de ses évolutions.

3 - Aménagement et transport

Les exemples d'espaces économiques structurés par les réseaux de transport ne manquent pas. L'existence même d'un espace économique rhénan, dès le Moyen Âge, était liée au franchissement des cols alpins (Saint-Gothard) et à l'exploitation des voies naturelles des vallées (Rhin, Rhône, Saône vers les foires de Champagne). L'empire commercial vénitien s'appuyait, jusqu'au XVe siècle, sur la maîtrise de la Méditerranée orientale. Le commerce triangulaire est qualifié par la forme de l'itinéraire suivi, d'Europe vers l'Afrique, puis vers les Antilles.

Le rôle des réseaux de transport dans l'organisation de l'espace (ou plutôt dans la construction d'un espace) est si essentiel que les infrastructures de transport constituent un des outils et des enjeux les plus importants de l'aménagement du territoire, dont la dimension politique est évidente. La décision du tracé des nouvelles infrastructures met en cause l'avenir des régions, ce qui explique qu'elles en fassent leur cheval de bataille, dans la plus grande discordance. Nancy et Metz se sont disputés un aéroport et une gare (TGV Est) : ceux-ci se trouveront entre les deux villes.

L'État est confronté à un choix impossible. D'un côté, il faut répondre à la demande, et aménager là où le trafic est important : ce sont d'ailleurs les seules infrastructures qui peuvent rapidement être rentables. D'un autre côté, cela ne fait que pérenniser les inégalités : les régions enclavées, dépourvues de tout trafic, restent isolées ; les régions bien desservies détournent les flux et, de plus en plus engorgées, accaparent les investissements en infrastructures de transport. Ainsi le premier TGV fut construit entre Paris et Lyon (puis Valence), sur le premier axe français. Une fois de plus, il s'agit d'un processus autocumulatif.

À MAÎTRISER

Problématiques globales

Exigences particulières selon les biens transportés ; vocation des différents modes de transports ; importance de la circulation de l'information, révolution des transports ; définition d'un réseau ; espace de l'étendue/espace réticulaire ; analyse de réseaux ; les 6 formes de réseau et leur logique ; modèle de gravité ; trafic induit et détourné ; effet « boule de neige » en matière de trafic ; mesure globale des coûts de transport ; mesures de la distance ; la distance dans les 3 modèles de géographie économique ; impact des changements techniques ; structuration de l'espace par les transports ; aménagement et transports.

Concepts importants

Pondéreux/non-pondéreux ; échanges non discursifs ; 4 types d'échanges d'informations ; transport en site propre, rupture de charge ; canal à grand gabarit ; pont continental ; normalisation ; conteneur, intermodalité ; *roll on/roll off* ; ferroutage ; téléport ; logistique ; pavillon de complaisance ; déréglementation ; isotropie/anisotropie, mesure des flux ; télétravail ; distance euclidienne ; distance-temps ; distance-coût ; isodapanes ; isochrones ; portée-limite ; *commuting* ; village mondial ; *hubs* et *spokes* ; effet tunnel ; *duty free.*

Chronologie

Historique des techniques de transport matériel ; historique des techniques de transport immatériel.

DOCUMENT PROPOSÉ

Le transport des marchandises en Europe occidentale

Répartition des transports intérieurs de marchandises par mode en 1996

(en % du trafic marchandises total mesuré en t/km)

	Route (%)	Rail (%)	Voies d'eau (%)	Pipeline (%)
Belgique	75	13	10	2
Danemark	67	13	–	21
Allemagne	66	16	14	3
Grèce	98	2	–	–
Espagne	92	5	–	3
France	67	21	2	9
Irlande	90	10	–	–
Italie	85	9	–	6
Luxembourg	37	40	23	–
Pays-Bas	38	4	50	8
Autriche	41	35	6	18
Portugal	86	14	–	–
Finlande	73	27	1	–
Suède	62	38	–	–
Royaume-Uni	85	8	–	8
Norvège	51	10	–	40
Suisse	56	38	1	5
États-Unis	29	41	11	19

Eurostat, 1999.

QUESTIONS

– En fonction des spécificités de chaque mode de transport et de la géographie des pays proposés (relief, superficie, principales productions, situation), expliquer le partage entre modes pour quelques pays.

– Repérer, pour chaque mode de transport, le pays qui y a le plus recours. Expliquer pourquoi.

Document proposé

Les coûts des transports urbains

Cas d'un déplacement centre-périphérie en France

Type de coût	Coût moyen (en francs)						Coût marginal (en francs)					
Moyen de transport	Auto	RER	Autobus	Transports en commun	Auto	Autobus	Auto	RER	Autobus	Transports en commun	Auto	Autobus
Type de ville	Métropole	Métropole	Métropole	Métropole	Ville moyenne	Ville moyenne	Métropole	Métropole	Métropole	Métropole	Ville moyenne	Ville moyenne
Trajet (km)	10 km	10 km	5 km	9 km	5 km	5 km	10 km	10 km	5 km	9 km	9 km	5 km
Investissement	20,0	17,0	5,0	14,6	12,5	3,5	308	57	20	50	78	14
Fonctionnement[1]	3,0	3,5	3,0	3,4	1,0	1,9	3,0	3,5	3,0	3,4	1,0	1,9
Nuisances	6,0	0,1	0,25	0,1	3,0	0,25	6,0	0,1	0,25	0,1	3,0	0,25
Sécurité[1]	1,6	0,1	0,1	0,1	0,8	0,1	1,6	0,1	0,1	0,1	0,8	0,1
Coût social pour la collectivité	30,6	20,7	8,35	18,2	17,3	5,75	319	60	23	53	83	16
Dépense monétaire	19,0	2,9	3,6	3,1	7,3	3,6	11,0	2,0	2,5	2,1	5,3	2,5
Valeur du temps	10,0	30,0	22,0	28,4	7,5	15,0	12,0	31,0	24,0	29,6	8,0	14,0
Inconfort	5,0	11,0	11,0	11,0	2,0	14,0	10,0	11,0	11,0	11,0	4,0	19,0
Coût généralisé pour l'usager	34,0	43,9	36,6	42,5	16,8	32,6	33,0	44,0	37,5	42,7	17,3	35,5
Coût social généralisé	64,6	64,6	45,0	60,7	34,1	38,3	352	104	61	96	100	52

1. Coût supporté par la collectivité seulement.

P. Merlin, *La Planification des transports*, Paris, Copyright Armand Colin, 1984, pp. 71-76 (tableau légèrement modifié par les auteurs).

1 - DÉFINITIONS

– *Coût social* : ensemble des coûts monétaires et non monétaires supportés par la collectivité et non payés directement par l'usager (investissement dans les infrastructures, subvention de fonctionnement, nuisances).

– *Coût généralisé* : ensemble des coûts supportés par l'usager (prix, temps, inconfort).

– *Coût social généralisé* : coût total (coût social + coût généralisé).

– *Coût moyen* : coût d'un déplacement moyen calculé en prenant en compte tous les déplacements.

– *Coût marginal* : il ne prend en compte que le coût de déplacement d'un usager supplémentaire en heure de pointe.

2 - EXERCICE DE COMPRÉHENSION DU TABLEAU

Situer dans le tableau le prix d'un ticket de RER, le coût d'une voiture particulière, le coût d'un bus, le temps perdu dans les embouteillages (chiffré en coût : heures de travail perdues par exemple), le coût d'un mur anti-bruit.

Précaution de lecture : les unités varient selon les colonnes (coût pour 5, 9, 10 km). Il n'est *a priori* pas possible de comparer les coûts exprimés dans des unités différentes. Généralement, un trajet de 10 km coûte moins que deux trajets de 5 km, à cause des coûts fixes.

3 - ANALYSES DU TABLEAU

Ce tableau, très riche, se prête à de multiples analyses.

A/ Exemples de comparaisons possibles

– Comparaison des coûts pour un mode donné :
  - coût social/coût généralisé ;
  - coût moyen/ coût marginal ;
  - coût en métropole / coût en ville moyenne.

– Comparaison des modes et des lieux pour un type de coût :
  - tel coût avec l'automobile / tel coût avec le RER ;
  - tel coût en transport public / tel coût en transport individuel ;
  - tel coût en métropole / tel coût en ville moyenne.

– Comparaison des coûts pour une ville donnée :
  - coût social / coût généralisé en métropole ;
  - coût moyen / coût marginal en métropole ;
  - tel coût avec l'automobile / tel coût avec le RER en métropole.

B/ Exemples de questions

– Dans quelle mesure les coûts de transports dépendent-ils de la taille de la ville ?

– Quelles différences observe-t-on entre les coûts des transports collectifs et individuels ?

– Quels sont les types de coûts qui varient le plus, quels sont les facteurs qui expliquent le mieux ces variations ?

4 - ORIENTATIONS

– Une fois que l'analyse a permis de dégager certains phénomènes d'ensemble intéressants, il est possible de les expliquer en fonction de connaissances en géographie urbaine, en géographie des transports et en géographie économique. La démonstration peut prendre appui sur des exemples concrets, au besoin en faisant appel à l'expérience personnelle.

– L'explication peut être complétée en s'interrogeant sur les conséquences géographiques des phénomènes expliqués (par exemple sur la structure urbaine, l'espace économique de la ville). Les résultats peuvent alors donner lieu à une réflexion d'urbaniste en posant des questions de ce type : quel transport privilégier dans telle ville ; comment procéder ; quels critères de justice sociale faut-il respecter ; comment concilier les intérêts collectifs et individuels ?

DOCUMENTS À COMMENTER

Structuration de l'espace états-unien par le réseau aérien

— Temps de trajet en minutes depuis State College, Pennsylvanie —

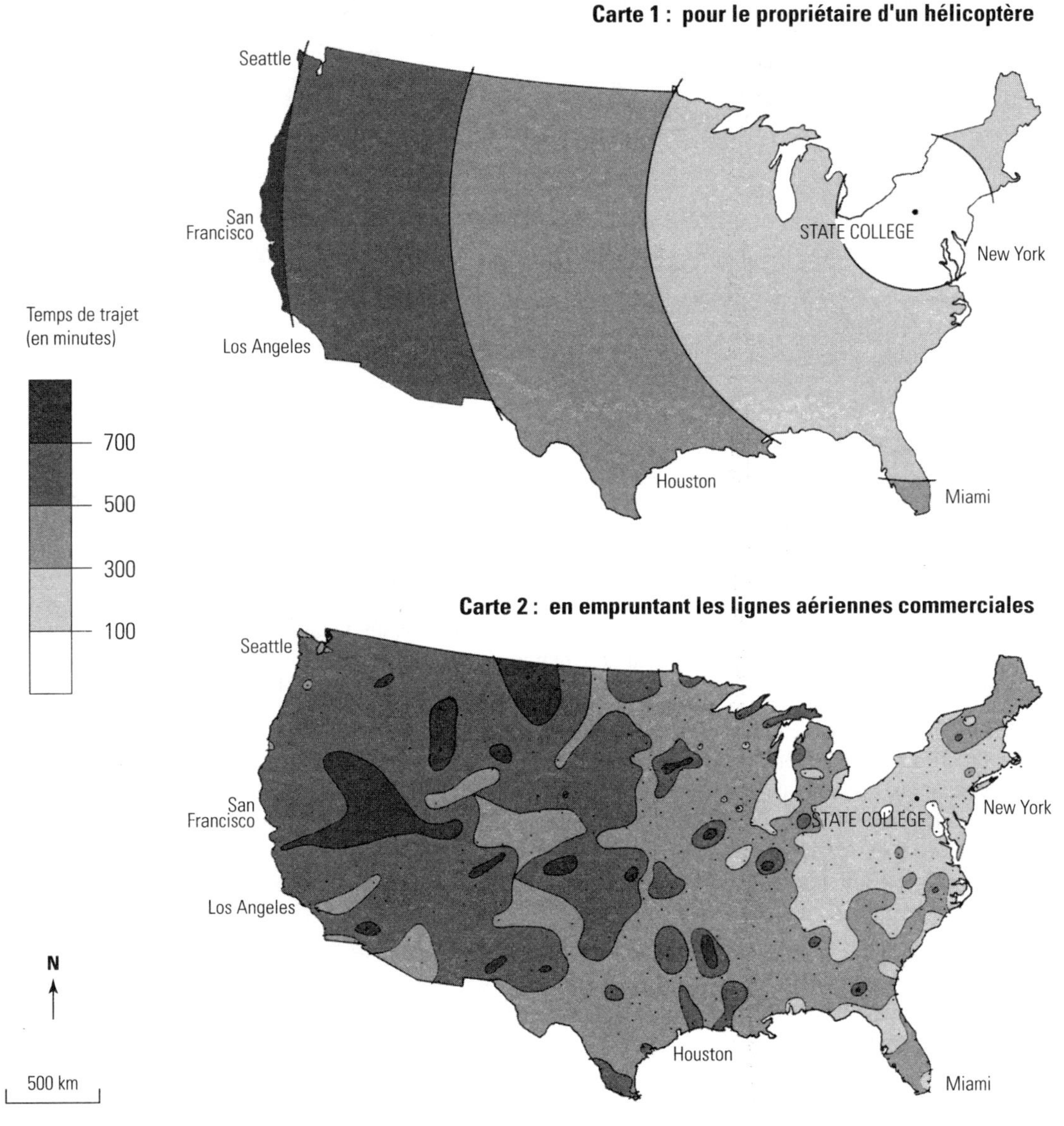

D'après P. Gould, « Dynamic structures of geographic space », *in* S.D. Brunn et T.R. Leinbach (dir.), *Collapsing Space and Time. Geographic Aspects of Communication and Information*, Londres, Harper Collins, 1991, pp. 7 et 8.

Les grandes plates-formes aéroportuaires en 1998

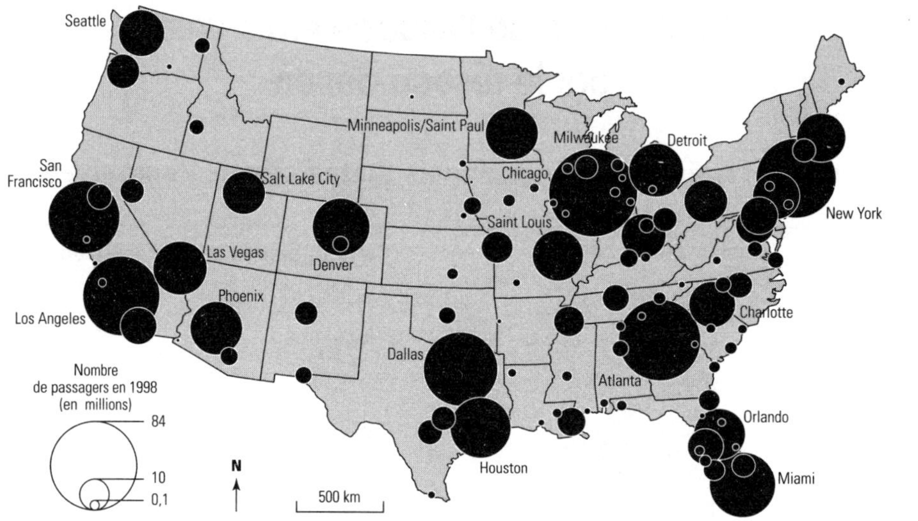

D'après les données d'*Airports Council International*, 1999.

Pour les aéroports de Honolulu (Hawaï) et d'Anchorage (Alaska), on dénombre respectivement 22 536 000 et 5 016 000 passagers.

ORIENTATIONS

En comparant les cartes 1 et 2, il est possible de montrer que, même pour un mode de transport *a priori* indifférent à l'hétérogénéité de l'espace, la distance géométrique ne joue finalement que de manière secondaire.

De fait, la distance kilométrique détermine bien les isochrones de la carte 1, mais celle-ci concerne le cas très hypothétique d'un voyage avec un hélicoptère personnel. Quand le voyageur emprunte les lignes régulières, les isochrones sont abondamment déformés : ce n'est visiblement plus seulement, ou plus guère, la distance géométrique qui est déterminante, mais la structure du réseau.

Par exemple : pour me déplacer aux États-Unis en avion, à partir de State College, je dois me rendre à l'un des aéroports de la région (Harrisburg, ou plutôt Pittsburgh). Ces petits aéroports ne proposent que certaines destinations, avec des fréquences qui peuvent être rares, ce qui occasionne des délais. Pour rejoindre une autre destination, je dois prendre un vol vers un autre aéroport, plus complet, qui assure cette liaison (sans doute un *hub*). Ceci occasionne un détour (coûteux en temps). De plus, le temps de la correspondance allonge la durée totale du parcours ; il est même possible que j'ai une période d'attente si ma destination n'est pas desservie très régulièrement.

Finalement, la durée du déplacement dépend de la fréquence des lignes, de la hiérarchie et de la distribution des aéroports, c'est-à-dire de la structure du réseau. Celle-ci se résume à la répartition et à la hiérarchie des carrefours, ici celles des grandes plates-formes aéroportuaires représentées par la troisième carte.

Document proposé

Le trafic aérien passager dans le monde

Les 20 principales lignes internationales de transport aérien de passagers (en millions de passagers, en 1985 et 1995)

1985		1995	
Londres/New York	2,3	Hong Kong/Taipei	4,1
Londres/Paris	2,3	Londres/Paris	3,5
Kuala Lumpur/Singapour	1,4	Londres/New York	2,6
Hong Kong/Tokyo	1,3	Dublin/Londres	2,5
Amsterdam/Londres	1,2	Kuala Lumpur/Singapour	2,3
Hong Kong/Taipei	1,2	Honolulu/Tokyo	2,2
Honolulu/Tokyo	1,1	Amsterdam/Londres	2,2
Taipei/Tokyo	1,0	Séoul/Tokyo	2,1
Bangkok/Hong Kong	0,95	Bangkok/Hong Kong	1,9
Séoul/Tokyo	0,94	Hong Kong/Tokyo	1,8
Dublin/Londres	0,91	Djakarta/Singapour	1,6
New York/Paris	0,89	Taipei/Tokyo	1,6
Francfort/Londres	0,87	Bangkok/Singapour	1,4
Djakarta/Singapour	0,85	Hong Kong/Singapour	1,4
Alger/Paris	0,83	Francfort/Londres	1,4
New York/Toronto	0,83	Bruxelles/Londres	1,1
New York/Singapour	0,80	New York/Paris	1,1
New York/Rome	0,78	Hong Kong/Manille	1,1
Bangkok/Singapour	0,76	Singapour/Tokyo	1,1
Frankfort/New York	0,75	Los Angeles/Tokyo	1

ICAO (International Civil Aviation Organization).

1 - OBSERVATION D'ENSEMBLE

– Où s'observent les principaux flux ?

– Quelles villes apparaissent le plus souvent ?

– Quelles villes de quels espaces n'apparaissent pas dans ce palmarès ?

– En fonction de ce que laissent deviner les destinations, quels semblent être les principaux motifs des déplacements ?

– Quelles sont les principales modifications entre 1985 et 1995, aussi bien en ce qui concerne le trafic pris globalement qu'en ce qui relève du classement des lignes les plus fréquentées ?

2 - TRANSFORMATION GRAPHIQUE DES DONNÉES ET APPLICATION

Le classement et ses évolutions ne sont pas faciles à analyser dans le tableau proposé. Pour que les phénomènes marquants apparaissent clairement, il faut transformer les données. Plusieurs techniques sont exploitables :

– un traitement statistique simple permet, par exemple, de mesurer en % la croissance du trafic, et ainsi de classer les lignes selon leur évolution ;

– un traitement graphique permet, par exemple, de construire des histogrammes qui facilitent la lecture des évolutions et l'appréhension des proportions ;

– un traitement cartographique permet de mettre en évidence la répartition des flux (concentrés ou dispersés), de souligner le rôle de certains carrefours, d'analyser les orientations des flux, les distances qu'ils parcourent.

Expliquer le rang et l'évolution du rang de Londres/New York, Londres/Paris, Hong Kong/Taipei, Paris/Alger, Honolulu/Tokyo, Bruxelles/Londres.

3 - QUESTIONS

– Interprétation du tableau par le modèle de gravité :
  – dans quelle mesure ce classement correspond-il au modèle de gravité ?
  – pour quel cas observe-t-on des écarts au modèle ?
  – quels sont les facteurs qui expliquent les écarts au modèle ?

– Explication du tableau par d'autres facteurs :
  – quel est le lien entre le développement économique et le trafic aérien ?
  – quels sont les éléments politiques et culturels qui interviennent ?

Documents commentés

Les logiques du chemin de fer

Le réseau ferré français

La contraction globale du réseau ferré

Réseau SNCF exploité en 1996

Lignes fermées depuis 1930

Le Monde, supplément *Le Journal du siècle 1900-1999*, 7 mai 1999.

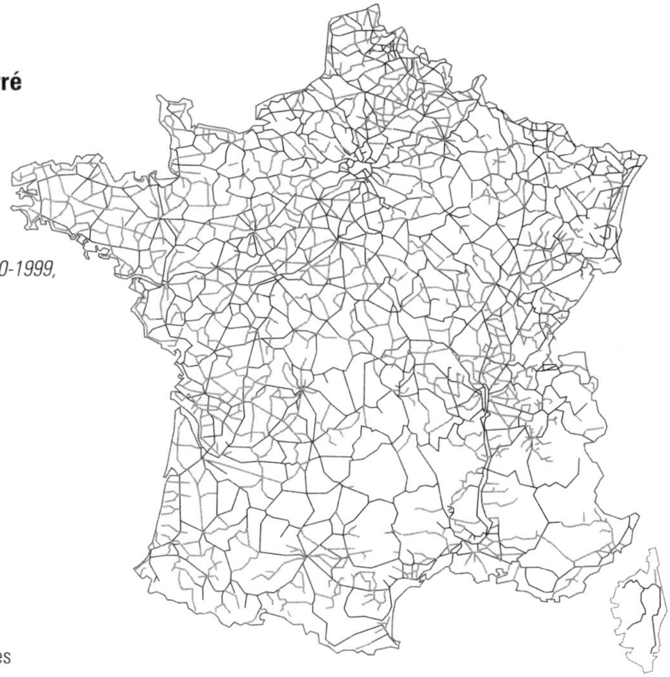

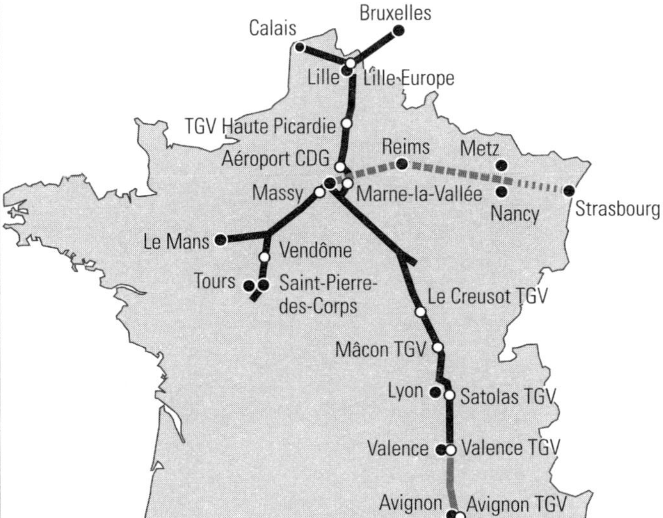

Les lignes à grande vitesse en 1999

Voies TGV en service

Lignes nouvelles en construction

Construction décidée

Construction prévue

Gares nouvelles

N

100 km

D'après SNCF.

ORIENTATIONS

– L'analyse commence par une description des différentes formes du réseau à différentes époques. La première carte permet de caractériser le réseau à l'époque de son extension maximale, vers 1929. En effet, d'une part, les fermetures de lignes sont intervenues principalement après la crise de 1929, après les nationalisations de 1938 et dans les années 1970 ; d'autre part, il n'y a guère eu d'ouverture de lignes avant les années 1980. La première carte permet donc aussi de caractériser le réseau ferré tel qu'il a été simplifié entre les années 1930 et les années 1970, par la soustraction de lignes au trafic. La deuxième carte présente les lignes TGV qui ont été construites dans les années 1980-1990. En analysant les deux cartes, on peut donc présenter la forme du réseau ferré en 1930, 1980, 2000.

– La description de la forme du réseau aux différentes époques doit être détaillée à une autre échelle. Il faut examiner le réseau régional et son évolution pour quelques cas significatifs : Massif Central, Bretagne, Région parisienne, Provence.

– En comparant les formes de réseaux désormais identifiées et en réfléchissant sur les raisons des fermetures, retrouver les logiques successives des réseaux, en insistant aussi bien sur les permanences que sur les changements.

– Le commentaire peut se terminer en expliquant pourquoi telle logique a prévalu à tel moment, en mettant en évidence les points de vue, les intérêts, les partis-pris d'aménagement qui ont prédominé, et en soulignant les conséquences des choix retenus sur l'organisation de l'espace économique français.

Pour aller plus loin : E. Auphan, *Quel avenir pour les réseaux ferrés d'Europe occidentale*, Paris, CNRS, coll. « Mémoire et documents », 1991, 204 p.

DOCUMENTS PROPOSÉS

Les réseaux de télécommunications

Dans le monde, en Afrique, en France

Dans le monde : les liaisons sous-marines en fibre optique

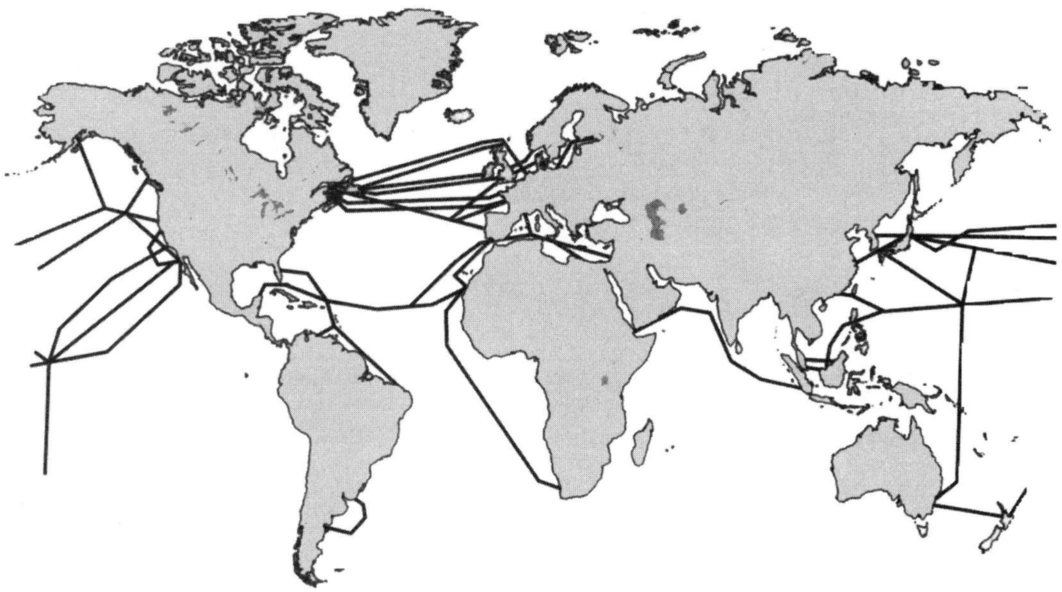

S. Goussot, *Géographie des télécommunications*, Paris, copyright Armand Colin, 1998.

Dans le monde : la pénétration d'Internet (pour 100 habitants)

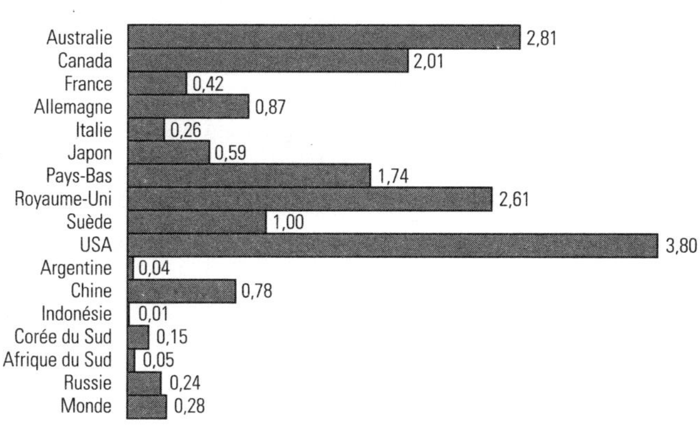

Die Welt, avril, 1998.

En Afrique : le téléphone

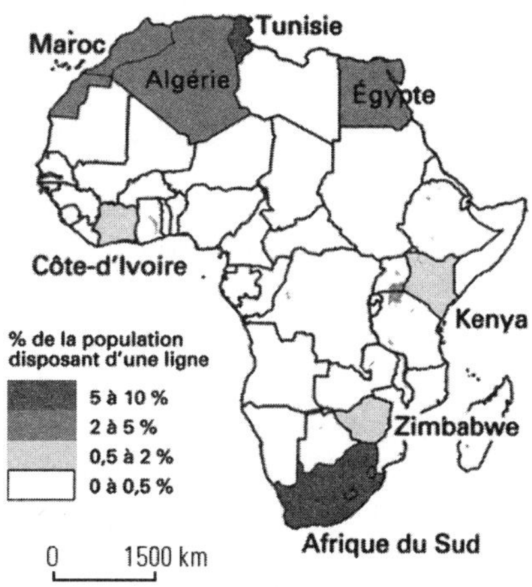

Jeune Afrique, avril 1998.

En France : la couverture de SFR, pour les téléphones mobiles

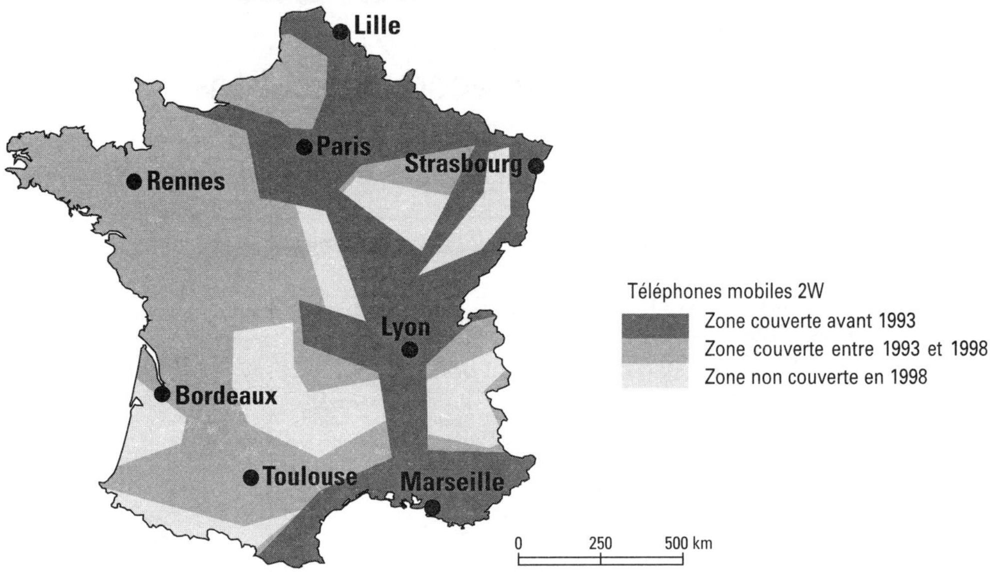

J. Macadam et *al.*, *Les Transports. Géographie de la circulation dans le monde d'aujourd'hui*, Paris, Copyright Armand Colin, 1997.

Remarque : les quatre documents présentés ont été repris de l'ouvrage de S. Goussot, *op. cit.*

1 - ORIENTATIONS

Monde

– *Les liaisons sous-marines en fibre optique à l'échelle du monde* : quels sont les principaux axes ? Quels sont les carrefours principaux ? Quels sont les espaces les plus mal desservis ? Quelle logique semble avoir présidé à la construction du réseau ?

– *La pénétration d'Internet* : quels sont les pays les plus équipés ? les moins équipés ? Expliquer le score de l'Australie, des États-Unis, de la Corée du Sud ?

Afrique : pourquoi la pénétration du téléphone est-elle globalement si faible ? Pour quelles raisons certains pays bénéficient-ils de pourcentages supérieurs ?

France : où pouvait-on utiliser un téléphone mobile SFR avant 1993 ? Quels sont les lieux où il n'est toujours pas possible de s'en servir en 1998 ? Quelle logique semble déterminer le calendrier de couverture ?

2 - ÉLÉMENTS POUR RÉDIGER UN COMMENTAIRE

Conseil général : il ne faut pas traiter chaque document séparément et successivement, mais identifier une problématique et trouver un plan qui permette de les exploiter complètement en croisant les informations qu'ils fournissent.

Problématique : quel est le rôle des réseaux de télécommunications dans l'organisation de l'espace ?

Plan proposé :

I. formes et logiques des réseaux à différentes échelles ;

II. polarisation et angles morts ;

III. impact sur la localisation des activités économiques.

Conclusion sur la manière dont les télécommunications affectent l'opacité de l'espace et son hétérogénéité.

PARTIE 2

ORGANISATION DU CIRCUIT ÉCONOMIQUE ET ESPACE

Aucun circuit économique ne fonctionne automatiquement, grâce à des « lois » économiques, à une sorte de processus naturel de régulation ou à l'action d'une « main invisible », comme le défendent les libéraux. Ce sont des acteurs qui sont à l'origine des flux au sein d'un circuit et qui, souvent, les organisent.

Les pôles du circuit sont composés d'agents économiques, qui sont des acteurs individuels (un consommateur) ou collectifs (l'État, l'entreprise, l'OMC…). Ces acteurs agissent ou réagissent de façon donnée au sein du circuit, et nombre de leurs actions sont liées à des représentations. Celles-ci se construisent généralement à partir d'un apprentissage, d'une socialisation de l'individu, qui le conduisent à adopter, dans certaines situations économiques, les comportements attendus par la société à laquelle il appartient. Les choix des acteurs collectifs dépendent également de la culture environnante. Ces normes et représentations de l'économie varient selon les époques et les lieux. Le chapitre 6 porte sur les acteurs économiques et sur leurs logiques.

La forme adoptée par le circuit économique ne repose pas fondamentalement sur des mécanismes de type économique. Elle est liée au mode de relation social qu'entretiennent entre eux les acteurs. L'anthropologue K. Polanyi en distingue trois principaux, auxquels correspondent trois types de circuits.

Le chapitre 7 examine le système de la réciprocité, ou circulation par le don/contre-don. Il correspond à un transfert de biens d'un agent vers un autre sans qu'il y ait de contrepartie immédiate. L'échange repose sur une inégalité alternée. Ce type de circuit fonctionne généralement entre proches : parents, amis, collègues de travail, etc., ou du moins entre des acteurs liés par un rapport en voie de personnalisation. Il s'appuie sur l'intériorisation d'une triple obligation : donner, recevoir, rendre. Un calcul très restreint des flux passant en France par la réciprocité (il n'y a pas de chiffres pour les dons intrafamiliaux, les héritages, les cadeaux, les réceptions des entreprises...) donne un montant équivalent aux trois quarts du PIB.

Le chapitre 8 porte sur le système de la redistribution. La circulation des richesses y est fondée sur des rapports hiérarchisés entre agents. Une autorité (État, Église, direction d'une entreprise, etc.), en fonction des informations obtenues sur les possibilités de production et sur les besoins, réalise des prélèvements financiers (impôts), en nature (produits agricoles) ou en services (corvée), et ensuite les distribue. La circulation des richesses se modèle sur une centralité hiérarchisée. L'importance de ce mode de circulation des richesses se mesure au taux de prélèvement obligatoire, c'est-à-dire au rapport : prélèvements obligatoires/PIB. Ce rapport est en France d'environ 45 %, ce qui signifie que presque la moitié de la richesse produite au cours d'une année emprunte ensuite le circuit de redistribution.

Le chapitre 9 traite du troisième type de circuit qu'est le marché. L'échange marchand est généralement adopté lorsque aucun lien personnel ne lie les acteurs. Pour qu'une circulation marchande s'engage, il faut aussi, à la différence de la redistribution, qu'un rapport d'égalité soit accepté. Les partenaires doivent se reconnaître comme équivalents au moment de l'échange, même si les statuts sociaux sont par ailleurs inégaux. Après une quête d'information, les acteurs s'engagent dans une négociation censée aboutir à l'établissement d'une équivalence satisfaisante pour les deux parties et autoriser la transaction. Le PIB donne une évaluation assez juste du montant de la richesse circulant dans un pays sous la forme marchande. Il faudrait cependant y ajouter tous les flux liés au marché noir, importants dans certaines économies, mais par définition peu visibles et difficiles à comptabiliser.

On a longtemps fait correspondre les trois formes de circuit à des phases historiques. En fait, ces trois formes coexistent, à toutes les échelles, dans la plupart des sociétés, et c'est la relation liant les partenaires qui détermine le mode de circulation des richesses adopté. Les échanges économiques au sein des couples en sont un bon exemple. De multiples dons réciproques, en temps, en biens, en services, sont réalisés lorsque le couple fonctionne bien. On passe en revanche généralement du registre de la réciprocité à celui des revendications marchandes lorsqu'il se désagrège : on met alors en avant le temps consacré à la vie du couple, aux enfants, l'argent investi dans la maison, la voiture, l'inégalité dans les cadeaux faits et les services rendus. Lors la séparation, on revendique un équilibre de type marchand, en réglant ses comptes devant un avocat.

Les trois caractéristiques géographiques du milieu, de l'hétérogénéité et de l'opacité de l'espace, influent sur le fonctionnement du circuit, quelle que soit la forme qu'il adopte : ils seront pris en compte dans les chapitres qui suivent. Au sein de chacun de ces circuits, les acteurs n'entretiennent pas seulement des rapports spécifiques entre eux, mais aussi très souvent avec le milieu. Les acteurs du don/contre-don sont ainsi souvent habités par l'imaginaire d'une circulation vitale, où la vie, les ressources auraient été données aux hommes et entretiennent un rapport plutôt respectueux avec le milieu. Dans la redistribution, le rapport au milieu dépend des priorités de l'autorité, notamment de son plus ou moins grand souci des générations futures. La circulation par le marché se fonde généralement sur la recherche d'une satisfaction immédiate : le privilège accordé au court terme entre facilement en contradiction avec les rythmes de reproduction du milieu. L'opacité de l'espace pose des problèmes redoutables à la circulation de l'information, des biens, des personnes au sein des trois circuits. Il en résulte souvent des formes de circulation très organisées. Certains acteurs se spécialisent dans la collecte et la diffusion d'informations, ou dans l'organisation du transport des biens et des personnes. L'hétérogénéité des répartitions commande enfin la direction des flux d'une façon spécifique à chacun des circuits. Dans la réciprocité, c'est la répartition géographique des personnes entre lesquelles existe un rapport personnalisé qui oriente les flux et explique leur intensité. Dans la redistribution, la géographie des flux est liée à la localisation des personnes relevant d'une même autorité. Les acteurs du circuit marchand sont quant à eux à la recherche des partenaires qui leur permettent de tirer le plus grand profit possible de l'échange. C'est la localisation de ces derniers qui explique alors la géographie des flux.

C'est à dessein que nous avons choisi, pour illustrer les logiques des acteurs (chap. 6) et le fonctionnement du marché (chap. 9), de proposer des documents et des exercices qui portent tous sur la question foncière. En géographie économique, ce thème présente en effet un intérêt spécifique, dans la mesure où l'espace géographique y constitue l'objet même auquel les acteurs sont confrontés et l'enjeu direct de l'échange.

6

ACTEURS ÉCONOMIQUES ET ESPACE

Comprendre l'organisation de la circulation des richesses dans l'espace suppose de s'intéresser tout d'abord aux acteurs de cette circulation, aux agents qui composent les pôles économiques. Quels sont les motivations, les représentations, les processus de prise de décision qui peuvent expliquer leurs conduites au sein du circuit ?

Les acteurs économiques peuvent être classés en deux grandes catégories : les acteurs individuels et les acteurs organisés collectivement (les « organisations ») tels que les entreprises, les syndicats ou les associations de défense du consommateur. Nous analyserons ces catégories séparément, parce que les processus de prise de décision et les types d'action diffèrent pour chacune d'elles. Des interprétations diverses du comportement économique ont par ailleurs été fournies pour ces deux grands types d'acteurs ; l'une des plus fameuses étant celle de l'*homo œconomicus*.

Tous les acteurs ont à prendre en compte la dimension géographique dans leur activité économique. Mais chacun d'entre eux, selon qu'il s'agit d'un individu ou d'une organisation, d'un agent guidé par de seuls objectifs rationnels ou par d'autres plus divers, adopte un comportement spécifique dans l'espace. La dimension spatiale influe par ailleurs sur la socialisation économique des acteurs, parce qu'elle intervient dans les processus communicationnels. Les représentations de l'économie, les conduites économiques des acteurs sont ainsi géographiquement différenciés. Il existe des aires géographiques où les modes de consommation, de production, ou le fonctionnement des organisations sont spécifiques.

BIBLIOGRAPHIE GÉNÉRALE DU CHAPITRE

Ouvrages de base

CORIAT B. et WEINSTEIN O., *Les Nouvelles Théories de l'entreprise*, Paris, Librairie générale française, 1995, 218 p.

MÉNARD C., *L'Économie des organisations*, Paris, La Découverte, 1995, 127 p.

LAKEHAL M., *Analyse économique*. Actes et acteurs de l'économie, Paris, Cefral/Larmises, 1997, 304 p.

LASSARE D., *Psychologie sociale et économie*, Paris, Armand Colin, 1995, 261 p.

LIVIAN Y.-F., *Introduction à l'analyse des organisations*, Paris, Économica, 1995, 95 p.

Ouvrages et articles de référence

AOKI M, « Horizontal *vs* vertical information structure of the firm », *American Economic Review*, 1986, vol. 76, n° 5, pp. 971-983.

CHANDLER A.D., *Stratégies et structures de l'entreprise*, Paris, Éditions d'organisation, 1989, 543 p. ; trad. de l'anglais, *Strategy and Structure : Chapters in the History of Industrial Enterprise*, Cambridge (MA), Mit Press, 1962.

CHANDLER A.D., *La Main visible des managers*, Paris, Économica, 1988, 635 p. ; trad. de l'anglais, *The Visible Hand. The Managerial Revolution in American Business*, Cambridge (MA), Haward University Press, 1977.

COASE R., « La nature de la firme », *Revue française d'économie*, vol. 2, n° 1, 1987, pp. 133-163 ; trad. de l'anglais, « The nature of the firm », *Économica*, n° 4, 1937, pp. 386-405.

WILLIAMSON O., *Les Institutions de l'économie*, Paris, Inter Éditions, 1994, 404 p. ; trad. de l'anglais, *The Economic Institutions of Capitalism*, New York, Basic Books, 1985.

CROZIER M., *Le Phénomène bureaucratique*, Le Seuil, Paris, 1963, 384 p.

CROZIER M. et FRIEDBERG E., *L'Acteur et le Système. Les contraintes de l'action collective*, Le Seuil, 1977, 437 p.

Ouvrages et artcles spécialisés

BOLTANSKY L. et THÉVENOT L., *Les Économies de la grandeur*, Paris, PUF, 1987, 361 p.

BOUINOT J. et BERMILS B., *La Gestion stratégique des villes. Entre compétition et coopération*, Paris, Armand Colin, 1995, 208 p.

DEMEULENAERE P., *Homo œconomicus. Enquête sur la constitution d'un paradigme*, Paris, PUF, 1996, 228 p.

FRIEDBERG E., *Le Pouvoir et la Règle. Dynamique de l'action organisée*, Paris, Le Seuil, 1993, 404 p.

HOFSTEDE G. et BOLLINGER D., *Les Différences culturelles dans le management*, Éditions d'organisation, 1987, 268 p.

IRIBARNE Ph. d', *La Logique de l'honneur. Gestion des entreprises et traditions nationales*, Paris, Le Seuil, 1989, 280 p.

IRIBARNE Ph. d' et *al.*, *Cultures et mondialisation. Gérer par-delà les frontières*, Paris, Le Seuil, 1998, 358 p.

MINTZBEZRG H., *Le Management - Voyage au cœur des organisations*, Paris, Éditions d'Organisation, 1990, 570 p.

ORLÉAN A. (dir.), *Analyse économique des conventions*, Paris, PUF, 1994, 403 p.

SAINSAULIEU R., *Sociologie de l'organisation et de l'entreprise*, Paris, Presses de la FNSP/Dalloz, 1997, 476 p.

SALAIS R. et STORPER M., *Les Mondes de la production*, Paris, EHESS, 1993, 467 p.

TÖRNQVIST G., « Flows of information and the location of economic activities », *Geografiska Annaler*, n° 1, 1968, pp. 99-107

WILLIAMSON O., *Firms, Markets, Relational Contracting*, New York, Free Press, 1987, 450 p.

A

LES ACTEURS INDIVIDUELS

Une première explication du comportement de l'acteur économique individuel a été offerte à travers le modèle de l'*homo œconomicus*, acteur isolé, rationnel et maximisateur. D'autres interprétations plus complexes ont été proposées ; les conduites économiques correspondent alors à la fois à des aspirations individuelles et collectives, matérielles et symboliques, et sont toujours socialisées.

1 - L'*HOMO ŒCONOMICUS*

L'*homo œconomicus* est une représentation systématisée du comportement économique proposée par les économistes. C'est à partir de ce modèle qu'ils ont bâti le principal corpus théorique de leur discipline et que s'est répandu dans toutes les sciences sociales l'***individualisme méthodologique***.

Individualisme méthodologique : démarche selon laquelle tout phénomène social doit être compris comme l'agrégation d'actions individuelles. Il s'oppose au holisme qui privilégie au contraire l'analyse des structures et des sociétés prises comme un tout.

■ Les postulats du modèle de l'*homo œconomicus*

Le modèle de **l'*homo œconomicus*** est construit à partir de différents postulats, que l'on peut présenter en cinq points.

1. L'être humain est un individu égoïste. Le mobile déterminant de toutes ses actions est la recherche de l'intérêt personnel.

2. Il n'obéit qu'à des principes rationnels : il recherche le maximum de satisfaction moyennant le minimum d'efforts ou de sacrifice. On le dit ainsi « maximisateur ».

3. Il est parfaitement informé. Il a connaissance de la totalité des conséquences des actions qui s'offrent à son choix.

4. Il est isolé, indépendant des autres hommes, n'est pas programmé par des habitudes sociales ou culturelles. Le pouvoir de décider n'appartient donc qu'à lui, sans qu'aucun déterminisme extérieur ne s'impose à lui.

5. Ces postulats sont universels. Ils définissent l'action humaine en tout lieu et tout temps.

Quelques points du vue sur l'*homo œconomicus*. Pour certains économistes, ce modèle de l'*homo œconomicus* propose une approximation valable de la nature humaine. Pour d'autres, plus nombreux, il s'agit plutôt de démontrer que tout fonctionnerait pour le mieux, si l'homme abandonnait toute considération autre que la recherche rationnelle de son intérêt individuel. Enfin, pour un dernier groupe, ce modèle n'aurait qu'une fonction heuristique. Il serait simplement un instrument, une hypothèse, qui sert à une première représentation de l'économie, dont on peut analyser ensuite les déformations en remettant en cause l'un après l'autre les divers postulats de départ.

■ Un modèle d'action

L'*homo œconomicus* a des besoins. Les économistes ne les ont jamais véritablement définis. Pour eux, est besoin simplement ce qui correspond à une demande ; s'il y a une demande pour le pain, la drogue, les gadgets fabriqués en série, c'est parce qu'il y a un besoin de pain, de stupéfiants et de gadgets. Les besoins sont universels ; les réponses orientées vers la satisfaction de ces besoins le sont donc également. Les variations ne sont liées qu'à des facteurs environnementaux qui se manifestent dans le type d'alimentation, d'habillement, d'architecture… Les besoins sont en outre illimités. En effet, lorsqu'un certain niveau économique est atteint dans une société, les besoins physiologiques sont satisfaits, mais des besoins « supérieurs » se développent.

En face de ces besoins illimités, les ressources sont comptées. Cette confrontation serait le point de départ de toute action économique. Il s'agit, comme l'indique l'économie néo-classique, de mettre en œuvre des moyens rares pour la réalisation de fins qui procurent la plus grande satisfaction possible dans des circonstances données. L'*homo œconomicus* est amené à peser le pour (les bénéfices) et le contre (les coûts) de chacune des éventualités d'actions sur lesquelles il est parfaitement informé, et à choisir celle qui maximise sa satisfaction (meilleur rapport bénéfices/coûts), selon un schéma de décision simple, très linéaire :

besoin ➞ délibération ➞ décision ➞ satisfaction

■ Des modèles d'acteurs économiques

Le producteur, doté d'une rationalité parfaite, réagit comme un automate qui applique mécaniquement les règles du calcul économique pour maximiser un profit sous contraintes. Il établit, à l'aide d'une fonction de production, quelle combinaison de travail (nombre de travailleurs) et de capital (nombre de machines) est la plus productive. Une seconde analyse, en termes de coûts, lui permet d'observer l'évolution de sa marge bénéficiaire lorsqu'il fait varier le volume de production. La solution optimale est celle qui procure la marge la plus importante.

Le consommateur arbitre d'abord entre consommation et épargne. Son choix entre ces deux options est lié au taux d'intérêt, prix du renoncement à la consommation immédiate. S'il lui semble élevé, il est incité à épargner, et s'il lui semble faible, il consomme. Dans ses **choix de consommation** même, l'*homo œconomicus* est capable de hiérarchiser ses besoins. Il établit des priorités, classe les biens par ordre de préférence, en fonction de l'***utilité marginale*** de chacun.

L'***utilité marginale*** d'un bien est l'utilité que procure la consommation de la dernière unité considérée. Elle tend à décroître avec le nombre d'unités ; un individu peut trouver une grande utilité à l'achat d'une première machine à laver. En revanche, sa satisfaction sera moindre à la deuxième machine et sans doute nulle à la troisième, pour laquelle il ne consentira plus aucune dépense.

Les choix de consommation ou comment remplir sa valise. L'image souvent choisie pour faire comprendre comment l'*homo œconomicus* ordonne de façon rationnelle sa consommation est celle de l'homme en train de remplir sa valise avant un départ en voyage. Le budget est limité (l'homme ne peut emporter qu'une valise) ; il faut choisir ses consommations (que mettre dans la valise ?). Les choix dépendront de l'utilité marginale que procure chacun des biens à cet individu. Si celui-ci est un fumeur invétéré, il commencera par ranger des paquets de cigarettes dans sa valise. Si sa valise ne peut en contenir que cent et que le plaisir procuré par la consommation du centième paquet reste supérieur à tout autre, il n'emportera que des cigarettes. Si le besoin du onzième paquet lui paraît moins intense que celui de disposer d'une paire de chaussettes de rechange, il rangera dans sa valise une paire de chaussettes. L'utilité de la première cravate lui apparaîtra peut-être plus grande que celle de la sixième paire de chaussettes, et il emportera alors une cravate. La valise est idéalement garnie lorsque les utilités marginales pour le dernier paquet de cigarettes, la dernière paire de chaussettes, la dernière cravate, le dernier livre, etc., sont à la même hauteur et plus élevées que celles des biens laissés à la maison. L'individu a alors maximisé son utilité.

■ L'*HOMO ŒCONOMICUS* ET L'ESPACE

Le comportement de l'*homo œconomicus* dans l'espace est celui qui a été le plus longuement décrit par l'analyse spatiale. Cet *homo œconomicus* recherche le maximum de satisfaction au moindre coût. Or, il existe un coût proprement spatial qui est celui du franchissement de la distance, qu'il tente donc de minimiser.

Le producteur adopte diverses solutions pour cela : on vient de voir dans le chapitre 5 que, s'il est agriculteur, il opte pour les cultures qui lui rapportent le bénéfice maximal sur le marché, déduction faite du coût de transport de ces produits jusqu'à celui-ci ; s'il est industriel, il s'implante là où l'ensemble des coûts de transport de la matière première et des produits finis est le plus avantageux ; s'il est prestataire de services, il s'installe en un lieu qui minimise les coûts de déplacement de l'ensemble de ses clients. Le consommateur, quant à lui, se rend toujours chez le vendeur auprès duquel il obtient le produit à moindre coût, compte tenu des frais de déplacement. Ses propres choix de localisation obéissent aussi à des principes rationnels, où les coûts de transport entre le domicile et le lieu de travail jouent un rôle fondamental.

Dans ses rapports au milieu, l'*homo œconomicus* tente d'internaliser au maximum les bénéfices liés à son exploitation et d'externaliser les coûts. Il essaie de tirer parti de l'hétérogénéité, en utilisant les avantages comparatifs offerts par chaque portion de l'espace.

La nature humaine étant fondamentalement universelle, il n'y a pas de différenciation géographique du comportement de l'acteur économique dans l'espace.

2 - DES ACTEURS ÉCONOMIQUES PLUS COMPLEXES

Les contestations du modèle normatif de l'*homo œconomicus* sont venues d'autres disciplines que l'économie : la psychologie, la psychosociologie, l'anthropologie… Leurs travaux sur les conduites économiques, qui se fondent généralement sur l'étude de comportements réels, aboutissent à des interprétations beaucoup plus riches et variées.

■ DES MOTIVATIONS ET CONDUITES DIVERSIFIÉES DES ACTEURS ÉCONOMIQUES

Le fondement à l'action économique trouvé dans la lutte que les hommes mèneraient contre la rareté pour satisfaire leurs besoins est très critiqué. Le ***besoin humain***, jamais analysé par les économistes, parce qu'il leur apparaît comme naturel, est en fait un concept relatif, qui change avec les cultures et avec le temps. Même, les besoins dits « fondamentaux » n'existeraient pas ; sous les mêmes climats, certains hommes recouvrent leur corps de plusieurs épaisseurs de vêtements, d'autres vont presque nus. L'**obsession de la rareté** n'est guère plus universelle. Un anthropologue, ***Marshall D. Sahlins***, a décrit les sociétés primitives comme « des sociétés d'abondance » car, cette obsession y faisant défaut, peu de biens matériels sont désirés et tous les besoins sont satisfaits.

« L'élasticité des ***besoins humains*** est absolue… Il n'y a pas d'autre échelle des valeurs des besoins humains en matière de protection et de confort que l'arbitraire social » (M. Mauss).

M. D. Sahlins (1931-) : anthropologue substantiviste américain, spécialiste des sociétés mélanésiennes qui a tenté d'explorer de façon générale le rapport à l'économie des sociétés primitives. Il montre qu'elles furent les uniques sociétés d'abondance. *Stone Age Economics*, 1972.

Absence d'obsession de la rareté et comportements économiques. Pour les peuples de chasseurs-cueilleurs que Sahlins a étudiés sur divers continents, la quête de nourriture est une activé intermittente. Ils jouissent de loisirs surabondants, ont une forte propension à la prodigalité, à consommer tout en une fois sans stocker et refusent de travailler davantage pour fournir des surplus. Cette position n'est pas que primitive. Les archives d'industriels européens des premiers temps de l'industrialisation fourmillent de plaintes concernant le comportement des ouvriers. Comme les indigènes soumis plus tard à l'expérience coloniale, ils ne se sentaient en effet pas contraints par des critères culturels à gagner le plus d'argent possible. Ils ne venaient plus à l'usine dès que leur salaire leur suffisait.

Le penchant au troc de l'homme primitif, sur lequel ont beaucoup disserté les économistes qui souhaitaient prouver que la recherche de l'intérêt matériel égoïste était naturelle à l'homme, est lui aussi démenti par l'ethnologie moderne. La recherche d'une satisfaction matérielle individuelle peut exister, mais elle est dépréciée et combattue dans presque toutes les sociétés autres que la société occidentale. Même dans cette dernière, les motivations du sujet sont beaucoup plus diverses que le seul appât du gain. Les psychologues ont ainsi remarqué que l'évitement du risque dans l'activité économique était une constante chez nombre d'individus, qui vont, par exemple, tenter de s'assurer le revenu le plus stable et non le plus élevé. La personne peut, par ailleurs, être davantage en quête de pouvoir, de domination, à travers l'accumulation matérielle que du gain en lui-même. Le plus souvent, c'est une considération sociale qui est recherchée. Les psychologues ont également mis en avant le désir d'accomplissement de soi, dont Max Weber, avec son analyse du rôle de l'éthique protestante du travail, a montré l'importance. Ces motivations ne seraient, par ailleurs, pas innées mais acquises ; elles seraient des produits de la culture.

Les conduites économiques sont elles aussi plus diverses que celles de l'*homo œconomicus*. Il y a de la compétition, de la rivalité, mais aussi des conduites coopératives que l'on a souvent étudiées dans le cadre de l'entreprise. Il existe aussi des conduites de solidarité, qu'elles soient imposées par la collectivité (versements d'impôts, cotisations sociales) ou liées à des choix individuels (travail associatif, dons).

■ Une rationalité limitée des décisions

La recherche de la rationalité dans le processus de décision est souvent effective. La définition de l'option la plus rationnelle est toutefois difficile, comme l'ont montré les travaux de l'économiste américain **Herbert A. Simon.**

H.A. Simon et la rationalité limitée. Pour Simon (1916-), introducteur du ***behaviorisme*** en économie et Prix Nobel, en 1978, pour son travail pionnier sur les processus de décision au sein de l'organisation économique, les individus s'efforcent plus ou moins d'être rationnels mais, bien souvent, n'y parviennent pas.

Le sujet ne dispose, en effet, pas de toute l'information avant de prendre une décision ; celui qui veut acheter un produit ne connaît, par exemple, ni tous ses composants ni la totalité du marché. Il n'a, par ailleurs, ni la possibilité de vérifier l'exactitude de celles qui lui sont transmises, ni les capacités mentales pour envisager les conséquences de toutes les alternatives à ses choix. Le sujet s'orienterait donc plutôt vers les choix satisfaisants que vers des choix optimaux. On est dans le contexte de la rationalité limitée, où la décision prise est raisonnable plutôt que strictement rationnelle. (*Administrative Behavior*, 1945).

Behaviorisme, de l'anglais *behavior* « comportement » : courant d'après lequel il faut étudier expérimentalement le comportement de l'individu dans son milieu, sans se pencher sur sa viepsychique.

Par ailleurs, il existe des décisions économiques qui semblent être prises en l'absence de tout raisonnement rationnel. Les dépenses de prestige, les gaspillages, le surendettement de ménages peuvent sembler illogiques, de même le refus de faire des dépenses de modernisation dans une entreprise.

Rares sont, enfin, les décisions économiques que l'individu prend de façon indépendante. La ***nouvelle microéconomie*** montre que la décision de chaque individu dépend de celle des autres et qu'elle l'affecte en retour. La ***théorie des jeux*** est l'outil utilisé pour étudier la prise de décision dans cet univers fait d'interdépendances, de complexités et de stratégies. L'individu est, de plus, souvent intégré dans des groupes, qu'il s'agisse de la cellule familiale ou de l'entreprise. Or, il existe au sein de ceux-ci une forte pression au consensus, qui fait souvent choisir parmi les options celle qui met fin aux conflits internes sans qu'elle soit nécessairement la plus rentable. Les décisions d'un individu peuvent aussi être largement contraintes par une structure hiérarchique, telle que celle de l'entreprise.

La ***nouvelle microéconomie*** continue d'étudier les comportements d'individus rationnels, mais en intégrant les difficultés d'acquisition de l'information et les dimensions de l'incertitude et du risque.

La ***théorie des jeux*** cherche à rendre compte des stratégies et décisions d'individus rationnels, adoptées en fonction des réactions supposées d'autres individus avec lesquels ils sont en relation.

■ Des perceptions et représentations de l'économie

La perception de l'économique diffère selon les individus, mais aussi selon les groupes, ce qui permet de parler de représentations de l'économie.

On observe des variations dans la perception de l'économie liées aux matrices culturelles, aux conceptions communes à un groupe, à sa mémoire, à ses valeurs collectives. Elles s'appuient souvent sur des philosophies sociales qui définissent des visions du monde partagées par un grand nombre d'individus, qu'il s'agisse de la nature humaine (l'homme est un être déchu) ou du sens de son existence (le rachat par le travail). On trouve aussi les croyances (il existerait un mécanisme régulateur naturel de l'économie), entretenues grâce à un langage (la « loi » de l'offre et de la demande) et des symboles communs (la monnaie).

La perception se différencie ensuite selon la place socio-économique de l'acteur ; par exemple, la distance par rapport aux décisions économiques qui le concernent. Le travailleur indépendant en est très proche alors que le fonctionnaire en est éloigné. La pratique des acteurs, leur vécu, leur expérience interviennent également. Un ouvrier, un agent des méthodes, un employé de banque ont des regards différents sur des objets identiques et des réactions types nées de leur formation et de l'exercice concret de leur métier.

Les perceptions et représentations ont été surtout analysées à travers notre rapport aux objets économiques. ***Jean Baudrillard*** a montré que, dans les sociétés de consommation, l'objet avait essentiellement un statut de « signe », qu'il véhiculait des images et symboles, perçus de façon souvent inconsciente par les individus. On s'entoure de certains objets (vêtements, ameublement, CD...) pour constituer un discours personnel (« je suis un jeune cadre branché »). Il s'agit d'un discours compréhensible par les membres de la société dans laquelle on vit, parce qu'il y a un travail du groupe et de la culture sur la signification des objets et constitution de représentations collectives.

J. Baudrillard (1929-) : sociologue et philosophe français. Il met en cause la rationalité de la production et considère la stimulation du consommateur comme une provocation du désir. *Le Système des objets* (1968), *Pour une critique de l'économie politique du signe* (1972).

■ Un rapport socialisé à l'économique

La socialisation économique désigne la façon dont l'individu s'intègre à la société dans laquelle il vit, en adoptant certaines conduites économiques.

On peut savoir à quel rythme les individus intègrent telle ou telle conception économique par des études du développement cognitif. Dans divers pays à économie de marché, on s'est ainsi intéressé chez les enfants à l'acquisition de concepts tels que la propriété, la valeur des marchandises, la banque... Elle s'opère partout dans le même ordre chronologique. La pratique et le bain culturel en accélèrent toutefois plus ou moins le rythme (les enfants ont, par exemple, une compréhension plus précoce du fonctionnement du système bancaire à Singapour et à Hong Kong).

Culturalisme : courant anthropologique américain, développé à partir des années 1930, influencé par la psychologie et la psychanalyse, et centré sur l'étude des comportements humains appréhendés comme manifestations de la culture d'une société (M. Mead, R. Benedict, A. Kardiner).

La théorie du rôle, développée par des anthropologues du ***culturalisme***, peut quant à elle aider à comprendre pourquoi les individus adoptent des types donnés de conceptions et de comportement économique. Chaque culture associe aux divers statuts (sexe, âge, vendeur, client) un rôle, des conduites. L'individu apprend, dès l'enfance et de façon inconsciente, à faire correspondre aux statuts qui sont les siens les rôles attendus par la société à laquelle il appartient. L'enfant perçoit, par exemple, très vite que s'il tourne autour de la boulangerie, il n'est qu'un « sale gamin » mais que s'il vient acheter des bonbons avec ses sous, il est un client. Le respect de la norme de comportement associée au statut de client (donner de l'argent contre la marchandise) lui permet en fait de se reconnaître comme membre d'un groupe, de se faire accepter socialement. Ce sont par les institutions telles que la famille, le système éducatif que sont transmises d'une génération à une autre les normes du rôle associées aux statuts.

Les travaux sur **l'apprentissage social** des conduites économiques permettent enfin de saisir comment l'individu acquiert habitudes et comportements économiques. Il les intègre lorsqu'elles sont récompensées (félicitations, sourires, cadeau), et les rejette lorsqu'elles entraînent une réprobation ou qu'elles sont punies (prison). Les conduites récompensées sont celles valorisées par la famille, la société, et les conduites prohibées, celles considérées comme délictueuses (évasion fiscale, travail au noir, immigration clandestine). Lorsque se produit de façon accélérée un changement de système économique, sans qu'une culture, des normes, les récompenses/punitions correspondantes et l'apprentissage n'aient eu le temps de se mettre en place, on peut s'attendre à une dérégulation des conduites (anciens pays du bloc soviétique).

Théorie de l'apprentissage et rationalité. La théorie de l'apprentissage peut expliquer les tentatives de rationalisation de leur comportement par les acteurs. La pensée rationnelle est en effet un modèle dominant dans nos sociétés. Dans l'apprentissage scolaire, le raisonnement rationnel est ainsi encouragé et récompensé ; il est gratifiant pour l'élève. La non-conformité à la norme de rationalité entraîne au contraire désapprobation et échec scolaire. Pour certains auteurs, la rationalité est choisie parce qu'elle permet de s'intégrer à la société. Elle est le résultat d'un apprentissage social et historique de la part des institutions aussi bien que des individus.

■ Des modèles d'acteurs économiques plus riches

Les enquêtes menées auprès des producteurs révèlent de nombreuses motivations autres que le désir de s'enrichir, dans la création et la direction d'entreprise. Celles-ci sont le plus souvent associées à une volonté d'indépendance et à un désir de réalisation de soi. Par ailleurs, les entrepreneurs qui ont fait de bons choix soutiennent rarement que leur réussite provient du sérieux de leurs calculs, mais évoquent plutôt leur « flair », leur « sens des affaires ». Cette qualité s'acquiert par la pratique des marchés, l'expérience, la méditation faite sur les erreurs malheureuses et de la psychologie. La prise de décision du producteur est donc plutôt un exercice d'intuition doublé d'un calcul.

Les choix du consommateur sont donc moins libres et conscients que ne l'explique la théorie économique traditionnelle. Le milieu familial, le groupe social, la formation des individus forgent des normes et des valeurs qui trouvent leur traduction dans la tenue vestimentaire, la manière d'agencer son habitat ou les dépenses pour l'éducation des enfants. Des **effets de démonstration et d'imitation** entre groupes sociaux interviennent également dans la diffusion des valeurs.

L'effet de démonstration et d'imitation. Pour l'économiste américain , T. Veblen (1857 - 1929), des groupes modèles tentent d'afficher leur supériorité par ce qu'ils possèdent et consomment. Ils développent un mode de consommation auquel aspirent les autres groupes situés dans une position hiérarchique inférieure. Le sociologue français Gabriel Tarde (1843-1904), a montré que ces derniers tentaient d'atteindre le niveau de vie du groupe modèle (démocratisation de la pratique du tennis, du golf aujourd'hui), lequel réagit constamment en adoptant de nouvelles consommations pour maintenir un écart avec les catégories sociales à revenus inférieurs.

Ces mécanismes d'imitation interviennent particulièrement dans les sociétés où il y a mobilité sociale. La modification de la consommation y est un procédé typique pour sortir d'un groupe d'appartenance et tenter de se faire accepter par le groupe de référence. Dans les autres sociétés, une catégorie d'objets est assignée de façon presque immuable à des classes qui le sont également.

Les industriels sont aujourd'hui très au fait de ces besoins d'appartenance et d'identification de l'individu, qui constituent pour eux un véritable gisement pour la vente de produits. Pour créer la tentation d'achat d'un objet chez des personnes qui n'en avaient auparavant jamais ressenti le besoin, il suffit de les convaincre que sa possession est nécessaire à l'intégration dans un groupe ou à l'identification à un idéal de bonheur. Le fabricant recourt à des spécialistes qui, en jouant sur le subconscient du consommateur, essayent de l'interpeller, de le séduire et de le frustrer. L'objet est également produit et vendu comme signe. La réflexion anthropologique nous permet ainsi de comprendre pourquoi en Occident tant d'importance est accordée à la consommation.

3 - Les acteurs économiques complexes et l'espace

Comportement spatial et différenciation géographique

L'acteur économique, dans son acception plus complexe, fait intervenir des éléments beaucoup plus divers dans ses rapports à l'espace que ne le faisait l'*homo œconomicus*. Son affectivité, son besoin d'identité, sa quête de reconnaissance sociale ou de prestige vont par exemple influencer le choix de son lieu d'habitat, de vacance, d'exercice de son activité, autrement dit sa consommation d'espace. Le ***marketing spatial***, qui associe à certains lieux des images susceptibles d'éveiller le désir, ne manque pas d'exploiter ces éléments.

Marketing spatial : recherche et mise en œuvre de moyens propres à vendre un lieu, auprès de particuliers, d'entreprises.

La culture qui modèle l'acteur économique complexe comporte une dimension spatiale. Les motivations de cet acteur économique, les besoins qu'il considère comme fondamentaux, sa socialisation économique, peuvent varier selon les sociétés. D'importantes différences géographiques dans les conduites face au travail, à l'argent, à la consommation, etc., se manifestent donc.

Ces caractéristiques culturelles à dimension spatiale invitent à s'interroger sur l'existence d'aires géographiques où les acteurs économiques partagent un « monde commun », ainsi que sur la constitution de telles aires, c'est-à-dire sur les processus de diffusion spatiale des conceptions de l'économie.

Dimension spatiale de la construction d'une culture économique

Les formes de socialisation économique sont issues de processus communicationnels, d'interactions entre individus. C'est sur ces processus que l'espace intervient.

Certaines informations relatives à l'économie n'ont pas besoin d'une véritable interaction pour être transmises (le bonheur retiré de l'absorption d'une bouteille de Coca-Cola). D'autres sont plus complexes et leur transfert se fonde sur des interactions nombreuses et répétées (enseignement d'un savoir-faire technique). Les progrès réalisés dans les télécommunications ont peu à peu permis de se passer du support humain pour véhiculer les informations simples, quand la transmission des informations complexes nécessite encore souvent un face-à-face. Les premières peuvent donc être diffusées rapidement, par les journaux, la télévision... auprès d'un nombre considérable d'individus et sur des distances très importantes, ce qui aboutit à la constitution de vastes aires géographiques de comportements économiques semblables (consommation planétaire du Coca-Cola) et de conceptions partagées (sentiment de liberté, d'identification au rêve américain que procure l'absorption de cette boisson). Les informations complexes, quant à elles, ne peuvent être transmises à un très grand nombre de personnes (un maître de stages ne peut suivre simultanément plus de deux ou trois apprentis) et leur diffusion s'effectue davantage à l'échelle locale. En effet, si ces informations peuvent transiter sur de longues distances (un étudiant français peut choisir d'aller réaliser un stage d'apprentissage aux États-Unis), le coût psychologique et financier du déplacement individuel ne favorise pas cette éventualité.

Le support technique de la transmission n'explique pas à lui seul l'extension d'une aire de diffusion. Les aptitudes au codage interviennent elles aussi : ainsi, par leur connaissance du fonctionnement de l'inconscient, les publicitaires sont aujourd'hui capables de transmettre au moyen d'une seule image une information initialement complexe (Coca-Cola = liberté, jeunesse, rêve américain).

Les capacités d'organisation, d'encadrement d'un territoire par un pouvoir, jouent également un rôle déterminant. Les Églises, les États-nations modèlent ainsi les rapports à l'économique des populations qu'elles contrôlent, au travers des éthiques qu'elles diffusent sur des espaces qu'elles encadrent finement. La dissémination sur l'ensemble d'un territoire de nombreux enseignants, formés au préalable, chargés d'entretenir dans la durée des relations de face à face avec les populations locales, permet une imprégnation des esprits.

■ Aires de diffusion comparées des modes de consommation et des modes de production

Dans le domaine de la consommation, les modes sont aujourd'hui essentiellement véhiculées par les médias, magazines, spots TV... capables de toucher un très grand nombre d'individus. Les modes vestimentaires sont ainsi semblables d'une région française à une autre, entre ville et campagne, et deviennent même mondiales ; les adolescents du Japon, des États-Unis ou de l'Europe désirent tous à peu près les mêmes marques de vêtements.

Du côté de la production, les conditions ne sont pas tout à fait semblables. Certaines attitudes face au travail ont certes connu, avec l'expansion progressive du capitalisme occidental, une diffusion presque planétaire. Des savoirs de plus en plus nombreux reposent, par ailleurs, sur des connaissances génériques, de caractère scientifique, qu'on peut aisément véhiculer dans des ouvrages ou au moyen des outils informatiques, ce qui leur assure une diffusion très large. Toutefois, une grande part du savoir nécessaire à l'acte productif se transmet toujours par des relations face à face, qu'il s'agisse de celles se produisant entre enseignants et étudiants, formateurs et apprentis ou entre collègues au sein des entreprises. Ce type de diffusion de l'information explique que l'on ait toujours des comportements dans la production extrêmement différenciés d'un pays à l'autre (les enseignants sont eux-mêmes formés dans un cadre national), que se plaisent aujourd'hui à étudier les spécialistes du management. Ces comportements peuvent varier également d'une région à une autre, notamment lorsque les savoir-faire comportent une forte dimension technique qui ne se transmet que directement, dans la famille et l'entreprise. C'est ce dernier type d'échange interpersonnel qui explique l'existence de territoires productifs singuliers, tels que les districts industriels.

B

LES ORGANISATIONS

Il existe une seconde catégorie d'acteurs, les acteurs organisés collectivement, dont les processus de prise de décision et les modes d'action diffèrent de ceux de l'acteur individuel. Longtemps négligée par les économistes, l'étude des organisations apparaît aujourd'hui comme incontournable pour la compréhension du fonctionnement des économies. Elle est devenue un des champs les plus dynamiques de leur discipline.

1 - Ce qu'est l'organisation

■ Qu'entend-on par organisation ?

On appelle « organisation » un groupement de participants qui œuvrent ensemble pour atteindre des objectifs partagés, tels que la conquête du pouvoir, la production, l'aide humanitaire. Ce groupement est caractérisé par une division interne des tâches, est structuré par une hiérarchie, des procédures de coordination et des règles. Les participants disposent ainsi de moyens pour exprimer leur accord avec les objectifs ou pour s'en dissocier (contrats, démission, grève, etc.). Les organisations exercent des interactions avec les acteurs qui la composent et la société, mais disposent d'une autonomie. Elles constituent un système qui s'impose aux individus et qui perdure au-delà des membres qui la composent.

L'association, le parti politique sont des exemples d'organisation. Les structures de commandement dans l'entreprise, les procédures de décision, la nature des contrats noués entre les différentes parties reflètent également une logique organisationnelle. L'État, quant à lui, se trouve à la frontière entre ce qui relève de l'**organisation** et de l'**institution**. Il établit les procédures de coordination entre organisations, ou entre les organisations et leur environnement, et contrôle leur respect au moyen de réglementations (droit du travail), et de la mise en place d'institutions. L'État produit en quelque sorte les règles du jeu, mais étant lui-même aussi une organisation, il y participe comme joueur.

Institutions et organisations. Parallèlement à la curiosité pour les organisations se manifeste aujourd'hui, en économie, un regain d'intérêt pour les institutions. Ces deux concepts recouvrent toutefois des réalités distinctes.
Les institutions sont des ensembles de normes ou de pratiques établies et durables qui participent aux régulations globales de la société. Elles définissent ce qui est socialement légitime ou non, indépendamment des règles juridiques. La famille, la religion, l'école sont des exemples d'institutions. Les institutions sont façonnées par les rapports entre goupes sociaux sur une longue période et par les conditions historico-sociales. Les individus ou les groupes d'individus ont donc peu de prise sur elles dans le court et moyen terme. L'institution existe à travers des organisations concrètes et particulières, comme l'Église, l'établissement scolaire, l'entreprise, le syndicat, etc. Ces organisations sont assujetties aux contraintes produites par l'environnement institutionnel, mais peuvent toutefois les infléchir en raison de leur taille. Si l'organisation repose, comme l'institution, sur des règles du jeu, ces dernières font l'objet d'un choix et de négociations.

■ Pourquoi des organisations ?

Longtemps, la présence d'organisations, notamment dans les économies de marché, a peu questionné les économistes. En effet, dans la théorie standard néoclassique, la firme a le même statut théorique que le consommateur : celui d'un agent individuel. Les « **nouvelles théories classiques** » ont introduit une autre conception de la firme, mais l'**organisation** n'y a pas davantage sa place.

L'organisation dans les nouvelles théories classiques de la firme. L'absence très curieuse et critiquée de la firme dans la théorie néo-classique a conduit récemment à une tentative de reconstruction théorique, qui s'appuie sur la notion de ***relation d'agence***. Dans ce nouveau cadre théorique, les acteurs ont toujours un comportement rationnel et cherchent invariablement à maximiser leur intérêt personnel mais, en raison de l'asymétrie de l'information, recourent désormais à la ruse ou à la tricherie (déformation de l'information, manquement aux engagements...). Des contrats sont noués pour contrer les risques liés à de tels comportements (dans le contrat d'embauche, chacune des deux parties s'engage à respecter certains termes). La firme, selon la nouvelle conception néo-classique, est alors une sorte de « nœud de contrats », passés entre des individus propriétaires de facteurs de production (salariés, actionnaires, fournisseurs). Les rapports restent purement bilatéraux, engagés de façon complètement libre entre les individus ; il n'y a pas de principe hiérarchique dans la passation de contrats, rien de différent d'une relation marchande entre deux personnes. Il n'existe en fait toujours pas d'organisation.

Relation d'agence : contrat par lequel une personne (« le principal ») engage une autre personne (« l'agent ») pour exécuter en son nom une tâche quelconque qui implique une délégation d'un certain pouvoir de décision.

R. H. Coase (1911-) : économiste anglais émigré aux États-Unis. Son concept de coût de transaction, développé en 1937, fut à l'origine d'une nouvelle réflexion sur la firme. Ce concept s'oppose de façon radicale aux représentations traditionnelles de la firme et du marché, mais Coase s'inscrit dans le courant libéral.

Coût de transaction : dépense en temps, en énergie, etc. suscitée par le fonctionnement de l'échange (déplacements, prises de renseignements, négociation).

Il a fallu, en fait, que l'on s'interroge sur les déficiences du marché pour ouvrir la boîte noire des organisations. C'est la démarche qu'a empruntée ***Ronald H. Coase*** pour montrer que l'organisation permet d'internaliser les ***coûts de transaction***, et donc de les réduire.

Imaginons en effet qu'un fabricant veuille se lancer dans la production de chaussures, de façon complètement indépendante, sans recourir à une quelconque forme organisationnelle. Il lui faudra s'informer sur les matières premières (qualité/prix du cuir, du fil, etc.) proposées par les différents fournisseurs et négocier ses achats, à chaque fois qu'il a besoin d'intrants. Il aura de la même façon à trouver des débouchés et à discuter constamment les prix de vente. S'il a besoin de main-d'œuvre, il va devoir procéder journellement à des recherches d'employés, à des embauches et à des négociations salariales. Le producteur peut réaliser une économie en coûts de recherche d'informations et de négociation, en recourant à des formes organisationnelles : insertion des employés dans une entreprise au moyen de contrats de travail, établissement de contrats d'approvisionnement, de vente, ou intégration de fournisseurs et de magasins de chaussures.

Lorsque l'organisation supplante le marché, une coordination administrative, hiérarchique parce que fondée sur l'exercice du pouvoir et de l'autorité, remplace la coordination marchande (le système des prix disparaît au sein de la firme). L'organisation a toutefois elle aussi ses limites. Lorsque le nombre d'activités devient trop important par exemple, les ***coûts organisationnels*** augmentent. La comparaison des coûts marginaux de l'**organisation** et de la transaction conduit à opter soit pour l'organisation, soit pour le **marché**.

Coûts organisationnels : charges qu'entraînent l'organisation en propre d'une activité (immobilisations matérielles, charge administrative, gestion du personnel, coûts de contrôle…).

Au-delà de l'opposition entre organisation et marché : les structures de gouvernance.
L'économiste américain Oliver E. Williamson (1932-) a poursuivi la construction d'une théorie des coûts de transaction qui s'est imposée comme une référence. Il est longtemps demeuré pour cela dans la lignée de Coase, en opposant marché et hiérarchie. Depuis 1975, ce même auteur tente d'offrir un nouveau cadre analytique qui aille au-delà de cette opposition stricte. La réflexion sur l'existence de formes intermédiaires (sous-traitance, partenariat…) l'a conduit à la constitution d'une théorie générale du choix des différents types d'arrangements institutionnels (*governance structures*), conçus comme des systèmes de contrat qui visent à minimiser les coûts de transaction. Le caractère des transactions détermine le choix des formes contractuelles et par là des structures d'organisation : firme, partenariat, marché… L'ambition de Williamson est de construire une théorie des institutions du capitalisme. Celles-ci, réduites à un système de contrats, ne comportent aucune dimension politique. Cette théorie est au fondement d'une approche qualifiée de néo-institutionnelle.

L'existence d'organisations peut aussi être liée à l'inégalité de la répartition de l'information entre agents et des moyens dont ils sont dotés pour y accéder. Les agents peuvent trouver intérêt à se coaliser, à former des organisations, parce que celles-ci ont les capacités de rechercher, de filtrer et d'interpréter les informations sur l'environnement. Le consommateur peut ainsi adhérer à une ***association de consommateurs***, qui effectue des études comparatives en laboratoire et des enquêtes, et qui limite pour lui le nombre de données à traiter, réduit son incertitude et l'aide dans sa décision. La grande entreprise dotée de capacités d'investigation sur la technologie, sur la stratégie des rivaux, le comportement des clients, dispose d'avantages par rapport au producteur individuel. L'organisation est aussi le cadre obligé de toute action d'envergure. Un particulier a un moindre poids que l'association de consommateurs, dans l'utilisation des médias, l'action en justice, la pression exercée sur les pouvoirs publics.

Les ***associations de consommateurs*** ont commencé à se créer après la Seconde Guerre mondiale, d'abord aux États-Unis, avec le mouvement *consumering* de Ralph Nader.

Enfin, l'organisation stabilise les relations avec l'environnement socio-économique par les rigidités qu'elle introduit. Elle rend moins aléatoires pour une entreprise les liaisons avec les employés, les fournisseurs, l'entrée dans la branche d'entreprises concurrentes, elle garantit les flux d'intrants, leur qualité, éventuellement des débouchés. Plus grande est l'incertitude de l'environnement, plus grand souvent est l'avantage de l'organisation.

2 - Fonctionnement de l'organisation

Comme pour les acteurs individuels, les objectifs des organisations, la façon dont elles prennent et appliquent des décisions sont à interroger. La question est toutefois plus complexe dans une structure à caractère collectif. Les objectifs que poursuivent les divers acteurs associés à l'organisation, les logiques d'action sont en effet très variés. Un des enjeux majeurs de l'organisation est ainsi d'assurer la coordination d'actions individuelles correspondant à des intérêts divergents.

■ LA PRISE DE DÉCISION

La prise de décision dans l'organisation est liée aux modalités par lesquelles s'effectuent les compromis entre les protagonistes. Lorsque les procédures sont fondées sur une structure hiérarchique, la prédominance des choix est associée à des compétences et des pouvoirs de contrainte et de commandement. La prise de décision par vote majoritaire tient elle aussi une place importante dans de nombreuses organisations économiques (conseil d'administration, syndicat). Mais les décisions qui sont prises dans les organisations sont la plupart du temps le résultat de **négociations** (sur les conditions salariales par exemple) et dépendent du poids respectif de chacun des groupes d'intérêt et des coalitions entre eux.

Négociations dans le nouvel État industriel.
Une évolution de l'organisation des firmes qui a eu un impact important sur les processus de décision est celle de la dissociation entre la propriété, détenue par des actionnaires plutôt que par un chef d'entreprise, et la gestion laissée aux mains de managers, hauts salariés recrutés pour leurs compétences.
L'économiste américain J.K. Galbraith montre dans *Le Nouvel État industriel* (1967) que, le pouvoir ne se fondant plus sur la seule détention du capital, les motivations se transforment ; les managers préfèrent la croissance et le prestige à la recherche du profit. Deux types de décisions et de contrôles sont aussi dissociés : ceux portant sur l'utilisation des facteurs de production et ceux sur les bénéfices. Ce processus de décentralisation du pouvoir aurait conduit à plus de marchandage à l'intérieur de l'organisation (notamment avec les syndicats), de collégialité dans la prise de décision et de concertation avec l'État.

■ LA COHÉRENCE INTERNE DE L'ORGANISATION

La cohérence de l'organisation peut reposer sur des rapports d'autorité, des liens hiérarchiques. Il y a relation d'autorité lorsque des acteurs délèguent un pouvoir de décision à un groupe ou à un individu, se réfèrent aux objectifs de ce dernier plutôt qu'aux leurs propres et subordonnent leur action aux décisions prises par celui-ci.

L'autorité est un puissant moyen de coordination, de réduction des sources de conflit, lorsque les intérêts des uns et des autres sont divergents. Un exemple souvent choisi pour illustrer ces atouts est celui des gains qu'autorise l'installation d'un système de signalisation à un carrefour, par rapport à une situation où il faudrait négocier constamment les droits de passage. Les rapports de pouvoir sont source d'efficacité et pas seulement de bureaucratie. Toute organisation se structure ainsi autour d'eux. Ils butent toutefois sur des contraintes très fortes liées à la validation et à l'acceptation de l'autorité. Ces contraintes se cristallisent dans le problème du contrôle, de son coût et du coût d'application des sanctions.

La cohérence au sein de l'organisation peut également s'obtenir par des compromis, des accords entre participants ou groupes de participants. L'***École des conventions*** tente d'expliquer comment et sur quelles bases se créent les compromis. Il existe selon elle des principes de légitimité, appelés « cités » ou « mondes », en fonction desquels les individus agissent et argumentent, tels que le désir d'innovation, l'attachement aux règles du groupe, l'intérêt commercial… Lorsqu'il y a contradictions des mondes, les protagonistes cherchent des références à une norme universelle pour construire des accords. Ces derniers sont concrétisés dans des dispositifs écrits comme les accords d'entreprise, les ***conventions collectives***, les contrats entre donneurs d'ordre et sous-traitants. Les contraintes que créent les accords expliqueraient ensuite la régularité des conduites au sein des organisations, ou même de la vie sociale dans son ensemble qui reposerait sur des contrats de ce type.

École des conventions : école française née à la fin des années 80, regroupant sociologues et économistes. Ils étudient les comportements au sein de l'organisation, à travers les principes – « cités » ou « mondes » – auxquels les membres se réfèrent pour justifier leurs actes (L. Thévenot, L. Boltanski).

Conventions collectives : accord signé entre syndicats et représentants patronaux – en France généralement au niveau de la branche – fixant les conditions d'emploi, de travail, les grilles salariales et les garanties sociales.

L'organisation peut tenter aussi de mettre en place des procédures spécifiques d'incitation, de telle façon que les agents s'identifient à ses intérêts. Ils hiérarchiseront ainsi par eux-mêmes leurs motivations conformément à ses objectifs et transmettront l'information la plus complète et la plus sûre possible aux centres de décisions, sans que la mise en place de lourdes procédures hiérarchiques de contrôle et de sanctions soit nécessaire. Ces incitations peuvent être dirigées vers l'individu ou le groupe (prime au rendement de l'équipe, de façon à ce que cette dernière exerce une pression sur tout participant qui tend à s'écarter significativement de la moyenne). Elles peuvent prendre des formes monétaires (sursalaires, primes, intéressement), se fonder sur le prestige (stakhanovisme soviétique), l'offre de formation qualifiante, de responsabilités, etc. L'incitation par la participation est une des formes qui a rencontré le plus de succès au cours de ces dernières années, notamment à travers la mise en place des célèbres ***cercles de qualité***.

Cercle de qualité : petit groupe de personnes volontaires, exerçant une action de maîtrise de la qualité dans un atelier ou service. Né dans les entreprises japonaises (1962), vanté par les best-sellers du management, le cercle de qualité a été implanté dans les grandes entreprises américaines et européennes dans les années 1980.

La convergence des motivations et de l'action des membres peut enfin être obtenue par l'intériorisation de tout un système de valeurs ou de représentations communes, par l'adhésion à une « **culture d'organisation** ». Celle-ci fournit un code de transmission des informations et un schéma d'interprétation des signaux communs aux participants, et assure ainsi une vitesse de convergence très grande dans la décision et l'action. Elle réduit le volume et le coût des informations à échanger et permet des économies de temps. Enfin, en définissant des règles d'action partagées par les participants, elle diminue l'incertitude sur la façon dont ceux-ci réagiront face à des situations nouvelles ou ambiguës.

Les composantes de la culture d'organisation. On distingue généralement trois composantes majeures à la culture d'organisation. *Les mythes fondateurs* font appel à l'histoire de l'organisation (l'épopée des fondateurs de l'entreprise). Ils servent à la légitimer, à la valoriser. Ils fixent aussi une éthique ou une philosophie fondée sur un idéal commun et assurent ainsi son unité. *Les rites* ont une fonction plus limitée. Ce sont des événements programmés lors desquels sont mis en relief des valeurs et comportements considérés comme fondamentaux par l'organisation : il y a des rites de passage (nomination), des rites de reconnaissance (remise de médailles), des rites de renouvellement destinés à transmettre ou à refondre la culture d'organisation (séminaires de cadres), des rites d'intégration (fêtes). Tous ont une même fonction précise : amener les motivations des participants à converger, réduisant d'autant la complexité et les coûts des mécanismes incitatifs ou coercitifs. *Les symboles*, enfin, constituent un ensemble d'emblèmes qui fournissent un sens commun à l'action des membres de l'organisation et participent à l'élaboration d'un système codé, facilitant la communication et la compréhension (drapeau, slogan, logo).

3 - Les formes organisationnelles

Les organisations mettent en place des architectures spécifiques pour assurer la coordination des actions individuelles et une adaptation à leur environnement.

L'***organigramme*** sert à représenter la structure de l'organisation et donc les relations entre participants – individus ou services –, qu'il s'agisse d'autorité ou d'information. Il rend compte des responsabilités de chacun, des chemins que doivent emprunter les directives et les informations.

■ La forme pyramidale

La forme organisationnelle la plus ancienne est la forme pyramidale, mise en place dans l'Église latine et l'armée, reproduite dans l'administration et les grandes entreprises au XIXe. Cette **structure hiérarchique** est très centralisée. Les décisions dépendent d'un sommet qui envoie un flux de règles et d'instructions à des sous-ensembles répartis le long d'un arbre hiérarchique, et qui maîtrise leur exécution par un système de contrôle. La forme pyramidale peut être rendue par l'***organigramme*** suivant :

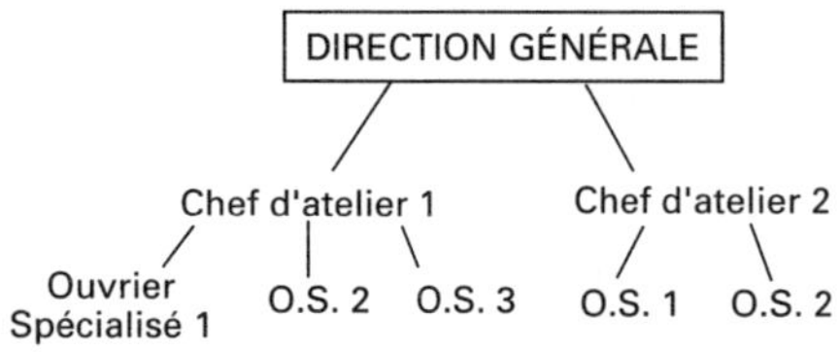

Les décisions peuvent être prises très rapidement à cause de l'unicité du commandement. Le fonctionnement est très clair, chaque subordonné ne pouvant recevoir des ordres que d'un seul supérieur immédiat. L'information circule rapidement de haut en bas, sous la forme d'ordres, mais remonte toutefois moins bien de la base vers le sommet, sa rétention permettant aux participants de se préserver une marge d'indépendance. Les coûts de contrôle de l'exécution sont généralement élevés et lorsque l'organisation s'agrandit, il y a risque de lourdeur bureaucratique.

La structure hiérarchique dans les entreprises. Dans les entreprises, la structure pyramidale a bien fonctionné jusqu'au début du xxe siècle, lorsque l'on fabriquait des produits relativement simples, à technologie normalisée. On n'avait pas besoin de personnel qualifié, les décisions à prendre étaient formelles, l'organisation de la production stricte et l'autorité s'exerçait de façon directe. Lorsque la dimension des entreprises a augmenté, que les fabrications se sont diversifiées, que l'on a eu besoin de personnel qualifié et d'une meilleure remontée de l'information, il a fallu assouplir l'ancien cadre et adopter un nouveau type d'organisation.

■ L'ORGANISATION FONCTIONNELLE

A.D. Chandler : historien américain de l'entreprise, auteur d'une vaste étude sur le développement et la transformation de la firme moderne. Il a montré l'importance de sa forme organisationnelle. *The Visible Hand* (1977).

La forme fonctionnelle, qualifiée d'unitaire ou d'*U-form* depuis ***Chandler***, a été adoptée en premier lieu par l'industrie américaine après la Première Guerre mondiale. Les activités sont organisées en grandes fonctions, sous les mains de responsables fonctionnels, eux-mêmes dépendants de la direction générale.

Ce système est simple car les participants à la décision sont peu nombreux. Il nécessite peu d'intermédiaires, les coûts organisationnels sont donc faibles. La spécialisation des fonctions permet par ailleurs à la direction générale de se concentrer sur les seules décisions d'arbitrage ou de stratégie. Il est toutefois souvent malaisé d'y unifier les motivations des participants aux différentes fonctions, qui développent des réflexes de solidarité interne et masquent informations et difficultés à la direction centrale. Des problèmes de contradictions dans les ordres peuvent aussi apparaître, un subordonné pouvant en recevoir de plusieurs personnes, faisant chacune autorité dans leur fonction. Cette structure est en fait bien adaptée aux organisations centrées sur la production d'un seul bien ou service homogène (acier, tabac, pétrole, poste), dans un environnement stable. Lorsque l'environnement change, que la production se diversifie et que l'opérationnel doit céder le pas à l'innovation et à la stratégie, résistances et rigidités se manifestent, et les problèmes de coordination deviennent insolubles.

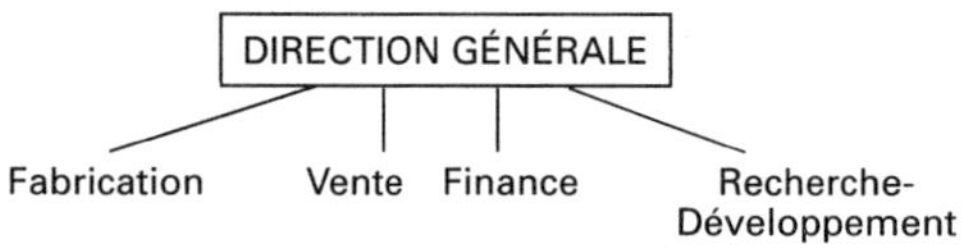

■ LA STRUCTURE DIVISIONNELLE

La configuration multidivisionnelle, ou *M-form*, fut initiée dans les années 1920 chez Du Pont de Nemours et General Motors. Elle s'est étendue avec le développement de firmes multiproduits de grande taille, notamment les firmes multinationales, qui avaient besoin de mettre en place des stratégies pour accroître leurs parts de marché. La structure repose sur une organisation par pôles de produits ou de marchés plutôt que d'activités. Chaque division est confiée à un directeur responsable de l'ensemble de l'opérationnel dans sa sphère. La direction générale les contrôle et prend les décisions stratégiques en se faisant assister d'un état-major d'experts dégagés de tout soucis opérationnel.

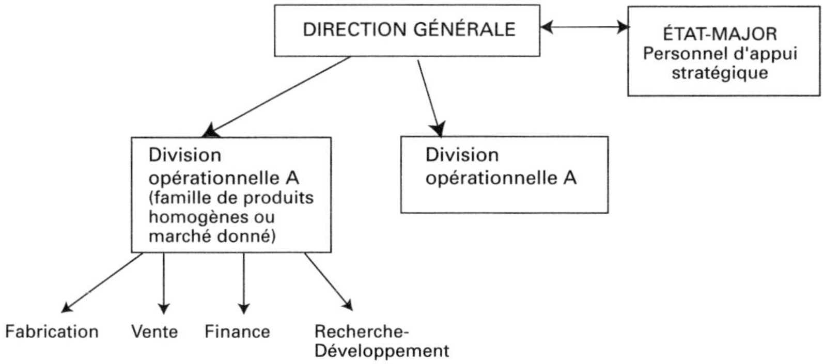

En raison d'une large délégation d'autorité aux directeurs de division, la direction générale peut prêter une plus forte attention au long terme et à la stratégie. L'assemblage d'unités relativement autonomes est toutefois cause de lourdeur de circulation des informations. Les coûts d'application des décisions et de contrôle sont élevés.

■ Les nouvelles formes organisationnelles

Les formes organisationnelles se sont beaucoup diversifiées au cours des dernières décennies. Il a fallu instaurer une plus grande flexibilité à l'intérieur des organisations, avec une modification très forte des rapports d'autorité, une place plus grande accordée à l'expertise, une contribution plus active des membres, une plus grande fluctuation des fonctions et une multiplication des systèmes de communication latéraux. L'**adhocratie** est un exemple de ces nouvelles structures théorisées par ***Henri Mintzberg***.

H. Mintzberg : auteur canadien qui a tenté un classement qui rende compte de toutes les formes organisationnelles, à partir de l'importance accordée à chacune des cinq composantes de base qui caractériserait toute organisation (cœur opérationnel, noyau stratégique, ligne hiérarchique technostructure, logistique).

Les adhocraties. Les adhocraties sont des organisations qui fonctionnent à partir de règles *ad hoc*, c'est-à-dire définies en fonction de la nature des questions à résoudre. Elles sont plutôt de petite taille, tournées vers l'innovation, elles utilisent des technologies non stabilisées, emploient un personnel hautement qualifié appelé à s'investir de façon active dans un travail en équipe et opèrent dans un environnement complexe et mouvant (industrie aérospatiale, fabricants de logiciels, producteurs de films). La qualification du personnel et la nécessaire flexibilité imposent une faible hiérarchisation et une décentralisation de la décision. La coordination s'opère par ajustement mutuel, repose sur l'adhésion à des objectifs communs et une valorisation très grande de la culture d'organisation. Son organigramme présente une forme matricielle, regroupant des pôles relativement autonomes, ce qui donne un caractère très fluide à l'ensemble.

4 - Les organisations et l'espace

■ Organisation et opacité de l'espace

S'il y a organisation, c'est-à-dire au moins deux participants qui œuvrent à un but commun, il faut des interactions entre ceux-ci : les motivations doivent être ajustées, les actions coordonnées, des décisions transmises, leur application contrôlée… C'est à nouveau l'information qui tient un rôle décisif pour parvenir à cet objectif. Dès que les participants s'éloignent géographiquement, le fonctionnement des **circuits informationnels** au sein de l'organisation est affecté. La coordination, le contrôle au sein des grandes firmes, aux unités dispersées à l'échelle de la planète posent ainsi des difficultés redoutables, tout comme la coopération entre des firmes situées dans des pays éloignés.

Circuits informationnels et organisation spatiale de la firme. À la fin des années 1960, un géographe suédois de l'école de Lund, Gunnard Törnqvist (1933-) a mis en relation l'organisation des entreprises, les flux d'information associés à chaque fonction et les localisations. Selon lui, de nombreux contacts réalisés par les firmes nécessitaient alors le face-à-face. Pour assurer ce type d'échanges, le déplacement de personnes s'avérait indispensable. En une journée, en comptabilisant le temps nécessaire au déplacement et au contact lui-même, on ne pouvait dépasser les 200-250 kilomètres. Törnqvist expliquait ainsi le fait que le rayon de dispersion des établissements depuis le siège ne dépassait pas cette distance.

Pour évaluer la contrainte de la distance sur le fonctionnement des organisations, il faut d'abord s'interroger sur la quantité et la qualité des informations qui doivent être échangées entre les différents participants (sont-elles complexes ? stratégiques ?). Il y a lieu ensuite de considérer les techniques de transport mobilisables pour le transfert de chacun des types d'informations. Si ces informations sont simples, le réseau informatique peut suffire à leur transmission, mais s'il s'agit d'évaluer son partenaire ou de mettre en place une relation de confiance, l'échange d'informations nécessite le face-à-face et donc le déplacement de personnes, réalisable par automobile, TGV, avion. Enfin, les techniques d'organisation mises en place pour faciliter la circulation des informations peuvent jouer un rôle important. Les firmes multinationales adoptent ainsi des formes organisationnelles qui leur permettent de mieux triompher de la dispersion et de l'éloignement (*cf.* chap. 8).

■ La différenciation géographique des formes organisationnelles

Les recherches sociologiques et ethnologiques menées sur les organisations ont fait apparaître que la culture qui les caractérisait n'était pas la simple émanation de leur système organisationnel. Elle est à la fois une production nouvelle, qui s'élabore au sein de l'organisation à travers la multitude des interactions qui existent entre les participants, le reflet d'un environnement. Deux thèses s'affrontent : la thèse institutionnaliste qui s'intéresse, pour cet environnement, davantage aux structures sociales et politiques et la thèse culturaliste qui, s'appuyant sur les enquêtes comparatives de spécialistes de management, lie plutôt les modes d'organisations aux **cultures nationales**.

Cultures nationales et cultures d'organisation. Plus l'expérience de l'internationalisation s'approfondit, plus il apparaît que l'impact des cultures nationales sur les cultures d'organisation résiste. ***Michel Crozier*** avait par exemple établi, dès les années 1960, l'existence d'un modèle culturel français d'organisation de l'entreprise, marqué par le formalisme bureaucratique et la centralisation des structures. Ph. d'Iribarne a montré plus récemment que se maintenaient dans les entreprises françaises des traditions professionnelles héritées de l'Ancien Régime, notamment à travers une répartition des tâches en plus ou moins nobles. Les spécialistes du management, fascinés dans les années 1970 par la réussite des entreprises japonaises, ont quant à eux découvert que leur modèle d'organisation n'était pas aisément transposable dans d'autres pays, car il était lié à des aspects fondamentaux de la culture et des structures sociales japonaises. D'Iribarne s'est attaché à montrer à travers des enquêtes passionnantes, menées dans des groupes de travail mixtes, que la résistance des cultures nationales tenait surtout à des conceptions du travail et de l'organisation qui obéissent à des codes de valeurs différents selon les pays.

M. Crozier (1922-) : sociologue français, spécialiste des organisations. Ses analyses de la bureaucratie et des stratégies des acteurs, à partir de l'étude des relations de pouvoir, ont exercé beaucoup d'influence. *Le Phénomène bureaucratique* (1963) ; *L'Acteur et le Système* (1977).

Comment expliquer un tel impact des cultures nationales sur les organisations ? Deux interprétations peuvent être avancées. D'une part, les organisations sont composées d'acteurs dont on a vu qu'ils ont eux-mêmes des rapports à l'économie spécifiques selon le pays dont ils sont originaires. D'autre part, la façon dont sont prises les décisions dans une organisation, la place qu'y tiennent les rapports d'autorité, la manière d'y rechercher les consensus entre participants, les normes, les valeurs auxquels on se réfère, sont eux-mêmes extrêmement variables géographiquement.

Des variations géographiques de l'organisation : firme A et firme J de Aoki. Un économiste japonais, M. Aoki (1931-), qui a prolongé la recherche de Chandler sur la structure des organisations, en adoptant une logique géographique plutôt qu'historique, a défini deux archétypes d'organisation devenus célèbres : la firme A (américaine ou hiérarchique) et la firme J (japonaise ou horizontale) et la firme . Il montre comment, dans la firme A, l'organisation est conçue autour de l'objectif de maximisation du profit à court terme, de principes de spécialisation rigides, de rapports d'autorité, de représentations séquentielles et linéaires, qui se manifestent aussi bien dans la répartition des tâches, leur coordination, le rapport avec les financiers, les sous-traitants, que dans la forme de diffusion des innovations. Dans la firme J, la motivation principale est celle de la conciliation au mieux des différents groupes d'intérêt. Flexibilité, souplesse et transfonctionnalité sont les principes majeurs de l'organisation. L'imaginaire, qui y apparaît notamment dans le mode de diffusion de l'innovation, est plutôt celui de la boucle.

À MAÎTRISER

Problématiques globales

Postulats et formes d'actions de l'homo œconomicus ; l'homo œconomicus dans l'espace ; les critiques faites à ce modèle ; les motivations, les processus de décision et les conduites de l'acteur économique individuel plus complexe ; le processus de socialisation à l'économie ; le comportement de l'acteur économique complexe dans l'espace ; la dimension spatiale de la construction d'une culture économique ; l'organisation, les raisons de son existence ; le fonctionnement de l'organisation ; les formes organisationnelles ; l'organisation et l'espace ; la différenciation géographique des organisations.

Concepts importants

Homo œconomicus ; individualisme méthodologique ; utilité marginale et choix du consommateur ; rationalité limitée ; théorie des jeux ; développement cognitif ; théorie du rôle ; apprentissage social ; effet de démonstration ; marketing spatial ; organisation/institution ; relation d'agence ; coût de transaction ; coût d'organisation ; gouvernance ; culture d'entreprise ; organigramme.

Courants ou auteurs à situer

M. Sahlins, H. A. Simon, behaviorisme, J. Baudrillard, courant culturaliste, nouvelle théorie classique, R.H. Coase, O. E. Williamson, néo-institutionnalisme, École des conventions, A. D. Chandler, H. Mintzberg, G. Törnqvist, M. Crozier, M. Aoki.

Document proposé

L'utilité des lieux ou l'avantage urbain du citadin

1 - PRÉSENTATION DU DOCUMENT

Lorsqu'on réalisait des coupes dans un espace urbain, représentant les valeurs immobilières, on a longtemps obtenu une allure en cloche, avec décroissance assez régulière des valeurs immobilières du centre vers la périphérie (*cf.* chapitre 9). Les économistes ont essayé d'apporter une première interprétation dans les années 1950-1960, à travers la notion « d'utilité des lieux » en milieu urbain, c'est-à-dire l'avantage que l'on retire de sa localisation en un point de l'espace urbain. L'image simplifiée en serait la suivante :

L'utilité du lieu pour le citadin

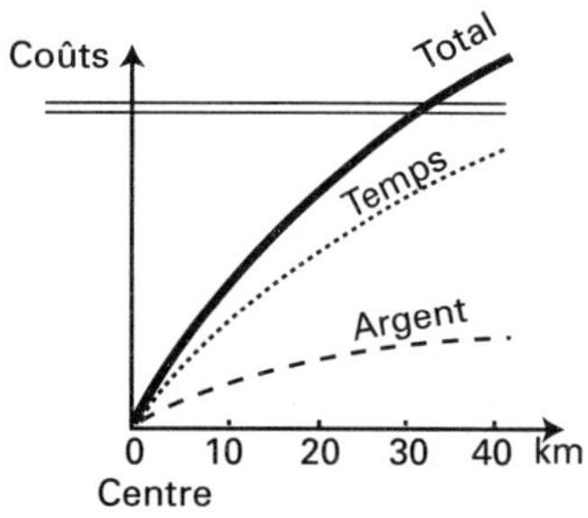

Fig. 1

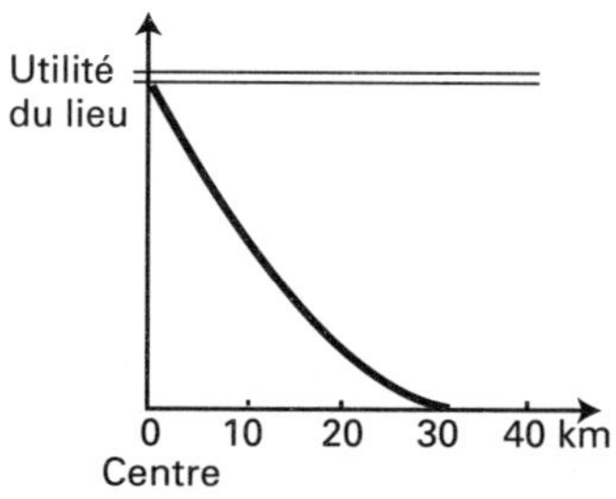

Fig. 2

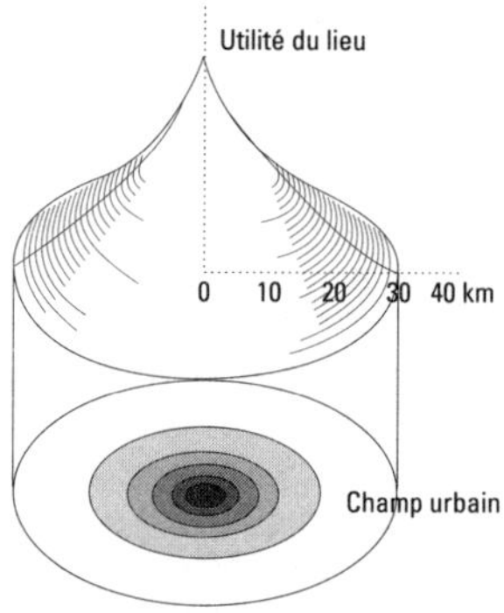

Fig. 3

D'après P. Claval, *La Logique des villes*, Paris, Litec, 1981, p. 79.

Les hypothèses qui sont au fondement des graphiques sont les suivantes :
- les agents souhaitent vivre au centre, où se concentrent les emplois et les services ;
- l'espace est isotrope.

L'éloignement du centre entraîne pour eux un coût, qui s'accroît avec la distance, parce qu'il faut payer les transports et que le temps perdu et la fatigue augmentent (fig. 1). Plus on s'éloigne du centre, moins l'utilité du lieu est donc grande (fig. 2). Ceci explique la forme conique régulière que prend dans un plan l'avantage urbain (fig. 3).
L'utilité d'un lieu influencera directement la demande pour celui-ci. Elle participe à la montée des enchères foncières au centre.

2 - QUESTIONS

– Indiquer quels éléments précis montrent que l'interprétation par l'utilité des lieux du citadin se fonde sur l'*homo œconomicus* ; quels éléments spatiaux sont pris en compte par cet *homo œconomicus* ? Quel est son comportement dans l'espace ?

– Indiquer quelles devraient être les conséquences sur l'utilité des lieux, la demande et les prix immobiliers, d'une amélioration des transports (plus grande rapidité ou baisse des tarifs). Retrouver ainsi la solution préconisée par A. Marshall au Parlement anglais, au XIXe siècle, pour améliorer le niveau de vie des ouvriers et diminuer les risques d'émeutes.

– Indiquer à quelles transformations du graphique initial de l'avantage urbain, aboutirait les relâchements d'hypothèses suivants : aujourd'hui, il n'y a plus la même concentration des emplois et des services au centre que dans les années 1960 ; il peut exister des centres secondaires ; l'espace n'est pas isotrope, il y a des axes privilégiés de transport qui vont faciliter et rendre moins coûteuse la circulation dans certaines directions.

EXERCICE PROPOSÉ

À la recherche d'un appartement à acheter

1 - PRÉSENTATION DU DOCUMENT

L'auteur du récit proposé est un homme d'une trentaine d'années, célibataire et sans enfants, vivant à Paris. Il travaille dans le secteur tertiaire.

Récit

J'avais décidé d'acheter, las de déménager d'appartement en appartement selon les opportunités qui se présentaient, de ne jamais pouvoir les réaménager à mon goût. Et puis j'avais le désir de me sentir chez moi. Je me disais aussi que c'était un peu idiot de voir disparaître tous les mois l'argent que je versais en loyer, alors que les sommes que je consacrerais à l'achat d'un appartement constitueraient un patrimoine, qui pourrait être utile au moment de ma retraite, ou en cas de coup dur pour moi ou un membre de ma famille.

Une autre considération avait joué : pour la première fois, je *pouvais* acheter un appartement. Je venais de bénéficier d'une promotion qui faisait que j'étais un peu plus à l'aise, et mes parents étaient prêt à m'aider. Il n'était pas question pourtant de payer cash, mais les taux d'intérêt avaient suffisamment baissé pour que je puisse emprunter à ma banque une somme coquette. Enfin, le marché de l'immobilier était déprimé depuis quelques années, la bulle spéculative avait crevé, et il était possible d'acheter un deux pièces pour une somme qui n'aurait guère permis d'acheter qu'un petit studio il y a quelques années.

Une fois la décision prise, trois choix restaient à faire : comment acheter, où acheter, et quoi acheter. Au début, je pensais acheter directement à un particulier par petites annonces (il y a plusieurs revues spécialisées). J'imaginais qu'ainsi j'économiserais les frais d'agence. J'ai vite déchanté après quelques visites. Certains particuliers qui vendent leur appartement sont persuadés qu'ils se séparent de la huitième merveille du monde ; et de toute manière, ils refusent de le vendre à un prix inférieur à celui auquel ils ont acheté l'appartement il y a quelques années de cela, alors qu'entre-temps les prix se sont effondrés. Par ailleurs, je ne me sentais pas sûr de moi. Je ne connaissais pas grand-chose à l'immobilier, et toutes ces questions de taxes, de droits, de promesses de vente... me laissaient démuni. L'aide d'un agent immobilier ne me serait pas inutile, et me prémunirait de certains risques liés à mon inexpérience, pensais-je. Je décidai donc de passer par une agence.

Le choix du quartier était un point difficile. Je n'étais pas libre d'acheter où je voulais, les prix variant du simple au double selon les quartiers. Je le savais grâce à mon expérience de locataire, grâce à ce que mes amis m'en disaient, et grâce aux cartes des prix fonciers que la presse publiait régulièrement. Je voulais absolument un grand deux pièces, et, pour la somme dont je disposais, cela m'interdisait certains quartiers. Parmi ceux que je pouvais m'offrir, j'avais deux critères d'appréciation : la localisation et les qualités du quartier lui-même. Je voulais bénéficier d'un accès commode par transports en commun à mon lieu de travail, aux lieux de sorties auxquels j'étais habitué, aux endroits où vivaient les gens que je voyais fréquemment. Une localisation centrale était certes préférable mais, les prix étant inversement proportionnels à la distance au centre, il fallait que je me résolve à un compromis : les arrondissements périphériques me paraissaient l'incarner. Pour ce qui est des qualités du quartier, je le voulais commerçant mais pas trop, vivant mais pas bruyant...

J'étais en fait un peu enfermé dans les quartiers que je connaissais déjà pour y avoir vécu. Sûrement il y avait des quartiers très bien ailleurs dans la ville (Rive droite, par exemple), mais je ne me voyais pas ratisser l'espace pour les identifier (au risque de me tromper), et puis je n'avais pas envie de quitter l'espace que j'avais appris à maîtriser et à aimer. Mes recherches se focalisèrent sur les XIIIe, XIVe et XVe arrondissements. Le XIVe avait ma préférence en termes de rapport qualité/prix.

J'étais un peu en peine d'expliquer aux agences le type d'appartement que je souhaitais acquérir : bien sûr, un grand appartement, lumineux et plein de charme, silencieux et dans un état impeccable, à un étage élevé et avec un ascenseur... Mais, pour la somme dont je disposais, il ne fallait pas rêver. Il fallait que je hiérarchise mes priorités, que je lâche sur certaines qualités afin de payer le prix de celles auxquelles je tenais le plus. En décider *a priori* était pourtant fort difficile. Chaque appartement est unique et présente une combinaison complexe de défauts et de qualités qui lui sont propres, ce qui rend les comparaisons ardues. Surtout, c'est une affaire de coup de cœur. Il se passe quelque chose quand on visite un appartement pour la première fois, quelque chose de difficile à prévoir et à expliquer. Cela ne va pas de soi de décider si un appartement est intéressant ou pas à sa seule description par un agent. Les visites succédaient donc aux visites.

Certains appartements... au premier coup d'œil, il n'en était pas question, parfois pour des raisons auxquelles je n'avais pas pensé : celui-ci est bas de plafond, celui-là n'a pas de fenêtre dans la salle de bains. D'autres me plaisaient, même s'ils avaient certains défauts dont je ne parvenais pas à décider s'ils étaient rédhibitoires. Quelques-uns me séduisaient vraiment, mais comment être sûr que je ne pouvais trouver mieux ?

La question des prix venait tout compliquer. Je me suis vite rendu compte que ceux-ci avaient peu à voir avec ce qu'on lit sur les étiquettes des produits vendus dans les hypermarchés. D'une part, la négociation – voire le marchandage – était de règle, et il était difficile de savoir sur quel rabais on pouvait compter. D'autre part, les comparaisons qui permettent d'évaluer la valeur d'un appartement et donc le bien-fondé de son prix s'avéraient un vrai casse-tête. Tel appartement est plus petit que tel autre, mais il est plus clair. De jolies cheminées ici, mais pas de placards. Là, un plan pas très pratique, mais du chauffage collectif. Lequel possède le meilleur rapport qualité/prix ?

Un dernier facteur, complexe, intervenait. Je n'achetais pas seulement l'appartement dans lequel je voulais vivre, je réalisais un investissement – peut-être un jour allais-je par exemple revendre cet appartement... Non seulement il fallait que l'appartement me plaise, mais il fallait qu'il plaise à un acheteur éventuel dans un avenir proche ou lointain. Y avait-il des risques que les prix fonciers baissent dans ce quartier ? Ce type d'appartement – un loft – serait-il encore à la mode dans dix ans ? Je raisonnais autant en vendeur qu'en acheteur.

Je finis par trouver un appartement qui m'enthousiasma au premier coup d'œil. En sale état, mais pourquoi ne pas y faire des travaux – car il était bon marché (mais cela ne cachait-il pas quelques vices ?). Pourquoi me plaisait-il tant ? Un beau parquet et des moulures au plafond, une très grande pièce, la vue sur un jardin (avec un orme splendide), une belle surface... Certes, c'était un rez-de-chaussée, mais surélevé, et sur une cour pavée tranquille. J'avais par ailleurs un bon contact avec l'agent immobilier, avec qui je me sentais en confiance.

Il fallait que je me décide, et je n'y parvenais pas. Je finis par faire une offre 20 % en dessous du prix demandé. Je ne doutais pas qu'elle allait être refusée, que cela allait entraîner des négociations qui me laisseraient le temps de visiter d'autres appartements et de prendre enfin une décision. Mon offre fut acceptée, j'achetai l'appartement.

Les hasards de la vie firent que je déménageais l'année suivante, et mis alors cet appartement en location – éventualité que je n'avais jamais envisagée.

2 - QUESTIONS

– Dans quelle mesure cet acteur économique – en tant qu'investisseur et consommateur – est-il un *homo œconomicus* ? Est-il égoïste, rationnel, maximisateur, parfaitement informé, indépendant de toute détermination extérieure ? Son comportement est-il universel ?

– Comment s'effectue, dans le temps, la prise de décision, à chacune des étapes ?

– Quelles sont les interactions entre cet acteur économique et les autres acteurs ?

– Quels sont les effets d'anticipation ?

– Quelles sont les informations qu'utilisent l'acteur, celles qui lui manquent ?

Documents proposés

Les acteurs du marché immobilier selon l'approche hédonique

1 - PRÉSENTATION DES DOCUMENTS

Le premier document présente successivement une définition de l'approche hédonique, une méthode statistique d'évaluation des coûts hédoniques et les résultats de la première étude réalisée en France dans ce sens. Mais l'approche hédonique n'est pas sans soulever débats et polémiques. Le deuxième document propose donc une réflexion critique.

Définition, méthode et application de l'approche hédonique des marchés immobiliers

« Nous trouvons tout naturel d'acheter un F5 plus cher qu'un F2. Il semble également évident que le loyer d'une maison bien située doive être supérieur à celui d'un pavillon de lointaine banlieue. Bref, nous trouvons normal de payer plus cher une chose dont nous attendons plus d'agrément. Comme Monsieur Jourdain, nous sommes donc tous "hédonistes" sans le savoir dès que nous acceptons de payer un logement d'autant plus cher que la satisfaction que nous en attendons est plus élevée », écrivent N. Gravel, M. Martinez et A. Trannoy, dans l'article consacré à l'approche hédonique, qu'ils ont publié dans *Études foncières*.

En effet, l'acquéreur d'un logement achète une certaine quantité de mètres carrés de plancher, mais aussi des sanitaires, une cuisine intégrée, un balcon, la bonne fréquentation de l'école du quartier. Les partisans de l'approche hédonique appliquent des méthodes mathématiques et statistiques pour mesurer le poids de chacune de ces caractéristiques dans le prix d'un bien immobilier. La méthode hédonique se fonde donc sur l'idée que les consommateurs tirent une utilité des caractéristiques des biens. Les producteurs de logement n'offrent ainsi pas un « logement » défini et indifférencié, mais un ensemble de caractéristiques, choisies par les consommateurs en fonction d'une certaine stratégie à l'égard du marché.
Selon cette méthode, présentée par I. Maleyre dans un autre numéro d'*Études foncières* :

$P = P(Z)$,

P est le prix du logement et $Z = (z1, z2,\dots zn)$ le vecteur de ses caractéristiques.

La dérivée P(Z) par rapport à une caractéristique z1 mesurerait la contribution marginale de cette caractéristique au prix du bien. Si cette caractéristique z1 est un balcon, on dira que pour un logement donné (toutes chose égales par ailleurs), la présence d'un balcon accroîtrait le loyer de *x* francs.

Les caractéristiques Z des biens immobiliers peuvent être rangées en deux catégories : celles qui décrivent le logement lui-même ; celles qui tiennent compte de sa localisation.
– Les variables décrivant le logement lui-même sont en général : la surface habitable, le nombre de pièces, le niveau d'équipement (nombre de salles de bains, garages...), les variables représentatives de la qualité du bâti (âge du logement), le type de logement (individuel ou collectif). Ces mêmes variables s'appliquent tant au marché du logement fixe qu'à celui des caravanes.
– En revanche, les variables de la localisation n'interviennent que pour le marché du logement fixe. Leur but est de saisir l'effet, sur le prix d'un logement, d'éléments qui lui sont externes. Elles peuvent être classées en deux groupes : les valeurs « géographiques » décrivent la localisation du logement dans l'espace et s'expriment en termes d'orientation (par rapport au soleil, avec vue sur un parc...), de distance (par rapport au centre, aux équipements) ; les variables sociales décrivent la qualité socio-économique de l'environnement (quartier à risque...).

L'influence de chacune des variables susceptibles d'exercer un effet sur le prix d'un logement a été quantifiée pour la première fois en France par N. Gravel, M. Martinez et A. Trannoy (laboratoire Thema). Leur étude porte sur les 33 communes les plus peuplées du Val-d'Oise. Pour chacune d'elles, ils ont constitué une base de données à partir des prix affichés dans les annonces des journaux locaux.

D'après leurs résultats, dix-sept caractéristiques ont un impact statistiquement significatif sur le prix du logement individuel, et expliquent, à eux seuls, les trois quarts des variations de prix des 10 000 logements analysés. Elles sont recensées dans le tableau suivant :

Prix hédoniques : gain ou perte de valeur pour un logement du Val-d'Oise, en francs en 1990

Caractéristiques privées		Caractéristiques publiques (communales) :	
Maison individuelle :	+ 161 000 F	Un point de taux de la taxe d'habitation :	- 8 300 F
Une pièce supplémémentaire :	+ 41 000 F	Un km de distance de Paris :	- 18 000 F
Un parking :	+ 76 000 F	Un km de distance de Roissy :	+ 59 000 F
Une cuisine équipée :	+ 70 000 F	Un km de distance de l'autoroute :	+ 8 200 F
Un balcon :	+ 54 000 F	Un cinéma pour 1 000 habitants :	+ 18 000 F
Un jardin :	+ 53 000 F	Un centre culturel pour 1 000 habitants :	+ 33 000 F
Une cave :	+ 31 000 F	Autre salle de spectacle par millier d'habitants :	+ 40 000F
		Un terrain de petits jeux à proximité :	+ 3 500 F
		Un point de taux de redoublement en 5e pour 100 élèves :	- 10 800 F
		Un point de taux de délinquance pour 1 000 habitants :	- 1 600 F

Le tableau se lit de la manière suivante : si l'on compare par exemple deux appartements situés dans la même commune (le niveau des caractéristiques publiques est donc le même pour les deux), et en tout point identiques, mais que l'un possède un balcon et pas l'autre, le premier vaudra 54 000 F de plus que le second.

D'après N. Gravel, M. Martinez, A. Trannoy, « Une approche hédonique du marché des logements », *Études foncières*, n° 74, 1997, pp. 16-19 et I. Maleyre, « L'approche hédonique des marchés immobiliers », *Études foncières*, n° 76, 1997, pp. 22-29.

Une critique de l'approche hédonique

L'approche hédonique constitue la dernière mode venue d'outre-Atlantique pour les économistes qui veulent bien se pencher sur le problème difficile de la formation des prix immobiliers. [...]
De tels travaux ont le mérite d'apporter une masse d'informations utiles, condition première de tout travail de modélisation. Mais le principe même de l'approche hédonique me semble insuffisant pour amorcer un véritable travail conceptuel sur le mode de formation de ces prix. [...]
Un exemple caricatural, tiré d'une étude américaine, va nous mener vers des explications plus satisfaisantes. « L'hédonologue » auteur de ce travail cherchait notamment à calculer la valeur marginale des salles de bains dans les grandes maisons typiques de la *suburbia* yankee. Il s'attendait, en bon théoricien, à ce que cette valeur décroisse avec le nombre de salles de bains « puisque, à l'évidence, les salles de bains supplémentaires sont utilisées moins fréquemment que la première » et il se déclarait troubler de constater l'inverse.

Pourquoi la deuxième salle de bains vaut plus que la première

L'explication paraît pourtant simple. En fait, la première salle de bains n'a pas de valeur propre, elle fait partie de l'équipement indispensable de toute maison digne de ce nom et constitue donc un bien intermédiaire analogue à la boîte de vitesses d'une Clio. De tels biens ont un coût de production, certes, mais pas de valeur en dehors du cercle très étroit des fabricants d'automobiles ou des constructeurs de maisons.
Quant aux salles de bains supplémentaires, elles ont bien une valeur marginale importante mais pour une raison tout autre que celle envisagée dans l'article. Leur valeur résulte du fait que, justement, le ménage propriétaire ne s'en sert pas dans la vie quotidienne mais tient à pouvoir la mettre à la disposition d'un hôte de passage. Elle ne résulte donc pas d'un besoin matériel à satisfaire mais plutôt d'un comportement d'ostentation : il s'agit de montrer que l'habitant est assez riche pour posséder de tels biens sans les utiliser dans la vie quotidienne.
Le raisonnement est tout à fait analogue à celui du Club Méditerranée qui programme soigneusement ses buffets avec une surabondance calculée pour que plus de la moitié de la nourriture offerte ne puisse être consommée. Il s'applique tout aussi bien aux voitures « haut de gamme » dont le surcroît de confort ou de performances est sans rapport avec leurs prix beaucoup plus élevés que ceux des modèles courants. De tels comportements ostentatoires se constatent dans toutes les civilisa-

tions, même les plus anciennes, par exemple dans les échanges ritualisés de cadeaux coûteux ou symboliques mais sans utilité apparente, du *potlach* des tribus indiennes à nos cartes de vœux et nos cadeaux d'entreprise.

Une bonne adresse

Revenons aux logements. Comme les buffets et les salles de bains surnuméraires, le logement est avant tout un signe social, un ensemble d'informations codifiées qui permettent à chacun de se situer par rapport aux autres. Les agences immobilières parlent volontiers à ce sujet, et de manière très caractéristique, de « bonne adresse » ou de « moins bonne adresse ».

Les travaux fondateurs de Maurice Halbwachs ont montré toute l'importance de ces géographies sociales complexes, stables à court terme mais connaissant des évolutions spontanées susceptibles d'être accélérées ou contrariées par les politiques d'urbanisme menées par les municipalités. Là se trouve la clé de la formation des prix, dans une certaine forme de pratique sociale complexe et continue qui aboutit à créer des sytèmes de références qui prennent place dans la mémoire collective des habitants d'une ville. Dans la vie quotidienne, nous ne cessons de faire appel à cette mémoire, car elle nous permet de classer quartiers, immeubles et habitants dans les catégories populaire, petit-bourgeois, ou grand standing.

Le peuplement du quartier fait sa valeur

L'approche hédonique ne trouve sans doute sa pleine utilité que lorsqu'elle s'applique à un sous-ensemble clairement défini de cette géographie sociale. Il peut s'agir d'un quartier construit et peuplé de manière homogène, mais aussi d'un ensemble discontinu dans l'espace, par exemple des groupes de pavillons d'apparence et de peuplement comparables. L'article du Thema [étude présentée ci-dessus] fait l'hypothèse implicite que le Val-d'Oise constitue, de ce point de vue, un ensemble homogène, ce qu'il aurait fallu justifier au préalable par une analyse de géographie sociale. [...]

La recherche d'une image sociale affirmée contribue à assurer la pérennité de la valeur des beaux immeubles haussmanniens. Et voilà pourquoi ces investisseurs du siècle dernier ont eu raison de faire sculpter des femmes nues sur les façades de leurs immebles de rapport ou, comme à Barcelone, de faire appel à l'imagination débridée d'un Gaudi pour faire édifier des constructions bien étranges qui font la joie des touristes. Ces surenchères décoratives très coûteuses ont eu pour effet que de tels immeubles ont toujours figuré parmi les plus cotés des marchés immobiliers.

La géographie sociale, par ses travaux théoriques et ses analyses précises, livre ainsi des schémas explicatifs plus riches et plus complexes que les effets marginaux décrits par les approches hédoniques. Amis économistes, la balle est dans votre camp. Saurez-vous nous proposer à partir de tels travaux une théorisation des comportements ostentatoires qui sont au cœur des économies modernes de consommation, et pas seulement dans le domaine du logement ?

J.P. Lacaze, « Les prix hédoniques n'expliquent pas les femmes nues sur les façades des immeubles », *Études foncières*, n° 76, septembre 1997, pp. 30-31.

2 - QUESTIONS

– À quelle vision de l'acteur économique l'approche hédonique fait-elle référence ?

– Sur quel concept abordé en cours se fonde le calcul présenté dans le premier texte et l'interprétation de « l'hédonologue » sur les salles de bains, que critique Lacaze dans le deuxième texte.

– Dans le tableau du premier texte, expliquer :

– le résultat obtenu pour la présence de l'autoroute et de Roissy. En quoi permet-il de comprendre la réaction des propriétaires riverains à ces équipements lors de projets d'extension ?

– l'impact de la présence d'équipements sportifs (piscines, terrains de sport...) n'est pas notifié dans le tableau mais, selon les auteurs, va de pair avec des valeurs immobilières plus basses qu'ailleurs. On observe le contraire pour les équipements culturels. Ce ne sont en fait pas les équipements en eux-mêmes qui sont en cause, mais les localisations types auxquelles chacune des deux catégories d'équipement est associée. Quelles sont-elles ? En quoi le caractère indirect de cette explication des valeurs immobilières peut-il conduire à critiquer certains aspects de la méthode hédonique ?

– pourquoi les valeurs immobilières sont-elles moins sensibles, moins élastiques, au taux de déliquance qu'à la qualité de l'établissement scolaire (très variable d'une commune à l'autre en Val-d'Oise : taux de redoublement en cinquième de 10,9 % en moyenne à Cormeilles-en-Parisis en 1984-1994, et 28,9 % à Sarcelles) ?

– pour une moyenne de 10 800 F – la seule présentée dans le tableau –, le prix hédonique de la variable scolaire va en fait de 2 300 F à Garges-lès-Gonesse (population communale à faibles revenus) à 34 000 F à Enghien-lès-Bains (revenus élevés). Quelle est la signification de cette disparité ?

– à quelle dimension plus complexe de l'acteur économique fait essentiellement référence Lacaze dans sa critique de l'approche hédonique ? Quel est l'impact spatial de celle-ci ?

– en fait, si la critique de Lacaze sert à mettre l'accent sur une variable explicative importante du comportement de l'acteur sur le marché immobilier, elle ne remet pas véritablement en cause l'approche hédonique. Comment celle-ci pourrait-elle en effet intégrer la présence de femmes nues sculptées sur la façade des immeubles ?

EXERCICE PROPOSÉ

Espace, systèmes de production et formes d'organisation

Contraintes spatiales et organisation de type préfordiste et fordiste

Imaginons deux firmes, A et B, et deux types d'organisation : une organisation hiérarchique ou verticale, interne à chacune des firmes, et une organisation horizontale, établie pour assurer la coopération entre les deux firmes ou des relations de donneur d'ordres à sous-traitant. Chacune des entreprises a un siège social (niveau 1) et des établissements (niveaux 2 et 3).

Situation 1

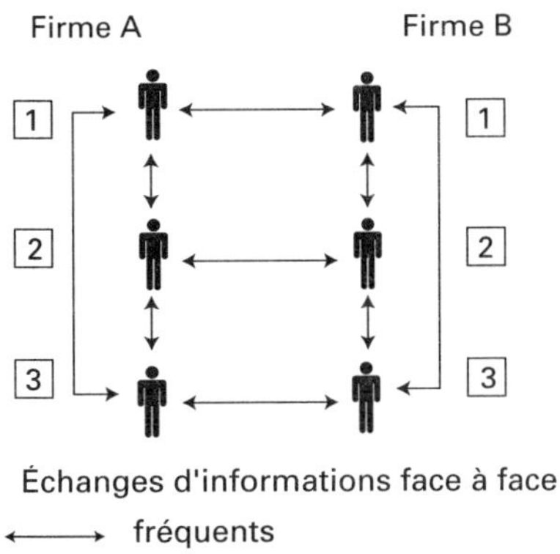

Pour que ces organisations fonctionnent, des échanges d'informations sont nécessaires, au sein des firmes et entre les firmes. Dans la première situation (caractéristique du système préfordiste prédominant jusqu'à la Première Guerre mondiale) les informations échangées concernant la production sont relativement complexes et nécessitent, pour être transmises, le face-à-face. Le responsable de la firme doit rencontrer régulièrement les chefs d'établissements. À chaque niveau, des informations doivent également être échangées directement avec la firme alliée ou sous-traitante.

Si, par ailleurs, les moyens de transport qui permettent d'assurer le déplacement des personnes qui ont à se rencontrer fréquemment ne sont pas très rapides, les contraintes de localisation pesant sur les organisations sont fortes. Les établissements des niveaux 2 et 3 des firmes A et B seront placés à proximité du niveau 1, où siègent leurs directions respectives. Il y a concentration spatiale des unités appartenant à la même organisation hiérarchique. Les unités des différents niveaux de la firme A se localisent par ailleurs à proximité des établissements correspondants de la firme B, avec lesquels ils ont besoin d'entretenir des contacts directs. Il y a concentration spatiale des différentes entreprises. À une autre échelle, ce schéma explique la formation de régions industrielles.

Situation 2

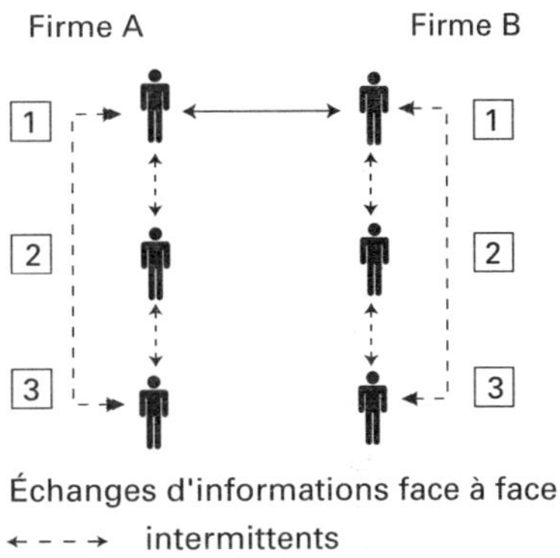

Après la Première Guerre mondiale, avec la mise en place du fordisme, caractérisé par la production de masse et la standardisation des produits, les échanges d'informations nécessaires à la production sont moins complexes. Les ordres portant sur les quantités à produire de tel ou tel produit standard sont ainsi, par exemple, transmissibles par téléphone, du siège à l'unité ou du donneur d'ordre au sous-traitant. Seules les informations portant sur la stratégie de la firme exigent toujours des contacts directs. Les échanges de telles informations se résolvent au niveau 1.

Les sièges peuvent désormais diriger les établissements des niveaux 2 et 3, quelle que soit la distance. Si ces derniers sont installés à l'étranger, il suffit aux sièges de se trouver à proximité d'un grand aéroport international pour aller les contrôler de temps à autre. Les unités des niveaux 2 et 3 peuvent se disperser dans l'espace. Il reste toutefois préférable que les sièges respectifs des deux firmes qui ont à nouer des contacts directs et fréquents entre eux restent localisés à proximité l'un de l'autre. À petite échelle, cette organisation aboutit à une structuration de l'espace en centre/périphérie, avec concentration des activités les plus stratégiques dans les grandes métropoles et dispersion des unités de fabrication.

RÉALISATION D'UN GRAPHIQUE ET QUESTION

– Représenter graphiquement, sur le même modèle, la situation correspondant aux échanges d'informations et aux formes d'organisation pour les mêmes firmes A et B dans le système postfordiste. Dans ce système, les techniques de transmission de l'information se sont encore améliorées, mais la production s'étant complexifiée dans de nombreux secteurs, des besoins d'échanges directs sont réapparus.

– Quelles conséquences ces transformations organisationnelles induisent-elles sur la localisation des établissements de ces deux firmes ?

Conseil

Pour réaliser cet exercice, on peut se référer à la présentation du postfordisme proposée dans le chapitre 11 traitant des localisations industrielles.

7

LA RÉCIPROCITÉ

Un nombre considérable de biens et services économiques circulent sous la forme de la réciprocité ou du don/contre-don. Que l'on pense aux cadeaux offerts à de multiples occasions de l'existence, aux héritages reçus et transmis, aux invitations et réceptions organisées, au nombre de services pour lesquels on a recours à sa famille, à ses amis, à ses voisins, plutôt qu'à une entreprise, ou aux services bénévoles rendus dans le cadre d'associations. Les tentatives récentes d'évaluation monétaire des flux économiques s'effectuant dans le cadre de la réciprocité tendent à montrer que c'est cette forme de circulation qui domine, même dans nos sociétés dites « de marché ».

On a coutume de partir de l'exemple des sociétés archaïques pour s'interroger sur la réciprocité, parce qu'on a longtemps cru que c'était dans celles-ci seules qu'elle jouait un rôle prépondérant dans la circulation des richesses. La plupart des caractéristiques de la circulation des biens et services par la réciprocité, que l'on peut isoler à partir de l'observation de ces sociétés, se retrouvent dans nos sociétés modernes. Seule l'existence de donataires inconnus ou étrangers (dans le don d'organes, les versements à des associations humanitaires du tiers-monde, entre autres) est une spécificité de la réciprocité moderne.

Une forte interrogation est née de l'observation de la circulation sous la forme de la réciprocité : celle du pourquoi de la chose donnée, et rendue. Pour quelle raison, me rendant au café avec un collègue, puis-je tenir à payer l'ensemble de la consommation, et pourquoi ce collègue sera-t-il amené à faire à son tour le même geste à notre prochaine rencontre ? Quels sont les motifs et les règles auxquels obéit la circulation des richesses par la réciprocité ? Comment cette dernière s'organise-t-elle ?

Les dons circulant majoritairement entre individus ayant des rapports concrets et fréquents entre eux, ils sont très sensibles à l'opacité de l'espace. La dimension spatiale affecte le fonctionnement des circuits de dons. Des formes d'organisations particulières doivent être mises en place pour assurer ce bon fonctionnement ou étendre géographiquement les circuits de réciprocité.

Remarque : *le terme « étranger » employé dans ce chapitre et le chapitre 9 est à prendre dans son sens anthropologique : est considéré comme étranger celui qui n'a pas la même identité qu'un groupe donné. Cette identité peut être familiale, clanique, ethnique ou culturelle.*

BIBLIOGRAPHIE DU CHAPITRE

Ouvrages de base

CHEAL D., *The Gift Economy*, New York, Routledge, 1988, 228 p.

GODBOUT J. T. et CAILLÉ A., *L'Esprit du don*, Paris, La Découverte, 1992, 345 p.

Ouvrages et articles de référence

MALINOWSKI B., « The Kula : the circulating exchange of valuables in the archipelagoes of Eastern New Guinea », *Man*, n° 51, 1920, p. 90 *sq.*

MALINOWSKI B., *Les Argonautes du Pacifique occidental*, Paris, Gallimard, 1963, 606 p. ; trad. de l'anglais, *Argonauts of the Western Pacific*, New York, John Hawkins Inc., 1922.

MAUSS M., « Essai sur le don, forme et raison de l'échange dans les sociétés archaïques » in *Sociologie et anthropologie*, Paris, PUF, 1993, pp. 145-279 (1re publication dans *L'Année sociologique*, 1923-1924, t. 1).

SAHLINS M., *Âge de pierre, âge d'abondance. L'Économie dans les sociétés primitives*, Paris, Gallimard, 1976, 409 p. ; trad. de l'anglais, *Stone-age Economics*, Chicago, Aldine, 1972.

Ouvrages spécialisés

Anthropologie et sociétés, vol. 19, 1995, n° spécial intitulé : « Retour sur le don ».

BONNEMAISON J., *Gens de pirogues et gens de terre. Les fondements géographiques d'une identité. L'archipel du Vanuatu*, Paris, Editions de l'Orstom, 1996, t. I 460 p., t. II, 680 p.

DERRIDA J., *Donner le temps*, t. 1 : *La fausse monnaie*, Paris, Galilée, 1991, 217 p.

GODELIER M., *L'Énigme du don*, Paris, Fayard, 1996, 315 p.

La Revue du Mauss, « Ce que donner veut dire », La Découverte, n° 1, 1993, 274 p.

La Revue du Mauss, « L'obligation de donner », La Découverte, n° 8, 1996, 380 p.

NICOLAS G., *Du don rituel au sacrifice suprême*, Paris, La Découverte, 1996, 174 p.

PLATTNER S. (dir.), *Economic Anthropology*, Stanford, Stanford University Press, 1989, 487 p.

ROSPABÉ Ph., *La Dette de la vie. Aux origines de la monnaie sauvage*, Paris, La Découverte/Mauss, 1995, 254 p.

A

RÉCIPROCITÉ ET CIRCULATION DES RICHESSES

Comment la circulation des richesses sous la forme de la réciprocité se présente-t-elle dans les sociétés archaïques où elle a été longuement observée et décrite ? Quelle est-elle dans les sociétés modernes, où elle a moins intéressé les chercheurs, mais où l'on peut trouver un nombre considérable d'échanges réalisés dans le cadre de la réciprocité ?

1 - La réciprocité archaïque

Dans les sociétés archaïques, de nombreux biens et services que nous considérons comme économiques, circulent sous la forme de dons et contre-dons. Deux de ces formes, longuement décrites par les anthropologues, sont devenues des archétypes : il s'agit du *potlatch* et de la *kula*.

■ Le *potlatch*

Le *potlatch*, ou lutte pour la richesse, est un système d'échange de dons caractérisé par l'exagération et les antagonismes qu'il suscite. Il a été plus particulièrement étudié dans des sociétés indiennes de la côte nord-ouest américaine, notamment par ***Franz Boas***, où il avait pris une forme exacerbée.

Fr. Boas (1858-1942) : fondateur de l'anthropologie américaine, est l'initiateur des nombreuses études consacrées au *potlach*. Il travailla plus particulièrement sur les Indiens Kwakiutl.

Les Indiens de ces sociétés sont des pêcheurs et chasseurs qui effectuent le commerce de fourrures avec les Blancs. Leur année se partage en deux saisons contrastées : l'été où ils se dispersent pour chasser et pêcher ; l'hiver, où ils se regroupent. Cette dernière période se caractérise par une vie sociale intense, faite de banquets et de fêtes répétées. C'est lors de celles-ci qu'est pratiqué le *potlach*. Les richesses amassées par un clan pendant une ou plusieurs années sont offertes publiquement par son chef à un autre clan. On rend ainsi l'invitation et les présents qui ont été donnés lors d'un *potlatch* organisé par le clan adverse, mais on s'efforce aussi d'offrir des richesses plus somptueuses que celles reçues, pour surpasser le clan rival. Ces dons sont parfois même détruits par les donateurs qui ne veulent pas avoir l'air de désirer qu'on leur rende : on brûle des huiles de prix, des couvertures précieuses, les maisons, on brise des blasons de cuivre, objets de très grande valeur dans ces sociétés.

On retrouve l'échange de dons désigné par le terme de *potlatch* dans un très grand nombre de sociétés archaïques, mais l'émulation y est en général plus modérée. Les contractants y rivalisent simplement de cadeaux.

■ La *kula*

La *kula* est un autre système de réciprocité archaïque, rendu célèbre par le travail de ***Bronislaw Malinowski***. Le terme *kula* signifie « cercle ». Des sortes de cercles d'échanges relient en effet des partenaires disséminés dans un nombre considérable d'îles et de régions de la Mélanésie.

B. Malinowski (1884-1942) : anthropologue britannique dont les travaux ont surtout porté sur la culture des indigènes des îles Trobriand. Dans *Les Argonautes du Pacifique occidental*, il décrit tout le système du commerce intertribal et intratribal qui porte le nom de *kula*.

Un jour, des hommes d'une île A se rendent en pirogue, sous la direction d'un chef d'expédition, vers une île B. Les pirogues partent presque à vide, chargées d'objets sans importance. Les visiteurs débarquent sur une île B, où le chef retrouve ses partenaires d'échanges anciens ou se met en quête de nouveaux, en faisant de petits cadeaux (les « opening gifts »). Lorsqu'un chef de B les accepte, il fait en retour un don important. La donation prend une forme solennelle : l'offre est d'abord refusée, le donateur affecte alors une modestie exagérée jusqu'à ce son don soit accepté. Les hommes de A quittent alors B, et font voile vers une île C, puis D, où se renouvelle le même processus, pour rentrer finalement en A, chargés des présents reçus. Quelques mois ou un an après, ce sera au tour des gens de B, puis de C et de D, de monter une expédition et de recevoir des dons dans les mêmes conditions.

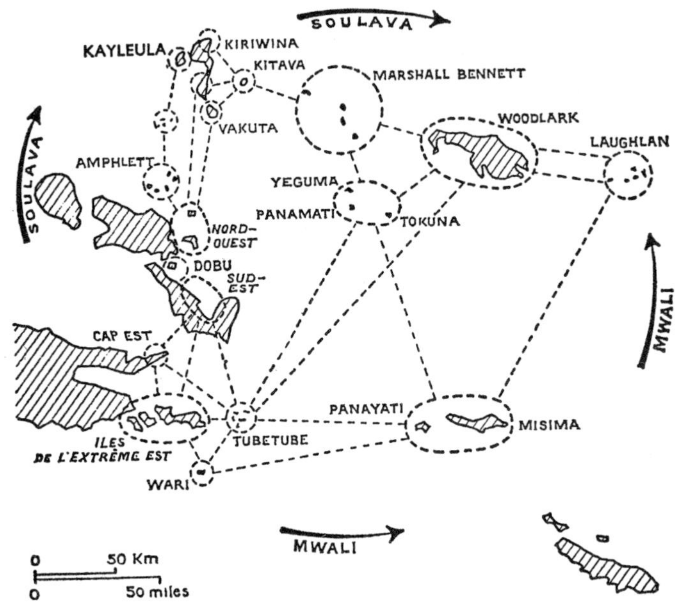

Le circuit Kula

B. Malinowski, *Les Argonautes du Pacifique occidental*, Paris, Gallimard, coll. « Tel », 1989, p. 140.

Les biens échangés dans le cadre de la *kula*, appelés *vaygu'a*, sont considérés comme précieux. Il s'agit de colliers de nacre (« soulava ») ou de bracelets de coquille (« mwali »), qui se transmettent, pour les premiers, d'Ouest en Est et, pour les seconds, d'Est en Ouest. Comme pour les blasons de cuivre des Indiens, chacun des *vaygu'a* les plus convoités a un nom et une histoire. Sa valeur, outre la qualité des matériaux dont il est fait, varie essentiellement au prorata du nombre des partenaires entre les mains desquels il a transité et de la position sociale de ceux-ci. La circulation des *vaygu'a* est incessante. On ne doit pas être lent à s'en défaire et on ne peut les offrir qu'à des partenaires donnés dans un sens déterminé, sens bracelet ou sens collier. À l'intérieur de la tribu, les clans, les villages sont également liés par des dons et contre-dons de *vaygu'a*. Le système de la *kula* imprègne en fait toute la vie économique des Trobriandais, traversée par un courant continu de dons donnés, reçus et rendus.

2 - La réciprocité dans les sociétés contemporaines

Projetons-nous dans un avenir éloigné et imaginons que, anthropologues d'une société future où les rapports économiques seraient entièrement marchands, nous nous mettions à réfléchir à la circulation des richesses chez les hommes du XXe siècle. Nous remarquerions que ces derniers, alors qu'ils se représentent dans une société de marché, sont en fait constamment engagés dans des rapports de réciprocité, et nous nous étonnerions de la masse considérable de biens et de services qui circulent sous cette forme.

■ Une circulation restée de type traditionnel

Nous pourrions relever que dans le cercle des réseaux personnels d'affinité, de la parenté ou de l'amitié, de multiples biens et services sont donnés et rendus au XXe siècle. Les offres de cadeaux y scandent la vie des individus : anniversaires, fêtes de fin d'année, **mariages**, etc. Des biens sont acquis simplement dans l'anticipation de dons : c'est en prévision d'éventuelles réceptions que l'on a un salon inoccupé, une chambre d'amis, de l'argenterie. Les parents consacrent du temps et de l'argent à l'éducation de leurs enfants et transmettent ensuite à leur descendance les biens qu'ils ont accumulés au cours de leur existence. Des enfants prennent en charge leurs parents âgés, des prêts sont accordés sans intérêts entre membres d'une même famille. Nous nous étonnerions encore davantage qu'un nombre aussi grand de services ou de biens s'échangent entre voisins, amis, sans passer par le système marchand. Le prêt d'un perceuse, l'aide d'un voisin pour un bricolage peuvent ne pas être rémunérés par le bénéficiaire. En revanche, un service ou un bien donné est souvent rendu.

Le rituel oblatif du mariage au XXe siècle. Les dépenses effectuées au XXe siècle à l'occasion des mariages pourront paraître difficilement compréhensibles aux anthropologues du futur. Des achats somptuaires sont réalisés pour une noce, en vêtements coûteux qui ne servent qu'à cette occasion, en nourriture, en spiritueux, en location d'orchestre. Les salaires de plusieurs mois de travail des futurs époux ou des parents disparaissent au cours de cette seule journée. Les invités pourraient être considérés comme aussi peu rationnels. Il serait préférable pour les mariés que chacun participe au coût de la noce. Cette proposition serait cependant mal considérée, et chacun s'obstine à apporter des cadeaux qui coûtent peut-être davantage et qui ne seront pas toujours utiles.

G. Nicolas (1996) a esquissé des interprétations du rituel oblatif du mariage en France contemporaine, en analysant les largesses de la famille invitante, le sens du vin d'honneur, les commentaires comparés des invités sur les diverses prestations, la signification de la carte qui accompagne les cadeaux et de l'exposition de ceux-ci. Il montre que la noce appartient à un vaste processus de dons et contre-dons étendu dans le temps, auquel les mêmes personnes participent périodiquement.

Nous ne comprendrions pas que les hommes multiplient les invitations, les cadeaux, jusqu'au sein des entreprises, là où la rationalité devrait être la plus grande. Des patrons offrent des repas au personnel, se cotisent avec les employés pour des cadeaux à l'occasion de la maternité de l'une, du départ à la retraite de l'autre. On s'invite entre collègues au restaurant et l'on s'échange de nombreux services dans le travail. Le dépouillement de la presse de l'époque suffirait à nous montrer que l'existence de flux de dons et contre-dons ne peut davantage être déniée dans la sphère du politique. Le moindre déplacement d'un responsable s'accompagne de réceptions et de cadeaux; des pots-de-vin et échanges de petits services plus ou moins licites sont souvent dénoncés.

Nous aurions encore moins de doutes sur les archaïsmes des sociétés du XXe siècle, si nous nous rendions dans une micro-société subsistante, pour observer la façon dont se déroulent les échanges. En nous plaçant discrètement dans le coin d'un restaurant, nous relèverions que le cérémoniel entourant le don est resté proche de celui observé chez les Trobriandais : un client proteste quand son collègue veut payer l'addition, ce dernier réplique que cette offre n'est rien, qu'il se laissera inviter la prochaine fois. Nous noterions également que la valeur accordée au même bien diffère selon qu'il est passé par le circuit de la réciprocité ou le circuit marchand. En plus de la valeur liée à l'utilité du bien, à sa beauté, celle du bien donné inclut une valeur supplémentaire en fonction de la considération que l'on a pour le donateur.

Nous remarquerions que c'est dans la sphère des proches, des amis, des connaissances, des personnes estimées que les hommes ont essentiellement recours à la réciprocité. La pratique marchande et la recherche du profit sont en effet considérés comme si répréhensibles dans cette sphère qu'il peuvent conduire à la mise au ban d'une famille ou d'un groupe d'amis.

■ Les spécificités de la réciprocité moderne

Dans notre étude anthropologique de la société du XXe siècle, nous remarquerions que le degré important de contrainte, souligné par les chercheurs pour les sociétés archaïques, semble être en partie absent de la réciprocité moderne. Les dons paraissent plus volontaires, spontanés.

L'importance du ***don fait à des inconnus*** dans les sociétés modernes peut se mesurer à la place que les appels à une solidarité, qui dépasse les appartenances communautaires, prennent dans les médias. On y sensibilise incessamment l'opinion pour triompher du sida, du cancer, de la myopathie, pour secourir les victimes de la guerre à Sarajevo, les réfugiés du Rwanda, du Kosovo, etc.

Le système de la réciprocité est également plus ouvert à d'autres liens que ceux de la parenté, moins fondé sur une communauté territoriale ou culturelle des membres. Nous observerions ainsi qu'il existe au XXe siècle, des ***dons faits à des inconnus*** et à des étrangers qui semblent, de plus, être unilatéraux. Ainsi, dans certains pays, on pratique le don du sang et d'organes. Un de ses principes est l'anonymat, et il n'y a donc pas de reconnaissance en retour. Il existe aussi de multiples associations de type humanitaire, dans la santé, la lutte contre la pauvreté, la violence sociale ou politique, où des hommes donnent bénévolement de leur temps ou de leur argent, sans jamais rencontrer le donataire qui peut être d'un pays étranger. On a **tenté d'évaluer** ces multiples flux de dons. Tous ces calculs révèlent leur importance dans les sociétés modernes.

L'évaluation des flux de don dans les sociétés modernes. Si l'importance des flux économiques liés à la réciprocité est bien connue des commerçants, curieusement, ce n'est que très récemment que les économistes ont entrepris une comptabilisation. Les résultats ont surpris par l'ampleur des mouvements qu'ils révélaient.

Pour la France, un bilan de diverses tentatives a été offert par A. Insel (*Revue du Mauss* n° 1, 1993, pp. 221-34). Les enquêtes de l'Insee de 1985, sur l'emploi du temps, évaluaient le travail domestique à 47,3 milliards d'heures par an (celui rémunéré sur le marché représentait alors 37 milliards d'heures). La transcription monétaire donne plus de la moitié du PIB. D'autres chiffres sont tout aussi surprenants. Les enquêtes Insee sur les pratiques de loisir des ménages, en 1989, fournissent le nombre des réceptions à déjeuner de parents ou amis et conduisent au chiffre de 80 milliards de francs. Les dons à des organisations privées à but non lucratif, réalisés par 17,6 millions de Français, ne représentaient que 9,5 milliards de francs en 1990 ; le principal don est en fait un don de temps. La masse de travail gratuit donnée sous forme de bénévolat était alors de 120 milliards d'heures par mois, ce qui représenterait 700 000 emplois et un équivalent salarial de 120 milliards de francs par an. Il existe peu de données sur les dons intra-familiaux. Toutes les enquêtes qualitatives soulignent cependant l'importance de la solidarité familiale dans la gestion du chômage, de l'emploi précaire, dans l'installation des jeunes couples et l'accession à la première propriété.

Un calcul très restreint (il n'y a pas de chiffres pour les dons intra-familiaux, les héritages, les réceptions des entreprises...) donne un montant équivalent aux trois quarts du PIB. Le marché dans notre économie est secondaire par rapport à la réciprocité.

3 - Caractéristiques de la circulation par la réciprocité

Il existe des caractéristiques communes à toutes les formes de circulation des richesses par le système de la réciprocité – qu'il soit de type archaïque ou de type moderne – qui doivent donc lui être consubstantielles.

■ L'inégalité alternée

Dans l'opération d'achat et de vente d'un pain à la boulangerie s'échangent, presque de main à main, le pain et la somme d'argent que ce pain est censé valoir. Avec la réciprocité, il n'y a pas de retour immédiat, ni de recherche d'équivalence parfaite, comme dans l'échange marchand. Les partenaires semblent plutôt agir comme s'ils prenaient plaisir à déséquilibrer constamment l'échange dans le temps, à se maintenir en état de dette réciproque. Mon collègue va payer un jour la consommation de nos deux cafés : il me rend ainsi débiteur. Je la payerai une prochaine fois et je ne me lancerai pas dans un marchandage avec lui si le prix du café a augmenté.

Le degré d'éloignement par rapport à l'équivalence dépend du lien entre les protagonistes. Selon les travaux de Sahlins, plus la réciprocité s'effectue dans un réseau de proches, plus l'équivalence est lâche entre le don et le retour, et plus le retour s'étend dans le temps. C'est ce qu'il appelle la ***réciprocité généralisée***.

Dans la ***réciprocité généralisée***, le retour de ce qui a été donné « *n'est tenu à aucune condition de temps, de quantité ou de qualité* ». Les dons en temps et en argent que les parents dispensent à leurs enfants, les prêts contractés au sein de sa famille peuvent entrer dans cette catégorie.

■ Une réciprocité qui peut être élargie

La relation marchande est essentiellement bilatérale. C'est à la boulangère qui me vend son pain que je donne ma monnaie. L'échange peut être restreint dans la relation de réciprocité (les offres de café entre deux collègues). Toutefois, à la différence de la relation marchande, il existe des réciprocités ouvertes. Je laisserai mes biens en héritage à mes enfants, non comme une contrepartie, mais parce que c'est ce qu'ont fait mes parents pour moi. Beaucoup de bénévoles d'association expliquent leur engagement par le fait qu'ils ont eux-mêmes beaucoup reçu, de leur parents, de la vie, ou d'autres bénévoles qui les ont déjà aidés.

■ La personnalisation

La proximité entre partenaires est manifeste dans la plupart des échanges réalisés dans le cadre de la réciprocité : ils ont lieu au sein d'une tribu alliée, du cercle de la famille, des amis, des collègues, etc. Les sociologues parlent du registre de la ***socialité primaire*** ; celui où se nouent des relations de personne à personne.

Il y a ***socialité primaire*** lorsque les individus interagissent en tant que personnes globales : c'est moi-même dans mon entité qui me manifeste dans mes relations de parenté, d'amitié. On parle au contraire de socialité secondaire à chaque fois que les personnes agissent dans le cadre de fonctions partielles : en tant qu'enseignant devant des étudiants, en tant qu'acheteur dans un magasin.

Cette proximité est moins apparente dans le don moderne destiné à des inconnus. On peut cependant observer que les associations responsables manifestent une tendance constante à réduire le nombre d'intermédiaires, à diminuer le fossé entre donataires et donateurs, à personnaliser la relation. C'est cet aspect qui distingue leur action de l'intervention de collecte et de redistribution par l'État. J'ignore à qui iront mes impôts que je ne nomme d'ailleurs pas « don », mais on m'enverra une photo d'un enfant Malien du village que soutient l'ONG à laquelle je verse des dons ; on me proposera de l'« adopter ».

■ Une triple obligation : donner, recevoir et donner à son tour

Une fois que la boulangère m'a donné son pain et qu'elle a reçu ma monnaie, la relation est close entre nous. Je peux décider très facilement de changer de boulangerie le lendemain. Dans le système de la réciprocité, les biens et services circulent continuellement entre les mêmes acteurs. C'est le cas des invitations entre amis ou des dons d'héritage inscrits dans une chaîne intergénérationnelle sans fin. Cette circulation ininterrompue est régie par une triple obligation : donner, recevoir, rendre ou, plutôt que rendre, donner à son tour. Il me faut offrir des invitations, des cadeaux, à mes amis ; il leur serait difficile de les refuser et ils se doivent de m'en faire à leur tour.

Il n'existe pas de textes écrits, pas d'huissiers ou d'agents de la force publique qui veillent à ce que ces obligations purement tacites soient respectées. Alors que je peux craindre amendes ou emprisonnement pour ne pas avoir honoré une maigre facture, je ne risque aucun procès à ne rien offrir à un ami qui m'a fait un cadeau d'une très grande valeur. Pourtant, je ferai la plupart du temps un geste en retour, pour des raisons qui ont beaucoup questionné les chercheurs.

4 - Les motivations

■ Les croyances spirituelles ou religieuses

M. Mauss (1873-1950) : sociologue et anthropologue français. Dans son *Essai sur le don* (1924), il montre que les échanges revêtent aussi une dimension symbolique. Il emploie à leur sujet le terme de « fait social total ».

Les hommes des sociétés archaïques se pensent et pensent l'univers dans le langage du don. ***Marcel Mauss*** a montré que le don est pour eux la forme générale de relation entre tous les êtres : animaux, végétaux, divins, humains. La vie, toutes les conditions de l'existence ont été données par les dieux et il faut donner à son tour, pour ne pas interrompre cette circulation vitale. Une explication de ce principe – devenue célèbre tant les interprétations en ont été controversées – est celle du **hau**, offerte par Ranapiri, un sage maori.

Le hau. La forêt, cite en exemple Ranapiri, a un *hau*, c'est-à-dire un principe de vie, de force fécondante. Si les prêtres font loger ce *hau* par des incantations dans une pierre sacrée, qu'ils placent ensuite dans la forêt pour que les oiseleurs fasse une bonne chasse, ces derniers ne peuvent garder leurs prises pour eux seuls, car elles véhiculent avec elles le *hau*. Ils doivent faire offrande d'une partie de leurs proies aux prêtres qui en laisseront eux-mêmes une part à la forêt, pour que le *hau* retourne à son donataire originaire. Un objet donné véhicule une force spirituelle. Si son bénéficiaire interrompt sa circulation, il subira une sorcellerie qui entraîne la mort ou la maladie.

Les occasions spécifiques au don dans les sociétés primitives ont ainsi toutes à voir avec ce qui constitue pour elles la valeur suprême, c'est-à-dire la vie. Les biens précieux – aussi appelés « monnaie primitive » – sont considérés comme des symboles de cette vie et sont souvent choisis par leur aptitude à représenter la femme, image de la fécondité (génisse, coquillage...). Ils sont généralement offerts comme des substituts, comme des gages par lesquels le donneur des biens s'engage à rendre une vie pour celle obtenue. Par le versement du prix de la fiancée, le groupe qui a reçu une femme signifie par exemple qu'il en rendra une autre plus tard au groupe donateur. Par les sacrifices, il acquitte les dettes contractées cette fois-ci envers les esprits dispensateurs de la fécondité générale du clan (aux Trobriand, ce sont également des *vaygu'a* que l'on offre aux esprits).

Il est probable que le don spécifiquement moderne, celui fait à des inconnus, a pris lui aussi son origine dans les religions, notamment le christianisme. La motivation religieuse, tout en continuant à être présente chez certains, n'est certes plus au fondement du **don moderne**. La **religion** chrétienne ayant toutefois modelé la culture occidentale pendant des siècles, on peut penser qu'elle continue à imprégner fortement nos conceptions du monde et des rapports à l'autre.

Don moderne et religion. Selon Mauss, la conception traditionnelle du don a subi une transformation à l'époque mischnaïque chez les Sémites, en devenant une doctrine de l'aumône et de la charité. Il fallut donner aux pauvres parce que les dieux punissaient l'excès de richesse. Ce principe prit une place très importante dans le judaïsme où la charité fait partie, avec le jeûne et la prière, des trois œuvres de justice. La doctrine juive de la charité a été reprise par le christianisme et l'Islam. Le christianisme ajoute toutefois une nouveauté importante : le prochain envers lequel il faut se montrer charitable n'est plus le seul frère de race, le seul membre du peuple hébreu, mais tout homme (dans l'Ancien Testament, on faisait au contraire nettement la différence : « À l'étranger, il t'est permis de prêter à taux usuraire, mais envers ton frère, tu ne pratiqueras point l'usure », Deutéronome, XXIII-21).

■ Un intérêt matériel égoïste et calculateur déguisé ?

Reprenons notre rôle d'anthropologue du futur, réfléchissant à la réciprocité dans les sociétés du XXe siècle. Peut-être, à partir de l'observation de la rareté de dons gratuits, sans retour, croira-t-il à l'hypocrisie des échanges pratiqués sous la forme de la réciprocité, et à la recherche d'un intérêt personnel qui n'ose pas se montrer. Si les parents passent du temps et dépensent de l'argent dans l'éducation de leurs enfants, c'est parce qu'ils ***calculeraient, de façon intéressée***, que ces mêmes enfants se sentiront ainsi tenus de les appuyer dans leur vieillesse. Si une personne donne bénévolement de son temps dans une association, c'est parce qu'elle croirait que « le ciel » ou « la vie » lui rendra les bienfaits de son action. Cette conclusion est celle de nombre de chercheurs qui réfléchissent aujourd'hui à la réciprocité dans les sociétés archaïques. Si les hommes y font des dons, ce serait dans l'espoir d'un retour plus grand. Comme leurs traditions condamnent la recherche de l'intérêt personnel et matériel, le don serait un détour qui permet d'obtenir l'objet convoité sans attirer sur soi la réprobation sociale.

Le Prix Nobel d'économie Gary Becker et les économistes du *public choice*, tentent de montrer que l'analyse des ***calculs intéressés*** peut seule permettre la compréhension des faits sociaux, tels que la famille (on choisit de se marier pour réduire les coûts de transaction tels que le recours à une femme de ménage), la religion ou l'État.

Les études montrent toutefois que l'accumulation de richesses n'est pas un souci primordial dans les sociétés archaïques. L'explication par la recherche d'un intérêt matériel égoïste convient mal également aux échanges que nous réalisons sur le mode de la réciprocité à notre époque. Il est rare que l'ensemble des cadeaux qui nous sont offerts au cours d'une année corresponde à ce que nous aurions le plus souhaité. Sur un plan strictement matériel, nous devrions tirer plus d'intérêt d'un refus de pratiquer les échanges de cadeaux. Nous ne recevrions rien, mais nous ne donnerions rien non plus et nous achèterions ce que nous désirons le plus avec l'argent ainsi économisé.

■ La recherche de pouvoir, de prestige, d'indépendance ou d'honneur

Le bénéfice du don peut aussi être le pouvoir. Celui-ci sera d'autant plus fort que le don est déséquilibré, que le receveur est dans l'incapacité de donner à son tour. Un membre d'un couple qui étouffe son partenaire par ses sacrifices, ses attentions, ses cadeaux, essaie, en effet, souvent de s'attacher l'autre définitivement, par le poids de la dette et le sentiment d'obligation qu'il crée. Dans leur pratique du *potlatch*, les Indiens recherchent la domination en faisant de leurs donataires des obligés. L'idéal est que les dons soient tels que ces derniers ne pourront les rendre et seront conduits à se mettre volontairement en esclavage.

Dans le *potlatch*, l'honneur, l'accroissement de la renommée sont proportionnels à la capacité de donner. Un ***prestige***, qui rejaillit sur tout le clan, est retiré de l'humiliation faite à un adversaire incapable de rendre un don à la hauteur de celui reçu. Si l'on va jusqu'à la destruction de ses objets de valeur, c'est ainsi pour « aplatir son rival ». Sans aller jusqu'à de tels extrêmes, nous pouvons rivaliser nous-mêmes dans nos cadeaux, nos festins de noces ou nos simples invitations.

Une institution célèbre où le ***prestige*** se fonde sur la générosité est celle du *Big Man* mélanésien, que l'on retrouve dans nombre de sociétés sous des noms différents. Le *Big Man* est une personne qui déploie une prodigalité outrancière, en redistribuant toutes ses richesses, obtenues à la sueur de son front, de celle de ses femmes ou de sa parenté. Son statut ne lui donne aucun privilège ou pouvoir particuliers. Il n'acquiert qu'une renommée prestigieuse d'homme prodigue.

Quand la recherche du pouvoir est une composante importante du don, rendre a un rôle libératoire. Un ami m'a fait un prêt et me fait souvent sentir le poids de son geste. Je me sens son obligé ; je n'ose plus le critiquer, j'évite de lui déplaire. Je suis dépendant et ne pourrais me défaire de cette contrainte qu'en le remboursant. Il arrive ainsi, dans la vie privée, parfois dans le monde politique ou des affaires, que l'on refuse un « cadeau » parce qu'il risque de créer une dépendance.

Mais n'y a-t-il que des rapports de pouvoir et de rivalité en jeu dans la réciprocité ? Il semble difficile de croire que l'offre d'un café soit destinée à asseoir une domination. Il faudrait qu'elle soit réitérée pendant des années et qu'elle s'accompagne d'un refus de se laisser inviter, pour donner naissance à une dette importante. Or, c'est rarement cette situation qui s'observe. Nous évitons que ne se crée un déséquilibre, en alternant les tournées. L'analyse de la plupart des gestes, des paroles, qui entourent le don, semblent prouver également que nous pouvons être gêné par l'instauration d'une dépendance. Lorsque nous donnons une pièce à une personne sans domicile fixe nous faisons vite, nous n'osons pas la regarder dans les yeux. Celle-ci ne peut rien nous rendre ; la dépendance d'un instant ainsi créée nous met mal à l'aise.

■ Le don au service du lien social

Lorsque le Trobriandais cherche le meilleur partenaire possible de la tribu opposée pour son *opening gift*, lorsque nous proposons un café à un nouveau collègue, il y a souvent tentative de mise en place d'une relation, de création d'un lien. C'est pour maintenir et entretenir ce lien que les personnes restent ensuite dans un continuel déséquilibre alterné d'invitations, de services et de cadeaux divers et c'est de l'intensité du lien que dépend l'importance et la fréquence des dons. Si l'on rencontre un collègue de bureau à la conversation simplement agréable, les dons et contre-dons se limitent aux cafés. S'il s'agit de l'homme de sa vie, les dons sont de plus en plus importants, notamment en temps consacré à l'autre. La circulation de biens par la réciprocité sert en fait à tisser et à entretenir les relations entre les personnes, elle est un support à nos liens affectifs. Refuser de donner, négliger d'inviter, comme refuser de prendre, ou de rendre, c'est refuser **l'alliance**. Cela peut équivaloir, dans certaines sociétés, à déclarer la guerre.

Alliance, réciprocité et division du travail. Dans nombre de sociétés archaïques, beaucoup de tribus pourraient être autonomes et subsister sans avoir recours aux autres. Mais on y invente sans cesse des divisions symboliques du travail, sans rapport aux besoins. Certaines sociétés sont par exemple divisées en clans totémiques aux noms d'animaux, avec une multiplicité de tabous et de prescriptions alimentaires qui rendent nécessaires le don : le clan des kangourous peut chasser les kangourous, mais n'a pas le droit d'en manger. Il fera don de ses kangourous à un autre clan dont il recevra des contre-dons. Le ***structuraliste Claude Lévi-Strauss*** explique que pour que ces groupes se maintiennent, il faut que la prohibition de l'inceste, qui est quasi universelle, s'accompagne d'alliances entre tribus, qui serviront à échanger des femmes et à se soustraire à l'endogamie. Pour nouer ces alliances, il faut que chacun ait à donner et il faut donc créer des spécialisations symboliques.

Structuralisme : courant théorique et méthode d'analyse en sciences humaines, qui a pris modèle sur la linguistique. Tout fait social est analogue à un fait de langage : il appartient à un ensemble structuré et dépend d'autres éléments d'un système ; il est « codé » au moyen de symboles. Le travail du chercheur s'apparente à celui du psychanalyste : il doit déchiffrer un système caché, ou l'infrastructure des sociétés, pour saisir les réalités auxquelles les acteurs se soumettent de façon inconsciente.

C. Lévi-Strauss (1908-) : anthropologue français qui a joué un rôle important dans le développement du structuralisme. Il a tenté de mettre en évidence les structures régissant l'échange des femmes, puis s'est penché sur les mythes, considérés comme élaborations collectives inconscientes, pour dégager leurs significations et faire apparaître l'image que les hommes se font d'eux-mêmes et du monde. *Structures élémentaires de la parenté* (1949), Tristes Tropiques (1955), *Anthropologie structurale* (1958 et 1973).

Le don est ainsi une tentative permanente pour créer des liens sociaux au sein de la famille, du quartier, des réseaux d'amis ou avec des hommes de sociétés lointaines. Il est ainsi un instrument de l'organisation sociale. La cohésion d'une société se crée en effet en fonction d'innombrables décisions de chaque membre, de faire ou non confiance aux autres, en prenant le risque que ses dons ne soient pas rendus. C'est sur la réciprocité que se fonde en fait la cohésion sociale de base sur laquelle repose les macrocohésions telles que les États.

B

CIRCUIT DE RÉCIPROCITÉ ET ESPACE

Les règles de fonctionnement examinées jusqu'ici relèvent de l'anthropologie ou de la sociologie, et portent sur les relations entre les deux partenaires de la réciprocité. Comment, à une autre échelle, participent-elles à la construction d'un véritable circuit économique ? Comment celui-ci fonctionne-t-il ? Et de quelle façon est-il affecté par l'espace ?

1 - Espace homogène et transparent

Pour saisir de quelle façon l'espace influe sur la circulation des dons/contre-dons, on peut commencer par s'interroger sur ce que serait cette dernière s'il y avait une répartition homogène des partenaires et si la distance n'était pas un obstacle. Deux situations se dégagent : celle où chacun des partenaires dispose de la même connaissance et celle où l'information est inégale.

■ Information égale des partenaires

Les échanges de services entre personnes connectées à Internet ou entre habitants d'un même lotissement pourraient se rapprocher de la première situation. Les types très divers de circuits que l'on pourrait alors observer, aux entrelacs plus ou moins complexes, ne pourraient être interprétés que par une analyse des motivations et décisions individuelles de chacun des acteurs. La théorie des jeux, présentée dans le chapitre 6, selon laquelle le comportement de chaque joueur dépend des comportements observés ou attendus des autres joueurs, serait sans doute la plus adaptée à l'explication des diverses configurations. Un acteur A décide par exemple de faire un don à B. La réaction de B dépendra de l'interprétation qu'il donnera au geste de A et de ses propres motivations : s'il pense que A tente par son don d'asseoir un pouvoir sur lui et qu'il tient à son indépendance, il refusera le don ou fera un contre-don de la même valeur ; s'il cherche lui-même le prestige, il offrira un cadeau supérieur à celui de A ; s'il estime que A qu'il apprécie cherche à nouer un lien, il entrera avec lui dans un système de dons et contre-dons alternés.

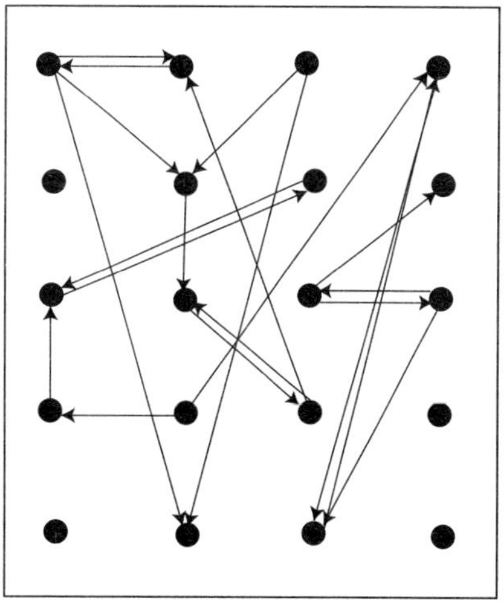

■ Information inégale

Il arrive fréquemment que l'information dont les partenaires disposent les uns sur les autres soit inégale. Je ne sais pas nécessairement quels sont les plus pauvres de ma paroisse et quelles sont leurs attentes, ni quels sont les centres de recherche sur le cancer les plus performants et quels seraient leurs besoins. Le curé de ma paroisse ou un médecin-chercheur détiennent, par leur fonction, davantage d'informations que moi.

Passer par un intermédiaire mieux informé peut être une solution efficace pour faire un don, lorsqu'il y a inégale détention de l'information. Cet intermédiaire fait office de centre dans la circulation des dons qu'il reçoit et qu'il est censé

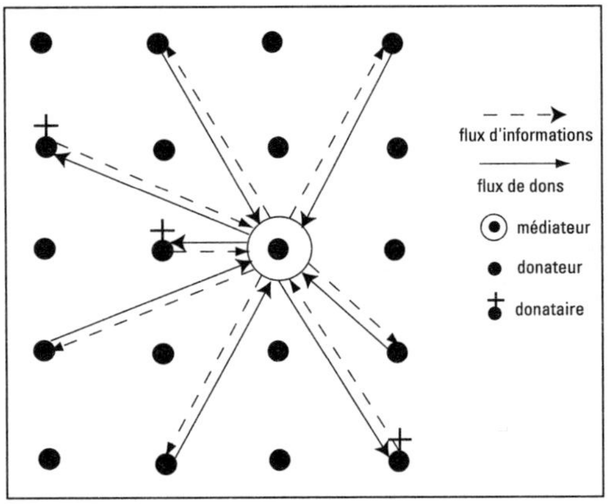

redistribuer au mieux. Cette option peut se révéler délicate, car le donateur veut être certain que le don parviendra bien à destination. Le curé étant censé incarner l'honnêteté et la justice, peu de paroissiens hésitent à l'utiliser comme intermédiaire. Fréquemment, l'intermédiaire doit cependant diffuser une information – véhiculée par des courriers, des reportages télévisés – en direction des donateurs, pour rendre transparent son fonctionnement et la distribution des dons dont il est le dépositaire. Cette organisation de la circulation des dons reste toutefois fragile ; en cas de doute sur son bon fonctionnement, les participants se retirent facilement. Elle n'est pas non plus dominante, car elle structure essentiellement les dons fait à des inconnus, qui demeurent minoritaires.

L'organisation décentralisée est celle adoptée par exemple par Amnesty International. Son comité central gère des enquêtes à l'échelle internationale sur le non-respect des droits de l'homme. Il transmet à des groupes locaux le nom des prisonniers politiques qu'ils ont à prendre en charge, ainsi que les adresses auxquelles envoyer lettres et pétitions.

Pour éviter que le centre ne s'engorge, lorsque les dons deviennent trop nombreux, l'***organisation*** peut adopter une structure ***décentralisée***. Le centre s'occupe alors essentiellement de collecter de l'information, qu'il redistribue à différentes cellules qu'il renseigne ainsi sur les personnes à qui destiner les dons.

Ce système est très souple. Si des individus souhaitent s'insérer dans le circuit, il leur suffit de créer leur propre cellule et de se greffer à la structure dont ils s'engagent simplement à respecter les principes, en échange d'informations sur les personnes à qui destiner les dons. Cette organisation a également l'avantage d'éviter la constitution d'une structure lourde au centre, avec appareils d'enregistrement et de contrôle, qui risquerait de rendre moins visible aux yeux des donateurs le trajet de leurs dons et d'élever les frais de fonctionnement. Elle permet aussi d'impliquer un grand nombre d'individus sans faire disparaître la personnalisation des relations, souhaitée pour la réciprocité.

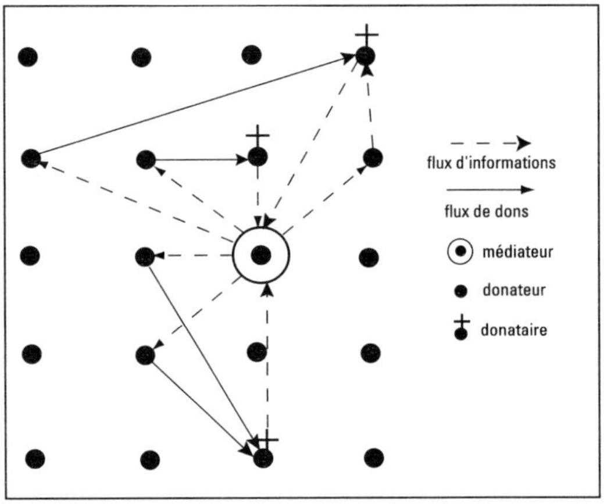

2 - Dans l'espace géographique

■ Une faible influence du milieu

Dans les sociétés dominées par les rapports de réciprocité, l'existence du milieu met peu en danger le fonctionnement des circuits économiques. Le souci n'y est en effet pas la multiplication des choses mais la création de liens entre les êtres, dont font partie les éléments spiritualisés du monde naturel. Les rapports avec le milieu sont ainsi relativement respectueux et peu prédateurs.

■ Hétérogénéité et forme géographique des circuits

L'hétérogénéité de la répartition des partenaires modifie, quant à elle, les circuits de réciprocité. Elle intervient sur la forme géographique prise par les circuits, sur la direction et l'intensité des flux.

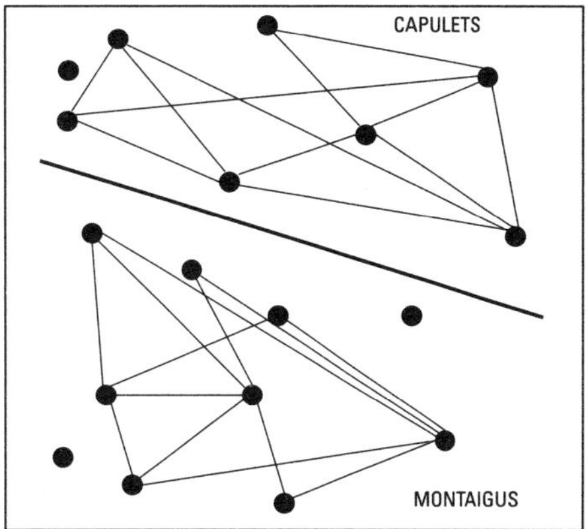

Les personnes avec lesquelles je suis prêt à pratiquer le don sont distribuées d'une certaine façon. Dans un village où s'affrontent les deux clans des Capulets et des Montaigus, les réseaux de dons s'opposent en deux blocs, de part et d'autre d'une frontière sociale et spatiale que les flux ne franchissent qu'exceptionnellement.

Dans un pays caractérisé par une émigration importante, les dons/contre-dons s'effectuent de façon privilégiée entre la population demeurée sur place et les expatriés. Les échanges réalisés sur le mode de la réciprocité avec les pays éloignés où se sont installés les expatriés seront sans doute plus intenses qu'avec les pays voisins.

■ Le défi de l'opacité

L'opacité pose pour sa part un défi au fonctionnement même de la circulation par la réciprocité. L'éloignement entre les partenaires peut conduire à ne pas adopter cette forme d'échange ou à l'abandonner.

La construction d'une relation affective entre personnes, que viendront appuyer les dons mutuels, implique en effet qu'elles se rencontrent concrètement et fréquemment (invitations que l'on se renvoie), ce qui sera rendu plus difficile s'il y a éloignement. Il faut aussi des relations de proximité qui se maintiennent lorsque le don vise à asseoir un prestige ou un pouvoir. À quoi servirait-il au Big Man d'envoyer des colis aux quatre coins de la planète ? Il a besoin d'une communauté proche qui lui renvoie une image d'homme prestigieux. Dans le don moderne fait aux inconnus et aux étrangers, il n'y a pas de retour attendu et l'on pourrait donc imaginer que la distance a peu d'effet. Toutefois, comme le don est toujours un rapport personnalisé, il importe beaucoup au donateur que son don arrive bien à son destinataire. L'éloignement géographique des partenaires semble donc devoir constituer un obstacle fort à la circulation des dons. C'est ce que décrit le **schéma de Sahlins**, qui a offert une réflexion formalisée sur les rapports entre circulation par la réciprocité et espace.

Le schéma de Sahlins. Selon Sahlins, deux éléments influent sur la forme de circulation des richesses. Le premier est l'écart généalogique : plus les parents sont proches, plus leurs échanges tendent vers la réciprocité généralisée (don/contre-don). Le second est le facteur spatial : les échanges entre de simples cousins habitant ensemble s'approcheront plus de la réciprocité généralisée que ceux entre deux frères qui vivent éloignés.
Sahlins propose un schéma composé d'une série de cercles inclusifs de parenté (lignage, tribu) qu'il mêle à des secteurs résidentiels (maisonnée, village). Il y surimpose un axe décrit comme un « *continuum* de réciprocité ». Plus l'écart généalogique et la distance géographique sont importants, plus on s'éloigne de la réciprocité généralisée pour se rapprocher de la « réciprocité équilibrée » (il s'agit, chez Sahlins, de l'échange conçu en termes d'équilibre strict, qui ne souffre pas de délai pour la contre-prestation, c'est-à-dire le commerce), puis de la « réciprocité négative » (les tentatives d'appropriation ou les transactions visant à procurer un profit utilitaire, où les deux parties s'affrontent en tant qu'intérêts distincts, chacun cherchant à maximiser son profit aux dépens de l'autre : troc, marchandage, vol).

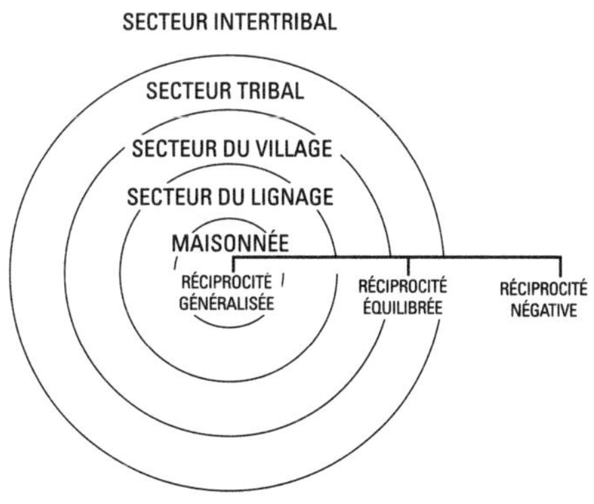

Secteurs de réciprocité et secteurs résidentiels de parenté

D'après M.D. Sahlins, *Âge de pierre, âge d'abondance*, Paris, Gallimard, 1976, p. 253.

Ce sur quoi pèse la distance est bien plus l'accès à l'information que le flux matériel du don. Qu'importe après tout que le cadeau mette du temps à parvenir au destinataire, à cause de l'éloignement. Plusieurs types de craintes, que seule de l'information peut apaiser, risquent de se manifester. Si A tente de créer un lien avec B par un cadeau, il lui faut bien le connaître, savoir si B est estimable et mérite cette ouverture, s'il a « l'esprit du don » et ne risque pas de profiter égoïstement du cadeau sans faire de geste en retour, en l'humiliant par la même occasion. Ce type d'information s'obtient généralement *de visu*, à la suite d'interactions face à face répétées. Si A veut asseoir un prestige, il faut que nombre d'individus soient informés de son geste, de sa munificence, de sa capacité à offrir plus que B. Si A est altruiste et donne sans rien attendre en retour, il souhaite cependant être informé de la bonne destination de son don. Il faut ainsi la présence de certaines conditions touchant à la transmission de l'information, pour que les circuits de réciprocité puissent s'étendre à grande échelle.

3 - Les conditions de l'extension spatiale

Tout ce qui rend l'espace plus transparent, qu'il s'agisse de techniques de communication, d'établissement d'un climat de confiance, ou d'organisation des flux, facilite la circulation des dons/contre-dons.

■ Les moyens de communication

Les Trobriandais avaient un système d'échange beaucoup plus étendu que celui des paysans européens encore au début du XIXe siècle, parce que la configuration maritime de leur espace favorisait la circulation des hommes. Des moyens de transport efficaces permettent le déplacement de personnes concrètes et autorisent des rencontres face à face plus fréquentes, qui jouent en faveur de la circulation de l'information et de l'extension spatiale des flux de dons/contre-dons. Ainsi, je peux entretenir aujourd'hui plus facilement des relations d'amitié avec des personnes dispersées dans toute la France, grâce aux déplacements réguliers, qui seront l'occasion de dons, que permettent le TGV, l'avion ou les autoroutes.

Les émissions télévisées où l'on appelle à donner prennent fréquemment d'indéniables allures de *potlatch* ; on invite chacun à surpasser les dons déjà faits et le total de la somme versée l'année précédente (téléthon, etc.). Les organisateurs réussissent à y faire participer l'ensemble du pays. Cette extension est permise par la plus grande transparence de l'espace qu'autorisent les techniques modernes de télécommunications. En effet, comme on proclame à la télévision les noms des personnes, des villes, des entreprises dont les dons sont les plus importants, l'acte de générosité est connu de tous les Français et un prestige peut naître à l'échelle du pays.

■ Le sentiment d'identité des partenaires

Le maintien d'un ***climat de confiance*** peut être aussi obtenu par un contrôle social fort. Au sein des diasporas, le non-respect des règles de dons et contre-dons peut conduire à une mise au ban de la communauté, ou à l'exercice de règlements de compte.

Le schéma de Sahlins montre que la qualité de la relation liant les partenaires influe sur l'opacité de l'espace. La réciprocité continue à être pratiquée avec des personnes habitant dans d'autres villages, parce qu'ils appartiennent au même lignage ou à la même tribu. Lorsque le sentiment d'appartenance à une même communauté territoriale ou culturelle est très ancré dans un groupe qui cultive ses propres valeurs, la distance affecte peu les flux de dons/contre-dons. Il règne un ***climat de confiance***. On a en effet moins besoin d'informations sur son partenaire, quand celui-ci est proche par la parenté, a reçu la même éducation, partage le même sens de l'honneur, les mêmes croyances religieuses, bref lorsqu'il nous ressemble. Les dons vont continuer ainsi à circuler malgré les expatriements, lorsque l'exilé est intégré dans une communauté de son pays d'origine et qu'il reste imprégné par sa culture. C'est ce que l'on observe pour de nombreuses diasporas (Juifs, Grecs, Libanais).

■ Le type d'organisation

L'éloignement, l'opacité de l'espace donnent fréquemment naissance à un problème d'information. Il est difficile de connaître les destinataires les plus nécessiteux lorsque ceux-ci sont des habitants de pays lointains, de déterminer ce dont ils ont besoin, de savoir comment acheminer au mieux ses dons sur une longue distance et de s'assurer qu'ils arrivent bien au destinataire prévu.

Les structures qui se mettent généralement en place dès que les circuits de réciprocité s'étendent sont celles qui ont été présentées dans la situation d'une information inégalement répartie entre partenaires. Les donateurs préfèrent passer par un intermédiaire, mieux informé qu'eux sur des partenaires éloignés. Les circuits sont très centralisés géographiquement lorsque les donateurs envoient directement leurs dons à l'intermédiaire qui les redistribue (Secours catholique, Croix-Rouge française, à Paris), ou épousent une forme plus décentralisée lorsque l'intermédiaire s'occupe essentiellement de collecter et de redistribuer l'information (Amnesty, Alcooliques Anonymes). Dans ce dernier cas, seule l'information transite par le centre et redescend vers des cellules hiérarchisées géographiquement : centre mondial, puis centres nationaux, régionaux et locaux. Les dons matériels ou en services sont réalisés à l'échelle des cellules locales.

À MAÎTRISER

Problématiques globales

Les spécificités du don moderne ; les caractéristiques de la circulation des richesses par le don ; les motivations des acteurs ; le fonctionnement du circuit de don en l'absence d'action spatiale, avec information égale ou inégale des partenaires ; le schéma de Sahlins ; les problèmes que pose l'opacité de l'espace à la circulation des dons ; les moyens qui permettent d'étendre géographiquement la circulation des dons.

Concepts importants

Potlatch ; *kula* ; socialité primaire/secondaire ; structuralisme.

Auteurs à situer

Fr. Boas, B. Malinowski, M. Mauss, Cl. Lévi-Strauss.

Documents à commenter

La circulation de la richesse au Vanuatu

1 - PRÉSENTATION DES DOCUMENTS

Les textes proposés sont extraits des travaux de J. Bonnemaison (1940-1997), géographe qui a consacré presque toute ses recherches à la géographie culturelle du Vanuatu.

Le Vanuatu – Nouvelles-Hébrides jusqu'en 1980, date de la fin du condominium franco-britannique – est un archipel volcanique océanien, situé au nord-est de l'Australie, comptant aujourd'hui à peu près 150 000 habitants. À l'arrivée des Européens à la fin du XVIIIe siècle, deux types de pouvoirs y coexistaient : au nord de l'archipel dominait une hiérarchie de grades gagnés par une compétition de dons, au sud une aristocratie en partie héréditaire et en partie élective. Ces hiérarchies avaient un fondement non seulement politique mais aussi cultuel : chaque grade rapprochait des ancêtres et de leur pouvoir spirituel et magique. La plupart des groupes littoraux des îles du Nord, les premiers christianisés, abandonnèrent progressivement le système traditionnel. L'ancienne structure circulatoire des richesses fut désorganisée et tomba en désuétude. Les groupes de l'intérieur (*man bush*) y conservèrent quant à eux la coutume lorsqu'ils se convertirent. Les textes, s'ils présentent la circulation économique traditionnelle, décrivent donc également des formes toujours vivantes, ayant même connu un regain de vitalité au cours des dernières décennies dans certaines régions du Vanuatu.

Le système des grades

Le système de la hiérarchie des grades formalise l'accès au pouvoir politique local et régional. À chaque nom de grade correspond un *rang* qui donne le droit de porter certains insignes et parures rituelles. Il est obtenu au travers d'une épreuve à fondements économiques, d'autant plus complexe et exigeante que le grade est élevé. L'homme qui postule doit en effet payer l'ensemble des rituels afférents à ce grade et sacrifier des cochons de valeur[1] en proportion du rang obtenu [...]. Chaque homme, s'il veut avoir une existence sociale, est pratiquement obligé de participer de façon active [à cette compétition].

Économie domestique, économie rituelle

Le système agricole et l'activité d'élevage dans la société traditionnelle s'ordonnent selon la même logique sociale ; dans les deux cas il s'agit en effet de produire au-delà de la survie. Non pas en accumulant des quantités de biens qui sont de toutes façons périssables, mais en se spécialisant dans la production qualitative de biens rares et prestigieux destinés à s'intégrer dans les systèmes de relation d'échange et de la compétition économique [...]. Le système de production fonctionne à deux « vitesse » : il est « extensif » et « relâché » au niveau de la production de survie, il est « intensif » et « surtendu » à celui de la production à finalité sociale.

L'horticulture de l'igname de consommation ou encore celle du taro pluvial sont réalisées dans le cadre de pratiques agricoles itinérantes et peu contraignantes, réalisées sans procédés fertilisants, ni grand effort ou aménagement préalable. Elles n'offrent du reste que des rendements médiocres eu égard aux possibilités du milieu naturel et sont assez exigeantes en espace, si l'on tient compte de la longueur traditionnelle des cycles de jachère, dix ans, parfois quinze. Cette production de subsistance est assurée dans le cadre d'une horticulture banale de forêt : visiblement la paysannerie ne cherche pas ici à produire des surplus importants [...]. L'économie est ici limitée volontairement dans son ampleur et dans ses rendements par les producteurs eux-mêmes, non pas parce qu'ils seraient incapables de fonctionner autrement, mais parce qu'ils le désirent ainsi. L'économie traditionnelle ainsi réduite aux horizons de la subsistance stricte

1. Le bien de plus grande valeur au Vanuatu est le cochon cérémoniel, élevé non pas pour sa viande, mais pour sa dent. Des techniques sophistiquées permettent de leur faire croître les dents en spirale. À chaque stade de croissance dentaire correspond un « rang », un « grade », et une valeur d'échange en termes de nattes cérémonielles, de grands ignames et taros rituels. Aujourd'hui on leur a ajouté une quotation en monnaie européenne, dollars australiens, puis vatu.

laisse alors aux « producteurs » l'espace de temps nécessaire pour faire « autre chose ».
Cette « autre chose », la société traditionnelle la consacre, non pas à des « loisirs », mais à une production sociale spécialisée. L'économie ici change d'échelle : elle ne se restreint plus au cercle de la consommation domestique, mais elle s'élargit à celui des échanges rituels. C'est en effet pour échanger, ou même tout simplement pour « donner » ou répondre à un autre don que les hommes de la société traditionnelle se lancent périodiquement dans cette véritable croisière de l'absolu qu'est la production des tubercules géants ou des cochons cérémoniels. Le temps ici ne compte plus : l'investissement de l'homme – et de la femme – est incommensurable, leur énergie entièrement mobilisée, leur psychisme totalement accaparé. Le recours aux magiciens est constant et il coûte fort cher.
Sur de très faibles surfaces, par le complexe de la butte ou du trou profond, dont le sol artificiellement recréé au moyen de cendres, d'humus et de débris végétaux est un véritable compost, les horticulteurs obtiennent les ignames somptueuses qu'ils recherchent. Les rendements doublent. De même, la culture du taro irrigué ou du taro en bas-fonds humides drainés [...] représente des formes d'intensification efficaces. [...] La culture irriguée permet le saut dans l'intensif et la production de masse, lorsque le système social des échanges le réclame. L'élevage des cochons représente un processus du même ordre. Si les bêtes sont laissées à l'état de troupeau errant, elles font l'objet dès qu'il s'agit d'un cochon à dent, d'une qualité d'attention et de soins fantastiques, peut-être uniques au monde. Quels sont en effet les peuples qui chérissent leurs bêtes les plus précieuses au point de demander aux femmes de mâcher au préalable leurs aliments, voire, comme la tradition le rapporte, de les nourrir au sein, lorsqu'elles ne peuvent plus s'alimenter ?

La finalité de l'économie rituelle et la relation de dette

La finalité de l'économie rituelle est l'échange entre individus à l'intérieur du groupe local pour les petites cérémonies et à l'extérieur pour les plus grandes. Il est en effet mal considéré par l'éthique sociale que le producteur consomme ses propres tubercules géants, ni même à plus forte raison que l'éleveur consomme ses propres cochons. Là se tient une grande différence entre les deux types d'économies : l'économie domestique vise à l'autosuffisance et ne déborde pas d'un cercle étroitement local, l'économie rituelle est par contre toute entière dirigée vers l'extérieur : sa finalité tient dans le don. [...]

Dans le cas des sociétés à grades, il serait impossible pour un candidat à un rang élevé de pourvoir à lui seul à l'ensemble des obligations exigées par le rituel. L'aide de tous lui est nécessaire [...]. Il faut que, l'année choisie, le plus grand nombre possible de cultivateurs joignent leurs efforts pour mettre en culture au même moment un grand nombre de jardins vivriers. Ce n'est qu'ainsi qu'on pourra disposer des quantités de tubercules nécessaires au rituel et à la nourriture des participants et des curieux. De même, il faut pouvoir profiter des efforts d'éleveurs nombreux pour que les cochons à dents puissent figurer ou être sacrifiés en nombre suffisant. Un passage de grade se prépare donc avec ses alliés : le seul moyen d'obtenir cochons, tubercules, kavas et nattes en quantités suffisantes le jour J consiste à avoir fait des dons dans d'autres circonstances, de telle façon qu'ils reviennent à soi le jour voulu. Autrement dit, on n'accumule pas en vue d'un rituel, mais on prête les années précédentes aux siens, à ses alliés et à tous ses partenaires sociaux dans l'assurance que le prêt sera retourné lorsque le besoin s'en fera sentir.
Le mode de relation économique sous-jacent à la hiérarchie des grades est donc la dette. Toute une comptabilité en biens traditionnels intervient entre les groupes et les différents individus. Celui qui est le plus généreux au départ, c'est-à-dire celui qui a prêté largement, est potentiellement le plus riche, puisque le jour de son passage de grade, tous les dons qu'il a fait préalablement devront lui revenir, souvent avec une marge bénéficiaire. Il n'y a donc ni richesse accumulée, ni richesse ostentatoire, ni contrôle des moyens de production dans la relation de dette. Chacun vit au jour le jour comme tout un chacun, dans une stricte égalité économique, tandis que la production spécialisée gagnée au fil du travail des jardins ou de l'élevage s'investit systématiquement dans les réseaux d'échange qui scellent tous les actes de la vie sociale [...]. Il en résulte que les biens rituels ne cessent de circuler à l'intérieur du corps social. Ils ne servent pas à « s'enrichir », puisque personne ne thésaurise, mais à tisser des liens sociaux et personnels qui, à terme, permettent ensuite la réunion des quantités de biens nécessaires au déroulement de rituels de plus en plus importants. Dans les prises de grades supérieurs, où ces quantités atteignent en termes coutumiers des valeurs fabuleuses, le candidat reçoit encore plus qu'il n'a prêté, ce qui est la preuve que ses partenaires l'estiment et lui reconnaissent le droit de passage. Mais il est dès lors étroitement endetté à son tour et il devra soutenir en retour les efforts de ceux qui l'ont aidé, lorsque eux-mêmes passeront des grades ou participeront à d'autres rituels sociaux.

Dans un tel type de relation et d'économie, le gagnant n'est donc pas tant celui qui produit, mais celui qui « circule », c'est-à-dire celui qui a tissé autour de son groupe suffisamment de bonnes relations pour que son entreprise soit soutenue par tous et bénéficie d'un véritable consensus. C'est là une entreprise de longue haleine que d'être connu et apprécié loin de son pays natal et de jouir de la réputation de droiture et d'honnêteté nécessaire.

« Le médiateur personnalisé »

Le grand homme de la société des grades réussit son entreprise non seulement en payant ses propres dettes, mais encore en réussissant à endetter les autres envers lui. Il faut pour cela avoir une connaissance sûre de toutes les transactions rituelles, de toutes les cérémonies intervenant dans la région et y participer, c'est-à-dire se placer au centre des réseaux d'échange en les faisant fonctionner à son profit. Cela exige une grande habileté, puisque chaque maisonnée est potentiellement égale et produit à peu près en des termes identiques. [...] Toute la subtilité des grands hommes est de savoir où et quand s'endetter pour mieux endetter les partenaires qui comptent.
[...] Chaque haut-gradé a ses secrets et tient en tête une comptabilité complexe : il connaît en détail tous les cochons à dents qui s'élèvent dans la région. Cette mémoire et cette connaissance des dettes des uns et des autres, parfois échelonnées sur plusieurs générations, ainsi que des lieux où sont élevées les bêtes de valeur sont la source cachée de son pouvoir. Il détient là des secrets qu'il partage avec ses seuls confrères de rang équivalent. Les hommes du commun, pour satisfaire aux exigences de la vie sociale et à ses prestations diverses, sont dès lors obligés de passer par lui [...].
Le haut-gradé [...] est une sorte de « lien central », un « médiateur personnalisé » nécessaire par lequel passent toutes les relations économiques existant dans un certain espace géographique. Il joue dans cet espace un rôle de « témoin-comptable », organisant une pyramide de relations de dettes et de contre-dettes dont il est l'intermédiaire et le garant le plus élevé.

J. Bonnemaison, *Les Fondements géographiques d'une identité. L'Archipel du Vanuatu*, Paris, Éditions de l'Orstom, t. I, 1996, p. 123 et pp. 265-273.

L'extension géographique des circuits

La hiérarchie des grades des îles du Nord de l'archipel compte en général 10 à 15 grades [...]. Les hommes du commun n'ont en général accès qu'aux 3 ou 4 premiers grades. Les rites de passage se déroulent alors dans un cercle surtout familial : tout homme se doit de passer ces grades s'il veut avoir accès, à sa mort, aux endroits sacrés où reposent ses ancêtres. Autrefois, le degré de mobilité d'un homme du commun était bas ; il ne quittait pratiquement pas les limites de son environnement proche, y compris pour se marier, ce qui représente entre 1 et 5 heures de marche selon l'étendue du territoire de son propre groupe ou de ses alliés immédiats.
Au-dessus se dessine un groupe intermédiaire constitué surtout par les aînés des lignées familiales [...]. Ces *Big Man* atteignent en général les 6, 7 ou 8e rang de la hiérarchie sociale. Leur degré de mobilité était dans la société traditionnelle relativement élevé ; ils avaient des relations avec leurs égaux des groupes voisins et y contractaient très souvent mariage. Leur rang leur imposait d'être présents aux principales manifestations cérémonielles de la région. Leur rayon de mobilité dépassait toutefois rarement une journée de marche complète, c'est-à-dire qu'il incluait surtout les groupes voisins avec lesquels les relations d'alliance et d'échange avaient été nouées [...]. Dans le cas des groupes littoraux, le rayon de mobilité était plus étendu que dans celui des *man bush*. Chaque versant littoral avait des relations régulières avec la façade maritime des îles qu'il discernait à l'horizon. [...]. À partir du 10e grade et jusqu'au point ultime de la hiérarchie, l'homme devenait un très haut *Big Man*. Son prestige et son pouvoir débordaient le cadre de son groupe d'origine et englobaient la région entière [...]. Ces « chefs » détenaient les titres de *tanmonok* (la fin de la terre) et de *mariak* (ce qui est au-delà) [...]. Leur vie se passait en une errance continuelle [...]. Le « business-man » doit en effet participer, noblesse oblige, à tous les rituels d'une certaine importance, et connaître l'état des troupeaux de cochons et des possibilités de transaction chez lui, comme dans les îles voisines. Tout « chef » important de la société traditionnelle possédait autrefois une grande pirogue, sa propre équipe de pagayeurs, un gardien du feu pour les grands voyages et son capitaine qui était également le barreur et très souvent son porte-parole. Le nom d'un grand « chef » est par définition celui dont la renommé déborde loin du cadre de son territoire.
À l'arrivée des Européens, certaines régions littorales des îles du Nord avaient acquis un haut degré

Les réseaux d'échanges traditionnels

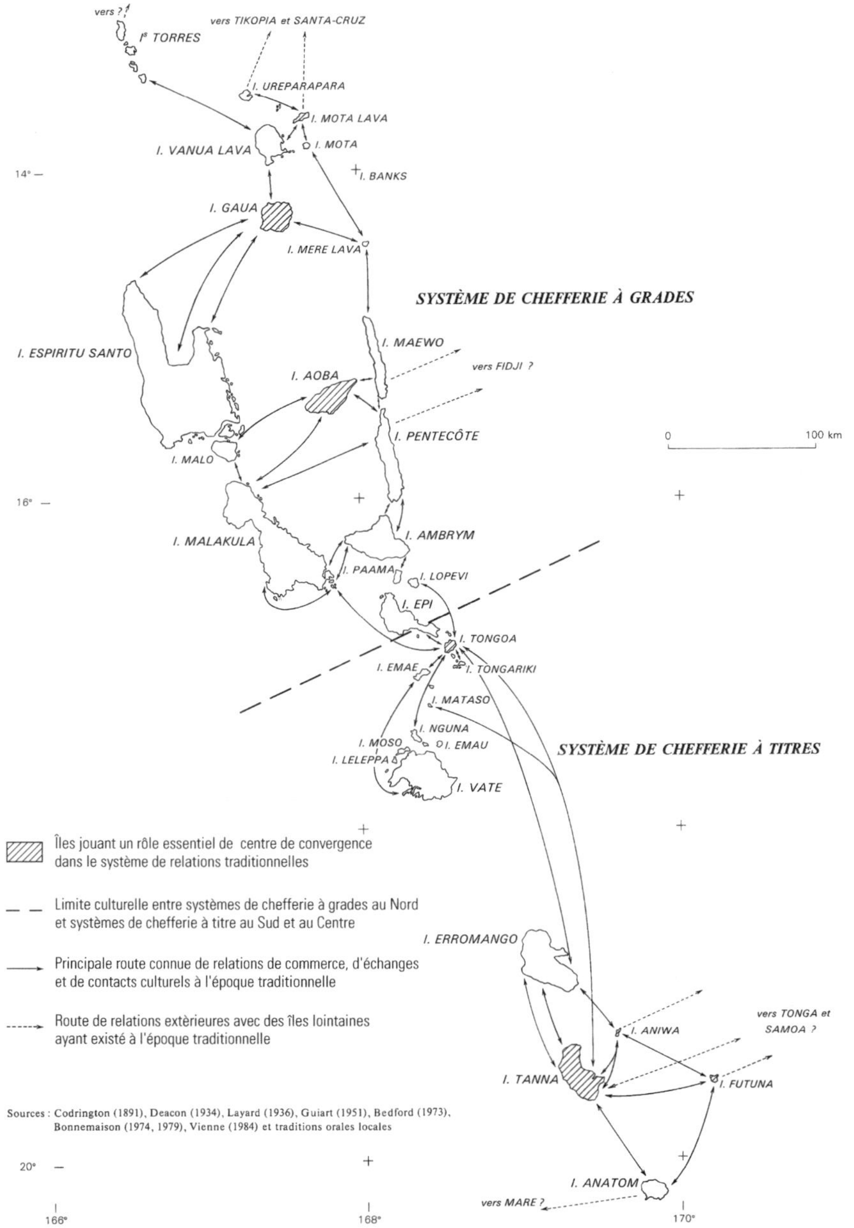

L'image qui ressort est celle d'un « tissu de nexus » : un ensemble de points autonomes reliés les uns aux autres par un processus de relation en chaîne [...] Dans le tissu de relation, des noeuds de convergences plus intenses apparaissent qui dessinent des échevaux centraux, en d'autres termes des sortes de nodules, où le réseau se resserre et fait communiquer les uns avec les autres des segments qui autrement resteraient séparés [...] Cette structure en « tissu de nexus » favorise un système de relations de type « réseau » [...] L'archipel ne semble pas s'ordonner selon un centre ou une hiérarchie de centres qui reproduiraient des périphéries, mais selon des réseaux de points qui se densifient par endroits et se distendent dans d'autres. Dans un tel système, ce sont moins les étendues et les masses insulaires en elles-mêmes qui comptent, que leur position relative les unes par rapport aux autres. La topologie constitue la donnée première." J. Bonnemaison, 1996, *op. cit.*, pp. 115-116.

J. Bonnemaison, *L'Arbre et la Pirogue*, Paris, Éditions de Orstom, 1986, p. 130.

de mobilité, maîtrisant les routes de la circulation maritime et leurs escales, ainsi que la plupart des circuits d'échanges de cochons. Les plus connus de ces groupes à haut degré de mobilité sont ceux de Malo, de la partie ouest du littoral d'Aoba, des îlots du Nord Malikolo et, sans doute, de l'ensemble des îles Banks. John Layard a fait le récit de ces voyages en pirogues reliant le peuple des petites îles du Nord Malikolo aux grandes îles voisines : « *The seagoing canoes made in the small islands, capable of holding thirty or forty men, were used formerly for voyages across open sea to the remaining large islands of the Northern New Hebrides, namely Ambrym, Raga, Oba, Maewo, Malo and Santo. The mane purpose of these voyages was the trade in pigs...* »

J. Bonnemaison, « Les voyages et l'enracinement. Formes de mobilité dans les sociétés traditionnelles des Nouvelles-Hébrides », *L'Espace géographique*, n° 4, 1979, pp. 306-314.

2 - QUESTIONS

– Montrer comment se retrouvent dans l'exemple vanuatan les règles caractéristiques de la circulation par la réciprocité : l'inégalité alternée, la personnalisation, la triple obligation de donner, recevoir et donner à son tour. Quelles motivations au don et au contre-don peut-on isoler ?

– Pour quelle raison, avec un système de production tel qu'il existe au Vanuatu, l'élévation dans la hiérarchie des grades nécessite-t-elle une extension géographique des circuits de biens cérémoniels ? Quel changement dans la production et la répartition de la population pourrait changer cette liaison ?

– Pour un passage de grade élevé, de quelles informations, concrètement et précisément, ont besoin les Vanuatan ? Quels sont les détenteurs initiaux de l'information ? Comment se répartissent-ils dans l'archipel ? Qui collecte cette même information ? Comment cette collecte peut-elle se réaliser ?

– Les circuits de richesses par la réciprocité ne se limitent pas au seul espace local. Quels éléments précis autorisent l'extension des circuits à l'ensemble d'une île voire à l'échelle interinsulaire ? De quel modèle graphique présentés dans ce chapitre se rapproche-t-on ?

– J. Bonnemaison parle pour la circulation des biens cérémoniels qui s'effectue au sein de l'archipel d'un « principe du chaînage » et de relations de proche en proche qui peuvent embrasser des distances considérables. Expliciter ce mécanisme du chaînage en vous servant de la carte.

De quelle façon la topologie évoquée dans le texte accompagnant la carte participe-t-elle à la fonction de nœud de convergence jouée par Mota Lava, Gaua, Aoba, Tongoa et Tanna ?

– Quel impact cette circulation des richesses par la réciprocité a-t-elle sur la production ? sur les paysages du Vanuatu ?

DOCUMENT PROPOSÉ

Extension spatiale d'un circuit de réciprocité élargie

Les Alcooliques anonymes

Historique et développement des AA

Alcooliques anonymes est une organisation d'entraide. Les organisations d'entraide visent à la solution d'un problème précis par un échange d'expérience. Leur rôle est important ; un grand nombre intervient dans les problèmes sociaux les plus graves : alcoolisme, toxicomanie, dépression... Leur objet n'est pas économique, mais la résolution de tels problèmes exigerait sans eux des investissements considérables, notamment en services médicaux et sociaux, qui seraient quant à eux intégrés dans le champ économique.

Les AA ont été pionniers dans la mise en place de l'organisation d'entraide, dont ils sont considérés comme un modèle. Leur mouvement est né aux États-Unis en 1935, de la rencontre de deux alcooliques, dont l'un était abstinent depuis peu. Leurs échanges conduisirent le premier à se maintenir sobre et le second à subir une cure de désintoxication qui pour une fois réussit. Ayant compris qu'en partageant leur expérience, ils avaient acquis davantage de force dans l'abstinence de l'alcool, ces deux personnes créèrent un premier groupe AA. En 1990, ils étaient presque 100 000 dans 134 pays, comptant plus de deux millions de membres. En France, c'est un article de J. Kessel sur le mouvement AA aux États-Unis, paru en 1960 dans *France-Soir*, qui conduit un premier groupe à se créer à Paris. En 1978, il existait 100 groupes et, en 1995, 480 (sans compter les antennes situées dans les hôpitaux ou prisons). Dix mille personnes environ participaient alors à ces groupes, avec une représentation très diversifiée des CSP. Les résultats sont significatifs : 47 % des participants s'arrêtent de boire dans les trois mois et 12,3 % dans les neuf mois.

Chez les AA, l'expérience est partagée pour résoudre un problème commun d'alcoolisme : « Notre but primordial est de rester sobres et d'aider d'autres alcooliques à parvenir à la sobriété. » Il y a bien circulation d'un service sous la forme du don/contre-don. Une personne qui accepte de devenir membre doit en effet d'abord reconnaître qu'elle est alcoolique et qu'elle ne peut guérir seule ; que sa capacité à s'en sortir lui viendra d'un don. Lorsqu'elle sera sobre, elle sera amenée à transmettre ce qu'elle a reçu, à aider d'autres alcooliques, à se situer dans une chaîne de dons.

Le fonctionnement de AA

Pour créer un groupe AA, il suffit qu'au moins deux personnes en prennent l'initiative. Elles assument alors seules leurs responsabilités : trouver un local, fixer l'horaire de la réunion, informer les professionnels et le public. Il ne s'agira toutefois d'un groupe AA qu'à partir du moment où les fondateurs feront connaître au bureau des services généraux parisien leur intention de s'inspirer du mouvement. Il existe en effet une charte avec des principes fondamentaux qu'ils s'engagent dès lors à respecter.

Les services généraux n'effectuent aucun contrôle. Ils enregistrent seulement la création du groupe. Celui-ci ne reçoit aucun financement de leur part, mais se voit gratifié d'une aide matérielle modeste : l'inscription du groupe au service Minitel, l'envoi des publications officielles et d'un petit stock de littérature pour le démarrage.

Le nouveau groupe AA peut dès lors accueillir des participants. La seule condition requise pour devenir membre est le désir d'arrêter de boire et l'acceptation de ne pas toucher à l'alcool pendant 24 heures. Aucune vérification ne sera faite, seul le témoignage de l'individu comptera.

Il n'y a ni registre tenu des membres, ni procédure d'inscription, ni carte. On peut entrer et sortir d'un groupe AA à sa guise. Une liberté également totale est laissée aux personnes composant le groupe d'assister ou non aux réunions. Celles-ci consistent à écouter les autres membres raconter leur histoire. Comme le groupe doit s'autofinancer intégralement, qu'il n'y a pas de cotisation ou de droit d'inscription et qu'il s'est engagé à refuser toute contribution de l'extérieur (entreprises ou institutions diverses), on passe le « chapeau » à la fin des réunions, avec liberté laissée à chacun de contribuer aux finances. Cet argent sert à la couverture des frais (loyer de la salle, secrétariat). Le surplus est consacré au fonctionnement des intergroupes et services généraux. Le groupe désigne par élection un comité, renouvelé chaque année, chargé de la gestion. Un président est également élu par les membres du groupe et changé tous les trois mois. Des groupes locaux s'associent pour financer et gérer des services communs : les « Inter-Groupes », au nombre de vingt-cinq, dont le rôle est de faire connaître les groupes dans une région. Chaque groupe élit aussi un représentant à l'assemblée de sa région. L'assemblée régionale désigne quant à elle des délégués, au mandat non renouvelable, pour la conférence annuelle. C'est au cours de cette conférence que sont approuvés les comptes, qu'est orientée l'action des services généraux et que sont choisis les administrateurs.

Pour se donner une assise juridique, les AA français se sont constitués en association 1901, avec un conseil d'administration de douze membres, qui gère les services généraux dont le siège se trouve à Paris. Ces services généraux emploient les seuls quatre salariés que compte le mouvement en France. Ils sont chargés d'administrer tout ce qui est d'intérêt commun : établir et diffuser la liste des groupes, éditer et distribuer la documentation, garantir les groupes auprès des banques et des assurances, informer les professions et institutions concernées par l'alcoolisme, développer les contacts avec les médias, représenter le mouvement français auprès de ses homologues étrangers et des services mondiaux dont le siège est à New York. Ces services généraux fonctionnent grâce à des ressources provenant des seuls alcooliques. En 1994, leur budget global annuel se montait à un million de francs. 600 000 F provenaient de la contribution des groupes et 400 000 des excédents de la vente de littérature. Vu la faiblesse de leurs besoins financiers, ces services généraux ne recherchent aucune subvention auprès des institutions ou confessions.

L'extension des AA

L'expansion des AA se réalise de deux manières. Les médias constituent d'une part une aide puissante. Les grandes dates du développement du mouvement ont coïncidé avec la parution dans la grande presse d'articles importants, en France comme aux États-Unis. Les émissions de radio ou de télévision consacrées aux AA sont également suivies de nombreux appels dans les permanences. La multiplication des groupes s'effectue d'autre part par mouvement spontané.

– À la suite d'un déménagement, un membre AA se retrouve isolé dans une localité où n'existe pas de groupe. De sa rencontre avec au moins un autre alcoolique désireux de parvenir à la sobriété, peut naître un nouveau groupe AA.

– Des membres d'un groupe peuvent envisager une implantation dans une localité voisine ou deux groupes éloignés une implantation à mi-distance (des AA de Bordeaux et de Toulouse ont ainsi créé le groupe d'Agen).

– L'éclatement d'un groupe peut aussi résulter de son trop grand succès : l'assistance est trop nombreuse pour que tous puissent s'exprimer, ou la place vient à manquer dans la salle. Les solutions sont soit l'organisation de réunions supplémentaires dans le même local, soit l'ouverture d'un autre groupe un peu plus loin.

– Il arrive aussi que le courant passe mal entre les membres du même groupe. Ceux qui sont mal à l'aise créent un autre groupe dans une commune ou un quartier voisins.

Les AA ne sont conduits par aucun leader charismatique. L'anonymat est la règle, même pour les fondateurs américains du mouvement, dont on ne connaît que les prénoms.

Le ciment du mouvement est en fait surtout constitué par la littérature interne, destinée aux alcooliques ou à leur environnement familial. Tous les groupes se réfèrent aux mêmes écrits qui créent une communauté de langage et de sensibilité. Une zone Europe, et au sein de celle-ci un Comité francophone européen, se sont toutefois peu à peu mis en place. Ce dernier publie sa propre littérature, certaines brochures d'origine américaine étant mal adaptées aux mentalités et besoins européens.

D'après une documentation de AA mise à jour en 1994.

QUESTIONS

– Quelle(s) motivation(s) au don trouve-t-on chez les AA ? En quoi s'agit-il d'une réciprocité élargie ?

– Préciser quelles sont les exigences différentes pour les échanges d'informations entre les alcooliques, entre les groupes d'alcooliques et les services généraux, entre les services généraux et le monde extérieur (médias, grand public, etc.). Quelles sont les implications spatiales de ces différents niveaux d'exigence ?

– De quel modèle, vu dans le chapitre, l'organisation de la circulation des dons/contre-dons chez les AA se rapproche-t-elle ? Montrer comment elle empêche chez les AA la constitution d'une bureaucratie, réduit les besoins financiers, et assure la personnalisation dans le don.

EXERCICE PROPOSÉ

L'organisation spatiale d'un circuit de réciprocité

Médecins sans frontières

MSF est une organisation privée d'aide médicale humanitaire. Elle agit à une échelle internationale (présente dans 80 pays) et dans les situations de crise (séisme, cyclone, conflit, mouvement de population). MSF fut créée en rupture avec la Croix-Rouge internationale. Le déblocage de fonds nécessite souvent du temps avec la Croix-Rouge, celle-ci fonctionne en utilisant les autorités étatiques locales comme intermédiaires pour acheminer les aides, et a opté pour la non-dénonciation d'éventuelles violations de droits humanitaires par ces mêmes autorités, pour ne pas affecter le transfert des dons. MSF souhaitait une organisation plus souple, une distribution directe des aides aux destinataires et une non-obligation de confidentialité. MSF est une organisation humanitaire et non une entreprise. À la différence d'une autre association à but humanitaire telle qu'Amnesty International qui organise la circulation d'informations et de courriers visant à soutenir des prisonniers politiques, MSF assure toutefois le transfert de biens (médicaments, colis alimentaires, etc.) de services (chaque année, 2 000 médecins et infirmières sont envoyés sur le terrain), ainsi que d'argent (environ un million de donateurs en France pour le soutien financier). Il y a un circuit économique, mais organisé sous la forme du don.

D'après une documentation de MSF mise à jour en 1994.

1 - QUESTIONS

Imaginez que vous êtes à la tête d'une telle association « sans frontières », et qu'ainsi vous souhaitez vous situer d'emblée sur une échelle internationale.

■ Vous avez besoin d'une information sur les donataires potentiels, leurs besoins et sur les conditions du terrain, avec des exigences particulières en rapidité d'obtention et en fiabilité.

– Vous devez transmettre une information sur les donataires et sur votre association, à des donateurs potentiels (donateurs financiers ou donateurs en service : médecins, infirmières, techniciens...).

■ Vous devez faire circuler les dons :

- il faut d'abord collecter ces dons financiers ou en services auprès des donateurs ;
- puis, les acheminer jusqu'aux donataires.

Essayez de répondre aux questions suivantes, en réfléchissant à chaque fois aux exigences différentes des divers types d'informations, pour qu'une transmission de qualité soit assurée. Souvenez-vous notamment que des échanges fréquents, complexes, nécessitent souvent une proximité physique des partenaires.

– Comment pouvez-vous obtenir l'information nécessaire sur les donataires et leur environnement ?

– Quelles organisations pouvez-vous mettre en place sur le territoire français, pour collecter : des dons financiers auprès de donateurs éventuels (particuliers, entreprises, institutions internationales) ; des dons en services, de bénévoles prêts à se rendre sur le terrain.

– Comment ensuite allez-vous assurer au moindre coût l'expédition des dons matériels et de services médicaux et vous assurer de la qualité du transfert du don au donataire ?

– Comment pouvez-vous satisfaire le besoin de personnalisation du don des donateurs et d'assurance quant à sa destination, souvent indispensable à la survie de la circulation par le don ?

– Quelle solution pourriez-vous trouver pour étendre géographiquement l'action de collecte de dons de MSF sans tomber dans la lourdeur bureaucratique qui était l'un des défauts que reprochait l'association à La Croix-Rouge internationale ?

■ Comparez vos résultats avec le développement et l'organisation réels de MSF. Essayez à chaque fois de comprendre les raisons des distorsions entre vos solutions et celles appliquées par MSF.

De quel schéma d'organisation de la circulation des dons vu en cours se rapproche MSF ?

2 - DOCUMENTS D'APPUI

A/ Historique du développement de MSF

MSF se constitue en association loi 1901, en 1971, à partir d'un groupe de médecins envoyés par la Croix-Rouge dans la guerre du Biafra et de bénévoles du journal médical *Tonus*. Une charte est rédigée, à laquelle les adhérents doivent souscrire sur l'honneur et dont ils s'engagent à respecter les principes déontologiques. L'association essaie d'abord de fonctionner en offrant un vivier de médecins à diverses organisations internationales spécialisées dans l'assistance au tiers-monde (Croix-Rouge internationale, frères des hommes...). L'association obtient des fonds propres auprès du corps médical français. En 1972, elle peut ouvrir un local à Paris, dont le fonctionnement est assuré par des bénévoles, et un secrétariat. Elle s'engage peu à peu dans des missions autonomes, ayant obtenu l'aide d'Air-France pour assurer les déplacements de médecins à l'étranger. En 1976, MSF reçoit de nouveaux financements d'ONG américaines et des fédérations régionales de Terre des Hommes. Une agence lui offre une campagne de publicité qui la fait connaître dans la population française. Le nombre de donateurs augmente, les missions peuvent se multiplier. En 1979, l'association se dote d'une structure centrale parisienne ; en 1980, des délégations régionales se créent en province. Jusqu'en 1984, MSF poursuit sa structuration avec la mise en place de secteurs spécialisés (logistique, recrutement, communication, obtention de fonds...). De nouvelles sections se créent à Bruxelles en 1980, à Carouge/Genève en 1981, à Amsterdam en 1984, au Luxembourg en 1985 et à Barcelone en 1986. Ces sections sont indépendantes. Si elles assurent leur propre fonctionnement, elles ont toutefois adopté la même charte que MSF-France qu'elles se sont engagées à respecter et échangent régulièrement informations et savoir-faire entre sections étrangères. Le tremblement de terre en Arménie, en 1988, a nécessité des moyens supplémentaires. Une unité européenne d'intervention de MSF est créée. En 1991, l'ensemble des sections se dote d'un secrétariat international à Bruxelles et ouvre peu à peu différents bureaux chargés d'assurer une représentation commune auprès des grandes instances internationales.

B/ L'organisation de MSF

■ Pour les dons

• Des informations parviennent par les médias, faisant état d'une situation de crise. Au siège de l'association, situé à Paris (environ 100 permanents aidés de bénévoles), un service d'information tente de les étayer. S'il s'agit d'une catastrophe, un départ immédiat de matériel préconditionné et de spécialistes fichés dans un « *pool* d'urgence » est organisé. La plupart du temps, une équipe expérimentée est envoyée en mission exploratoire sur le terrain afin de collecter les informations géographiques, politiques et culturelles, nécessaires à toute opération. Ces informations servent à la cellule opérations, qui se réunit au même siège pour discuter du bien-fondé d'une mission. Une fois la décision prise (l'ensemble n'a nécessité que quelques jours), elle définit les objectifs de la mission, les moyens à mettre en œuvre et le suivi à organiser sur le terrain.

• Le département de gestion de la logistique est à Paris, mais, pour la logistique même, un centre MSF-logistique a été installé en 1993 à Bordeaux-Mérignac sur 35 000 m^2. La proximité de l'aéroport international, la présence d'un centre de fret international, du port de Bordeaux, la performance du réseau routier et le soutien financier des collectivités et entreprises locales expliquent cette implantation. Ce centre effectue l'approvisionnement en matériel, le stockage, la constitution de kits de matériel médical et de médicamentation et leur acheminement sur le terrain. On peut y affréter un ou plusieurs avions spéciaux en un maximum de 48 heures. Un stockage de matériel d'urgence a été également réalisé à San Savador, région très exposée aux risques sismiques, volcaniques, aux inondations et cyclones.

• Les médecins, infirmières et techniciens volontaires contactés rejoignent quant à eux directement la capitale du pays où ils sont censés intervenir. Dans cette capitale, se trouvent presque toujours au moins un coordinateur et un administrateur MSF. Leur rôle est d'encadrer et de coordonner les différentes missions de terrain dans le pays, de s'assurer de la meilleure utilisation des ressources et de développer les contacts avec les autorités locales et les autres organismes internationaux. Ils restent en liaison avec les responsables de programme de la cellule opérations parisien, auxquels ils sont rattachés. Les volontaires restent souvent deux jours dans la capitale pour recevoir les informations nécessaires à leur mission, puis sont envoyés sur le terrain où ils travaillent une quinzaine de jours en binôme avec celui qu'ils vont remplacer. Des membres du secteur opérations effectuent des visites d'évaluation sur le terrain, pendant et après la mission.

■ Pour la collecte des dons

• Les fonds de MSF proviennent de particuliers, d'entreprises ou d'institutions diverses.

Pour toucher les particuliers, MSF organise une communication externe en direction des médias, réalise des dossiers thématiques, des conférences de presse. Cinq millions de messages par an sont émis en direction des donateurs existants, trois millions vers des donateurs éventuels. MSF lance également régulièrement des campagnes à l'étranger (1993 aux États-Unis, 1994 au Japon...). Les treize délégations régionales de MSF, composées en moyenne d'une centaine de bénévoles placés sous la responsabilité du service de communication parisien, organisent par ailleurs différentes manifestations locales (expositions, concerts), des séances d'informations dans les lycées et gèrent les relations avec les médias régionaux.

Les délégations régionales de MSF en France

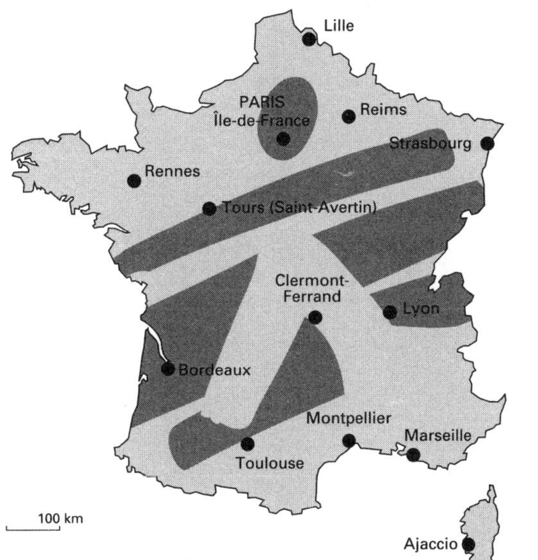

D'après MSF Dossier info 1994.

La trame correspond au logo de MSF.

Une « cellule entreprise » recherche quant à elle des sponsors, qu'elle mobilise autour de projets donnés. Ce sont eux qui ont par exemple financé la base logistique de Bordeaux.

Une autre cellule s'ocupe de la recherche de financements institutionnels (gouvernements, organisations internationales telles que le Haut Commissariat aux Nations unies pour les réfugiés, l'Union européenne...). L'ensemble des sections MSF ont financé l'installation d'un bureau dans chacune des villes où sont localisées ces grandes instances internationales (New-York et Los Angeles, Toronto et Montréal, Hong Kong, Tokyo, Sydney, Bonn, Londres, Genève, Vienne, Rome, Stockholm, Athènes, Hellerup).

• MSF envoie 2 000 volontaires par an sur le terrain (1 000 Français), dont 50 % sont nouveaux chaque année. Pour les toucher, des informations sont émises par les délégations régionales dans les facultés de médecine, les écoles d'infirmières, les hôpitaux, les salons et congrès médicaux. Les candidatures spontanées sont suivies d'un entretien individuel, effectué dans ces mêmes antennes régionales, avec un chargé de recrutement qui pré sélectionne et envoie ses propositions au service de recrutement de Paris. Des réunions d'information ont ensuite lieu une fois par mois dans les antennes régionales, et la formation est complétée par un stage technique (en nutrition, hygiène, vaccination, etc.).

• Pour personnaliser le don, assurer les donateurs de son arrivée effective au destinataire de la transparence du fonctionnement de MSF, des publications régulières sont envoyées (le journal mensuel *Messages* qui a 8 000 adhérents), des reportages sur les missions sont effectués par le service audiovisuel et des films et documentaires montrent ainsi quel usage est fait des dons.

Le service financier rend régulièrement compte de l'utilisation des fonds : 5 % servent à la gestion de l'association (salaires, loyers, téléphone) ; 12 % à l'information et 83 % aux actions sur le terrain. MSF fait par ailleurs réaliser chaque année une certification des comptes par un audit indépendant.

D'après une documentation MSF, 1994.

8

LA REDISTRIBUTION

Certains circuits économiques sont organisés par un système de redistribution. On peut le définir comme suit : la production, ou une partie de celle-ci, est prélevée par une autorité centrale pour être ensuite distribuée. La distribution est donc l'un des deux volets de la redistribution.

Les exemples qui viennent spontanément à l'esprit pour illustrer ce type d'organisation du circuit sont ceux du pharaon égyptien dont l'administration gérait les récoltes, ou celui de l'économie centralisée de type soviétique. Des circuits archaïques ?

On oublie trop facilement qu'une bonne partie de l'économie de notre vie quotidienne relève d'un tel système. Les contribuables payent à l'État des cotisations sociales, des taxes et des impôts ; les entreprises lui versent des prélèvements obligatoires. En retour, les citoyens reçoivent des allocations diverses, bénéficient de services publics gratuits (éducation, santé...) ; les entreprises peuvent être subventionnées... Au sein même des multinationales, les conseils d'administration décident d'investir les bénéfices dégagés par telle filiale de tel pays dans tel autre secteur d'un autre pays. Autant de richesses qui ne passent ni par le don ni par le marché.

On examinera cinq exemples de circuits économiques régulés par la redistribution, pour synthétiser ensuite les caractéristiques générales de celle-ci. On finira par analyser comment les circuits de redistribution s'inscrivent dans l'espace géographique.

BIBLIOGRAPHIE DU CHAPITRE

Il n'existe pas de manuel qui traite de tous les circuits de redistribution. Les références se distribuent par type de circuit.

Circuits régis par l'État

ANDREFF W., *La Crise des économies socialistes. La Rupture d'un système,* Grenoble, Presses universitaires de Grenoble, 1993, 447 p.

ASSELAIN J.-Ch., *Plan et profit en économie socialiste,* Paris, Presse de la Fondation nationale des sciences politiques, 1981, 329 p.

Cahiers français, « Découverte de l'économie. 3 : les politiques économiques », Documentation française, n° 284, janvier-fevrier 1998, 107 p.

CLAVAL P., *Espace et pouvoir*, Paris, PUF, 1978, 257 p.

KORNAÏ J., *Le Système socialiste. L'Économie politique du communisme*, Grenoble, Presses universitaires de Grenoble, 1996, 767 p.

MARTIN R. et SUNLEY P., « The post-keynesian state and the space economy », *in* R. Lee et J. Wills (dir.), *Geographies of Economies*, London, Arnold, 1997, pp. 278-289.

MERRIER F.-X., *L'État-Providence*, Paris, PUF, coll. « Que sais-je ? », 1997, 127 p.

THORIS G., *Analyse économique des systèmes*, Paris, Armand Colin, 1997, pp. 253-362.

Circuits régis par les entreprises

ANDREFF W., *Les Mutinationales globales*, Paris, La Découverte, 1996, 125 p.

BAUDRY B., *L'Économie des relations interentreprises*, Paris, La Découverte, 1995, 125 p.

CORIAT B. et WEINSTEIN O., *Les Nouvelles Théories de l'entreprise*, Paris, Le Livre de Poche, 1995, 218 p.

MÉNARD C., *L'Économie des organisations*, Paris, La Découverte, 1995, 125 p.

MICHALET Ch.-A., *Le Capitalisme mondial*, Paris, PUF, coll. « Quadrige », 1998, 368 p.

MUCHIELLI J.-L., *Multinationales et mondialisation*, Paris, Le Seuil, coll. « Points », 1998, 375 p.

A

CINQ TYPES DE REDISTRIBUTION

1 - Formes élémentaires de redistribution

Dans sa forme la plus élémentaire, le système de la redistribution ne diffère clairement de celui du don/contre-don que par l'existence d'un ou de plusieurs intermédiaires détenant une autorité. Les chasseurs ou les agriculteurs délivrent tout ou partie de leur production à un chef de clan ou de village, ou à un individu remarquable. Celui-ci la stocke et la distribue aux membres ou à une partie des membres de la société. Les prélèvements et la distribution s'effectuent en fonction de règles précises, fixées par la coutume. La distribution s'opère au jour le jour, souvent aussi lors de festins collectifs, pour lesquels les produits ont été emmagasinés pendant un certain temps. Le stockage centralisé des produits permet également de constituer des réserves pour faire face à une situation difficile (disette).

À une autre échelle, le système peut prévaloir au sein de la famille élargie, où plusieurs adultes participent par exemple aux travaux des champs, mais où le *pater familias* (dans le cas d'une société patriarcale) est responsable de la production, décide de la part qui doit être tenue en réserve et de la manière dont le reliquat doit être affecté à chacun des membres de la cellule.

L'individu – ou la famille – qui gère cette redistribution acquiert un pouvoir important : cette fonction redistributive est une source primordiale du pouvoir politique.

2 - La redistribution féodale

Toutes les économies reposant sur les produits de la nature et établie sur un vaste territoire ont été gérées à l'aide du principe de redistribution, reproduisant à une autre échelle le modèle de la famille patriarcale.

Ainsi, dans le Nouvel Empire d'Égypte, une partie des produits de l'activité du paysan, de l'éleveur de bétail, du potier, du tisserand, etc., était prélevée, minutieusement enregistrée et, si elle n'était pas consommée sur place, transférée d'entrepôts plus petits en entrepôts plus grands jusqu'à ce qu'elle atteigne l'administration centrale, située à la cour du pharaon. La redistribution se faisait au profit des fonctionnaires, des prêtres, des militaires et de la classe oisive. On trouve un système comparable dans la Chine ancienne, l'empire des Incas, la Babylonie, l'Europe féodale...

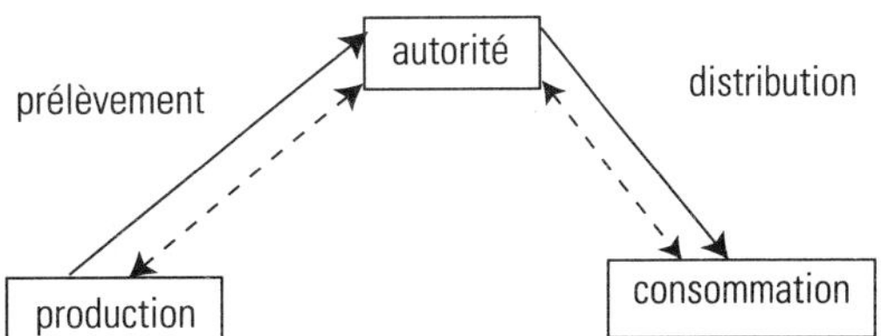

Cette économie sans marché n'est pas nécessairement simple : la redistribution était présente sur une échelle gigantesque dans la civilisation des Pyramides et nécessitait une organisation complexe.

3 - La redistribution soviétique

En quoi le système de redistribution qui régulait l'économie centralisée soviétique diffère-t-il des cas précédents ? Pour ce qui nous occupe ici, la différence tient à ce que l'État ne se contente pas d'effectuer des prélèvements sur la production, il prend lui-même en charge cette production, et se trouve donc responsable du fruit de celle-ci. À la base, c'est la propriété collective – c'est-à-dire étatique – des outils de production qui permet les prélèvements. De même, l'État contrôle un circuit de distribution (transport, commerce...) qui lui permet d'écouler cette production auprès des consommateurs, selon des critères qu'il est seul à fixer. L'État n'est donc pas seulement le pôle de la redistribution. À travers le *Gosplan*, responsable du Plan, il est aussi en aval et en amont, il décide de ce qui est produit et consommé : il planifie l'économie.

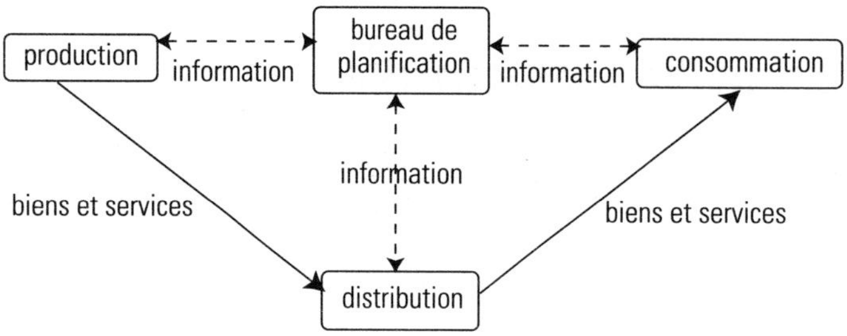

4 - L'État-providence

Dans la société contemporaine libérale, une proportion importante des biens et des services qui circulent passe par le circuit de l'État. En France, presque la moitié du revenu national est prélevée et distribuée (par l'État, les collectivités locales, la Sécurité sociale). L'État joue directement deux types de rôles redistributeurs. Dans les deux cas, le prélèvement est constitué de taxes que versent les individus ou les sociétés : des ***prélèvements obligatoires***. Ce sont les distributions qui diffèrent.

Prélèvements obligatoires : contributions obligatoires (impôts, taxes, cotisations sociales) collectées (par l'Union européenne, l'État, les collectivités locales, etc.) auprès des agents économiques.

Dans le premier cas, l'État distribue aux sociétés ou aux individus une partie des sommes prélevées, sous forme de subventions, d'allocations, de revenus... Il s'agit de transferts monétaires directs ou indirects, dans lesquels l'État est un intermédiaire. Dans le second cas, l'État emploie les sommes prélevées pour financer certaines activités qu'il opère en son nom propre, comme l'éducation, la santé, la défense, l'aménagement du territoire... Les individus et les sociétés bénéficient – souvent gratuitement, ou à un prix inférieur à celui du marché – de ces services, qui sont la contrepartie non monétaire des sommes qu'ils ont versées à l'État.

L'État, à travers sa politique économique, effectue indirectement une redistribution. Les politiques budgétaires, monétaires, réglementaires, structurelles, etc., ont pour résultat de modifier les flux du circuit économique régi par la fixation des prix selon l'offre et la demande. L'État ne crée pas ainsi un circuit de redistribution, mais il impose, en biaisant les « lois du marché », des prélèvements et des distributions : la politique économique peut profiter à certains et pas à d'autres. Elle peut avoir pour but de dynamiser un secteur économique, de limiter la spéculation, de réduire les inégalités, de lutter contre le chômage... Dans une certaine mesure, le circuit du marché est manipulé par l'État à des fins de redistribution.

5 - Les firmes

Prix de transfert : prix conventionnel appliqué à une livraison de biens entre deux établissements d'une même firme. Parfois comptabilisés en unités non convertibles, les prix de transfert ont moins à voir avec les produits eux-mêmes, qu'avec la gestion, par la direction, des différentes filiales de la firme.

La redistribution au sein de la firme

Au sein de la firme, entre ses différents établissements, la **circulation des biens et des capitaux** ne passe pas par le marché. C'est la direction qui décide de l'orientation. Même si ceux-ci donnent lieu à des paiements entre les établissements, ils sont effectués en ***prix de transfert***, qui peuvent par exemple servir à déplacer des capitaux pour des raisons fiscales. La circulation des capitaux au sein de la firme procède en effet d'un circuit de redistribution.

Circulation des capitaux au sein d'une firme multinationale. Après profit, les filiales étrangères de la multinationale versent à la maison-mère des dividendes, et remboursent les prêts (qui peuvent être fictifs et servir à dissimuler les mouvements de capitaux). Avant profit, la fixation de prix de transfert, le paiement de services réels ou fictifs entre les filiales, les délais de règlement particulièrement longs qui camouflent en fait des prêts sans intérêts, sont autant de façon de faire circuler les capitaux. Ces mouvements ne doivent rien au marché : c'est bien la direction, au siège social, qui les décide autoritairement, en fonction par exemple de ses stratégies fiscales ou d'investissement.

L'information fait aussi l'objet d'un circuit de redistribution au sein de la firme. La direction irrigue les établissements de normes, d'instructions, de bons de commande. Elle fournit des savoir-faire (dispensés par les cadres et techniciens qu'elle recrute ou déplace par des mutations), une aide technique, des formations. Elle exige également des informations, en réclamant des rapports, en standardisant les instruments comptables, en convoquant à des réunions, en imposant des audits et des inspections. Il s'agit de redistribution dans la mesure où c'est la direction qui impose le prélèvement de l'information (on ne doit rien lui cacher) et décide de sa distribution éventuelle (transferts de technologie, secrets industriels et commerciaux, etc.).

Plus la firme est vaste, plus ses circuits internes de redistribution sont importants. Le poids des grandes firmes dans l'économie contemporaine, la fréquence des fusions-acquisitions a pour conséquence apparemment paradoxale qu'une part de plus en plus importante des flux du circuit économique échappe au marché. C'est spécialement net pour l'économie internationale : comme celle-ci est dominée par des firmes multinationales, une bonne part des flux (de produits, de capitaux, d'informations) entre les pays s'effectue au sein d'une même firme, entre ses différentes filiales. Selon l'ONU, en 1995, un tiers des flux internationaux circule au sein des multinationales, un autre tiers entre les multinationales et d'autres entités ; un tiers seulement des flux ne passe donc pas par les multinationales.

La redistribution entre les entreprises

Entre les firmes ou les entreprises, les échanges sont souvent régis par des modes complexes de coordination assez proches de la redistribution. Il serait par exemple naïf de croire que les flux (de produits, d'argent) entre une grande firme et un sous-traitant qui ne travaille que pour cette firme sont régis par le marché. Les rapports de force entre les deux entreprises font que le prix du service rendu par le sous-traitant résulte moins de l'offre et de la demande que d'une décision de la direction de la grande firme. Le sous-traitant n'est en fait guère libre d'organiser sa production, et il est parfois comme un atelier de la firme cliente, tant il est soumis aux ordres de la firme dont il dépend : on parle de quasi-intégration verticale. Les flux entre le sous-traitant et la firme relèvent donc bien d'une redistribution, réglée par la firme. Plus généralement l'essor des accords de coopération entre entreprises montre que la circulation entre les firmes échappe largement au marché, grâce à d'autres formes multiples et subtiles de partenariat.

B
RÈGLES DE LA REDISTRIBUTION

Le système de circulation par redistribution se fonde sur l'existence d'une autorité, reconnue, qui impose la collecte et la distribution, mais aussi sur des règles acceptées, qui légitiment les critères selon lesquels se font les prélèvements et les distributions. Pourquoi ce système s'impose-t-il parfois, comment se définissent ses principes et son autorité, quelle en est l'efficacité ?

1 - La régulation par une autorité

L'autorité se définit comme le transfert du pouvoir de décision d'un acteur à un autre. Dans le cadre du circuit de redistribution, seule l'autorité centrale prend des décisions : c'est elle qui détermine les prélèvements et les distributions. Elle doit disposer d'informations pour prendre ces décisions et vérifier qu'elles ont été respectées. Elle doit également disposer d'un moyen d'imposer ses prélèvements, de faire accepter ses distributions (ce qui semble plus facile) ou de s'assurer qu'elles arrivent à leur destinataire.

■ L'autorité de l'État

Il en va ainsi de l'État. Il est tenu informé par les administrations, le fisc, les services économiques de la situation du pays et du bon fonctionnement du circuit de redistribution. L'État a le monopole de la violence légale, et, même s'il n'exerce pas (ou guère) celle-ci, il dispose de l'autorité que lui confèrent différents appareils administratifs judiciaires, policiers ou militaires. La loi oblige chaque citoyen à payer taxes et impôts, à effectuer son service militaire. La politique économique comporte aussi une dimension réglementaire (fixation du Smic, blocage des prix) ou incitative (planification). Dans des sociétés sans État, la participation à la redistribution est une obligation coutumière, ne pas y sacrifier entraînerait sanctions, opprobre et exclusion.

■ L'autorité au sein de l'entreprise

Au sein de l'**entreprise**, la direction s'informe en permanence du fonctionnement de ses établissements et du respect de ses instructions. Les hiérarchies de la direction, des cadres, des contremaîtres et des ouvriers assurent la transmission des ordres et des renseignements.

Deux interprétations de l'autorité dans l'entreprise. Selon les marxistes, qui prennent acte de la collusion du politique et de l'économique, la direction de l'entreprise dispose de la même autorité que celle de l'État : l'une comme l'autre sont au service des classes dominantes, de la bourgeoisie et du patronat. L'administration contrôle les classes ouvrières, la loi défend l'ordre établi, la police – voire l'armée – interviennent pour briser les grèves.
Pour les économistes néo-institutionnalistes, l'autorité détenue par la direction de l'entreprise procède des contrats qui la lient à ses employés. Quand une entreprise m'embauche, je signe avec elle un contrat par lequel je lui accorde certains droits sur moi, en échange d'un salaire. Je m'engage à obéir à mes supérieurs, à ne pas nuire aux intérêts de mon employeur (en respectant le secret industriel, par exemple). Si je manque à mes engagements, la direction est susceptible de m'infliger des sanctions, de me licencier, voire de se retourner juridiquement contre moi. La direction dispose donc d'une autorité, que je lui ai librement consentie par contrat.

■ Les trois degrés de l'autorité entre les entreprises

Si la firme dispose d'une autorité forte sur ses employés, elle peut également exercer une autorité plus ou moins nette sur ses partenaires économiques (d'autres firmes). L'analyse des relations interentreprises permet d'en distinguer trois degrés. Il s'agit d'autorité au sens plein dans le cadre d'une quasi-intégration verticale : l'autorité de la firme passeuse d'ordre (expression significative) procède de la situation de dépendance du sous-traitant. Le deuxième degré est celui du partenariat entre deux entreprises engagées dans la fabrication d'un produit (quasi-intégration oblique). Il s'agit là non d'autorité mais d'incitation : l'entreprise principale ne donne pas directement des ordres, elle incite l'entreprise « agentive » à fournir l'effort maximal, à participer à la conception, à suivre le rythme de la production pour livrer en juste-à-temps, etc., au moyen notamment de contrats-cadres. Le troisième degré est celui des relations de confiance, qui permettent une franche collaboration, et par lesquelles les partenaires se placent en quelque sorte sous une même autorité. Tous ces types de coordination entre entreprises peuvent se conjuguer et participer à l'émergence d'une firme-réseau, sous l'autorité d'une firme principale (ainsi l'Aerospatiale).

2 - Les motivations

Comment et pourquoi un acteur économique (un individu, une entreprise) participe-t-il à un circuit de redistribution ?

■ À l'échelle de la société

La régulation de l'économie d'une société par la redistribution a pu tout d'abord être imposée par la force, par un pouvoir, représenté par un chef de tribu, un roi, une classe sociale, un gouvernement issu d'un coup d'État, etc. Ce pouvoir prélève la force de travail, les richesses matérielles, de ceux qui sont devenus ses sujets. Les motivations sont alors l'accumulation de biens matériels, symbole de puissance ou de réussite sociale. Il peut s'agir également de motivations idéologiques : assurer les bases d'une société future meilleure grâce à ces prélèvements forcés et ces choix de distribution.

Une société peut aussi opter elle-même pour la redistribution, au moyen notamment d'un vote démocratique qui mettra à sa tête un gouvernement favorable à cette forme de régulation de l'économie. Le système de la redistribution est choisi dans deux types de situation. La première, quand on condamne dans son ensemble le système de marché : c'est alors tout le champ économique qui lui échappe, comme dans les anciens pays socialistes (**redistribution socialiste**). La seconde, quand on estime que le système de marché présente certaines insuffisances : dans ce cas, l'économie reste globalement dominée par le marché, mais certains champs sont régis par un autre type de système (**redistribution libérale**).

Redistributions socialiste et libérale. Pour les tenants de l'économie centralisée de type soviétique, la régulation par la redistribution s'imposait parce qu'elle était la plus juste, la plus rationnelle, la plus efficace. En théorie, le planificateur est omniscient, omnipotent et bienveillant. Par ses calculs complexes mais instantanés, il met en regard les possibilités techniques et les besoins, anticipe sur l'avenir en fonction des différents choix possibles et peut donc prendre les meilleures décisions. En fonction de quels critères ? Celui du bien de la société dans son ensemble. Dans les faits, la redistribution socialiste a aussi souvent servi les intérêts des apparatchiks au pouvoir.

Dans les États libéraux, l'État remédie à certains dysfonctionnements du marché par la mise en place d'un circuit de redistribution, qui fonctionne parallèlement au marché. Au minimum, il s'agit de secteurs réservés, pour lesquels l'intérêt national est en jeu (défense, justice...). Selon les pays, l'État se charge également de services qui, en fonction de la culture ou de l'histoire nationale, sont considérés comme incompatibles avec la logique du profit (éducation, santé...). Enfin, l'État se doit de régler la circulation des richesses là où il n'y a pas de profit à faire, et où les seules considérations relèvent de la justice ou de la cohésion sociales : l'aide aux plus pauvres, aux chômeurs, aux personnes âgées, etc.

À L'ÉCHELLE DE LA FIRME

Une entreprise, pour une activité donnée, a le choix entre le recours au marché ou à la redistribution. Dans le premier cas, elle fait appel à un intervenant extérieur, qui lui assure la prestation dont elle a besoin. Dans le second, elle assure cette tâche elle-même, par exemple en y affectant une partie de ses employés. La direction de l'entreprise décide alors des rétributions : le service est effectué dans le cadre d'un circuit de redistribution. En fait, selon Coase, l'entreprise recourt au marché quand les coûts de transaction sont inférieurs aux coûts d'organisation. Quand ils leur sont supérieurs, elle privilégie le circuit de redistribution interne (*cf.* chap. 6).

Quand les coûts de transactions détournent du marché, mais que les coûts d'organisation sont trop importants pour que l'entreprise fabrique elle-même le produit dont elle a besoin, elle peut tenter de se le procurer auprès d'une autre entreprise avec laquelle elle se lie par une forme de partenariat. Elle forme avec celle-ci un circuit qui peut tenir plus de la redistribution que du marché.

À L'ÉCHELLE DE L'INDIVIDU

Dans le cas d'un circuit de redistribution organisé par l'État, on peut dire que les citoyens y participent parce qu'ils y sont forcés. L'État dispose d'une autorité pour imposer ses prélèvements. La participation au circuit de redistribution n'est pas volontaire. Les prélèvements ne sont pas des dons. À payer des impôts, nous avons peu le sentiment que nous donnons, davantage celui qu'on nous prend. Mais, même si l'on marque quelque réticence à payer ses impôts, si la fraude fiscale est importante, peu d'individus tentent vraiment d'échapper à la pression fiscale, comme si, au fond, ils acceptaient l'obligation qui leur était faite. Comment comprendre en effet que le système de la redistribution se maintienne si aucun individu ne l'accepte ?

Dans les démocraties, les individus peuvent par exemple échapper au système de la redistribution en élisant des représentants qui modifieront la législation en la matière. Ainsi, quand un gouvernement libéral succède à un gouvernement socialiste, la circulation par la redistribution perd souvent de son importance au bénéfice du marché : dénationalisations, baisse des impôts, réduction du nombre de fonctionnaires, diminution de l'aide sociale, etc. La redistribution peut donc résulter d'un accord d'une majorité de citoyens pour adopter ce système, jusque dans les obligations qu'il comprend.

Les individus peuvent aussi choisir d'adhérer au système de redistribution de la firme. Pourquoi décider de travailler comme employé pour une firme plutôt que de travailler à son compte, en indépendant ? L'accès au marché n'est en fait pas toujours libre ni facile. L'existence de monopoles, de coûts d'accès au marché, de rendements croissants, d'obstacles administratifs, etc., font qu'il n'est pas facile de créer son entreprise. Par ailleurs, le lien contractuel de l'employé à la firme lui garantit la protection de l'autorité à laquelle il se soumet, ce qui se traduit par des avantages en matière de sécurité de l'emploi, de salaire, de gestion du temps...

3 - Les principes des prélèvements et des distributions

L'autorité dans les circuits de redistribution prend des décisions en principe indépendantes des caractéristiques individuelles et des rapports personnels, en fonction de critères abstraits découlant des droits et obligations de chacun, contrairement à ce qui se passe dans les circuits de réciprocité. Ainsi, le passage « du don à l'impôt », qui s'est effectué avec la genèse de l'État moderne, a consisté à sortir de la logique interindividuelle du don/contre-don. Donateur et donataire se sont transformés en « contribuable » à un bout, en « administré » ou en client à un autre, chacun perdant ses spécificités propres.

■ Des prélèvements selon les revenus et les besoins

La nature des prélèvements effectués par l'État est variable : confiscation – totale ou partielle – des produits du travail, impôts sous une forme monétaire, droits de douane, corvées de travail, etc. Les prélèvements peuvent concerner toute la population (ainsi la ***TVA***) ou une partie de celle-ci (ainsi l'***ISF***). Ils peuvent être les mêmes pour tous (tous les acheteurs payent la même vignette pour une voiture donnée) ou varier selon chacun (l'impôt sur le revenu est proportionnel à celui-ci). Quoi qu'il en soit, les prélèvements sont fondés sur certains principes. Prenons l'exemple de l'impôt sur le revenu en France. Il affecte en théorie toutes les personnes qui disposent d'un revenu, mais on juge que ceux dont les revenus sont les plus faibles peuvent en être dispensés. Les foyers qui ont des personnes à charge (enfants, parents, handicapés...) ont droit à des réductions d'impôts par le biais du quotient familial. ***L'impôt lui-même est proportionnel au revenu***. Il est calculé en fonction des moyens de chacun. On paye des impôts à mesure de ce que l'on peut payer. On admet qu'en fonction de la situation de chacun, qui détermine objectivement ses besoins, un minimum de revenu est nécessaire. Prélever des impôts sur ce revenu n'est pas possible quand cela empêcherait la personne concernée de vivre normalement (selon les critères qui prévalent). Plus les revenus s'écartent de ce plancher, plus ils constituent un luxe, plus il est donc possible de les taxer.

TVA : taxe à la valeur ajoutée. C'est un impôt indirect sur la consommation, par lequel l'acheteur d'un bien verse à l'État une taxe sur la valeur que les entreprises ont ajoutée à ce bien au cours de sa production. Elle correspond à un pourcentage donné du prix du bien.

ISF : impôt de solidarité sur la fortune.

L'impôt constitue un pourcentage du revenu : si le revenu double, les impôts augmentent. Mais, grâce au système des tranches, il fait plus que doubler : il est progressif. Chacun verse annuellement 10,5 % des 51 600 francs qu'il gagne chaque année, mais s'il gagne 10 000 francs supplémentaires, il payera 24 % d'impôts sur cette tranche, et jusqu'à 54 % en ce qui concerne la tranche supérieure à 295 070 francs (taux en 2000).

■ Une distribution selon les mérites et les besoins

La distribution est aussi régie par des principes. Les biens distribués sont de nature variable : nourriture ou biens de consommation, services gratuits, argent, etc. Qui bénéficie de cette distribution, et dans quelle proportion ?

L'égalité des chances face à un concours est, en fait, discutable. Comme P. Bourdieu l'a montré, les chances d'un fils d'ouvrier (*Les Héritiers*, 1964) sont bien inférieures à celle d'un enfant de cadre supérieur ou d'enseignant. Les étudiants sont pour une part les héritiers d'un capital culturel (savoirs, maîtrise de la culture légitime, diplômes de leurs parents), si bien que le financement des études par l'État bénéficie en fait à une classe sociale déjà privilégiée.

Nomenklatura : en URSS, élite constituée par les membres influents du parti et leur famille. Ils bénéficient de nombreux avantages, en matière d'approvisionnement, de logement, d'accès à l'éducation...

RMI : revenu minimum d'insertion. C'est une allocation que l'État français verse depuis 1989 aux personnes les plus démunies, de manière à ce qu'elles atteignent un niveau de ressource minimum.

École de Chicago : courant d'économistes libéraux, dont le principal représentant est le Prix Nobel Milton Friedman (né en 1912). Selon eux, le marché est stable, il profite à tous. Toute intervention de l'État est nuisible.

Selon un premier principe, la distribution s'effectue selon les mérites. Aider les meilleurs est une manière d'assurer à la société les moyens de s'améliorer à travers l'action de son élite. Les élèves des classes préparatoires qui entrent à l'École polytechnique se voient offrir par l'État français une formation et un salaire. Cette distribution de la manne de l'État se fait donc selon le mérite, en fonction de la réussite à un concours anonyme qui respecte l'***égalité des chances***. Il s'agit ici d'un mérite lié à la réussite scolaire, et à la compétence. Dans d'autres cadres, le mérite peut tenir simplement au rang social, à l'appartenance à l'aristocratie (régime féodal), à la ***nomenklatura*** (régime soviétique) ou à une caste donnée. L'évaluation du mérite ne vaut pas dans l'absolu : elle est liée à des valeurs culturelles.

Selon un second principe, on distribue à chacun selon ses besoins. On estime que le but de la redistribution n'est pas d'aider ceux que l'on considère comme les meilleurs (pourquoi d'ailleurs auraient-ils besoin d'aide ?), mais ceux qui sont les plus démunis : pauvres, chômeurs, familles nombreuses, petits retraités... Les allocations familiales, la Sécurité sociale, le ***RMI*** procèdent de cette logique.

Les principes de la redistribution de l'État peuvent avoir une dimension spatiale. Les politiques de justice spatiale, d'aménagement du territoire, de service public, etc. amènent à ponctionner les acteurs localisés dans les espaces les plus riches (taxes, impôts) pour aider les budgets des espaces les plus pauvres ou pour y financer des infrastructures. L'État vise ainsi à diminuer l'hétérogénéité de l'espace national pour assurer l'égalité des résidents.

En ce qui concerne les firmes, les prélèvements et les distributions s'effectuent en fonction de la stratégie de la direction. Dans une optique marxiste, elle consiste à confisquer autant qu'il est possible la plus-value produite par les travailleurs pour distribuer les profits aux détenteurs du capital. Dans une optique libérale, les décisions de la firme visent à maximiser le profit. Par exemple, les mouvements de capitaux au sein des firmes sont déterminés par la rentabilité des investissements envisageables. Dans le cas d'une firme multinationale, les différentiels de taux d'intérêt, de régimes fiscaux, de coût du travail, etc., pousseront à fermer les établissements les moins rentables pour en créer d'autres là où les conditions sont les plus favorables. Parallèlement, une analyse marginaliste peut déterminer une firme à prélever tous les profits occasionnés par une entreprise très rentable située dans un pays où l'on estime que le marché est saturé, plutôt que d'y investir pour augmenter la production. Les profits ainsi ponctionnés financent ailleurs la construction d'usines, qu'on estime rentables à long ou à moyen terme.

■ Critiques de la redistribution

Le principal grief des tenants de l'économie ultra-libérale contre le système de redistribution tient à son inefficacité et/ou à ses effets pervers. La critique du système socialiste est de fait aisée, tant ses dysfonctionnements ont été nombreux. C'est dans la même logique que certains estiment que l'État n'a pas à prodiguer certains services, comme les transports publics, l'éducation, la santé ou des activités bancaires, car il le fait moins bien que le secteur privé.

Quelques ultra-libéraux (comme ceux de l'***École de Chicago***), surtout aux États-Unis, remettent même en cause la redistribution opérée par les différents systèmes d'aide mis en place par l'État. Selon eux, l'aide aux plus défavorisés est un assistanat qui les entretient dans leur misère, nourrissant un fatalisme, une « culture de la pauvreté » qui les démotive et les empêche de faire le nécessaire pour en sortir. Les mêmes plaident pour une disparition des impôts. Les lourdes charges sociales et les allocations chômage protègent peut-être les travailleurs, mais ne vaudrait-il pas mieux libérer les entreprises de ce poids, pour leur permettre d'investir, de croître et de créer de nouveaux emplois ? De même, une augmentation trop importante du taux d'imposition détourne du travail, appauvrit le pays et l'État lui-même, qui voit l'assiette de ses prélèvements se réduire (« trop d'impôt tue l'impôt »). Selon les ultra-libéraux, ces béquilles et prélèvements nuisent au bon fonctionnement du marché, et c'est toute l'économie qui en pâtit – y compris les plus pauvres.

L'existence des firmes, dans une perspective libérale classique orthodoxe, est en soit problématique, puisqu'elle signifie que l'on a préféré, pour toutes les activités effectuées par la firme elle-même, le circuit interne de redistribution au marché externe. La redistribution serait-elle économiquement plus efficace que le marché ? La question en fait ne se pose pas en ces termes, car ces économistes ne reconnaissent pas vraiment les firmes comme des organisations. Soit ils considèrent la firme comme un acteur individuel, soit ils la voient comme la simple somme des individus qui la composent.

C

REDISTRIBUTION ET ESPACE

Comment le système de redistribution s'inscrit-il dans l'espace géographique ?

1 - Dans un espace transparent

Le cas d'une autorité omnisciente et omnipotente

Quelle forme prendrait le circuit de redistribution dans un espace homogène, où le franchissement de la distance ne serait facteur d'aucun coût, où l'autorité n'aurait aucune difficulté à obtenir une information de la part de ses sujets ou administrés ni à se faire respecter d'eux ? Dans une telle situation, l'organisation des circuits de redistribution ne poserait *a priori* guère de problèmes.

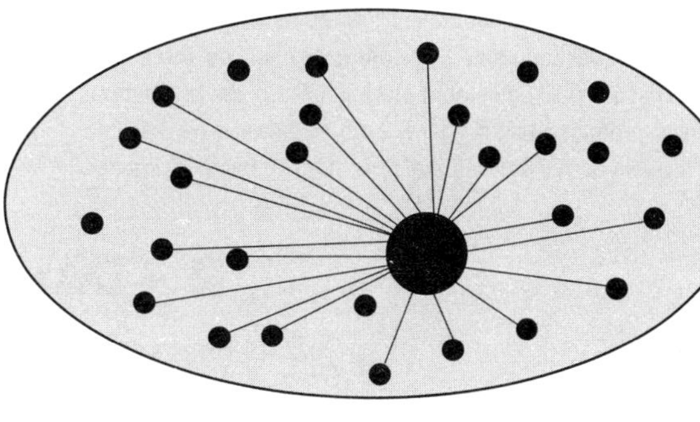

Le point marquant de l'organisation du circuit résiderait dans l'existence d'un pôle détenant l'autorité, qui centraliserait les informations. Des flux d'informations lui parviendraient directement depuis ses sujets, administrés, établissements si l'autorité est la direction d'une firme, le tenant informé régulièrement et de manière fiable de l'état des ressources, des besoins, des rythmes de production, du climat social… Inversement, de ce centre partiraient vers les agents des ordres, des instructions (versements, prélèvements, consignes de livraisons, etc.).

Cette structure centralisée vaut surtout pour le circuit de l'information. Dans la mesure où le centre contrôle parfaitement la redistribution, il peut, par exemple, faire transiter directement les biens de l'acteur auxquels ils sont prélevés à celui auxquels ils sont distribués.

■ Le cas d'un exercice difficile de l'autorité

L'autorité peut éprouver quelques difficultés à obtenir de ses sujets certaines informations nécessaires aux prélèvements ou à les faire obtempérer aux ordres transmis. Il faut alors mettre en place, dans le cadre de la redistribution, des organisations chargées d'extraire de l'information et/ou de faire respecter les ordres.

Le circuit de l'information devient alors plus complexe. Des intermédiaires spécialisés dans l'extraction de l'information (services de renseignement, contrôleurs fiscaux, etc.) apparaissent entre l'administré et l'autorité. Leur rôle est d'obtenir des informations et de les transmettre ensuite au centre. D'autres intermédiaires (police, justice, huissiers, etc.) sont chargés de faire appliquer les ordres.

La circulation des biens soulève également des problèmes. Comment être sûr de l'information que les sujets transmettent sur les quantités ou qualités des biens ? Comment savoir s'ils vont bien les envoyer à tel autre agent ou établissement ? On préfère alors souvent les faire transiter par des intermédiaires, soumis à l'autorité, qui veillent au contrôle du produit et au circuit qu'il emprunte.

Pareille organisation se révèle très lourde à gérer et coûteuse, lorsque l'obtention d'informations est particulièrement difficile et/ou les administrés singulièrement récalcitrants. Les déséconomies d'échelle liées à la masse de l'information à traiter, les déformations de l'information causées par son transit par de nombreux intermédiaires rendent inévitables les dysfonctionnements.

Difficultés de la redistribution dans l'économie centralisée et dans les États libéraux.

L'échec de l'économie soviétique est d'abord imputable à l'incapacité du *Gosplan* à être pleinement informé. Les capacités de production étaient mal estimées : pour prévoir les récoltes, les Russes étaient contraints de se fier aux satellites américains... Les ordres que le *Gosplan* passait aux unités de production n'étaient pas respectés, soit qu'ils aient été impossibles à suivre, soit qu'on ait voulu les contourner. Quand l'objectif fixé aux entreprises qui fabriquait des clous était le nombre de clous, ceux-ci étaient très petits... En réaction, le *Gosplan* fixa des tonnages à atteindre, les clous devinrent très gros ! On contrôlait également mal les réseaux de distribution. Certains produits étaient égarés, une partie non négligeable des récoltes de blé finissait ainsi par pourrir. Les besoins des consommateurs restaient opaques. Les marchés noirs palliaient les insuffisances du système de redistribution.

Le problème n'est pas fondamentalement différent en ce qui concerne les États libéraux. Le prélèvement de l'impôt n'est pas toujours facile, faute de bonnes informations. On sait qu'en France de nombreux foyers échappent à la « redevance télé ». Leur identification coûterait probablement plus cher qu'elle ne rapporterait. On s'est ainsi beaucoup gaussé du coût de recouvrement de cette redevance, en le rapportant à l'ensemble des sommes effectivement perçues. De même, certains s'inquiètent du fait que les différentes aides fournies aux pauvres ou aux chômeurs n'atteignent pas leur but : l'information relative à la distribution de l'aide est difficile à obtenir.

2 - Dans un espace opaque

L'opacité de l'espace affecte la circulation au sein des circuits de redistribution.

■ Le cas d'une autorité omnipotente

Lorsque l'autorité parvient à obtenir des informations de ses sujets et à se faire respecter d'eux, par exemple en raison d'un fort sentiment national ou de l'esprit d'entreprise cultivé dans une firme, il lui faut tout de même mettre en place des réseaux de transport de l'information et des biens les moins coûteux possible. L'autorité polarisant les flux d'informations relatifs aux prélèvements et aux distributions, elle doit, pour minimiser le coût et le temps de transmission de l'information, choisir une localisation centrale. En revanche, les flux de biens, à cause des coûts de transport, empruntent nécessairement les itinéraires les plus directs, entre les acteurs qui subissent les prélèvements et ceux qui bénéficient des distributions.

Ainsi, au sein d'une firme, la direction doit être tenue informée régulièrement et de manière fiable de ce qui se passe dans chacun des établissements (état des stocks, flux de production, climat social...). Inversement, du siège social partent des ordres, des instructions qui doivent parvenir à chaque établissement (choix de production, bons de commande, normes de fabrication, consignes de recrutement...). La localisation du siège social doit être suffisamment centrale (au carrefour principal d'un réseau de télécommunication, par exemple) pour permettre à ces informations de bien circuler, et à un faible coût. En revanche, les produits semi-finis qui sortent d'une usine de la firme ainsi que ceux qui l'alimentent peuvent suivre des itinéraires plus directs. La direction donne les instructions nécessaires à la circulation la plus rationnelle des produits entre les usines impliquées dans une même chaîne de production. C'est aussi la direction du personnel, au siège social, qui propose – principalement aux cadres – des mutations d'une usine à l'autre.

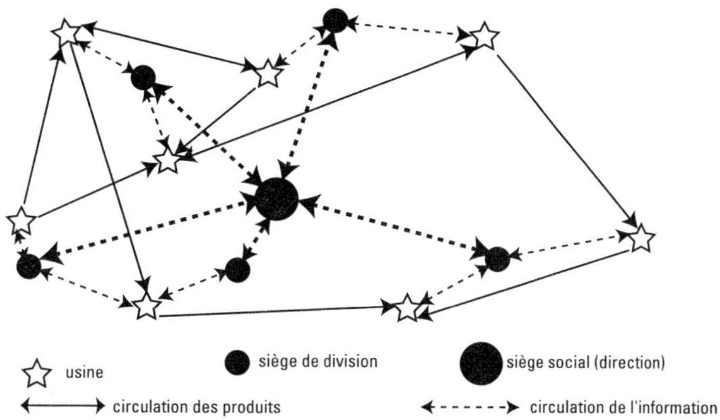

■ Le cas d'un exercice difficile de l'autorité

L'exercice de l'autorité dans un espace opaque est le plus souvent difficile. Comment, pendant le Nouvel Empire, l'administration centrale du pharaon à Thèbes pouvait-elle contrôler 2 300 km de la vallée du Nil, du delta à la quatrième cataracte, connaître les ressources des nomes et contraindre leurs habitants à expédier des produits ? Il fallait pour cela une organisation administrative qui partout impose son autorité. Pour que celle-ci puisse convenablement assurer l'organisation du circuit de redistribution, elle doit recourir à des intermédiaires, charger de collecter l'information et de faire appliquer ses directives, au besoin par la force. Ces intermédiaires ne disposent d'aucun pouvoir de décision : ce sont de simples relais. L'autorité doit aussi mettre en œuvre une logistique, qui permette le transport des produits du lieu de prélèvement (de production) au magasin (stockage), puis au lieu de distribution (consommation).

Ceci se traduit par une forme spatiale caractéristique. L'autorité siège dans une ville qui constitue un carrefour majeur, souvent près du centre géométrique du territoire contrôlé. Les fonctions politiques et tertiaires de ce centre sont hypertrophiées, et le réseau urbain se caractérise souvent par un phénomène de ***macrocéphalie***, qui peut déterminer des déséconomies d'échelle. À partir de ce pôle s'organise un réseau de transport très centralisé, qui affecte une forme étoilée. Des pôles secondaires abritent les relais de l'autorité, régulièrement

Macrocéphalie : caractéristique d'un réseau urbain liée au poids de la métropole à la tête de la hiérarchie urbaine, dont la population et les fonctions sont nettement plus importantes que celles des autres villes, confinées à un rôle secondaire.

répartis de manière à contrôler l'ensemble du territoire. Ils constituent des carrefours secondaires et des petits pôles de service. Le réseau urbain sert aussi bien à assurer le transport physique des biens qu'à contrôler un territoire où l'on doit *imposer* des prélèvements. L'organisation de l'espace économique pour la collecte et la distribution se double ainsi d'une structuration politique, voire policière, du territoire. Cette structure spatiale est celle des administrations étatiques, notamment impériales. Les **firmes** adoptent des **structures spatiales** plus diverses.

La structure spatiale et organisationnelle des firmes multinationales. Au sein de la firme, les difficultés de l'organisation de la redistribution liées au problème de la circulation de l'information trouvent des solutions organisationnelles diverses. La structure de la firme peut affecter différentes formes (pyramidale, fonctionnelle, divisionnelle, comme cela a été décrit dans le chapitre 6), qui ne correspondent pas nécessairement à des structures spatiales. L'organisation dans l'espace, dans le cas d'une multinationale, peut prendre trois formes, qui souvent se succèdent dans le temps.

La première est celle des filiales : chaque filiale étrangère, généralement orientée vers le marché local, rend directement des comptes à la société-mère, dont elle ne fait que distribuer les produits : cette structure ne peut fonctionner que quand l'information qui circule au sein de la firme est simple. La deuxième forme est celle de la division internationale. Celle-ci est une division de la société-mère (à l'instar de la division marketing, production...). Elle coordonne et contrôle les filiales à l'étranger, détermine leur production et les intègre dans un plan de développement : elle centralise et traite l'information. Les filiales produisent pour le marché local, et les bénéfices sont souvent rapatriés. Cette structure peut traiter des informations complexes, mais la centralisation des données fait peser des risques d'engorgement. La troisième forme est celle de l'intégration mondiale (*worldwide*) : soit une division est spécialement dévolue à chaque grande « région » (*grosso modo*, les continents), soit les divisions s'occupent, à l'échelle mondiale, d'un type de production. Les filiales se spécialisent et collaborent dans la production, si bien que les flux de produits entre les filiales augmentent alors que seuls les flux financiers avec la société-mère croissent. Le contrôle exercé par celle-ci reste déterminant : seule la gestion de la production courante échoit aux divisions, auxquelles elle impose des standards de production, des choix stratégiques, une planification... Il y a un filtrage du traitement de l'information : relativement simple, elle est traitée au niveau des divisions ; complexe et stratégique, elle reste l'apanage de la société-mère.

3 - L'ÉCHELLE DES CIRCUITS DE REDISTRIBUTION

C'est à l'échelle locale que la redistribution fonctionne le mieux, au sein d'une cellule familiale, d'un clan ou d'un village. Plus le circuit est vaste, plus l'information nécessaire est considérable, plus les intermédiaires se multiplient, plus les distances s'allongent, plus la maîtrise du circuit de redistribution est difficile.

Toutefois, certains circuits de redistribution parviennent à s'élargir. L'Union européenne en constitue un exemple. Au sein de l'Union européenne, des prélèvements sont effectués sous la forme d'impôts ou de subsides versés par les États. Des subventions sont accordées pour soutenir les régions en crise, des programmes transfrontaliers sont appuyés... La régulation de ce circuit n'est pas aisée. Le caractère obligatoire des prélèvements porte atteinte à la souveraineté de chaque nation : le Royaume-Uni, sourcilleux en la matière, se fait souvent tirer l'oreille. La question de la circulation de l'information est également délicate : que n'entend-on pas au sujet de l'incompétence des « technocrates » de Bruxelles, qui seraient trop loin des réalités, au sujet des rapports enterrés sans qu'aucune mesure ne soit prise, des sommes gâchées dans des projets absurdes... Certains États de l'Union se refusent à un élargissement de celle-ci parce que, selon eux, une Union trop vaste deviendrait impossible à gérer et ne pourrait plus fonctionner correctement. Il faut aussi mentionner les redistributions qui s'effectuent – bien difficilement il est vrai – à l'échelle mondiale, à travers certaines institutions (FMI, ***Unesco***...). À quelles conditions ces circuits géants peuvent-ils exister ?

Unesco : United Nations Educational, Scientific and Cultural Organization (créée en 1946). Les États-Unis d'Amérique, qui, en fonction de leur niveau de richesse, devraient être la principale source de financement, n'hésitent pas à refuser purement et simplement de verser leur quote-part. Reprochant à l'Unesco son inefficacité et sa partialité politique, ils s'en retirent en 1984.

Élargissement libre du circuit de redistribution

Certains États tombent d'accord pour organiser entre eux une redistribution. Ils signent des traités dans lesquels ils se donnent des obligations, et créent une organisation centrale, qui, grâce aux pouvoirs législatifs, judiciaires et – moins souvent – exécutifs qu'elle possède, assure la régularité du système. Cela suppose des motivations (qui peuvent varier selon les adhérents au système), mais aussi une adhésion au modèle de la redistribution (plutôt qu'à celui du marché ou celui du don). Il faut espérer tirer assez de bénéfice (politique, économique...) du système pour accepter d'un côté la perte de souveraineté qu'il entraîne, de l'autre le risque d'être matériellement lésé (un État peut subir plus de prélèvements qu'il ne bénéficie de distributions). Il est nécessaire de se mettre d'accord sur la direction et les moyens de l'organisme central, de trouver des principes de prélèvement et de distribution qui fassent l'unanimité.

On voit que ceci suppose une volonté et un projet communs. Sans communauté d'intérêt, sans accord, sans confiance, rien n'est possible. C'est la raison pour laquelle la géographie des circuits de **redistribution** est en fait la même que celle des **identités**. Une identité partagée, dans le domaine politique, religieux, historique, etc., constitue la seule base possible. Si les circuits de redistribution s'élargissent, c'est qu'on prend conscience d'une identité plus vaste. Cela va de soi pour la redistribution qui s'opère au sein des collectivités, mais c'est vrai également pour celle qui relève des firmes. Il est plus facile pour la direction de gérer des établissements dont les employés partagent tous certaines valeurs, certaines manières de travailler, certaines habitudes comportementales, c'est-à-dire des établissements qui se trouvent dans la même aire culturelle. Quand ce n'est pas le cas et que l'on craint que les différences culturelles provoquent des dysfonctionnements, on peut choisir de ne recruter du personnel local que pour les tâches non qualifiées, et de réserver les postes de direction à des cadres issus de la société-mère : ainsi les firmes coréennes qui implantent des usines en France en confient souvent la gestion à des cadres coréens.

Redistribution et identité. La création de la Communauté européenne correspond à l'émergence d'une identité européenne dans les années 1950. La réticence à accepter l'adhésion de la Turquie ou même de certains pays de l'Est est liée à des différences religieuses, économiques ou politiques qui rendent difficile le partage d'une même identité. La création d'organismes de redistribution à l'échelle de la planète s'explique également par l'idée que tous les habitants de celle-ci ont une identité en commun : ce sont des hommes. Dans le cadre universaliste de l'idéologie des droits de l'Homme, tous les hommes sont égaux et d'accord sur certaines valeurs. Sur cette base, ils peuvent participer à une redistribution. Cette identité commune est sans doute trop faible – ou trop neuve – pour que les organisations mondiales fonctionnent bien.

Bien sûr, l'existence de vastes circuits est liée à la maîtrise de l'espace, et spécialement à celle du transport de l'information. Celle-ci permet d'assurer le fonctionnement de la redistribution, mais elle est aussi nécessaire à l'émergence d'identités communes sur des vastes territoires.

■ ÉLARGISSEMENT CONTRAINT DU CIRCUIT DE REDISTRIBUTION

Contrairement au don, la redistribution est obligatoire. L'extension du circuit de celle-ci peut donc se passer de la base d'une identité commune, et se faire par la force. La vaste taille des circuits de redistribution des anciens empires (Égypte, Chine, Autriche-Hongrie, par exemple) ou des empires coloniaux se fondait moins sur une identité commune que sur l'omniprésence d'une administration, d'une armée ou d'une police chargée de « veiller au grain ». L'extension du circuit est alors fonction de la maîtrise des moyens logistiques susceptibles de faire respecter une autorité (organisation militaire, police, etc.).

CAEM (en anglais, Comecom) : Conseil d'assistance économique mutuelle. Structure qui organisait les échanges entre l'URSS et les pays frères du bloc soviétique. Créé en 1949, dissous en 1991.

Par exemple, la circulation des biens entres les pays de l'ancien bloc socialiste n'était régie ni par le don ni par le marché. En théorie, les échanges au sein du ***CAEM*** devaient répondre à une logique supérieure, orientée vers un développement global, plus juste et plus égalitaire. Une redistribution librement consentie, sur la base de principes communs, au sein d'une communauté de pays-frères, s'opèrerait au bénéfice de tous. Dans les faits, c'est l'autorité du grand-frère, l'URSS, qui régissait la redistribution, et selon des principes qui relevaient principalement des logiques et des intérêts propres au Kremlin. Le circuit international de redistribution régi par l'URSS avait une dimension impériale, et tenait à la puissance idéologique, diplomatique, et militaire soviétique.

L'élargissement de l'assise du circuit de redistribution des firmes peut aussi passer par un coup de force, par des fusions-acquisitions. En absorbant un concurrent étranger, une firme l'inclut malgré lui dans son circuit de redistribution. Elle pourra alors rencontrer des problèmes pour y faire respecter son autorité, envers laquelle les cadres de l'entreprise absorbée peuvent marquer des réticences, au point de masquer des informations, de refuser certaines instructions, voire de quitter l'entreprise.

À MAÎTRISER

Problématiques globales et théories

Différents types de circuits de redistribution ; les types de redistribution étatiques ; les types de redistribution au sein de la firme ; interprétation marxiste de la redistribution capitaliste ; redistribution interentreprises ; redistribution et autorité ; autorité et entreprise ; les motivations de la redistribution ; théorie de l'agence ; coût de transaction et redistribution ; principes des prélèvements et des distributions ; circuit de redistribution et exercice de l'autorité ; circuit de redistribution et opacité de l'espace ; organisation dans l'espace des circuits de redistribution ; organisation de la firme ; extension spatiale des circuits de redistribution.

Concepts importants

Redistribution ; prélèvement ; distribution ; prix de transfert ; coût d'organisation ; coût de transaction, internalisation ; quasi-intégration verticale ; quasi-intégration oblique ; TVA ; *nomenklatura* ; RMI ; *Gosplan* ; macrocéphalie ; FMI.

Auteurs et courants à situer

École de Chicago, M. Friedman.

DOCUMENT À COMMENTER

La redistribution régionale en France

1 - PRÉSENTATION DU DOCUMENT

L'axe des abscisses indique en indice le PIB régional par habitant en 1988 (indice 100 = moyenne française) ; l'axe des ordonnées donne les transferts nets de redistribution en francs par habitant en 1988. Afin d'évaluer ceux-ci pour chaque région, on a calculé le montant des distributions (prestations sociales, principalement), dont on a réduit les prélèvements (impôts sur le revenu, le patrimoine, cotisations sociales). Les données proviennent des comptes régionaux des ménages de l'Insee.

Le circuit de redistribution régionale en France en 1988

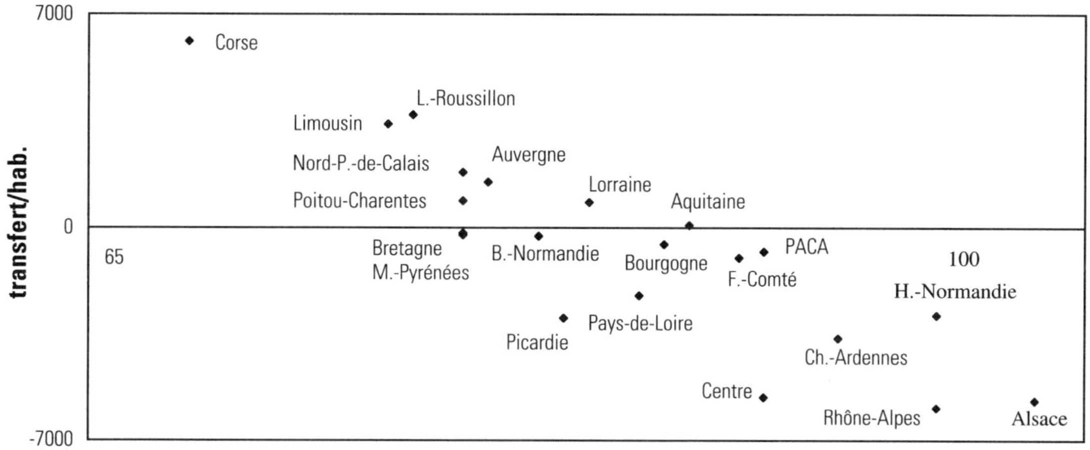

D'après G. Santi, « La nation : inégalités spatiales et transferts publics », *Revue d'économie régionale et urbaine*, n° 5, 1996, pp. 907-932.

PIB/hab.

L'Île-de-France, pour des raisons pratiques, n'apparaît pas sur le schéma. PIB/hab. : 153 ; transfert/hab. : - 18 685 F.

2 - QUESTIONS

– Identifier les régions pour lesquelles les transferts par habitant, ou bilan des prestations sur les cotisations est le plus positif et le plus négatif.

– Le PIB par habitant prend-il en compte les prestations et les prélèvements ? Comparer les données des transferts à celles des PIB. Dans quelle mesure ces données se correspondent-elles ? Quels autres facteurs sont susceptibles d'expliquer les discordances ? En quoi cela explique-t-il la logique redistributive de l'État ?

– Les transferts ne mesurent qu'une partie des redistributions effectuées par l'Etat. Pour tenir compte de l'ensemble du rôle direct et indirect de l'État dans l'économie, quels autres facteurs y aurait-il lieu de considérer ?

Documents à commenter

Le circuit de redistribution de l'Union européenne

Le budget de l'Union européenne

Le Budget communautaire s'élève en 1999 à 97 milliards d'euros (636 milliards de francs) [à peu près le chiffre d'affaires de Toyota]. Son élaboration et son contrôle répondent à des règles strictes mettant le pouvoir décisionnel entre les mains des États membres au travers du Conseil de l'Union européenne et du Parlement européen.

Les recettes

L'Union européenne ne prélève elle-même aucun impôt. Ses recettes sont plafonnées à 1,27 % du PNB de l'Union européenne. Les sources de recettes appelées « ressources propres » ont considérablement évolué au cours des dernières années.

- La « ressource PNB », contribution de chaque État membre basée sur sa richesse (calculée sur sa part dans le PNB communautaire), est devenue le mode de financement numéro un (45,9 % de recette). [Ce prélèvement a été perçu pour la première fois en 1988].
- La « ressource TVA » [ponctionnée sur une partie de la TVA perçue par les États membres] apporte aujourd'hui 35,5 % des recettes (60 % en 1988).
- Le montant des droits de douane (perçus sur les importations dans l'Union européenne de produits en provenance de pays tiers) diminue du fait de la libéralisation accrue des échanges commerciaux (13,9 % des recettes en 1999) [entre 30 et 40% dans les années 1970].
- Les droits agricoles représentent 2,2 % du total des recettes, les ressources diverses 2,5 %.

RECETTES

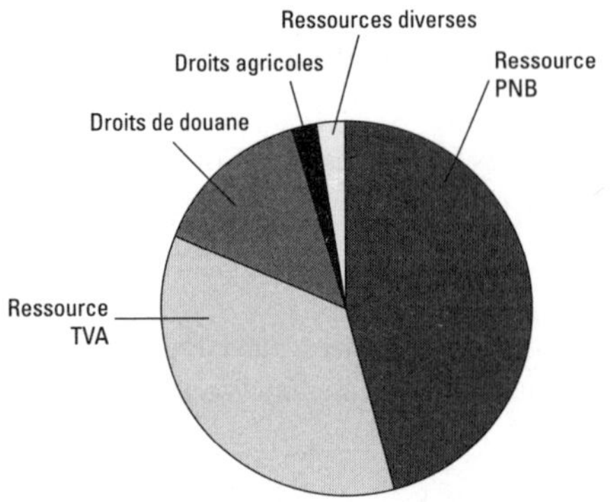

Au sommet de Berlin [en mars 1999], les chefs d'État et de gouvernement, réunis en Conseil européen pour décider du budget européen 2000-2006, ont décidé de poursuivre la réduction de la part de la TVA et la croissance de la « ressource PNB ».

Les dépenses

En 1999, la Communauté consacre :

- 40,4 milliards d'euros aux dépenses agricoles. [Il s'agit principalement, dans le cadre de la politique commune, de subventionner l'agriculture européenne en intervenant sur les prix du marché] ;
- 39 milliards d'euros aux actions structurelles. [Elles s'inscrivent dans des politiques régionales et visent à améliorer la cohésion de l'Europe en aidant les espaces en difficulté (vieilles régions industrielles, espaces ruraux en crise, zones les moins développées, etc.), en appuyant les projets transfrontaliers, en favorisant les réseaux de transport transeuropéens...] ;
- 6 milliards d'euros aux politiques internes (dont 3,5 pour la recherche) ;
- 6 milliards d'euros aux actions extérieures à destination des pays tiers, avec une priorité accordée aux dépenses de coopération avec les pays d'Europe centrale et orientale.
- 4,5 milliards d'euros aux dépenses des institutions européennes.

DÉPENSES

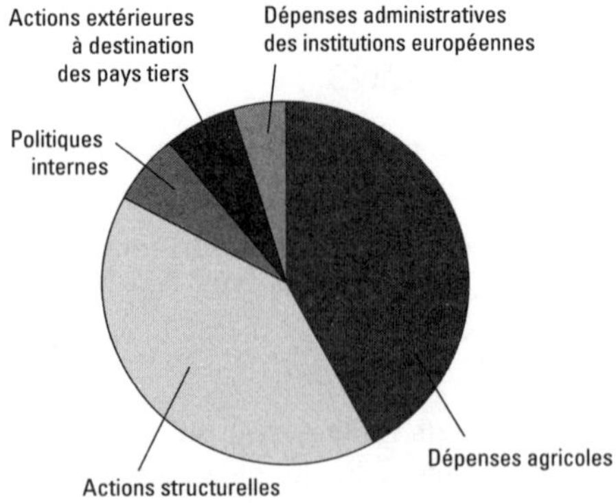

D'après le site Web de l'Union européenne.
www.info.europe.fr/europe.web/document.dir/fich.dir/QR001028.htm

Répartition géographique des dépenses affectées à un pays en 1998

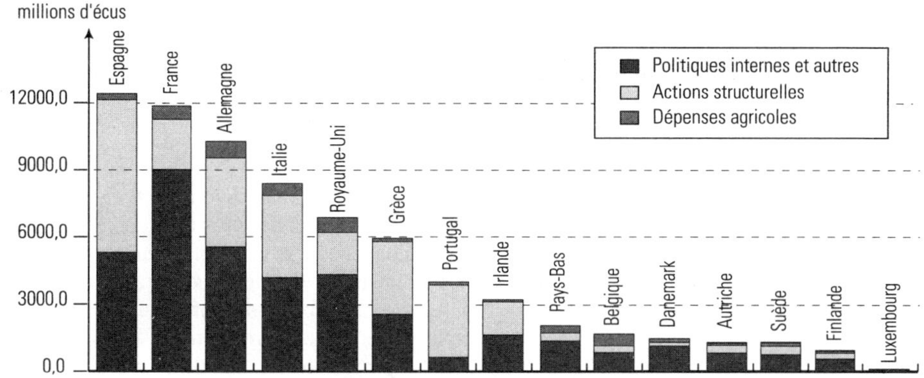

D'après le site Web de l'Union européenne. europa.eu.int/comm/dg19/pdf/agenda2000/statdepense98.pdf.

Contributions nationales au budget de l'Union européenne

La contribution de chaque pays est fonction de la richesse et de la taille du pays. Ainsi, l'Allemagne contribue-t-elle aujourd'hui pour 26,4 % du budget communautaire. Elle est suivie de la France [qui contribue] pour 17,2 %, le Royaume-Uni pour 13,5 %, l'Italie pour 13 %, etc. La contribution française représente 5,9 % du budget national de la France (91 milliards de francs). Chaque État membre est attentif au « retour » que représentent les aides qui sont redistribuées chez lui par le budget communautaire.

Certains pays comme l'Allemagne, les Pays-Bas, l'Autriche et la Suède, qui estimaient que leur contribution nette était trop élevée, ont obtenu au sommet de Berlin , une réduction de leur contribution, alors que le Royaume-Uni se faisait confirmer, pour les mêmes raisons, la ristourne obtenue en 1984 .

Solde budgétaire par pays en 1997

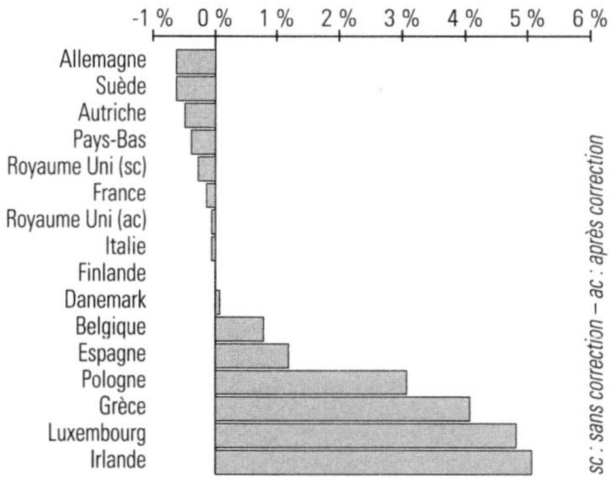

% du PNB

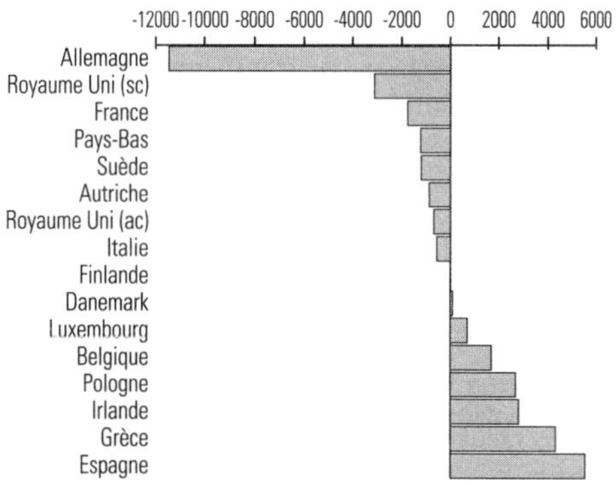

en milliards d'euros

europa.eu.int/comm/dg19/en/agenda2000/ownresources/pdf/fr/an8.pdf.

QUESTIONS

– En quoi ces documents concernent-ils un circuit de redistribution ?

– Quels sont les acteurs et les flux impliqués dans ce circuit ?

– Quels sont les principes qui régissent les prélèvements et les distributions ? Comment expliquent-ils les évolutions dans la nature et le calcul des premiers et des secondes ? À quoi sert ce circuit ?

– De quelle nature est l'autorité qui régit le circuit ? Dans quelle mesure et pourquoi les pays acceptent-ils de s'y soumettre ?

– Comment ce type de circuit peut-il s'élargir à d'autres pays, et selon quels critères ?

Document proposé

La redistribution socialiste et ses dysfonctionnements

Comment consommer en Union soviétique ?

En URSS, les consommateurs n'achètent pas. Plus exactement : l'achat lui-même, le paiement d'une somme en monnaie, n'est pas le problème. On a toujours sur soi de l'argent, ainsi qu'un contenant (serviette, sac, ou filet à provisions, l'*avoska* bien connue ou « en-cas », en russe). La difficulté est de se procurer, dénicher, « dégotter », « arracher » (le vocabulaire est riche) le bien convoité.

La vie du consommateur soviétique est d'abord une lutte de tous les instants contre le « manque ». Nous employons cette expression à dessein, pour éviter celle de pénurie, ou de rareté correspondant à l'excès de demande sur l'offre à des prix donnés, éliminable par une hausse de prix : en Union soviétique l'ajustement ne se fait (presque) jamais par les prix. Les Soviétiques appellent *defitsit* ce manque. Le produit *defitsitny* n'est pas là. Pourquoi ? les raisons sont multiples :

- les autorités ne veulent pas encourager cette consommation (voitures) ;
- le plan a mal prévu l'offre des usines productrices, ou l'approvisionnement de celles-ci ;
- le produit est présent, mais avec des défauts et un choix tels que le consommateur le refuse ;
- le produit est ailleurs, parce que le magasin est mal approvisionné ; souvent de très grands « lots » d'articles sont livrés en masse à un magasin parce que c'est plus simple que de les répartir entre plusieurs points de vente ;
- le produit n'est pas là aujourd'hui ; il était peut-être présent hier, mais les acheteurs instruits par les manques passés ont tout enlevé ;
- le produit n'est pas fabriqué du tout ;
- le produit existe au lieu de production, mais n'a pu être transporté (biens périssables).

Il y a de multiples manières de combler de *defitsit*. La première façon est d'avoir des *privilèges*. L'opinion occidentale a couvert tout cela du mot magique de *nomenklatura*. Le fait d'exercer des fonctions d'autorité (au sein du Parti, des organes d'État) donne en effet droit à des circuits spéciaux de distribution, où les privilégiés peuvent accéder à des produits de qualité supérieure, introuvables ailleurs, à bas prix et sans difficultés ou files d'attente. Les privilèges correspondent à ceux que procure l'argent en société capitaliste. La relation entre le mérite personnel et l'argent ici, le pouvoir là, est diversifiée et sujette à débats.

Bien plus large que le système de « magasins spéciaux », le réseau des ventes internes aux entreprises, administrations, rappelle l'organisation de distribution de biens et services par les comités d'entreprise en France, mais en beaucoup plus étendu. Les « bureaux de commande » approvisionnent le personnel en épicerie, biens durables ; l'entreprise reçoit des bons pour l'achat de voitures, qu'elle répartit au prorata de l'ancienneté et en considération de la fonction. C'est bien plutôt un mode de distribution « corporatif », avantageant les branches prioritaires (industries lourdes) et les régions prioritaires (Sibérie).

Le système des « accès à... » est plus varié que l'image de la *nomenklatura* sur laquelle se polarise l'Ouest. Tout le monde sait bien en URSS que les très bas salaires des employés de commerce ou des services sont fortement majorés par les suppléments résultant de leur accès direct aux choses. Les ventes « sous le comptoir » d'articles mis de côté pour les bons clients, contre pourboire, la réservation de billets de théâtre, pour les connaissances du cousin de la caissière, etc., sont pratique générale ! La seule chose inutile pour voir danser Plisetskaia au *Bolchoï* est la disposition de trois roubles cinquante : tout le monde les a. Mais pour « l'accès », il est indifférent de connaître le vice-ministre de la Culture de RSFSR [République soviétique de Russie] ou l'ouvreuse : les deux font le même effet.

D'après B. Kerblay et M. Lavigne, *Les Soviétiques des années 80*, Paris, copyright Armand Colin, 1985, pp. 121-123.

Questions

– Caractériser les différents circuits économiques dont il est question dans le texte : nature des circuits, flux et acteurs impliqués. Par quels principes sont-ils régis ? De quelles autorités relèvent-ils ?

– Dans les dysfonctionnements mentionnés, quels sont les rôles joués par l'espace et la circulation de l'information ?

Documents à commenter

L'industrie cinématographique française

L'organisation de l'économie du cinéma

Comme l'industrie du film est l'un des secteurs du capitalisme moderne où les intérêts culturels et économiques sont le plus mêlés, il n'est pas surprenant qu'en France, pays caractérisé par une longue tradition de colbertisme industriel et où la culture est conçue comme un enjeu national, le cinéma soit l'objet d'un intense souci réglementaire. En fait, nul aspect de cette industrie n'échappe totalement à la main (bien visible) de l'État.

Au-dessus et au-delà des traditions particulières de la société française, un autre facteur peut expliquer l'importance de la régulation dans ce secteur économique. Les travaux les plus récents dans les domaines qui touchent à l'économie des institutions ont souligné que les agrégats économiques complexes, comme les systèmes économiques urbains ou nationaux, ne peuvent jamais parvenir à se reproduire dans le temps sur la base d'un marché constitué d'acteurs purement individuels. Les agrégats de ce type ne peuvent pratiquement jamais fonctionner sans l'appui d'un minimum de structures collectives (gouvernementales ou civiles). Dans de nombreux cas, leur régulation par des institutions appropriées plutôt que par le marché améliore sensiblement leurs performances économiques. Même l'industrie du film hollywoodienne, qui, à première vue, semble pourtant incarner le capitalisme de marché le plus débridé, est, pour une large part, régulée par des organisations collectives. D'influentes associations économiques (en contact étroit et fréquent avec les centres de décision politiques locaux et nationaux), de puissantes corporations, de solides réseaux sociaux, des comportements résultant de conventions, des mécanismes d'aides publiques (infrastructures et subventions) participent à la constitution des avantages comparatifs de l'industrie cinématographique hollywoodienne. En France, la nécessité d'une organisation collective est d'autant plus pressante que, ces dernières années, la concurrence étrangère a décimé les industries du film européennes, et qu'il y existe une volonté générale de préserver l'identité culturelle et le patrimoine national. Cette volonté fut clairement apparente lors des négociations du Gatt de 1993, durant lesquelles la France et ses partenaires européens arguèrent d'une « exception culturelle » pour exclure les produits audiovisuels du régime du libre-échange international. Cette exception a permis à la France, jusqu'à présent en tout cas, de maintenir son système particulier de régulation sociale de l'industrie cinématographique. [Il s'agit essentiellement du Centre national de la cinématographie].

A.J. Scott, « French cinema. Economy, policy and place in the making of a cultural-products industry », *Theory, Culture & Society*, t. 17, n° 1, Sage, 2000, pp. 12-13.

Le CNC

Le CNC, créé en 1946, est un établissement public sous tutelle du ministère de la Culture chargée de coordonner la politique française en matière d'audiovisuel. Ses recettes proviennent pour l'essentiel de taxes sur les chaînes de télévision, mais aussi sur les billets de cinéma, et, de manière marginale, sur la vidéo. Le CNC bénéficie par ailleurs de crédits alloués par le ministère de la Culture, dont le montant est légèrement supérieur à celui du total des recettes du CNC. Ses dépenses profitent au cinéma et à la télévision. Ses actions sont multiples : promotion à l'étranger, organisation de festivals, attribution de cartes professionnelles, soutien des écoles nationales de cinéma, et, surtout, organisation d'un système de redistribution (prélévements et distribution) au sein du secteur économique de l'audiovisuel. La procédure de l'agrément joue un grand rôle dans ce système.

J.-F. Staszak.

L'agrément par le CNC

L'attribution de l'agrément ouvre aux producteurs d'un film l'accès au soutien financier de l'État. Ce soutien, qui peut être réinvesti par les bénéficiaires dans la production de films ultérieurs, est proportionnel aux recettes générées par le long-métrage agréé. La valeur du taux appliqué aux recettes pour le calcul de ce soutien dépend notamment de la nationalité des membres de l'équipe du film (producteurs, réalisateurs, acteurs, techniciens) et des pays où s'effectuent le tournage et la postproduction. Ces conditions ont pour but de favoriser le recours aux professionnels et aux entreprises françaises et européennes dans la production des longs-métrages.

L'agrément a fait l'objet d'une réforme entérinée au mois de mars 1999. Cette réforme a notamment permis de clarifier les critères d'éligibilité à l'agrément et d'ouvrir plus largement le bénéfice de cette procédure aux coproductions franco-européennes. Cet élargissement, conforme à l'esprit de l'Union européenne, devrait stimuler les coproductions réalisées en partenariat avec des sociétés françaises.

Centre national de la cinématographie (CNC), http://www.cnc.fr/d_stat)cinéma.doc

Évolution de la production de films agréés

		Films d'initiative française				
	Films agréés	**Total**	**dont films 100 % français**	**et films de coproduction**	**coproduction à majorité étrangère**	**aides sélectives[1]**
1990	146	106	81	25	37	3
1992	155	113	72	41	31	11
1994	115	89	61	28	22	4
1996	134	104	74	30	27	3
1998	183	148	102	46	32	3

1. Il s'agit des films agréés dans le cadre du fond d'aide aux productions des pays d'Europe centrale et orientale (fonds ECO) jusqu'en 1997 et du fond SUD en 1998.

CNC, *ibidem.*

Le marché du film en France

Financement des films d'initiative française en 1998

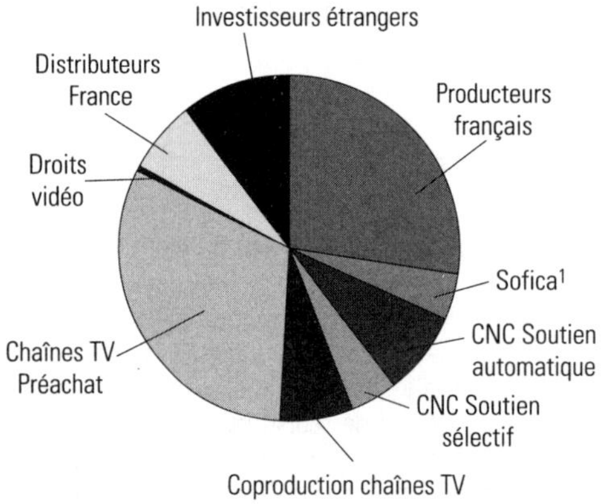

CNC, *ibidem.*

1. [Sofica : Société de financement des industries cinématographiques et audiovisuelles. Elle bénéficie d'importants avantages fiscaux.]

Répartition par nationalité des films sortis en 1998

Pays producteurs	nombre	%
France 100 %	109	24,3 %
France majoritaire	44	9,8 %
France minoritaire	20	4,5 %
États-Unis	159	35,5 %
Grande-Bretagne	37	8,3 %
Allemagne	9	2,0 %
Irlande	8	1,8 %
Espagne	7	1,6 %
Italie	5	1,1 %
Japon	5	1,1 %
Canada	5	1,1 %
Autres nationalités	40	8,9 %
Total	**448**	**100,0 %**

CNC, *ibidem.*

Les firmes françaises du cinéma

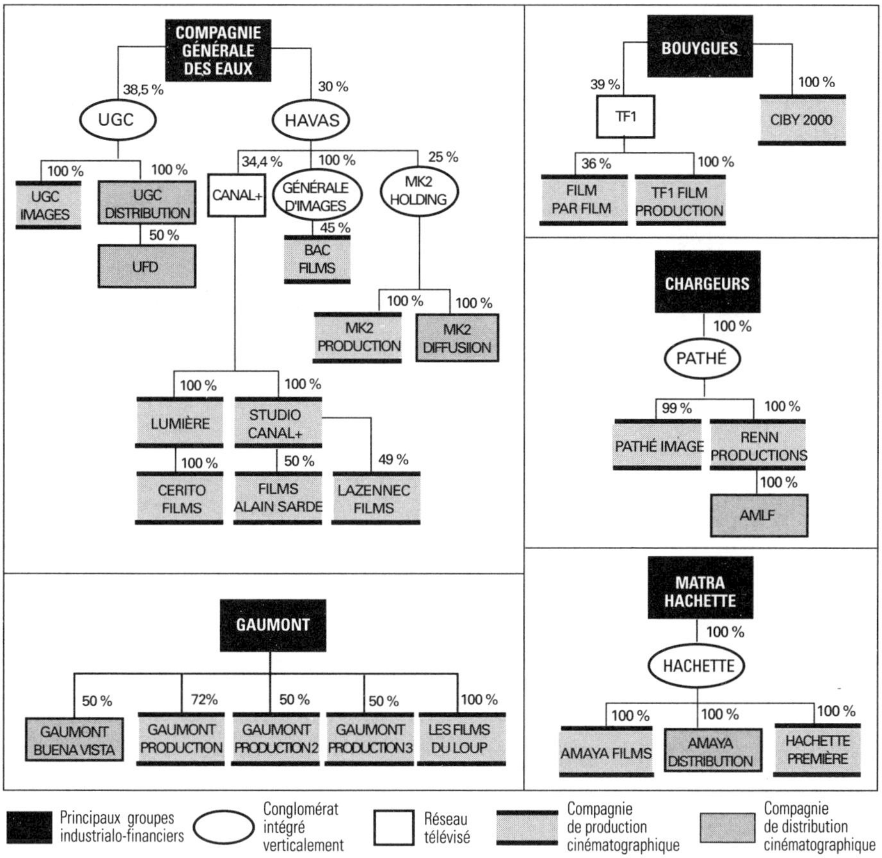

A.J. Scott, *op. cit.*, p. 6.

Localisation des compagnies de production en France

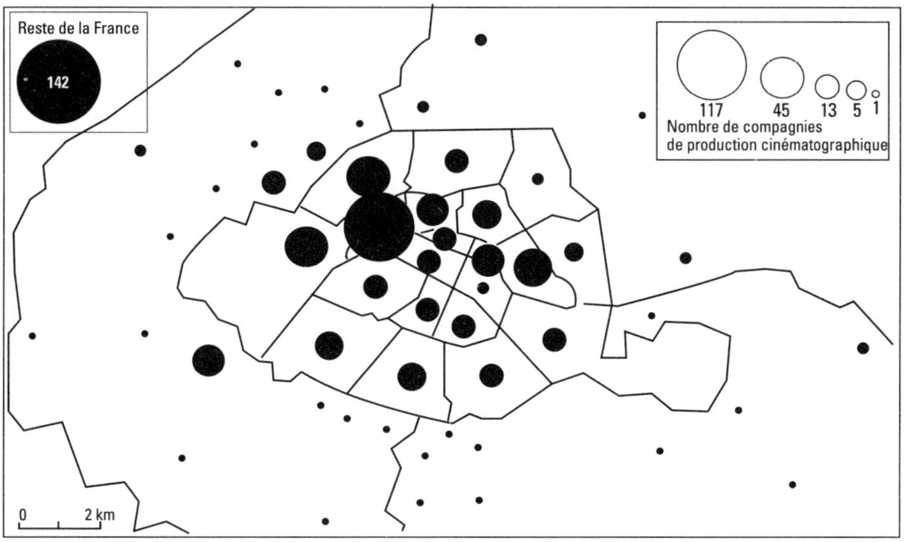

Idem, op. cit., p. 19.

QUESTIONS

– En quoi, et dans quelles limites, les circuits économiques du cinéma sont-ils régis par un système de redistribution ?

– Pourquoi ce secteur n'est-il pas abandonné au marché ?

– Quelles sont les organisations qui prennent en charge la redistribution ? De quelle(s) autorité(s) peuvent-elles se prévaloir ? Qui subit les prélèvements, qui profite des distributions ? Quels principes déterminent les premiers et les secondes ?

– L'extension spatiale du circuit de redistribution s'est-elle modifiée durant les années 1990 ? Dans quelles directions, et pourquoi ?

– Dans quelle mesure la localisation des compagnies de production s'explique-t-elle par le rôle de la redistribution dans le secteur du cinéma ? Quels sont les autres facteurs explicatifs (*cf.* chap. 4) ? En quoi s'agit-il d'un type de localisation postfordiste (*cf.* chap. 11 et 12) ? Quel nom lui donne-t-on ?

9

LE MARCHÉ

L'une des évolutions économiques les plus commentées est celle de l'extension du système de marché. Cette extension s'observe à travers les processus de mondialisation qui, parmi les modes d'échanges possibles, s'appuient généralement sur celui marchand, et dans l'orientation vers l'économie de marché d'ensembles géographiques qui avaient jusqu'alors privilégié un autre type de circuit (pays de l'Est, Chine).

Le mode marchand de circulation des richesses est généralement adopté lorsque sont mis en relation des inconnus qui ne souhaitent pas s'engager dans un rapport violent. L'échange marchand est, en fait, aussi vieux que l'humanité et occupe ainsi, par exemple, une place bien définie dans les sociétés primitives. Les rapports avec des inconnus prenant de l'ampleur avec les progrès des communications, l'échange marchand occupe davantage de place dans nos sociétés modernes. Il existe une seconde spécificité des économies modernes, isolable dans les formes de plus en plus diffuses, voire abstraites, que peut y adopter la circulation par le marché.

Il n'y a pas, dans l'échange marchand, de sentiment d'obligation morale envers ses partenaires comme dans la réciprocité, ni de contrainte imposée par un pouvoir comme dans la redistribution. On pourrait s'attendre, du fait de la mise en présence d'une multitude de participants étrangers les uns aux autres, à une circulation assez désordonnée. Des mécanismes spécifiques expliquent que la circulation des richesses soit possible à travers le rapport marchand. Des acteurs extérieurs à l'échange même interviennent aussi pour l'organiser.

Le circuit marchand fonctionnant entre étrangers, il peut s'étendre sur de très grandes distances. De nombreuses contraintes spatiales pèsent toutefois sur la circulation des informations préalable à l'échange et sur l'encadrement organisationnel nécessaire au fonctionnement du marché. L'exercice de ces contraintes aboutit à des formes géographiques très spécifiques.

BIBLIOGRAPHIE DU CHAPITRE

Ouvrages généraux

CLAVAL P., *Géographie générale des marchés,* Paris, Les Belles Lettres, 1962, 360 p.

GUESNERIE R., *L'Économie de marché,* Paris, Flammarion, 1996, 127 p.

THORIS G., *Analyse économique des systèmes,* Paris, Armand Colin, 1997, 432 p. (voir en particulier la première partie sur le libéralisme).

Ouvrages de référence

ARROW K. J., *Les Limites de l'organisation,* Paris, PUF, 1976, 110 p. ; traduit de l'anglais *The Limits of Organization,* New York, Norton, 1974.

BRAUDEL F., *Civilisation matérielle, économie et capitalisme, XVe-XVIIIe siècles,* 3 volumes, Paris, Armand Colin, 1967-1979.

POLANYI K., ARENSBERG C.M. et PEARSON H.W., *Les Systèmes économiques dans l'histoire et dans la théorie,* Paris, Labrousse, 1974, 248 p. ; traduit de l'anglais, *Trade and Markets in the Early Empires,* Glencoe, Free Press, 1957.

POLANYI K., *La Grande Transformation. Aux origines politiques et économiques de notre temps,* Paris, Gallimard, 1983, 419 p. ; traduit de l'anglais, *The Great Transformation,* New York, Rinehart & Co, 1944.

WALLERSTEIN E., *Le Système du monde du XVe siècle à nos jours,* Paris, Flammarion, 2 vol., 1980, 1984 ; traduit de l'anglais, *The Modern World System,* New York, Academic Press, 3 vol., 1974-1983.

Ouvrages et article spécialisés

AFTALION F. et LOSQ E, *Les Taux de change,* Paris, PUF, 1995, 127 p.

ALBERT M., *Capitalisme contre capitalisme,* Paris, Le Seuil, 1991, 315 p.

BAUCHET P., *L'Imparfait Libéralisme dans les sociétés occidentales,* Paris, Cujas, 1993, 145 p.

BIENAYMÉ A., *Le Capitalisme adulte,* Paris, PUF, 1992, 356 p.

DÉFOSSÉ G. et BALLEY P., *La Bourse des valeurs,* Paris, PUF, 1998, 127 p.

DE LA PRADELLE M., *Les Vendredis de Carpentras. Faire son marché en Provence ou ailleurs,* Paris, Fayard, 1996, 374 p.

DUMONT L., *Homo æqualis. Genèse et épanouissement de l'idéologie économique,* Paris, Gallimard, 1977, 270 p.

HENRY G.-M., *Émergence de l'économie de marché en Europe de l'Est,* Paris, Eyrolles, 1993, 208 p.

KORNAÏ J., *Du socialisme au capitalisme : l'exemple de la Hongrie,* Paris, Gallimard, 1990, 226 p.

PEET R., « The cultural production of economic forms », *in* R. Lee et J. Wills (dir.), *Geographies of Economies,* Londres, Arnold, 1997, pp.37-46.

PILHON D., *Les Taux de change,* Paris, La Découverte, 1999, 125 p.

ROSANVALLON P., *Le Capitalisme utopique. Critique de l'idéologie économique,* Paris, Le Seuil, 1979, 254 p.

ROSANVALLON P., *Le Libéralisme économique. Histoire de l'idée de marché,* Paris, Le Seuil, 1989, 243 p.

ROSPABÉ Ph., *La Dette de la vie. Aux origines de la monnaie sauvage,* Paris, La Découverte/Mauss, 1995, 254 p.

SAN JUAN T., *À l'ombre de Hong Kong. Le delta de la Rivière des perles,* Paris, l'Harmattan, 1997, 313 p.

WEBER M., *La Bourse,* Paris, Transition, 1999, 110 p. (1re édition 1894).

A

FORMES DE MARCHÉS

1 - Les marchés traditionnels

Il existe des circuits marchands dans les sociétés traditionnelles, qu'ils reposent sur le troc ou une circulation monétaire. Leur spécificité est de s'appuyer généralement sur des rapports concrets entre partenaires de l'échange, sur une unité de lieu (les partenaires se réunissent au même endroit) et de temps (ils se retrouvent à un même moment donné).

■ Le *gimwali*

Les tribus mélanésiennes observées par Malinowski pratiquent des échanges sous d'autres formes que la réciprocité ou la redistribution. Les habitants des centres manufacturiers de l'intérieur se rendent régulièrement dans les villages côtiers. Ils étalent sur le sol les objets de bois qu'ils ont apportés et lancent des propositions de troc, contre un nombre donné de noix de coco, par exemple. Des marchandages tenaces s'engagent entre individus jusqu'à ce que des accords soient trouvés et que des transactions aient lieu. Les Mélanésiens se font une idée très précise de ce type d'échange, distingué nettement des autres formes. Il ne s'accompagne d'aucun cérémonial sacré et n'implique pas les biens précieux qu'on qualifie de **monnaie primitive**. Il ne se pratique pas entre membres de la même tribu ou avec des partenaires de *kula* (*cf.* chap. 7), et ne peut avoir lieu qu'épisodiquement avec des étrangers peu estimés. Le mot particulier qui le désigne – ***gimwali*** – est d'ailleurs prononcé avec mépris.

Le ***gimwali*** s'apparente à ce que Sahlins désigne comme la réciprocité équilibrée ou négative dans les sociétés archaïques. Les parties s'y affrontent en tant qu'intérêts distincts et visent à un retour plus grand que ce qui a été donné, en s'autorisant des manœuvres que les lois de l'honneur interdisent entre proches.

Monnaie primitive et marché : la « fable du troc ». Les économistes ont longtemps perpétué une fable, selon laquelle la monnaie aurait été inventée pour pallier les inconvénients du troc. Les hommes se seraient mis à choisir des biens spécifiques (coquillages, cochons, bœufs...) qui auraient constitué des unités de compte pratiques (bœufs ?) dans les opérations d'échange. Cette invention aurait constitué une étape décisive pour le développement du marché.
On sait aujourd'hui qu'il s'agit là véritablement d'un conte. Aucune société primitive connue n'a ignoré la monnaie. L'usage qui en est fait, au sein d'une circulation fondée sur la réciprocité, y est simplement différent du nôtre. La monnaie qui symbolise la fécondité ou la vie n'est jamais une représentation abstraite et universelle de la valeur. Elle appartient à une sphère différente des autres biens ; on ne peut échanger des cochons sacrés et des biens de subsistance. La valeur d'une même monnaie varie de plus en fonction de la valeur sociale de son détenteur. Enfin, s'il y a fascination pour cette monnaie, sa thésaurisation est considérée comme maléfique, car elle porte atteinte à la circulation vitale.

■ Les foires de Champagne

Au XIIIe siècle, les marchés les plus importants de la chrétienté sont les foires de Champagne et de Brie. Six foires annuelles se succèdent dans quatre villes : Lagny, Bar-sur-Aube, Provins, Troyes. S'y rencontrent fabricants et marchands de draps du Nord et acheteurs italiens, à la recherche de tissus dont ils assurent la finition avant de les exporter. L'échange se réalise en trois séquences : la

Lettre de change : ordre écrit par lequel un créancier ordonne à son débiteur de verser, à une échéance indiquée, une somme précise à une personne désignée, à laquelle il doit lui-même de l'argent. Un Génois, qui veut se procurer des draps auprès d'un Liégeois, ordonne à un marchand de Bruges qui lui doit de l'argent de verser la somme correspondant à l'achat des draps au Liégeois. Le Brugeois n'a pas à rencontrer le Liégeois. Le paiement se réalise par l'intermédiaire de banques qui retiennent une commission.

« montre » ou étalage des marchandises, la vente où ces marchandises changent de mains et, enfin, les paiements où interviennent les opérations de change. Les foires sont le lieu d'une intense activité financière. Une partie des ventes s'effectue au moyen de prêts accordés par les changeurs ou de ***lettres de change***.

Différentes formes d'encadrement, mises en place progressivement, expliquent le succès de ces foires. Des escortes comtales puis royales (les *conduits*), assurent sur les routes la sauvegarde des marchands se rendant ou revenant des foires. Une police des foires est assurée par des officiers comtaux. Une cour juge les litiges, à partir d'une juridiction commerciale spécifique, et veille à l'exécution des sentences à travers l'ensemble de la chrétienté. Les poids et mesures sont surveillés, les halles entretenues régulièrement et une fiscalité spécifique renforce le dispositif d'ordre public appliqué aux affaires des foires.

■ Le marché de Cloyes

Dans son roman *La Terre*, Zola décrit le marché d'une ville imaginaire, Cloyes, à partir de notes prises en 1886 sur le marché bien réel de Châteaudun. Les paysannes y arrivent endimanchées, avec leurs paniers de légumes, leur beurre, quelques volailles, etc. Les hommes ont des carrioles chargées de sacs de pommes de terre, de céréales, ou tirent des bestiaux. Chacun se répartit dans le centre-ville, où l'on trouve des marchés spécifiques à chaque type de produits.

Les prix ne sont pas connus à l'avance et peuvent varier à quelques mètres de distance, mais des tendances se dégagent, que la rumeur renforce ou annihile. Une mauvaise humeur se propage sur le marché au blé : on espérait une hausse, mais les prix fléchissent. Sur le marché aux bestiaux, aucune vente n'a encore été réalisée une heure après l'ouverture du marché. On y déambule, on procède à l'examen des animaux, des propositions et des contre-propositions de prix sont avancées, « *on se recueille, on se tâte* ». Des marchandages serrés sont ensuite engagés et les transactions deviennent plus soutenues. Le marché une fois terminé, les paysans repartent avec des paniers vides et certaines marchandises ou bestiaux qui n'ont pas trouvé preneur.

2 - Les marchés modernes

À l'époque moderne, les modalités des marchés traditionnels se transforment. La rencontre des vendeurs et acheteurs s'effectue souvent de manière diffuse (sans unité de lieu et de temps), voire complètement abstraite (sans rapports concrets entre partenaires ou avec la marchandise). **Le marché s'étend** à des domaines longtemps préservés (la terre, le travail, la monnaie).

Le rôle de l'utopie libérale dans l'extension des marchés. Un très grand nombre de facteurs concourent à expliquer le développement du marché, parmi lesquels les idées ont joué un rôle non négligeable. En Angleterre au XVIIIe siècle, la Fable des abeilles d'une façon polémique, les écrits de Smith de manière plus scientifique, répandent l'idée que le libre jeu des intérêts égoïstes aboutit non pas au chaos mais à un bienfait maximal pour la société. Les mécanismes qui permettent cette transformation (la « main invisible ») se trouvent dans l'échange marchand. Ils correspondent à des lois inexorables de la Nature, pas moins certaines que celles de la gravitation, selon Ricardo. Il existe deux corrolaires à cette conception. Le marché autorégulateur, condition de l'ordre, étant une institution naturelle, il se crée spontanément pourvu qu'on laisse les hommes à eux-mêmes. Toute interférence est donc non seulement superflue, mais néfaste. Ensuite, une société humaine fondée sur le marché étant la meilleure possible, il faut que se forme un grand marché unique, englobant tous les éléments de la vie économique, dont le travail, la terre et la monnaie. Ces conceptions sont aujourd'hui encore au fondement de l'idéologie libérale. Elles ont seulement pris, à partir du milieu du XIXe siècle, une forme marquée par le déterminisme scientifique, avec une terminologie issue des sciences physiques (« les forces du marché », « les équilibres », etc.) qui conduit les économistes à énoncer des « lois générales ».

■ L'AUTOMOBILE : UN EXEMPLE DE MARCHÉ DIFFUS

Comme pour de nombreux marchés actuels (de la banane, de la micro, etc.), celui de l'automobile ne fait plus référence à un lieu géographique d'échange, mais au produit échangé. L'unité de lieu des marchés traditionnels a disparu ; c'est chez différents concessionnaires, agréés par des grandes marques, que s'effectuent les transactions. Le client y examine des modèles de véhicules dont il est assuré d'obtenir la reproduction parfaite, s'il se décide à l'achat. Le prix pratiqué ne sera pas toujours exactement le même d'un concessionnaire à un autre.

Le mode de fixation de ce prix est complexe. Le client pourra peut-être, en négociant, obtenir une réduction ou une option supplémentaire pour le même prix. Toutefois, les effets du marchandage, qui ne peut affecter que la marge du concessionnaire, sont modestes. Le prix est essentiellement fixé par le producteur automobile et calculé de telle sorte que celui-ci puisse réaliser des profits ou gagner des parts de marché (***mark-up pricing***). Les clients peuvent toutefois manifester leur indépendance en choisissant une autre marque. Le producteur sera alors conduit à réviser ses prix, à modifier ses modèles, voire à déposer son bilan s'il ne dispose pas des fonds nécessaires pour réorienter sa stratégie. Les services commerciaux ont pour objet d'éviter ce risque. Ils analysent, aussi finement que possible, par des études de marché, les désirs des consommateurs, l'état de la concurrence, et montent une stratégie publicitaire pour attirer l'attention des clients sur le véhicule proposé. Le prix fixé par le producteur automobile prend donc en compte, en plus du coût de production, les attentes des consommateurs et la concurrence. La confrontation entre l'offre et la demande n'est pas absente du marché de l'automobile, mais elle y prend une forme indirecte.

Le ***mark-up pricing*** consiste, pour une firme, à fixer le prix de son produit sur la base du coût de production unitaire, auquel est ajoutée une marge de profit déterminée de manière conventionnelle. Diverses études empiriques tendent à montrer que cette méthode est celle pratiquée par la majorité des firmes.

■ LES CHANGES ET LES VALEURS : DES MARCHÉS ABSTRAITS

Un individu, ou une société, qui désire vendre ou acheter de la monnaie nationale contre de la monnaie étrangère, afin de voyager, de règler des importations, de spéculer, doit recourir au marché des changes.

La confrontation entre offreurs et demandeurs est indirecte sur ce marché ; on doit faire appel à des courtiers ou des banques pour s'y porter. L'offreur, ou son représentant, ne se rend pas par ailleurs en un lieu donné avec des mallettes de billets pour que le demandeur puisse observer la marchandise, voire l'emporter, comme sur un marché traditionnel. Le rapport à la marchandise est abstrait. Pourtant, pendant longtemps, l'échange de devises a continué de comporter une dimension concrète. La fixation du prix des devises se réalisait en effet grâce à des rapports concrets entre les intermédiaires spécialisés de ces marchés, qui avaient lieu au sein des Bourses. Les représentants des banques, les courtiers, y disposaient d'emplacements : ils y étaient reliés à la banque mère ou au client et recevaient des ordres d'achat et de vente. Ces Bourses programmaient journellement des séances de ***fixing*** pour le change. Un employé de la Bourse organisait une discussion à la criée entre commissionnaires, autour d'une corbeille, jusqu'à ce que se dégage un cours qui ne contredise aucun ordre. Celui-ci devenait alors le prix de la monnaie, ou le taux de change.

Le ***fixing*** pour les changes fonctionne encore sur quelques places comme Tokyo, Francfort, Milan, Amsterdam, mais n'existe plus à Londres, ni à New York, ou Paris, où il a été fermé en 1992.

Avec l'informatisation des techniques d'échanges boursières, ce marché est devenu complètement abstrait. Il en est de même pour le **marché des valeurs mobilières**. Il n'y a plus aucun rapport concret, ni avec la marchandise échangée, ni entre les représentants des offreurs et des demandeurs.

Le marché des valeurs mobilières : un marché abstrait. Sur le marché des valeurs, le mode de négociation par la criée a été remplacé par des systèmes électroniques. Les intermédiaires, désormais dispersés, saisissent leurs ordres sur des terminaux d'ordinateurs. Le marché des valeurs est devenu abstrait.

Les ordres sont centralisés par l'ordinateur de la Bourse, où ils apparaissent sur écran. Pour que les intermédiaires chargés d'ordres importants n'hésitent pas à les confier à l'ordinateur, et par là à tous leurs confrères, on les laisse les morceller et diffuser par étapes, en fonction des offres et demandes qui apparaissent peu à peu. Le marché fonctionne en continu (cotation assistée en continue ou CAC), avec une succession de cotes tout au long de la journée. Ce n'est donc pas seulement le rapport concret entre individus qui a disparu, mais aussi l'unité de temps. En revanche, les ordres restant centralisés en un même lieu où la confrontation de toutes les offres et de toutes les demandes détermine les prix des valeurs, le marché n'est pas diffus.

Valeurs mobilières : titres négociables à la Bourse des valeurs. On distingue les actions, émises par les sociétés, qui sont des titres de propriété, et les obligations, émises par les sociétés et les collectivités publiques, qui constituent des créances. Les premières donnent droit à une part des bénéfices de la société (dividende) et à une participation aux décisions ; les secondes, à un intérêt en principe fixe.

Le marché des changes, quant à lui, est désormais non seulement abstrait, mais aussi diffus. Pour les échanges de devises, ce n'est en effet plus par la Bourse que s'effectuent la majorité des transactions. Le **marché de gré à gré**, directement entre les banques. Chaque grande banque dispose de salles de marché dispersées dans les principaux centres financiers du monde (New York, Tokyo, Londres et Francfort), opérant dans tous les fuseaux horaires. Ce sont des milliers d'opérateurs – les cambistes –, en liaison avec un nombre encore plus important de clients du secteur non bancaire, qui y effectuent les échanges de monnaie.

Le fonctionnement du marché de gré à gré pour les changes. Les salles de marché sont abonnées à certains grands services de téléinformation (Reuters, Télérate). Les cambistes peuvent ainsi voir apparaître sur leur terminal d'ordinateur les offres et demandes, actualisées en continu, provenant des participants majeurs au marché. Ces derniers font en effet appel à ces services de téléinformation pour faire parvenir à tout moment les cours auxquels ils sont prêts à acheter ou vendre telle ou telle devise. Les cambistes utilisent les données qu'ils ont sous les yeux, pour offrir des prix aux multiples collègues dont ils reçoivent des appels téléphoniques proposant des échanges de certaines quantités de monnaie. Ils se fondent également sur les transactions qu'ils réussissent eux-mêmes à conclure. Si les ordres téléphoniques d'achat l'emportent sur ceux de vente, leurs prix sont sans doute trop faibles. Si les ordres de vente et d'achat alternent régulièrement, leur position est au contraire bonne. Lorsque des marchés sont conclus par téléphone, confirmés par fax, les devises sont livrées au moins deux jours ouvrables plus tard, de banque à banque.

1	2	3	4	5	6	7	8	9
14:16	DEM	CHFX	CHEMICAL	LON	1.625/40	DEM	1.6280	1.6135
14:16	JPY	BCXX	B.C.I.	NYC	132,51/2,56	JPY	133,20	131,90
14:16	GBP	LOYF	LLYODS BANK	LON	1.7720/30	GBP	1.7810	1.7575
14:16	CHF	CIBB	CIBC	TOR	1.4919/29	CHF	1.4958	1.4850
14:16	FRF	BUEX	CFCIC UE	PAR	5.4985/05	FRF	5.5140	5.4775
14:16	NLG	CINY	CITYBANK	NYC	1.8275/85	NLG	1.8331	1.8205
14:16	ITL	CINY	CITYBANK	NYC	1.222,00/4,00	ITL	1.226,50	1.220,00
14:16	ECU	NWCL	NATWEST BK	LON	1.2595/05	ECU	1.2643	1.2570

Exemple d'une page qu'un cambiste peut voir apparaître sur son écran : heure de mise à jour (colonne 1), code de différentes monnaies (2), code du contributeur permettant de consulter sa propre page (3), nom abrégé du contributeur (4), sa localisation géographique (5), cours acheteur/vendeur qu'il propose (6), rappel du code de la monnaie (7), cours plus haut et plus bas de la journée (8 et 9).

Le marché étant décentralisé, chaque cambiste ne connaît que les opérations diffusées sur son écran d'ordinateur et celles de sa propre salle de marché. Des transactions dollars/francs peuvent donc se réaliser au même instant dans le monde à des prix différents. Les taux de change publiés ne sont plus que des estimations moyennes, à la différence du cours obtenu au moyen du *fixing,* qui correspond réellement à celui où toutes les opérations sont réalisées.

Le prix de la monnaie ne s'établit pas seulement en fonction des offres et demandes de devises traitées par les cambistes. L'action des banques centrales est également déterminante depuis la crise des années 1930, que les ***changes*** soient d'ailleurs ***fixes*** ou ***flottants***. S'ils sont fixes, les banques centrales interviennent pour qu'offre et demande s'égalisent à la parité désirée ; s'ils sont flottants, pour déprécier ou apprécier leur monnaie. La monnaie faible est en effet une arme pour l'exportation, et la monnaie forte, pour attirer les capitaux. Les banques centrales utilisent pour ce faire des réserves qu'elles se constituent en devises ou jouent sur le taux d'intérêt interne (lorsqu'il est élevé, la demande de monnaie nationale est forte et le taux de change élevé). Lorsque ces mesures ne suffisent pas, elles peuvent modifier la parité de leur monnaie : la dévaluer ou la réévaluer.

Le ***change*** est ***fixe*** lorsque le taux de change ou la parité de chaque monnaie est déterminé par rapport à un étalon (l'or de 1870 à 1914 ; une devise, le dollar, de 1944 à 1971 dans le système de Bretton-Woods ; une monnaie composite, l'euro, dans le cadre européen). Le change est ***flottant*** lorsque le taux de change est fixé librement par le marché.

■ Un exemple d'extension du marché : le travail

La mise en place de marchés du travail est récente. Avant le XIXe siècle en Europe, la coutume et les corporations y réglementaient les conditions de travail, le nombre des ouvriers et leurs salaires. C'est en Angleterre qu'apparut, vers le milieu du XIXe siècle, l'idée d'une nécessaire extension du marché au travail. Les salaires élevés alors offerts par l'industrie en développement n'attiraient pas la main-d'œuvre. L'idée, clairement exprimée, fut qu'un marché du travail ne pourrait entrer en vigueur que si l'individu en était réduit à choisir entre mourir de faim ou offrir son travail au prix qu'il pouvait en tirer. Les ***Enclosures*** furent alors accélérées par plus de 5 000 actes du Parlement, les jardins attenants aux cottages confisqués, les lois sur les pauvres qui obligeaient les paroisses à soutenir les indigents et la loi du domicile, qui restreignait leur mobilité, furent abolies.

Enclosures : mouvement de clôture et de remembrement, dont l'objet est la constitution de propriétés individuelles d'un seul tenant. Il s'accompagne du partage des communaux. Il se développe en Angleterre au XVIIIe siècle.

L'introduction du marché du travail dans les pays en développement. Les colonisateurs employèrent fréquemment les mêmes méthodes que le gouvernement anglais pour mettre en place un marché du travail dans les régions qu'ils administraient. L'abattage des arbres à pain ou l'imposition des huttes devaient conduire les « indigènes » à offrir leur travail contre salaire. Une fois le modèle de consommation occidental introduit dans un pays en développement, le processus d'extension du marché du travail y est généralement lié au simple désir des populations d'accéder à des biens de consommation, qui rend nécessaire le gain monétaire.

Il existe donc au cours de la seconde moitié du XIXe siècle dans les pays occidentaux, et encore aujourd'hui dans certains pays en développement, de véritables marchés du travail. Les individus à la recherche d'un emploi vont s'exposer sur des places où passent des recruteurs. Le travail y est vendu et acheté à un prix (le salaire) dépendant des rapports entre offre et demande. Aujourd'hui, le mécanisme du marché s'applique toutefois plus ou moins parfaitement au travail dans les économies dites « de marché ». Les individus y offrent leur travail, en passant par des marchés concrets (les bureaux de placement) ou diffus (petites annonces, envois de candidatures, relations). Les entreprises peuvent utiliser les services de personnes spécialisées dans le recrutement. Il y a discussion sur le salaire et les primes au moment de l'embauche, mais les variations possibles restent maintenues dans une certaine fourchette. Beaucoup de pays ont en effet adopté le principe d'un salaire minimum légal et des indices salariaux dans chaque branche sont fixés par des conventions collectives, signées par les représentants patronaux et les syndicats représentatifs des salariés. Les conditions du travail sont quant à elles encadrées par un droit du travail établi par l'État.

B

CARACTÉRISTIQUES DU CIRCUIT MARCHAND

1 - SPÉCIFICITÉS DU RAPPORT MARCHAND

▪ UN RAPPORT AVEC DES INCONNUS

L'échange marchand s'abstrait des rapports personnels. À la différence du don, il n'est pas nécessaire de se connaître, de s'aimer, pour réaliser un échange marchand. À la différence de la redistribution, il n'est pas indispensable de s'appuyer sur un rapport de pouvoir.

Ce n'est qu'avec des étrangers à sa communauté d'origine et dont on ne peut faire des alliés que l'on pratique l'échange marchand dans les sociétés anciennes. À l'époque médiévale, c'est essentiellement par l'entremise de contacts établis avec des habitants de régions éloignées, par les marchands et conquérants, que se sont étendus les marchés. De même, aujourd'hui, le producteur automobile dont nous achetons un véhicule, le directeur de la firme multinationale qui nous emploie, celui de la banque qui nous vend des devises, sont pour nous inconnus.

Il est difficile avec des inconnus de rentrer rapidement dans des rapports de réciprocité ou de redistribution, pour lesquels on a besoin de partager certaines conceptions, d'établir des relations de confiance ou de domination. Lorsque deux personnes n'ont pas les mêmes valeurs, ne se connaissent pas ou ne souhaitent pas se connaître, l'intérêt personnel de chacun est le seul principe commun à partir duquel on peut négocier, quelles que soient les raisons qui rendent compte de cet intérêt, éventuellement incompréhensibles pour l'autre (les Amérindiens ne pouvaient comprendre l'intérêt pour l'or des conquistadors, et eux-mêmes celui des Indiens pour la verroterie). L'échange marchand, qui se fonde sur ces intérêts, est ainsi la relation minimale possible, dans des conditions où la réciprocité ou la redistribution ne sont pas réalisables et où les alternatives ne pourraient être que l'absence complète de rapports ou encore la violence.

Extension des rapports aux inconnus/extension du marché. La mobilité croissante des individus dans nos sociétés, les progrès réalisés dans les télécommunications, la généralisation de la division du travail et la multiplication des intermédiaires qui séparent le producteur du client, élèvent de façon considérable le nombre de nos rapports interindividuels avec des personnes que l'on ne connaît pas. On peut imaginer que ce développement participe fortement à l'extension des rapports marchands, que l'on ne l'explique pourtant généralement que par des facteurs politiques, économiques ou idéologiques.

■ UN RAPPORT LIBRE

Un échange marchand ne crée pas d'obligations réciproques entre partenaires comme dans la réciprocité. Envers des étrangers, on ne se sent en effet pas d'engagement. À la différence de la redistribution, un échange marchand ne se fonde pas non plus sur un ordre externe qui obligerait à remettre telle ou telle marchandise à offrir sa propre force de travail à telle ou telle autorité, ou à se procurer tel ou tel bien dans tel ou tel lieu. Dans le rapport marchand, l'individu passe un contrat d'échange de droits de propriété en toute **liberté** (propriété de mon argent, contre – si je le souhaite – propriété d'une baguette et échange avec le boulanger de mon choix).

L'exploitation de la recherche de liberté par le commerce. C'est beaucoup moins sur la rationalité du consommateur que sur le sentiment de liberté - ou d'illusion de liberté - que tablent certains types de commerce. Dans les grands magasins, ce n'est pas par de bas prix que l'on tente fondamentalement d'attirer la clientèle, mais par une impression de liberté que l'on tente de faire passer de façon très calculée. Il faut que le client reste maître de ses propres goûts, que ne doivent surtout par contrarier les vendeuses, qu'il se sente libre d'aller et venir entre les étals, de toucher la marchandise, de choisir parmi la profusion luxuriante de produits placés sous ses yeux. L'espace ouvert aux choix individuels du client doit paraître presque infini.

■ UN RAPPORT ENTRE ÉGAUX

Si, pénétrant dans une boulangerie, j'exige un baguette à moitié prix, sous prétexte que je suis universitaire ou même directeur de la Banque de France, il est probable que je me fasse mettre à la porte. La raison en est que, dans le laps de temps qui est celui de la négociation et de l'échange marchand, les partenaires acceptent les règles d'un jeu, dont la première est qu'aucun ne peut se réclamer d'un avantage ou privilège extérieurs à cette situation d'échange. Ils se reconnaissent comme équivalents, si inégaux que soient par ailleurs leur pouvoir et leur statut social. C'est avec la reconnaissance de cette égalité qu'est née la monnaie moderne.

Égalisation sociale et apparition de la monnaie moderne. La monnaie moderne n'apparaît pas en raison des difficultés du troc, mais avec les tentatives plus ou moins heureuses de mise en place de la démocratie grecque, lorsque les tyrans fondirent les biens précieux de l'ancienne aristocratie pour en faire des pièces dont la valeur était garantie par la cité. Ce geste signifiait que le tyran offrait à chacun un droit égal à l'accès aux biens, quelle que soit sa valeur sociale. La valeur de la monnaie devenait indépendante de celle du statut des personnes.
Il fut dès lors facile à la monnaie de glisser des rapports de réciprocité vers les rapports marchands. Elle était devenue un instrument d'échanges qui permettait à n'importe qui d'acheter n'importe quoi.

■ L'ÉQUILIBRE

L'échange marchand est conçu en termes d'équilibre strict. La contre-prestation est l'équivalent culturellement défini de ce qui a été reçu (un plat de bois vaut quarante noix de coco). Il s'agit d'une relation quantitative entre objets échangés et non plus qualitative entre personnes, comme dans la réciprocité. C'est l'objet matériel qui compte, et non la valeur du lien.

Comme l'échange marchand se réalise entre inconnus, la contre-prestation stricte souffre peu de délai. Je peux, par exemple, difficilement aller remplir mon caddie au supermarché et passer innocemment à la caisse en expliquant que je reviendrai payer ce que je dois dans une semaine ou deux. Au mieux, les objets sont échangés de main à main (la baguette de pain contre les pièces de monnaie). Un décalage temporel n'est accepté que lorsque le vendeur est assuré qu'une instance quelconque pourra contraindre l'acheteur à respecter son engagement (un marchand qui réalisait une affaire aux foires de Champagne savait qu'il existait une cour des foires, dont les sentences étaient exécutées dans toute la chrétienté).

2 - Les motivations

■ L'intérêt personnel matériel et calculé

Pour les libéraux, les individus qui pratiquent l'échange marchand sont guidés par leur seul intérêt personnel. Dans le *gimwali*, chacune des parties recherche l'échange le plus avantageux pour elle seule, et peut s'autoriser des tromperies impensables dans le cadre de la *kula*. Sur le marché aux bestiaux de Zola, un fermier développe toute une stratégie pour tirer au plus haut le prix d'une bête, dont il cache les défauts. Les intervenants sur le marché des changes peuvent tenter de faire circuler des rumeurs non fondées, pour servir leurs intérêts. La motivation retenue par les libéraux est celle de la recherche de l'utilité matérielle. Celle-ci est calculée et rationnelle (*homo œconomicus*).

Les motivations des individus ou groupes participant à l'échange marchand sont en fait beaucoup plus diverses. Certains peuvent simplement chercher à s'assurer un revenu stable, d'autres sont animés par le goût du risque, celui du jeu – évident chez les professionnels qui opèrent sur les marchés spéculatifs –, souvent par le désir de s'accomplir, d'être reconnu socialement, dans des sociétés où la réussite dans les affaires est valorisée.

■ La libération des liens sociaux

En recourant à l'échange marchand plutôt qu'au don/contre-don, l'individu peut avoir le sentiment de pouvoir se passer de toutes les contraintes qu'impliquent les liens de parenté, de voisinage, de métier. Comme l'échange marchand a lieu entre personnes indépendantes, il peut être vu aussi comme une alternative aux relations hiérarchiques, à la subordination. Quand les individus sont confrontés dans leur société à un appareil non démocratique, ou quand le poids de l'État leur paraît tout simplement insupportable, le marché peut être envisagé comme une libération. Le projet de la modernité étant parfois perçu comme celui d'une libération de l'individu, il n'est pas surprenant que le marché exerce une grande fascination, même si la contrepartie de cette libération est une plus grande solitude.

■ L'utopie d'une société d'égaux

Dans son analyse anthropologique du marché de Carpentras, M. de La Pradelle montre que le marché est un lieu où l'on se joue les uns aux autres l'utopie moderne du rapport fondateur entre individus libres et égaux. Les hiérarchies ordinaires sont suspendues, les femmes de la notabilité locale se laissent rudoyer par les marchands, le patron qui rencontre son ouvrier, qu'il ignore habituellement, lui tape sur l'épaule. Il règne sur le marché une impression confuse d'amitié généralisée. On s'y donne l'illusion d'un idéal démocratique vécu au quotidien, d'autant plus apprécié, écrit M. de la Pradelle, qu'on ne craint pas qu'il s'éternise...

C
FONCTIONNEMENT DU MARCHÉ

Le circuit du marché peut inclure un très grand nombre d'agents puisqu'il n'est pas nécessaire de se connaître pour participer à l'échange. Les intérêts de tous ceux-ci sont divergents, voire opposés : il n'y a ni souci altruiste des agents qui accepteraient de modifier leurs projets pour nouer des liens, comme dans la réciprocité, ni domination d'un pouvoir qui imposerait sa volonté à l'ensemble des agents, comme dans la redistribution. Le risque est donc celui du chaos. Les libéraux ont tenté de montrer que, si certaines conditions étaient remplies, les projets formés par des milliers d'acteurs pouvaient s'harmoniser par le marché, qu'un circuit pouvait fonctionner. Un ordre naîtrait de la seule confrontation des égoïsmes, et il s'agirait du meilleur possible pour une société. Les conditions prévues par la théorie se rencontrent toutefois rarement dans le monde réel. Une organisation est nécessaire pour que le circuit marchand fonctionne.

1 - Le marché idéal

■ L'harmonisation à court terme des intérêts divergents

Sur le marché de Cloyes, producteurs et acheteurs de blé arrivent avec des intérêts divergeants. Les uns ont pour objectif de tirer le maximum de leurs sacs de blé, les autres de débourser le moins possible pour les obtenir. Un quelconque échange peut sembler *a priori* irréalisable. Toutefois, une circulation très intense d'informations s'engage. Les acheteurs déambulent sur le marché, afin de se renseigner sur la qualité du blé et sur les prix proposés par les fermiers. Ces derniers s'informent d'une façon ou d'une autre sur les prix de leurs concurrents. De premiers marchandages à la hausse ou à la baisse s'effectuent en fonction de ces informations initiales. Ils aboutissent à de nouvelles propositions de prix et à une nouvelle circulation d'informations. Grâce à celle-ci, les propositions se rapprochent les unes des autres. Un fermier sait en effet qu'en proposant un prix beaucoup plus élevé que ne le font ses concurrents, il ne trouvera pas d'acheteur, et un acheteur en refusant de descendre jusqu'à un prix que les autres acheteurs acceptent, n'obtiendra pas de blé. Lorsque cette sorte d'équivalence générale se dégage (un sac de blé vaut *x* francs), les transactions se multiplient.

L'équivalence reflète une tendance significative. Si la demande pour le blé a été forte ce jour-là, les fermiers auront pu pousser leurs prix tout en étant assurés de trouver des acheteurs. Si c'était au contraire l'offre qui était abondante, les acheteurs de blé auront fait jouer la concurrence, marchandé, et fait baisser les prix.

L'équivalence trouvée n'abolit pas le conflit d'intérêt : le vendeur aurait toujours préféré vendre à un prix plus élevé, et l'acheteur, acheter à un prix plus faible. Mais cette équivalence est celle qui est considérée comme acceptable par chacun. Il y a eu en fait un ajustement des désirs des uns et des autres, qui a permis la circulation du blé. Cet ajustement ne correspond qu'à des décisions prises individuellement, sans qu'il y ait eu d'intervention extérieure et sans qu'aucun agent n'ait fait usage de pouvoir sur autrui. Il n'y a eu de contrainte que celle imposée par les limites budgétaires des uns et des autres. Les économistes représentent l'ajustement par le marché de façon plus abstraite, par des **courbes d'offre et de demande**.

Les courbes de l'offre et de la demande. Mettons le prix du bien P en ordonnée, et portons la quantité Q du bien en abscisse. La courbe de demande D agrège des demandes individuelles. Elle associe à tout prix une quantité : celle que l'ensemble des agents qui recherchent le bien, qui en sont « demandeurs », absorbera à ce prix. Plus le prix est faible, plus la demande est forte. La courbe d'offre O exprime d'une manière symétrique le comportement des offreurs : au prix p, ceux-ci sont disposés à mettre sur le marché la quantité que présente le graphe de l'offre. Plus le prix est faible, moins ils sont enclins à offrir des quantités importantes.

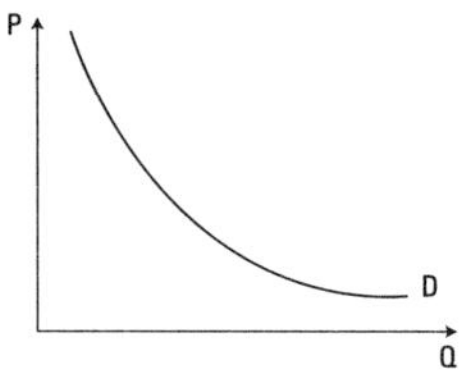

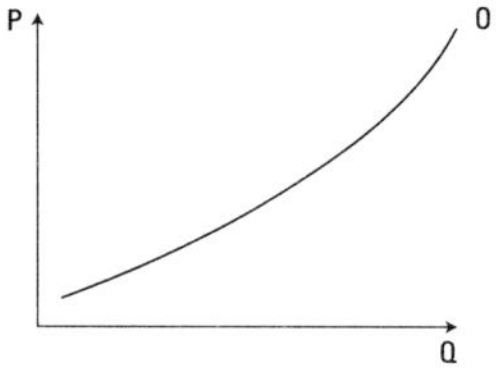

L'intersection de la courbe d'offre et de la courbe de demande définit un prix qui a la propriété de faire coïncider, d'égaliser, l'offre et la demande. C'est le prix d'équilibre ($\overline{P}$).

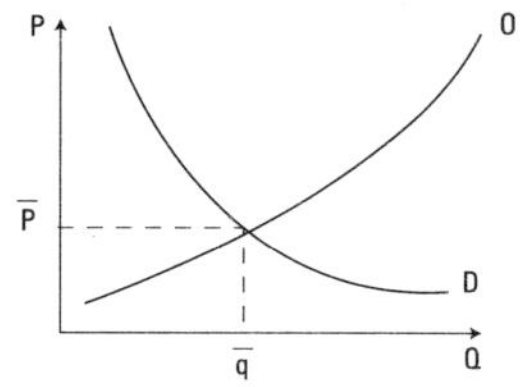

Selon les libéraux, le même mécanisme peut s'appliquer à tout ce qui est susceptible de s'échanger : non seulement les biens, mais aussi les services, le travail, la terre ou la monnaie. Les équivalences qui s'établissent par la confrontation des offres et des demandes sont alors le prix du bien, celui du service, le salaire, le prix foncier et le taux d'intérêt. Ces **prix** sont eux-mêmes **en interrelation**.

L'interrelation des prix : le marché généralisé de Walras. Les différents marchés ne sont pas isolés les uns des autres. Si le prix du blé s'élève, celui de toutes les productions pour lesquelles il sert de bien intermédiaire (farine, pain, etc.), va certainement augmenter, comme le revenu et la demande des fermiers sur d'autres marchés. Toute modification de prix sur un marché est en fait susceptible de toucher des marchés voisins et il faut prendre en compte toutes ces interactions pour appréhender le fonctionnement du circuit du marché dans sa globalité. L'économiste Léon Walras s'y est essayé dans les années 1870. Son modèle mathématique présente un marché généralisé, où sont prises en compte les multiples interactions entre les différents marchés, et où est décrit le processus d'équilibrage très complexe qui s'effectue.

■ L'HARMONISATION À LONG TERME DE L'OFFRE ET DE LA DEMANDE

C'est un échange d'informations qui a permis l'apparition d'une équivalence, ou d'un prix, acceptable par les uns et les autres, et qui a autorisé l'échange. Ce prix véhicule lui-même des informations sur les coûts de production d'une part, et sur les rapports de l'offre et de la demande d'autre part.

Le premier prix proposé par un producteur sur un marché vise en effet souvent à couvrir au moins ses coûts de production. Les économistes montrent que les calculs doivent être un peu plus complexes et que le prix doit au moins couvrir le coût de la dernière unité produite, ou coût marginal. Si les gisements de pétrole se raréfient, que la détection et l'extraction deviennent de plus en plus coûteuses, on peut donc s'attendre à ce que les producteurs proposent un prix du baril plus élevé. Ce prix élevé signifie que le coût de production le devient aussi. Si, d'année en année, la demande de blé devient plus forte sur le marché de Cloyes, les fermiers vont pouvoir faire monter les enchères. Les prix élevés sont cette fois-ci les indicateurs d'une offre insuffisante face à une demande en augmentation.

Ces prix jouent un rôle très important dans les économies de marché. Ils orientent en effet les choix des consommateurs et les plans de production des entrepreneurs. Les ménages, les industries, vont chercher des produits de substitution moins coûteux que le pétrole. Le prix élevé du blé et faible de la pomme de terre inciteront les producteurs à développer la surface cultivée en blé et à réduire la culture de la pomme de terre. Les prix donnent en quelque sorte un signal qui fait se détourner les consommateurs d'une ressource trop coûteuse pour la collectivité, ou qui conduit les producteurs à changer leurs productions afin de s'adapter à la demande. Ces mouvements se réalisent de façon décentralisée, sans qu'aucune instance supérieure n'ait besoin de recueillir des informations sur les coûts de production, les évolutions de la demande, de les transmettre aux producteurs, de donner des ordres et de contrôler leur application. Là encore, des individus égoïstes sont amenés à remplir une fin positive pour la collectivité, sans qu'un pouvoir ne les y oblige, du seul fait des signaux que leur donnent les prix. Le système du marché dispose d'un formidable avantage pour la transmission d'une information disséminée, médiatisée par les prix.

■ Une détermination juste de la rémunération des facteurs

Le mécanisme du marché rémunérerait les acteurs en fonction de leur productivité et donc des services qu'ils rendent à la collectivité. Un chef d'entreprise ingénieux, qui ferait les bons choix de production, obtiendrait des profits élevés : un employé efficace, de meilleurs salaires. L'investisseur qui, par son flair, réaliserait de bons placements financiers dans des entreprises prometteuses, en serait récompensé par des dividendes importants. Le mécanisme du marché serait donc juste. Il conduirait à une **égalisation des rémunérations de productivités semblables** et ce seraient des apports différenciés à l'enrichissement collectif que refléteraient les inégalités de paiement.

Égalisation de la rémunération des productivités à l'échelle internationale. La tendance à l'égalisation de la rémunération des facteurs qui ont la même productivité, par le mécanisme du marché, a une conséquence importante à l'échelle internationale. Lorsqu'un pays s'ouvre au marché international, ses facteurs de production sont amenés peu à peu à être rémunérés comme dans les pays étrangers. Les économistes montrent que, pour que l'égalisation se produise, il n'est pas nécessaire que les facteurs de production deviennent mobiles, que la main-d'œuvre bon marché se déplace vers un pays où les salaires sont plus élevés, par exemple. Il suffit que les produits participent à l'échange international. Des vêtements réalisés dans un pays où la main-d'œuvre est peu coûteuse sont moins chers à la vente. Lorsqu'ils sont exportés, ils concurrencent les productions textile des pays riches, qui disparaissent, se reconvertissent, ou réduisent leurs propres coûts pour rester concurrentiel.
On peut démontrer que, par les seuls mécanismes marchands, le coût de la main-d'œuvre diminue dans la branche textile des anciens pays producteurs et augmente dans le pays qui vient de s'ouvrir à l'échange, jusqu'à ce que se produise une égalisation des rémunérations. La mise en œuvre de ce mécanisme a pu s'observer au cours des dernières années entre pays anciennement industrialisés et nouveaux pays industrialisés.

2 - Les dysfonctionnements

■ Le pouvoir inégal des agents

Pour qu'une harmonisation de l'offre et de la demande s'opère et que s'effectuent des échanges satisfaisants pour les divers agents, il faut qu'ils soient indépendants les uns des autres, qu'une concurrence s'exerce entre eux, et qu'ils disposent du même pouvoir. On considère que le marché doit être ***atomistique***. Lorsque cette

Atomicité d'un marché : caractère d'un marché composé d'une multitude d'offreurs et demandeurs, tous de petite taille.

condition n'est pas remplie, il y a toujours circulation des richesses, mais les prix et les quantités correspondent à la volonté du producteur ou de l'acheteur dominant, et non plus aux désirs ajustés des uns et des autres.

Il est rare qu'on ne trouve que des individus sur le marché, comme à Cloyes. Il existe souvent des firmes qui ont plus de pouvoir que les agents individuels. Elles ont elles-mêmes des tailles variées, elles se groupent, se coalisent (***cartel***). Les consommateurs peuvent eux aussi être organisés (association de défense du consommateur) et exercer une influence considérable. La circulation des richesses par le système marchand est donc plus complexe que celle présentée par la théorie. Si, à l'époque de Zola, avait existé en Beauce une société propriétaire de la plupart des minoteries, c'est elle qui aurait imposé de façon presque unilatérale ses prix aux fermiers. La circulation d'informations préalable à la fixation de l'équivalence aurait été moins intense ; les fermiers ne se seraient plus rendus sur le marché de Cloyes, mais auraient livré leur blé directement aux minoteries. Les quantités échangées, les contre parties monétaires auraient alors dépendu des rapports de force entre cette société, les agriculteurs et leurs représentants syndicaux.

On parle de ***cartel*** lorsqu'il y a entente d'entreprises à activités comparables, juridiquement et financièrement indépendantes, pour contrôler le marché et la concurrence.

■ L'INFORMATION DIFFÉRENCIÉE DES PARTENAIRES

Chaque partenaire doit connaître ce qui est offert et ce qui est demandé, pour pouvoir choisir au mieux de son intérêt. Si les ***produits*** ne sont pas ***fongibles***, les acheteurs doivent procéder à une longue quête d'informations (marché aux bestiaux) ou renoncent à l'achat (viande de bœuf après l'affaire de la vache folle). Les échanges sont plus difficiles ou n'ont pas lieu.

Produits fongibles : biens aux caractéristiques identiques (barils de pétrole brut de type « arabian light », poulets d'élevage) ; chaque unité étant semblable à une autre unité appartenant à la même catégorie de bien, elle peut lui être substituée et avoir le même prix.

Sur la plupart des marchés, il existe par ailleurs une asymétrie dans l'information dont disposent les uns et les autres. Dans la relation d'agence par exemple, le principal ne peut observer directement l'opération dont il a demandé à l'agent de se charger. Cette asymétrie peut favoriser l'apparition de comportements dits « opportunistes » : recours à la ruse, à la tricherie, manquement aux engagements. Le risque de tels comportements peut empêcher que l'échange se réalise ou augmenter son coût : il faut s'informer avant d'engager un contrat d'échange.

L'asymétrie informationnelle est souvent cultivée parce qu'elle confère un pouvoir. Vis-à-vis du consommateur, le producteur tente ainsi d'entretenir par la publicité l'idée que son produit a des qualités spécifiques qui le différencient du même produit proposé par son concurrent. Il retarde autant que possible la diffusion de ses secrets de fabrication auprès des autres producteurs. Il reste ainsi seul à pouvoir répondre à la demande et peut fixer unilatéralement son prix. Il bénéficie d'une **rente d'innovation**.

Rente d'innovation et dynamisme de l'économie selon Joseph Alois Schumpeter. C'est dans la rente que procure un monopole lié à l'innovation que l'économiste J.A. Schumpeter trouvait un des ressorts majeurs de l'évolution des économies capitalistes. C'est cette rente qui inciterait en fait les entrepreneurs à introduire des innovations : dans les produits, les procédés de fabrication, les débouchés, l'utilisation des matières premières ou les méthodes d'organisation.

J.A. Schumpeter (1883-1950) : économiste autrichien. Ses travaux portent sur le développement et les fluctuations des économies capitalistes, expliquées par l'émergence et l'absorption de vagues d'innovations. Il insiste sur le rôle déterminant joué par l'entrepreneur qui les met en œuvre. *Théorie de l'évolution économique* (1911).

■ UN AJUSTEMENT RENDU DIFFICILE PAR LA VARIABLE TEMPORELLE

Les adaptations des partenaires aux prix révélés par le marché demandent souvent du temps et ne sont alors pas nécessairement équilibrantes. Les décisions d'augmentation de leur production par les fermiers du marché de Cloyes, qui auraient constaté une hausse du prix du blé, ne prendront effet que lors de la récolte suivante. Les conditions du marché seront alors différentes. S'ils ont tous réagi de la même façon, l'offre peut se révéler surabondante par rapport à la demande, et il y aura crise de surproduction.

Par ailleurs, de très nombreuses décisions des agents économiques reposent non pas sur la situation présente, mais sur des anticipations de conditions économiques futures. Les décisions d'investissement des constructeurs d'automobiles dépendent ainsi, par exemple, de l'image qu'ils se font du marché à venir. Or, les informations utilisées pour anticiper le long terme sont nettement moins sûres que celles fournies par les prix sur les conditions présentes. Les **anticipations** peuvent facilement être erronées et la cohérence offre/demande ne plus être assurée.

Anticipations sur les marchés financiers et formation de bulles spéculatives. L'évolution de la valeur d'un actif financier ou d'une monnaie ne dépend en fait pas directement de « fondamentaux » économiques, mais plutôt de l'idée que se font la majorité des participants de ces marchés. Si de nombreuses personnes anticipent une hausse de la valeur du dollar, elles vont en acheter, induisant une hausse du cours du dollar (on parle de prophétie autoréalisatrice). Le comportement le plus rationnel pour les traders opérant sur ces marchés, celui qui va leur permettre de faire des plus-values, est donc d'essayer de saisir quelle est l'opinion commune, et d'y coller au plus près possible. L'emballement, la formation de bulles spéculatives ou leur soudaine crevaison, correspondent donc à un fonctionnement logique.

■ Des prix pouvant se révéler de mauvais indicateurs

Les prix émergents sur les marchés ne sont pas toujours de bonnes approximations des coûts pour la collectivité, ni de bons indicateurs de rareté. En effet, avec le mécanisme du marché, le prix d'un produit n'augmente pas lorsque ses méthodes de fabrication sont de plus en plus dommageables pour l'environnement. Tant que l'accès à une ressource n'est pas rendu plus difficile et coûteux pour les entreprises, les prix ne reflètent pas non plus sa raréfaction.

■ Une juste détermination des revenus contestée

Une partie des revenus que le marché engendre reflète clairement des dotations initiales, souvent issues de legs patrimoniaux et non de la rétribution de capacités individuelles. Plus encore, la transmission d'un patrimoine culturel et intellectuel s'oppose à l'***égalité des chances***. En outre, même si le marché favorise la croissance économique, rien n'assure que les bénéfices en soient répartis de façon socialement satisfaisante ; on peut considérer qu'il faut **dissocier les jugements sur l'efficacité et l'équité**.

Pour instituer une réelle ***égalité des chances*** au départ entre individus, les véritables libéraux souhaitent agir contre la transmission du patrimoine entre générations et en faveur de l'éducation.

La dissociation des jugement sur l'efficacité et l'équité : la théorie de la justice de Rawls. J. Rawls, une des principales figures actuelles de la philosophie politique anglo-saxone, remet en cause le présupposé libéral selon lequel les inégalités de revenus seraient automatiquement justes, puisque reflétant des inégalités de productivité. Il défend l'idée d'une société fondée sur une justice recherchée pour elle-même. Il imagine de placer les individus en l'état de nature et de les amener à élaborer un contrat social. Chacun ignore ce que pourra être sa situation future (« voile d'ignorance ») et sait qu'il pourra se retrouver pauvre, analphabète, handicapé. Tout en restant égoïste et rationnel, un individu adoptera des principes de justice impartiaux et prudents.
Rawls justifie ainsi des interventions de l'État qui éliminent les inégalités affectant les plus démunis, mais aussi l'enrichissement des citoyens les plus aisés, si cela permet de maintenir le pouvoir d'achat des plus pauvres.

■ Trois marchandises pas comme les autres

Les trois richesses que sont le travail, la terre et la monnaie ne sont pas produites pour répondre aux conditions de l'offre et de la demande. Leur logique de reproduction est distincte de celle du marché. Par ailleurs, le travail ne peut être dissocié des hommes, ni la monnaie du pouvoir d'achat qu'elle représente, ni la terre du milieu naturel. Si la force de travail est suremployée, ou inutilisée, les hommes sont affectés. Lorsque la monnaie se déprécie, c'est le pouvoir d'achat et donc la subsistance des êtres humains qui est mise en cause. Si la terre est mal exploitée pour répondre à une forte demande, une dégradation de l'environnement s'ensuit. Lorsque l'on tente de soumettre le travail, la terre et la monnaie, à la seule logique du marché, on lie aux fluctuations et mécanismes marchands le sort des êtres humains et du milieu naturel. Peu de sociétés supportent cette dépendance.

3 - L'ORGANISATION DU MARCHÉ

Le mécanisme du marché n'a sans doute jamais assumé à lui seul la régulation du circuit économique ; son simple fonctionnement nécessite déjà des interventions. Il n'y a pas de main invisible à la Smith, pas d'ajustement magique des décisions économiques de multiples agents individuels, mais des architectures complexes, au sein desquelles institutions, État et organisations jouent un rôle non négligeable.

■ FAIRE FONCTIONNER LE MARCHÉ ET PROTÉGER LA SOCIÉTÉ

On a vu que les conditions très contraignantes au fonctionnement du mécanisme du marché étaient rarement réunies naturellement dans la réalité. Il faut donc que des instances les mettent en place, qu'on introduise la propriété privée, qu'on la fasse respecter, qu'on contrôle et réglemente la diffusion de l'innovation, qu'on interdise la formation des ententes, la concurrence déloyale.

Dans toutes les sociétés, il existe par ailleurs un ensemble de règles qui circonscrivent l'application du système marchand. Dans les sociétés primitives, les échanges marchands sont entourés de tabous, et maintenus consciemment disjoints de nombreux domaines de la pratique sociale. À l'époque médiévale, le marché ne peut être étendu au travail, à la terre ou même à la monnaie. Il est restreint à la vente et à l'achat de produits, pour lesquels s'applique le principe du ***juste prix***. Il y a également actuellement dans les économies de marché de très nombreuses protections des hommes (interdiction du commerce de la drogue, des enfants, législation sur le nombre d'heures de travail), de l'environnement (réserves naturelles), du pouvoir d'achat (politiques monétaires).

Juste prix : prix censé donner à chacun ce qui lui est dû, qui ne lèse ni l'acheteur ni le vendeur. Le juste prix est préconisé dès le XIIIe siècle par les théologiens qui souhaitent faire respecter les principes de justice chrétienne dans les actes économiques. Existent, pour les mêmes raisons, un « juste salaire », et une prohibition de l'intérêt avec usure.

■ LES INSTITUTIONS

L'émergence et l'existence même des marchés dépendent de la présence d'un certain nombre d'institutions. Ces institutions créent des règles, facteurs non seulement de bureaucratie mais aussi d'***efficience***, comme l'expérimentent quotidiennement tous les marchés concurrentiels soumis à des règles du jeu.

Une de ces institutions est l'*institution juridique*. L'échange marchand étant en fait un échange de droits de propriété, ce droit est une pierre angulaire de l'économie de marché. La mise en place des mécanismes de marché dans les pays d'Europe de l'Est a ainsi dû être précédée de la définition de tels droits. Il faut un appareil judiciaire de taille, de nombreux hommes de lois, un code civil pour les instituer et juger des litiges portant sur les contrats d'échange. La nécessité d'une *institution policière* accompagne celle de l'institution juridique. Elle doit assurer le respect des contrats privés et la sûreté de la propriété. L'intervention brutale de mafias dans les anciens pays du bloc soviétique révèle de façon caricaturale le besoin de règles du jeu qui conditionne le « bon » fonctionnement du marché.

Institutions et ***efficience des marchés :*** lorsque l'ex-URSS entama sa transition en 1990, foisonnaient des plans de passage au marché en 100 ou 500 jours. Le FMI annonçait alors une faible récession et une reprise rapide. En fait, la récession fut brutale et la zone s'enfonça dans une dépression cumulative. Les programmes du FMI avaient pris en compte les aspects macro-économiques, mais oublié la dimension institutionnelle.

Ces institutions sont reconnues indispensables par tous les **courants économiques**, même par les libéraux. Il est toutefois rare qu'une économie de marché ne soit pas dotée d'autres institutions, telles que la monnaie. La reconnaissance de son statut symbolique, qui lui permet de jouer le rôle d'unité de compte au sein d'un groupe ne naît pas de l'échange même, mais est généralement liée à l'action du politique. L'école est un autre exemple. Elle est censée donner un minimum de qualification à la population et joue également un rôle majeur dans la diffusion de valeurs sans lesquelles le marché fonctionne mal (honnêteté, respect de la propriété). Il existe aussi des institutions régulatrices de la concurrence, comme la ***législation anti-trust***.

La ***législation anti-trust*** vise à empêcher les ententes portant sur les prix ou sur les partages du marché.

La position de divers courants économiques sur la question institutionnelle. La nouvelle théorie classique, celle de l'agence, affirme que les arrangements interpersonnels suffisent pour dépasser le risque de comportements opportunistes et que les institutions sont donc inutiles. Les individus doivent seulement prévoir le maximum d'éventualités au moment d'engager un contrat d'échange et choisir la forme contractuelle la plus efficiente (par exemple, intéressement au profit qui incite l'agent à se conformer à l'intérêt du principal). Les néo-institutionnalistes (Williamson) vont plus loin que le simple arrangement contractuel : des institutions de contrôle et de répression doivent être mises en place pour forcer les parties à respecter leur parole. Une position plus radicale consiste à voir les économies de marché comme profondément structurées par leur cadre institutionnel, de sorte qu'on ne saurait concevoir les unes sans les autres : c'est celle des tenants du renouveau institutionnaliste et des régulationnistes.

■ Le rôle de l'État

La position de l'État vis-à-vis du marché est ambiguë. D'une part, l'État a tenu un rôle important dans l'introduction du marché. L'histoire révèle en effet que ce n'est pas par une émancipation progressive et spontanée du contrôle gouvernemental que sont apparus les marchés. Ils ont été au contraire la conséquence d'une intervention consciente, parfois violente, des États, qui ont contribué à étendre le rapport marchand à la fois sur l'ensemble du territoire national et à des secteurs que le marché ne touchait pas. Aux XVe et XVIIe siècles, c'est l'action délibérée de l'État qui imposa le système mercantile contre le protectionnisme acharné des villes et des principautés. L'État fut ensuite le créateur de marchés intérieurs nationaux dans les pays d'Europe occidentale et, comme on l'a évoqué à travers l'exemple anglais, ce fut l'État qui mit en place de véritables marchés du travail, de la terre ou de la monnaie. Le développement du marché est en fait allé de pair avec celui des pouvoirs de l'État. Ce dernier contribue aussi à la consolidation des marchés en apportant le minimum d'organisation nécessaire à leur fonctionnement.

En même temps qu'il mène une action favorable au marché, l'État joue souvent, un rôle de rempart contre lui, en prenant des mesures de protection du corps social. Dès le XIXe siècle, les difficultés liées à l'extension du marché au travail, à la terre et à la monnaie ont conduit à des interventions de sa part : lois sur le sol, édictées pour protéger la paysannerie des effets de la liberté de commercialisation de la terre (système du bail), législation du travail dans les fabriques (interdiction du travail des enfants). L'État a souvent engagé également des politiques sociales de redistribution. Enfin, il a pu mener des politiques de stabilisation conjoncturelles, afin d'éviter les fluctuations jugées indésirables, au moyen d'encouragements à la consommation ou d'interventions de la banque centrale (politiques keynésiennes).

Quand des économies ont des difficultés à introduire le marché (ex-pays socialistes), il est ainsi souvent difficile de définir si le blocage provient du manque ou de l'excès d'État. L'essor de l'économie japonaise, l'émergence récente des dragons asiatiques ou celle, en cours, de la Chine, apportent un éclairage intéressant. Le succès économique de ces pays n'est pas dû à l'adoption mécanique des recettes libérales. Chacun d'eux a combiné habilement l'ouverture au marché mondial, qui fournit à leurs produits des débouchés, et une régulation étatique interne forte.

■ Les organisations

Toutes les économies de marché comprennent également des organisations. L'entreprise est sans doute l'exemple le plus frappant de leur présence. On a vu que le recours au marché comporte des coûts. Il peut être plus rentable de traiter certaines opérations hors marché. Une économie de marché performante ne peut exister sans le couplage entre une transmission de l'information par les marchés et le traitement de l'information interne aux organisations.

■ Économies de marché / économies capitalistes

Capitalisme et économie de marché ne sont pas synonymes. Les économies occidentales et asiatiques sont construites sur d'autres bases que la seule relation marchande, sinon elles seraient encore caractérisées par l'artisanat et la petite boutique qui prévalaient jusqu'au XVIe siècle.

Le capitalisme n'est pas seulement une économie d'échange, il est aussi une économie de production. Cette production exige de grandes entreprises, l'invention de nouvelles techniques, de nombreuses machines, la mobilisation d'une force de travail et donc des capitaux importants. Il a fallu, pour passer à ce type de production, que les individus ne soient pas à la recherche du profit simplement afin de satisfaire leur plaisir personnel, mais qu'ils adoptent aussi un comportement capitaliste : c'est-à-dire qu'ils accumulent leurs gains et les réinvestissent dans la production.

L'équation : marché + État, institutions et organisations + accumulation et production, est celle qui correspond sans doute le plus justement à la réalité de nos sociétés dites « de marché ».

■ Diversité des économies de marché

Les économies de marché ne fonctionnant pas à partir de seuls mécanismes universels, mais aussi d'institutions et d'organisations propres aux différentes sociétés, elles ont une coloration historique et géographique. Il existe une immense **variété des économies de marché**, que l'on s'emploie depuis peu à analyser. Elle se manifeste à travers des règles juridiques, des formes de négociation sur le marché du travail, des politiques d'emploi des firmes, des relations entretenues avec les structures financières, qui diffèrent d'un pays à l'autre.

Variété des économies du marché : « capitalisme contre capitalisme ». M. Albert a proposé une distinction entre le capitalisme anglo-saxon, ou plus précisément néo-américain, et le capitalisme germano-nippon ou rhénan (Allemagne, Suisse, Europe du Nord, Japon...). Les économies des pays correspondant à ces deux modèles sont indubitalement toutes de marché ; pourtant, c'est entre ces modèles que l'auteur situe la principale guerre idéologique à venir. Ils sont en effet très différents : le premier met l'accent sur la réussite individuelle, la mobilité des travailleurs, le court terme, accorde un rôle important aux actionnaires dans l'entreprise, quand le second préfère la réussite collective, l'implication à long terme des travailleurs et des banques dans l'entreprise, et entretient une protection sociale coûteuse.

D

CIRCUIT MARCHAND ET ESPACE

1 - Marché et opacité de l'espace

■ Échange et opacité

A priori, l'échange marchand peut sembler peu sensible à l'espace. On a vu que, pour le pratiquer, ce sont les inconnus qui étaient privilégiés. Or, les personnes vivant dans un endroit éloigné s'identifient souvent à cette catégorie. L'échange marchand a ainsi pu être pratiqué très précocement sur de longues distances.

La question des rapports du marché à l'espace est toutefois un peu plus complexe. Pour qu'un échange marchand se réalise, on a besoin d'informations sur le produit offert, sur les termes de l'échange et, s'il y a risque de comportement opportuniste ou si la contrepartie dans l'échange n'est pas immédiate (le versement monétaire précède la livraison du produit), on souhaite disposer d'informations sur son partenaire avant d'engager une transaction (est-il honnête ? Comment se comporte-t-il habituellement en affaires ?). Des contraintes spatiales peuvent peser sur l'acquisition de telles informations et des biens : des marchandises et/ou des personnes sont parfois amenées à se déplacer.

■ Réalisation de la concurrence et opacité

Pour que l'échange se réalise dans les meilleures conditions possibles, il faut connaître non seulement les offres de son éventuel partenaire, mais aussi celles de tous ses concurrents. Le vendeur a de son côté intérêt à s'informer des propositions d'une multitude d'amateurs. La non-obtention de telles informations n'empêche pas l'échange marchand de se réaliser, mais conduira à s'éloigner des conditions de la concurrence pure et parfaite. Un espace opaque rend l'entrée en contact avec divers partenaires potentiels éloignés difficile, coûteuse ; il est donc facteur de dysfonctionnement du marché. Si je ne parviens pas à me renseigner sur le prix que des antiquaires éloignés sont prêts à m'offrir pour une commode Louis XV, il me sera difficile d'avoir du poids dans ma négociation avec les antiquaires proches. L'information circulant mal, une commode du même style pourra s'échanger à des prix très divers selon les lieux.

Par ailleurs, même si j'ai pris connaissance de l'existence de vendeurs éloignés proposant des prix plus intéressants que ceux de mon environnement proche, il me reste à prendre en compte le coût de transport du produit. Ce dernier peut se révéler important et annuler tout le bénéfice escompté. Certains vendeurs ne craignant pas des concurrents trop lointains pourront alors bénéficier d'un monopole sur toute une région et y pratiquer des prix très élevés.

■ Organisation du marché et opacité

Les organisations qui interviennent dans le circuit marchand pour assurer son bon fonctionnement doivent elles aussi acquérir des informations sur les participants au marché, sur les transactions nouées, et exercer une contrainte en cas de fraude. Si les personnes se trouvant sous leur juridiction sont dispersées, il leur faut encadrer un vaste ensemble spatial. Il existe de telles techniques d'encadrement, mais elles sont coûteuses. Il faut entretenir un grand nombre de services de contrôle, de police, de justice géographiquement dispersés, et prendre en charge le coût de la circulation des informations, des biens et des personnes nécessaire à leur bon fonctionnement. Lorsque l'espace est opaque, ce fonctionnement est mal assuré et le circuit marchand se développe difficilement.

2 - MARCHÉ DE PRODUITS NON FONGIBLES

■ L'IMPACT DE L'ESPACE SUR LA RÉALISATION DE L'ÉCHANGE

Un produit non fongible est un produit non équivalent à un autre produit appartenant pourtant à la même catégorie. La truffe, par exemple, mais aussi le logement sont des produits non fongibles. Leur achat suppose non seulement d'obtenir des informations sur les prix et les quantités offertes par chaque vendeur, mais aussi sur les caractéristiques spécifiques déterminant la valeur du produit, comme les marbrures, le parfum, la forme, pour la truffe. Chercher à obtenir ces informations par téléphone demande du temps, coûte de l'argent et il n'est pas certain que les descriptions des vendeurs donnent une idée juste du produit, ni même qu'elles correspondent à la réalité s'ils adoptent un comportement opportuniste. Il est nécessaire de voir ce produit, ou tout au moins de recourir à un spécialiste dont on connaît l'honnêteté et les qualités d'appréciation.

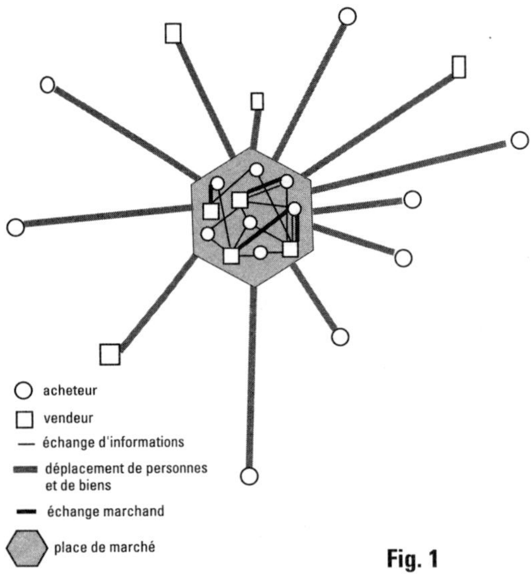

Fig. 1

Lorsque le déplacement de la marchandise non fongible est coûteux ou impossible (logements), il n'y a pas d'autre solution que la tournée des offreurs (visite des appartements). Celle-ci exige du temps et rend plus difficile la comparaison, puisque l'on n'a pas simultanément les différents produits sous les yeux. Lorsque ce bien non fongible peut-être déplacé, comme les draps au Moyen Âge, le blé à l'époque de Zola, ou la truffe aujourd'hui, le système le plus efficace est celui du marché concret. En un lieu et un temps donnés, acheteurs, vendeurs et produits se retrouvent tous physiquement pour que soient échangées des informations et conclues des transactions (fig. 1). Ainsi, chaque vendredi matin, de novembre à mars, les acheteurs et vendeurs de truffes peuvent se retrouver sur la place du théâtre de Carpentras, le plus important marché de la truffe en France.

■ L'ORGANISATION SPATIALE DU MARCHÉ

Le marché de la truffe à Carpentras, pas plus que les foires de Champagne du XIIIe siècle ou le marché de Cloyes au XIXe siècle, n'est le produit d'un ordre spontané ou d'une multitude de concertations entre vendeurs et acheteurs potentiels, qui les auraient conduits à se retouver tous un beau matin au même endroit. Une autorité a pris un jour la décision d'instituer chacun de ces marchés.

L'organisation et le contrôle spatial dans la situation du marché concret sont assez simples. Il faut d'abord assurer la sécurité des itinéraires qu'empruntent les acheteurs et vendeurs, avec argent et marchandises, pour se rendre au marché (d'où le *conduit* des foires de Champagne). Il faut ensuite gérer l'espace où se déroulent les transactions. Les marchés concrets ont souvent des allures de joyeux désordre, mais ils sont le produit d'une gestion très ordonnée. Leur configuration générale, leurs limites, le nombre des étals, leur ordonnancement interne sont l'effet d'interventions multiples. L'autorité qui a en charge le marché tente par ailleurs d'instituer la place choisie en espace concurrentiel. La circulation est déviée pour laisser chacun libre d'aller à sa guise ; le marché est par principe ouvert à tout acheteur et l'espace public attribué de la façon la plus équitable possible aux vendeurs. Une police des foires en Champagne, un placier à Cloyes ou à Carpentras s'assurent du bon déroulement du marché.

■ L'ÉTENDUE DES MARCHÉS

Il est difficile aux marchés de produits non fongibles d'avoir une grande portée sur le plan géographique. Leur étendue dépend en effet du transport des biens que l'on doit tous réunir dans un même lieu et/ou du déplacement physique des personnes se rendant au marché.

Les draps au Moyen Âge, la truffe aujourd'hui, ne sont pas des produits encombrants ou coûteux à transporter, et ils ont une grande valeur. Les vendeurs et courtiers peuvent se déplacer jusqu'à des marchés éloignés. Le voyage ne sera toutefois entrepris que si le gain sur l'achat ou la vente sur ces marchés est supérieur aux frais de transport et de logement sur place. L'aire d'extension du marché ne dépassera pas la limite au-delà de laquelle ces coûts deviennent trop importants. Lorsque le produit a peu de valeur ou que le faible développement des techniques de transport rend le déplacement coûteux en temps et en argent, les portées-limites des marchés sont donc faibles.

La figure 2 présente les marchés concrets d'un même produit. Les portées-limites de chacun d'eux sont différentes pour les acheteurs et pour les vendeurs : les petits fermiers du marché de Cloyes, avec leurs quelques sacs de blé, perdront vite beaucoup de temps et d'argent s'ils se déplacent sur de longues distances, alors que les négociants ont les moyens d'organiser un transport du blé en grande quantité à plus faible coût. Dans les interstices, on ne trouve ni vendeur ni acheteur, parce que les places de marché sont trop éloignées.

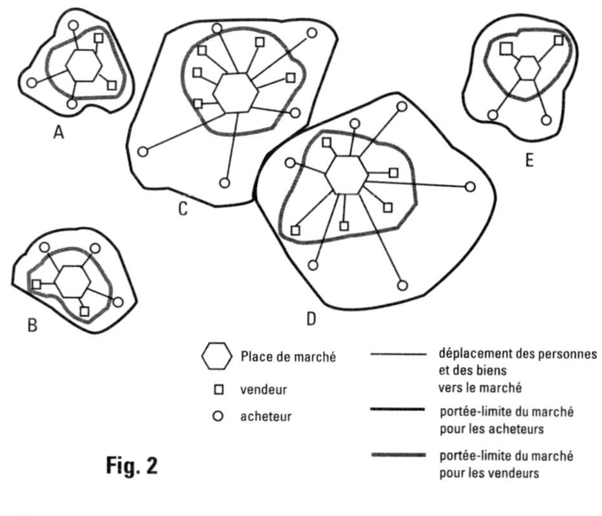

Fig. 2

Sur la marge commune aux places C et D, les prix doivent normalement s'égaliser. En effet, si le prix du blé sur le marché D baisse, les négociants se trouvant à la marge de la place C pourront désormais trouver avantageux d'entreprendre un plus long déplacement vers le marché D, où ils savent obtenir du blé à meilleur compte. Les prix pratiqués sur les deux places ne sont pas nécessairement identiques, mais leurs variations sont solidaires l'une de l'autre. Il n'y a en revanche aucune raison pour que les prix des marchés A, B, E aient une quelconque relation entre eux, ou avec les prix des marchés C et D. Les prix s'y forment de façon indépendante et peuvent être très différents les uns des autres : les **marchés sont cloisonnés**.

Des exemples de marchés géographiquement cloisonnés. Dans la France ancienne, les prix pouvaient varier du simple au triple, d'un marché de village à un autre. Encore au XVIIIe siècle, quand le transport des grains d'une place à une autre restait difficile (Braudel estime que seuls 3 % de leur consommation faisaient à l'époque l'objet d'un transport hors de la zone locale), les prix pouvaient varier selon les régions dans un rapport qui allait de 1 à 10.

On a pu observer un même cloisonnement jusqu'aux années 1960 pour le marché du travail (parce que les qualités de la main-d'œuvre étaient difficilement comparables et que la mobilité était réduite), et jusqu'à aujourd'hui pour les biens fonciers, difficiles à homogénéiser et par définition immobiles.

3 - MARCHÉ DE PRODUITS FONGIBLES

■ L'IMPACT DE L'ESPACE SUR LA RÉALISATION DE L'ÉCHANGE

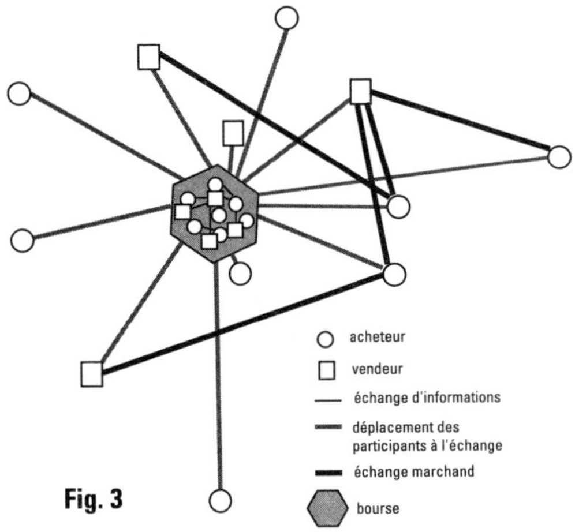

Fig. 3

L'achat de dollars ne se pose pas dans les mêmes termes que celui de truffes ou de tissus. La qualité intrinsèque du produit, sa texture, sa couleur, son odeur importent peu : le dollar est un produit fongible. Il n'est pas utile de voir des mallettes de billets pour se déterminer entre tel ou tel vendeur. L'information nécessaire pour l'échange de dollars est limitée : il importe seulement de connaître les prix et les quantités du dollar proposés par les uns et les autres.

Ces informations peuvent être obtenues en contactant différents vendeurs potentiels. Les appels téléphoniques à passer ou les déplacements à réaliser sont très nombreux ; lorsque l'espace est peu transparent, ils prendront du temps et coûteront de l'argent. La solution la plus efficace, là encore, est que les protagonistes se déplacent pour se rassembler en un lieu commun (la corbeille à la Bourse) et en un temps précis (heures du *fixing*), pour échanger des informations et nouer les transactions, mais cette fois-ci sans avoir besoin de transporter avec eux l'objet de l'échange. Les transferts de fonds sont effectués par ailleurs (fig. 3).

Les ***Bourses de commerce*** et de change sont les premières à se développer. Les Bourses des valeurs sont apparues un peu plus tardivement. Il a en fait fallu attendre pour ces dernières la naissance de sociétés par actions, au XVIIe siècle à Amsterdam puis à Londres, au XVIIIe siècle à Paris.

Ce mode de fonctionnement est celui des Bourses les plus anciennes, comme la première ***Bourse du commerce***, née à Amsterdam au XVe siècle, vers laquelle les marchands se déplaçaient. Les marchands s'étant toutefois aperçus que le voyage était une perte de temps, ils se sont mis peu à peu à envoyer à la Bourse des ordres d'achats et de vente par correspondance, que certains négociants qui se trouvaient sur place acceptaient d'exécuter contre une commission (fig. 4).

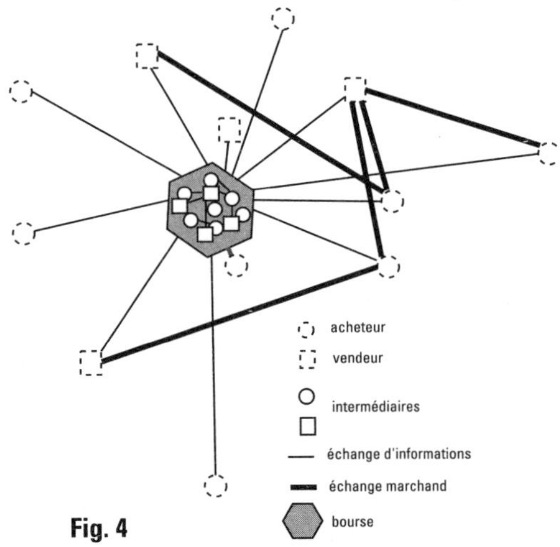

Fig. 4

Ce sytème est celui qui a régi pendant longtemps les Bourses de change et de valeur. Il put également être appliqué, surtout à partir du XIXe siècle, aux produits pour lesquels on était parvenu à établir des paramètres homogènes d'évaluation (poids spécifique, force boulangère, etc., pour le blé). Ceux-ci permettaient de rendre des produits fongibles. Il n'était dès lors plus nécessaire de les voir pour obtenir les informations nécessaires aux transactions, et de grandes Bourses de commerce purent se développer (Bourse du blé de Chicago, de Montréal, de Sydney). Le télégraphe ou le téléphone remplacèrent seulement peu à peu les échanges par courrier, de même que les ***opérateurs boursiers*** et les ***courtiers*** en Bourse, les anciens négociants.

L'opérateur boursier, ou commissionnaire, exécute une transaction en qualité de mandataire pour une personne extérieure à la Bourse, et reçoit pour cela une commission.
Le courtier, ou agent de change, sert quant à lui d'intermédiaire entre les acteurs de la Bourse. Il tente, par exemple, de trouver, sur l'ordre d'un opérateur boursier acheteur, un opérateur boursier vendeur, et perçoit pour cela un droit de courtage.

■ L'ORGANISATION SPATIALE DU MARCHÉ

La gestion et le contrôle du marché dans l'espace sont plus complexes avec le système boursier. Il faut, d'une part, toujours une organisation de la place où se nouent les transactions. Un lieu, un bâtiment doivent être transformés en Bourse, des heures précises d'ouverture sont à définir. L'aménagement du lieu est par ailleurs spécifique ; la solution du cercle, la plus adaptée aux échanges d'informations entre partenaires multiples, est généralement adoptée au moyen de la construction d'une « corbeille ». Il s'agit ensuite de définir les conditions d'entrée dans l'enceinte boursière ; chaque place tente de trouver son propre équilibre entre une ouverture à tous, qui favorise la concurrence, et une fermeture à des individus susceptibles de gêner le bon déroulement des transactions. Une police interne a d'ailleurs en charge l'exclusion des personnes qui troubleraient celui-ci. Un tribunal d'arbitrage peut être chargé de trancher les conflits internes à la Bourse et des commissions indépendantes (**COB**, par exemple) ont pour mission d'enquêter sur le fonctionnement du marché.

La COB, ou Commission des opérations de Bourse. Le marché boursier ne fonctionne pas sur la base de seuls rapports entre demandeurs et offreurs individuels. Une autorité collégiale de régulation, dont l'indépendance vis-à-vis des milieux financiers est garantie par la loi – en France, la COB –, veille au fonctionnement du marché. Elle est chargée de s'assurer de l'égalité de traitement de tous les acteurs et surveille donc l'information préalable aux opérations financières. Elle vérifie que les émetteurs de titres ont porté à la connaissance du public tout fait nouveau susceptible d'avoir une influence sur leur cours (publication des résultats de la société), elle essaie de déceler les pratiques délictueuses (délit d'initié) ou les diffusions d'informations trompeuses (faux bilan). Elle dispose d'un pouvoir de sanction qui lui est propre (amende). Elle peut aussi saisir le Conseil des marchés de la Bourse, voire le parquet.

Avec le système boursier, il faut d'autre part exercer un contrôle à l'extérieur, sur un territoire beaucoup plus vaste que dans la situation des marchés concrets. Il s'agit, en effet, d'éviter qu'un lot de marchandises acheté à la Bourse puisse, par exemple, ne pas être livré. Les marchés boursiers durent en fait leur développement à l'efficacité de l'encadrement juridique et policier des territoires nationaux mis en place par les États. Cet encadrement permit aux tribunaux d'arbitrage boursier de s'appuyer sur des relais à une échelle nationale, voire internationale pour les plus grandes places de commerce.

■ L'ÉTENDUE DES MARCHÉS

La normalisation des produits à échanger autorise un formidable bond dans l'extension des marchés. En effet, il n'est désormais plus nécessaire d'imposer à la marchandise un détour long et coûteux par un marché concret. Celle-ci est livrée en empruntant l'itinéraire le plus avantageux possible, du vendeur jusqu'à l'acheteur.

L'étendue du marché ne va donc plus dépendre que de la facilité avec laquelle l'information concernant le produit normalisé se transmet dans l'espace. Lorsque les moyens de transport de cette information sont peu sophistiqués, les personnes doivent se déplacer (les marchands vers la Bourse d'Amsterdam au XVe siècle) et la portée-limite du marché ne peut être très importante. Quand l'organisation se perfectionne (la maison de commerce forme des courtiers, des agents de change) et que les techniques de transmission de l'information s'améliorent (télégraphe, téléphone, telex), le déplacement des offreurs et demandeurs n'est plus nécessaire. L'information voyage rapidement, à faible coût, sur des distances importantes. Un marché peut alors s'étendre sur une aire considérable.

Même si plusieurs places boursières subsistent, il suffit que l'information circule pour que les prix des unes et des autres soient en relation et qu'apparaisse un seul grand marché unifié spatialement. Les Bourses produisent en effet des cotes qui sont diffusées. Un négociant allemand en cérales, qui s'informe quotidiennement des cours, réalise ainsi son calcul : si les céréales qu'il cherche à acheter se négocient à un prix si bas à Chicago que, compte tenu des frais de transport jusqu'en Europe, elles lui reviendront moins cher que celles achetées à la Bourse de Berlin, il passera un ordre d'achat à un commissionnaire de Chicago. Si de nombreux négociants agissent de la même façon, la demande va augmenter sur la place de Chicago et les prix avec ; elle va diminuer à Berlin, et les prix de même. Les négociants vont tenter de tirer parti de ces différentiels géographiques, jusqu'à ce qu'aucun gain ne soit plus possible. Ils permettent la réalisation d'une égalisation des prix, par ce que l'on nomme un « arbitrage spatial ».

4 - LE MARCHÉ DANS UN ESPACE TRANSPARENT

La distinction fongible/non fongible a peu d'impact lorsque l'espace est transparent. En effet, même si les produits diffèrent les uns des autres, on peut obtenir sur eux les informations disponibles rapidement et à faible coût (visualisation des truffes sur écran d'ordinateur, par exemple). La transparence de l'espace ne garantit cependant pas, à elle seule, la qualité de l'information obtenue. Il peut y avoir rétention, falsification d'informations (comportement opportuniste) ou même erreur de transmission. C'est, en fait, la plus ou moins grande confiance en l'information transmise qui influe alors sur les types d'organisation adoptés et sur la forme des circuits.

■ ABSENCE DE RISQUE INFORMATIONNEL

Pour la circulation marchande de l'argent, l'espace est aujourd'hui presque transparent. On peut en effet échanger des informations au sujet d'une monnaie avec l'ensemble des vendeurs ou acheteurs éventuels, sans coût ou à coût très faible (par téléphone, réseau informatique), et déplacer la monnaie après échange très rapidement sur de longues distances pour un coût réduit (opérations informatiques de crédits et de débits de comptes). De multiples échanges d'informations peuvent avoir lieu entre des vendeurs et acheteurs deux à deux, par exemple par téléphone. Chacun se détermine à partir des informations reçues et des transferts d'avoirs peuvent s'effectuer entre ceux qui se sont accordés sur un prix et une quantité. Il n'est plus nécessaire qu'existe en un lieu une Bourse ; le marché n'est plus spatialement centralisé.

Ce système ne peut toutefois être efficace que si, d'une part, les participants au marché sont peu nombreux. En effet, même si l'espace est parfaitement transparent, l'échange d'informations deux à deux entre une multitude de partenaires exige trop de temps. C'est une solution mixte que l'on trouve ainsi sur le marché gré à gré des devises. Les cambistes, nombreux, s'appellent deux à deux, mais ne peuvent joindre tous leurs partenaires potentiels. Les services de téléinformation réalisent une centralisation de l'information, de façon partielle (des seules offres des contributeurs qui les contactent). Ils la diffusent ensuite dans toutes les salles de marché abonnées (fig. 5).

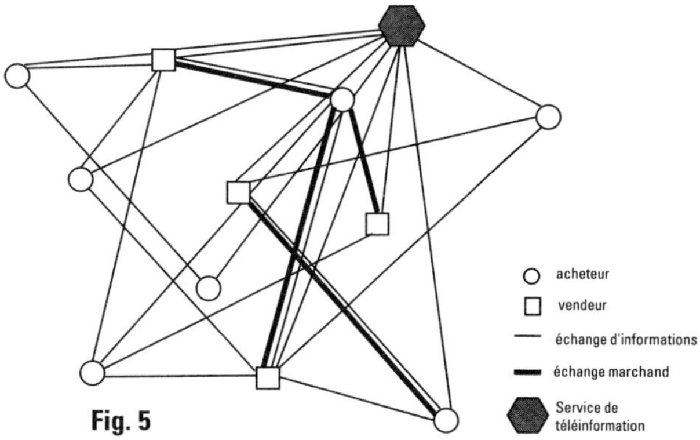

Fig. 5

D'autre part, une telle circulation ne fonctionne correctement que si l'on est assuré que les participants transmettent des informations justes et qu'aucun n'adopte de comportement opportuniste. En effet, si les cambistes doutaient de la justesse des informations livrées à l'agence Reuter ou au téléphone, ou craignaient que les transferts financiers ne soient pas effectués après accord, notamment pour les **opérations** effectuées **à terme**, aucune transaction n'aurait lieu. En fait, le marché des changes au gré à gré n'existe que grâce à la faiblesse des risques de comportement opportuniste. L'ouverture de ce marché est en effet sélective : seuls y interviennent des représentants d'établissements à la notoriété établie. Ces établissements ne sont pas très nombreux et sont connus de tous. Ils adoptent des règles déontologiques tacites, dont ils savent que la transgression entraînerait une mise à l'écart par les autres participants au marché. Quand un cambiste a donné sa parole, on peut considerer que l'opération sera réalisée comme convenu.

Marché au comptant et marché à terme. Les transactions sur les devises, comme sur les valeurs ou les marchandises, sont conclues au comptant (échange sous deux jours) mais aussi, cas le plus fréquent, à terme. Sur le marché à terme, les produits sont achetés en fixant à l'avance, par contrat, une date et des quantités d'échange, mais le règlement ne se fait qu'à l'échéance (quelques jours à quelques années). Sur le marché « à terme ferme », l'acheteur doit payer à la date fixée, mais sur celui « à terme conditionnel », il peut renoncer à l'achat le jour du terme, en versant une prime fixée dans le contrat. Il s'agit du marché spéculatif par excellence ; l'acheteur peut passer un contrat sans posséder effectivement l'argent (la banque pour laquelle opère le cambiste n'a pas nécessairement les dollars qu'il décide de vendre) ou la marchandise (souvent non encore produite) ; si les prévisions du vendeur sont déjouées, qu'il ne trouve pas à bon prix la devise ou la marchandise promise, il renonce à la transaction au jour du terme, et perd seulement le montant de la prime.

■ Avec risque informationnel

Le fonctionnement du marché dans la situation d'un espace transparent avec risque informationnel est difficile, voire impossible sans intervention extérieure. Il faut qu'une organisation veille au bon déroulement des transactions. Elle peut pour cela agir au sein du réseau même : mise en place de techniques sécurisant les transferts (protection des codes de carte bancaire), formation d'équipes qui contrôlent la véracité des informations circulant sur celui-ci (traque de la publicité mensongère), création d'organismes spécialisés auprès desquels les personnes lésées pourront faire appel. L'exercice de moyens coercitifs pose d'autres difficultés. Il faut parvenir à identifier et à localiser le fraudeur qui a opéré sur un réseau généralement très étendu, puis le poursuivre. Une justice et une police opérant à l'échelle du réseau, ou une coopération efficace entre les polices nationales, sont indispensables. S'il l'on souhaite également favoriser la concurrence, il faut veiller à ce que le système informationnel soit accessible au plus grand nombre d'acheteurs et de vendeurs (démocratisation de l'accès à Internet, par exemple).

Les difficultés que pose une organisation à l'échelle de réseaux aussi étendus conduisent à de nouvelles formes de centralisation spatiale, sur le marché des

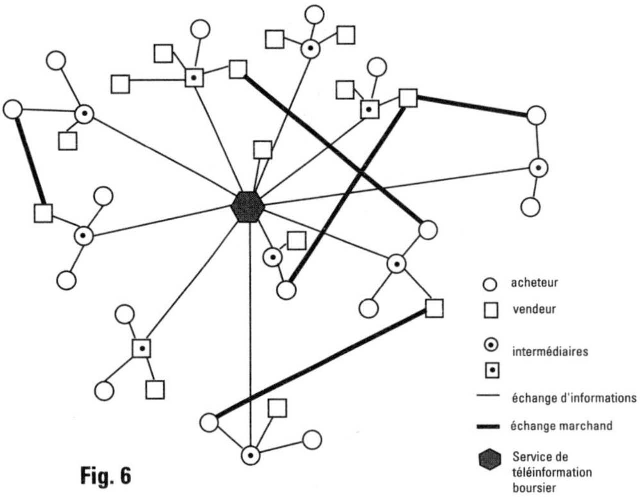

Fig. 6

changes, comme sur celui des valeurs. Le système de gré à gré a en effet posé des difficultés ces dernières années. À cause de l'ouverture du marché à davantage de participants, le risque de comportements opportunistes a augmenté. Il a conduit certaines Bourses (celle de Chicago fut la plus innovante) à se réintroduire avec succès sur le marché, en proposant de nouvelles formes de transactions plus sécurisées. Pour chacun des produits qui leur correspondent, appelés « produits dérivés », la Bourse – le Matif (Marché à terme international de France) – s'interpose entre l'acheteur et le vendeur. Contre dépôt de garantie, prélèvement sur les marges, elle s'engage par contrat à assurer le dénouement de la transaction dont elle est financièrement responsable. Elle prémunit ainsi les contractants contre différents risques (celui de non-exécution du paiement, de variation des cours, etc.). Les transactions sont à nouveau centralisées. La présence physique des intermédiaires qui négocient ces produits (banques par exemple) n'est toutefois plus indispensable si les opérations sont assurées par réseau informatique (fig. 6).

Les ***produits dérivés*** ne correspondent pas à des valeurs physiquement identifiables (monnaie, action), mais à des contrats qui portent sur une caractéristique de ces valeurs (sur le taux d'intérêt, par exemple). Ils « dérivent » de ces valeurs.

Matif : institution créée en 1986, spécialisée dans les produits dérivés. Elle reçoit les dépôts de garantie, négocie les contrats, les enregistre et les suit jusqu'à leur réalisation.

■ L'ÉTENDUE DU MARCHÉ

Les améliorations des techniques de communication, la transparence de l'espace qu'elles permettent, peuvent donner l'impression que les circuits marchands vont désormais s'étendre de façon illimitée. L'existence de risque informationnels, de comportements opportunistes, rend toutefois indispensable pour le fonctionnement de tels circuits l'intervention d'organisations. L'extension des circuits marchands est en fait aujourd'hui très dépendante de l'étendue du territoire sur lequel ces organisations parviennent à assurer un encadrement.

À MAÎTRISER

Problématiques globales

Les spécifités du rapport marchand ; les motivations ; le fonctionnement idéal du circuit marchand ; les dysfonctionnements ; le rôle des institutions ; le rôle de l'État et des organisations dans le marché ; marché et opacité de l'espace ; marché de produits non fongibles et espace ; marché de produits fongibles et espace ; le marché dans un espace transparent.

Concepts importants

Lettre de change ; marché diffus ; marché abstrait ; *mark-up pricing* ; marché des valeurs mobilières ; marché de gré à gré ; changes fixes et changes flottants ; courbes d'offre et de demande ; égalisation de la rémunération de productivités semblables ; la marché généralisé de Walras ; atomicité du marché ; cartel ; produit fongible ; rente d'innovation ; théorie de la justice de John Rawls ; législation anti-trust ; économie de marché/économie capitaliste ; cloisonnement du marché ; opérateurs boursiers et courtiers ; COB ; opération à terme ; produits dérivés ; Matif.

Auteurs et courant à situer

L. Walras, J.A. Schumpeter, J. Rawls, renouveau institutionnaliste.

DOCUMENTS À COMMENTER

Le marché des biens immobiliers

1 - PRÉSENTATION DES DOCUMENTS

Les documents ci-après présentent les mécanismes de base du marché de l'immobilier et leurs conséquences spatiales, d'après l'interprétation néo-classique. L'analyse de l'impact des comportements plus complexes que ceux de l'*homo œconomicus*, sur ce même marché, fait ensuite l'objet d'exercices.

Les valeurs foncières en Île-de-France

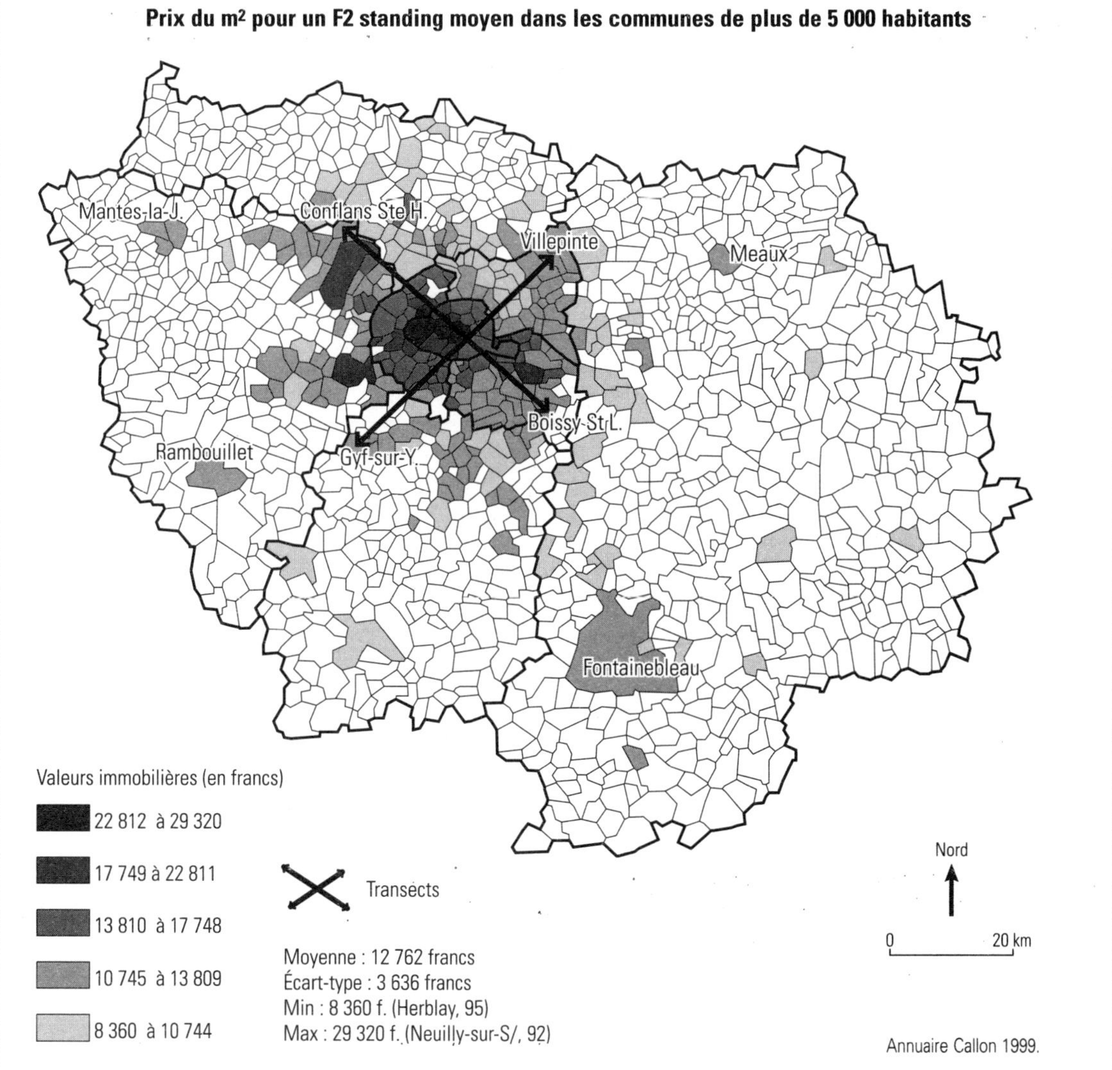

Les deux courbes suivantes ont été établies le long des transects présentés sur la carte. Le premier va de Gif à Villepinte et le second de Conflans à Boissy-saint-Léger.

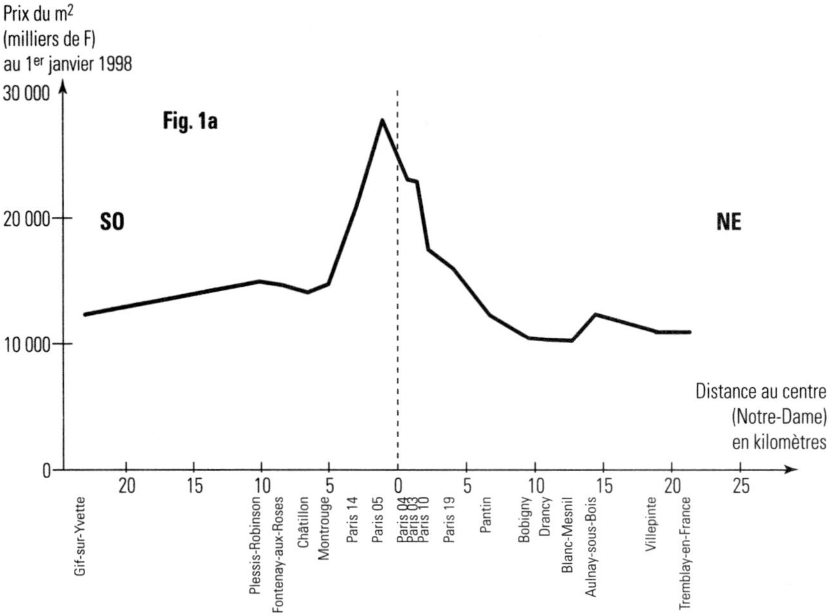

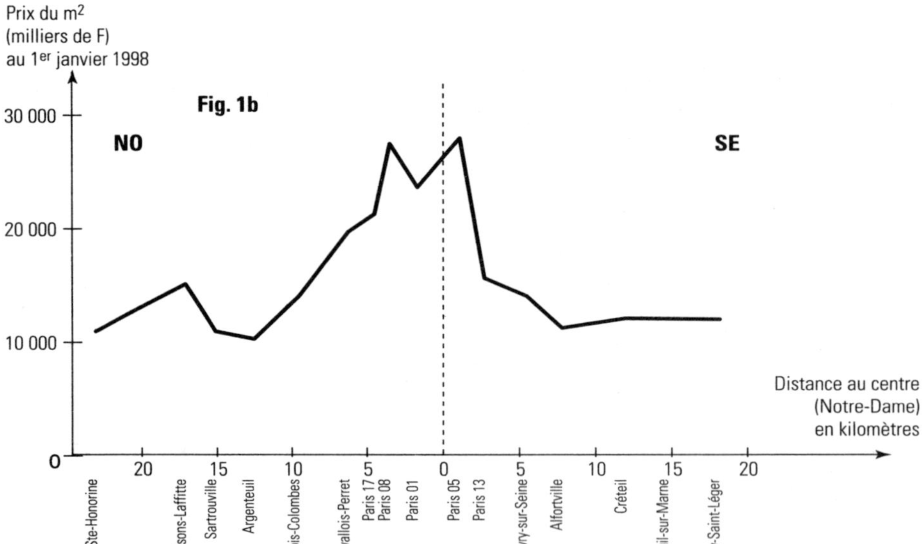

2 - EXPLICATION : LES MÉCANISMES DU MARCHÉ FONCIER

La répartition spatiale des valeurs immobilières pour les F2

L'allure générale des différentes courbes des prix immobiliers en région parisienne (1a et 1b) est une allure « en cloche ». On a une décroissance générale des valeurs foncières du centre vers la périphérie, malgré la présence de deux accidents marqués : c'est dans la proche couronne de banlieue que l'on trouve les valeurs foncières les plus faibles et non dans la banlieue la plus éloignée. Il y a un cratère pour le prix des F2 dans le 1er arrondissement, sur le second transect.

Pour comprendre l'allure prise par une courbe des valeurs immobilières, il faut s'intéresser aux rapports de l'offre et de la demande en chaque lieu. Plus la demande est élevée (beaucoup de concurrence pour occuper le lieu) et plus les prix ont tendance à l'être. Au contraire, plus l'offre se réduit plus les prix augmentent.

L'*homo œconomicus* offreur

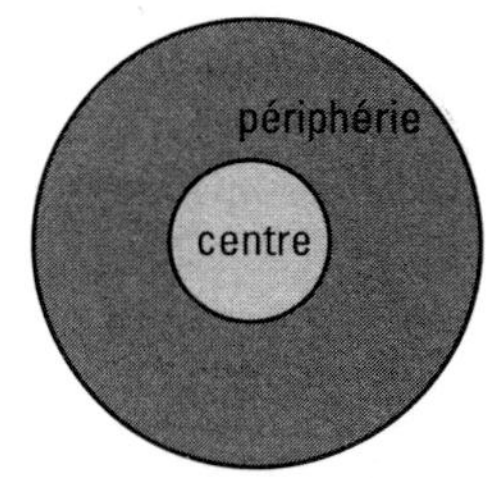

Selon le modèle de l'*homo œconomicus*, le propriétaire de logement est censé chercher à tirer le maximum de profit de la vente de son bien immobilier.

Les disponibilités en superficie sont moins importantes au centre qu'en périphérie. L'augmentation des surfaces vendables est difficile au centre, à moins d'élever considérablement les immeubles en hauteur. L'offre est donc moins abondante, moins extensible (on dit moins « **élastique**[1] » ou plus rigide) au centre qu'en périphérie.

L'*homo œconomicus* demandeur

Toujours d'après le même modèle, la demande en milieu urbain s'accorderait avec le schéma de l'utilité des lieux du citadin présenté dans les documents du chapitre 6. Puisque les agents souhaiteraient vivre au centre, là où se concentrent les emplois et les services, l'utilité des lieux et donc la demande y seraient grandes. Au contraire, plus on s'éloignerait de ce centre, plus l'utilité des lieux et la demande diminueraient.

La confrontation de l'offre et de la demande

C'est au centre que la compétition des demandeurs est la plus vive, et que l'offre est la plus rigide et la plus limitée. Les enchères montent très haut, les prix (Pa) sont élevés. Au fur et à mesure que l'on s'éloigne du centre, l'offre devient plus élastique, la demande également ; la compétition se relâche : les prix décroissent (Pb et Pc).

Confrontation de l'offre et de la demande en milieu urbain

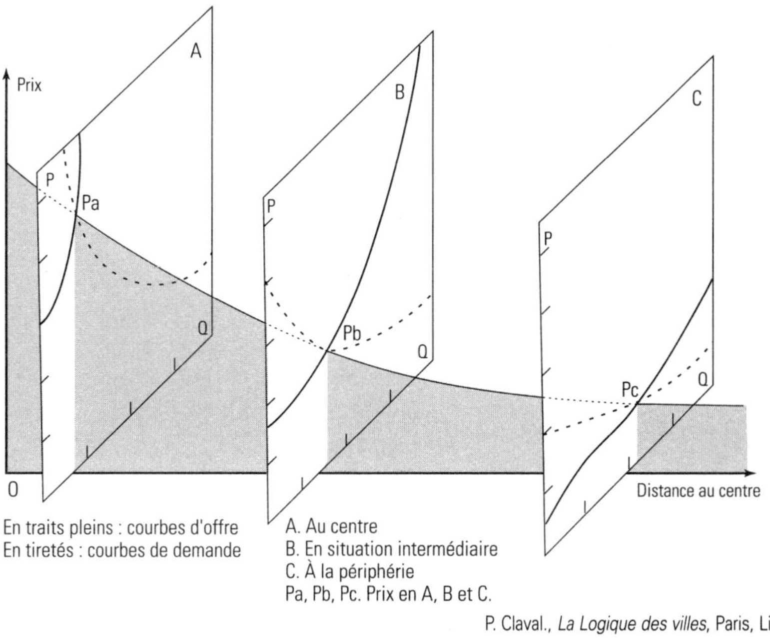

En traits pleins : courbes d'offre
En tiretés : courbes de demande

A. Au centre
B. En situation intermédiaire
C. À la périphérie
Pa, Pb, Pc. Prix en A, B et C.

P. Claval., *La Logique des villes*, Paris, Litec, 1981, p. 135.

1. L'**élasticité** d'une offre désigne la variation d'une grandeur X (effet) en fonction de la variation d'une autre grandeur Y (cause). Le **coefficient d'élasticité** (*e*) permet d'estimer précisément cette sensibilité d'une variable par rapport à une autre. Il correspond au rapport entre le taux de variation des deux grandeurs : $e\ X/Y = (\Delta X/X) / (\Delta Y/Y)$. Si $e < 1$, on parle d'inélasticité ; si $e = 1$ d'isoélasticité ; si $e > 1$ d'élasticité.

Le prix du m² pour le F2 de standing moyen est effectivement élevé dans de nombreux arrondissements du centre de Paris – notamment ici dans les 14ᵉ, 5ᵉ, 4ᵉ, 3ᵉ et 8ᵉ – parce que ces arrondissements sont très recherchés comme lieu de résidence et que l'offre est relativement réduite par rapport à celle de la périphérie. En périphérie, la surface disponible pour l'habitat est beaucoup plus importante, la concurrence est moins vive et le prix du m² moins élevé.

3 - EXERCICES

– Les 10ᵉ, 13ᵉ et 19ᵉ arrondissements ne sont guère plus éloignés du centre que les 8ᵉ, 14ᵉ ou 17ᵉ. Les densités sont par ailleurs parmi les plus élevées de Paris ; la demande est donc importante. Comment y expliquer alors la relative faiblesse des valeurs foncières ? Quels facteurs faut-il faire intervenir ?

– De même, comment interpréter les creux de la proche banlieue ? Cette couronne est plus proche du centre que la grande banlieue et la superficie disponible pour l'habitat, moindre. Les enchères devraient y monter plus haut.

– Comment interpréter la dissymétrie Est (prix plus faibles) / Ouest (prix plus élevés) ?

NB : Pour répondre à ces questions, consulter un atlas de la région parisienne.

4 - APPROFONDISSEMENT

A/ 1ʳᵉ ÉTAPE : LA CONCURRENCE SUR LE MARCHÉ FONCIER

Prix du m² pour les F2 grand standing et les bureaux en Île-de-France

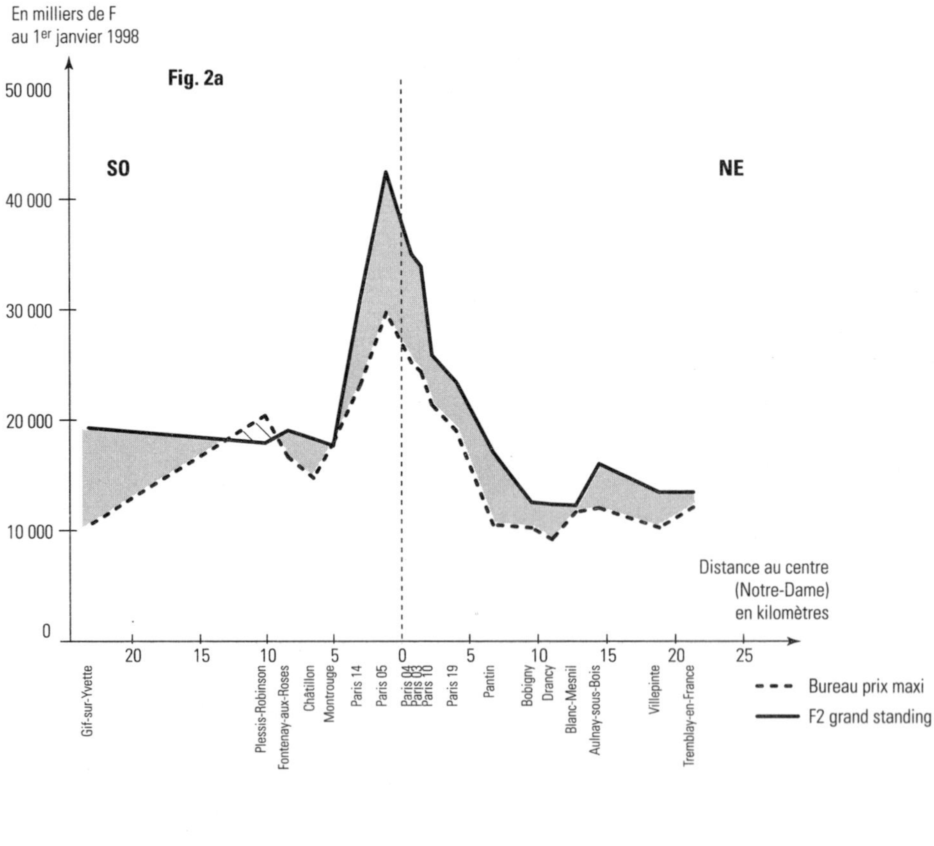

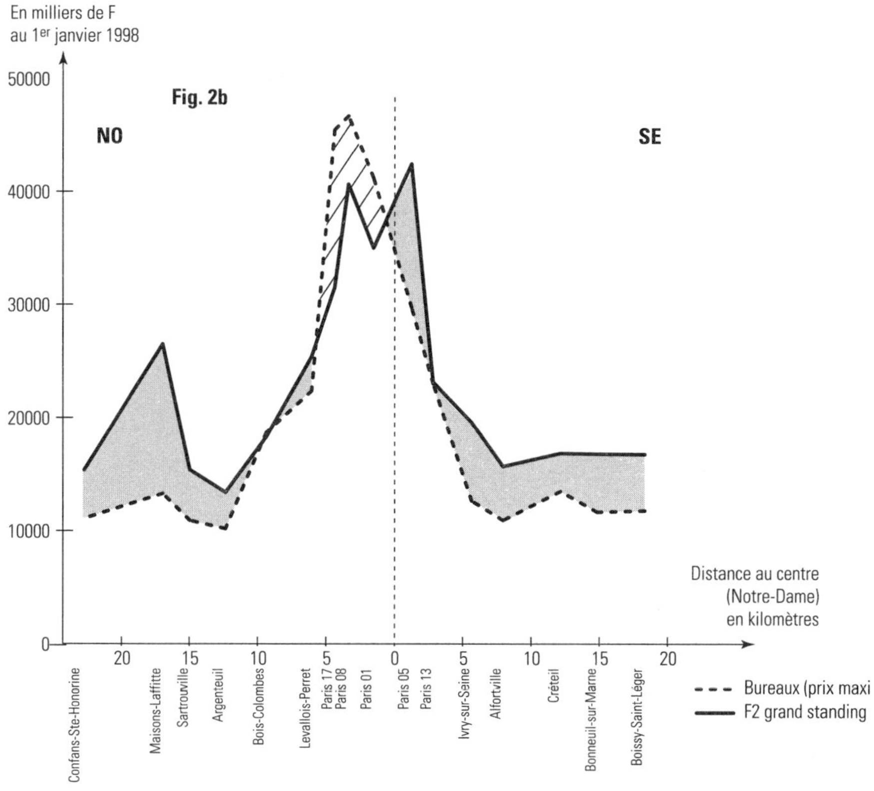

Commentaires

On a vu que, pour comprendre les valeurs foncières, il fallait à la fois réfléchir sur l'offre et sur la demande. Il existe toutefois plusieurs types d'occupation de l'espace possibles (bureaux/logement, logement de grand standing/de faible standing, etc.). Pour expliquer les types d'occupation de l'espace urbain, il faut en fait comparer les conditions de l'offre et de la demande pour chaque catégorie en différents endroits.

Les problèmes qui se posent du côté de l'offre deviennent alors un peu plus complexes que ceux qui ont été présentés plus haut. Le promoteur doit réfléchir, là où il dispose de terrains ou d'immeubles, aux types de construction, de transformations ou de non-transformations à réaliser. Pour les différentes parties de l'espace urbain où il pourrait investir, il va tenir compte à la fois de la demande anticipée pour les différents types d'occupation (jusqu'où pourra-t-il faire monter les prix dans ce quartier pour le F2 de standing moyen ? De grand standing ?) et de l'investissement requis (son investissement ne sera pas le même s'il choisit d'offrir des appartements de grand standing ou de moyen standing).

Pour simplifier l'analyse, on imagine que les conditions d'investissement sont semblables en un même lieu pour les F2 grand standing ou les bureaux (ils demandent à peu près le même investissement pour un promoteur). On élimine ainsi une variable et il ne reste qu'à analyser les conséquences du prix de vente anticipé sur le choix des promoteurs.

Les courbes ci-dessus présentent les valeurs du m^2 pour les deux types d'occupation. Ces valeurs résultent déjà d'une confrontation entre l'offre et la demande. On peut supposer toutefois que les résultats qui apparaissent sur ces courbes sont également utilisés par les promoteurs, pleinement informés, pour anticiper le montant qu'il peuvent obtenir d'une vente immobilière dans tel ou tel lieu.

Questions

– Si le rapport entre les valeurs foncières de différentes formes d'occupation du sol tel qu'il apparaît sur les transects se maintient dans la durée, à quelles conséquences peut-on s'attendre ?

– Comment peut-on désormais expliquer la présence du cratère dans le 1er arrondissement sur les courbes des F2 moyen et grand standing ?

B/ 2e ÉTAPE : LES ENCHÈRES FONCIÈRES

Enchères foncières et structure de l'occupation du sol en milieu urbain

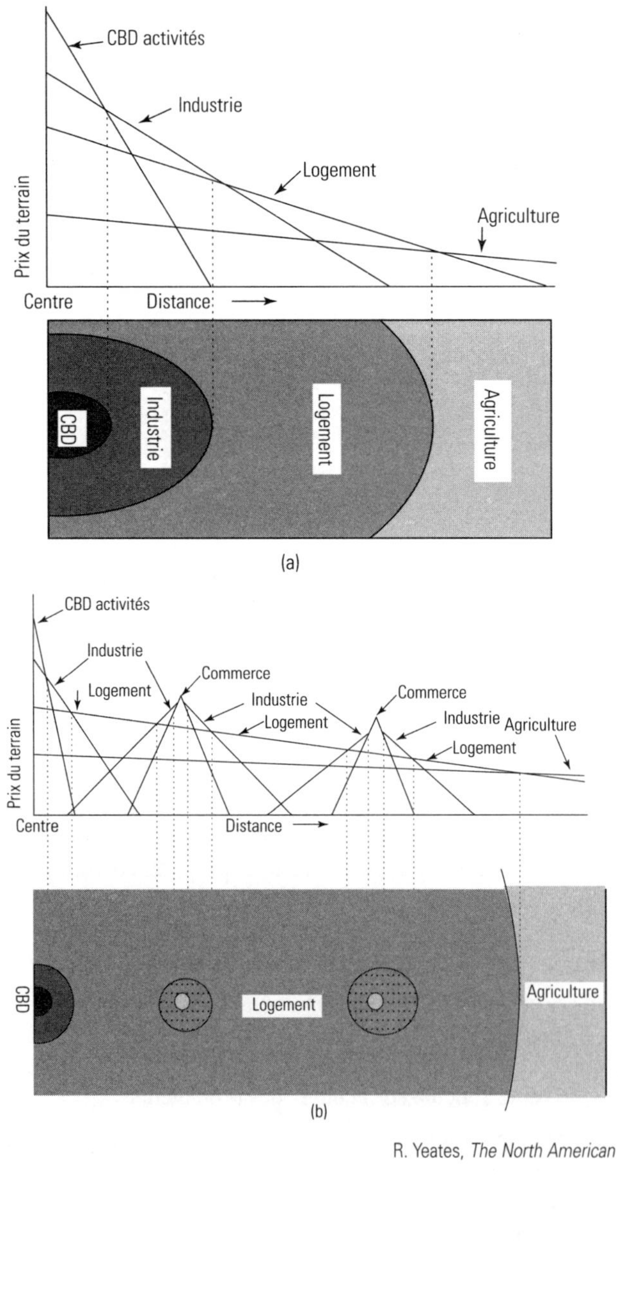

R. Yeates, *The North American City*, 1989, 4e éd., p. 132.

Explication

Le mécanisme d'enchères foncières a été modélisé par W. Alonso pour expliquer le zonage des formes résidentielles et des types d'activité dans l'espace urbain.

Alonso considère la demande, et d'abord celle des seuls ménages qui choisissent leur localisation à travers un mécanisme d'enchères foncières qui intègre de nombreuses données non présentées ici. Les enchères des ménages riches surpasseront les enchères des ménages plus pauvres pour le même emplacement : le mécanisme des enchères fait qu'il y aura un étagement, un ordonnancement régulier des ménages et des classes sociales du centre vers la périphérie.

Dans une étape suivante, Alonso cherche à confronter les diverses fonctions : résidentielles, industrielles, commerciales et administratives. C'est la fonction capable de monter le plus dans les enchères en un lieu qui va l'occuper. Ce sont les processus de concurrence sur le marché foncier qui expliquent pour une grande part la répartition des catégories résidentielles et des activités dans l'espace urbain.

Questions

– Qu'exprime le premier des schémas de Yeates (a) ? Expliquer précisément pourquoi l'intersection de droites se traduit par un changement de mode d'occupation du sol. Comment rattacher ce raisonnement à celui qui a été tenu pour les F2 et bureaux grand standing en région parisienne ? À quelle partie du raisonnement d'Alonso se rattache ce schéma ?

– Le schéma de Yeates s'applique aux villes américaines. Quelles différences observerait-on sur un schéma adapté aux villes européennes ? Quels facteurs historiques, culturels faut-il faire intervenir pour les comprendre ?

– Quels facteurs expliquent le passage – souvent temporel – de la situation résumée par le schéma (a) à celle résumée par le schéma (b) ?

DOCUMENTS PROPOSÉS

La mise en place du marché dans le domaine foncier. L'exemple de la Russie

1 - PRÉSENTATION DES DOCUMENTS

Les deux textes suivants s'attachent à la mise en place du système du marché dans le secteur du foncier et de l'immobilier en Russie. Le premier correspond à la réflexion d'un géographe russe sur les transformations qu'il observe ; le second est l'analyse de chercheurs français plus directement impliqués dans le domaine de l'aménagement et l'urbanisme. La période du début des années 1990 a été choisie, parce qu'il s'agit ici de repérer les transformations spatiales et organisationnelles qui accompagnent la mise en place d'un circuit marchand.

« La recherche urbaine en Russie : les nouveaux défis »

Structures spatiales urbaines

Dans l'ex-URSS, la périurbanisation au sens occidental était pratiquement inconnue ; il n'existait ni offre ni demande : si le tissu des lieux habités autour de Moscou et des autres agglomérations urbaine devenait de plus en plus complexe et dense, c'était seulement parce que des restrictions administratives s'opposaient à la création de nouvelles entreprises industrielles et même de bureaux dans la ville-centre [...]. Les villes soviétiques ne présentaient pas une ségrégation sociale ou ethnique aussi tranchée que certaines villes occidentales. La répartition géographique des groupes sociaux y est éventuellement contrastée, mais plutôt sous la forme d'une mosaïque. [...]

Entreprises industrielles et pouvoirs urbains

Au moment de la crise de 1990-1991, les entreprises possédaient la moitié du fonds de logements urbains. Cette place des entreprises dans l'urbanisme est l'une des raisons principales des défauts des structures spatiales urbaines, marquées par l'absence d'un vrai centre, susceptible d'assurer des fonctions pour l'ensemble de la ville, ainsi que par le gaspillage de ressources résultant de la création d'infrastructures sociales par chaque entreprise pour sa propre cité, de la pénurie de certains services, etc. Certaines villes ne sont plus qu'un conglomérat de cités, créées par chacune des grandes usines pour elle-même, avec leurs propres centres, leurs propres équipements sociaux plus ou moins cohérents. Dans les cas extrêmes, chaque partie de la ville a son propre central téléphonique, mal relié aux autres ! [...]

On sait qu'en 1981 encore, existaient en URSS des restrictions administratives aux flux migratoires vers les grandes villes. Les nouveaux venus n'étaient pas autorisés à s'installer librement en ville sans avoir trouvé au préalable un emploi ; en même temps, il était impossible de se procurer du travail sans le fameux cachet sur le passeport, confirmant la *prospiska*, c'est-à-dire l'autorisation d'habiter dans la ville. [...]

La création d'un marché du logement

La création d'un marché du logement pose en Russie des questions entièrement nouvelles. C'est sans doute le principal problème interdisciplinaire, le plus compliqué, dont l'importance est primordiale pour l'avenir des réformes. D'abord ce marché est absolument nécessaire pour assurer une profonde restructuration de l'économie, et la mobilité sociale et spatiale des travailleurs. Deuxièmement, en ce temps de crise, l'État cherche délibérément à se débarasser du secteur du logement, qui reste largement subventionné par un budget toujours déficitaire. Troisièmement, les théoriciens des réformes espèrent que la privatisation des logements provoquera des changements décisifs dans les comportements et la mentalité de la population. Enfin, l'existence d'un marché du logement est la condition obligatoire du respect des droits de l'homme, notamment de son droit à se déplacer librement. [...]

Conséquences sociales et politiques de la création d'un marché du logement

Les villes devront s'adapter à la nouvelle division du travail entre les quartiers, et la ségrégation sociale y progressera. Les petites ruelles des centres historiques, bien situées, protégées du bruit des grandes avenues, déjà très attractives pour l'ancienne élite de l'époque soviétique, abriteront la nouvelle bourgeoisie, les plus hauts fonctionnaires, les personnes disposant de revenus en devises fortes, les étrangers. Les mêmes se concentreront dans quelques quartiers près des espaces verts, sur les quais, etc. Ils auront leurs propres écoles privilégiées de statut privé, comme il en existe déjà bon nombre à Moscou et à Petersbourg, leurs stades, leurs piscines, leurs parkings, voire leurs gardes dans des guérites derrière des clôtures en fil de fer. Ce paysage était connu dans le passé dans quelques îlots, occupés par l'élite et par les étrangers.

Si ces processus appraissent « normaux » et inévitables, il faut se demander dans quelle mesure l'opinion publique, éduquée dans des traditions d'égalitarisme au moins apparent, pourra tolérer une stratification sociale aussi voyante. Comment perçoit-on, par exemple, le rachat des anciens magasins d'État dans le centre de Moscou par les meilleures compagnies occidentales, tells que Yves Saint-Laurent, Christian Dior, Nina Ricci, Mercedes-Benz ou Volvo ? Les vitrines sont superbes ; mais même parmi ceux qui disposent de devises fortes, seuls les très riches peuvent franchir leurs portes.

V. Kolossov, *L'Espace géographique*, 1993, n° 4, pp. 289-298.

« Russie 1992. Privatisations hors marché »

Le 27 avril, la Russie devenait membre du Fonds monétaire international, consacrant ainsi le changement complet de son économie. Depuis plusieurs mois, elle s'était engagée dans une curieuse marche forcée vers le capitalisme à grand renfort de «privatisations». C'est précisément pour étudier la privatisation des terrains qu'une équipe de l'Adef (Association de développement des études foncières) a réalisé une mission d'expertises, pour le compte de la Banque mondiale dans le cadre de son programme *Housing reform and privatization*. La question posée est simple : comment fabrique-t-on de la « propriété privée » dans un pays où toutes les terres sont « propriété du peuple » depuis trois générations. Les réponses actuellement apportées laissent pour le moins perplexe. Il faut tout d'abord s'adapter à des interlocuteurs pour lesquels beaucoup de concepts de base ont une signification bien différente. Des notions aussi élémentaires que celles de loi, de monnaie, de propriété, prennent un sens nouveau dans cet immense pays en plein désarroi. [...]

Théoriquement, tous les terrains sont la propriété de l'État et ce sont « les organes » qui décident de la meilleure affectation des sols et de leur réaffectation ; il s'agit normalement de simples mesures de gestion qui n'impliquent pas plus de mouvement de valeur que celles qui viseraient à transférer de la main-d'œuvre d'une entreprise dans une autre. Pratiquement chaque entreprise, chaque administration, chaque service, après avoir été une fois attributaire d'un espace, faisait en sorte d'en conserver indéfiniment l'usage en cherchant à démontrer qu'il en avait un besoin impérieux pour assurer sa mission, d'où une faible utilisation de l'espace urbain qui frappe le voyageur occidental. Les processus de réaffectation de l'espace étaient considérablement freinés par l'absence d'intérêt que tout attributaire de terrain avait de céder la place à un nouvel attributaire et par les stratégies de retardement qu'il pouvait déployer, sauf directives de haut niveau affirmant une forte priorité pour un nouvel utilisateur d'espace. Dans les cas courants, des systèmes de compensation et de troc étaient mis en place pour obtenir le départ de l'ancien occupant. [...]

Freinages

Le processus de privatisation qui est en train de se mettre en place provoque un étrange malaise dans la société russe. Alors que la confiscation de la propriété foncière par le pouvoir soviétique s'était faite sans indemnisation par la seule vertu d'un décret, les autorités prétendent aujourd'hui vendre les terrains et les immeubles à leurs occupants [...]

Personne ne songe évidemment à rechercher les propriétaires d'avant 1917. Au cas où l'on retrouverait leurs descendants, ce serait d'ailleurs ajouter de nouvelles injustices aux anciennes, puisque les rapports de valeur ne sont plus les mêmes et que les occupants actuels ne sont pas responsables de l'Histoire. Cependant, prétendre que l'on va privatiser les logements et les terrains en les vendant, même à prix très réduit, à leurs occupants, est tellement irréaliste que cela revient, *de facto*, à limiter le processus de privatisation à un secteur très marginal constitué d'investisseurs étrangers et de la petite couche des nouveaux riches. [...]

[Le projet de distribution gratuite des logements aux occupants] peut être estimé injuste par l'opinion publique. Les ménages qui ont eu la chance de s'être fait attribuer un logement en deviendraient

propriétaires, alors que d'autres, toujours dans la file d'attente, perdront définitivement l'espoir de recevoir à leur tour un logement gratuit alors qu'ils ont autant contribué que les premiers à l'économie du pays. [...]
Pour concilier privatisation et justice foncière, la loi avait voulu établir un principe de gratuité contingentée de l'attribution de titres de propriété. Le système pouvait être séduisant pusqu'il garantissait une apparente équité en limitant cette gratuité à un certain plafond de surface par personne et en reconnaissant aux ménages n'atteignant pas ce plafond le droit de se voir, un jour, attribuer leur dû. Mais la mise en œuvre d'un tel système ouvre aussitôt un processus bureaucratique de contrôles, de correctifs (par exemple, pour tenir compte de la situation géographique du quartier), d'exceptions (comment traiter le cas des enfants actuellement pensionnés ou à l'armée, des vieux parents à l'hôpital mais toujours domiciliés dans le logement, etc.), de pondérations (un mètre carré de logements insalubre vaut-il autant qu'un mètre carré de logement neuf ?). [...]

Le paiement foncier

La Russie a adopté le 11 octobre 1991 une loi qui institue un impôt général sur l'utilisation des terrains, bâtis ou non bâtis, urbains ou agricole, le « paiement foncier ». [...]
On voit ici le principal mérite du paiement foncier tel qu'il est en train de se mettre en place : il va conduire à fixer les limites des terrains et va préparer le chemin d'une clarification du statut des sols. Chaque déclarant sera en effet amené à mettre en balance l'avantage de revendiquer des droits sur un vaste terrain et l'inconvénient de devoir en subir le coût fiscal. Or, historiquement, on peut observer que, dans la plupart des pays européens, les premiers titres de propriété ont presque toujours été des titres fiscaux : « *je suis propriétaire parce que je paie l'impôt, ou parce que je verse le cens au seigneur foncier* ».

Cadastre numérisé ?

Le fonctionnement d'un marché foncier suppose un cadre institutionnel et juridique qui, pour une large part, reste encore à créer en Russie, en paticulier la constitution d'un cadastre [...] c'est-à-dire la délimitation des « unités foncières », le calcul de leur surface, de la catégorie d'imposition et l'indication de l'identité du « titulaire » de chaque terrain. [...]

Droit des sols

L'apparition inévitable d'un marché foncier urbain et périurbain, qu'on accepte ou non d'en reconnaître la légalité et de l'encadrer par des garanties juridiques, rend nécessaire la réorganisation des méthodes de planification du développement urbain. [...]
L'absence de marché foncier et d'activité privée de construction ne rendait pas nécessaire, jusqu'à présent, l'établissement de documents d'urbanisme réglementaire précisant le droit des sols applicables aux tiers puisqu'il n'y avait pas de tiers. Il n'existe donc nulle part aucun document semblable de près ou de loin à nos plans d'occupation des sols ; il n'est même pas envisageable d'en mettre immédiatement à l'étude car c'est tout un travail de conceptualisation préalable qui doit être mené afin de fixer le language juridique qui sera utilisé dans l'édiction du futur droit des sols. Un travail de réflexion reste donc à entreprendre par les professionnels de l'urbanisme qui ont du mal à imaginer un urbanisme s'appuyant sur des normes juridiques.
En l'absence d'un tel effort, le développement urbain oscillera entre des situations de chaos (par absence de garantie juridique des acheteurs, non-prise en compte des coûts d'équipement, gaspillage des espaces naturels à protéger) et des situations de blocages (par réaction contre un tel chaos).

Professions à créer

La création d'un marché de l'immobilier rend nécessaires de nouvelles fonctions de mise en relation des acheteurs et des vendeurs potentiels, de mises en place de crédits et de certifications juridiques, toutes fonctions qui n'existent pas puisqu'elles étaient inutiles dans la société soviétique. Il existait seulement (pour échanger les appartements) un système traditionnel des plus sommaires : l'apposition d'affichettes manuscrites sur des panneaux où elles côtoient les offres les plus diverses. Il n'existe ni presse ni services spécialisés. Les officines, qui commencent à se créer à Petersbourg et à Moscou, agissent en dehors de tout cadre légal et ne constituent pas obligatoirement, ni l'unique, ni la meilleure façon de répondre au problème.
Le développement d'un marché foncier transparent et équitable (ne faussant pas la concurrence) supposerait une meilleure garantie juridique de la transaction. Nous venons de voir qu'il n'existe pour les terrains, aucun système susceptible de garantir le droit du sol, comme le certificat d'urbanisme français, ni même la constance du bien vendu puisque le terrain ne figure dans la vente qu'à l'état de trace, comme un droit précaire d'usage de la construction sur un espace. [...]
Signalons enfin que la profession d'aménageur privé n'existait évidemment pas dans la Russsie soviétique, mais il est plus curieux de constater qu'à proprement parler, la fonction d'aménageur

public n'existait pas non plus, c'est-à-dire qu'aucun organisme ne possédait une autonomie de gestion avec la mission de fabriquer les nouveaux terrains et de récupérer les coûts de fabrication dans les prix de revente des terrains équipés... puisqu'il n'y avait ni achat ni vente.

Une mafia incontournable

Il reste que le principal problème qui hypothèque la renaissance de la propriété foncière et la création d'un marché de l'immobilier est l'existence d'une masse considérable d'argent sale aux mains de diverses mafias qui risquent de trouver là le moyen facile de blanchir à bon compte les richesses amassées depuis longtemps.

Il serait stupide de jeter un voile pudique sur cette question qui travaille les esprits. [...] Ce sont bien sûr d'abord les nouveaux et anciens riches qui profiteront des possibilités offertes par le nouveau marché de l'immobilier. [...]

Mais le mal est plus profond. Depuis 1928, les Russes ont vécu l'abolition de toute activité sociale ou économique de nature privée, la sphère du privé se trouvant réduite à la sphère familiale. Aujourd'hui les privatisations s'opèrent donc sans aucune référence conceptuelle à une frontière entre « public » et « privé ». N'a-t-on pas même vu un groupe de généraux envisager sérieusement de privatiser un aérodrome militaire ? On a parfois l'impression que c'est l'appareil d'État lui-même qui est en train de se privatiser, c'est-à-dire d'exploser en multiples groupes d'intérêt sans qu'existe l'idée de ce qui doit relever d'un minimum de « service public ». Paradoxalement c'est d'abord l'État qu'il s'agit de reconstruire.

J. Comby., V. Renard.et R. Acosta, *Études foncières*, n° 55, juin 1992, pp. 45-57.

2 - QUESTIONS

– Avant la chute de l'URSS, quelle était la forme de circuit des biens fonciers ou immobiliers dans l'ex-URSS ? Essayer de présenter cette circulation sous forme de schéma. De quelle façon concrète s'effectuait-elle ?

– Quels impacts sur la structure spatiale urbaine avait cette forme de circulation ? Expliquez notamment l'absence de centre et de ségrégation spatiale.

– Pourquoi la mise en place d'un marché du foncier et du logement apparaît « absolument nécessaire » avec le changement de système économique ? Quel lien peut-on établir entre cette position et celle que l'on trouvait dans l'Angleterre du XIXe siècle ?

– Montrer, pour cet exemple des biens fonciers et immobiliers, que le marché correspond bien à un échange de droits d'usage et de droits de propriété. Quelles sont les implications concrètes de cette caractéristique ?

– Quels effets sur la structure spatiale de la ville russe, liés à l'introduction du marché pour les biens fonciers et immobiliers, sont anticipés par les auteurs ? Quels mécanismes risquent de conduire à ces transformations ?

– Comment la circulation des biens fonciers et immobiliers s'organise-t-elle concrètement par le marché ? Ces biens ne peuvent être déplacés vers un marché concret. Comment met-on alors en place la confrontation de l'offre et de la demande ? Comment peut-on obtenir une transparence sur ce marché ? Comment rendre les produits fongibles ?

– Recenser les mesures, les formes d'organisations concrètes qui accompagnent la mise en place d'une circulation marchande pour les biens fonciers et immobiliers ? Qui prend en charge leur introduction ? Pourquoi ?

– « Paradoxalement c'est d'abord l'État qu'il s'agit de reconstruire », concluent les auteurs du second article. Pourquoi cela leur semble-t-il un paradoxe ? Montrer pourquoi cela n'en est pas un.

DOCUMENTS PROPOSÉS

L'organisation du marché à l'échelle internationale

« Finalement, le contrôle des changes a du bon ! »

La seule réponse prudente à la crise financière qui fait boule de neige à travers le monde est d'accélérer l'ouverture des marchés. C'est ce que ne cessent de répéter depuis plus d'un an le Trésor américain et le Fonds monétaire international (FMI) aux gouvernements des pays touchés, qui, jusqu'à récemment, se sont docilement exécutés.
Mais cela n'a pas marché, du moins pas comme on l'avait espéré. Aussi, certains pays frappés par la crise font volte-face et érigent de nouvelles barrières frontalières aux mouvements de capitaux. D'autres ne manqueront pas de leur emboîter le pas. Jamais depuis la fin de la guerre froide l'orthodoxie libérale ne s'était trouvée confrontée, à l'échelle planétaire, à une menace d'une telle gravité.
Ainsi, le Premier ministre malaisien Mahathir Mohamad, pour qui « l'économie de marché a lamentablement échoué », a décidé récemment que la monnaie nationale de la Malaisie (le ringgit) ne pourrait plus se négocier à l'étranger. La Russie a suspendu le remboursement de sa dette extérieure. En Amérique latine, certains gouvernements flirtent avec la mise en place de nouveaux contrôles des changes.

Les pays qui ont résisté s'en sortent mieux

Pourtant, jusqu'à présent, les décideurs de l'économie mondiale dans leur grande majorité préconisaient la libre circulation des capitaux, qui pourraient de cette façon trouver les investissements les plus rentables et les plus productifs, où qu'ils se trouvent. Et, jusqu'à l'année dernière, c'est cela qui a assuré la prospérité des marchés émergents, avec l'afflux dans ces pays de centaines de milliards de dollars d'investissements étrangers qui venaient alimenter une hausse extraordinaire du niveau de vie.
Mais il apparaît désormais clairement que cette dépendance à l'égard des capitaux étrangers avait son prix. Car il s'agissait en majorité de placements à court terme, susceptibles de s'enfuir aussi rapidement qu'ils étaient arrivés, provoquant ainsi une envolée des taux d'intérêt, un plongeon des taux de change, des crises financières et des récessions, toutes conséquences désormais par trop familières. Les immeubles de bureaux vides de Kuala Lumpur et de Bangkok prouvent qu'au moins une partie des fonds venus de l'étranger a été gaspillé. Certains pays, comme la Chine, l'Inde et, dans une moindre mesure, le Chili, qui ont résisté obstinément à ce dogme de la libre circulation des capitaux, s'en sortent aujourd'hui mieux que d'autres. Parce que l'Inde n'avait jamais complètement ouvert ses frontières aux capitaux internationaux, elle s'est protégée de la tendance des marchés, maintenant manifeste, à faire fluctuer à l'extrême les monnaies. [...]
Lors d'une conférence à huis clos organisée début septembre à Washington par l'Institute for International Economics, un groupe de réflexion privé, une trentaine d'experts réputés ont largement débattu des avantages et inconvénients des contrôles imposés aux mouvements de capitaux. Les représentants de Wall Street les jugent contre-productifs et ingérables. [...]
Au contraire, comme il l'avait déjà fait dans d'autres enceintes, Joseph Stiglitz, le premier économiste de la Banque mondiale, a plaidé en faveur des contrôles, à condition qu'ils soient destinés, comme en Chine, à décourager les placements à court terme (tels les prêts bancaires ou les transactions de change à court terme) sans entraver les « bons » investissements, c'est-à-dire ceux qui sont réalisés dans les usines et les projets d'infrastructures. [...]
Si l'argumentation des économistes en faveur de la libre circulation des biens et des services est vieille de plusieurs siècles, l'idée selon laquelle l'État devrait également autoriser – à plus forte raison encourager – celle des investissements financiers est en revanche relativement récente. Les pères du FMI, l'éminent économiste britannique John Maynard Keynes et l'Américain Harry Dexter White, moins connu mais néanmoins influent, craignaient que les flux financiers « ne deviennent une force indépendante et perturbatrice » qui déséquilibrerait les échanges, selon James Boughton, du FMI.
Sur ce sujet, Keynes était péremptoire. « De l'avis général, écrivait-t-il, le contrôle des mouvements de capitaux, dans les deux sens, devrait constituer un trait permanent du système. » Et il le fut effectivement pendant plusieurs dizaines d'années.
Ainsi, au début des années 80, seuls les États-Unis, la Suisse et le Royaume-uni avaient instauré une liberté totale des flux financiers. En 1984, l'Alle-

magne s'y est convertie, bientôt imitée par le Japon. En partie à cause de l'évolution des courants de pensée, en partie parce que l'ouverture des marchés intérieurs a créé des possibilités nouvelles d'arbitrage international entre ces derniers, les restrictions sur les échanges internationaux ont été progressivement levées. L'avènement des taux de change flottants au début des années 70 y a également contribué.

Une politique fondée sur ce que pensent 20 ou 30 cambistes

À la fin de l'année dernière, avant que la crise actuelle ne se révèle dans toute son ampleur, les membre du FMI ont jugé souhaitable d'amender la charte de l'organisation afin d'y inscrire la libre circulation des capitaux comme l'un de ses objectifs principaux. [...]

Cette proposition a provoqué une vive réaction de la part de ceux qui ne sont pas convaincus des mérites de cette libéralisation. Dani Rodrik, professeur d'économie à Harvard, s'indigne en particulier que les gouvernements soient obligés de mettre en œuvre une politique fondée sur « *ce que 20 ou 30 cambistes de Londres, New York et Francfort* » pensent. Dans une étude qui a été publiée en début d'année et qui fait autorité, il concluait que les 23 pays ayant abaissé les barrières aux flux financiers depuis 1973 – l'ironie de l'histoire, c'est que la Malaisie en fait partie – n'ont pas connu de croissance plus forte ni d'inflation plus faible qu'ailleurs.

D. Wessel et B. Davis, *The Wall Street Journal*, repris dans *Courrier International*, n° 411, 17-23 septembre 1998.

Le rendez-vous de Seattle

L'organisme de gestion du commerce mondial

Le 1er janvier 1995, l'Organisation mondiale du commerce (OMC) succédait à l'Accord général sur les tarifs douaniers et le commerce (Gatt) pour être, comme lui, responsable de la libéralisation et de la supervision du commerce international mais avec des moyens d'action accrus. C'est un organisme international doté du même caractère institutionnel que la Banque mondiale ou le Fonds monétaire international (FMI). Arbitre des conflits, l'OMC a été dotée d'un mécanisme contraignant de règlement des conflits commerciaux, l'Organe de règlement des différends (ORD).

Seattle est devenue, pour quelques jours, la ville-symbole de la mondialisation. 50 000 manifestants venus du monde entier, appartenant à des groupes de protection de l'environnement ou de défense des consommateurs, membres de syndicats, petits exploitants agricoles se sont retrouvés dans la capitale de l'État de Washington, au nord-ouest du pays, qui abrite le siège de Microsoft et de Boeing. Ils veulent tenter de s'opposer au lancement d'un nouveau cycle de libéralisation des échanges dans le cadre de l'Organisation mondiale du commerce (OMC). Face à eux, les ministres du commerce des 135 pays membres et leurs délégations (qui représentent 5 000 personnes en tout) vont tenter pendant trois jours de se mettre d'accord sur le menu du prochain cycle de négociation commerciales multilérales, dit « Cycle du millénaire », appelé à durer trois ans.

Pour la première fois les enjeux du commerce international sont au cœur des débats d'opinion. Les progrès de la technologie, l'intégration des économies, la globalisation et la concurrence commerciale acharnée que se livrent les États ont renforcé la portée des échanges. Les contradictions se développent entre le libre-échange, qui s'étend désormais à tous les secteurs du commerce mondial et entre tous les pays, et la montée des préoccupations au sein des sociétés. Les exigences de protection des êtres humains et de la nature, de la création culturelle et de la sécurité alimentaire s'expriment, de même que la critique des inégalités et la volonté de développement des pays pauvres.

Deuxième acte

La conférence de Seattle devrait être le deuxième acte de l'organisation multilatérale de la mondialisation. Le premier acte – le cycle de l'Uruguay – s'est achevé à Marrakech, le 15 avril 1994, à l'issue de sept ans de discussions dans le cadre du Gatt (General Agreement for Trade and Tariffs). Les accords ont été ratifiés par 132 parlements nationaux. Ce premier acte abordait des questions nouvelles (agriculture, services) et créait l'OMC, une institution établissant un état de droit dans les relations commerciales internationales alors que le Gatt officialisait un simple contrat entre États.

Les États-membres de l'OMC prennent des décisions par consensus. Ils ont accepté de déléguer à un tribunal multilatéral (l'Organe de règlement des différends) le traitement de leurs litiges. Après Marrakech, de nouveaux accords spécifiques ont été signés, notamment dans les secteurs des télécommunications et des services financiers. Le nombre de membres de l'OMC – 135 à ce jour, dont les trois quarts représentant des pays en développement – rend difficile l'issue des négociations.

À la veille de l'ouverture de la conférence, et après trois mois de discussions à Genève (siège de l'OMC), aucun accord sur l'ordre du jour du nouveau cycle n'avait pu être conclu. Les désaccords sont encore nombreux et certains vont rester peut-être insurmontables. [...] Pour ses défenseurs, l'OMC a justement été créée pour doter le commerce international de normes qui visent au bon déroulement des échanges même si « elle est imparfaite » comme l'a admis son directeur général, le Néo-Zélandais Mike Moore. « C'est un instrument de régulation, un premier rempart contre l'unilatéralisme et on ne peut pas à la fois se dire pour la régulation et contre l'OMC », rappelait, début octobre, le premier ministre Lionel Jospin.

À l'aube du XXIe siècle, deux logiques contradictoires sont donc à l'œuvre : d'une part les progrès de la technologie et la recherche continue de la compétitivité ; d'autre part l'aspiration à plus de démocratie et de respect des droits de l'homme. L'issue de la Conférence de Seattle sera à cet égard symptomatique de la volonté des politiques à mieux contrôler le rythme de la mondialisation.

B. Stern, « Partisans et adversaires de la mondialisation ont rendez-vous à Seattle », *Le Monde*, 30 novembre 1999.

NB : La conférence de Seattle n'a débouché sur aucun accord.

QUESTIONS

– Quels arguments avancent les partisans de l'application du seul système marchand à l'échange des monnaies ? Quels risques cette application ferait-elle encourir selon ses opposants ?

– Quels sont les deux autres domaines, avec celui de la monnaie, pour lesquels la soumission aux seuls mécanismes marchands pose problème ? Pourquoi ? Quelles solutions alternatives sont envisagées pour la circulation des monnaies ?

– Quelle caractéristique fondamentale distinguait le Gatt de l'OMC, du FMI ou de la Banque mondiale ? Pourquoi a-t-on pu ressentir le besoin de passer du Gatt à l'OMC ?

– Il est indiqué dans l'article que « l'OMC a été créée pour doter le commerce international de normes qui visent au bon déroulement des échanges ». Quels dysfonctionnements de l'échange marchand peuvent exister à l'échelle mondiale ? Quels types de normes précises pourraient être mises en place ?

– Quelle différence la solution par l'OMC présente-t-elle par rapport à celle évoquée dans le texte sur le marché des changes ?

PARTIE 3

GÉOGRAPHIE DES ACTIVITÉS ET DES RICHESSES

Les acteurs économiques (individus aussi bien qu'organisations) ne sont pas posés en un endroit donné pour toute éternité. Ils peuvent choisir le lieu où ils exerceront une activité, et abandonner une localisation ancienne pour en adopter une nouvelle qui leur convienne mieux, que ce soit parce que leurs besoins ont changé ou parce que le monde change autour d'eux.

La question de la localisation des activités économiques est d'une importance centrale en géographie économique. D'une part, et de manière évidente, la description et l'explication des localisations sont au cœur d'une discipline qui analyse l'espace en tant qu'il est construit par les sociétés. D'autre part, les choix des acteurs économiques en matière de localisation ont des conséquences qui dépassent largement le domaine de leurs activités. Que Mercedes-Benz décide d'ouvrir une usine automobile en Lorraine, et c'est l'ensemble de l'économie de la région (et, dans une moindre mesure, du pays) qui en est affecté. La géographie de la main-d'œuvre, des industries et des services sous-traitants, de la consommation et des services au consommateur, des transports, des échanges internes et externes, des capitaux, etc., prennent une nouvelle configuration. Les acteurs sont les pôles du circuit économique : tout changement dans la localisation des acteurs se traduit donc par un changement dans la géographie du circuit.

Réfléchir sur la localisation des acteurs, c'est aussi bien analyser celle des producteurs que celle des consommateurs, qui constituent les pôles majeurs du circuit.

Traditionnellement, la production est divisée en trois secteurs : primaire, secondaire, tertiaire. Il est utile d'utiliser ces catégories car elles déterminent les statistiques disponibles. La division en secteurs pose toutefois de plus en plus de problèmes. Ainsi, on range l'industrie dans le secteur secondaire, mais les industries extractives relèvent du secteur primaire, alors que les activités de recherche-développement, de plus en plus intégrées à la fabrication industrielle, appartiennent au secteur tertiaire. Par ailleurs, le gardien d'une usine appartient au secondaire s'il est employé par l'usine, mais au tertiaire s'il dépend d'une société de surveillance à laquelle l'usine fait appel. Toutefois, la division en secteurs reste, on va le voir, assez pertinente pour la question des localisations, au prix de réaménagements de détail.

Le chapitre10 porte sur la distribution des productions agricoles. Il est rare que les agriculteurs choisissent une localisation. Dans la plupart des cas, ils disposent de terres à proximité de leur habitation, où s'effectue la totalité de leur production. Par ailleurs, et malgré les progrès techniques, l'agriculture est liée aux ressources naturelles (sol, eau, lumière, etc.). Pour l'acteur économique, la question se formule donc dans les termes suivants : quelle production choisir en un endroit donné, quelle surface exploiter ? On verra que si ce choix dépend pour partie des ressources locales, il se pose de façon très différente selon le degré d'ouverture du circuit, qui détermine comment l'activité agricole est confrontée à l'hétérogénéité et l'opacité de l'espace. La géographie des productions agricoles est ainsi très différente dans les économies fermées, qui s'ouvrent et sont ouvertes.

Le chapitre 11 traite de la localisation des activités de fabrication industrielle. Il ne s'agit pas exactement de l'industrie, mais uniquement, au sein de celle-ci, de ce qui a trait à la transformation des matières premières et des produits semi-finis. La fabrication, contrairement aux activités primaires parfois comprises dans l'industrie, se caractérise en effet par une relative liberté dans le choix des localisations – ce qui la distingue de l'agriculture ou de l'activité minière. Elle se différencie également par le rôle qu'y jouent des intrants (énergie, matières premières, produits intermédiaires) et des extrants (le produit fabriqué) *matériels* – ce qui la distingue des services. Les exigences en la matière prennent, comme pour l'agriculture, des formes très différentes selon l'ouverture des circuits. Celle-ci détermine des modes de production différents et modifie la façon dont la fabrication industrielle fait face à l'hétérogénéité et l'opacité de l'espace. Nous utiliserons donc la même typologie que dans le chapitre 10.

La chapitre 12 a trait à la localisation des services. La logique de leur distribution se distingue de celle de la production agricole et industrielle principalement parce que l'activité de service se fonde sur le traitement de l'information. L'échange entre le prestataire du service et son client est constitué ou, tout au moins, fortement déterminé par un échange d'informations. La localisation des services est étroitement liée à celle de la demande à laquelle il s'adresse. La géographie des clients ne dépend pas seulement du degré d'ouverture du circuit économique. Aussi aurons-nous recours à une autre typologie, qui distingue les sociétés agricoles, industrielles et tertiaires, au sein desquelles les services suivent des logiques de localisation différentes. Ce chapitre se termine par une présentation du schéma de Fourastié, qui permet de mettre en rapport l'évolution des secteurs primaires, secondaires et tertiaires, étudiés dans les chapitres 10 à 12, avec des mutations géographiques majeures.

Le chapitre 13 s'intéresse à la géographie de la richesse. Il est encore question de localisation dans la mesure où l'on s'interroge sur la distribution de la richesse et, partant, sur celles des consommateurs. L'enjeu du chapitre va toutefois au-delà. Expliquer pourquoi tel espace est pauvre, tel autre riche, revient à s'interroger sur la géographie du développement. Certains espaces présentent-ils de meilleures aptitudes économiques que d'autres ? Les différentiels de richesses ne sont-ils pas plutôt liés à la circulation de celles-ci ? Existe-t-il des formes spatiales de la croissance ? Quel est le rôle de la mondialisation dans les inégalités de développement ? Ce chapitre reprend, sous un nouvel angle, beaucoup des thèmes évoqués tout au long de l'ouvrage, dont il constitue ainsi la conclusion.

10

LA LOCALISATION DES PRODUCTIONS AGRICOLES

L'agriculture englobe l'ensemble des activités qui transforment le milieu naturel afin de produire des végétaux et animaux que l'homme utilise essentiellement pour se nourrir, mais aussi pour se vêtir et pour de nombreux autres usages très divers (se parfumer, fabriquer des produits pharmaceutiques, etc.). Ce secteur occupe aujourd'hui une place modeste dans la participation à la création de la richesse : il ne représente environ que 5 % du PIB mondial et 3 % du PIB français. Il totalise encore à peu près 45 % des actifs à l'échelle de la planète, mais cette part, en constante diminution, est devenue très faible dans les pays industrialisés (un peu moins de 5 % en France). Toutefois, c'est au développement de l'agriculture et/ou aux importations de produits agricoles qu'est liée la sécurité alimentaire et donc la survie des populations.

L'activité agricole continue à occuper par ailleurs une part considérable de la superficie des continents : 36 % en 1997, forêts non comprises. Les évolutions du degré d'occupation de l'espace par l'agriculture (déprise dans les pays développés ou, au contraire, manque de terres et surexploitation dans certains pays en développement) ou de la nature de cette occupation (emploi de la mécanisation qui est à l'origine d'une transformation des paysages, exploitation intensive qui conduit à une dégradation du milieu physique) ont donc des conséquences majeures sur le cadre de vie des populations. Les localisations agricoles restent en fait un objet de préoccupation, aussi bien pour les populations que pour les scientifiques.

La question de la localisation se pose en des termes particuliers dans le secteur agricole. L'exploitant moderne ou la communauté villageoise des systèmes traditionnels ont rarement à s'interroger sur le lieu où implanter ou déplacer leur activité : il est souvent déjà fixé. Il ne leur reste essentiellement qu'à déterminer la surface à exploiter, à opter pour des types de cultures et des quantités à produire sur les sols dont ils disposent. Comment s'effectuent ces choix ? Pourquoi trouve-t-on ici des terres mises en culture, là laissées en friche ? Pour quelles raisons cultive-t-on en un endroit du riz, ailleurs du blé ? Pourquoi la polyculture a-t-elle été adoptée ou s'est-on spécialisé, par exemple, dans la production laitière ? C'est à ce type d'interrogations que ce chapitre s'efforce de répondre.

La première forme d'explication qui vient à l'esprit est celle des facteurs naturels : le climat, le relief, la qualité des sols semblent, en effet, devoir jouer un rôle décisif dans la production agricole. En fait, celle-ci dépend d'un enchevêtrement complexe d'éléments qui sont autant d'ordre technique, culturel, économique ou politique. Après avoir présenté l'impact de l'espace sur le fonctionnement de l'exploitation, on montrera ses principaux effets sur les localisations agricoles dans trois types d'économies : les économies fermées, celles qui s'ouvrent à l'échange mais où l'espace reste opaque, et les économies ouvertes, où la friction de la distance a presque disparu.

BIBLIOGRAPHIE DU CHAPITRE

Ouvrages généraux

COLOMBEL Y., *L'Agriculture dans le monde*, Paris, Armand Colin, 1998, 96 p.
GRIGG D., *An Introduction to Agricultural Geography*, Londres, Routledge, 1995, 12e éd., 217 p.
FUMEY G., *L'Agriculture dans la nouvelle économie mondiale*, Paris, PUF, 1997, 379 p.
MÉRENNE-SCHOUMAKER B., *La Localisation des productions agricoles*, Paris, Nathan, 1999, 192 p.

Ouvrage de référence

THÜNEN J. H. von, *Recherches sur l'influence que le prix des grains, la richesse du sol et les impôts exercent sur les systèmes de culture*, Paris, Guillaumin et Cie, 1851, 343 p. (trad. de l'allemand : *Der isolierte Staat in Beziehung auf Landwirtschaft und Nationalökonomie*, Jena, Verlag von Gustav Fischer, 1826).

Ouvrages spécialisés

ALEXANDRATOS N. (dir.), *Agriculture mondiale : horizon 2010*, Rome, FAO Polytechnica, 1995, 442 p.
ALLAIRE G. et BOYER R. (dir.), *La Grande Transformation de l'agriculture*, Paris, Économica/Inra, 1995, 444 p.
BLANCHET J. et *al.*, *La Révolution agricole américaine*, Paris, Économica, 1996, 111 p.
BODIN-RODIER D. et BLANCHET J., *La Stratégie agroalimentaire mondiale. Les Enjeux du XXIe siècle*, Paris, Armand Colin, 1997, 287 p.
BRUNEL S., *La Faim dans le monde. Comprendre pour agir*, Paris, PUF, 1999, 152 p.
CHARVET J.-P., *Le Désordre alimentaire mondial. Surplus et pénuries : le scandale*, Paris, Hatier, 1987, 265 p.
CHARVET J.-P., *Les Greniers du monde*, Paris, Économica, 1985, 368 p.
HERVIEU B., *Les Champs du futur*, Paris, Julliard, 1994, 172 p.
HURRIOT J.-M., *Von Thünen. Économie et espace*, Paris, Économica, 1994, 352 p.
KLATZMANN J., *La Localisation des cultures et des productions animales en France*, Paris, Imprimerie nationale, 1955, 480 p.
KLATZMANN J., *Les Politiques agricoles. Idées fausses et illusions*, Paris, PUF, 1972, 224 p.
LIMOUZIN P., *Agricultures et industries agroalimentaires françaises*, Paris, Masson, 1992, 208 p.
LIMOUZIN P., *Les Agricultures de l'Union européenne*, Paris, Armand Colin, 1996, 159 p.
MYKOLENKO L. et CALMES R., *L'Europe agricole. Une nouvelle géographie des productions*, Paris, Ellipses, 1985, 224 p.
REY V., *La Spécialisation des systèmes de production dans l'agriculture : évolution 1970-1980*, Paris, Segesa, 1983, 76 p.
SEBILLOTTE M., *Les Mondes de l'agriculture*, Paris, Inra, 1996, 258 p.

A

EXPLOITATION AGRICOLE ET ESPACE

Toute activité agricole, qu'elle soit le fait d'une communauté villageoise, d'un petit exploitant individuel ou d'une grande société, prend place dans le cadre suivant :

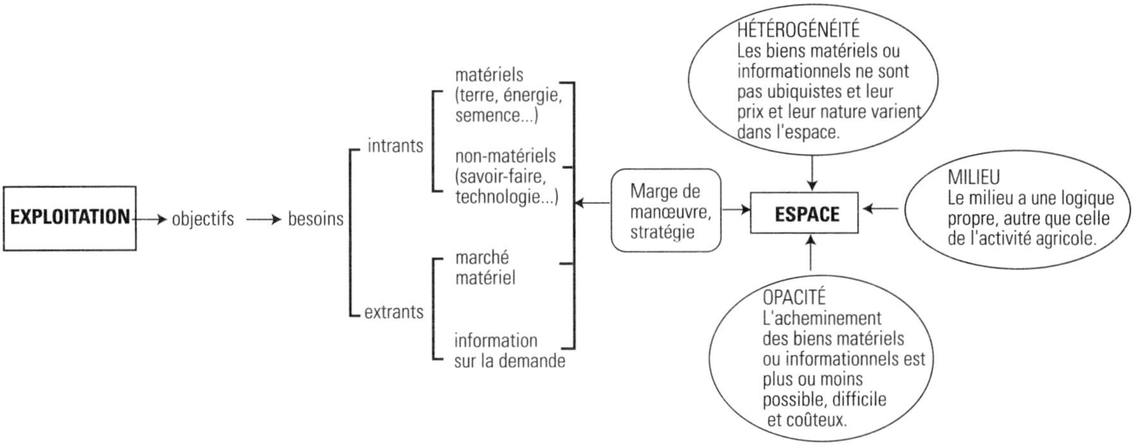

1 - Les objectifs et les besoins

Dans nos sociétés occidentales actuelles, les objectifs des agriculteurs semblent s'exprimer de plus en plus en termes de maximisation du profit, de rentabilité optimale de l'heure de travail, de l'utilisation du matériel. Dans d'autres sociétés – mais aussi dans le passé de la nôtre –, le souci est plutôt d'assurer sa subsistance, sans que se pose la question de la rentabilité des efforts. Cette subsistance une fois garantie, on ne cherche pas d'autre part nécessairement à produire davantage, consacrant le temps dégagé à d'autres activités sociales. Toutefois, beaucoup d'études tendent à montrer que cette opposition est moins nette qu'il n'y paraît : la recherche de la réduction des risques et de l'incertitude reste sans doute, plus que la maximisation du profit, le déterminant le plus important du comportement des agriculteurs sur tous les continents.

Cette recherche peut toutefois aboutir à des solutions variées selon la situation de départ de l'exploitation, la psychologie de son responsable, les conditions de l'environnement. À un extrême, celui-ci peut se transformer en salarié, en optant pour l'intégration verticale de son activité dans une ***filière agroalimentaire*** (fabrication du poulet en Bretagne). Il peut être lié également par des contrats

Filière agroalimentaire : ensemble des activités qui, à l'amont de la production agricole (industries des fertilisants, des semences, d'aliments, d'outillage, services de gestion) et à son aval (industries de transformation, de distribution), interviennent dans l'élaboration d'un produit alimentaire.

Industries agroalimentaires (IAA) **:** activités de transformation des produits agricoles, animaux ou végétaux, en aliments destinés à l'homme ou au bétail. Elles sont aujourd'hui les principaux clients de l'agriculture.

Intrants (ou *inputs*) **:** entrées nécessaires à la production. Les extrants (ou *outputs*) sont synonymes de production.

avec des ***industries agroalimentaires (IAA)*** qui fixent les quantités et qualités à fournir (producteurs de betteraves à sucre pour Beghin dans le Nord-Pas-de-Calais). La marge de manœuvre de l'agriculteur en matière de choix de production est alors réduite. Le plus souvent, il va plutôt chercher à combiner des activités sûres, qui lui permettent d'assurer sa subsistance et celle de sa famille, avec des activités plus risquées, mais plus profitables.

Des besoins sont liés à la poursuite de ces objectifs, quels qu'ils soient. La production nécessite des ***intrants*** à l'amont et, un marché à l'aval. Certains des intrants nécessaires à l'exercice de l'activité agricole sont matériels : les semences, les terres, l'eau, l'énergie (qu'elle soit d'origine solaire, électrique ou qu'elle provienne du travail physique fourni par les agriculteurs, le bétail ou les machines), les engrais, les herbicides, les produits alimentaires pour le bétail. Des intrants immatériels jouent aussi un rôle essentiel : la mise en culture des sols, tout comme l'élevage d'animaux exigent un savoir-faire de la part des agriculteurs. Des informations provenant de centres de gestion, de techniciens agricoles, peuvent également s'avérer nécessaires quand la production se technicise. Les extrants doivent correspondre à une demande, qu'elle soit le fait de la famille ou de la communauté villageoise, d'industries agroalimentaires ou de sociétés de grande distribution. Cette demande comporte elle-même une dimension matérielle (les produits eux-mêmes) et une dimension immatérielle (informations sur les goûts ou habitudes alimentaires des consommateurs).

2 - La dimension géographique

L'hétérogénéité et l'opacité de l'espace ont un impact sur le fonctionnement de l'exploitation agricole, à travers la satisfaction de ses besoins en intrants et en débouchés. L'existence d'un milieu qui a sa propre logique, indépendante de celle de l'activité agricole, peut peser, quant à elle, sur la pérennité même de cette activité.

Les intrants matériels et immatériels ne sont pas également répartis dans l'espace. La nature des sols, les climats, la quantité ou le coût de la main-d'œuvre mobilisable sur les terres, les plantes ou animaux dont l'on peut disposer, varient selon l'endroit où se trouve l'exploitation. Les techniques connues et les savoir-faire culturaux diffèrent également beaucoup suivant les continents ou même les régions d'un même pays. L'écoulement des extrants ne peut pas non plus s'opérer partout de la même manière. La demande dont peut bénéficier une exploitation se différencie tout d'abord quantitativement, selon qu'elle se trouve, par exemple, dans une région isolée de faible densité ou en liaison avec un vaste marché mondial. Elle varie aussi qualitativement selon la région, le pays ou l'aire culturelle où elle est située. Les producteurs de maïs transgénique peuvent facilement trouver une clientèle aux États-Unis, alors que c'est le maïs traditionnel qui est le plus demandé en Europe. L'information sur la demande est elle aussi variable dans l'espace : dans les économies modernes, certaines régions (les Pays-Bas, la Bretagne en France) peuvent disposer d'un meilleur réseau de spécialistes, et d'organismes d'information sur les marchés.

Le caractère plus ou moins transparent de l'espace intervient également. La distance, les moyens de communication, des facteurs tels que la politique commerciale plus ou moins libre-échangiste pratiquée par les États, donnent plus ou moins à l'exploitant la possibilité de se procurer les semences, les animaux, les engrais, ou la nourriture pour son élevage, d'acquérir une connaissance des techniques culturales non développées dans son environnement. Elles lui permettent également d'acheminer plus ou moins facilement sa production vers des marchés autres que locaux.

L'activité agricole se fonde presque toujours directement sur l'exploitation du milieu dans lequel elle réalise des prélèvements (éléments nutritifs dans le sol, eau). Elle y effectue des rejets, même si elle est ***hors sol*** (sous-produits agricoles non consommés, déjections des animaux d'élevage). Les prélèvements, les rejets, l'impact de la seule présence d'une activité agricole (retournement des sols, construction de haies, d'un réseau d'irrigation) transforment le milieu. Cette transformation a en retour des effets sur l'activité agricole et peut parfois mettre en question son maintien. Une agriculture qui menace d'épuiser un sol fragile ou pauvre hypothèque son avenir.

Hors sol : élevage pour lequel on utilise des aliments qui ne proviennent pas de l'exploitation ; culture où les plantes développent leurs racines sur un substrat imbibé d'une solution nutritive.

Ces trois caractéristiques de l'espace géographique influent sur le choix des cultures. Leur impact prend toutefois différentes formes selon le degré d'ouverture des économies.

B

LES ÉCONOMIES FERMÉES

On trouve des systèmes agricoles développés dans le cadre d'économies peu ouvertes dans les campagnes européennes d'avant le XVIIIe siècle, quand la faiblesse des moyens de communication nuisait aux échanges. Il en existe encore aujourd'hui dans des régions isolées de l'Afrique, de l'Amérique latine, ou de l'Asie, dans les pays où la fermeture a été imposée par un régime totalitaire (Albanie) et dans ceux où des situations de conflits prolongés ont désorganisé les échanges (Cambodge du début des années 1980, Somalie en 1991-1993).

1 - Une agriculture d'autosubsistance

Dans les économies où l'espace est peu transparent, une contrainte puissante s'exerce sur l'accès aux intrants matériels et aux marchés. De simples chemins ou pistes, transformables en fondrières à la moindre pluie, sont en effet souvent les seules voies qui relient les villages entre eux. Le transport ne s'y effectue parfois qu'à pied, sur une monture ou au moyen de charrois tirés par des animaux. Il peut par ailleurs se révéler risqué lorsque la sécurité est mal assurée sur les routes. Dans ces conditions, il est difficile de compter sur un approvisionnement extérieur pour les produits périssables, qui constituent la base de l'alimentation humaine ou animale. Il serait coûteux également de faire venir de loin le bois nécessaire au chauffage ou à la construction, les matières textiles pour l'habillement. Les approvisionnements sont nécessairement locaux. Les débouchés également : il est en effet tout aussi complexe d'acheminer vers des marchés éloignés les éventuels surplus de production. Dans un cadre si peu favorable aux échanges, l'agriculture ne peut être que d'autosubsistance.

2 - Le recours aux polycultures

Polyculture : système d'utilisation des terres fondé sur la pratique de cultures différentes au sein d'une même exploitation agricole.

Communaux : terrains appartenant à une collectivité, livrés à l'exploitation individuelle de ses membres ou à une exploitation collective, sous la forme de paissance de troupeaux ou d'entretien d'une forêt.

La famille ou le groupe villageois devant produire sur place presque tout ce qui est nécessaire à son existence, la forme d'agriculture développée dans les économies fermées est constante, quelles que soient les conditions de l'environnement et l'aire culturelle. Il s'agit de la ***polyculture***. Les cultures se répartissent autour de l'habitat sur une aire dont le rayon est généralement inférieur à dix kilomètres, que l'on peut parcourir facilement dans la journée. Elles se distribuent en auréoles au sein de cette aire, selon le temps de travail et la fréquence des soins qu'elles nécessitent. On trouve d'abord la ceinture potagère : manse européenne ou jardin de case africain. Minutieusement entretenue, elle réclame une présence quotidienne et de longues heures de travail ; elle ne peut donc se situer loin du village. Plus loin, se trouvent les champs cultivés régulièrement, puis ceux où la culture est plus extensive et, enfin, les terres plus ou moins délaissées, occupées par les ***communaux***, le bois ou la brousse et servant de pacage aux animaux. Les mêmes cellules se répètent autour de chaque village et se juxtaposent dans l'espace.

Les cellules agricoles des sociétés traditionnelles

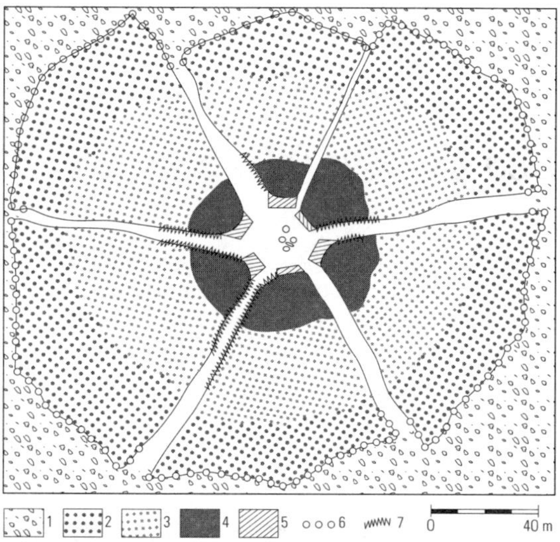

1. forêt – **2.** *gor* (champs temporaires sur défrichements) – **3.** *diatti* : terre morte (arachide)
4. *tolkeur* (champs céréaliers fumés) – **5.** concessions familiales – **6.** clôtures saisonnières – **7.** haies vives

Schéma d'organisation du vieux village wolof de Mina (Pakala Mandakh), Sénégal

J.-P. Deffontaines, *L'Espace géographique*, n° 1, 1985.

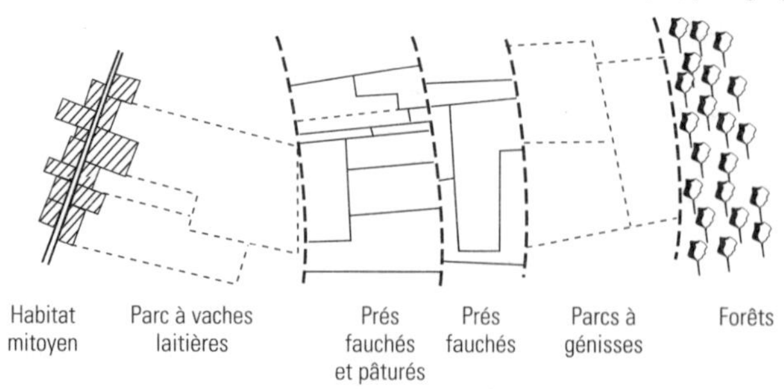

Organisation d'un village lorrain en « zones d'utilisation » concentriques

Ph. et G. Pinchemel, *La Face de la Terre*, Paris, copyright Armand Colin, 1988, pp. 165-166.

Certaines formes d'exploitation, grâce à la richesse des sols, à une supériorité technique, sont plus productives que d'autres : celles de Flandre en Europe à la veille du XVIIIe siècle, celles de la riziculture irriguée en Asie méridionale. Les surplus ne pouvant toutefois être écoulés sur des marchés éloignés, cette meilleure productivité ne peut autoriser à elle seule la spécialisation de terroirs, où l'on pratique toujours la polyculture, souvent associée à l'élevage. Elle se traduit seulement par des densités supérieures de population.

3 - Formes de différenciation culturales

Si les systèmes de production agricole sont très semblables lorsque l'espace est peu transparent, les choix des types de cultures ou des animaux d'élevage varient toutefois géographiquement. Interviennent d'une part les conditions naturelles : la riziculture n'est par exemple envisageable que là où la pluviométrie est abondante et les températures élevées ; la culture de l'olivier, dans les régions où les hivers sont doux et la luminosité importante. Les choix dépendent d'autre part des savoir-faire culturaux, des connaissances de plantes ou d'animaux, des habitudes alimentaires liés à la culture des populations. La diffusion de ces savoirs et éléments culturels est également limitée par la faible transparence de l'espace, mais peut s'effectuer dans la durée sur des aires assez larges, correspondant généralement à l'histoire du peuplement. Ce sont ces aspects qui différencient les types de cultures dans le monde traditionnel. C'est, par exemple, le maïs qui est plutôt cultivé dans la seconde auréole des systèmes agricoles autarciques du monde de l'Amérique latine, le mil en Afrique, le blé en Europe, alors que l'Asie accorde une place plus importante au riz.

4 - Une nécessaire gestion du milieu

Du fait du mode de vie autarcique, toute erreur importante en matière de gestion du milieu local peut mettre en danger la survie du groupe. Celui-ci peut se déplacer au rythme de l'épuisement du milieu (agriculture itinérante). Il peut aussi tenter de développer une connaissance fine des capacités de son environnement et développer les techniques agricoles adaptées. Il doit alors trouver les moyens de restituer aux sols les éléments qu'il prélève régulièrement (apport d'engrais organique animal ou humain, de compost, ***écobuage***) ou leur laisser le temps de se reconstituer seuls (***jachère***).

Écobuage : technique agricole traditionnelle qui consiste à brûler la couche superficielle d'une friche ou d'un champ et à répandre les cendres sur le terrain.

Jachère : terre labourable laissée temporairement en repos en ne lui faisant pas porter de culture.

C

LES ÉCONOMIES QUI S'OUVRENT

Lorsque l'économie s'ouvre (en Europe au XVIIIe siècle ; pour nombre de pays en développement, au XXe siècle), grâce aux progrès réalisés dans les moyens de transport, et aussi aux actions de l'État en faveur du développement des échanges, la contrainte pesant sur l'accès aux intrants et aux débouchés reste puissante mais se desserre. L'effet principal de ce relâchement est d'autoriser la spécialisation des exploitations, qui peuvent se consacrer à certaines activités et en délaisser d'autres (les productions qui ne sont plus assurées sont achetées à des exploitations ayant choisi d'autres orientations). Se pose alors la question des facteurs qui orientent les choix de spécialisation.

J. H. von Thünen (1783-1850) : auteur allemand, considéré comme le fondateur de la théorie de la localisation. Dans son ouvrage : *L'État isolé en relation avec l'agronomie et l'économie politique* (1826), il s'est fondé sur son expérience de propriétaire terrien pour fournir une théorie de la localisation agricole, en fonction de la distance au marché. Il y développe également une théorie de la rente.
Cf. « Théories et modèles », pp. 335-338.

Junker : hobereau allemand.

Assolement triennal : division des terres d'une exploitation en trois parties, appelées « soles » sur lesquelles on pratique une rotation des cultures.

1 - Critère de la distance et modèle de von Thünen

Le modèle de ***Johan Heinrich von Thünen***, construit au début du XIXe siècle, analyse l'un de ces facteurs. La révolution des transports n'a pas encore eu lieu, mais les États de la plupart des pays européens se sont efforcés d'améliorer la qualité des routes depuis la moitié du XVIIIe siècle et d'y assurer une plus grande sécurité. Le transport des denrées agricoles continue de s'effectuer par voiturage mais s'organise plus rapidement et sur de plus grandes distances (les routes royales, en France, ont divisé le temps de déplacement en moyenne par deux). Par ailleurs, la révolution agricole était en cours. Elle avait commencé à toucher les plaines d'Allemagne du Nord, où la famille von Thünen possédait des terres, dès la fin du XVIIIe siècle. La suppression des pratiques communautaires et du servage avait poussé les ***junkers*** à rechercher une rentabilité supérieure. Certains se mirent à s'intéresser à l'agronomie. Beaucoup développèrent l'***assolement triennal*** sans jachère et perfectionnèrent les techniques d'élevage. Des surplus plus importants étaient dégagés, dont une partie pouvait servir à d'autres fins que l'autoconsommation. Dans le cas du domaine de von Thünen, une grande partie de la production était destinée au marché urbain de la ville de Rostock, distante de 40 kilomètres.

Les hypothèses choisies par von Thünen dans la construction de son modèle sont celles d'une ville localisée dans une plaine uniforme, d'une fertilité en tous points semblable et d'une égale facilité de circulation. Il démontre que, sous ces hypothèses, les types de cultures s'ordonnent en auréoles concentriques en fonction de la ***rente de localisation***.

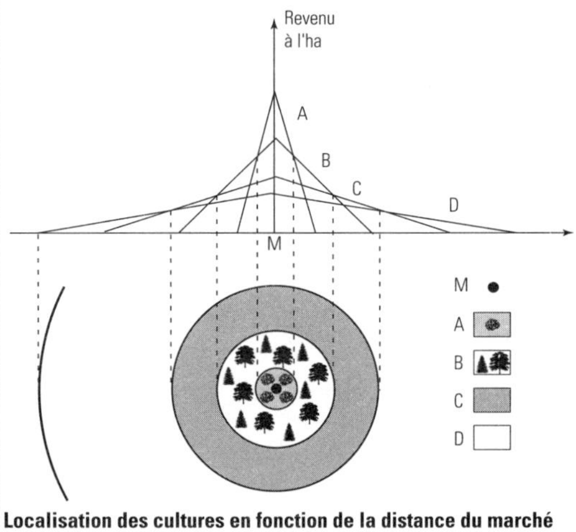

Localisation des cultures en fonction de la distance du marché
M : marché ; A : cultures maraîchères ; B : bois ; C : céréales ; D : élevage.

Rente de localisation ou rente spatiale : on utilise le terme de « rente » lorsqu'un agent profite d'une situation qui n'est pas en relation avec sa capacité productive. La rente de localisation est un revenu touché par un producteur, attribuable à sa seule localisation (la proximité à la ville dans le modèle de von Thünen).

Une première couronne est occupée par les cultures légumières, l'horticulture et l'élevage laitier, en raison du caractère périssable de ces produits et du coût élevé qu'engendrerait leur transport rapide sur une longue distance. On trouve la forêt dans la seconde auréole, car le bois, utilisé pour le chauffage urbain et la construction, est coûteux à transporter. Dans la troisième couronne, on cultive en rotation les céréales et les plantes sarclées : le coût du transport de ces produits grève moins les bénéfices. La dernière auréole est consacrée au bétail que l'on achemine à l'époque à faible coût, sur pieds, jusqu'au marché. C'est donc en fonction de la manière dont les coûts de **franchissement de la distance** au marché pèsent sur les différentiels de valeur ajoutée entre les produits que s'effectue le choix des spécialisations dans le modèle de von Thünen.

Franchissement de la distance et innovation. Un aspect ayant trait au franchissement de la distance, non étudié par von Thünen, concerne la transmission des savoir-faire. Au XVIIIe siècle, la science agronomique se développe. La diffusion des innovations culturales (amendement, irrigation, etc.) ne s'opère alors plus en tâche d'huile, comme c'était le cas dans les économies faiblement transparentes, où cette diffusion pouvait par ailleurs prendre des siècles. Les innovations apparaissent en des points disséminés dans l'espace, correspondant à la présence de fermes modèles exploitées par des propriétaires passionnés d'agronomie, qui peuvent se procurer les ouvrages et revues spécialisées. Elles se diffusent peu chez les petits paysans voisins, qui continuent à pratiquer une agriculture vivrière traditionnelle.

2 - Hétérogénéité spatiale et avantages comparatifs

La force explicative du coût de franchissement de la distance dans le modèle de von Thünen est liée à l'hypothèse d'un espace homogène. Ce dernier étant en réalité fondamentalement hétérogène, les avantages comparatifs vont également orienter les choix de production lorsque les anciennes cellules autarciques s'ouvrent.

■ Le rôle des avantages comparatifs

Tout relâchement des contraintes liées à l'opacité de l'espace permet à l'hétérogénéité spatiale et au mécanisme des **avantages comparatifs** de jouer un rôle. Avec ce mécanisme, chacune des portions de l'espace qui s'ouvre à l'échange développerait les productions qui lui sont les plus favorables, ou les moins défavorables, en fonction des qualités relatives qu'elle présente.

J. Mill et l'avantage comparatif agricole. Avant que la théorie des avantages comparés ne soit systématisée par D. Ricardo, ***James Mill*** avait pressenti les phénomènes qui se produisaient dans le secteur agricole lorsqu'une économie sortait de l'autarcie. Prenant l'exemple de l'île de Jersey et de l'Angleterre, qui se mirent à échanger leurs productions agricoles, il fit remarquer que Jersey pouvait produire à la fois des primeurs et du blé à un prix inférieur à ce qu'auraient coûté ces productions en Angleterre. Pourtant, Jersey s'était mise à importer du blé anglais et s'était consacrée entièrement à la production des primeurs. C'était, selon Mill, parce qu'elle détenait un avantage dans les primeurs supérieur à celui qu'elle possédait en matière de production céréalière. Certes, Jersey payait en fait plus cher le blé en l'important que si elle l'avait produit elle-même : la production de blé est plus délicate en Angleterre qu'à Jersey, dont le ciel est plus clément ; le prix du blé y est donc plus élevé. Mais sa perte liée à la hausse du prix du blé était inférieure à l'avantage qui résultait de sa spécialisation, c'est-à-dire inférieure au bénéfice tiré de la vente du surplus de primeur autorisé par celle-ci. L'abandon de la production de blé par Jersey à la Grande-Bretagne procurait également à celle-ci un bénéfice, ce qui lui permettait d'acheter davantage de primeurs. Au total, l'Angleterre et Jersey sortaient toutes deux gagnantes de leurs spécialisations respectives.

J. Mill (1773-1836) : philosophe, historien et économiste anglais. Il développa les aspects économiques de la méthode utilitariste de Bentham.

■ Quelques formes d'avantages comparatifs

Les avantages comparatifs agricoles peuvent se fonder sur différentes formes d'hétérogénéité spatiale. Même dans le modèle de von Thünen, où celui-ci avait souhaité faire abstraction de toute hétérogénéité pour mettre en valeur le rôle du coût du transport, il en reste une : celle de la répartition de la population. Les densités sont plus importantes en un point de la plaine, là où se trouve le centre urbain. Des exploitations bénéficient alors d'un avantage comparatif – la proximité au marché – et orientent leur spécialisation en conséquence. La plaine uniforme de von Thünen est par ailleurs une simple hypothèse. La qualité des sols est en fait variable, les climats diffèrent, les structures agraires, les capacités des agriculteurs également. Il existe aussi plusieurs marchés, où les prix de vente sont différents pour un même produit. Certaines spécialisations peuvent être développées à moindre coût que d'autres (et vendues avec plus de bénéfice) dans certaines portions de l'espace, en raison de ces dotations hétérogènes.

3 - Une artificialisation plus prononcée du milieu

La diminution de l'opacité de l'espace permet d'importer plus facilement de l'extérieur des éléments nutritifs (engrais, amendements), qui vont permettre de rendre aux sols les éléments prélevés, voire de l'enrichir. Cet aspect, qui peut être lié aussi à des progrès réalisés dans les méthodes culturales, détache quelque peu la production des ressources du milieu environnant. Les contraintes du milieu par rapport au choix des productions s'assouplissent, dans la mesure où l'on sait davantage le modifier pour l'adapter à la production que l'on envisage. Les conditions initiales du milieu naturel et le niveau technonologique se combinent donc pour déterminer les dispositions à exploiter dans le cadre des avantages comparatifs.

La spécialisation culturale que permet un début d'ouverture, ainsi que l'intensification des pratiques agricoles qui lui est souvent associée, ne sont pas assez marquées ou trop récentes, pour que leurs effets sur le milieu soient perçus, anticipés et pris en compte dans les choix culturaux. Certes, des désastres écologiques peuvent se produire, ce qui se traduit par l'abandon de l'agriculture dans la zone sinistrée. Ce n'est toutefois pas ce type de problème qui détermine la géographie de la production.

4 - Nouvelle géographie des productions

C'est la prise en compte simultanée des deux dimensions spatiales que sont l'opacité et l'hétérogénéité qui permet le mieux de comprendre la géographie des productions agricoles dans les sociétés commençant à s'ouvrir.

■ L'exemple français

C'est à la fois par les coûts d'acheminement au marché – notamment parisien – et par les avantages comparatifs des différentes régions que peut être expliquée la spécialisation agricole régionale qui se met en place en France au début du XIXe siècle. Comme fut engagé un effort d'aménagement des voies fluviales et que les transports les moins coûteux s'effectuent par voie d'eau, ce sont les régions de la vallée de la Seine et de ses affluents qui se spécialisent les premières en fournissant le marché parisien. La Bourgogne développe sa production viticole ; la Normandie, l'élevage ; le Morvan, ses forêts pour le bois de chauffage ; les régions situées dans un rayon inférieur à 200 kilomètres peuvent augmenter leur production de fromages à pâte crue, acheminables assez rapidement vers la capitale. La baisse des coûts de transport terrestre s'accélérant avec le développement des chemins de fer, les régions plus éloignées ont pu à leur tour exploiter leurs avantages comparés. Le Languedoc s'oriente ainsi vers la production viticole de masse, dès que le train permet d'expédier le vin ordinaire à Paris. La véritable spécialisation agricole française se met en place après 1865, lorsque la mise en place des chemins de fer d'intérêt local désenclave les campagnes. Les agriculteurs transportent alors leurs productions vers la gare la plus proche, d'où elles sont acheminées vers les centres de consommation urbains. Ils y reçoivent les engrais et les amendements. Des poches d'agriculture vivrière subsistent à l'écart des réseaux de transport, mais beaucoup d'exploitants s'ouvrent alors aux échanges.

L'exemple britannique

Le même processus est à l'œuvre en Grande-Bretagne au XIXe siècle. Le pays dispose alors d'une supériorité technique écrasante dans la construction des voiliers puis des bateaux à vapeur, d'une remarquable organisation internationale de collecte de l'information, qui lui permet de mettre en place le système des ***cramps***. Il est en avance en ce qui concerne les techniques de conservation des aliments (stérélisation, frigorification) et de construction de voies ferrées. Au même moment, le pays choisit d'abandonner le protectionnisme. La plus grande facilité de transport des produits agricoles et la pratique du libre-échange permettent, comme en France, une spécialisation géographique de la production en fonction des avantages comparatifs. Celle-ci ne s'établit toutefois plus à une échelle nationale mais s'effectue à une échelle mondiale.

Cramps : système de déplacements de cargos de port en port, organisé en fonction de la réception d'informations. Il permet de charger à la demande, sans circuler à vide. C'est l'exploitation, au cours de la seconde moitié du XIXe siècle, de l'invention du télégraphe électrique qui permit à la Lloyd's de mettre en place ce système, grâce à une organisation internationale de renseignements, centralisée à la City.

En Grande-Bretagne, l'abandon du protectionnisme se traduit par une chute considérable du prix des grains, qui a pour conséquence un recul presque continu des surfaces consacrées au blé. En effet, le pays, qui peut dorénavant importer ses céréales, en abandonne la culture afin de se spécialiser dans les domaines pour lequels il possède un avantage comparé. Les pâtures remplacent les anciens labours et la production de viande et de lait s'élève pour fournir les centres industriels et urbains proches en plein développement.

Pour les pays qui réalisent des échanges avec la Grande-Bretagne, on assiste à un développement des spécialisations commerciales. Le facteur de la demande des consommateurs européens en produits tropicaux (thé, café, épices), et des industriels en matières premières (coton, jute, caoutchouc), allié à la possibilité d'utiliser le bateau, la voie ferrée – souvent construite par les Britanniques - fait s'étendre les zones d'agriculture spécialisées des colonies. On y observe une consolidation de l'opposition entre les espaces de monoproduction tournés vers l'exportation, situés près des voies ferrées et des ports, et ceux de l'agriculture d'autosubsistance des campagnes à l'écart des voies de communication. Les pays neufs, quant à eux, se transforment en quelques décennies en producteurs agricoles de masse : de grandes aires de monoculture de céréales apparaissent aux États-Unis et au Canada. L'Australie, la Nouvelle-Zélande et l'Argentine se spécialisent dans l'élevage extensif de races ovines et bovines provenant de sélections britanniques. Ils ajoutent la viande à leurs exportations de cuir et de laine lorsque sont développés les transports frigorifiques.

L'exemple de pays en développement

La disposition en auréoles concentriques, dont von Thünen avait pu observer la mise en place dès la fin du XVIIIe siècle, et qui s'est affirmée en France ou en Grande-Bretagne au XIXe siècle, s'est maintenue jusqu'à aujourd'hui dans des pays du tiers monde. Il y a eu, en effet, pour nombre d'entre eux, une ouverture de l'agriculture aux échanges, mais les moyens de transport des produits et de circulation des informations restent relativement modestes. On peut donc trouver des exemples plus récents de répartition des cultures se rapprochant du modèle de von Thünen, comme celui de l'**Uruguay dans les années 1970.**

L'Uruguay des années 1970 constitue un bon exemple de région dont les conditions se rapprochent des hypothèses de von Thünen. La répartition de la population rurale est assez uniforme, les conditions climatiques homogènes. L'économie uruguayenne reste encore aussi relativement isolée, limitée qu'elle est par l'océan Atlantique à l'Est, le Rio de la Plata au Sud, le Rio Uruguay à l'Ouest que ne franchit aucun pont, et la présence de terres brésiliennes peu peuplées au Nord. En revanche, un système routier relativement dense et bien entretenu, au Sud, relie presque toutes les régions du pays à la capitale. Il est appuyé par la présence de plusieurs lignes de chemin de fer. Presque tous les surplus de production agricole du pays sont ainsi acheminés vers Montevideo, pour la consommation ou l'exportation. Seule une variabilité des sols (plus fertiles au Sud-Ouest) et un inégal accès aux infrastructures de transport expliquent les différences entre le modèle de von Thünen et l'organisation réelle de l'espace agricole uruguayen.

Répartition prévue par le modèle de von Thünen (modifié) | **Répartition effective**

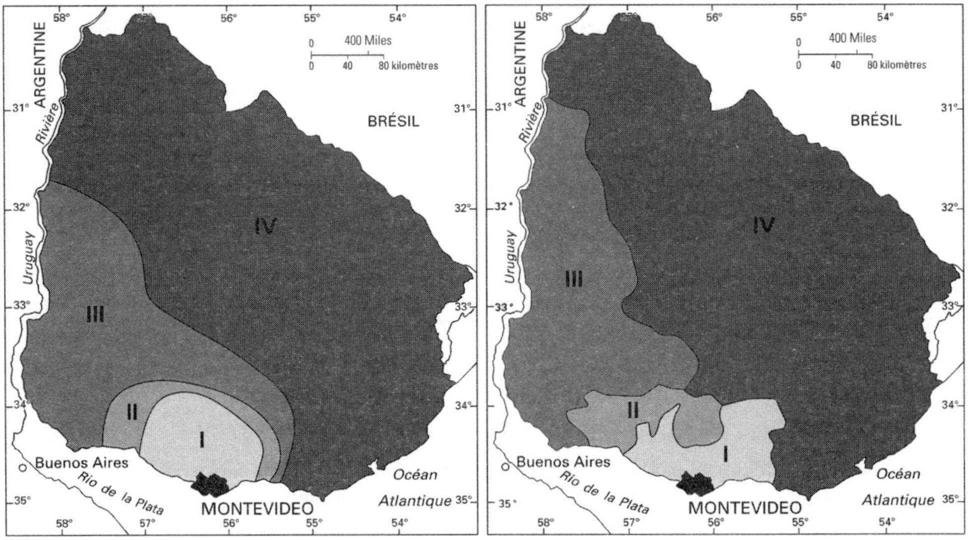

I Maraîchage — II Élevage laitier — III Céréaliculture — IV Élevage extensif

E. Griffin, « Testing the von Thünen Theory in Uruguay », *Geographical Review*, n° 63, 1973, p. 510.

D

LES ÉCONOMIES OUVERTES

Les économies ouvertes sont caractérisées par de telles améliorations des transports et télécommunications que le franchissement de la distance n'y occasionne plus que rarement un véritable coût. Cette évolution devrait laisser à l'hétérogénéité spatiale l'occasion de jouer à plein, et le choix des spécialisations devrait s'expliquer en fonction des seuls avantages comparatifs. Pourtant, ceci n'est que partiellement vrai. L'espace mondial n'est pas devenu parfaitement transparent aux échanges agricoles ; il est seulement moins affecté aujourd'hui par les coûts de transport que par l'existence de politiques commerciales et agricoles.

1 - Un moindre impact de la distance

La maîtrise de la distance

Les progrès réalisés dans les pays développés en matière de transport physique et de télécommunication au cours des dernières décennies font que la distance peut être franchie rapidement et à faible coût pour nombre de produits agricoles. Ces produits peuvent en effet être transformés en conserves ou surgelés dès la récolte, ou dès l'abattage pour le bétail, et perdre ainsi de leur caractère périssable. La génétique a permis par ailleurs de sélectionner des variétés qui se conservent mieux. Des wagons, navires et camions spécialisés (vraquiers pour les céréales ou le soja, frigorifiques pour la viande, polythermes pour les fruits) ou adaptés au transport de conteneurs (bananes), peuvent aussi assurer leur transport dans de bonnes conditions sur de longues distances. Des trains rapides ou des avions-cargos ont généralement la charge des produits les plus rapidement périssables et à haute valeur ajoutée (fleurs, primeurs). Ce transport est organisé par des intermédiaires qui facilitent les échanges et réduisent l'impact de la distance, surtout pour les produits standardisés (*cf.* chap. 5). Il s'appuie sur une logistique et des échanges d'informations semblables à ceux que l'on trouve dans de nombreux autres secteurs des économies ouvertes.

Un faible impact de la distance au marché

Les produits agricoles peuvent être acheminés vers les marchés sans que les coûts de transport diffèrent véritablement selon le lieu de production. Les formes de spécialisation décrites pour la France et la Grande-Bretagne se sont ainsi profondément modifiées. Les zonations spectaculaires de monoculture des ***belts*** américains disparaissent, alors qu'ils constituaient, encore jusqu'à la moitié du XXe siècle, une autre très bonne illustration du double jeu de la distance aux aires métropolitaines et des avantages comparatifs des différentes régions. L'impact de la distance aux foyers de consommation ne se lit plus guère qu'à l'échelle planétaire, avec une intensité de la production agricole qui diminue en fonction de l'éloignement aux grands foyers de consommation occidentaux (mégalopoles américaines, Europe, avec un cœur situé en Belgique et aux Pays-Bas). Il s'observe également à travers l'attraction de grands nœuds de communications et de centres de transactions agricoles (marché de gros) pour certaines productions (élevages industriels de poules pondeuses près de réseaux autoroutier ou aérien).

Belts : terme anglais. Il désigne, aux États-Unis, une région en forme de « ceinture » consacrée à une production agricole dominante.

La distance aux lieux d'approvisionnement en intrants

Les coûts d'acheminement des engrais, semences, de l'énergie, des machines agricoles, varient relativement peu selon le lieu où se trouvent les exploitations dans les économies les plus ouvertes. Pour la plupart d'entre elles, l'orientation des spécialisations est donc indifférente à la distance qui les sépare des producteurs d'intrants. Une exception existe toutefois pour les élevages industriels hors sols, dont les besoins en aliments sont considérables. Ils ne se localisent pas sur les lieux de production et de transformation de ces aliments (Brésil pour le soja, par exemple) mais, presque comme pour l'industrie lourde, se développent de façon privilégiée près des ports. Ils peuvent y être approvisionnés à partir de diverses sources à meilleur marché, en raison de coûts moindres en transport. De nombreuses usines à porcs, veaux et poulets européennes se concentrent ainsi en Bretagne, sur le littoral de la Manche, de Rouen à Rotterdam, et au Danemark.

2 - Facteurs politiques et opacité

Si l'amélioration des techniques et de l'organisation des transports a rendu l'espace plus transparent, les facteurs politiques contribuent de leur côté au maintien d'une certaine opacité. La pratique de la politique du libre-échange pour les produits agricoles n'a en effet été effective qu'au cours de la seconde moitié du XIXe siècle. Les crises engendrées par la concurrence étrangère ont conduit de nombreux États à adopter des mesures protectionnistes et à mettre en place des politiques agricoles.

Il en résulte aujourd'hui une division du monde en grandes zones, caractérisées chacune, d'une part, par des dispositions s'appliquant aux activités agricoles et, d'autre part, par un degré d'ouverture donné. Ces caractéristiques déterminent la concurrence à laquelle les exploitants sont soumis, ainsi que l'importance et la nature des débouchés dont ils peuvent bénéficier. Elles se traduisent jusque dans les paysages. Ainsi, la frontière entre le Montana et l'Alberta séparant les États-Unis (qui subventionnent l'agriculture céréalière) et le Canada (où cette production ne bénéficie pas d'aides) est évidente sur les images satellitaires.

Le mécanisme des coûts comparés s'exerce à une échelle internationale au Canada, qui est conduit à pratiquer plutôt l'élevage extensif dans cette région. Aux États-Unis, où des aides sont accordées, le Montana continue au contraire à détenir un avantage dans la production céréalière dont il s'est fait la spécialité. **La PAC** (Politique agricole commune) a également profondément façonné le degré et l'orientation des spécialisations en Europe.

Vue par satellite de la frontière Canada/États Unis

Landsat Image, *Courtesy of the Canada Center for Remote Sensing, Energy, Mines and Resources.*

La PAC ou Politique agricole commune correspond à l'ensemble des dispositions relatives à l'agriculture des États de l'Union européenne, arrêtées par les institutions communautaires depuis 1962. Elle a été mise en place pour garantir la sécurité des approvisionnements alimentaires, assurer un niveau de vie équitable à la population agricole et des prix raisonnables aux consommateurs. Elle repose sur un marché unique, le respect de la préférence communautaire et l'existence d'une solidarité financière entre États membres. Elle a longtemps compris trois volets : la politique des structures agricoles (visant à rendre compétitives les exploitations agricoles sans remettre en cause leur caractère familial), l'organisation commune des marchés et des prix (prix suffisamment rémunérateurs, grâce à des mesures de soutien) et la politique extérieure (protection envers la concurrence internationale, par le « système d'écluse »).

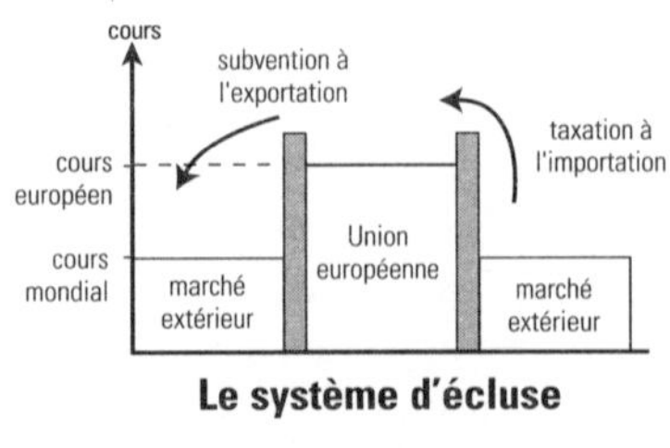

Le système d'écluse

Les choix de politique agricole et de degré d'ouverture des États ou des ensembles régionaux sont rarement établis en toute indépendance. Ils sont de plus en plus liés à des règlements internationaux. Les accords du Gatt, gérés aujourd'hui par l'OMC, ont bouleversé de nombreuses politiques agricoles. Leur objet est d'assainir le marché mondial que dérégleraient les subventions et d'élever le degré d'ouverture des économies aux échanges agricoles. Tous les pays industrialisés, qui intervenaient à des niveaux divers dans le secteur agricole, ont eu à diminuer leurs transferts financiers. Ceci n'a pas été sans impact sur leurs spécialisations. La Nouvelle-Zélande est le pays de l'OCDE qui a le plus réduit sa politique de soutien à l'agriculture et qui s'est le plus ouvert aux importations. Les ajustements qu'elle a pratiqués ont entraîné une accentuation de sa spécialisation (elle est aujourd'hui le premier exportateur mondial de viande ovine et de produits laitiers et le deuxième pour les exportations de laine). La PAC dut, quant à elle, subir deux réformes fondamentales, suite au **contentieux** qui opposait l'Europe aux États-Unis sur le volet agricole de l'Uruguay Round, en 1992 (accord de *Blair House*) et en 1999 (accord de Berlin). Elles ont rapproché les prix des produits agricoles clés de l'Europe (blé, bovins) des cours mondiaux.

Équivalent subvention à la production (ESP)

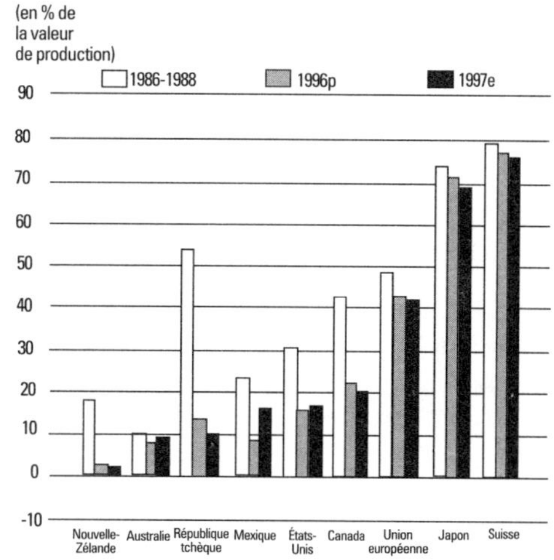

p : provisoire ; e : estimation
Pour le Mexique et la République tchèque, la première barre représente la moyenne 1989-1991.
Union européenne = UE-12 pour 1986-88 ; UE-15 pour 1996 et 1997 (l'ex-RDA incluse).
L'ESP est un indicateur qui essaie de cerner la valeur de tous les transferts en faveur des agriculteurs : les mesures de soutien aux marchés, les aides directes et autres supports.

D'après OCDE, *Politiques agricoles des pays de l'OCDE. Suivi et évaluation – 1998*, Paris, 1998, p. 18.

Des contentieux d'une nouvelle nature sont apparus. Ils sont liés à des réactions des États aux craintes du public en matière de santé et de protection de l'environnement et à leur difficulté à accepter des ingérences, au nom du libre-échange, dans des domaines aussi sensibles. Ils ne se limitent plus à des considérations de nature économique et ne peuvent être résolus, comme le sont les conflits traditionnels, par des négociations sur des accès réciproques aux marchés. L'Union européenne continue ainsi à interdire les importations de bœufs aux hormones de croissance, massivement utilisées dans l'élevage bovin au États-Unis, malgré des mesures de rétorsion appliquées par Washington, avec l'aval de l'OMC, sur certains produits alimentaires européens. Elle a également imposé un moratoire sur les semences transgéniques et les cultures développées à partir de celles-ci. Ces différends ont bien sûr des impacts sur les spécialisations. Aux États-Unis, un très grand nombre d'agriculteurs qui se sont lancés dans la production de variétés génétiquement modifiées (plus de 40 % de la production de maïs ou de soja) s'interrogent sur l'avenir de produits difficiles à exporter, et donc sur leurs choix productifs.

Les plantes transgéniques (surfaces cultivées)

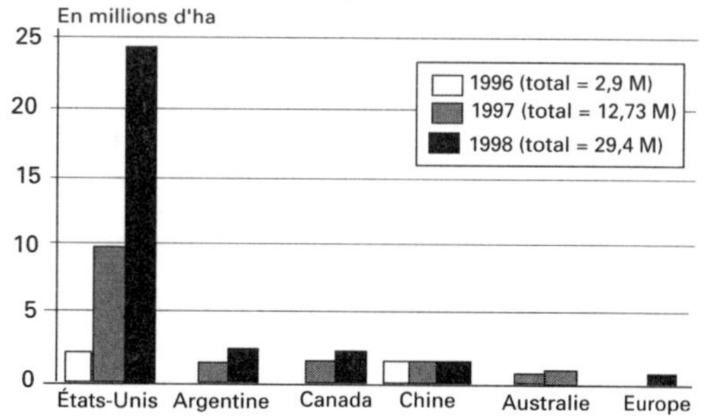

« Les surfaces cultivées en plantes transgéniques », *Courrier de la Planète*, juillet-août, 1998.

3 - Quels avantages comparatifs ?

Au sein des espaces très ouverts, comme la Nouvelle-Zélande, ou soumis à une même politique agricole et commerciale, comme l'Union européenne, quels facteurs orientent les degrés et les types de spécialisation ? L'espace y étant transparent pour l'activité agricole, l'hétérogénéité spatiale peut jouer un rôle plus grand. Sur quels avantages comparatifs se fondent alors les choix de production ?

■ Un faible rôle des conditions naturelles

En raison de la plus grande transparence de l'espace, différentes régions de production d'un produit donné entrent en concurrence sur les mêmes marchés. Les plus favorisées pour les conditions naturelles pourraient les remporter. En effet, ces bonnes conditions réduisent les coûts de production (avec un bon ensoleillement, par exemple, pas besoin de serres ou de chauffage pour pratiquer l'horticulture) et permettent de pratiquer des prix de vente moins élevés. Les conditions écologiques jouent bien sûr un rôle dans l'orientation des spécialisations. Des espaces spécialisés de pleine terre se développent par exemple pour la production de légumes comme de fruits, dans les régions disposant de conditions climatiques très favorables (Israël, ***huertas*** méditerranéennes). Toutefois, si l'artificialisation du milieu naturel a été constante au cours de l'histoire, l'agriculture scientifique offre aujourd'hui des possibilités nouvelles et rend les choix de production toujours plus indépendants de l'environnement physique.

Huerta : plaine irriguée, souvent très fertile, consacrée aux cultures légumières et fruitières.

Premièrement, certaines actions permettent d'améliorer les conditions de cet environnement. Les ***produits phytosanitaires*** et les fertilisants (engrais et amendements) autorisent le traitement des sols et l'adaptation de leur composition à la production souhaitée. Les actions relatives à la maîtrise de l'eau sont tout aussi déterminantes. L'irrigation a fait des progrès décisifs, grâce à une automatisation des réseaux qui optimise les débits en fonction des contraintes de l'écosystème. Elle s'est fortement développée dans des pays comme Israël ou les États-Unis, a permis la bonification des plaines méditerranéennes et a servi la révolution verte en Asie. La technique du ***dry farming*** a facilité la culture en milieu aride (< 500 mm de pluie par an). Celle du drainage des sols humides a permis la mise en valeur de terres fertiles en zone tempérée.

Produit phytosanitaire : tout produit qui sauvegarde la santé des plantes et récoltes, tels que fongicides (substances qui tuent les champignons parasites), herbicides, pesticides et insecticides.

Dry farming : technique appliquée en milieu aride visant, par un travail incessant du sol, à rompre la croûte superficielle pour empêcher l'évaporation et maintenir l'eau dans le sol.

En second lieu, grâce aux progrès de la génétique, c'est désormais la production que l'on peut faire correspondre à un milieu donné. On crée des « **plantes sur mesure** », adaptées à des conditions climatiques ou à un sol donnés, par hybridation (croisement de deux individus génétiquement différents) ou par transgénèse (transfert de nouveaux gènes dans le patrimoine génétique par une manipulation, pour obtenir des OGM, ou organismes génétiquement modifiés). On peut de la même façon transformer la physiologie des animaux.

Les plantes transgéniques (principales espèces)

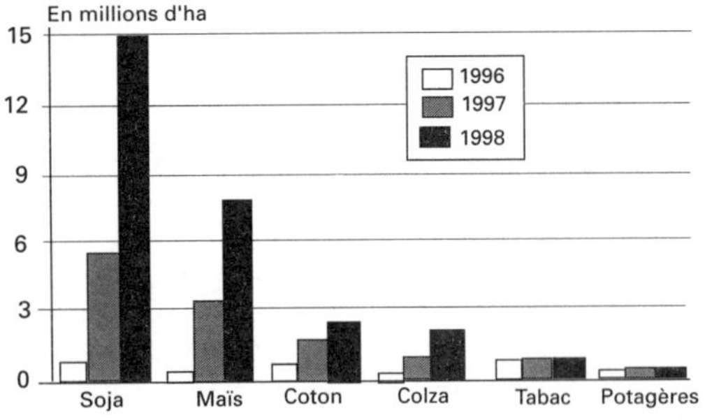

S. Brunel, *La Faim dans le monde, Comprendre pour agir*, Paris, PUF, 1999, p. 80.

Le maïs, une « plante sur mesure ». Le maïs est la céréale qui a connu la plus forte expansion de son aire culturale au XXe siècle, essentiellement grâce aux progrès génétiques. Jusque vers 1950, le maïs était une production secondaire en France, cultivée sur seulement 300 000 ha. La mise au point de variétés de maïs hybrides précoces, adaptées à un climat océanique et septentrional, a permis l'extension de cette culture à l'ensemble du territoire français et aux pays d'Europe du Nord. Cette production occupe désormais une place de premier plan dans l'agriculture européenne. Les améliorations permises par la transgénèse, qui ont privilégié le maïs, et le soja devraient accroître encore l' importance de ces plantes.

Enfin, les cultures peuvent désormais s'épanouir dans des milieux totalement construits, où l'environnement naturel importe peu. Les tunnels en plastique, les serres avec chauffage permettent de développer une culture maraîchère ou horticole indépendante des conditions météorologiques locales. Le sol même n'a plus d'importance lorsque c'est une culture ou sans sol qui est pratiquée. Le principe d'indépendance quasi totale par rapport à l'environnement naturel est le même pour l'élevage hors sol. Les aliments sont achetés à l'extérieur, la température, la luminosité sont contrôlées automatiquement dans des locaux fermés. Les facteurs physiques du climat, des sols, de la végétation, qui avaient constitué longtemps des éléments explicatifs fondamentaux de la répartition des cheptels et des cultures, importent moins. Des vaches Salers peuvent désormais paître dans le Valois, des limousines en Normandie. Il y a rupture entre **la production et le territoire**.

Une production qui renouerait avec le territoire ? L'inquiétude des consommateurs face aux multiples transformations que subissent les produits entre l'exploitation et leur assiette, face à l'artificialisation de la production alimentaire (révélée par l'affaire de la vache folle, celle des poulets contaminés à la dioxyne), une angoisse presque archaïque devant toute manipulation de la nature, et sans doute aussi une amélioration du pouvoir d'achat moyen, favorisent la demande de produits territorialisés. Tout un arsenal juridique s'est développé pour assurer l'effectivité de cette territorialisation : par exemple, mise en place de l'appellation d'origine contrôlée (AOC), qui s'applique à une zone géographique déterminée, de l'AOP ou appellation d'origine protégée qui garantit un lien très étroit avec le terroir. Des producteurs tentent aujourd'hui d'exploiter ce créneau de la territorialité. Les spécialités peuvent ainsi renaître dans des régions traditionnelles de production.

La formation et l'organisation

Quels avantages comparatifs peuvent intervenir dans les économies ouvertes si ceux relatifs aux facteurs naturels influent peu ? Divers exemples, comme celui de l'Europe agricole (*cf.* documents), ou de pays en développement face à **la révolution verte,** peuvent illustrer de façon éclatante le fait suivant : aujourd'hui, même pour le secteur agricole, les avantages comparatifs régionaux se fondent moins sur les dotations naturelles que sur la qualité des agriculteurs et de leurs structures d'encadrement.

Les échanges d'informations techniques sur les innovations possibles dans la production, dans la gestion, sur les opportunités de marché, sont plus aisés dans certaines régions : celles où les exploitants sont mieux formés, mieux organisés, les contacts denses ; celles où existent des centres d'étude techniques, de gestion ou de vulgarisation agricole. Les agriculteurs de ces régions vont, par exemple, développer les productions les plus rentables ou, s'ils sont davantage liés par des contraintes du milieu physique, améliorer les rendements des productions les plus adaptées à ce milieu, trouver des débouchés, des financements, voire agir auprès des instances politiques pour obtenir une aide plus grande pour leurs productions.

La révolution verte. La révolution verte est une innovation culturale qui a consisté à diffuser, dans les pays en développement des espèces hybrides de blé et de riz VHR (variétés à haut rendement et à maturation rapide), élaborées dans des laboratoires financés par les Américains. Ces variétés étaient considérées, dans les années 1960, comme une solution miracle pour les pays en développement. Elles devaient assurer leur autosuffisance et une insertion dans le marché mondial par l'exportation. Le bilan est aujourd'hui mitigé. Les facteurs éducatifs, culturels et comportementaux, l'accès à l'information, au capital, l'existence d'infrastructures et le degré d'organisation des agriculteurs, fondamental pour la gestion de l'eau nécessaire à la culture des VHR, ont joué un rôle déterminant dans la diffusion de ces dernières. La révolution verte a ainsi permis une disparition des famines en Asie du Sud-Est et en Inde, a également été plutôt une réussite en Amérique latine, mais a laissé de côté l'Afrique.

4 - L'IMPACT DU MILIEU

Nitrate : sel de l'acide nitrique très soluble, utilisé comme engrais.

Si les spécialisations se détachent des conditions naturelles du fait de l'artificialisation de la production, l'activité agricole se déroule toujours dans un milieu physique avec lequel elle entretient des relations. Les élevages hors sol dont le choix du site est indépendant des conditions naturelles ont, par exemple, encore un lien direct avec le milieu dans lequel ils sont installés, par les déjections épandues sur les sols proches.

Consommation annuelle d'eau dans le monde

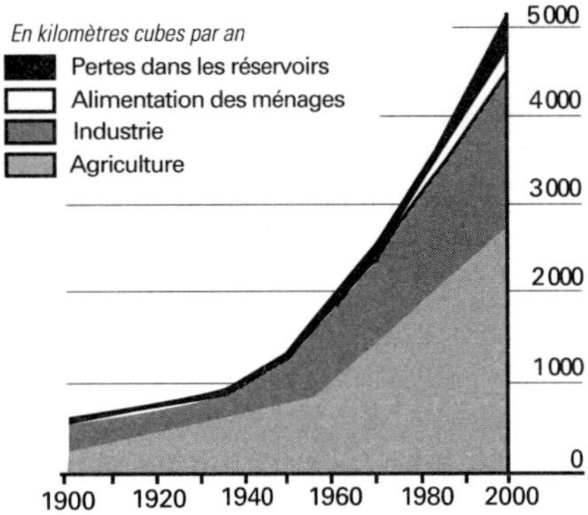

S. Brunel, *op. cit.*, p. 60.

La spécialisation et l'intensification qu'encourage l'ouverture de l'économie créent des rapports spécifiques entre l'agriculture et le milieu physique. L'intensification de la production nécessite des disponibilités importantes en eau douce (la consommation en eau de l'agriculture représente plus de la moitié de la consommation totale mondiale et, surtout, elle occasionne des rejets importants. Ainsi, l'usage massif d'engrais, d'herbicides, de fongicides, d'insecticides, pour augmenter les rendements, dégrade la qualité des eaux et des sols (infiltration de ***nitrates***). Par ailleurs, du fait de la spécialisation, des volumes importants de rejets de nature identique s'effectuent sur un même espace : la concentration de milliers de porcins dans les élevages hors sol pose ainsi des problèmes d'évacuation du lisier et de reconstitution du milieu.

Ces évolutions, dans une société où l'espace rural a de plus en plus de fins autres que productives (tourisme), s'accompagnent d'une certaine prise de conscience. Un retour à des pratiques plus prudentes, plus traditionnelles s'esquisse dans certaines régions des pays développés (la Suisse est le pays qui a le plus avancé dans cette direction). Des instances **politiques peuvent encourager** ces évolutions : l'Union européenne a ainsi engagé des réformes s'inscrivant dans la direction du développement d'une ***agriculture durable***. Cette nouvelle préoccupation affecte encore peu la distribution des grandes zones de production, leur degré de spécialisation ou le volume de leur production. Elle commence toutefois à se traduire localement dans les paysages avec, par exemple, des labourages parallèles aux courbes de niveau, des préparations du sol minimal visant à éviter le ruissellement et l'érosion linéaire dommageable aux sols, ou des rotations plus diversifiées des cultures afin de reconstituer les éléments nutritifs (légumineuses fixant l'azote) et de freiner la multiplication des animaux « ravageurs » de cultures.

Agriculture durable : « Une agriculture durable interagit avec les cycles naturels physiques et biologiques, de manière à améliorer la valeur des ressources concernées, ou du moins à ne pas la dégrader. » OCDE, *L'Agriculture durable*, Paris, OCDE, 1995, p. 25.

Une action politique encourageant l'agriculture durable : les NTCE. La demande de qualité environnementale conduit à s'interroger sur un financement possible des agriculteurs pour entretenir l'environnement. Cette idée a déjà joué un rôle dans la mise en place de mesures en faveur de l'agriculture de montagne en Europe. En novembre 1999 ont également été signés en France les premiers NTCE (nouveaux contrats territoriaux d'exploitation), s'inscrivant dans la ligne du règlement du développement rural européen, ratifié par l'Union européenne à Berlin en mars 1999. Les exploitants qui les signent s'engagent à gérer pendant cinq ans des prairies naturelles sans pesticides, à maîtriser l'utilisation des fertilisants, à entretenir le paysage en nettoyant les pentes, en veillant aux eaux, haies et chemins, et à intégrer leurs bâtiments d'exploitation dans le paysage. Ils reçoivent en échange une aide financière européenne et nationale. Un volet économique de production du terroir de qualité s'ajoute au volet environnemental.

5 - La géographie de l'espace agricole

■ Fin des terroirs, naissance de « bassins de production »

Avec l'ouverture de l'économie s'opère un brouillage de la carte agricole traditionnelle, où les productions, les paysages étaient typiques de régions, de pays et de civilisations. Les traits climatiques ou géologiques régionaux interviennent en effet moins dans la détermination des spécialisations. Par ailleurs, les savoir-faire agricoles ne se transmettent plus par des échanges oraux entre générations installées sur le même lieu. L'exploitant se forme auprès d'institutions d'enseignement professionnel, où les savoirs et les pratiquent se fondent sur une science internationale. Il s'informe par des revues spécialisées, des réunions professionnelles, qui dépassent souvent le cadre local. Cette logique d'uniformisation des savoirs participe à la disparition des « terroirs ».

C'est par des « bassins », comme dans le monde industriel, que sont remplacés les terroirs dans les économies ouvertes (bassin céréalier, allaitant, laitier, porcin). La formation de bassins s'explique par une logique de spécialisation, et aussi par l'industrialisation et l'intégration qui se sont développées dans le monde agricole, depuis les Trente Glorieuses, avec les modèles de production de masse (les premiers poulaillers hors sol bretons datent de 1960). Des exploitants, généralement installés sur des surfaces trop réduites, se sont intégrés dans des filières régies par des accords entre fabricants d'aliments, abatteurs, transformateurs et opérateurs commerciaux. Ils se sont spécialisés dans une espèce végétale ou animale, et parfois même dans une étape de la croissance de cette espèce.

Une région de production agricole intégrée par les filières de l'agro-alimentaire : la Bretagne

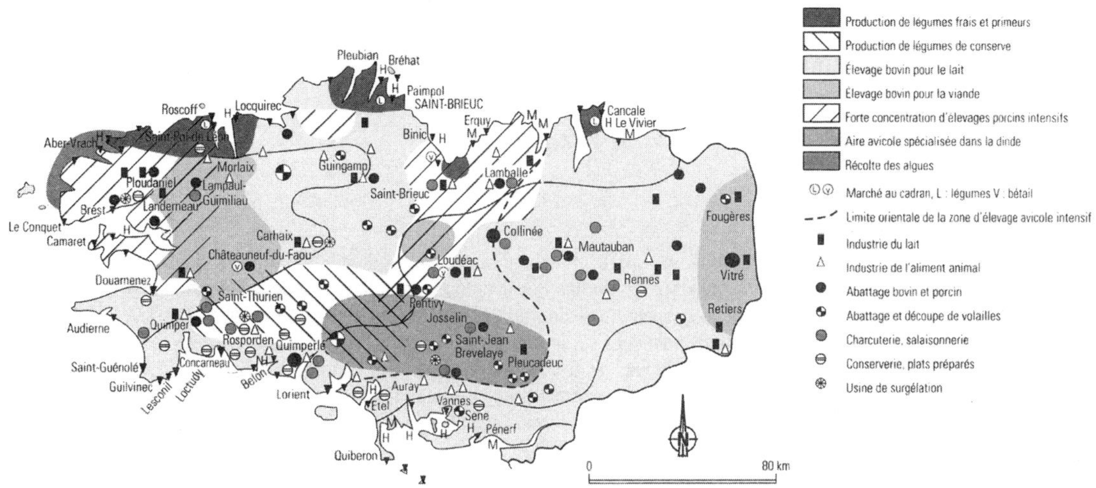

La Bretagne est un modèle de région agricole puissamment intégrée par les IAA. Elle compte près de 480 entreprises agroalimentaires où travaillent environ 45 000 personnes. La diversité des branches d'activités liées à l'agriculture est telle que l'économie régionale emploie un actif sur cinq sur ces créneaux (agriculture et IAA).

La carte montre une certaine sélectivité spatiale :
— des industries légumières et maraîchères, sur les littoraux ;
— des industries avicoles et porcines plutôt à l'intérieur ;
— une spécialisation laitière, plutôt à l'Est, qui se greffe sur le « modèle » normand.

G. Fumey, *L'Agriculture dans la nouvelle économie mondiale*, Paris, PUF, 1997, p. 48 ; d'après G. Le Guen, *La France des régions, la Bretagne*, t. 2, © SEDES, 1994, p. 237.

Des échanges nombreux d'informations et de produits sont nécessaires au sein d'une même filière. Les sociétés qui en sont responsables peuvent trouver intérêt à regrouper les différents éléments qui la composent (recherche d'économies de localisation). Cette concentration des productions a une tendance accumulative, parce que le développement d'activités d'un type donné est favorisé dans les régions qui bénéficient déjà d'infrastructures, de la présence d'industriels et de commerciaux spécialisés.

■ UNE CONCENTRATION DE LA PRODUCTION

Il y a une concentration de la production agricole dans les économies ouvertes. En France, les dix principaux départements agricoles (situés au nord d'une ligne Nantes-Strasbourg) produisent autant que les quarante-cinq plus petits. La concentration s'accompagne d'une rétraction de la production dans certains espaces, qui peut aller jusqu'à des formes de déprise agricole. Ce mouvement s'explique, d'une part, par l'***augmentation de la productivité***. Entre en jeu, d'autre part, la demande qui s'adresse au secteur agricole. Si celle-ci augmente moins vite que la productivité par hectare, il y a rétraction de l'espace utilisé par l'activité agricole.

Augmentation de la productivité : selon l'historien Paul Bairoch, la productivité agricole est passée en France d'un indice 65 en 1800 à un indice 1880 en 1980. Statistiquement, un agriculteur nourrissait 7 personnes en 1960, 30 en 1983, 40 en 1993.

Les agriculteurs européens, longtemps à l'abri de ce processus en raison des mécanismes de soutien des prix de la PAC, l'expérimentent aujourd'hui durement. Les débouchés n'ont pas suivi l'augmentation de leur production ; le tiers-monde manque de moyens, les pays de l'Est n'achètent qu'au rabais, les États-Unis ont les mêmes difficultés que l'Europe et ne veulent pas se laisser concurrencer. Les coûts qu'engendraient pour l'Union européenne le soutien à la production et, ensuite, l'écoulement ou le stockage des surplus, l'ont conduite au cours des années 1990 à remettre en cause ses choix productivistes antérieurs. Si l'on ne peut accroître la demande, il faut réduire l'offre. Les quotas laitiers ont représenté les premières mesures. Ils ont été suivis par des encouragements aux gels de terres, à la mise en jachère ou à la non-augmentation des cheptels. L'agriculture se maintient dans les espaces favorables et abandonne des fractions du territoire qui le sont moins (reconquête de la forêt en montagne, dans l'arrière-pays méditerranéen).

À MAÎTRISER

Problématiques globales

Fonctionnement de l'exploitation agricole et espace ; formes d'agriculture et de différenciation culturale dans les économies fermées ; modèle de von Thünen ; le rôle des avantages comparés lorsque les économies s'ouvrent ; les transformations de la géographie des productions ; l'impact des coûts de transport dans les économies ouvertes ; l'effet des facteurs politiques sur la transparence spatiale et la localisation des productions ; les types d'avantages comparatifs en action dans les économies ouvertes ; les facteurs explicatifs de la formation des bassins de production et de la concentration ; les modes de diffusion des savoir-faire culturaux dans les trois types d'économie ; l'impact du milieu physique sur les localisations agricoles dans les trois types d'économie.

Concepts importants

Filière agroalimentaire ; industrie agroalimentaire ; intrants ; extrants ; hors sol ; polyculture ; communaux ; écobuage ; jachère ; assolement triennal ; rente de localisation ; système des *cramps* ; *belts* agricoles ; PAC ; système d'écluse ; *huertas* ; *dry-farming* ; OGM ; appellation d'origine ; révolution verte ; agriculture durable.

Auteurs à situer

J. H. von Thünen, J.S. Mill.

Théories et modèles

Le modèle de von Thünen

Problématique

Quel bénéfice puis-je attendre de telle production, à tel endroit ? Quelles sont, à un endroit donné, les productions qui me permettent de tirer le plus grand bénéfice ? Telles sont les questions auxquelles le modèle simplifié de von Thünen proposé ci-dessous permet de répondre.
Ce bénéfice (et sa maximisation) est fonction :
- de la production (Q) : plus je produis, plus je fais de bénéfices ;
- du prix de vente (V) : plus je vends cher, plus je fais de bénéfices ;
- du coût de production (P) : moins je produis cher, plus je fais de bénéfices ;
- du coût de transport : moins il est élevé, plus je fais de bénéfice.

Le coût de transport est lui-même fonction :
- de la distance (*d*) entre le lieu de production et le lieu de vente (le marché), exprimée par exemple en kilomètres ;
- de la quantité (Q) que je transporte, exprimée par exemple en tonnes ;
- du coût de transport unitaire, ici d'une tonne sur un kilomètre (c).

Ce bénéfice, que l'on appelle R, peut s'exprimer par la formule suivante : $R = Q\ (V - P) - Q\ d\ c$

Hypothèses

Pour essayer de démontrer le mécanisme des localisations agricoles, on simplifie et schématise la réalité. On postule donc que :
- le prix de vente est stable ;
- le coût de production est le même partout ;
- le coût de transport est le même dans toutes les directions ; le Brozoufland est une plaine sans relief ni réseau de transport ;
- la quantité produite à l'unité de surface (par exemple l'hectare) est la même partout. Les rendements sont partout identiques dans le Brozoufland (un seul climat, un seul type de sol, une formation homogène des exploitants) ;
- il existe un seul marché (la ville de Brozoufcity), où toutes les productions sont écoulées ;
- le Brozoufland est un « État isolé », il n'importe ni n'exporte aucun produit.

Donc, le seul facteur qui varie, c'est la distance entre le lieu de production et le marché. Les autres données sont constantes.
Par ailleurs, le comportement des acteurs satisfait aux hypothèses de l'*homo œconomicus.*

Démonstration

1 - La rente et la distance

Si je connais le rendement d'une production donnée (qui me donne Q, la quantité produite par hectare), son prix de vente (V), son coût de production (P) et le coût de transport (*c*), je peux calculer le bénéfice (R) qu'il est possible de tirer de cette culture, uniquement en fonction de la distance au marché (*d*). Le bénéfice est donc fonction de ma localisation. C'est ce que l'on appelle la « rente de localisation ». Celle-ci est inversement proportionnelle au coût de transport, comme le montre le schéma suivant.

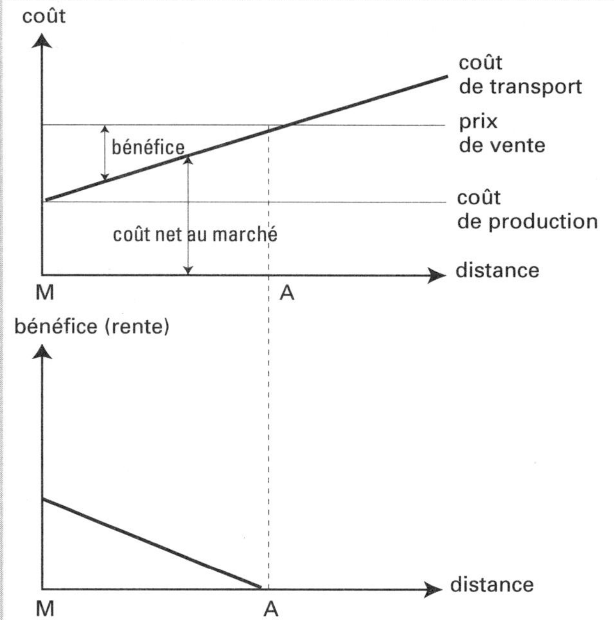

M = marché.
A = limite au-delà de laquelle la production n'est plus rentable.

2 - Calcul des différentes rentes

On se propose de calculer le bénéfice pour le lait, les pommes de terre, le blé et la laine. On dispose des données constantes : rendement, prix de vente, coût de production et de transport.

	Unité	Lait	P de T.	Blé	Laine
Quantité (Q)	*t*/ha	7	10	12	0,2
Prix de vente (V)	Brozoufs	30	10	7	200
Coût de production (P)	Br./*t*	15,71	3	2,83	100
Coût de transport (C)	Br.*t*/km	4,76	1,17	0,42	7,14

Je cherche à calculer l'endroit où je ne fais plus de bénéfice, là où R = 0, et donc la distance au-delà de laquelle la production n'est plus rentable (point A des schémas précédents).

Prenons l'exemple du lait :

R (lait) = Q (V - P) - Q *d c*
R (lait) = 7 (30 - 15,71) - (7 x *d* x 4,76)
R (lait) = 7 (14,29) - (33,3 *d*)
R (lait) = 100 - 33,3 *d*

R = 0, si 100 - 33,3 *d* = 0, ce qui donne *d* = 3 km

Cela veut dire qu'à 3 km du marché, produire du lait ne rapporte plus rien.

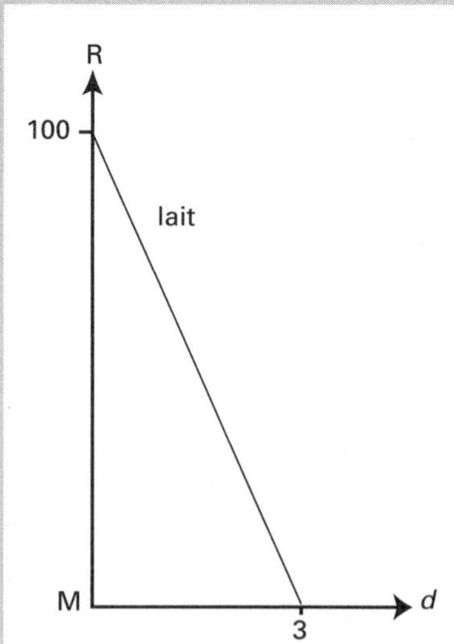

Je calcule ensuite le bénéfice maximal attendu si la production s'effectue sur le marché même, c'est-à-dire là où la distance au marché est nulle. Le coût de transport y est également nul, et l'on a :

R = Q (V - P) - Q *d c*
Or, *d* = 0
donc R = Q (V - P)

Prenons l'exemple du lait :

R (lait) = 7 (30 - 15,71) = 100

On voit que le bénéfice que je peux attendre de la production de lait est de 100 Br par tonne si je suis situé au marché ; de 0 Br si je suis situé à 3 kilomètres du marché.

Le bénéfice est une fonction linéaire de la distance : l'équation est celle d'une droite, qui prend la forme $y = a\,x + b$ (ici, $R = -\ 33{,}3\ d + 100$). Le bénéfice décroît donc régulièrement de son point maximal (au marché) à son point nul (à 3 km de celui-ci). Je peux tracer cette décroissance sous la forme d'une droite, dans un graphique mentionnant en abcisse la distance au marché (*d*), en ordonnée le bénéfice (R).
On fait les mêmes calculs pour toutes les autres productions :

produit	**formule de la droite**	***d* quand R = 0**	**R quand *d* = 0**
lait	$R = 100 - 33{,}3\ d$	3 km	100 Br
pommes de terre	$R = 70 - 11{,}7\ d$	6 km	70 Br
blé	$R = 50 - 5\ d$	10 km	50 Br
laine	$R = 20 - 1{,}43\ d$	14 km	20 Br

On peut présenter toutes ces données sur un même graphique :

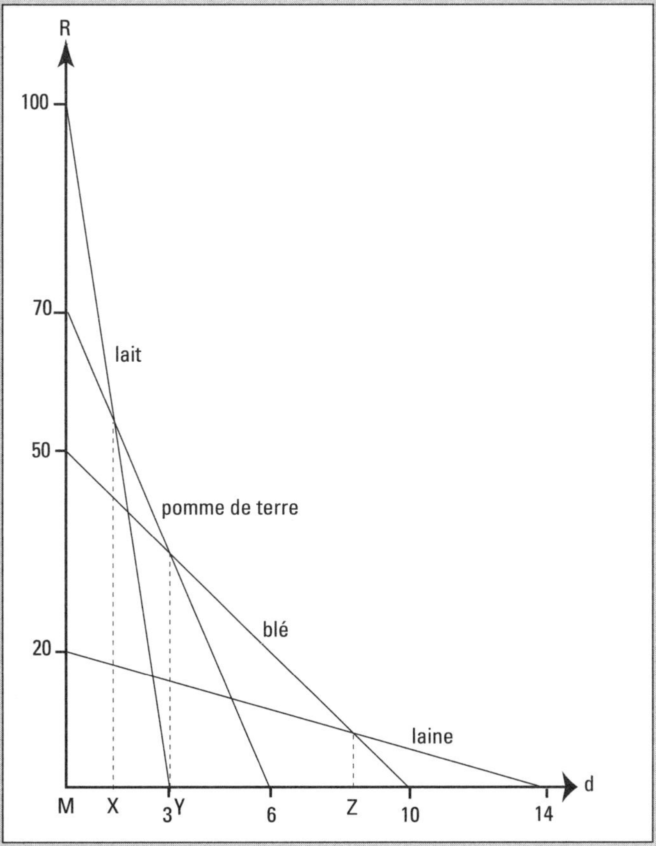

3 - Rente et spécialisation de l'espace agricole : les anneaux de von Thünen

Ce schéma montre l'aire maximale d'extension de chacun des produits. Au-delà de 3 km du marché (M), la production de lait n'est plus une activité rentable. Comme ces distances se calculent dans toutes les directions, les limites de ces aires prennent la forme de cercles dont le centre est le marché.
Entre 10 et 14 km du marché, il n'y a que la laine qui soit rentable. En revanche, entre 6 et 10 km de M, on a le choix entre deux productions rentables : le blé et la laine. Entre 3 et 6 km de M, trois sont rentables. Entre M et 3 km de M, toutes les productions sont rentables.
Entre le marché et 10 km, on a le choix entre 2 à 4 productions. On va retenir celle qui rapporte le bénéfice le plus important, celle pour laquelle R est la plus élevée :

- entre M et X, c'est le lait le plus rentable ;
- entre X et Y, la pomme de terre est la plus rentable ;
- entre Y et Z, c'est le blé le plus rentable ;
- au-delà de Z, c'est la laine qui est la plus rentable.

On va donc observer la formation d'anneaux concentriques autour du marché, chacun se spécialisant dans la production qui promet le meilleur bénéfice à cette distance du marché.

Commentaire

Pour un prix de vente donné, mon bénéfice est réduit par deux coûts : le coût de production et le coût de transport.

Si le coût de transport est quasi nul, c'est-à-dire si mon lieu de production est proche du marché, je fais un bénéfice, même si le coût de production n'est que légèrement inférieur au prix de vente. Je peux donc supporter des coûts de production élevés, utiliser des engrais, des travailleurs agricoles ou installer des serres. C'est ce qui se passe près des marchés : l'agriculture y est capitalistique, intensive. C'est le cas de la production de lait ou de fleurs.

En revanche, si je suis loin du marché, les coûts de transport sont élevés. Mon bénéfice est donc réduit, et je ne peux me permettre d'avoir des coûts de production élevés. Il me faut donc limiter ceux-ci. J'utiliserai alors moins de tracteurs, moins d'engrais ou d'eau pour l'irrigation. Cette agriculture mobilise peu de capitaux : elle est extensive. C'est le cas de la production de laine, où la charge en mouton est faible par hectare.

Pour un prix de vente à l'unité de poids très élevé, je peux me permettre des coûts de transport élevés qui me laisseront cependant un bénéfice. En revanche, pour un prix à l'unité de poids faible, des coûts de transports élevés pourraient annuler mon bénéfice. La conséquence de ce qui précède, c'est que les produits chers à l'unité de poids (comme les épices au Moyen Âge) peuvent provenir de loin (comme d'Inde), alors qu'un produit bon marché à l'unité de poids (produit pondéreux), comme le bois dans l'exemple de von Thünen, proviendra de régions peu éloignées.

Documents commentés

Impact de l'élargissement et de l'organisation du marché sur les spécialisations agricoles

Production moyenne annuelle de blé

Carte 1 : 1951-1955

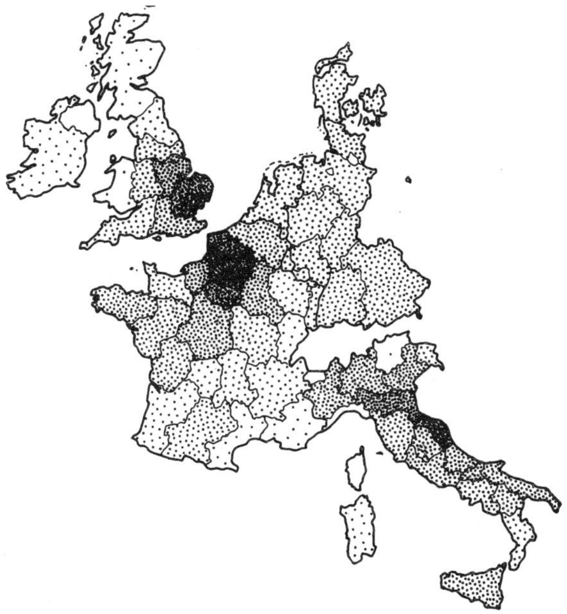

• = 10 000 t

Carte 2 : 1981-1985

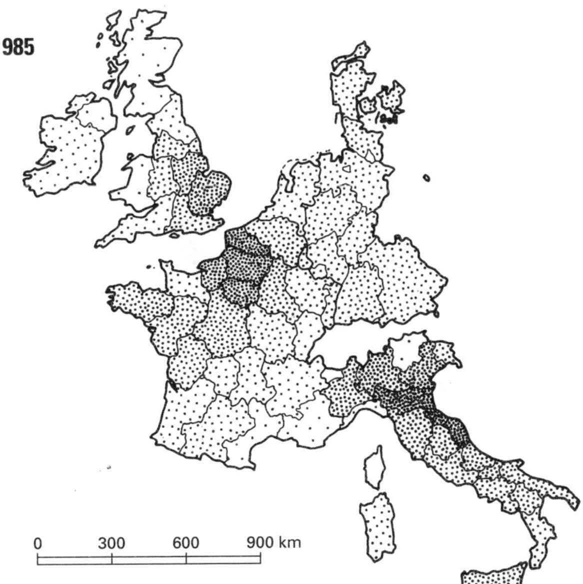

• = 10 000 t

I. Géneau de Lamarlière, « La PAC : essai de bilan géographique », *Revue géographique de l'Est*, n° 2, 1988, pp. 97-116.
D'après les statistiques de l'OCDE.

Spécialisation dans la production de porcs, volailles, œufs

Carte 3 : Spécialisation régionale (1985)

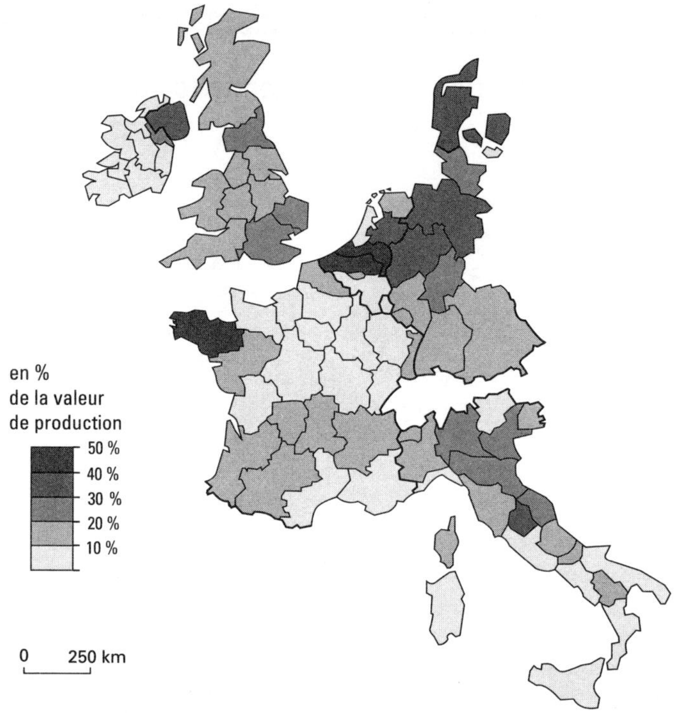

Carte 4 : Augmentation de la production de 1964-1965 à 1985

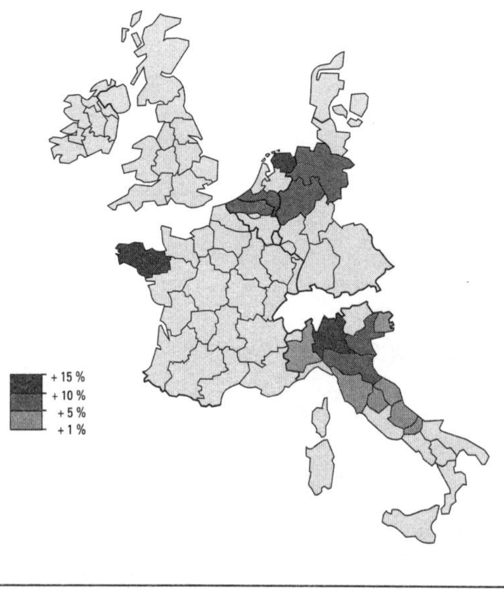

Carte 5 : Diminution de la production de 1964-1965 à 1985

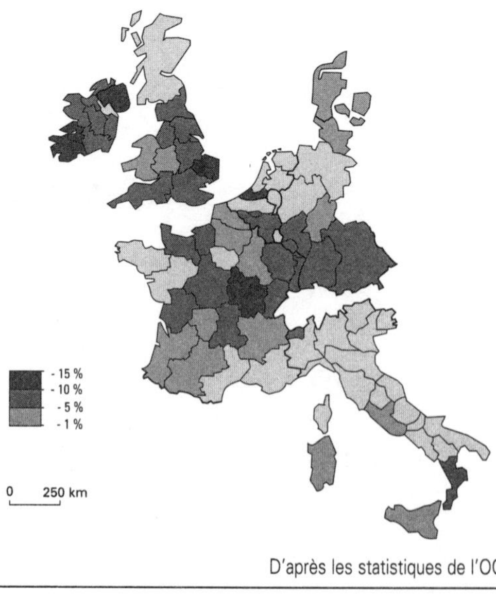

D'après les statistiques de l'OCDE.

Degrés d'autosuffisance en produits alimentaires (1953-1956)

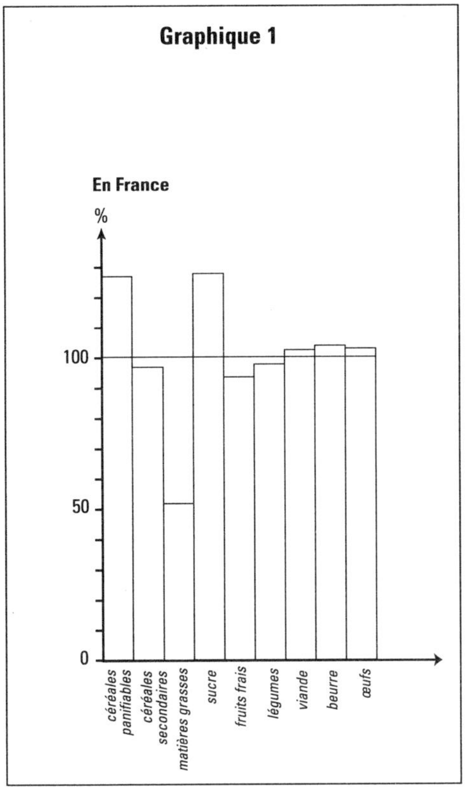

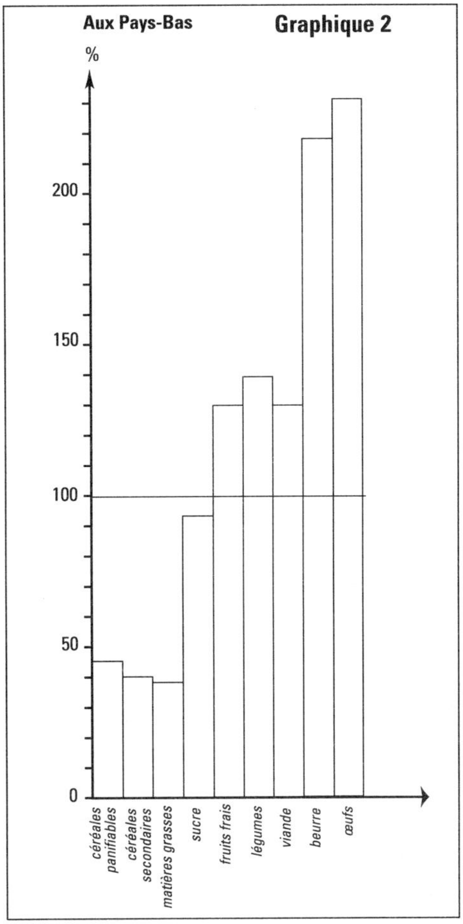

Revue de l'association permanente de la chambre d'agriculture, supplément, 15 mars 1959.

COMMENTAIRE

Les cartes 1 à 5 représentent deux exemples du bouleversement des quantités et des spécialisations qui a affecté la géographie de l'espace agricole européen depuis la fin de la Seconde Guerre mondiale. L'espace agricole a souvent été considéré comme rigide par rapport à celui de l'industrie ou des services, mais la rapidité et l'ampleur des mouvements de concentration qui se sont produits au cours des dernières décennies en Europe prouvent le contraire.

La production de blé, dont l'évolution est retracée pour la période 1951-1985, augmente partout, mais de manière inégale (cartes 1 et 2). Ce sont les régions du Bassin parisien qui voient le plus leur orientation céréalière s'accuser, puis l'Est anglais à partir de l'entrée de la Grande-Bretagne dans le Marché commun, en 1973. Un phénomène de spécialisation régionale touche les productions : les régions situées près de la mer du Nord, la Bretagne et le Nord italien se spécialisent par exemple dans le secteur des porcs, des œufs et de la volaille (cartes 3 à 5) ; la part des autres régions dans la production de l'Europe des Neuf diminuant au contraire. D'autres cartes révéleraient des évolutions du même type pour la betterave à sucre, la production laitière, le maïs. Les productions de fruits sont très concentrées dans la vallée du Rhône, la Provence, la région trentinaise, le Sud italien et la Sicile, mais sans que la spécialisation de ces régions dans cette production ne se soit réellement accrue sur l'ensemble de la période.

Le mouvement de spécialisation agricole en Europe peut être observé à l'échelle des États, des régions, mais aussi des exploitations, où la spécialisation a progressé en s'alimentant de l'effacement progressif du système de polyculture et d'élevage intégré. Ces transformations s'expliquent en grande partie par la création d'un grand espace commercial et par la mise en place d'une organisation communautaire des marchés.

A/ La création d'un grand espace commercial

Si l'on étudie l'agriculture européenne avant la création de la CEE, on peut observer une juxtaposition d'espaces nationaux hétérogènes et fortement individualisés. La France, par exemple, devait à sa tradition protectionniste une quasi-autosuffisance (graphique 1). À cette agriculture, peut-être la moins ouverte d'Europe, correspondait un espace de production organisé en fonction des seuls besoins du pays, qui devaient tous être couverts : d'où la formation de provinces agricoles de dimensions réduites, dont la spécialisation était limitée par les volumes de débouchés possibles. Un équilibre existait dans les complémentarités interrégionales.

Aux Pays-Bas (graphique 2), la sélection des activités agricoles était faite en vue de l'exportation. Les spéculations retenues étaient moins nombreuses qu'en France. Cette politique se traduisait par la formation de quelques régions très spécialisées dont la production satisfaisait à la fois les marchés intérieurs et extérieurs.

Le principe d'une optimisation obtenue par le biais d'une intégration communautaire fut défendu, après la Seconde Guerre mondiale, par des économistes et agronomes : certains s'étaient penchés sur le problème des localisations agricoles en Europe, qu'ils souhaitaient plus rationnelles. Ils pensaient qu'en bénéficiant de débouchés plus importants, chaque région serait amenée à se spécialiser dans les productions qui lui étaient les plus favorables. À l'organisation française ancienne, en régions complémentaires qui satisfaisaient les besoins nationaux, aurait correspondu l'organisation en grandes régions européennes différenciées, complémentaires et interdépendantes, qui auraient assuré la sécurité alimentaire de la Communauté.

C'est en 1968 seulement que l'union douanière fut pleinement réalisée dans le secteur agricole. À partir de cette date, il y eut un seul grand marché intérieur. L'avantage comparatif ricardien se mit à jouer pleinement ; en s'ouvrant à la concurrence, les régions furent incitées à développer les productions qui leur procuraient la plus forte valeur ajoutée totale, et à abandonner à d'autres régions les spécialisations moins rentables. L'union douanière et la protection du secteur agricole européen vis-à-vis de l'extérieur encouragèrent ainsi la spécialisation régionale en assurant des débouchés importants. Mais la CEE avait pour vocation de dépasser cette simple union douanière pour devenir un véritable espace intégré. Elle mit en place une organisation commune qui eut aussi des répercussions spatiales.

B/ L'organisation commune des marchés

La politique agricole commune eut pour instrument principal le Feoga (Fonds européen d'orientation et de garantie agricole). C'est essentiellement par sa section garantie que celui-ci intervint, en assurant un minimum de revenus au producteur : lorsque le prix réel d'un produit agricole tombait au-dessous d'un certain pourcentage d'un prix considéré comme souhaitable, le fonds rachetait les produits pour les stocker ou les écouler à bas prix sur le marché mondial. La Communauté adopta une politique de hauts prix garantis, sans limitation de volume qui engendra une explosion quantitative des niveaux de production et fit apparaître des excédents coûteux. Elle eut aussi d'autres conséquences : la hiérarchie des aides selon les types de produits modifia les paysages de l'Europe agricole. Dès la création du Feoga, la hiérarchisation de la protection selon le type de produit fut très poussée.

Le système le plus complet fut établi pour le blé, le sucre et les produits laitiers. Pour le blé, la garantie offerte était totale : les organismes publics achetaient à 100 % du prix d'orientation tout ce que les céréaliers n'avaient pu écouler sur le marché. Pour les produits transformés (porcs, bœufs, volailles et œufs), les interventions restaient facultatives. Le secteur des fruits et légumes était le moins protégé. L'essentiel des réglementations a consisté longtemps dans le seul contrôle qualitatif des importations qui entraient dans la Communauté.

En ventilant les dépenses du Feoga par secteur, on s'aperçoit que les trois quarts des garanties allaient aux produits laitiers, céréales et betteraves à sucre. Cette sélection a eu un impact considérable sur les spécialisations. On a pu montrer que, dans la CEE, c'est généralement le niveau de garantie et de protection qui oriente le système de production des exploitations, et non le prix de marché, comme on le pense communément. Ainsi, l'évolution des prix des fruits et légumes a été plus avantageuse que celle des prix des céréales et du sucre. Ces derniers se sont pourtant développés davantage, parce qu'ils bénéficiaient d'une meilleure garantie.

Ce principe permet de mieux comprendre les spécialisations opérées au sein de l'Europe. Dans certaines régions de la Communauté, les exploitants agricoles n'ont guère le choix : on imagine mal un agriculteur du Mezzogiorno italien abandonner la culture fruitière pour s'orienter vers la production céréalière, car il ne peut être compétitif dans ce domaine. Les différentiels de soutien créèrent ainsi des rentes de situation au bénéfice des exploitations les mieux adaptées aux secteurs protégés. Ces exploitations ont plus accentué leur spécialisation que d'autres, car les prix leur étaient garantis pour des quantités illimitées.

Le différentiel de soutien fut de plus en plus dénoncé, en raison des inégalités engendrées par la hiérarchie des garanties que l'on souhaita modifier pour les supprimer. Mais la réalité se révéla plus complexe : on oublie fréquemment, dans cette Europe agricole, la présence d'hommes, inégalement formés et inégalement organisés.

C/ Une conception humaine de la spécialisation

Il n'existe pas de déterminisme économique absolu, lié aux mécanismes de marché et aux hiérarchies de garanties, qui favoriserait certaines régions et en condamnerait d'autres. Dans l'Ouest hollandais, la part des productions laitières et sucrières bien protégées n'a cessé de diminuer au profit des fruits et légumes, rémunérateurs mais peu soutenus par l'organisation commune des marchés. Le dynamisme des hommes et la qualité des structures dont ils se sont dotés ont permis de surmonter les risques d'une protection plus faible.

De même, lorsque le régime de protection des activités hors sols s'est mis à évincer les importations étrangères, on aurait pu penser que les régions qui pratiquaient alors beaucoup ces activités accroîtraient toutes leur part de marché. En fait, les activités porcines et avicoles se sont déplacées vers les Pays-Bas, la Bretagne et le Nord de l'Italie, en même temps que la production était rationalisée. Des zones qui tiraient traditionnellement de ces spéculations une bonne part de leurs revenus s'en sont trouvées déstabilisées ; le déclin, au moins relatif, de ces activités n'y fut pas compensé par le développement d'autres spécialisations.

Les agriculteurs dynamiques se trouvaient souvent dans les régions les plus riches de la communauté. Mieux structurés professionnellement et politiquement, ils ont su faire pression par le biais de leurs organismes de représentation, pour infléchir à leur profit l'organisation des marchés et protéger les productions pour lesquelles ils disposaient d'un avantage comparatif en matière de productivité, et y ont développé leur spécialisation. Pour les activités hors sol, des évolutions semblables à celles existant dans le secteur industriel se sont produites. Les spéculations qui y étaient rémunératrices ont été captées par les régions avancées vers lesquelles elles se sont déplacées. L'une des explications essentielles des mouvements de spécialisation régionaux de l'Europe agricole tient à ce que l'intégration que l'on avait désiré promouvoir n'a pas pris place dans l'espace pur et homogène des théoriciens de l'économie, mais dans un espace fortement différencié par le facteur humain.

EXERCICE PROPOSÉ

Les OGM

Le débat planétaire

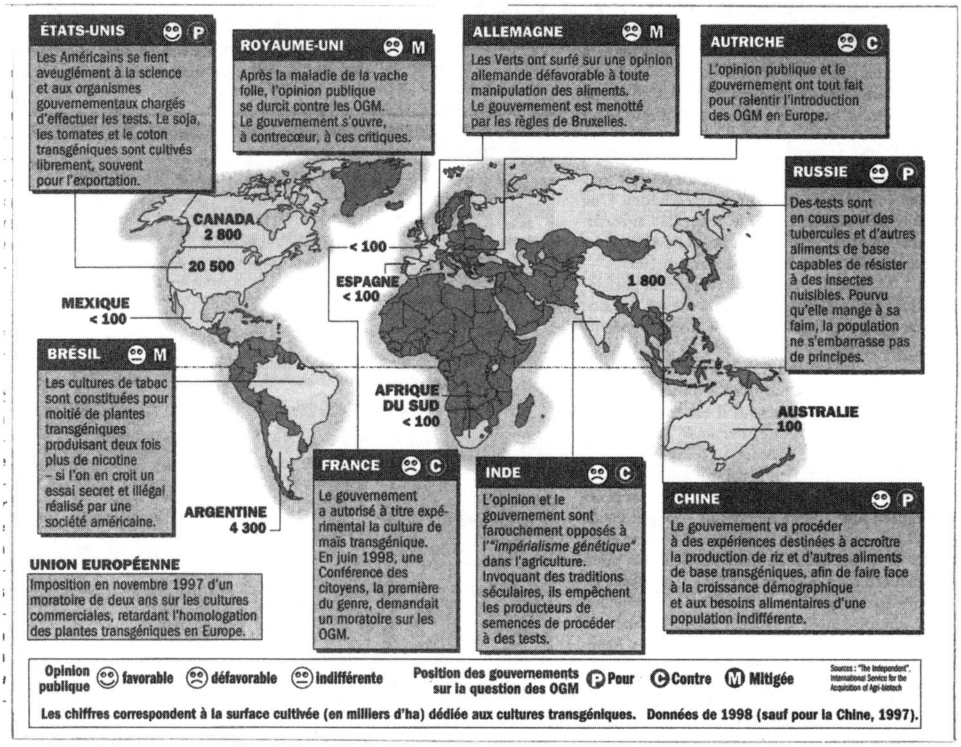

Face aux cultures transgéniques, le monde se divise *grosso modo* en trois camps, explique *The Economist* : les « *très pour* », emmenés par les États-Unis, comptent dans leurs rangs l'Argentine, l'Australie, le Canada, le Mexique ou le Brésil. « L'Argentine et le Canada sont particulièrement opposés à ce qu'on indique quels sont les produits contenant des OGM [permettant au consommateur de les identifier], arguant d'un surcoût de manipulation, de stockage et de transport de 20 % ». De l'autre côté, les pays d'Afrique, la Malaisie et certains pays d'Amérique latine demandent que soit appliqué le principe de précaution – « Ce qui suppose, explique l'hebdomadaire londonien, que les produits transgéniques soient déclarés coupables tant qu'ils n'ont pas prouvé leur innocence ». Au milieu, l'Union européenne, qui, souhaitant prendre en considération l'inquiétude grandissante du public, « se réserve le droit d'interdire l'importation de certains produits, mais souhaite par ailleurs pouvoir exporter ses propres OGM ». The Nation of The Guardian soulignent pour leur part l'opposition grandissante aux OGM perceptible dans le tiers-monde – en Inde, en particulier, où des cultures transgéniques ont été incendiées aux cris de « Brûlons Monsanto ! » en novembre dernier, et en Afrique, où 24 scientifiques ont condamné à la tribune de l'ONU une technologie « détruisant la biodiversité, les savoir-faire locaux et l'agriculture durable ».

Courrier international, n° 435, 4-10 mars 1999.

L'Europe marque un point

Sous la pression des Européens, les Américains commencent à revoir leur copie en matière d'aliments transgéniques.

***Newsweek* (extraits)**
New York

Aux États-Unis, la Food and Drug Administration a ouvert la voie dès 1992 à la commercialisation des produits transgéniques modifiés. En 1998, 40 % du maïs et 45 % du soja récoltés dans le pays étaient transgéniques. En Europe, en revanche, il n'y avait pas à l'époque de véritable réglementation pouvant donner le feu vert à cette technologie et apaiser les craintes du public. Et, pour beaucoup de petits agriculteurs, les biotechnologies représentent une menace plutôt qu'une solution. Résultat : seule l'Espagne cultive une quantité non négligeable de semences génétiquement modifiées.

Dans ces conditions, chacun n'a-t-il qu'à continuer à sa façon ? Ce n'est plus possible en 1999. Car, si l'Europe vend aux États-Unis son parfum Chanel et ses Land-Rover, les États-Unis veulent vendre à l'Europe leur soja et leur maïs. Tandis que les grandes sociétés européennes de biotechnologie comme Novartis évitaient les feux de la rampe, le groupe américain Monsanto a décidé d'aller de l'avant cet été. Mais le moment était terriblement mal choisi. Lorsqu'il a lancé sa campagne d'information, la peur des OGM était déjà bien ancrée dans les esprits. L'opération de communication de Monsanto n'a fait qu'aggraver les choses.

Au Royaume-Uni comme en France, le grand public associe la question des aliments génétiquement modifiés à cette mondialisation à laquelle ils rechignent. Le Royaume-Uni a beau être une pépinière de jeunes entreprises spécialisées dans Internet, les Britanniques continuent de suivre par millions le feuilleton de la BBC, *The Archers*, pour savoir si Tommy ira en prison pour avoir aidé un groupe de militants écologistes à détruire un champ de céréales génétiquement modifiées qui étaient à l'essai sur les terres de son oncle.

Des jurés américains laisseraient-ils Tommy en liberté ? Sans doute pas. L'association de consommateur Consumers Union a rassemblé une multitude de sondage, révélant que les Américains seraient favorables à l'étiquetage de ces produits, tout en restant convaincus de leurs avantages. Bien sûr, Tommy pourrait s'en tirer si son procès se déroulait à Berkeley (Californie), dont les autorités scolaires ont décidé d'interdire les aliments génétiquement modifiés, ou plus au nord, à Sonoma, déclarée « zone agricole sans OGM ». Encouragés par les succès de leurs homologues européens, les militants américains espèrent pouvoir développer ce mouvement, encore modeste, de résistance aux OGM.

Mais, selon le ministre de l'Agriculture américain Dan Glickman, les Américains ne seront jamais aussi angoissés que les Européens, principalement parce qu'ils font davantage confiance aux autorités de réglementation de leur pays. Il estime également que l'étiquetage volontaire des aliments génétiquement modifiés permettrait de résoudre une grande partie du problème. « Je ne vais pas imposer cela au niveau du gouvernement fédéral, nous a-t-il déclaré. Mais je suis convaincu que de plus en plus de sociétés vont se rendre compte que l'étiquetage répond à leur propre intérêt ». Ce sera particulièrement vrai pour les entreprises qui veulent exporter. Comme le géant agro-industriel Archer Daniels Midland (ADM) l'a montré la semaine dernière, en encourageant ses fournisseurs à séparer les semences génétiquement modifiées des autres, afin de s'adapter aux demandes des acheteurs étrangers. Les Américains ne sont plus en mesure de décider seuls. « L'Europe occupe une position si importante dans ce secteur que nous pourrions bien être obligés de renoncer à cultiver des semences génétiquement modifiées dans ce pays », reconnaît Walt Fehr, qui dirige le département de biotechnologie de l'université de l'Iowa. « Puisqu'ils ont le choix, quels sont les agriculteurs qui préféreront semer des OGM ? » Selon M. Glickman, la question commerciale sera difficile à résoudre. « Mais je pense que le problème sera à peu près résolu d'ici cinq ans. » Voilà qui est incroyablement lent si l'on songe au chemin parcouru par cette industrie au cours des cinq dernières années. Mais il est vrai que l'on voyage souvent plus vite lorsque l'on voyage seul.

Courrier International, n° 462, du 9 au 15 septembre 1999.

QUESTIONS

– Quel impact sur la géographie des productions ont les réglementations différenciées sur les produits génétiquement modifiés ?

– « Lorsque les Européens évoquent la faune et la flore sauvages et l'environnement rural, ce sont les terres agricoles qu'ils ont à l'esprit ; pour eux, les manipulations génétiques sont une nouvelle étape dans l'intensification de l'agriculture, qu'ils ne souhaitent pas. À l'inverse, les Américains ont à l'esprit les vastes étendues vierges de leurs parcs nationaux ; à leurs yeux, les terres agricoles font partie du secteur industriel », écrit le professeur Durant, de l'Imperial College, qui a conduit des enquêtes d'opinion sur l'OGM à l'échelle internationale. Quels facteurs de même ordre historique et culturel expliquent la position d'un pays tel que l'Inde ? Quels autres facteurs sont à l'origine de la position de pays tels que la Chine, la Russie ou encore l'Argentine ? Qu'en-est-il de nombre de pays africains ?

– En quoi le conflit sur les OGM, celui sur le bœuf aux hormones, diffèrent-ils des conflits commerciaux traditionnels qui opposaient les différents pays exportateurs de produits agricoles ?

– Quelle répercussion sur les échanges et les spécialisations pourrait avoir un durcissement du conflit entre Europe et États-Unis ?

– Quelles sont les quatre solutions envisageables du côté américain ? Quels serait l'impact sur la production américaine d'OGM de chacune d'elle ?

– Quel impact quantitatif et qualitatif aurait sur les spécialisations régionales, à l'échelle internationale, un refus définitif d'homologation des plantes transgéniques par l'Union européenne ?

11

LA LOCALISATION DE LA FABRICATION INDUSTRIELLE

L'industrie se définit comme une activité de transformation de matières premières et de produits semi-finis en biens matériels. La délimitation de cette activité est moins simple qu'il n'y paraît. Elle semble s'identifier au secteur secondaire, et donc s'opposer au primaire et au tertiaire. Pourtant, la production industrielle nécessite – et parfois englobe – des activités primaires (aviculture intégrée à l'industrie agroalimentaire) ou tertiaires (recherche/développement). On ne traitera ici que des localisations des activités de fabrication proprement dites.

Ces localisations présentent en effet des spécificités. Contrairement aux activités agricoles, les activités de fabrication industrielle ne dépendent pas du sol comme ressource principale, d'où une certaine liberté dans les choix de localisation. Faisant appel à des facteurs de production immatériels et matériels, leurs localisations se distinguent de celles des activités tertiaires qui se fondent essentiellement sur l'information.

L'analyse de la logique des choix de localisations industrielles présente un intérêt majeur en géographie économique. Les implantations industrielles ont en effet marqué directement le paysage de beaucoup de villes des pays occidentaux, voire de régions entières, à partir de la révolution industrielle. Elles modèlent aujourd'hui des paysages dans les pays qui s'ouvrent à l'industrialisation. De façon plus indirecte, l'activité industrielle, en attirant de la main-d'œuvre, en suscitant la création d'infrastructures et de flux d'échanges, participe à l'organisation de l'espace économique.

Pour comprendre la logique des localisations industrielles, il faut rendre compte de l'effet de l'espace géographique sur les différents besoins de l'entreprise, dans le cadre du mode de fonctionnement de cette dernière. L'espace intervient de diverses manières selon les formes d'économies (fermée, qui s'ouvre à l'échange, ouverte), ce qui aboutit à des géographies industrielles différenciées.

BIBLIOGRAPHIE DU CHAPITRE

Ouvrages de base

BATTIAU M., *L'Industrie. Définition et répartition mondiale,* Paris, SEDES, 1998, 192 p.
BECKOUCHE P., *Industrie : un seul monde,* Paris, Hatier, 1993, 79 p.
HARRINGTON J. W. et BARNEY W., *Industrial Location. Principles, Practice, and Policy,* Londres, Routledge, 1995, 236 p.
FISCHER A., *Industrie et espace géographique,* Paris, Masson, 1994, 137 p.
MERENNE-SCHOUMAKER B., *La Localisation des industries,* Paris, Nathan, 1991, 192 p.

Ouvrages de référence

LAUNHARDT W., « Die Bestimmung des zweckmässigsten Standortes einer gewerblichen Anlage », *Zeitschrift des Vereines deutscher Ingenieure,* Berlin, Vol. XXVI, n° 3, 1882, pp. 105-116.
WEBER A., *Über den Standort der Industrien* ; Première partie : *Reine Theorie des Standortes,* Tübingen, Mohr, 1re édition 1909, 246 p. ; Deuxième partie : *Der deutsche Industrie-Körper seit 1860,* Tübingen, Mohr, 1922.

Ouvrages et articles spécialisés

AYDALOT Ph.(dir.), *Milieux innovateurs en Europe,* Paris, Gremi, 1986, 361 p.
BENKO G., *Géographie des technopôles,* Paris, Masson, 1991, 223 p.
BRUNET R., *Le Redéploiement industriel,* Montpellier, Reclus, 1986, 127 p.
CADARS A. et BADOWER A., *La France. Industries. Services,* Paris, Sirey, 1991, 260 p .
CHARRIÉ J.-P., *Les Activités industrielles en France,* Paris, Masson, 1995, 240 p.
COLLETIS G. et *al., Les Systèmes industriels localisés en Europe,* Grenoble, IREPD, 1990, 132 p.
CORIAT B., *L'Atelier et le Robot : essai sur le fordisme et la production de masse à l'âge de l'électronique,* Paris, Editions Christian Bourgeois, 1990, 302 p.
« Industrialisation et désindustrialisation », *Annales économies, sociétés, civilisations,* n° 5, septembre-octobre 1984.
La Métropole parisienne. Système productif et organisation de l'espace, Équipe « Géographie du système productif », Strates CNRS/Université de Paris 1, Paris, Plan Urbain/Datar/Commissariat général au Plan, mai 1990, 68 p.
SALAIS R. et STORPER M., *Les Mondes de production. Enquête sur l'identité économique de la France,* Éditions de l'EHSS, Paris, 1993, 467 p.
SAVY M. et VELTZ P., *Les Nouveaux Espaces de l'entreprise,* Paris, DATAR/Éditions de l'Aube, 1993, 199 p.
Stratégies, territoires et développement local, n° spécial, *Hommes et terres du Nord,* 1996.
SCOTT A. J., *New Industrial Spaces : Flexible Production, Organization and Regional Development in North America,* Londres, Pion, 1988.
SCOTT A. J., « Les bases géographiques de la performance industrielle », *Géographie, économie, société,* vol. 1, n° 2, 1999, pp. 259-80.
VELTZ P. et ROWE F. (dir.), *Entreprises et territoires en réseaux,* Paris, Économica, 1991, 304 p.
WORONOFF D., *Histoire de l'industrie en France* du *XVIe siècle à nos jours,* Paris, Le Seuil, 1994, 664 p.

A

ENTREPRISE INDUSTRIELLE ET ESPACE

Entreprise : unité juridique de production dont l'activité aboutit à une vente de biens ou services sur le marché. L'établissement est l'unité économique et géographique élémentaire de la production (usine, magasin). Le groupe comprend un ensemble d'entreprises soumises à une stratégie globale. Celle-ci est définie par la société-mère qui détient des participations financières dans ses filiales, lui assurant le pouvoir de décision.

On peut schématiser comme suit le fonctionnement d'une ***entreprise*** industrielle dans l'espace :

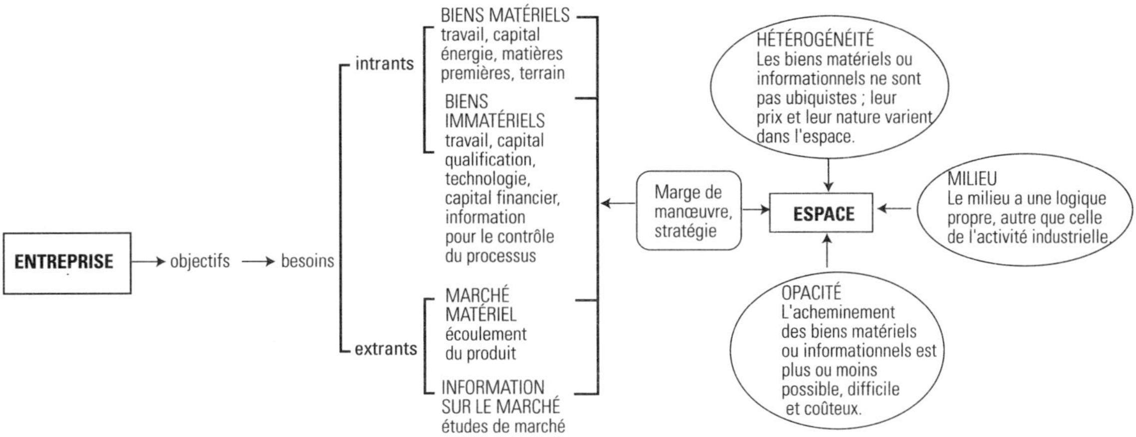

1 - Les objectifs et les besoins

Tous les auteurs qui ont cherché à expliquer la localisation industrielle se sont préoccupés de l'objectif des responsables d'entreprise. Les néo-classiques l'ont vu dans la maximisation du profit, les marxistes dans celle de la ***plus-value***. Les behavioristes ont montré, à partir d'analyses concrètes, que les processus de décision des chefs d'entreprise étaient soumis à des jeux de conflits, que les choix pouvaient répondre à des motivations parfois irrationnelles, liées à la perception et à l'information plus ou moins complète dont ils disposaient. On peut aussi retenir que les objectifs ne sont pas uniques et intangibles ; ils ont varié dans le temps et se différencient géographiquement selon, par exemple, la nationalité des firmes. Les firmes japonaises donnent par exemple souvent la priorité à la conquête de nouvelles parts de marché à long terme, alors que les firmes états-uniennes sont surtout préoccupées par la recherche du profit à court terme.

Plus-value : pour les marxistes, différence entre la valeur produite par le travail de l'ouvrier (obtenue par l'entrepreneur lors de la vente du produit sur le marché) et la valeur de sa force de travail (versée par l'entrepreneur sous forme de salaire). La plus-value, confisquée à l'ouvrier, est à la base du profit.

Capital : ensemble des richesses mises en œuvre pour obtenir un revenu. Le capital technique comprend les machines, les bâtiments, les matières premières et les produits intermédiaires. Le capital financier est constitué par les apports financiers des propriétaires.

Quels que soient les objectifs de l'entreprise industrielle et sa branche d'activité, deux types de besoins sont à satisfaire. Certains besoins sont matériels : l'entreprise exige, comme intrants, des terrains où installer ses établissements, l'énergie que lui fournissent les travailleurs, du ***capital*** technique. Quant aux extrants, ils nécessitent un marché pour être écoulés. Le deuxième type de besoins, aussi considérable que le premier, est de nature immatérielle. Chaque travailleur procure non seulement une énergie physique, mais aussi des informations, qu'il a capitalisées tout au long de son existence par son éducation et son expérience. L'entreprise a besoin également d'un capital financier, d'une technologie pour concevoir et fabriquer son produit, d'informations sur le prix, sur la qualité de chacun des facteurs qu'elle emploie, et sur le déroulement de la fabrication qu'elle doit contrôler et gérer. Du côté des extrants, il lui faut une information sur les clients.

2 - L'ENTREPRISE ET LA DIMENSION GÉOGRAPHIQUE

■ UN RÔLE DU MILIEU NON SPÉCIFIQUE

L'existence d'un milieu aux logiques propres doit être prise en compte par l'économie considérée comme un tout, mais affecte moins une entreprise donnée. L'entreprise tente tout au plus de réduire ses rejets, si elle est taxée proportionnellement à ceux-ci ou si les consommateurs la menacent d'un boycott. Elle peut aussi se délocaliser vers des pays à législation plus permissive. Le problème des intrants est, quant à lui, moins facile à résoudre. Une entreprise industrielle doit s'inquiéter de l'épuisement d'une ressource si elle en est très dépendante : elle peut choisir d'économiser les réserves, d'opérer des substitutions, d'importer le produit ou de se déplacer vers de nouveaux gisements. Les cas évoqués ne renvoient en fait pas spécifiquement à l'existence d'un milieu physique. Du point de vue de l'entreprise isolée, la question du milieu ne s'interprète qu'en termes d'hétérogénéité spatiale (variation dans l'espace de la législation sur la pollution, des ressources disponibles) et de plus ou moins grande transparence (possibilité de déplacer les rejets polluants, de se procurer les ressources manquantes).

■ UNE HÉTÉROGÉNÉITÉ ET UNE OPACITÉ DÉCISIVE

L'entreprise est continuellement confrontée au caractère hétérogène de l'espace. Les éléments matériels dont elle a besoin sont localisés en certains lieux précis et leur qualité et leur prix varient suivant ceux-ci. De même, les détenteurs d'informations (main-d'œuvre qualifiée, par exemple) ne sont pas également répartis dans l'espace. De plus, la firme une fois implantée, les dotations spatiales continuent de se modifier ; un gisement perd de son intérêt s'il s'épuise ou si un autre gisement de meilleure qualité, à l'exploitation plus aisée, est découvert sur un autre site.

Le degré d'opacité de l'espace intervient sur le fonctionnement de l'entreprise en rendant plus ou moins facile l'accès aux éléments absents de son environnement proche, qu'il s'agisse de matières premières, de main-d'œuvre, de technologie ou de marché. Ce degré d'opacité est non seulement lié à la qualité de la desserte en infrastructures de transport, mais aussi à l'existence de barrières douanières.

3 - Structuration de l'espace industriel

L'impact de l'espace sur la localisation industrielle

Le jeu simultané de l'hétérogénéité et de l'opacité spatiales intervient sur les localisations de l'entreprise. Le tableau de la page suivante le résume : les deux premières colonnes présentent les grands besoins physiques et informationnels de la firme. Les deux colonnes suivantes regroupent les contraintes : une hétérogénéité spatiale rend impossible leur satisfaction au niveau local (troisième colonne) ; l'opacité empêche l'approvisionnement depuis l'extérieur (quatrième colonne). Les conséquences spatiales de cette double contrainte sont présentées dans la cinquième colonne.

La seule inadéquation entre les besoins de l'entreprise et ce que lui offre son environnement ne met pas nécessairement en cause son implantation. Plutôt que se résoudre à une ***délocalisation***, elle peut importer les matières premières absentes localement, exploiter le ***brain drain***, s'associer dans la recherche avec une firme étrangère pour accéder à sa technologie, exporter ses produits pour atteindre un marché extérieur. Une délocalisation ne s'avère nécessaire que si l'opacité de l'espace gène l'approvisionnement en éléments manquant localement. C'est lorsque les deux dimensions spatiales (opacité et hétérogénéité) jouent simultanément qu'un problème de localisation se pose.

Délocalisation : changement de localisation s'accompagnant d'un transfert d'activité (fermeture d'un ancien établissement, ouverture ailleurs d'un nouveau ayant la même activité).

Brain drain : exode, fuite des cerveaux. Expatriation massive des chercheurs, des intellectuels, vers des pays leur proposant de meilleures conditions de travail.

Il ne faut toutefois pas que l'opacité de l'espace soit trop importante. En effet, lorsqu'elle est maximale, il n'y pas vraiment de choix de localisation. L'entreprise ne peut (comme c'est le cas, on l'a vu, pour l'exploitant agricole) que choisir son activité parmi celles envisageables localement : c'est un problème de substitution d'activités. Quand l'opacité diminue, l'entreprise peut se déplacer et a intérêt à se localiser là où les conditions sont les plus profitables à l'activité qu'elle envisage. C'est alors l'hétérogénéité spatiale qui importe pour le choix de localisation. L'échelle à laquelle l'hétérogénéité peut être exploitée est fonction des latitudes offertes par l'amélioration des conditions de transparence spatiale : elle peut être régionale, nationale ou mondiale.

Gestion d'une combinaison de besoins et de contraintes

En fait, la firme doit répondre simultanément à un ensemble de besoins, chacun plus ou moins soumis aux contraintes spatiales étudiées ci-dessus. Cette multiplicité peut déboucher sur des nécessités de localisation contradictoires. Par exemple, une entreprise recherchant de la main-d'œuvre bon marché qu'elle ne trouve pas dans son environnement proche, peut être incitée à se localiser là où elle existe (tiers-monde), alors que, dans le même temps, les contraintes spatiales pesant sur les extrants nécessiteraient sa localisation sur les marchés (pays riches). La firme doit donc gérer un ensemble de besoins et de contraintes, et distinguer des priorités. Les choix dépendent des objectifs : ainsi, les firmes japonaises, qui privilégient la conquête des marchés, tentent de répondre prioritairement aux contraintes pesant sur les extrants. Les firmes états-uniennes, qui accordent une grande importance au profit à court terme, ont été longtemps plus sensibles aux contraintes pesant sur les besoins en main-d'œuvre bon marché. Ces choix sont aussi liés à sa possibilité de diviser le processus de production entre divers établissements dont on différenciera alors les localisations, ainsi qu'à la **marge de manœuvre** qu'offre la structure de la firme.

Dimension spatiale et localisation des firmes

Besoins	*Nature des besoins*	*Hétérogénéité*	*Opacité*	*Conséquences spatiales*
Matières premières	physique	- pas de gisement partout - variations de prix et de qualité selon la localisation des gisements	difficultés de l'importation des matières premières : coût de transport, barrière douanière	localisation sur les gisements (sidérurgie dans le bassin du Donetz)
Terrain	physique	- pas de surfaces disponibles partout - variation de leur équipement et des coûts fonciers selon l'endroit	terrains indéplaçables	localisation en fonction du marché foncier (transfert de Citroën à Aulnay-sous-Bois)
Capitaux financiers	immatérielle	- pas de détenteurs de capitaux partout - variation des conditions de financement selon l'endroit	les financiers éloignés ne fournissent pas les capitaux (manque d'information, contrôle des changes)	localisation près des places financières (création de manufactures de textiles à Lisbonne, grande place financière, au XVIIe siècle)
Main-d'œuvre	aspect matériel (énergie)	- pas de bassin de main-d'œuvre partout - variation spatiale des coûts du travail	le déplacement de la main-d'œuvre n'est pas envisageable (coûts élevés, raisons sociales, législation)	localisation sur les bassins main-d'œuvre bon marché (transfert des industries manufacturées en Asie du Sud-Est)
	aspect immatériel (qualification)	- pas de travailleurs qualifiés partout - variation spatiale des degrés de qualification et des coûts du travail qualifié selon les bassins	- la main-d'œuvre qualifiée refuse de se déplacer (environnement peu attractif) - on ne peut exploiter ses qualifications à distance, par télécommunication	localisation dans des régions attractives pour la main-d'œuvre qualifiée (industrie de pointe à Montpellier) ou sur les bassins de main-d'œuvre qualifiée (Paris)
Contrôle du fonctionnement de la firme	immatérielle : information sur le processus de production pour que la direction le contrôle et le gère	l'information se trouve dans des établissements, qui sont dispersés dans l'espace	- les responsables ne peuvent se déplacer facilement (coût, temps) - les moyens de télécommunication sont insuffisants : l'information circule mal	regroupement des établissements autour du siège (Michelin, à Clermont-Ferrand avant les années 50)
Échanges internes au cours de la production	aspects matériels : produits semi-finis dans la chaîne de production	dispersion des unités de production	difficultés du transport physique entre les unités de production (coût, temps)	regroupement des unités de fabrication (complexes sidérurgiques intégrés, dans Ruhr)
	aspects immatériels : informations échangées dans la production	les détenteurs d'information se trouvent dans des établissements qui sont dispersés dans l'espace	- difficultés du transport de ces personnes (coût, temps) - moyens de télécommunication insuffisants	regroupement des unités de fabrication (industrie micro-électronique dans le Nord des États-Unis dans les années 1950)
Technologie	immatérielle	- l'information technologique n'est pas disponible partout - variation du prix et de l'intérêt de cette information selon le milieu	- refus du transfert de technologie (secret industriel) - difficile de recourir au *brain drain* - information difficilement transmissibles par télécommunication	localisation près des centres de recherche, des universités, les milieux innovateurs (industries de pointe dans la Silicon Valley)
Marché	aspects matériels : débouché physique	- les marchés ne sont pas partout - variation de la demande et des prix de vente selon les marchés	- difficulté du transport des produits finis (coût, temps) - exportation impossible (protectionnisme)	localisation sur le marché (implantation de Toyota aux États-Unis, pour contourner les barrières douanières)
	aspects immatériels : information sur les clients	- l'information sur la demande n'est pas disponible partout - variation du prix et de l'intérêt de cette information selon l'endroit	- impossibilité de faire se déplacer les clients et les détenteurs d'information - dfficultés de l'acquisition des informations par télécommunication	localisation sur le marché (industrie textile dans le Sentier, à Paris, pour être au fait de la mode)

Marge de manœuvre et stratégie des firmes. La marge de manœuvre des entreprises en matière de localisation varie en fonction de leur structure interne. Par exemple, les entreprises japonaises ignorent plus facilement que d'autres les inconvénients de choix de localisation qu'elles subissent dans l'instant : certaines sont déficitaires pendant des années parce qu'elles négligent, entre autres, de s'implanter sur les bassins de main-d'œuvre bon marché. L'appui des banques et de l'État, leur intégration au sein de firmes puissantes dont les autres branches peuvent compenser leurs pertes, autorisent ces déficits. Ils sont consentis dans le cadre d'une stratégie visant à anticiper les difficultés d'accès au marché, dont on prévoit qu'elles pèseront lourdement dans l'avenir. La localisation dans des pays où le coût de la main-d'œuvre est élevé occasionne des surcoûts sur les intrants, mais promet un bénéfice futur grâce à l'accès facilité à un marché solvable.

B

LES ÉCONOMIES FERMÉES

Dans les économies où l'échange est peu pratiqué avec l'extérieur, en raison de l'opacité de l'espace, la production industrielle est faible, souvent familiale, et les techniques archaïques. On parle plus volontiers d'***artisanat*** que d'industrie, mais il s'agit déjà de transformation des matières premières.

Artisanat : activité de fabrication ou de service faisant appel à une main-d'œuvre réduite (statistiquement, moins de 5 ou 10 personnes selon les pays). Les quantités produites sont souvent faibles et leur vente est assurée par l'artisan.

1 - Un difficile accès à la demande

L'opacité, qui nuit au développement des échanges, est la dimension spatiale qui influe le plus fortement sur les localisations de l'industrie. C'est sur les besoins en clientèle qu'elle exerce la contrainte la plus puissante. Celle qui porte sur l'accès aux intrants est moins importante.

■ Une contrainte majeure sur les extrants

La demande est extrêmement dispersée dans les économies fermées, parce qu'elle provient d'une population qui doit subvenir à ses besoins de base et qui exerce donc en grande majorité une activité agricole. Des villes peuvent exister, mais le nombre de leurs habitants est généralement faible et celles-ci sont implantées en un semis assez régulier sur l'ensemble du territoire. Les demandes de la grande masse de la population agricole sont peu solvables. Seule une mince frange de citadins dispose de revenus monétaires.

Les produits industriels peuvent être déplacés sur de longues distances, étant peu périssables. La faible transparence de l'espace rend toutefois l'accès au marché difficile, à cause du temps que demande l'acheminement des biens et des informations vers une clientèle très dispersée. Elle pèse surtout sur les objets usuels indispensables à la vie et à l'activité quotidienne. Il est par exemple impossible, lorsque l'espace est opaque, que l'information sur le besoin de remplacement de son araire par un paysan parvienne dans un délai suffisamment court à un fabricant situé à plusieurs centaines de kilomètres et que ce dernier puisse la lui expédier rapidement. L'opacité spatiale pèse moins sur la fourniture en biens de luxe, qui ne comporte pas le même caractère d'urgence et s'adresse à une demande solvable, bien que restreinte. Un volume faible de tels biens peut donc être déplacé sur de longues distances (route de la soie entre la Méditerranée et la Chine à l'époque médiévale).

■ Une contrainte plus légère sur les intrants

La faible transparence de l'espace pèse également sur la fourniture en matières premières et en énergie. Ces intrants, également peu périssables, peuvent toutefois être transportés sur des distances considérables. L'or, l'argent, le minerai de fer sont ainsi acheminés depuis les mines au cours de la période antique ou médiévale, parfois sur des milliers de kilomètres. Des matières premières locales peuvent aussi être employées dans de nombreuses fabrications (bois pour l'outillage, plantes textiles pour les vêtements). L'énergie mécanique animale ou humaine, la force motrice des eaux courantes, du vent et du bois de chauffage permettent de satisfaire les besoins énergétiques de productions artisanales domestiques.

2 - Des localisations proches des consommateurs

■ Une distribution régionale liée à la demande

L'accès à la demande étant plus difficile dans les économies fermées que celui aux intrants, c'est surtout à la répartition des consommateurs qu'obéit celle de l'industrie, qui est rarement localisée sur les lieux d'extraction. La production des objets usuels est ainsi très dispersée ; elle est réalisée dans les fermes, dans les ateliers de village, ou par les artisans de petites villes où l'on ne produit généralement que pour les besoins locaux.

La distribution géographique de la fabrication des biens de prestige correspond aussi à celle d'une consommation, mais différemment répartie. Elle se concentre près des lieux de résidence des classes les plus aisées, souvent dans les villes, auxquelles se greffent des faubourgs d'artisans. Ces derniers y bénéficient, en plus de la clientèle, d'une sécurité pour l'exercice de leur activité et, souvent, de communications plus favorables pour s'approvisionner et expédier leur propre production. Ces villes tendent à se constituer en centres artisanaux pour la campagne environnante, qui s'établissent suivant la théorie des lieux centraux pour desservir une demande dispersée (*cf.* chap. 12).

■ Facteurs socioculturels en milieu urbain

Les artisans exercent une activité considérée comme profane dans beaucoup de sociétés traditionnelles, alors que la ville comporte à son origine un caractère religieux. L'exercice du commerce et du travail artisanal n'est généralement permis que dans un faubourg marchand.

Les mêmes métiers sont fréquemment issus de groupes spécialisés. La personnalité des professions est très accusée, avec ses rituels et ses fêtes ou son organisation en ***corporations***. Dans les sociétés traditionnelles, le groupe s'identifiant en partie à l'espace physique qu'il occupe, ces solidarités professionnelles se traduisent localement de façon marquée : dans l'espace urbain, les métiers sont assignés à des quartiers ou rues de métiers. Cette forme de localisation est

Corporation : groupement qui rassemble les membres d'une même profession, qui la réglemente, en défend les intérêts et garantit la qualité des fabrications.

souvent renforcée par la ***contrainte de marché***. L'artisan étant presque toujours le vendeur de ses produits, le lieu d'exercice de son métier est indirectement déterminé par cette localisation obligatoire de la vente, qui sera examinée dans le chapitre suivant.

Contrainte de marché : obligation de vendre les mêmes produits en un lieu unique donné. Ceci permet un contrôle plus aisé par la police de la ville et par la corporation.

C

LES ÉCONOMIES QUI S'OUVRENT

De quelle façon les localisations industrielles décrites précédemment se modifient-elles lorsque les échanges se développent ? Dans un premier temps se met en place, comme pour l'agriculture, une spécialisation territoriale, dont le degré et la forme sont commandés par les possibilités de débouché et d'acquisition de matières premières. Cette situation s'observe en Europe, en Inde, en Chine et au Japon, pour l'essentiel, lorsque certaines régions commencent à accéder à des marchés importants, par les ports ou voies fluviales (élargissement de l'économie-monde européenne après les grandes découvertes du XVe-XVIe siècles, amélioration des techniques de navigation, etc.). Dans un deuxième temps, l'amélioration des communications se poursuivant (révolution des transports terrestres), les ***facteurs de production*** deviennent eux-mêmes mobiles ; ce sont alors les établissements industriels qui peuvent changer de localisation. Cette phase se met en place en Europe à partir de la moitié du XIXe siècle, avec l'essor du chemin de fer, et souvent plus tardivement dans beaucoup de régions du monde.

Les facteurs de production sont les ressources économiques qui entrent dans la fabrication du produit : matières premières, travail, capital, par exemple.

1 - Les changements d'objectif

De simples artisans, dans une société où la circulation était malaisée, pouvaient difficilement vendre dans un rayon supérieur à une dizaine de kilomètres. La concurrence était faible, parce qu'ils produisaient pour un marché réservé et parce que les corporations déterminaient les prix et les règles de qualité à observer. Leur objectif n'était pas de maximiser un profit mais, généralement, de parvenir à une certaine perfection dans leur « art » et de respecter les règles de leur métier.

Avec l'élargissement des circuits économiques, la distribution de certains biens passe aux mains de personnes qui savent constituer des réseaux d'information et de circulation des produits, qui disposent de capitaux et qui peuvent intervenir sur des volumes élevés de marchandises. Ces marchands, qui prennent désormais en charge la vente, sont plutôt animés par le désir du gain ou le goût d'entreprendre. Ils sont moins soumis aux règles des corporations, lesquelles ne peuvent plus exercer un contrôle sur les marchés élargis sur lesquels ils opèrent. Les marchands étant à la recherche du produit à bas prix pour le revendre avec le plus grand bénéfice possible, la logique de rentabilité affecte en aval la fabrication. Il faut que sa localisation permette de produire à moindre coût.

2 - La spécialisation régionale

■ Transformation des besoins et contraintes spatiales

L'accès à la demande, qui obligeait les artisans à se localiser près des consommateurs, pose moins problème lorsque des intermédiaires se chargent de l'écoulement des produits vers des marchés lointains. Le développement des échanges et l'amélioration des communications permettent en outre de se procurer en plus grande quantité les matières premières assez peu coûteuses à transporter (coton, laine, par exemple).

L'élargissement spatial du marché offre des débouchés plus importants à l'industrie, qui augmente ainsi le volume de sa production. Est mise alors en place une ***division du travail*** que l'on ne trouve pas dans le secteur agricole. L'insuffisante transparence de l'espace pèse toutefois sur les échanges matériels et informationnels à réaliser entre les étapes spécialisées de la production. En effet, ces échanges ne peuvent être assurés que par le déplacement d'individus et de biens, et l'utilisation de moyens de transport qui restent lents.

Division du travail : organisation de la production caractérisée par une spécialisation des individus ou des entreprises, dans des tâches ou étapes distinctes du processus de production. L'élévation de la productivité qu'elle permet est liée aux gains de temps et à la plus grande habileté que procure la spécialisation.

Les besoins quantitatifs en travail deviennent plus importants avec l'augmentation de la production. Lorsque les hommes sont peu mobiles, on ne trouve une main-d'œuvre abondante que dans les régions à fort accroissement naturel. Par ailleurs, comme différents centres de production entrent en compétition sur des marchés élargis, la faiblesse des coûts du travail devient souvent un atout essentiel. Il faut également que la main-d'œuvre soit apte à s'acquitter des travaux que l'entrepreneur exige d'elle. Les ruraux savent réaliser certaines tâches artisanales apprises dans le cadre familial (tissage, par exemple), mais les exigences s'accroissent lorsque le travail en atelier puis le machinisme apparaissent. Si les tâches sont plus simples, elles doivent être accomplies avec régularité, précision, et une certaine renonciation à sa liberté individuelle. Les paysans ou artisans disposent rarement de telles **aptitudes** dans les pays qui sortent de l'économie traditionnelle.

Aptitudes de la main-d'œuvre et essor idustriel. À Brescia (Piémont italien), au XVIIe siècle, les anciens artisans métallurgistes qualifiés que doit employer l'industrie en développement, imposent par exemple leur propre rythme de travail. Aucun salaire ne peut les maintenir à l'atelier lors de la période de la chasse aux oiseaux ou quand il faut travailler dans les champs. Ils veulent fabriquer à leur goût. Les mêmes traits d'irrégularité, de nonchalance et de rétivité, sont incessamment relevés en Allemagne, au début de l'essor de la région alors rurale de la Ruhr au XIXe siècle. Les fabricants s'y plaignent car les ouvriers ne tiennent pas à travailler davantage, lorsque le salaire suffit à assurer leur mode de vie habituel.

Ce problème d'adaptation de la main-d'œuvre est actuellement un frein au développement dans divers pays du tiers-monde.

■ Émergence de régions industrielles : la *proto-industrialisation*

Proto-industrialisation : phase de dévéloppement industriel caractérisée, selon l'historien flamand F. Mendels, par trois critères : des productions destinées à des marchés extérieurs, une localisation rurale, une complémentarité entre industrie et agriculture.

L'élargissement des marchés met indirectement en concurrence différentes entreprises, sans qu'elles se déplacent. Celles qui livrent des biens moins coûteux ou de qualité supérieure, en raison de certains atouts, remportent des marchés et peuvent encore augmenter leur production. Celles dont les produits sont moins concurrentiels se font au contraire distancer et périclitent. Il s'agit là d'un mécanisme lourd de conséquences géographiques, qui intervient systématiquement quand un marché s'ouvre.

Les entreprises qui se développent se concentrent dans des régions bénéficiant d'atouts identiques. Elles sont reliées au commerce international par des voies de communication, qui permettent d'importer la matière première et d'écouler la production. Ces régions comportent un semis urbain dense à partir duquel est structurée l'industrie, ainsi qu'un bon réseau de communications locales entre les villes et la campagne environnante. On y trouve enfin une main-d'œuvre rurale bon marché avec, presque toujours, une **complémentarité régionale** entre une zone d'agriculture en croissance, qui commercialise ses excédents, et une zone d'agriculture déficitaire, qui fournit un surplus de main-d'œuvre.

Complémentarité régionale et industrialisation en Flandre. L'industrie linière qui décolle en Flandres au XVIIe siècle exporte la majeure partie de sa production vers les pays du Levant ou du Nouveau Monde, par les ports du delta du Rhin. Les pôles organisateurs de la production sont Bruges et Gand. Ils s'appuient sur de bonnes liaisons avec la campagne, par les canaux. Les surplus de blé et de pommes de terre de l'agriculture très productive de la Flandre maritime permettent de nourrir à bon marché la population de la Flandre intérieure, où la petite agriculture est déficitaire et les densités de population fortes. Cette population fait office de réservoir de main-d'œuvre pour l'industrie.

Lorsque l'amélioration des communications est insuffisante pour permettre le transport de pondéreux, l'essor industriel concerne peu les industries consommant beaucoup de matières premières et d'énergie. Celles-ci doivent demeurer à proximité des gisements, qui ne se situent pas nécessairement dans les régions bénéficiant des conditions favorables évoquées ci-dessus. Les principes de la localisation restent, pour ces industries, assez similaires à ceux que l'on observe dans les économies fermées. Les localisations ne se modifient que dans la mesure où de nouveaux gisements prennent des formes spatiales différentes. Ainsi, la métallurgie remplaçant le charbon de bois par le charbon minéral, moins ubiquiste, adopte alors une localisation moins dispersée.

Beaucoup d'activités industrielles demeurent en fait diffuses sur le territoire, mais un essor affecte celles situées dans les régions bénéficiant des atouts recensés ci-dessus. Il s'ensuit une dynamique industrielle spatialement différenciée, qui débouche sur la formation de régions proto-industrielles.

■ L'ORGANISATION LOCALE DE L'INDUSTRIE DOMESTIQUE

Dans les régions qui connaissent un essor industriel, le développement de la division du travail fait qu'à la spécialisation par métier s'ajoute un sectionnement de la production par phase de réalisation du produit. Ceci complique et fragilise l'organisation par rue en milieu urbain, affaiblit l'unité morale des métiers et concourt à désagréger leur regroupement spatial.

L'organisation territoriale de la fabrication des produits touchés par l'internationalisation de la vente se modifie considérablement. La phase en aval de la commercialisation et les étapes de fabrication délicate, qui exigent une main-d'œuvre qualifiée et des contrôles plus nombreux, se maintiennent en milieu urbain. Les autres phases quittent les villes pour se ranger en anneaux concentriques à la campagne, où elles trouvent une main-d'œuvre meilleur marché. Plus une étape de production nécessite de contrôle, plus elle reste proche des centres de commandement urbains.

Organisation spatiale du système domestique dans l'industrie textile

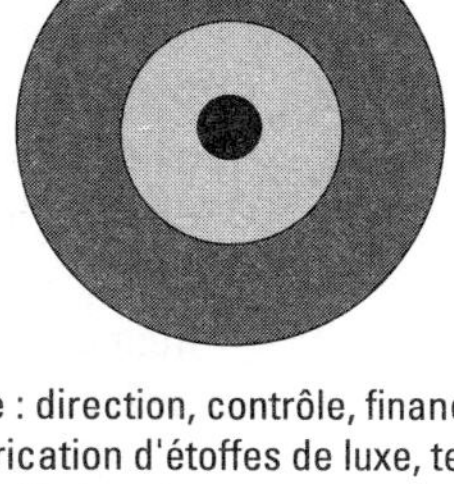

- ● ville : direction, contrôle, financement, fabrication d'étoffes de luxe, teinture, apprêt et vente
- campagne proche : tissus fins, tissage
- campagne éloignée : tissus grossiers, filatures

Le système dit « de l'industrie domestique » est organisé par les marchands qui détiennent le capital, fournissent à l'ouvrier à domicile la matière première et parfois l'instrument de production, contrôlent le travail, puis récupèrent le produit pour le vendre. Cette organisation ne se met en place qu'à une échelle locale, en raison des contraintes pesant sur les échanges matériels et informationnels au cours de la production.

Fabrique : établissement de moyenne importance, peu mécanisé, ayant pour objet une activité industrielle

Dans ce système, l'accroissement de la production nécessite le recours à une main-d'œuvre de plus en plus éloignée. Comme l'espace terrestre est peu transparent, il est coûteux de distribuer la matière première à cette main-d'œuvre, de collecter le fruit de son travail, de la contrôler. Les malfaçons et les détournements de matières premières deviennent plus fréquents. La solution est souvent d'abandonner le **système domestique** et de rassembler les activités en ville dans des ***fabriques***, pour surveiller plus étroitement le travail et mieux l'organiser. Par la suite, l'introduction de la mécanisation dans les fabriques élève encore la productivité.

Le système domestique, une organisation historiquement datée ? Nombre d'historiens (P. Deyon) préfèrent inscrire la proto-industrialisation dans une périodicisation bien précise, celle des siècles de transition (XVIIe-XVIIIe), au cours desquels se sont établies progressivement en Europe les structures du capitalisme industriel. L'industrie domestique était toutefois encore prospère au XIXe siècle en Inde (région textile du Bengale), avant que la concurrence que livrait l'industrie cotonnière américaine à l'industrie britannique, conduise le Royaume-Uni à prendre des mesures qui ruinèrent le système domestique indien. En Chine, des régions proto-industrielles restaient également dynamiques au XIXe siècle (industrie cotonnière de SongJiang, au sud-ouest de Shanghai) et 60 % de la consommation nationale des cotonnades étaient encore satisfaits par l'industrie domestique au milieu des années 1930. Des spécialistes de l'économie contemporaine remarquent par ailleurs qu'aujourd'hui le textile italien et flamand disperse à nouveau des machines à tricoter à domicile.

Des rapprochements ont également été esquissés entre industrie domestique et développement. Le Japon a longtemps préservé l'industrie domestique lors de la révolution de Meiji. En Corée ou à Taiwan, il y a eu protection et exploitation d'un important secteur de sous-traitance et d'industrie domestique, jusqu'à la fin des années 1960. Un économiste du développement, Fritz Schumacher, a rencontré un certain écho en défendant, pour les PED, des programmes qui s'appuient sur l'emploi de matériels simples, de « technologies appropriées » et un recours intensif à une main-d'œuvre rurale, dans la fabrication du textile, d'outils agricoles (*Small is Beautiful*, Londres, Blond & Briggs, 1973).

3 - La mobilité industrielle

■ Allégement des contraintes pesant sur les intrants

Les premiers efforts d'organisation des échanges et le début des améliorations des communications permettaient surtout la mobilité des produits finis relativement faciles à transporter. La poursuite des progrès dans le domaine des transports – notamment terrestres – autorise le déplacement des facteurs de production. L'énergie et les matières premières pondéreuses peuvent être transportées à partir des gisements, grâce à des modes de transport plus efficaces et moins onéreux (canaux et surtout chemins de fer). La main-d'œuvre se déplace plus facilement, grâce à un assouplissement du cadre juridique (abolition des lois sur le domicile), et en raison d'une amélioration du transport des personnes. Cette plus grande transparence offre de nouvelles possibilités de localisation à l'entreprise qui, où qu'elle se trouve, peut acheminer jusqu'à elle les facteurs dont elle a besoin. Elle modifie aussi la nature du rôle de l'hétérogénéité spatiale. Auparavant, la question de l'hétérogénéité se posait en termes de *substitution* (détermination des activités possibles en un lieu donné, en fonction des possibilités locales). Dorénavant, elle peut se poser en termes de *localisation* (détermination des lieux possibles pour une activité donnée, en fonction des avantages qu'on en attend). Une logique nouvelle se manifeste ; elle a été analysée par W. Launhardt et A. Weber.

W. Launhardt : (1823-1918) ingénieur allemand qui fut le premier à appliquer le principe du « triangle ».

Les modèles de Launhardt et de Weber

Le type de réflexion sur la localisation de l'établissement industriel, qu'engage ***Wilhelm Launhardt*** au cours de la seconde moitié du XIXe siècle, suppose une mobilité non seulement des produits finis mais aussi de certains facteurs de production. L'espace reste toutefois opaque car ces déplacements représentent, dans le modèle de Launhardt, un coût très important pour l'établissement. En effet, selon cet auteur, la localisation la plus rentable pour l'entreprise est celle qui parvient à minimiser les coûts de transport.

Dans le triangle de localisation de Launhardt, la force mécanique exercée à chaque angle est constituée du coût de transport engendré par l'approvisionnement en matières premières, en énergie, et par la livraison de la fabrication sur le marché. Le coût de transport est fonction de la quantité transportée (en tonne), de la distance (en km) et du coût de transport unitaire (le prix par tonne et par km). Ces forces s'équilibrent en P – point où le total des frais de transport est minimum –, qui figure le lieu de production optimal.

Le schéma de localisation de Launhardt

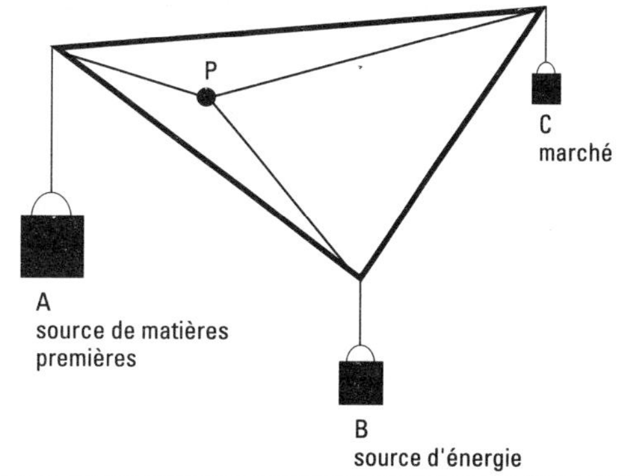

P se rapproche de A ou B, si la matière première ou l'énergie nécessaires à la production sont plus coûteuses à transporter. Il se rapproche du marché C, lorsque le coût de transport des quantités produites est plus élevé que celui des intrants.

On appelle souvent ce graphique « triangle de Weber », parce qu'***Alfred Weber*** a repris le schéma de Launhardt, en y introduisant le coût du travail et le coût d'agglomération.

A. Weber : (1868-1958) sociologue allemand, proche de l'école historique, considéré comme le fondateur de la théorie de la localisation industrielle. *Cf.* « Théories et modèles », pp. 367-370.

Localisations sur les axes et les bassins de population

Dès que les intrants peuvent être déplacés, les ***industries lourdes*** ont intérêt à s'implanter près des axes ou carrefours bien desservis en moyens de communication, où l'approvisionnement en grand est facilité. Elles s'éloignent cependant peu des gisements importants, à cause des coûts de transport, et se localisent, comme dans le triangle de Launhardt, en fonction des frais de transport des minerais et combustibles qu'elles utilisent.

Industrie lourde : industrie qui fabrique des produits de faible valeur relative à l'unité de masse. Elle est forte consommatrice d'énergie et de matières premières pondéreuses et mobilise souvent un capital important, du fait de la taille de l'appareil de production (sidérurgie, chimie de base).

Le deuxième type d'espace très attractif pour l'activité industrielle, pris en compte par Weber, est le bassin d'emploi. La mobilité du facteur travail autorise le regroupement en un même lieu d'une main-d'œuvre abondante : des **bassins d'emplois** se constituent. Un marché du travail important est avantageux pour les entreprises qui peuvent y trouver plus facilement une main-d'œuvre abondante, diverse et qualifiée.

Constitution différenciée des bassins d'emplois aux États-Unis et en Europe. L'industrialisation aux États-Unis s'est effectuée alors que la révolution des transports était déjà accomplie. Les matières premières de la région des Grands Lacs et des Appalaches sont donc relativement mobiles. Parallèlement, des immigrants affluent à travers l'Atlantique vers les États-Unis. Les industries se développent donc dans les agglomérations de la côte Nord-Est, sur la base de la présence d'une main-d'œuvre abondante.

En Europe, les gisements, où l'industrie s'est implantée de façon ancienne et a attiré des ouvriers, sont demeurés attractifs, même lorsque l'amélioration des transports a permis de s'en éloigner, car c'est là que se sont constitués des bassins d'emplois.

Un autre facteur explicatif de l'attractivité des zones les plus densément peuplées tient au marché qu'elles représentent pour l'industrie. Ces zones déterminent la localisation des entreprises dont les coûts de transports des produits finaux sont plus élevés que ceux de la matière première (brasseries), et de celles qui ont besoin d'informations sur les consommateurs (confection). Ces industries restent groupées autour des villes et croissent avec elles.

Les trois atouts de la présence d'infrastructures de transport, d'une main-d'œuvre et d'un marché sont détenus par les grandes agglomérations. On y observe donc une concentration des industries à la recherche de localisations avantageuses. Cette concentration n'est pas seulement due à la présence de ces facteurs. En effet, quand bien même la distribution de ces derniers serait égale dans l'espace, les industries auraient intérêt à se concentrer, dans le seul but de bénéficier de leur proximité mutuelle.

Filière : ensemble des stades de fabrication qui interviennent successivement ou simultanément dans l'élaboration d'un produit.

Bien ou produit intermédiaire : (produit semi-fini ou demi-produit) produit de l'industrie, intermédiaire entre la matière première et le produit final (brique, composant électronique).

Complexe d'activités : regroupement d'industries d'une grande ampleur, lié généralement à la présence d'entreprises motrices (sidérurgie, chimie) qui provoquent l'essor d'activités induites. Les interdépendances économiques et techniques sont importantes ; il ne s'agit pas d'une simple juxtaposition d'établissements.

Walking city *(ville où l'on se déplace à pied) :* ville où les moyens de transport intra-urbain sont très peu développés. Le parcours à pied quotidien des habitants entre le logement et le travail doit rester possible. Le rayon de la superficie urbaine dépasse rarement les 3 kilomètres autour du centre.

■ Des localisations concentrées

En raison de la diversification, de la spécialisation, de l'allongement des ***filières*** de production, les établissements ont besoin d'échanger beaucoup de ***biens intermédiaires*** ou finaux, et d'informations. Ces échanges se développent entre établissements industriels d'une même entreprise, entre différentes entreprises industrielles, ou entre entreprises industrielles et entreprises de service. Le transport s'est amélioré, mais les échanges, matériels ou immatériels, sont fréquents et restent coûteux. Il est donc préjudiciable que les établissements s'éloignent les uns des autres. Les établissements complémentaires ont ainsi tendance à se concentrer et à constituer des ***complexes d'activités***, pour bénéficier d'économies de localisation (*cf.* chap. 4). Même lorsque les télécommunications se développent, des contacts directs restent nécessaires avec les centres de crédit, les maisons commerciales, les services techniques et scientifiques. L'industrie ne peut donc pas non plus véritablement s'éloigner de ces services.

■ Les localisations industrielles en milieu urbain

En milieu urbain, deux mouvements se succèdent. Dans un premier temps (début de la révolution industrielle en Europe), ateliers et fabriques s'entassent de façon désordonnée dans les noyaux urbains historiques. On observe une densification extrême des activités industrielles et du logement ouvrier, qui s'explique par le phénomène de la ***walking city***.

Dans un second temps (deuxième moitié du XIXe siècle en Europe), la fabrication industrielle quitte le centre pour la périphérie pour s'installer le long des voies d'accès qui mènent à la ville, que privilégient également les nouveaux établissements. Des facteurs répulsifs au centre incitent à ce mouvement, tels que le coût élevé du sol, les difficultés de circulation, le manque d'espace ou une législation peu favorable à l'activité industrielle. Toutefois, c'est l'apparition de réseaux de communication intra-urbains suffisamment denses et efficaces (tramways, trains de banlieue, téléphone) qui explique les implantations dans les étendues suburbaines. Un établissement périphérique bien relié à une ligne de transport peut en effet désormais être rejoint facilement par ses ouvriers. Des échanges peuvent également continuer à être établies avec le siège social qui demeure généralement au centre. La fabrication ne s'éloigne toutefois jamais très loin du siège de l'entreprise ; les grandes métropoles restent ainsi de grandes places industrielles.

D

LES SOCIÉTES OUVERTES

Si la révolution des transports a permis la mobilité industrielle, celle-ci ne s'était longtemps véritablement exercée que dans un cadre essentiellement national (jusque dans les années 1950-1960, pour les pays industrialisés). La poursuite de l'amélioration des transports (automobile, transport aérien, TGV), couplée à celle des télécommunications, accentue l'ouverture des économies. Cette ouverture participe à la modification organisationnelle des firmes et conduit parfois à une mobilité des entreprises industrielles à l'échelle internationale.

1 - Transformation de l'organisation productive et des contraintes spatiales

■ Du fordisme au postfordisme

L'élargissement des marchés avive la concurrence. Les entreprises, dans la course à la compétitivité, sont amenées à transformer leur organisation et leurs techniques de production, ce qui modifie leurs besoins.

Lorsque la recherche de la compétitivité porte sur le coût de la main-d'œuvre, les entreprises accentuent la division du travail, notamment sous la forme du **taylorisme et du fordisme**. Même si un mouvement de ***capitalisation*** s'enclenche, les besoins quantitatifs en main-d'œuvre demeurent importants dans le système fordiste, à cause de la hausse considérable de la production qu'exige la consommation de masse. L'entreprise doit de plus, en liaison avec la division poussée du travail, trouver pour chaque stade de production une main-d'œuvre aux qualifications adéquates.

Capitalisation : processus d'augmentation du rapport valeur du capital/valeur de la production, alors que le rapport valeur du travail/valeur de la production diminue. Pour assurer sa production, l'entreprise recourt de plus en plus aux machines, et de moins en moins au travail des ouvriers.

Postfordisme : au sens strict, organisation industrielle fondée sur la recherche de la flexibilité. Au sens large, économies où la consommation de masse a fait place à une demande différenciée et changeante, et où la production de masse est remplacée par une production flexible.

Taylorisme et fordisme. Le taylorisme, ou « organisation scientifique du travail (OST) », fut créé à la fin du XIXe siècle par F.W. Taylor, un ouvrier devenu ingénieur de la sidérurgie, à Pittsburgh, obsédé par l'efficacité. Il repose sur trois principes : la segmentation des tâches, la séparation des fonctions manuelles et intellectuelles (cols bleus, ouvriers / cols blancs, cadres), le contrôle des temps d'exécution. Avec ce mode d'organisation, la circulation de l'information au sein de la firme s'effectue verticalement, de façon hiérarchique.
Le fordisme est également un mode d'organisation du travail, inventé quant à lui au début du XXe siècle, par H. Ford, à Detroit. Il combine le taylorisme et la mécanisation (travail à la chaîne, standardisation des pièces). Le fordisme préconise par ailleurs le couplage d'une production de masse à faible coût et d'une politique de hauts salaires pour assurer des débouchés à la production. On appelle ainsi « société fordiste » celle qui associe production de masse et consommation de masse (dans les pays industrialisés, époque des Trente Glorieuses, qui a duré de la fin de la Seconde Guerre mondiale à la crise de 1973).

Un nouveau mode d'organisation industrielle, le ***postfordisme***, s'est développé dans les pays industrialisés, essentiellement à partir de la crise de 1974. Pour beaucoup d'entreprises, la priorité est désormais de s'adapter à la demande (rapidité, qualité, moindre coût). La pratique des **flux-tendus** permet de réaliser le produit avec toutes les spécifications désirées et de le livrer en **juste-à-temps**. Le respect des cinq zéros (zéro délai, zéro défaut, zéro faute, zéro stock, zéro papier) n'est possible que si l'information elle-même circule facilement et rapidement, et si l'organisation du travail est flexible. L'intégration de la production par ordinateur (coordination de l'ensemble des ordinateurs de conception, de gestion, des robots de fabrication par un même réseau informatique d'échanges d'informations) est une des solutions qui permet de remplir ces trois conditions.

Juste-à-temps et flux-tendus. Le juste-à-temps (J.A.T., *just-in-time* ou J.I.T.) est une organisation de la production qui vise à assurer les approvisionnements et l'obtention du produit fini juste au moment souhaité. On parvient au J.A.T. souvent grâce à un mode de fonctionnement à flux-tendus. Celui-ci consiste à s'approvisionner en produits intermédiaires au jour près, la demande une fois connue, puis à produire et livrer dans les délais les plus brefs possibles (on ne produit une automobile, en quelques semaines, qu'une fois sa commande passée chez le concessionnaire). Ainsi, on ne stocke ni les matières premières, ni les produits semi-finis, ni même les biens finaux.

La mise en place de structures de production postfordistes modifie les besoins des entreprises industrielles : ceux en main-d'œuvre peu qualifiée se réduisent (robotisation), ceux portant sur l'information augmentent. La pratique des flux-tendus nécessite en effet la circulation constante et accélérée d'informations précises et souvent complexes entre les cadres, entre le producteur et ses fournisseurs, ***sous-traitants*** et clients.

Sous-traitant : entreprise dépendant d'une autre entreprise (le donneur d'ordres) qui lui fournit une part de ses commandes, avec les caractéristiques des produits à fabriquer, les quantités à livrer, les délais et, dans une large mesure, les prix.

■ Une amélioration sélective de la transparence spatiale

L'espace devient plus transparent pour la circulation des biens matériels, grâce aux progrès des techniques de transport (diminution des coûts et des temps). L'**approvisionnement en énergie**, en matières premières, la livraison des extrants peuvent ainsi désormais s'opérer à une vaste échelle, fréquemment internationale. Le coût d'acheminement des intrants et des extrants intervient moins dans les choix de localisation industrielle, sauf si les produits sont très pondéreux.

Approvisionnement en énergie et localisations industrielles. Longtemps, les activités de production durent se situer près des sources d'énergie car celle-ci était coûteuse à transporter (charbon, bois) ou impossible à déplacer (énergie hydraulique). La transformation de ces énergies en énergie électrique n'a pas mis en cause cette liaison, tant que l'électricité ne pouvait pas être transportée facilement, du fait de pertes en lignes trop importantes. Les lignes à haute tension ont permis la distribution de celle-ci à faible coût et sur de longues distances. Le coût du kw/h est devenu le même sur tout le territoire français : l'approvisionnement en énergie électrique n'intervient plus dans les choix de localisation.

Les moyens d'échange de l'information simple connaissent une amélioration importante. L'informatique autorise le traitement, la standardisation, de l'information, ce qui améliore les conditions de sa transmission. Les télécommunications permettent son transfert sans support matériel (sans envoi de coursier, sans déplacement de personnes), à faible coût, à grande distance, et de manière presque instantanée. Les échanges d'informations complexes sur de longues distances sont également facilités par les progrès dans les modes de transport des personnes (automobile, avion). Ils restent toutefois sensibles à la distance lorsque les échanges doivent être fréquents. Or, le système postfordiste décuple ces besoins en échanges fréquents d'informations complexes (flux-tendus).

La transparence de l'espace n'est pas non plus parfaite pour l'accès au marché. La mondialisation des échanges suscite une réaction protectionniste, qui peut rendre difficile la pénétration de certaines zones. Les protectionnismes ont aussi fermé bien des frontières aux migrations massives de main-d'œuvre (politique des quotas aux États-Unis, depuis les années 1920). Les grands bassins de main-d'œuvre deviennent plus fixes. Les besoins en facteur travail peuvent ainsi être plus difficiles à satisfaire

■ L'exploitation de l'hétérogénéité spatiale

L'hétérogénéité de l'espace ne change pas réellement de nature avec le degré d'ouverture d'une économie. En revanche, l'amélioration générale de la transparence de l'espace pour la satisfaction de nombreux besoins libère les entreprises de certaines contraintes de localisation, leur permet d'en envisager d'autres auparavant impossibles, et d'exploiter l'hétérogénéité en fonction des **avantages comparés** des sites, à une échelle internationale.

Pourquoi la théorie des avantages comparés devient plus explicative que la théorie wébérienne. L'une des plus grandes insuffisances du modèle de Launhardt-Weber, lorsque l'on veut l'appliquer aux économies ouvertes, est de n'avoir considéré la dimension spatiale que sous l'angle de l'opacité et d'avoir négligé l'hétérogénéité (sauf pour la répartition de la main-d'œuvre chez Weber). Dans le triangle de localisation, les prix ou la qualité de l'énergie ou de la matière première, les prix de vente sur le marché, ne varient pas. Cette simplification est symbolisée par l'existence d'une seule source d'énergie, de matière première, d'un seul marché. L'entreprise n'y a pas à procéder à un calcul des avantages variables dans l'espace, en coût et en qualité, des éléments dont elle a besoin. La seule dimension spatiale qui engendre un coût est la distance à franchir entre l'établissement industriel et les facteurs qu'il recherche. Si le coût de transport est réduit à zéro, la localisation est indéterminée. Le modèle du triangle comporte une certaine validité pour les époques où l'espace reste opaque, mais la perd lorsque le coût de transport devient très faible. C'est l'hétérogénéité spatiale qui est alors amenée à jouer le plus grand rôle dans la localisation industrielle. La théorie des avantages comparés, qui a été construite autour de la dimension de l'hétérogénéité, devient plus explicative que la théorie wébérienne.

La question de l'hétérogénéité reste toutefois à envisager essentiellement en relation avec celle de l'opacité. C'est dans la mesure où l'opacité de l'espace rend encore difficile la satisfaction de certains besoins que l'hétérogénéité se traduit en termes de localisation. L'espace restant suffisamment transparent à la circulation de la main-d'œuvre, de l'information complexe et des produits vers les marchés, les activités ayant besoin de tels facteurs ou de débouchés chercheront à se localiser là où ils se trouvent.

2 - Internationalisation

■ Les localisations fordistes de l'*industrie légère*

Industrie légère : industrie qui se consacre à la fabrication de produits de forte valeur ajoutée à l'unité de masse (électronique, confection).

L'amélioration des moyens de transport autorise des échanges rapides sur de longues distances des produits intermédiaires ou finis non pondéreux qu'utilise ou fabrique l'industrie légère. Par ailleurs, dans le système fordiste, du fait d'une production de masse de produits standardisés, les échanges d'informations portent surtout sur des données simples. Les ordres concernant, par exemple, les quantités à produire sont passés par téléphone ou les informations destinées aux clients figurent dans de simples catalogues. Pour les rares informations complexes, on peut utiliser l'avion pour le déplacement des personnes (contrôle d'un établissement situé à l'autre bout du monde).

Grâce à ces évolutions, la firme n'est plus obligée de maintenir ses établissements industriels près du siège. Elle peut se passer aussi d'une proximité aux fournisseurs, sous-traitants et entreprises de services que l'on trouve dans les agglomérations où, par ailleurs, les coûts fonciers et les salaires sont élevés. L'éclatement spatial des différentes unités est possible.

Footloose : (« aux pieds sans attaches »), qualificatif accordé aux entreprises que l'on considérait, dans les années 1960-1970, détachées de toute contrainte de localisation.

Urban-rural shift : (« glissement ville-campagne ») qualifie le mouvement de glissement, depuis les villes vers le monde rural, qui affecte l'industrie dans les années 1960-1970.

Le qualificatif de ***footloose,*** que l'on attribue aux entreprises dans le système fordiste, n'est toutefois que partiellement justifié. La plus grande transparence de l'espace confère un rôle nouveau à l'hétérogénéité des répartitions en matière de bassins d'emplois. Les entreprises fortes consommatrices de travail ont intérêt à se localiser sur les bassins possédant un avantage comparé à l'échelle nationale ou mondiale, en matière de coût et de qualification de la main-d'œuvre. La main-d'œuvre qualifiée se trouve dans les pays développés et leurs grandes métropoles, la main-d'œuvre bon marché en milieu rural et dans les pays du tiers-monde. Les sièges sociaux, les centres de recherche, les services de marketing et la fabrication de haute technologie se concentrent sur les premiers bassins ; la fabrication industrielle banale et l'assemblage, sur les seconds (***urban-rural shift*** et délocalisations dans le tiers-monde). C'est ce même mécanisme que présente la **théorie du cycle de vie du produit, de Vernon**.

La théorie du cycle de vie du produit. R. Vernon, qui se rattache au courant néo-ricardien, ne s'est pas spécifiquement intéressé au système d'organisation fordiste ni à l'industrie légère. Sa théorie du cycle de vie du produit, construite dans les années 1960 pour expliquer les flux d'échanges internationaux et les délocalisations industrielles, décrit toutefois bien ce que l'on observe à l'époque pour ce type d'industrie.

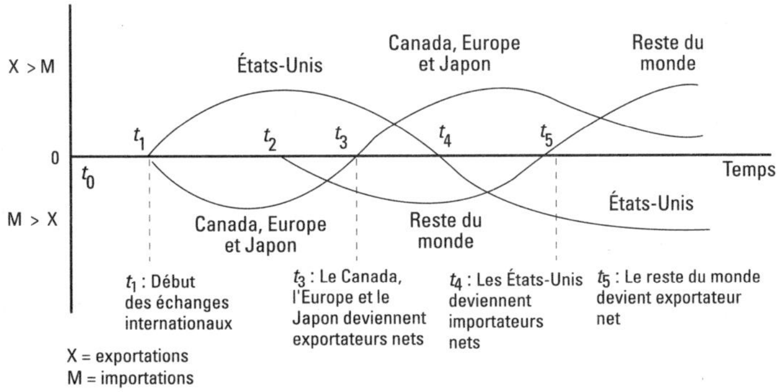

Vernon distingue la nation « leader » (États-Unis), à l'origine de toutes les innovations, les pays « suiveurs » (Europe), et les pays en voie de développement. Lors de la première phase, de lancement du produit (t_0-t_1) des prototypes coûteux sont fabriqués sur le sol américain, par des firmes innovatrices et vendus sur le seul marché intérieur. Lorsque le produit se standardise, au cours de la seconde phase de décollage (fabrication en grande série, réalisation d'économies d'échelle), que les coûts de production et les prix de vente diminuent, la sphère de consommation peut s'élargir aux autres pays développés, vers lesquels les firmes américaines exportent (t_1-t_2). La technologie se banalise jusqu'à la phase de maturité où le produit devient un bien de consommation courante pour une population à bas revenus. La taille des unités de production continue à augmenter, ainsi que la part des travailleurs non qualifiés. Ce facteur, joint à la concurrence oligopolistique que se livrent les firmes, conduit à la diminution de la production aux États-Unis et à des délocalisations dans les pays développés suiveurs qui produisent pour leur marché local et pour l'exportation (t_3). Lors de la phase de déclin, la technologie a été dépassée. Le capital est obsolescent et le facteur de production déterminant est le travail non qualifié. Les firmes des pays développés suiveurs se délocalisent à leur tour vers les pays en voie de développement, où se trouve la main-d'œuvre à meilleur marché (t_5). Les flux d'échange se sont renversés.

DIT : au sens marxiste, stratégie productive dont les principaux agents sont les firmes multinationales. Elle consiste à segmenter le processus de production en opérations distinctes que l'on réalise dans des pays différents, de manière à obtenir la plus-value maximale.

La ***DIT*** (Division internationale du travail) aboutit sur le plan territorial à une organisation centre-périphérie. Un centre détient le pouvoir économique, tandis que les autres espaces sont dévolus à des activités peu qualifiées ou sont marginalisés. L'organisation fordiste a longtemps prévalu dans l'industrie française : les fonctions abstraites de conception/recherche, de marketing et de gestion, étaient ainsi concentrées dans l'agglomération parisienne ; les fonctions concrètes de fabrication, de stockage et de transport étaient essentiellement provinciales.

Les localisations fordistes de l'industrie lourde

La production de masse et la recherche d'économies d'échelle, caractéristiques du système de production fordiste, encouragent la création d'installations géantes dans les branches d'industrie lourde. Si l'espace est devenu plus transparent pour le déplacement des matières premières et de l'énergie, le coût de transport y reste déterminant. Comme dans le modèle de Launhardt-Weber, ces industries s'implantent là où il est possible de s'approvisionner à meilleur marché depuis de nombreuses sources, aucune ne pouvant suffire à long terme. Le transport maritime de produits en vrac étant le moins coûteux, on trouve ces complexes sur les fronts de mer. En France, la sidérurgie sur l'eau s'est ainsi développée à Dunkerque et à Fos, en Italie à Tarente, au Japon dans la baie de Tokyo, ou en Corée à Pusan.

Les localisations industrielles postfordistes

La principale nouveauté des localisations industrielles postfordistes tient à un redéploiement des implantations vers les pays développés (accès au marché). Les flux de délocalisation à l'étranger que présentait Vernon se sont complexifiées depuis la moitié des années 1970, avec des croisements d'investissements directs entre les pays développés (les industries automobiles japonaises, états-uniennes et européennes installent par exemple les unes les autres des usines en Europe, aux États-Unis, au Japon, pour contourner les politiques de limitation des importations).

Au sein de ces pays riches, les localisations privilégient les grandes agglomérations, de manière à avoir accès à des informations complexes. Celles-ci peuvent être disponibles sur place (savoir-faire des cadres et chercheurs, désirs de la clientèle, etc.) ; d'autres sont acquises par l'intermédiaire de connections internationales (aéroport, gare TGV, téléport). L'industrie participe ainsi au mouvement de ***métropolisation***.

Métropolisation : processus de concentration des activités économiques les plus dynamiques, et donc des emplois et de la population, dans les grandes métropoles.

La main-d'œuvre très qualifiée est la plus recherchée par les entreprises ; il faut se situer dans un environnement de qualité pour espérer la conserver ou l'attirer. Les nouvelles localisations délaissent les vieilles régions industrielles trop répulsives (*rust belt,* ou ceinture rouillée) et privilégient les montagnes, les littoraux et les « midis » (héliotropisme : *sun belt,* ou ceinture ensoleillée).

Par ailleurs, les établissements d'une firme donnée tendent à se concentrer dans un même sous-ensemble spatial, du fait des impératifs de la production en flux-tendus (réduction des distance-temps). Il en résulte différentes formes d'organisation spatiale, comme le **district industriel**, le **corridor de développement**, ou des réseaux plus lâches, appuyés sur des axes de transport sûrs à grande vitesse, l'essentiel étant la fiabilité temporelle plus que la proximité.

District industriel et corridor de développement. Le district industriel est une entité socioterritoriale, constituée d'une concentration de nombreuses entreprises spécialisées dans différents segments d'une même activité, développée au départ par des initiatives surtout locales. Les établissements se situent à proximité immédiate, pour fonctionner en réseau flexible, et exportent leur production. On parle aussi de « district marshallien », le terme de district ayant été créé par A. Marshall pour désigner certaines formes de zones manufacturières qui sont apparues à la fin du XIXe siècle (Lancashire : textile ; Birmingham : cycle du fer). Cette forme a connu récemment un nouveau développement : Troisième Italie (confection), Silicon Valley (microélectronique), Toyota City (automobile). Le corridor de développement correspond quant à lui à un alignement d'entreprises le long d'un grand axe de communication (la route 128 à Boston, le Corridor M4 à l'ouest de Londres).

3 - Des localisations urbaines planifiées

Zone industrielle : terrain affecté à l'industrie dans un plan d'aménagement.

Parc industriel : espace aménagé pour accueillir des industries (égouts, voiries, nivellement des terrains, raccordement à l'électricité, au gaz), de plus en plus souvent avec des locaux locatifs modulaires et des services.

Technopôle : parc technologique rassemblant des industries de pointe, des centres de recherche et d'enseignement, dans un environnement de qualité ; une technopole (de la ville « polis ») est une ville bien dotée en laboratoires et universités, qui prend en charge la promotion de ces espaces industriels pour attirer les entreprises de pointe.

L'industrie n'est plus libre de son implantation en milieu urbain dans les pays développés, notamment en raison des règlements d'aménagement qui se sont mis en place. Une première politique des pouvoirs publics fut de prévoir des sites en périphérie dès le début du siècle en Grand-Bretagne, souvent après la Seconde Guerre mondiale, comme en France. Un très grand nombre de collectivités locales se sont ainsi dotées de ***zones industrielles***. Leur intérêt était surtout de permettre le transfert des industries localisées en milieu urbain, où elles manquaient d'espace, polluaient et étaient facteurs de congestion. Pour beaucoup de ces zones industrielles, seule une viabilisation était effectuée.

Depuis la crise de 1973, les collectivités locales sont devenues beaucoup plus interventionnistes en matière d'aménagement de sites industriels. Il ne s'agit plus simplement de réserver, en périphérie urbaine, des terrains pour l'industrie, mais de créer ou d'aider au développement d'espaces de production suffisamment performants, afin d'attirer les industries créatrices d'emplois. Le choix des sites et l'aménagement de ces ***parcs industriels***, ou ***technopôles***, est beaucoup plus réfléchi que par le passé. Ils sont généralement créés à proximité d'échangeurs autoroutiers ou d'aéroports. On tente d'y offrir un environnement de qualité pour attirer les entreprises : des espaces verts y sont aménagés ; des locaux à l'architecture soignée, disposant de précâblage aux réseaux télématiques, sont fréquemment construits pour être ensuite loués ou vendus. Cet ensemble est appuyé par une politique de marketing, de plus en plus fréquemment pratiquée par les villes, qui entrent en concurrence pour attirer les entreprises.

Les entreprises de fabrication qui sont implantées dans ces parcs technologiques ont des activités légères, ne demandant pas un volume d'espace important et ne créant pas de nuisances. Il est cependant souvent de plus en plus difficile de distinguer, sur ces sites, les activités de fabrication et les activités de service nécessaires au fonctionnement industriel. Dans les parcs technologiques les plus réussis, la synergie est par exemple très étroite entre les unités de production de pointe et les centres de recherche privés ou universitaires.

À MAÎTRISER

Problématiques globales

Fonctionnement de l'entreprise industrielle dans l'espace ; impact sur les localisations de la relation entre les besoins des entreprises et la dimension spatiale ; contraintes explicatives des localisations industrielles dans les économies fermées ; impact des différents degrés d'ouverture de l'économie sur les localisations : spécialisation régionale et mobilité industrielle ; modèle de Launhardt-Weber ; les modifications des contraintes spatiales pesant sur les entreprises dans les économies ouvertes ; liaison entre transparence spatiale et exploitation de l'hétérogénéité par les entreprises ; grands traits de l'organisation et de la production industrielles dans les économies ouvertes ; relations entre l'industrie et l'urbain.

Concepts importants

Entreprise ; établissement ; plus-value ; capital ; délocalisation ; *brain drain* ; division du travail ; proto-industrialisation ; facteurs de production ; filière ; complexe d'activité ; taylorisme ; fordisme ; capitalisation ; postfordisme ; industrie lourde ; industrie légère ; flux-tendus ; juste-à-temps ; sous-traitant ; produit intermédiaire ; *footloose* ; *urban-rural shift* ; division internationale du travail ; théorie du cycle de vie du produit ; métropolisation ; district industriel ; corridor de développement ; zone industrielle ; parc industriel ; technopôle.

Auteurs à situer

W. Launhardt, A. Weber, R. Vernon.

THÉORIES ET MODÈLES

Le modèle de Weber

PROBLÉMATIQUE

A. Weber est souvent considéré à tort comme un économiste néo-classique. Ses écrits ont été, comme ceux de son frère Max Weber, essentiellement sociologiques. C'est parce qu'il essaya de comprendre les causes de la révolution urbaine allemande, et qu'il pensait en trouver l'explication dans les changements de localisation économique, qu'il en vint à proposer une théorie de la localisation industrielle.

Dans sa première théorie de la localisation, dite « pure », (1909) il utilise le triangle de localisation à la manière de Launhardt. Il considérait que le système du triangle pouvait être utilisé pour expliquer les localisations industrielles aux XVI-XVIIIe siècles, parce que la main-d'œuvre est alors immobile. Les disponibilités en travail y sont une donnée, comme la localisation des sources d'énergie, des gisements de matières premières, ou le marché.

Dans une seconde partie de sa théorie de la localisation, dite « capitaliste », non présentée ici, il prend acte de la mobilité nouvelle de la main-d'œuvre, pour évaluer ses effets sur les localisations industrielles et expliquer le développement des agglomérations.

DÉMONSTRATION

1 - Localisation en fonction du coût de transport des intrants et extrants

Dans un premier temps, Weber considère un espace parfaitement homogène, à la nuance près que les différents fournisseurs de l'usine et les clients sont chacun situés en un point. Le coût de chacune des matières premières ou le prix de vente sur le marché sont donc uniques ; ils ne varient pas dans l'espace. Il ne reste à prendre en compte que le coût de transport pour déterminer la localisation idéale de l'entreprise.

Prenons l'exemple d'un industriel à la recherche de la meilleure localisation pour implanter une fonderie de zinc. L'usine fait appel à trois matériaux. Du concentré de zinc, fourni au lieu Z ; du charbon, extrait de la mine C ; de l'argile réfractaire, disponible à la carrière A. L'usine écoule toute sa production de plaques de zinc au marché M. Le tableau qui suit indique les proportions exigées et les coûts de transport.

produit	**localisation (destination ou provenance)**	**q : quantité (*t.*)**	**c : coût de transport ($ /*t* /mile)**
zinc en plaque	M	0,54	2,1
charbon	C	1,45	1,1
concentré de zinc	Z	1	1
argile réfractaire	A	0,1	0,5

D'après C.H. Cotterill, *Industrial Plant Location*, 1950, cité *in* P. Haggett, *L'Analyse spatiale en géographie humaine*, Paris, Armand Colin, 1973, p. 162.

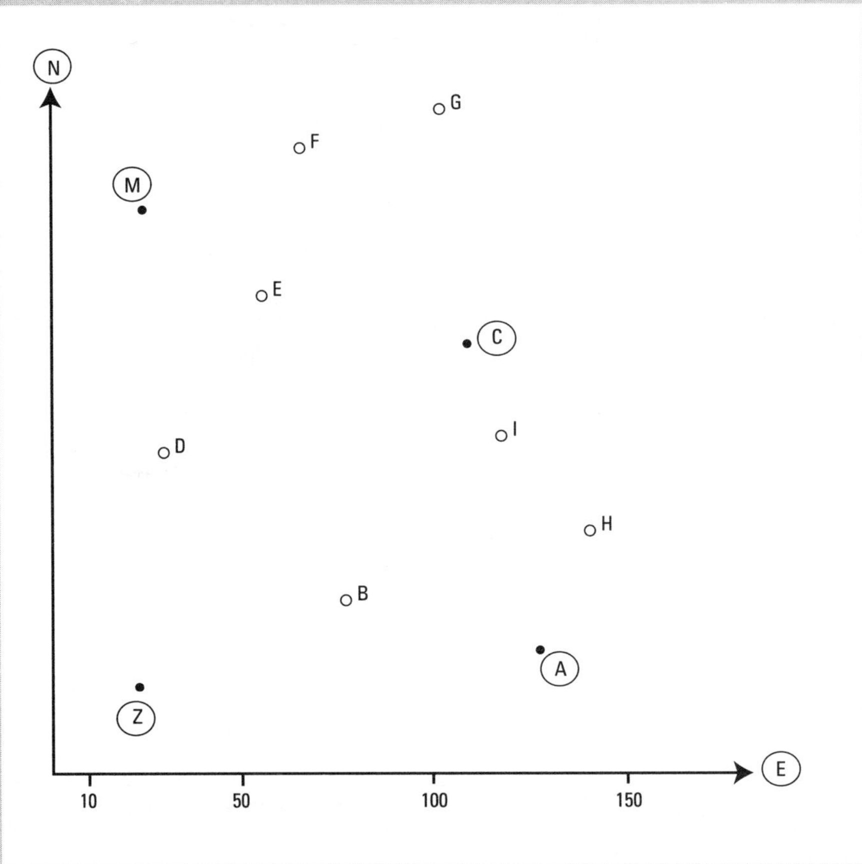

L'entrepreneur veut maximiser son profit. Il cherche donc la localisation qui minimise ses coûts de production. Le seul élément qui les fait varier dans l'espace est le coût du transport des matières premières en provenance des fournisseurs et celui de la livraison du produit au marché. Comme l'espace est homogène, ces coûts sont fonction linéaire de la distance.
La meilleure localisation est donc celle où le coût de transport total est le plus faible. Pour le définir, il suffit de calculer les coûts de transport pour chacun des produits (*q* x *c* x distance) et de les additionner.

exemple pour le point M
(c'est-à-dire si l'usine se construit dans la ville-marché)

produit	***d* : distance parcourue**	***q* : quantité (*t*.)**	***c* : coût de transport ($ /*t* /mile)**	***d* x *q c***
zinc en plaque (M)	0	0,54	2,1	0
charbon (C)	90	1,45	1,1	143,6
concentré de zinc (Z)	125	1	1	125
argile réfractaire (A)	155	0,1	0,5	7,8
			t : coût de transport total	**276,4 $**

Au coût de production fixe s'ajoute donc un coût total de transport de 276,4 $ par 0,54 tonne produite si l'usine est située en M.

De manière empirique, on peut faire ce calcul pour un grand nombre de points.

EXERCICE

Effectuer le calcul de *t* pour les points Z, A, C, B, D, E, F, G, H, I.
Par tâtonnements, on peut essayer de trouver le point X le plus avantageux. En l'occurrence, on peut s'estimer satisfait si l'on trouve un point où *t* est inférieur à 240 $.

Chaque point de l'espace étant affecté d'une valeur *t*, on peut rejoindre par une isoligne les points affectés de la même valeur. Sur cette ligne, qu'on appelle « isodapane », les coûts de transport totaux sont identiques, et donc les localisations indifférentes. On peut ainsi essayer de tracer l'isodopane 300 $.

Pour trouver X de manière précise, il faut effectuer un calcul un peu complexe. Ce point correspond en effet géométriquement au barycentre du polygone ZMCA, qui peut être localisé précisément par différentes méthodes.
C'est cette règle et cette méthode de localisation par minimisation des coûts de transport qu'on retient le plus souvent de le théorie de Weber. On parle souvent du triangle de Weber (ses sommets sont 2 fournisseurs et le marché). Comme on va le voir, la théorie est plus complexe, et plus complète.

Chaque type d'activité industrielle se caractérise par un indice d'orientation *i*, qui est le rapport entre le coût du transport des produits vers l'usine (t_i) et le coût du transport des produits à partir de l'usine (t_0) : $i = t_i / t_0$
Dans notre exemple :
$t_i = (1{,}45 \times 1{,}1) + (1 \times 1) + (0{,}1 \times 1{,}5) = 2{,}645$
$t_0 = 0{,}54 \times 2{,}1 = 1{,}134$
$i = 2{,}645 / 1{,}134 = 2{,}33$
Cela signifie que le coût de transport des intrants est 2,33 supérieur au coût des extrants. L'usine est orienté vers les matières premières. Quand $i < 1$, l'usine est orientée vers le marché. Weber calculait l'indice d'orientation plus simplement, en faisant le rapport du poids des matières premières et de celui du produit fini (cet *indice matériel* vaut dans notre cas 2,55/0,54 = 4,72). Les industries qui ont un indice élevé (les usines de sucre par exemple) tendent à se localiser près des sources de matières premières (sur les zones de culture de la betterave), celles qui ont un indice faible (les brasseries, par exemple) près du marché (les grandes villes).

2 - La prise en compte du coût du travail

Dans un deuxième temps, Weber introduit le coût de la main-d'œuvre. Ce coût est hétérogène dans l'espace : il existe en un point un marché du travail qui peut procurer une économie à l'entreprise qui s'y localise. Elle la perd totalement si elle se situe ailleurs. Le coût de production varie alors dans l'espace en fonction de la somme de deux facteurs (coût de transport total + coût du travail). Un industriel peut ainsi délaisser le point qui minimise le coût de transport, si le surcoût occasionné est inférieur à l'économie de main-d'œuvre réalisée. L'isodapane critique est l'isodapane au-delà de laquelle le surcoût de transport n'est plus compensé par l'économie effectuée sur le coût du travail. Une localisation n'est alors plus avantageuse.

Imaginons, non pas un bassin de main-d'œuvre, mais une aire où le travail est meilleur marché. Dans l'auréole grisée, le coût du travail est inférieur de 3 $ par unité d'extrant. Le point *x* minimise les coûts de transport. L'isodapane en gras est l'isodapane critique. Au-delà, l'éloignement du point *x* occasionne une perte de plus de 3 $ en coût de transport. Une délocalisation au point *b* entraîne une augmentation du coût de transport sans diminuer le coût de la main-d'œuvre. Une localisation au point *a* est plus avantageuse qu'au point *b*, et même qu'au pont *x* ; l'économie effectuée sur la main-d'œuvre (3 $) est supérieure au surcoût de transport (2,5 $).

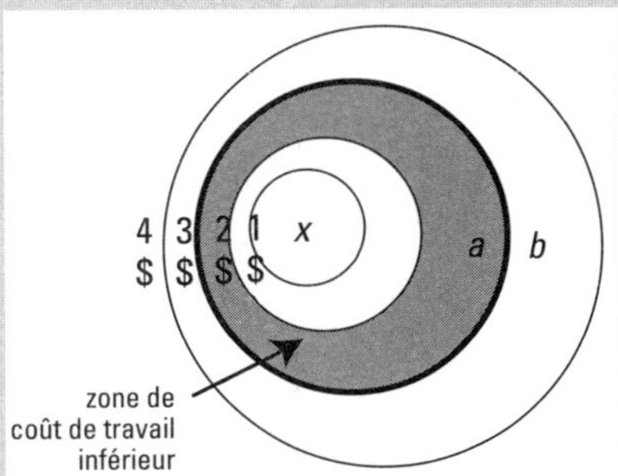

3 - La prise en compte des économies d'agglomération

Dans un troisième temps, Weber prend en compte les forces d'agglomération et de désagglomération. Différentes usines peuvent avoir intérêt à se regrouper, à choisir des localisations rapprochées de manière à bénéficier d'économies externes d'agglomération (par exemple, division du coût de construction des infrastructures entre les utilisateurs). Dans ce cas, un industriel peut envisager une localisation qui occasionne des surcoûts de transport (ou de main-d'œuvre) s'ils sont inférieurs aux économies externes qu'il peut espérer du fait de la proximité d'autres usines.

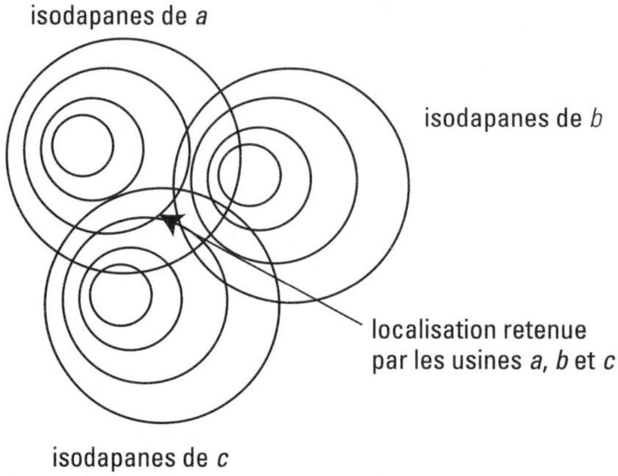

Les forces de désagglomération sont liées à des déséconomies externes dues à la proximité d'autres usines (par exemple, leur besoin d'emprises spatiales au même endroit occasionne une augmentation des prix fonciers). Dans ce cas, les usines peuvent chercher à s'éloigner les unes des autres, même au prix de surcoûts de transport (ou de main-d'œuvre), dans la mesure où cela leur permet d'éviter des surcoûts supérieurs liés à la proximité de concurrents.

Exercice proposé

Localisations industrielles en France

1 - PRÉSENTATION DES DOCUMENTS

Selon les cartes, qui représentent l'évolution des localisations industrielles en France, de 1780 à 1990, deux ou sept types d'industries sont identifiés. Les gisements de houille exploités sont indiqués.

On note que la première carte est uniquement une carte de localisation : un symbole signale une implantation, mais ne dit rien des quantités produites. Les autres cartes présentent des figurés proportionnels. Ch. Morazé n'indique pas s'ils le sont à la production ou à l'emploi pour les deuxième et troisième cartes, sur la quatrième, ils le sont à l'emploi.

2 - ORIENTATIONS

– Dans le cadre de l'histoire économique de la France, à quel type de période correspond chacune des cartes ?

– Décrire la distribution des industries métallurgique et textile, en France, autour de 1780. Identifier les éléments marquants de cette distribution. Trouver les facteurs explicatifs.

Exemple : explication de la relative dispersion des entreprises sur le territoire et de l'émergence de régions proto-industrielles, en tenant compte du fait que c'est par les transports maritimes et fluviaux que l'espace a commencé à perdre de son opacité.

– Décrire la distribution des industries métallurgique et textile, en France, autour de 1880. Identifier les éléments marquants de cette distribution. Trouver les facteurs explicatifs. Comparer avec la carte de 1780. Expliquer les évolutions.

Exemples : quel est le rôle de l'amélioration des transports terrestres, des changements de sources d'énergie, des besoins en main-d'œuvre ?

– Décrire et expliquer la distribution des industries métallurgique et textile, en France, autour de 1930. Expliquer ensuite la diversification des industries (légende), les facteurs de localisation de chacune des branches d'activité et leur concentration spatiale. Déterminer les raisons de l'essor de chacune des grandes régions industrielles.

– Dernière carte : quels sont les principaux facteurs qui expliquent les mutations des localisations industrielles depuis 1930 ? Où se maintient l'industrie textile, où disparaît-elle ? Pourquoi ? Quelles nouvelles localisations apparaissent dans la sidérurgie ? Pourquoi ? Trois noyaux historiques sont présents sur la carte pour l'industrie automobile : la région de Sochaux pour Peugeot, celle de Paris pour Renault et Citroën, et de Lyon pour Renault véhicule industriel. Quels facteurs expliquent les autres implantations : celles de Metz et de Douai ? celles du grand Ouest ? Il existe trois grandes régions de prédilection pour les localisations de l'industrie électronique. Quelles sont-elles ? Quels facteurs expliquent leur attractivité ?

– Quelles ont été les conséquences de chaque phase industrielle sur la géographie de la France ? Quels en sont les héritages actuels ?

3 - COMMENTAIRE

– Identifier la problématique qui paraît la plus intéressante et qui exploite autant que possible toutes les informations contenues dans les documents. Établir un plan détaillé, et rédiger.

Évolution de 1780 à 1990

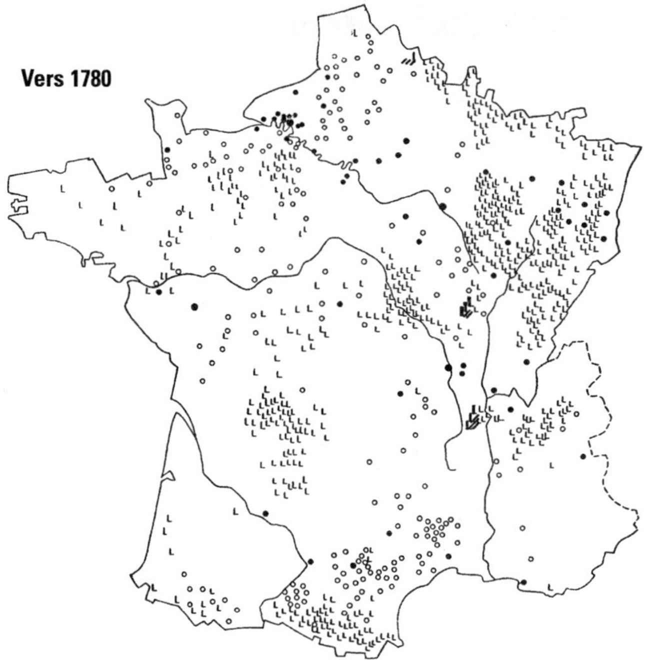

ꟾꟾꟾ métallurgie ∘ ∘ Filatures et tissages de laine • • Filatures et tissages de coton //// houille

Ch. Morazé, *Les Français et la République*, Paris, Colin, 1956, p. 49.

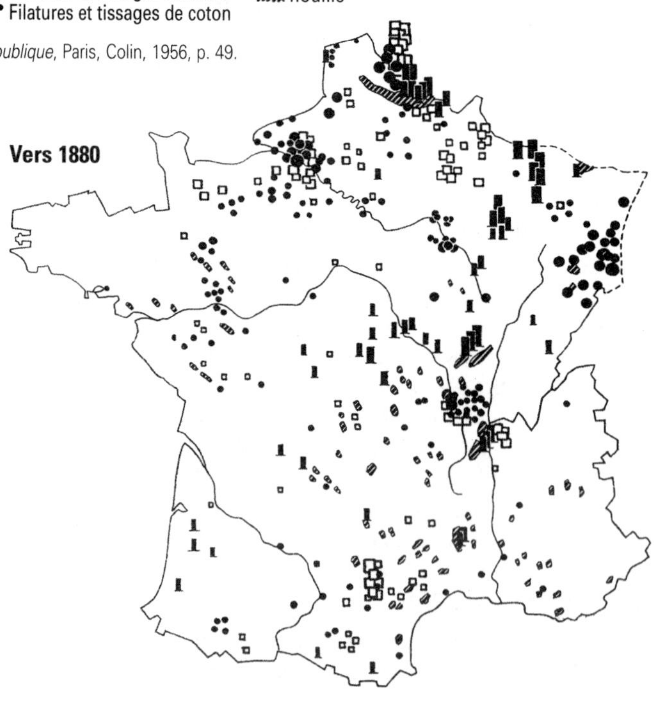

Idem, *p. 51*. //// houille ▮ métallurgie ∘ coton ▫ laine

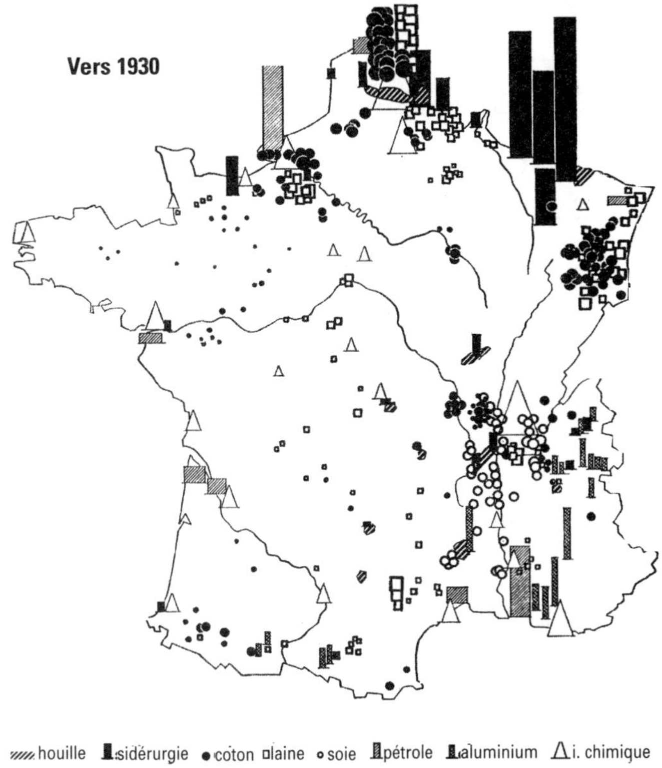

Idem, *ibidem*, p. 53.

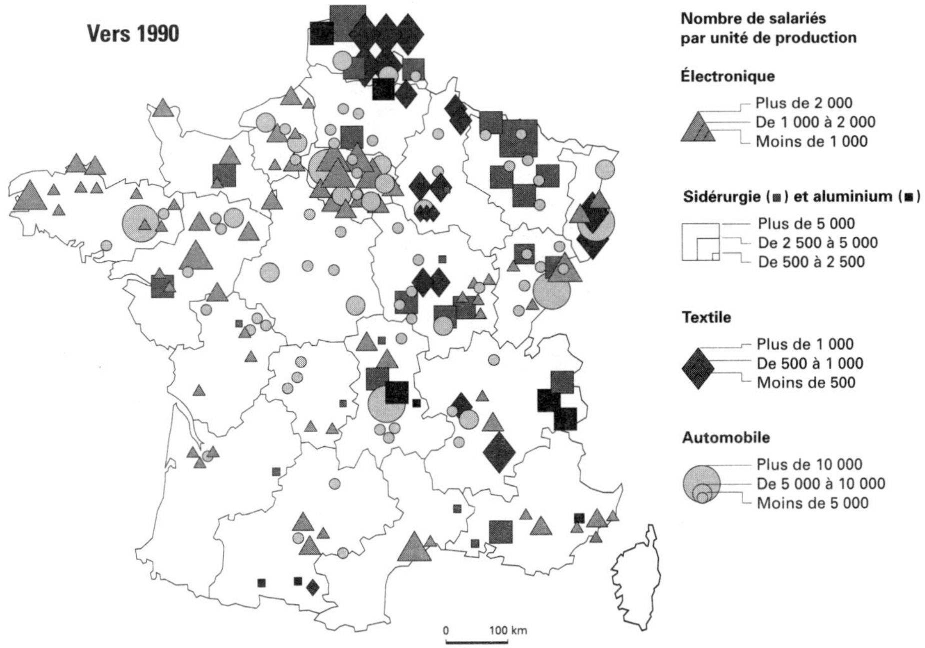

D'après J.-P. Charrié, *Les Activités industrielles en France*, Masson, 1995, pp. 142, 188, 218.

Commentaire de cartes

Localisations industrielles en ville

L'exemple lillois

Carte de Cassini (fin XVIIIe siècle)

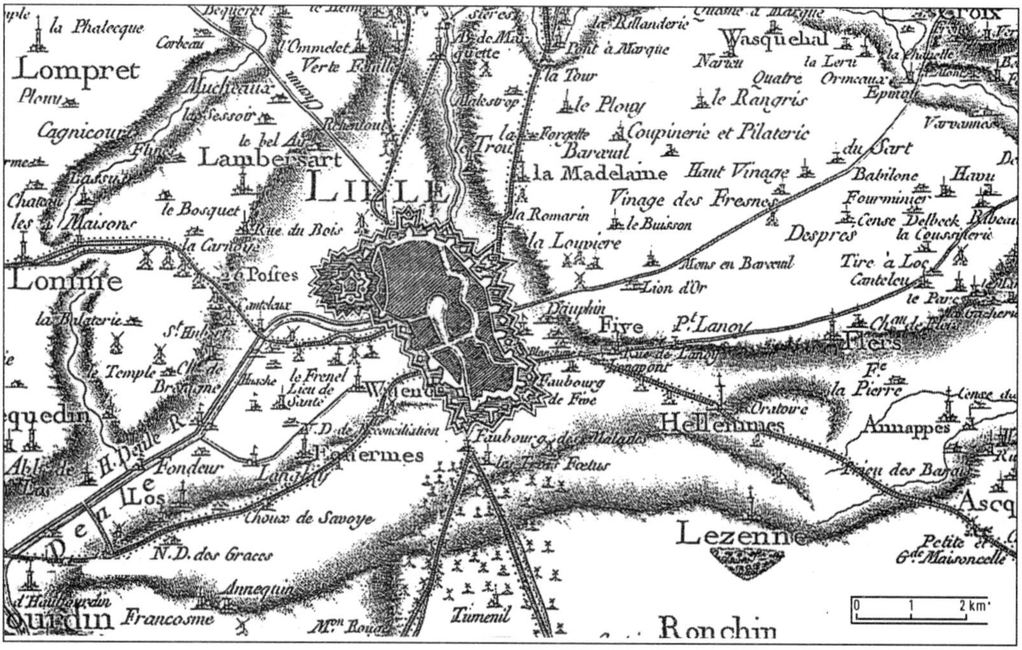

Carte détat-major (mi-XIXe siècle)

Carte d'état-major (1931)

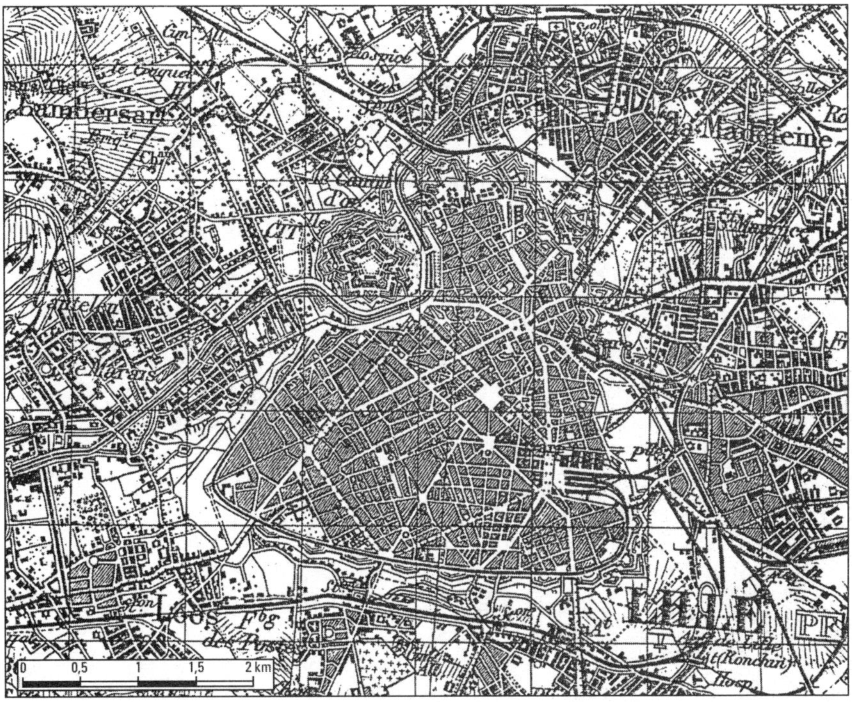

Carte des courées (1950)

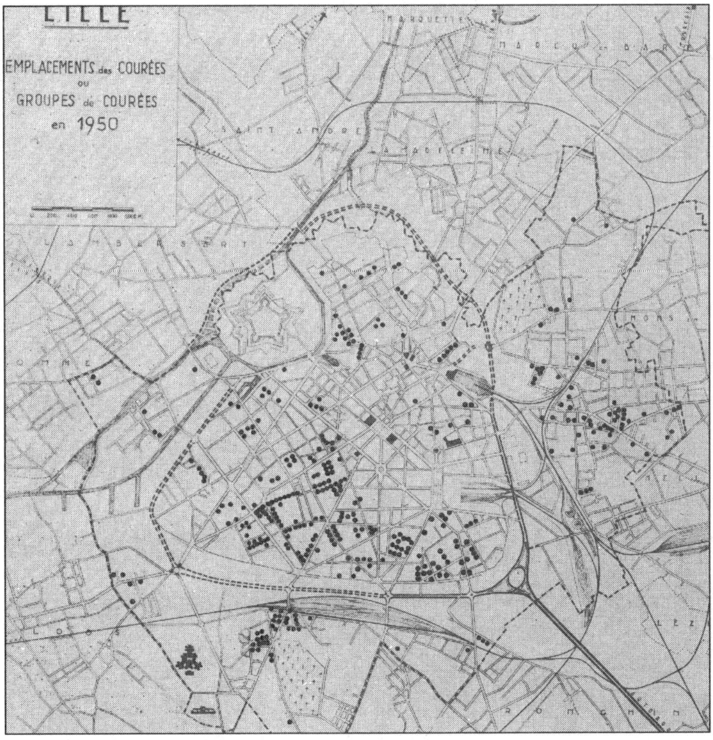

Essai d'analyse urbaine, Lille, 1956, p. 114.

L'agglomération lilloise (1993)

LA MADELEINE
le May
St Maurice
Cim. de l'Est
Parc des Dondaines
Centre hippique
Fives
Hellemmes-Lille
MONS EN-BARŒUL
Fort Macdonald
la Pilaterie
la Chapelle
la Guinguette
Centre Comm.
Faculté de Lettre et de Droit
Ateliers SNCF
le Mont de Terre
l'Épine
l'Arsenal
le Petit Maroc
Palais de la Foire
Faubourg de Douai
Zone Industrielle du Hellu
Champ du Haut Moulin
Lezennes
Centre Commercial
0
0,5
1
1,5
2 km

1 - EXERCICE

Construire un commentaire organisé de l'évolution des localisations dans l'agglomération lilloise.

2 - DÉMARCHE

A/ RÉALISATION D'UNE CARTE THÉMATIQUE

1/ Identifier sur la carte de 1993, et relever sur calque, les formes d'occupation des sols en rapport avec l'activité industrielle. Il peut s'agir :

– d'emprises industrielles, représentées par de simples hachures grisées ou accompagnées d'abréviations (us. pour usine, T[ge], Bras[ie], pour tissage, brasserie, etc.) ;

– de logements ouvriers : cités, corons, courées ;

– de voies de communication qui structurent le développement industriel (canaux, voies ferrées, éléments majeurs de voirie) ;

– d'équipements (aéroport).

Cette carte donne un état des lieux de l'industrie à Lille en 1993, et souligne le rôle de certains facteurs. Elle met surtout l'accent sur la diversité des formes industrielles.

2/ Typologie de trois formes d'implantation industrielle

– Dans le centre (entouré par le boulevard périphérique), des unités de production de petite taille sont abritées dans des bâtiments aux formes complexes, dispersées parmi l'habitat.

– Au-delà du périphérique, de nombreuses unités de plus grande taille se dispersent dans les faubourgs au milieu de l'habitat. Les emprises sont plus denses près des voies d'accès à la ville, des lignes de chemin de fer ou des canaux.

– Au-delà de la première couronne, aux limites de l'agglomération, on trouve une « zone industrielle », où les unités de production sont abritées dans des bâtiments de forme régulière, indépendamment des quartiers d'habitation et près d'un échangeur autoroutier.

Ces trois formes d'espaces industriels doivent être différenciées sur la carte thématique.

B/ ÉLÉMENTS POUR LA RÉFLEXION

1/ Les emprises industrielles

• Dans l'ancienne *Walking city*

La partie dense de l'agglomération (dont le bâti est représenté en grisé) correspond-elle au centre historique ? Ce dernier est souvent repérable par la localisation des bâtiments qui symbolisent une fonction centrale (hôtel de ville, palais de justice), par un lacis de rues étroites, par l'emplacement des remparts visible sur la carte de Cassini ou par celui du boulevard circulaire qui, en général en France, a remplacé les dernières enceintes de Vauban, datant de la fin du XVIIe siècle. Pourquoi, dans le cas lillois, la rocade qui correspond à la dernière enceinte ne reproduit-elle pas les contours de celle de Vauban ? (La réponse est à lier au fait industriel.)

Lorsque la partie dense de l'agglomération actuelle est plus large que le centre historique, c'est généralement le signe d'une industrialisation précoce datant de la première moitié du XIXe siècle, avant que les transports urbains ne soient apparus. On doit alors trouver des ateliers et usines enkystés dans le tissu urbain.

• Dans les faubourgs et à la périphérie

La tâche bâtie est-elle en deçà ou au-delà des limites administratives de la ville ? Le débordement du territoire communal est très souvent le signe d'un développement industriel important et anarchique, qui date de la seconde moitié du XIXe siècle ou du début du XXe siècle (carte 2).

Que trouve-t-on entre la zone centrale et la limite extérieure du bâti ? Comment le tissu urbain se caractérise-t-il ? A-t-on un zonage entre les résidences, l'activité industrielle, les équipements tels que les écoles, hôpitaux, cimetières ? ou un mélange peu cohérent d'usines, d'entrepôts, de logements, d'équipements ?

De quelle façon la localisation industrielle semble-t-elle s'organiser dans cet espace ? Trouve-t-on des entreprises regroupées de façon planifiée dans des zones industrielles ? d'autres implantées de façon anarchique dans des faubourgs ? À quelles périodes correspondent ces différentes formes d'implantations ? Ont-elles la même importance ? Pourquoi ? Comment s'explique la localisation des activités industrielles les plus récentes ?

2/ L'habitat ouvrier

Les principaux types d'habitats ouvriers sont les suivants :

– La forme la plus ancienne de logement ouvrier, difficile à repérer sur une carte au 1/25 000 est celle des courées. Les courées sont localisées dans la vieille agglomération et ses faubourgs immédiats). Elles sont le fruit de la pratique du « bourrage de parcelles » par des propriétaires privés qui ont construit de petites maisons ou ateliers dans leurs cours intérieures, leurs anciens jardins, ou leur ferme dans les faubourgs. Les courées peuvent prendre des formes très irrégulières, mais une cour commune aux ouvriers communique toujours avec la voie publique, par un passage étroit réalisé sous la maison de front. Les courées sont une réponse au problème de surdensité de la première moitié du XIXe siècle. Elles sont un type d'habitat ouvrier spécifique au Nord de la France, mais on retrouve la concentration centrale et le développement étoilé dans les faubourgs proches, du logement ouvrier, sous d'autres formes et noms, dans les autres villes ayant connu un développement industriel précoce.

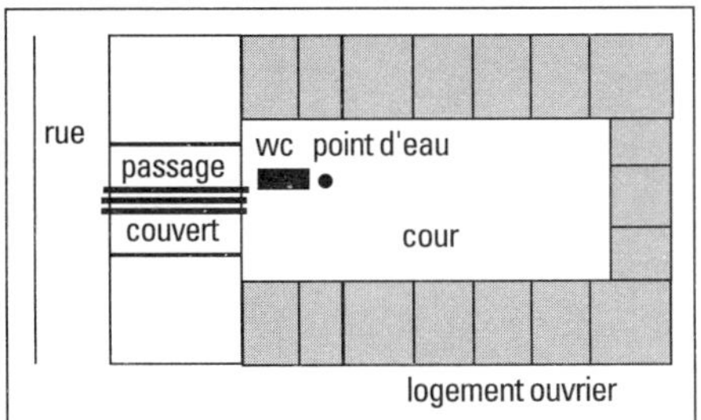

Plan d'une courée

– Un deuxième type, souvent le produit de la première révolution industrielle, est d'origine patronale. S'il présente aussi une certaine régularité dans les îlots, ceux-ci sont disposés un peu au hasard, à proximité des usines qui les ont construites. Sur la carte, il se présente sous la forme de semis réguliers de carrés noirs disposés en bandes le long des rues, représentant des maisons individuelles accompagnées de jardins familiaux identiques.

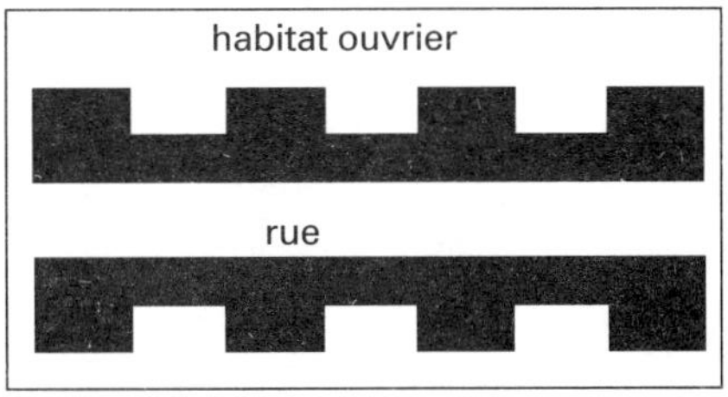

– Le troisième type, les cités ouvrières (de corons dans le Nord), a été développé surtout entre les périodes 1820-1930 et se caractérise par un plan en damier qui se juxtapose à la trame traditionnelle villageoise ou urbaine. On y trouve souvent une gamme de services (églises, écoles..). L'achat des terres agricoles, le lotissement et le contrôle de la construction de ces cités sont d'origine patronale. Ce modèle se rencontre généralement là où se posaient des problèmes de recrutement de la main-d'œuvre (dans les zones d'extraction minière rurales par exemple, *cf.* carte p. 380)).

Application de cette typologie à la carte. À quelle époque du développement urbain lillois la carte des courées correspond-elle le mieux ? Quelle conclusion en tirer ? Où se trouve l'habitat du deuxième type sur la carte de 1991 ? Pourquoi ? À quelle forme de développement industriel correspond-il ? de quelle époque? Comment expliquer qu'on ne trouve pas de cités sur la carte ?

Quelles sont leurs périodes d'apparition? De quelle façon ont-elles pu accompagner le développement industriel de l'agglomération et orienter les localisations ?

Exemple de cité à Nœux-les-Mines, extrait de la carte de Béthune (3) au 1/25 000, série bleue (2405), IGN, 1937

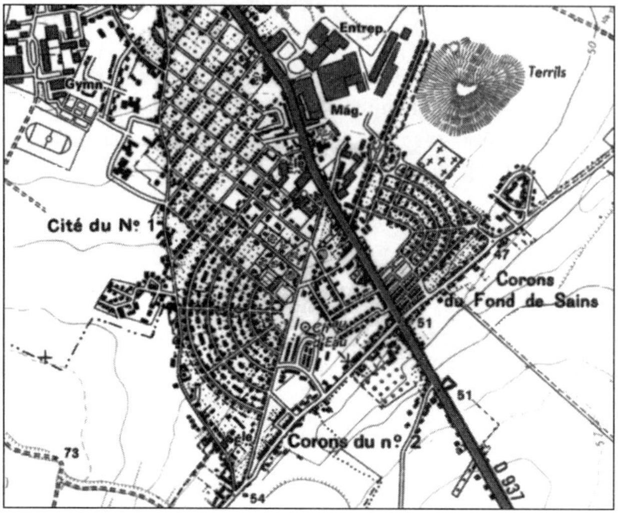

C/ COMMENTAIRE

Le commentaire doit porter l'accent sur les questions qui suivent :

– caractérisation et datation des différentes phases industrielles et présentation de leur héritage ;

– explication des évolutions dans les localisations et les formes industrielles ;

– évaluation des problèmes liés à la gestion de l'héritage.

Le commentaire peut s'organiser autour d'un plan historique ou thématique.

12

LA LOCALISATION DES SERVICES

On a assisté, depuis les dernières décennies, à une hausse très rapide de la part des services dans l'emploi, le PIB, et les échanges internationaux ; et ce, quel que soit le niveau de développement. Les services assurent aujourd'hui près des trois quarts du PIB des économies les plus développées, et cette part représente rarement moins d'un tiers dans les pays en voie de développement. Les productions industrielle et agricole incorporent elles-mêmes de plus en plus de services, en amont ou en aval de la fabrication. On parle d'une tertiarisation de l'économie.

Cette tertiarisation s'explique par un faisceau de facteurs. Certains correspondent à des mutations techniques (l'essor de nouvelles technologies de l'information, comme l'informatique), économiques (élévation des niveaux de vie, accentuation de la division du travail), géographiques (l'urbanisation) ou socioculturelles (apparition de la société de loisir et de nouveaux besoins, etc.).

Même si l'on s'interroge sur les rôles respectifs des secteurs secondaires et tertiaires dans la croissance, les services n'en sont pas moins le secteur qui domine, et de plus en plus nettement, l'économie. La localisation des activités de services constitue donc une question essentielle en géographie économique.

La localisation des services ne peut être présentée en même temps que celle des industries : les deux activités présentent de profondes différences de nature, qui se traduisent par des facteurs de localisation différents. La première partie du chapitre présente la spécificité de l'activité de service et examine, de manière théorique, les logiques de localisation qui lui correspondent, particulièrement celle identifiée dans le modèle de Christaller dit des *lieux centraux*. Bien sûr, les modèles simplifient les processus de localisation de manière à les expliquer. Sans nécessairement remettre en cause la pertinence de la théorie des lieux centraux, et souvent à la lumière de celle-ci, c'est en prenant en compte le contexte historique et culturel, en intégrant les mutations de l'espace, que l'on peut espérer comprendre la géographie des services. Les trois parties suivantes examinent cette géographie dans le cadre de trois grands types de sociétés (agricoles, industrielles, tertiaires). Tout comme dans les chapitres qui précèdent, cette typologie ne constitue pas une chronologie universelle, même si elle correspond *grosso modo* à l'histoire du monde occidental.

BIBLIOGRAPHIE DU CHAPITRE

Ouvrages de base

BERRY B.J.L., *Géographie des marchés et du commerce de détail*, Paris, Armand Colin, 1971 (éd. angl. 1967), 255 p.

GADREY J., *L'Économie des services*, Paris, La Découverte, 1992, 127 p.

GHOST A. et MAC LAFFERTY S.L., *Location Strategies for Retail and Service Firms*, Lexington (MA) Lexington Books, 1987, 212 p.

MÉRENNE-SCHOUMAKER B., *La Localisation des services*, Paris, Nathan, 1996, 191 p.

Ouvrages de référence

CHRISTALLER W., *Die zentralen Orte in Süddeutschland*, Iéna, G. Fischer, 1933 ; trad. angl. : *Central Places in Southern Germany*, Englewood Cliffs (NJ), Prentice Hall, 1966, 230 p.

CLAVAL P., *La Logique des villes. Essai d'urbanologie*, Paris, Litec, 1981, 633 p.

FOURASTIÉ J., *Le Grand Espoir du XXe siècle*, Paris, Gallimard, 1963 (1e éd. 1947), 375 p.

LABASSE J., *L'Espace financier*, Paris, Armand Colin, 1974, 302 p.

LÖSCH A., *Die raumiche Ordnung der Wirtschaft*, Iena, G. Fischer, 1940 ; trad. angl. : *The Economics of Location*, New Haven, Yale University Press, 1954, 520 p.

TORNQVIST G., *Contact Systems and Regional Development*, Lund, C.W.K. Gleerup, 1970, 148 p.

Ouvrages et articles spécialisés

ASCHER F. et *al.*, *Les Territoires du futur*, Paris, Éditions de l'Aube/Datar, 1993, 182 p.

BAILLY A. et MAILLAT D., *Le Secteur tertiaire en question*, Paris, Économica, 1986, 133 p.

BECKOUCHE P., « De l'industrie à l'industry. Élargir l'acception de l'industrie dans la géographie française », *Géographie, économie, société*, vol. 1, n° 2, 1999, pp. 307-328.

BONAMY J. et MAY N. (dir.), *Services et mutations urbaines*, Paris, Anthropos, 1994, 283 p.

DE BANDT J., *Les Services dans les sociétés industrielles*, Paris, Économica, 1985, 237 p.

DI MÉO G., *Géographie sociale et territoires*, Paris, Nathan, 1998, 317 p.

JONES K. et SIMMONS J., *Location, Location, Location, Analyzing the Retail Environment*, Scarborough (ON), Nelson Canada, 1993, 479 p.

SASSEN S., *La Ville globale : New York, Londres, Tokyo*, Paris, Descartes et Cie, 1996 (éd. angl. 1991), 531 p.

A

LES LOGIQUES DES SERVICES

1 - Les activités de service

■ Définitions des services

Le secteur tertiaire, constitué par les services, peut se définir en creux : il rassemble les activités qui ne sont ni liées à l'exploitation des ressources naturelles (primaire) ni aux activités de production et de transformations des biens matériels (secondaire). On oppose ainsi « cols blancs » et « cols bleus ». De manière positive, on définit le service comme un produit de l'activité humaine, destiné à la satisfaction de besoins ne reposant pas sur l'acquisition de biens physiques. Il n'implique pas de transformation de la matière et se présente sous un aspect immatériel (ce qui le distingue de l'industrie). Le recours à l'information y est constant : on y reçoit, donne, enregistre, vérifie, traite de l'information. Cette dernière intervient de deux manières dans l'activité de service. Le prestataire de service peut simplement transmettre une information au client (presse, publicité, enseignement...). Il peut également lui fournir une prestation concrète fondée sur un savoir-faire, c'est-à-dire sur de l'information (médecine, réparation, et même commerce...).

Activités tertiaires et secondaires sont souvent mêlées. Dans une usine, la fabrication relève du secondaire, la sécurité et le nettoyage sont des activités de service. Une usine qui fabrique du pain relève du secteur industriel, le boulanger qui vend les pains fabriqués par l'usine relève des services ; le boulanger qui fabrique et vend son pain partage ses tâches entre le secondaire et le tertiaire.

■ Classements des services

Le secteur tertiaire présente une grande hétérogénéité : s'y retrouvent aussi bien le coiffeur, le garagiste, le restaurateur, le pilote d'avion, le banquier, l'assureur, l'agent immobilier, l'informaticien, le chercheur, le militaire, le professeur, le médecin, l'éboueur, le comédien, etc.

On peut classer les services de différentes façons. On distingue les services aux entreprises (recherche, conseil juridique, gestion) de ceux rendus aux particuliers (santé, éducation, agence de voyages). On oppose les services marchands (commerce, professions libérales) aux services non marchands (administration, religion), dont la participation à l'économie ne passe pas par un marché : leur prix n'est pas déterminé par l'adéquation de l'offre et la demande et il ne vise pas à couvrir les coûts de production. Par ailleurs, économistes, sociologues ou géographes ont isolé, au sein des services, certains sous-secteurs. Le secteur quaternaire, ou tertiaire supérieur, est constitué par les services rares, de haut niveau, faisant appel à une main-d'œuvre très qualifiée (expertise, recherche, création…). À l'opposé, on parle de secteur informel pour désigner des services qui ne sont pas intégrés dans l'économie officielle : ils demandent peu de capitaux, de matériel et de qualification ; ils se font souvent « au noir » (vente à la sauvette dans la rue, services domestiques, petites réparations, etc.). Les services informels peuvent représenter plus de la moitié de l'économie de certains pays pauvres.

2 - Les exigences en information

Qu'il s'agisse d'utiliser la main-d'œuvre adéquate ou de contacter une clientèle, il est toujours question d'acquérir et de donner de l'information dans l'activité de service.

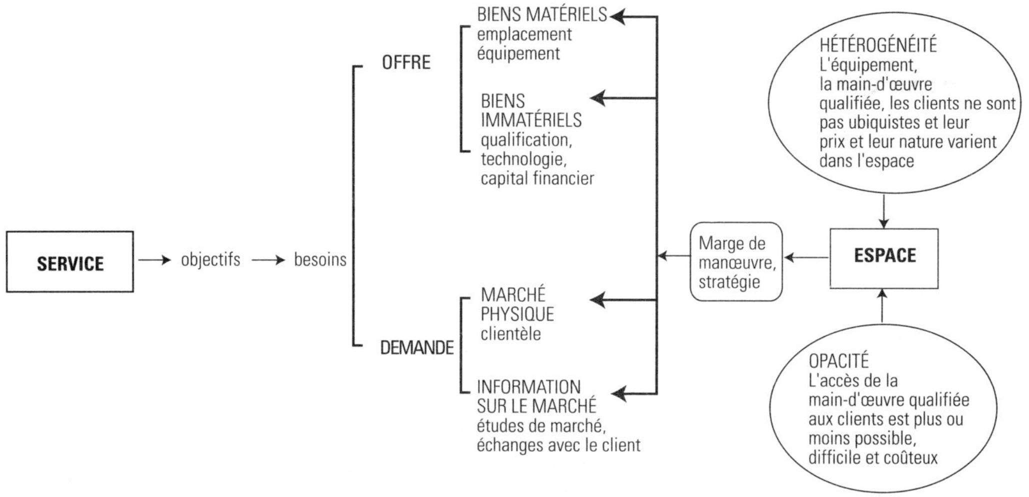

■ Une main-d'œuvre qualifiée

Les biens et équipements matériels nécessaires à l'activité de service expliquent que la tertiarisation des sociétés contemporaines ne s'accompagne pas de désindustrialisation.

L'activité de service nécessite souvent l'utilisation de ***biens*** ou ***équipements matériels*** : des locaux, des ordinateurs, des véhicules… Néanmoins, tous ces équipements jouent un rôle moins central que dans la fabrication industrielle. Le service repose essentiellement sur du travail, et plus particulièrement sur la partie immatérielle de celui-ci (qualifications, expérience). L'énergie physique importe moins. La première exigence des activités de service est donc celle d'une main-d'œuvre disposant des qualifications nécessaires.

■ Des échanges entre prestataires et clients

Le service passe par un échange entre le prestataire et le consommateur (entreprise, particulier). L'échange porte souvent sur des informations : les résultats d'une recherche, d'une expertise, d'un examen médical. Le commerçant lui-même produit essentiellement de l'information ; du point de vue du client, recourir à un commerçant plutôt qu'à un catalogue d'achat permet l'obtention d'informations supplémentaires sur le produit qu'il désire acheter. L'activité de service a besoin de se mettre en contact avec des usagers pour réaliser l'échange d'information.

		Rythme	
		échange rare	*échange fréquent*
Facilité	*échange difficile et complexe*	1 bureau d'étude, centre de congrès, centre d'examen	2 service financier, coiffeur
	échange facile	3 archivage	4 service bancaire simple

Le tableau du chapitre 5 (p. 166) identifiait quatre types d'informations, selon la fréquence et la facilité avec laquelle on l'échange. On peut faire correspondre un type d'activité de service à chaque type d'information.

■ Information, services et espace

Comment l'espace géographique joue-t-il sur ce qui constitue le cœur de l'activité de service : l'information ? L'hétérogénéité et l'opacité de l'espace, dont l'interdépendance à déjà été soulignée, se traduisent par des variations spatiales dans l'information disponible et dans l'aptitude à la transmettre. Telle activité de service nécessite tel savoir-faire : elle ne le trouve pas partout. Elle suppose tel échange informationnel entre le prestataire et le client ; cet échange n'est pas partout aussi facile. Les besoins en matière d'informations jouent donc un rôle déterminant dans la localisation des activités de service. Or, ces besoins jouent différemment selon la nature de l'activité, selon les qualifications qu'elle nécessite et les échanges sur lesquels elle se fonde, c'est-à-dire selon les informations qu'elle mobilise.

Les activités de service sont faibles consommatrices d'espace, de ressources naturelles, et faibles productrices de rejets polluants. Elles sont donc moins dépendantes du milieu que les activités agricoles ou industrielles, à l'exception du **tourisme**.

Tourisme et milieu. L'activité de service que constitue le tourisme dépend parfois des ressources et des contraintes du milieu. Certaines activités touristiques (hôtels, restauration, visites guidées, vente de souvenirs...) sont directement liées à des sites naturels (Grand Canyon, Mer de Glace, etc.). Leur mauvaise gestion (constructions non contrôlées...), la surfréquentation (réserves animalières) ou simplement leur évolution naturelle (ensablement de la baie du Mont Saint-Michel) peuvent conduire à terme à la disparition des activités touristiques. Les petites entreprises touristiques locales ferment et les investisseurs se délocalisent vers d'autres sites plus attractifs et prometteurs.

3 - Les logiques de localisation

Les logiques de localisation des activités de services ne sont pas nécessairement différentes de celles des industries. Les acteurs des deux secteurs peuvent par exemple chercher à minimiser les coûts du transport et de la main-d'œuvre. Les logiques de localisation se distinguent toutefois souvent du fait de la dimension pour partie immatérielle de l'activité de service, qui par exemple la détache du problème du coût de transport des biens matériels, important pour l'industrie, et du fait du rôle de l'information dans le secteur tertiaire.

■ Localisation des services selon le type d'échange

Le tableau ci-dessus distinguait quatre types de services selon les quatre types d'échange d'informations sur lesquel ils se fondent. À quelles localisations correspondent-ils ? Lorsque les échanges d'informations sont complexes, un face-à-face est nécessaire. Un coiffeur ne peut par exemple pas commander à distance des robots qui réaliseraient des coupes pour sa clientèle, ni un médecin spécialiste effectuer un bon diagnostic sans rencontrer le malade. Lorsque ces face-à-face sont fréquents, le prestataire de service, à l'exemple du coiffeur de quartier, doit se localiser à proximité de sa clientèle (tableau, 2). Lorsqu'ils sont moins réguliers, il suffit que le prestataire se situe dans un lieu bien relié aux voies de communications qui assurent le déplacement des personnes : TGV, autoroute, aéroport international (tableau, 1). Ainsi, le centre d'examen de l'éducation nationale, de la région parisienne, se trouve à Arcueil, en proche banlieue et juste à côté de la gare de RER.

W. Christaller (1893-1969) : géographe économiste allemand qui développa une théorie abstraite de la localisation des services. Il eut une influence majeure en géographie économique. *Les places centrales en Allemagne du Sud* (1933). *Cf.* « Théories et modèles », pp. 402-407.

Aire de chalandise : zone où se trouve l'essentiel des clients d'un service ou d'un bien. Actuellement, le rayon de l'aire de chalandise est par exemple de 300 m environ pour un magasin d'alimentation et de 500 m pour une supérette.

Les ***services banals*** sont bon marché, leur fréquentation est régulière et leur portée-limite courte (épicier, boulanger). Les ***services « anomaux »*** (sans règle), à forte valeur ajoutée, sont d'une fréquentation irrégulière, ou sélective selon la catégorie de population, leur portée-limite est grande (avocat, médecin spécialiste…).

Lorsque les échanges d'informations sont faciles et fréquents, ils peuvent se réaliser en utilisant les technologies de télétransmission de l'information. Pour rendre des services bancaires simples, il suffit par exemple à une centrale bancaire de disposer, là où elle est implantée, d'infrastructures de télécommunication la reliant à des distributeurs automatiques pour échanger l'information avec ses clients dispersés (tableau, 4). En revanche, si les échanges sont faciles mais rares, le prestataire de service peut adopter une logique de localisation indépendante de la distribution de sa clientèle (tableau, 3).

■ L'impératif de la demande : la théorie des lieux centraux

À l'exception des services fondés sur des échanges simples et rares, la localisation des services s'effectue donc en fonction de l'accès à la demande. Comment répartir les services de manière à desservir les clients ? Durant l'entre-deux-guerres puis dans les années 1950, la localisation des services et des marchés en fonction de la demande est au cœur de la réflexion d'une série d'économistes : Hotelling, ***Walter Christaller***, Palander, Lösch. La plupart de ces réflexions furent ensuite rassemblées en un modèle cohérent dit *théorie des lieux centraux* ou des ***places centrales***. On parle aussi du modèle de Christaller.

Cette théorie part de l'hypothèse d'une population dispersée dans une plaine homogène. Elle met en œuvre les notions de portée-limite et d'***aires de chalandise***, et démontre que la meilleure solution pour que les services desservent l'ensemble de la population est une structure en nid d'abeilles, composée d'hexagones réguliers dont le centre est occupé par les prestataires de service. La taille des hexagones varie selon que le ***service*** est ***banal ou anomal***. Les lieux de regroupement des services, au centre des hexagones, forment les *lieux centraux* qui ont donné son nom à cette théorie. Un grand hexagone, au milieu duquel se trouve un centre de service de haut niveau, se superpose à des hexagones de taille moyenne, dans lesquels des lieux centraux fournissent des services de gamme intermédiaire, et à de petits hexagones, dont les lieux centraux offrent des services banals. La théorie des lieux centraux a permis de comprendre pourquoi les villes, en tant que centres de services, se disposent de façon régulière et en réseau hiérarchisé, à la surface des régions de peuplement homogène. Les **modèles de gravité** permettent, quant à eux, de mesurer la force d'attraction exercée par les villes.

Modèles de gravité et attraction urbaine. Parmi les différents modèles gravitationnels qui visent à mesurer précisément la force d'attraction commerciale des villes et leurs aires de chalandise, le plus connu est celui de Reilly-Converse. Pour W.J. Reilly, la force d'attraction commerciale est proportionnelle aux masses urbaines en présence (une ville attire les clients de villes ou bourgs intermédiaires plus petits, en proportion de sa population). Cette force est inversement proportionnelle à la distance qui sépare la petite ville intermédiaire de la grande ville (*cf.* chap. 5). Dans le même cadre, P.D. Converse a élaboré une formule qui permet de délimiter la frontière des aires d'influence des villes.

■ Des localisations indifférentes à l'accès à la demande

L'accès à la clientèle n'est pas nécessairement un problème ; il n'est pas toujours un critère que les activités de services doivent prendre en compte pour décider de leur localisation.

Certains types de services échappent à l'impératif de la demande. C'est, on l'a vu, le cas des services fondés sur des échanges simples et rares. C'est aussi le cas des services uniques, qui ne connaissent pas de concurrence et pour lesquels les clients ou usagers sont prêts à parcourir de grandes distances. Les Jeux olympiques rassemblent autant de pays participants où qu'ils aient lieu. La localisation du Festival international de géographie à Saint-Dié-des-Vosges ne doit rien à la distribution des géographes.

Les services peuvent également échapper à l'impératif de la demande grâce à certaines conformations de l'espace géographique. Dans un espace parfaitement transparent, où la distance est abolie, un service peut desservir l'ensemble de la population quelle que soit sa localisation. Par exemple, les bureaux d'une société de commerce par Internet ne se localisent pas en fonction de ses clients. De même, dans un espace très hétérogène, où la population est très concentrée à l'intérieur d'un cercle de rayon r, les services dont la portée-limite est supérieure ou égale à 2r peuvent adopter indifféremment n'importe quelle localisation à l'intérieur du cercle : ils n'en desservent pas moins l'ensemble de la population. Ainsi, au sein d'une agglomération ou d'une région dense, la fréquentation d'un grand stade ou d'une grande salle de spectacle ne dépend guère de sa localisation.

■ Les échelles des logiques de localisation

Les critères et les logiques de localisation ne sont pas les mêmes à toutes les échelles. Considérons le cas d'une chaîne de cinémas qui veut créer une nouvelle salle. À l'échelle de la France, elle choisira une ville où il y a encore peu de cinémas, et où les cinéphiles sont nombreux : par exemple, une ville où l'on vient de créer une université. À l'échelle de la ville, elle adopte une localisation au centre ou en périphérie en fonction des réserves et des coûts fonciers, de la structure commerciale et de celle des réseaux de transport. À l'échelle du quartier, la décision dépend des immeubles disponibles et de leur prix, mais, toutes choses égales par ailleurs, on préfère situer une salle sur une place, à un carrefour très fréquenté, dans des rues animées de bars et de restaurants, à l'immédiate proximité d'autres salles, etc.

Les commerçants savent bien que chaque rue a son bon ou son mauvais côté, tout comme les passants, qui préfèrent déambuler sur un trottoir plutôt que l'autre. Les Français savent que les bars – et, plus récemment, les succursales bancaires - sont souvent aux angles des rues, qui constituent des emplacements très recherchés. Les kiosques de presse se situent souvent aux sorties de métro, etc. Cette micro-géographie, aussi intéressante qu'elle soit, a peu été étudiée.

B

GÉOGRAPHIE DES SERVICES DES SOCIÉTÉS AGRICOLES

Dans les sociétés paysannes, l'activité de service n'occupe à plein temps qu'une faible part de la population, mais celle-ci détient un rôle clé, à travers la fonction de distribution (commerce), ou d'organisation économique et sociale (administration, justice).

1 - La difficulté des échanges

En l'absence de technologie de télécommunication, le déplacement de l'information n'est pas dissocié de celui de la matière. La relation de service entre le prestataire et l'usager ne peut être donc réalisée que par le déplacement de biens (lettre) et de personnes (du prestataire ou du consommateur). Aussi, l'activité de service est très sensible à la distance.

Comme le niveau technologique n'est pas très élevé, les qualifications nécessaires pour les activités de service ne sont pas rares : l'information technique, le savoir-faire nécessaires pour effectuer le service sont rarement difficiles à mobiliser. Le problème, en matière d'information, tient moins à la réalisation du service qu'à l'échange avec l'usager ou le client. Comment en effet être en contact avec la clientèle alors que les moyens de transport sont encore élémentaires, et, que, du fait de l'activité agricole dominante, la population est dispersée ?

2 - Des services itinérants ou intermittents

Le colportage offre une première solution. Dans les sociétés agricoles, une grande part des activités de service n'ont pas de localisation fixe. La dispersion de la population, la faiblesse de la demande, des capitaux, et le peu de transparence de l'espace, obligent beaucoup de vendeurs à être itinérants. Des colporteurs parcourent les villages en collectant ou distribuant du fer, des ustensiles de ménage, des instruments aratoires, des almanachs ; les services de dentiste, d'écrivain public, d'amuseur de foire ou de réparations diverses peuvent être assurés de la même façon. Ce type d'échange se rencontre encore aujourd'hui dans l'espace rural, caractérisé par la dispersion de sa population et la faiblesse de sa demande : des services de commerce alimentaire, de prêt de livres, etc., sont ainsi assurés par des tournées de boulangers, d'épiciers et des bibliobus. Le commerce ambulant demeure aussi une forme d'échange importante dans de nombreux pays d'Asie ou d'Afrique. Cette solution est surtout bien adaptée aux échanges occasionnels.

L'échange occasionnel peut aussi être opéré par une activité fixe mais intermittente. Ainsi, dans le petit bourg d'une campagne peu dense, la faiblesse de la demande ne permet pas de tenir tous les jours un marché : il n'est ouvert qu'un ou deux jours par semaine. Marchés aux bestiaux, foires diverses, etc., n'ont lieu que quelques jours par an.

3 - Des services distribués selon une logique christallérienne

Certains services ont une localisation permanente. Une part du commerce est localisée dans les villes. Ce sont dans les centres urbains également que se concentrent les fonctions administratives, ecclésiastiques et de justice.

Droit de marché : au Moyen Âge, le droit de se réunir à des dates et horaires fixes, pour commercer, est fixé par les princes, contre prélèvements fiscaux.

Les facteurs de localisation des services sont la protection qu'offrent les centres politiques d'une part, leur situation stratégique sur des voies de communication, qui permettent l'approvisionnement et les échanges avec la campagne et les autres villes d'autre part. Intervient aussi un aspect juridique, puisque le ***droit de marché*** n'est donné qu'aux villes. Cependant, de façon plus générale, c'est la théorie des lieux centraux qui explique le mieux les localisations de service dans les sociétés agricoles.

Les hypothèses de départ de Christaller, qui avait travaillé sur la Bavière entre les deux guerres, avant l'exode rural et l'industrialisation, sont bien adaptées aux économies agricoles, où la population est très dispersée. À cause de la faiblesse des possibilités de transport, il faut que les centres qui rendent les services élémentaires se situent à moins de 20 à 30 kilomètres pour que les relations soient possibles par déplacement à pied.

Un très grand nombre de petits centres urbains assurent donc les services élémentaires à la campagne. Comme il y a peu de monnaie, de diversité des marchandises et des services, peu de transport, il n'y a que quelques lieux centraux qui se démarquent. Ce sont les villes de commerce international, où se concentrent les services marchands et financiers liés à cette activité. Le niveau supérieur est occupé par la capitale politique où se localisent, en plus, un grand nombre de services administratifs, religieux et politiques. La hiérarchie des services est donc faiblement différenciée, et le réseau très régulier.

4 - Des localisations non christallériennes en ville

Toutefois, certaines activités de service peuvent échapper à la logique christallérienne dans la mesure où l'accès à la demande n'est pour elles pas problématique. Ainsi, au sein des rares espaces urbains, la densité garantit une demande élevée : où que l'activité de service se localise, elle inclut dans sa zone de chalandise le même nombre de clients potentiels (toute la population urbaine peut y avoir recours au prix de quelques minutes de marche). La localisation des services n'est à cette échelle pas christallérienne. Comme pour la fabrication industrielle dont elle est indissociable, la distribution du commerce en milieu urbain est liée à des aspects socioculturels, qui la contraignent à demeurer dans le bourg marchand, dans des rues de métiers. Les fonctions ecclésiastiques, politiques et administratives, activités nobles qui comportent une forte dimension symbolique, se regroupent quant à elles dans la cité.

C

Géographie des services des sociétés industrielles

Avec l'industrialisation, les moyens de communication s'améliorent. La distribution des services s'explique encore par la théorie des lieux centraux, mais le réseau christallérien se déforme. Les transformations sont encore plus importantes en milieu urbain.

1 - La déformation du réseau christallérien

■ La réduction des aires hexagonales

L'élévation de la consommation, des niveaux de vie et des densités qui accompagne l'industrialisation se traduit par une augmentation de la demande, et donc une diminution de la taille des aires de chalandise. Une superficie plus réduite suffit pour rassembler la clientèle nécessaire à la rentabilité d'une activité de service. Des prestataires plus nombreux peuvent apparaître et entrer en concurrence ; la maille du réseau des lieux centraux se resserre.

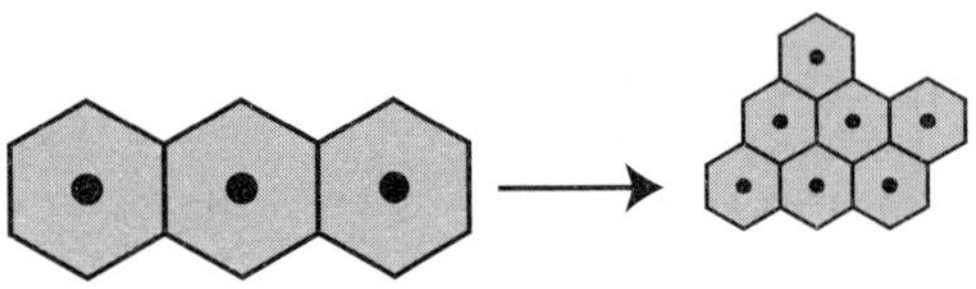

■ La plus grande irrégularité du réseau

La régularité géométrique du maillage hexagonal devient moins nette, parce que l'espace perd en homogénéité et en isotropie. Avec le début de l'industrialisation et de l'urbanisation, la répartition de la population est moins égale sur le territoire. Les services se concentrent là où s'agglomère la population (les métropoles). La ville devient elle-même un marché important ; les services fonctionnent pour elle et non plus seulement pour les habitants des campagnes environnantes. La révolution des transports se traduit d'autre part par la mise en place d'axes de transport privilégiés, le long desquels les aires de chalandise s'allongent.

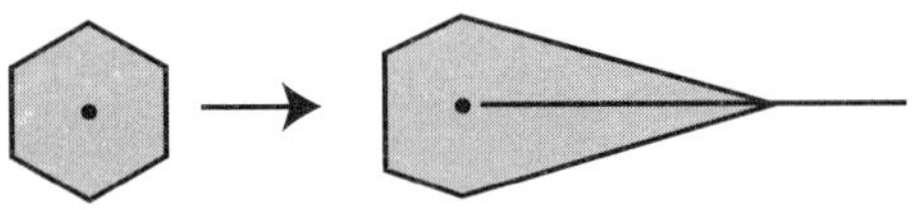

■ Une hiérarchisation qui se modifie

La hiérarchie des lieux centraux évolue. Elle s'accentue, à cause du poids plus important des centres de niveau supérieur, et elle s'affine avec la multiplication des niveaux de places centrales.

L'information voyage plus sûrement et rapidement, grâce à l'apparition de nouveaux moyens de communication tels que le chemin de fer, le télégraphe. Dans l'administration, ou dans certaines entreprises, il devient moins nécessaire d'entretenir du personnel dans des villes-relais qui collectent, trient, résument et envoient les informations. Ce personnel peut désormais ne résider que dans les lieux centraux de niveau supérieur, par exemple dans les villes capitales.

Une seconde évolution explique l'élévation de la concentration des activités de service dans les grandes agglomérations. Le développement industriel, celui des échanges, s'accompagnent de l'essor d'une demande en services commerciaux, administratifs, financiers. Cette demande provient essentiellement des grandes entreprises, qui sont implantées dans les métropoles. L'échange complexe et fréquent d'informations réalisé par ces nouvelles activités de services avec leurs clients les conduit à une concentration urbaine. C'est dans ces mêmes grandes villes que les entreprises et les administrations trouvent la main-d'œuvre qualifiée, apte à remplir ces fonctions d'échanges d'informations complexes. Au total, le contraste s'accroît donc entre la gamme de services qu'offrent les lieux centraux situés au sommet de la hiérarchie et celle des centres de niveau inférieur.

L'accroissement de la demande en services lié à celui du niveau de vie engendre aussi une diversification de l'offre en services. La hiérarchie, plus fine, des services, se traduit géographiquement par une multiplication des niveaux des places centrales.

2 - Les localisations christallériennes en ville

Les activités de services profanes, jusque-là reléguées dans le bourg marchand, acquièrent une plus grande liberté dans leur localisation du fait de la désacralisation de l'espace urbain. Par ailleurs, à cause de l'industrialisation, de l'exode rural, la superficie des villes croît considérablement. Les distances au sein de l'espace urbain sont trop importantes pour permettre à chacun d'accéder facilement à tous les services présents dans la ville, dans quelque quartier qu'ils se trouvent. Puisque la desserte de la population urbaine par les services est problématique, l'impératif de la demande pèse sur les localisations de ceux-ci, qui adoptent donc une logique christallérienne à l'échelle de l'espace urbain.

Ainsi, au-delà du vieux centre, dans les nouveaux faubourgs, se développent certaines activités de services venues y desservir les consommateurs : elles s'y répartissent régulièrement selon la logique christallérienne. Il s'agit surtout des services banals (comme les communes de proximité), pour lesquels le rapport à l'acheteur est plus fréquent et direct. Les services anomaux (comme les commerces de luxe) restent au centre.

Au sein de l'entreprise, les fonctions de fabrication tendent à se délocaliser vers la périphérie urbaine. Les fonctions de service, internes à l'entreprise (direction, gestion, commercialisation) ou externes (finance, conseil juridique) restent, quant à elles, groupées au centre-ville. Ces services doivent se localiser à proximité les uns des autres, car ils échangent fréquemment entre eux des informations complexes. C'est au centre des grandes villes que l'accessibilité est aussi la meilleure pour les relations avec des partenaires économiques venus de l'extérieur. Par ailleurs, les fonctions de commandement (sièges sociaux des banques, par exemple) tiennent à rester au centre pour des raisons d'image de marque.

En conséquence, des quartiers presque exclusivement occupés par les activités de bureau se développent dans les centres des grandes villes, ainsi la ***City de Londres***. Comme la demande en bureaux est très forte et que l'on se refuse à s'éloigner de ces quartiers, on y construit de ***buildings*** de plus en plus haut.

La City de Londres est le premier exemple historique de spécialisation, quasi exclusive, d'un quartier central, dans les fonctions de services financiers et directionnels. Le terme de *city* désigne aujourd'hui tout phénomène du même type.

Les premiers ***buildings*** apparaissent à Chicago et à New York à la fin du XIXe siècle, à l'initiative d'entreprises de services.

D

GÉOGRAPHIE DES SERVICES DES SOCIÉTÉS TERTIAIRES

Les services sont désormais touchés par les progrès de la productivité. La massification de la demande, les progrès techniques (informatique) les conduisent à adopter des modes de production proches de ceux de l'industrie, à devenir des ***quasi-industries***. Ces évolutions, alliées à celles que connaît l'espace géographique, conduisent à un bouleversement de la localisation des services.

Quasi-industrie : activité de service dont le fonctionnement (organisation de la production, logique de localisation, etc.) rappelle celui des industries.

1 - L'INDUSTRIALISATION DES SERVICES

■ LES CAUSES DE L'INDUSTRIALISATION DES ACTIVITÉS DE SERVICES

Les activités de service ont tendance à « s'industrialiser », c'est-à-dire à emprunter à l'industrie ses modes de production. Cela tient à trois facteurs.

Le premier est l'accroissement de la demande des particuliers. Conformément aux théories d'Engel et de Clark (*cf.* chap. 4), l'élévation des revenus conduit à celle de la consommation de services : c'est désormais à une demande de masse que les services doivent répondre. Elle ne peut être satisfaite par les méthodes qui prévalaient jusqu'alors.

Le deuxième est l'augmentation des besoins en services de la production industrielle elle-même. Avec la mise en place des modes de production postfordistes, celle-ci s'organise en fonction de la demande. La flexibilité et la qualité de la production tentent de répondre à ses exigences. Les fonctions de commercialisation, de ***recherche-développement***, celles qui favorisent les interactions (service après-vente, conception avec le client, transport) acquièrent une importance nouvelle ; les activités de service se développent au sein de l'entreprise industrielle (tertiaire industriel) ou en relation avec celle-ci (services marchands aux entreprises). Les entreprises industrielles, qui incorporent désormais l'activité de service à celle de production, appliquent à la première les logiques de rationalisation de la seconde.

Recherche-développement (R-D) : ensemble du processus qui, de la recherche fondamentale à la recherche appliquée et au développement industriel, permet la découverte, l'invention et ses applications économiques.

Industrialisation des services. Un exemple des changements d'organisation des activités de services peut être trouvé dans le développement d'une logique taylorienne, assez paradoxalement au moment où elle décline dans les activités de fabrication.
Dans certaines entreprises, on tente ainsi de normaliser, de définir strictement les tâches et les postes, dans les domaines périphériques à la production (étude, méthode, administration des ventes). L'objectif est de les rendre désormais transparents à la direction, de manière à ce qu'elle puisse mesurer la productivité de ses ingénieurs et cadres et pouvoir aisément les remplacer. Par exemple, on peut évaluer strictement le temps nécessaire à un ingénieur pour concevoir un dessin grâce à un logiciel.

L'enjeu de cette réorganisation est crucial pour des entreprises industrielles pour lesquelles les activités de fabrication proprement dites ne procurent plus souvent qu'une part réduite de la valeur ajoutée, et qui comptent plus d'employés dans les bureaux d'étude que dans les ateliers.

Enfin, cette évolution vers « l'industrialisation » des activités de services est favorisée par le progrès technique. L'informatique, la bureautique, la télématique ont permis d'élever pour la première fois la productivité dans les services. C'est dans les activités de traitement de l'information que le mouvement est le plus net.

■ LES EFFETS DE L'INDUSTRIALISATION DES ACTIVITÉS DE SERVICES

Un premier effet de l'industrialisation porte sur la standardisation des produits de service. Celle-ci est toutefois limitée par deux facteurs. Premièrement, l'activité de service incorporant de plus en plus de matière grise, elle devient plus complexe et se prête moins à la standardisation. Deuxièmement, l'élévation du revenu se poursuivant, les consommateurs demandent de la différence et sont plus exigeants sur la qualité. La solution adoptée par l'entreprise de service consiste souvent à **standardiser** à l'amont, et à différencier le produit de service à l'aval. On parle de **sur-mesure de masse**.

De la standardisation au sur-mesure de masse : l'exemple du tourisme. L'explosion de la demande touristique et la formation de grandes agences de voyages, comme le Club Méditerranée, a conduit à une standardisation des produits touristiques : voyages organisés, séjours tout-compris, destinations privilégiées... Dans les années 1980, les consommateurs, devenus plus exigeants, s'accommodent mal de cette uniformité, ressentie comme un carcan. Nouvelles Frontières obtient une grosse part de marché en proposant des produits plus individualisés (pour les amateurs de trekking, pour les amoureux des vieilles pierres...) dans le cadre de petits groupes et vers des destinations plus originales. Il s'agit de sur-mesure de masse, car les réservations pour les hôtels et les avions sont toujours négociées dans les mêmes (grandes) quantités : c'est sur place, dans le pays de destination, que les agents différencient le produit touristique.

Le deuxième effet, lié à la production de masse de services, est de rendre possible la séparation du processus de production de services en plusieurs composantes relativement autonomes. Comme dans l'industrie, deux formes de division du travail sont employées. Celle de type taylorien ou fordiste privilégie la ***séparation*** entre les fonctions de cadre et les tâches peu qualifiées, avec peu de coordination entre elles ; c'est le cas ***dans les banques et les assurances***. La forme postfordiste repose sur une structure plus organique, en réseau, qui privilégie la coordination entre des tâches moins nettement différenciables. Ces différentes formes de division du travail ont progressé dans les services, au cours des années 1980 et 1990. Comme une activité de service donnée se segmente en tâches spécialisées, chacune caractérisée par des besoins spécifiques en matière d'information, chaque tâche peut suivre une logique de localisation différente.

Dans les banques et les assurances, la séparation entre les tâches qualifiées, de direction, d'échanges avec le client, et celles peu qualifiées, de traitement de données, est connue sous les termes de : *front office/back office*. Les contacts entre les deux types de fonction sont seulement directifs ou de routine.

2 - MUTATIONS DE L'ESPACE GÉOGRAPHIQUE

■ UN ESPACE MOINS OPAQUE

Autant – et même plus - que toutes les autres branches d'activité, les services bénéficient de l'amélioration des moyens de transport et de télécommunication. En effet, les services se fondent sur un échange d'informations qui implique souvent une relation humaine. Or, le déplacement des hommes est celui qui est le plus sensible à la distance. L'automobile, l'avion, le TGV ont des impacts importants, car ils permettent un déplacement plus rapide des personnes engagées dans l'échange d'informations complexes. Parallèlement, l'information simple peut désormais être transportée très vite, et sans passer par un intermédiaire matériel (lettre, voyageur), grâce aux télécommunications.

■ DE NOUVELLES FORMES D'HÉTÉROGÉNÉITÉ SPATIALE

La diminution des écarts entre les genres de vie des populations tend à réduire l'hétérogénéité spatiale de la consommation. Les prestataires peuvent donc diffuser à peu près partout les mêmes produits. Cependant, les écarts de revenus se creusent entre les pays, et la répartition des consommateurs de services est toujours plus inégale à l'échelle mondiale. Ils sont de plus en plus nombreux dans les pays développés. Au sein de ceux-ci, les grandes métropoles urbaines concentrent les consommateurs de services les plus riches et les plus exigeants.

Une seconde évolution porte sur le marché du travail. La main-d'œuvre employée dans les services est de plus en plus différenciée dans l'espace. À l'échelle du monde, les pays développés proposent une abondance de main-d'œuvre qualifiée, plus rare dans les pays en voie de développement. À l'échelle des pays, certaines régions disposent d'une main-d'œuvre spécialisée dans un domaine, ou caractérisée par un niveau de qualification homogène. Dans les grandes métropoles, les qualifications sont variées, les cadres nombreux. Dans les villes moyennes, les qualifications et les salaires sont moindres. À l'échelle des grandes métropoles même, les qualifications et les salaires sont très différents entre le centre et la périphérie. On parle ainsi d'une segmentation du marché du travail dans les grandes métropoles, où l'espace est, en la matière, beaucoup moins homogène que par le passé.

3 - Des localisations encore christallériennes ?

Face-à-face fréquent : toujours nécessaire pour les commerces de proximité et beaucoup de services publics, comme la santé, l'éducation, les PTT. Pour les entreprises : services de maintenance, de conception à la demande.

Le rayon des aires de chalandise peut atteindre 20 kilomètres pour les achats quotidiens et de 100 à 200 kilomètres pour les services de maintenance aux entreprises.

La structure hiérarchique de Christaller subsiste pour les services aux ménages ou aux entreprises, qui demandent un ***face-à-face fréquent*** avec des clients. Le réseau des centres et des hexagones se déforme toutefois selon les densités d'un espace de plus en plus différencié. ***Le rayon des aires de chalandise***, et donc des hexagones, s'élève avec l'apparition de l'automobile. Le nombre de niveaux de services diminue, surtout pour la distribution des biens courants. Un consommateur de service donné se rend désormais plus aisément dans un centre local, une métropole régionale, ou une très grande métropole.

L'impératif christallérien, selon lequel les services doivent assurer un maillage du territoire pour répondre à la demande, perd de sa force. D'une part, les clients tendent à être concentrés, et non dispersés comme dans la théorie des lieux centraux, ce qui pose en des termes radicalement nouveaux la question de la desserte. D'autre part, l'importance de la distance diminue ; elle peut être faible grâce à l'amélioration du transport classique, ou même nulle grâce aux télécommunications. C'est le cas pour les activités de services qui traitent des informations standardisables, qui peuvent transiter par les télécommunications ; le face-à-face n'est plus nécessaire. La localisation des activités de services s'affranchit donc de la demande, et peut privilégier d'autres facteurs, comme ceux des coûts de production. Les logiques de localisation sont dorénavant multiples.

La multiplicité des logiques de localisation.
Les banques par exemple, qui ont longtemps pratiqué une organisation christallérienne, développent aujourd'hui une triple construction, qui s'appuie sur une division du travail. Elles ont un réseau hiérarchisé, avec des succursales très dispersées, pour assurer les services bancaires de proximité aux particuliers. Le travail y est plus ou moins qualifié selon le type d'échanges à réaliser avec les clients. Elles disposent d'un second réseau d'établissements, en banlieue et dans les villes provinciales, qui effectuent les traitements de données. L'existence d'une main-d'œuvre bon marché est déterminante pour leur localisation. Enfin, les établissements qui traitent avec les entreprises, le siège social, sont implantés dans les grandes métropoles où se trouve la main-d'œuvre qualifiée pour la gestion, la direction, les échanges d'informations complexes et les réseaux de communication internationaux.

4 - Décentration et avantages comparatifs

L'amélioration des télécommunications a accru presque à l'infini la portée-limite des services qui font appel à des échanges d'informations simples et/ou rares. L'affaiblissement de l'impératif christallérien détache les services des bassins de demande : ils peuvent désormais sortir des lieux centraux (se décentrer). Ceux-ci présentent en effet plusieurs défauts, en termes de localisation. Les activités de service se délocalisent vers les lieux qui présentent les meilleurs avantages comparatifs, sans se préoccuper exclusivement de la demande : des logiques de localisation non christallériennes apparaissent.

■ Les règles et les limites de la décentration

Lorsque les télécommunications et l'informatique se sont développées, on se trouvait dans une phase fordiste, où beaucoup d'échanges d'informations étaient simples et pouvaient être réalisés par l'utilisation de ces nouveaux moyens. Les contraintes spatiales de localisation qui pesaient sur les échanges d'informations nécessaires aux services se sont donc relâchées. Une ***déconcentration*** de certaines activités de services s'est opérée en même temps dans plusieurs pays et à plusieurs échelles. Elles se sont dirigées vers la périphérie des agglomérations, vers des villes moyennes ou vers des pays périphériques, tels que l'Asie du Sud-Est.

Déconcentration : transfert ou création d'établissements hors du centre urbain, dans la banlieue ou dans des villes de niveau inférieur, avec maintien de la direction dans le centre métropolitain.

Toutefois, l'accès aux réseaux de transport et de télécommunication n'est pas partout de même qualité, et l'espace n'est jamais totalement transparent. Si, en matière de localisation, l'attrait du centre géométrique a faibli, celui des carrefours des réseaux de transport devient essentiel. C'est par eux que doit transiter l'information si nécessaire aux activités de services. L'accès aux aéroports, aux gares TGV ou aux autoroutes qu'empruntent les personnes qui détiennent l'information, aux téléports qui traitent l'information numérisée joue un rôle déterminant dans les logiques de localisation.

■ Délocalisation à l'échelle mondiale

Les nouveaux choix de localisation peuvent s'opérer à l'échelle de la planète. Les informations qui peuvent être standardisées sont transmissibles à la maison-mère par un réseau d'ordinateurs, par la télécopie et les satellites de communication. Les établissements peuvent donc s'implanter assez loin du siège. À l'échelle mondiale, les choix de localisation se font en fonction de la main-d'œuvre, et particulièrement de son coût. Ainsi, les activités de traitement de l'information qui nécessitent une main-d'œuvre abondante ont intérêt à se délocaliser vers les pays où celle-ci est bon marché. Le coût de la main-d'œuvre a été le critère déterminant pour les compagnies aériennes américaines ou européennes qui ont délocalisé leurs services de réservation en Asie du Sud Est. Il faut toutefois une main-d'œuvre bien formée et un réseau de télécommunication performant : c'est pourquoi ces délocalisations privilégient le Sud-Est asiatique et les pays de la périphérie européenne.

Par ailleurs, l'ouverture des économies se traduit par une internationalisation du marché de services et l'émergence de firmes multinationales dans le secteur tertiaire. Dans le domaine de la banque, de l'assurance, des transports, de la distribution commerciale, des services aux entreprises, des loisirs et des spectacles, etc., on ne s'adresse plus seulement à une clientèle locale, mais on cherche à répondre à une demande mondiale. Même si l'accès matériel à cette demande n'est pas un problème, l'échange informationnel sur lequel se fonde le service peut être rendu difficile par des hiatus culturels (langues, coutumes, ***confiance***, etc.). Les firmes tertiaires qui visent des marchés extérieurs doivent ainsi souvent y ouvrir des succursales. Une logique christallérienne réapparaît à l'échelle mondiale, mais qui prend davantage en compte les distances culturelles que matérielles.

Une relation de ***confiance***, permise par la proximité, est par exemple nécessaire aux banques qui veulent collecter l'épargne locale ou traiter avec des entreprises à l'étranger.

■ Délocalisation à l'échelle nationale

Le même processus de déconcentration s'observe à l'intérieur de certains pays. Les services tendent à quitter la région-capitale où ils étaient jusque-là concentrés. Suite à des décisions administratives pour les services publics, spontanément pour les autres, ils se délocalisent en province, où les coûts de fonctionnement sont plus faibles : main-d'œuvre bon marché, locaux disponibles à faible prix, facilités de transport. Les assurances partent pour Niort, les services d'état civil à Nantes, le traitement des chèques postaux à Orléans (la Source). Seules les activités de services qui traitent des informations relativement simples peuvent sans difficulté s'éloigner du centre. Il peut s'avérer difficile de délocaliser des services de recherche (Météorologie nationale à Toulouse) ou d'enseignement supérieur (ÉNA à Strasbourg). La déconcentration peut toutefois se doubler d'une volonté politique de décentralisation qui l'aide à se réaliser.

■ Les implantations en périphérie urbaine

À l'échelle de l'agglomération s'observe le même processus de décentration. Du fait de l'amélioration des moyens de transports urbains individuels et collectifs, l'impératif de la demande s'assouplit, malgré l'accroissement de la taille des villes. Certains services peuvent rester à portée de l'ensemble de leur clientèle : ils ne sont obligés ni de s'implanter au centre, qui présente une série d'inconvénients, ni de quadriller l'espace de manière régulière : ils peuvent se localiser en fonction d'avantages comparatifs. La localisation de ces services n'est pas christallérienne.

De nombreuses activités de services se développent en banlieue. Les parcs de bureaux, les campus universitaires, les grands hôpitaux, les aéroports, les marchés de gros, etc., s'implantent de plus en plus loin, en périphérie urbaine. Les causes sont multiples, et tiennent au fait que le centre a perdu ses atouts ou que de nouvelles exigences se font jour. Ces services nécessitent de vastes emprises, impossibles à trouver dans un centre-ville où les coûts fonciers sont très dissuasifs. L'accessibilité du centre est devenue médiocre. Les réglementations d'urbanisme y interdisent ou perturbent certaines activités.

Dans le détail, les facteurs de localisation varient selon les services et déterminent divers types de sites périphériques. Pour l'activité commerciale, ce sont les nouvelles formes très organisées de distribution en libre-service (hypermarchés, centres commerciaux, grandes surfaces spécialisées) qui prédominent. Leur localisation est influencée par le réseau routier et les réserves foncières. Les pôles d'activités de bureaux qui emploient de la main-d'œuvre qualifiée s'implantent là où ils bénéficient de liaisons rapides avec les centre-ville et/ou avec un aéroport, à proximité duquel ils sont souvent situés : ainsi les ***edge cities*** aux États-Unis. D'autres centres de bureaux ne contiennent que des établissements de *back-office*, où l'on réalise des traitements d'informations peu complexes. Ils sont moins attirés par l'accès aux grands réseaux de communication et recherchent plutôt les lieux où ils bénéficient de prix fonciers inférieurs à ceux du centre urbain, de meilleures commodités de stationnement et des disponibilités en main-d'œuvre peu qualifiée. Les technopôles et les parcs scientifiques, quant à eux, sont localisés dans des espaces plus périphériques, peu urbanisés, où les chercheurs bénéficient du calme dont ils ont besoin, à proximité des universités.

Edge city (ville périphérique) : selon J. Garreau, petit centre d'activités tertiaires localisé dans la banlieue des métropoles des Etats-Unis. Il regroupe des tours de bureaux, des commerces, etc.

Réseau de transport et localisations périphériques. Le réseau routier joue un grand rôle dans les localisations périphériques. Les transports restent difficiles en milieu urbain, du fait par exemple des encombrements, qui se traduisent par une augmentation des distances-temps, et donc une diminution des portées-limites. La zone de chalandise d'un hypermarché doit ainsi comprendre 50 000 à 100 000 habitants dans un rayon de dix à quinze minutes en voiture. On retrouve ici une logique christallérienne, car l'opacité de l'espace urbain rend difficile l'accès à la clientèle, et redonne de la force à l'impératif de la demande. Le réseau christallérien prend toutefois une forme très différente, déformé qu'il est par la structure du réseau de transport et les concentrations de population.

La logique de localisation des services qui se développent en dehors du centre-ville ne se réduit pas au phénomène de décentration caractéristique d'un affaiblissement de l'impératif christallérien de la demande. En effet, si certains services se dispersent en périphérie urbaine à la recherche d'avantages comparatifs, d'autres suivent une logique différente, qui les pousse à se regrouper et à former des pôles de services en périphérie : *edge cities*, centres commerciaux comprenant plusieurs ***shopping malls*** aux États-Unis, plusieurs hypermarchés et grandes surfaces spécialisées en France, etc. Se superposent aux logiques de décentration de nouvelles logiques de concentration.

Shopping mall : aux États-Unis, grand centre commercial, souvent en périphérie urbaine, souvent couvert, abritant plusieurs étages de galeries marchandes et des boutiques de moyenne ou haute gamme.

5 - Concentration et économies d'agglomération

Pour les activités de services qui font appel à des échanges d'informations fréquents et/ou complexes, nécessitant toujours le face-à-face, la décentration n'est pas envisageable. Ces services ne peuvent se délocaliser à la recherche d'avantages comparatifs. Ils recherchent plutôt les économies d'agglomération (*cf.* chap. 4), et privilégient donc les espaces où se concentrent clients et partenaires économiques. La concentration des services s'inscrit dans la hiérarchie urbaine existante, qu'elle renforce au sommet. Elle ne procède pas d'une logique purement christallérienne, au sens où ces nouvelles formes de concentrations d'une part ne sont pas *seulement* liées à la demande, d'autre part ne desservent pas une demande répartie de manière homogène.

■ Concentrations métropolitaines de la phase postfordiste

À partir des années 1980, les nouvelles implantations de services (particulièrement les bureaux) privilégient les plus ***grandes métropoles***. Bien sûr, c'est parce que la demande – et la demande la plus intéressante - y est concentrée, mais l'attrait des métropoles tient à d'autres facteurs. Les modes de production postfordistes s'appuient en effet sur une circulation fréquente et rapide d'informations complexes, prise en charge par les services. Or, les grandes métropoles sont les lieux les plus efficaces pour assurer ce type de communication. Elles facilitent le face-à-face par la concentration d'interlocuteurs dans le même espace, et par leurs équipements de transport et télécommunication qui font d'elles des carrefours : elles présentent des **potentialités de contacts**. Ces atouts conjoints expliquent l'attraction qu'elles exercent aujourd'hui sur les services.

Grandes métropoles : en France, en Grande-Bretagne, on observe une surconcentration des services avancés dans la capitale. Dans des pays fédéraux (États-Unis, l'Allemagne), les grandes métropoles régionales (Dallas, Munich) ont elles aussi attiré les sièges sociaux et des services avancés, souvent spécialisés (finances à Francfort).

Les potentialités de contacts. À la fin des années 1960, le géographe suédois G. Törnqvist remarquait, à partir d'enquêtes dans les entreprises, que la recherche d'informations et la prise de contacts personnels constituaient la majeure partie du temps de travail du personnel d'encadrement, et que l'essentiel des échanges se réalisait par utilisation de l'avion. Il dressa à partir de cela des cartes de potentialités de contacts qui montraient que les grandes villes présentaient les potentialités maximales, parce qu'elles étaient les mieux raccordées aux réseaux aériens.

La concentration métropolitaine des services est renforcée par deux autres atouts informationnels. Premièrement, le savoir-faire, la formation, l'expérience, de la main-d'œuvre nécessaire aux emplois qualifiés de services, sont souvent meilleurs dans les métropoles. Deuxièmement, l'image de marque, le prestige qu'offre une localisation dans les capitales comptent.

■ Le renforcement des pôles dynamiques intra-urbains

Affinage commercial : élimination de commerces banals au profit de commerces anomaux, vendant des biens rares ou plus sophistiqués.

CBD (Central Business District ou centre d'affaires) : un quartier où se mêlent des activités commerciales et de gestion d'entreprises, avec des immeubles de bureau en hauteur. Dans les pays d'urbanisation récente, les centre-ville sont constitués par des CBD, en l'absence de centre historique ancien.

Centre directionnel : ensemble d'immeubles conçus pour recevoir les sièges sociaux des sociétés et leurs services, localisé à l'extérieur du centre ville, de manière à décongestionner celui-ci. Exemples : La Défense à Paris, La Part-Dieu à Lyon, Euralille à Lille.

Au sein de l'espace urbain et du centre-ville lui-même, les localisations des services connaissent des mutations. Une rétraction de l'aire d'implantation se produit, au profit des commerces situés sur les meilleurs emplacements (galeries, voies piétonnes), là où le passage est maximal (près des gares, de pôles d'attraction divers). Il s'agit généralement aussi de lieux accessibles par automobile (parking proche) ou par les transports en commun. Une transformation qualitative se produit également, définie par le terme d'***affinage commercial***.

La spécialisation d'une partie du centre-ville (le ***CBD***) dans les services de tertiaire supérieur est de plus en plus marquée dans le paysage urbain, avec des bâtiments monofonctionnels de bureaux. Leur localisation de plus en plus concentrée s'explique par l'impératif de l'accès aux réseaux de circulation de personnes qualifiées et d'échanges d'informations, indispensables à leur activité. Les hyper-centres des villes sont optimaux en la matière, lorsqu'ils sont bien reliés aux axes de communication. De nouveaux espaces spécialisés, conçus spécifiquement à proximité du centre pour les activités de services avancés peuvent offrir les mêmes atouts : ce sont les ***centres directionnels.***

Métropoles, CBD et centres directionnels ne sont pas tout à fait des lieux centraux christallériens. Leur émergence et leur localisation au sein de l'espace urbain ne sont guère imputables à des questions d'aire de chalandise et de clientèle : elles relèvent moins d'économies d'urbanisation liées à la demande que d'économies de localisation. Il s'agit des économies dont bénéficient les activités du tertiaire supérieur quand elles sont localisées à proximité les unes des autres, et qu'elles peuvent effectuer facilement et fréquemment les échanges d'informations complexes sur lesquels elles se fondent.

6 - Le télescopage de l'espace rural

L'amélioration des moyens de transport ne rend plus nécessaire la présence de services en milieu rural : les habitants peuvent désormais facilement se déplacer vers les villes proches pour y trouver les services dont ils ont besoin. L'accroissement des aires de chalandise se traduit par la déchéance sélective de certains lieux centraux : globalement, les activités de services banales ferment dans les campagnes. Les plus petites communes rurales sont les plus touchées par leur départ. Les services de proximité (banque, santé) ou très spécialisés (matériel agricole) se maintiennent dans les bourgs les plus dynamiques ou ceux situés sur les points d'accès les plus aisés (carrefours routiers, gares...).

Les logiques de décentration ne profitent guère à l'espace rural. Souvent, les densités y sont trop faibles et/ou les qualifications insuffisantes pour que les services y trouvent la main-d'œuvre dont ils ont besoin. La faiblesse de la desserte en réseaux de transport et même de télécommunication est souvent incompatible avec des activités fondées sur le traitement de l'information.

Par ailleurs, les services qui suivent une logique de concentration participent au phénomène de métropolisation, par lequel les (grandes) villes monopolisent la croissance économique et démographique, et polarisent l'espace de manière de plus en plus nette. Beaucoup d'espaces ruraux entre les métropoles se vident de leurs habitants et de leurs activités économiques, diminuant d'autant la demande rurale en services et rendant d'autant plus difficile le maintien de ceux-ci dans les campagnes.

E

POUR CONCLURE : LE SCHÉMA DE FOURASTIÉ

On l'a vu, les localisations des activités primaires, secondaires et tertiaires suivent des logiques différentes. La mutation des orientations de l'économie vers l'un ou l'autre secteur se traduit donc par des transformations de la répartition des activités, et, plus généralement, de l'organisation de l'espace

1 - L'ÉQUILIBRE ENTRE LES SECTEURS

L'évolution de l'équilibre entre les secteurs primaire, secondaire et tertiaire est fonction de deux types de facteurs. Les premiers ont trait à l'évolution de la production de chaque secteur, selon la productivité, le progrès technique. Les seconds relèvent des changements de la demande adressée à chaque secteur, en fonction des mutations des conditions de vie et de la satisfaction des consommateurs. Alors qu'il n'y a *a priori* pas de raisons pour que ces facteurs jouent dans le même sens, il faut pourtant que les deux types d'évolution s'équilibrent, au moins à long terme.

L'équilibrage se réalise en grande partie grâce au transfert de la population active depuis les secteurs à productivité élevée où la demande se sature (*cf.* chap. 4), vers ceux où la productivité reste faible et la consommation importante. ***Jean Fourastié*** a expliqué le processus. Dans les « civilisations primaires » (première phase), au moins 80 % de la population active sont employés dans le secteur agricole ; le secondaire – essentiellement l'industrie textile – et le tertiaire en occupent chacun moins de 10 %. Au « démarrage » de la croissance (deuxième phase), la productivité du travail augmente à la fois dans l'agriculture et l'industrie, mais la demande s'élève beaucoup plus pour les produits manufacturés qu'agricoles. Le secteur primaire libère une main-d'œuvre dont il a moins besoin, et qui peut se diriger vers le secondaire puis le tertiaire. Lors de la période « d'expansion » (troisième phase), la part des actifs dans l'industrie stagne : la productivité continue à y augmenter (on a besoin de moins en moins de travailleurs), et la demande commence à se saturer. Les actifs que ne peut employer le secondaire, et que libère toujours le primaire se dirigent alors vers le tertiaire. Les mêmes tendances se prolongent lors de la période « d'achèvement » (quatrième phase), qui correspond à celle que vivent actuellement les pays développés. Le secondaire a reflué jusqu'aux alentours de 25 %, la chute du primaire se poursuit en dessous de 10 %, et le tertiaire s'élève aux alentours de 70 % de la population active. On débouche sur la « civilisation tertiaire » (cinquième phase), où les secteurs primaire et secondaire occupent chacun moins de 10 % des actifs, 80 % étant dévolus au tertiaire (graphiques ci-dessous).

J. Fourastié : économiste français (1907-1990). Il a publié de nombreux travaux sur la société industrielle, dont deux (*Le Grand Espoir du XX*e *siècle* et *Les Trente Glorieuses*) sont devenus des classiques.

Évolution de la population active par secteurs

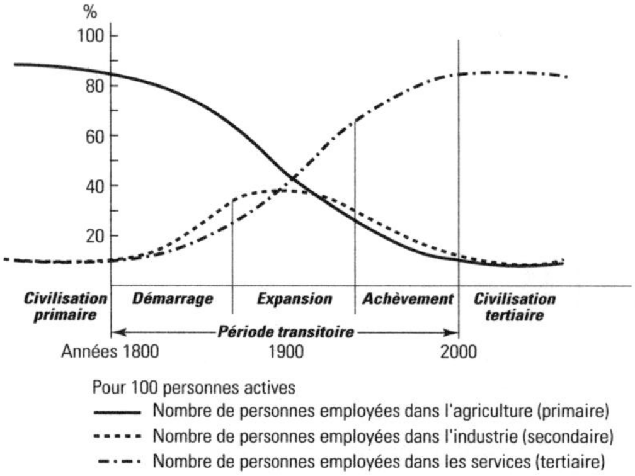

J. Fourastié, *Le Grand Espoir du xxe siècle*, © Éditions Gallimard, coll. « Tel », 1963, p. 148.

Évolution de la population active par secteurs en France

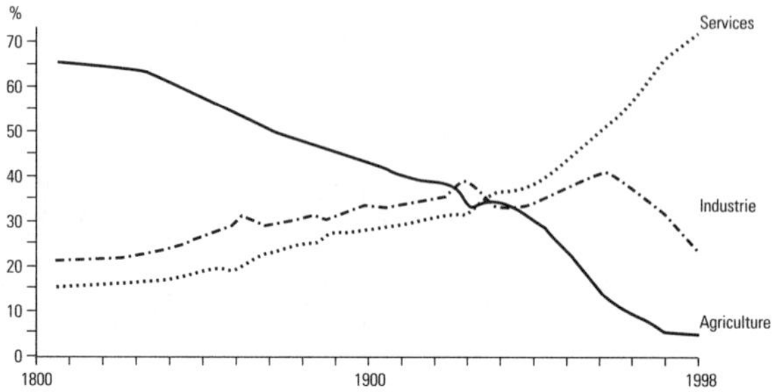

D'après D. Noin, *La Population de la France*, Paris, Masson, 1995, p. 21 et Insee, 1998.

2 - Traduction géographique du schéma de Fourastié

La répartition et les transferts de la population active entre secteurs se traduisent spatialement dans la localisation et les déplacements des agents économiques. Cette transcription spatiale du schéma de Fourastié s'observe pour une même société, à différentes phases de son histoire, aussi bien qu'entre différentes économies à divers stades de leur développement.

Dans la « civilisation primaire », la répartition de la population, à très grande majorité agricole, est fonction des sols qu'elle cultive. Même s'il existe des agglomérations d'agriculteurs, ces derniers ne peuvent jamais, à cause de l'opacité de l'espace, vivre loin des terres dont ils tirent leur subsistance et sur lesquelles ils travaillent tous les jours. La population est donc très dispersée : les densités sont supérieures à celles des sociétés de chasseurs-cueilleurs, mais restent relativement basses, sauf quand les sols sont très fertiles et/ou quand les modes de production sont très intensifs (riziculture).

La « période transitoire » s'accompagne de bouleversements géographiques majeurs. Le passage du secteur primaire aux secteurs secondaire et tertiaire se traduit par des migrations. Les paysans quittent leur terre, parfois leur pays, pour constituer la population des bassins miniers, des villes et banlieues industrielles où se localisent les activités industrielles et de services. S'y forment des bassins de main-d'œuvre, qui constituent aussi des marchés de consommateurs, car la grande masse de la population, dont le pouvoir d'achat a augmenté, devient cliente d'articles manufacturés et de services plus nombreux. Ce processus migratoire est à l'origine de l'exode rural, donc de la diminution des densités rurales et de ***l'explosion de l'urbanisation***.

L'explosion de l'urbanisation et l'exode rural des XIXe et XXe siècles sont bien liés aux emplois offerts par l'industrialisation que connaissent à cette époque les pays développés. En France, la population urbaine dépasse la population rurale en 1928. L'urbanisation du tiers-monde, dans la seconde moitié du XXe siècle, est liée à d'autres facteurs.

La « civilisation tertiaire » prolonge certaines de ces évolutions géographiques, et en inaugure de nouvelles. Les campagnes continuent à se dépeupler de leurs agriculteurs. Phénomène nouveau : les anciens bassins industriels, qui entrent en crise, perdent leur population également (Lorraine, Ruhr, *Rust Belt*). La redistribution des activités, au sein du secondaire et vers le tertiaire, se traduit par des migrations vers les régions d'implantation des nouvelles industries (industries de pointe) et des activités de services : essentiellement les grandes villes (métropolisation). L'urbanisation s'accélère, s'étend et prend de nouvelles formes, car de nouveaux moyens de transport permettent à l'individu d'éloigner son lieu de vie de celui de son activité (péri-urbanisation, migrations pendulaires).

À MAÎTRISER

Problématiques globales

Nature de l'activité de service ; services et information ; structuration de l'espace des services ; modèle de Christaller ; théorie des places centrales et réseau urbain ; échelles des logiques de localisation des services ; déformations du réseau christallérien ; services qui échappent à la théorie des lieux centraux ; mutations récentes de la nature de l'activité de service ; décentration/concentration ; dimension géographique du schéma de Fourastié.

Concepts importants

Service ; service aux entreprises/aux particuliers ; service marchand/non machand ; secteur quaternaire ; secteur informel ; portée-limite d'un service ; aire de chalandise ; aire maximale de marché ; aire de rentabilité ; service banal/anomal ; tertiaire industriel ; modèle de gravité ; segmentation du marché du travail ; *city* ; recherche-développement ; quasi-industrie ; « l'industrialisation » de l'activité de service ; *front office/ back office* ; sur-mesure de masse ; déconcentratrion ; *edge cities, shopping mall* ; potentialités de contact ; affinage commercial ; CBD ; centre directionnel ; schéma de Fourastié.

Chronologie

Géographie des services dans les sociétés agricoles, industrielles, et tertiaires ; évolution des réseaux de services ; localisations fordistes et postfordistes ; évolution des localisations urbaines de services ; cinq phases du schéma de Fourastié.

Auteurs à situer

W. Christaller, G. Törnqvist, J. Fourastié.

THÉORIES ET MODÈLES

La théorie des lieux centraux

PROBLÉMATIQUE

La théorie des lieux centraux (ou des places centrales) vise à rendre compte de la répartition spatiale et de la hiérarchie des centres pourvoyeurs de services. Elle est donc importante en géographie économique ; elle l'est aussi en géographie urbaine car ces centres sont des villes : la théorie aide à comprendre l'organisation des réseaux urbains et les hiérarchies urbaines. La théorie christallérienne présente trois configurations, fondées sur les principes de marché, de transport et d'administration. On n'étudiera ici que la première.
L'Allemand W. Christaller ayant été le premier à formuler cette théorie de manière rigoureuse (en 1933), on parle de la théorie ou du modèle de Christaller. A. Lösch, économiste américain, en a développé et affiné les résultats dans les années 1940-1950.
Le principal acquis de cette théorie est le suivant : les aires de chalandise des places centrales prennent la forme d'hexagones, et ceux-ci s'emboîtent hiérarchiquement, selon le niveau des places centrales.

HYPOTHÈSES

L'hypothèse la plus importante concerne la population, qui est posée comme homogène dans l'espace. Elle est répartie régulièrement : les densités ne varient pas. Les revenus, les goûts et les besoins sont constants dans l'espace. En conséquence, la demande est la même partout.
Deuxième hypothèse : on se trouve dans une plaine homogène, où n'existent pas de barrières au déplacement et où l'on circule de la même façon dans toutes les directions (isotropie). Les coûts de transport sont donc uniquement fonction de la distance.
Troisième hypothèse : tous les individus ont un comportement rationnel qui vise à maximiser leur utilité, et ils sont pleinement informés.

DÉMONSTRATION

1 - Un seul prestataire par service, pas de concurrence

Que se produit-il quand ne se trouve dans cette plaine qu'un prestataire, pour un service : par exemple un marchand de journaux qui distribue un quotidien local ? Pour les personnes qui se fournissent auprès de lui, le coût du journal se compose de deux éléments :
- le prix du journal vendu par le marchand (fixe) ;
- le coût de la distance à franchir pour aller jusqu'au magasin, fonction de la distance qui sépare le domicile du client du magasin. Le coût de transport est constitué d'un coût direct (qui peut-être représenté par le prix du ticket de bus, les calories dépensées dans la marche ou l'essence brûlée par la voiture) et d'un coût indirect (dû au temps passé pour faire le trajet ou à la fatigue). Pour simplifier, on ne tiendra pas compte du fait que le déplacement est un aller-retour.

• L'aire maximale de marché

C'est surtout le coût de transport qui va déterminer l'aire de vente du marchand. Imaginons qu'un journal coûte 5 brozoufs (Bz). Les clients qui vivent à proximité du magasin ne payeront que ce prix. Mais plus on en est éloigné, plus le coût effectif du journal sera élevé, parce qu'il faudra ajouter aux 5 Bz, les dépenses en transport.
Si le coût de transport (direct + indirect) est évalué à 2 Bz par kilomètre, une personne située à 10 km du dépôt payera en fait son journal 25 Bz : 20 Bz de transport + 5 Bz de journal. Plus on s'éloigne, plus le coût effectif du journal s'élève, et plus il devient dissuasif pour le consommateur. Arrivés à une certaine distance et à un certain coût, certains arrêteront de le lire ; d'autres l'achèteront plus irrégulièrement. Supposons que 40 Bz soit un coût-plafond que personne ne soit prêt à dépasser pour son quotidien. C'est le coût effectif à 17, 5 km de la boutique : 5 Bz de journal et (2 x 17,5) Bz de transport. Cela

signifie qu'au-delà de 17,5 km de la boutique, on ne trouve plus aucun client pour le marchand de journaux. On appelle cette distance la **portée-limite** de ce magasin (Pl).

$Pl = \frac{40 - 5}{2}$, soit Pl = 17,5

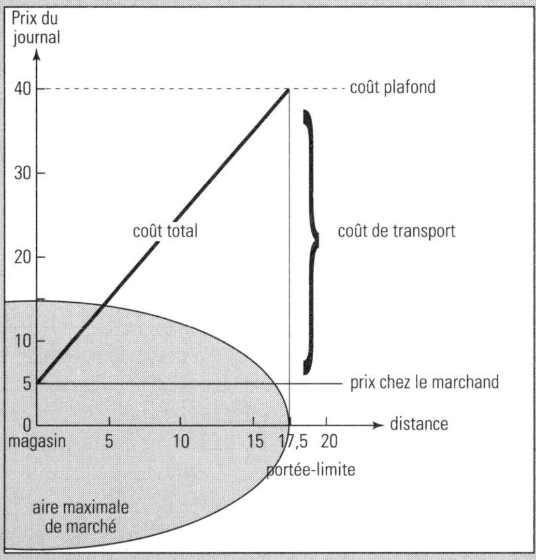

L'aire maximale où l'on peut espérer trouver des clients est un cercle dont le rayon est égal à la portée-limite, soit 17,5 km. Il s'agit de l'aire maximale de marché du marchand de journaux.

Sa superficie se calcule en multipliant le carré du rayon par π : on obtient ici 962,11 km². Si la densité est de 100 hab./km², cela fait une clientèle potentielle maximale de 96 211 personnes.

L'aire de chalandise (la surface dans laquelle les clients se trouvent effectivement) est nécessairement incluse dans l'aire maximale de marché.

Ici, le coût de transport est pris en charge par le client qui se déplace, mais le problème se poserait de la même façon si le marchand livrait le quotidien à domicile, en intégrant le coût de transport dans le prix du journal livré.

• L'aire de rentabilité

Un autre problème se pose. Si le marchand veut maintenir son activité, il doit vendre un minimum de journaux pour couvrir ses frais et faire du profit. Imaginons qu'il faille pour cela un chiffre d'affaires quotidien de 5 000 Bz. Il s'agit du seuil de rentabilité du service. Il représente 1 000 clients achetant chaque jour un journal à 5 Bz. Il faut desservir un espace suffisant pour les trouver. Le seuil de rentabilité délimite donc géographiquement une aire, qui constitue *l'aire de rentabilité* de l'activité. Les clients qu'il trouve au-delà de cette surface sont les seuls à lui procurer un profit effectif.

Le rayon de cette aire doit être inférieur ou au moins égal à la portée-limite si le marchand ne veut pas faire faillite : si l'aire maximale de marché, déterminée par la portée limite, est inférieure à la surface de rentabilité, cela signifie que le marchand n'y trouve pas le nombre de clients nécessaire à son activité. L'espace en forme d'anneau situé entre le disque de l'aire de rentabilité et le cercle de la portée-limite est la traduction géographique de ce bénéfice potentiel. L'aire de chalandise effective doit être supérieure à l'aire de rentabilité ; elle ne peut être supérieure à l'aire maximale de marché.

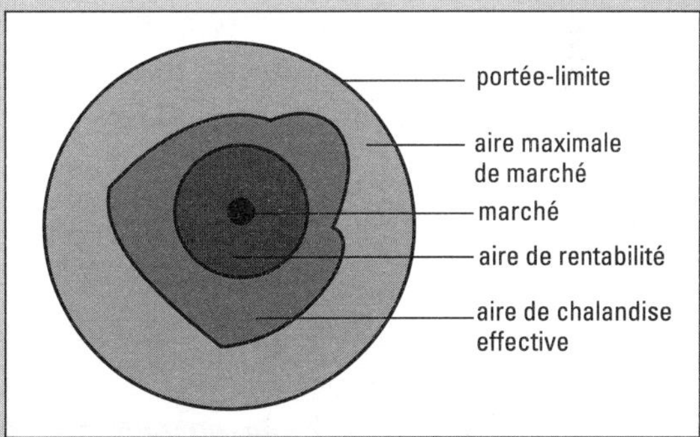

Dans notre exemple, si l'on considère qu'un habitant sur neuf achète effectivement le journal, l'aire de rentabilité doit inclure 9 000 habitants, ce qui est envisageable car cela n'amène pas à déborder de l'aire de marché maximale, qui abrite 96 211 individus. On calcule facilement le rayon R de l'aire de rentabilité, quand on connaît la densité d :

$\pi \times R^2 \times d = 9\,000$, d'où R = 5,53 km.

• La variation de la longueur des portées-limites

La population de la plaine homogène demande bien sûr d'autres services que la distribution de journaux. Chaque type de service correspond à un point de vente, qui possède sa propre aire de marché maximale et sa propre aire de rentabilité. Les aires de chalandise effectives, quand il n'y a pas de concurrence, se calquent sur les portées-limites. Dans quelle mesure leur taille varie-t-elle selon le service rendu ?

La portée-limite dépend de trois éléments : le prix du service, le coût direct et indirect du transport, le coût-plafond que les gens refusent de dépasser pour leur achat. Ces trois facteurs varient selon les services, de même les portées-limites.
Le coût du transport varie moins en fonction du mode emprunté que de la fréquence du déplacement, c'est-à-dire de la fréquence avec laquelle on recourt au service. Durant une année, on va fréquemment chez un pharmacien. On souhaite pouvoir s'y rendre rapidement, car le coût de transport annuel est important. En revanche, l'ophtalmologiste, chez qui l'on ne va qu'une fois par an, peut se trouver beaucoup plus loin sans que le coût du transport soit rédhibitoire. Les portées-limites varient donc en fonction inverse de la fréquence de la consommation du service en question.
Le prix de vente est déterminant pour les portées-limites quand il est très important par rapport au coût de transport. Un ordinateur est assez cher, le coût de son transport est négligeable par rapport à son prix. Si un discounter d'informatique propose des rabais de 10 %, la somme économisée à l'achat est notable, et justifie un déplacement assez long. Ainsi, je suis prêt à aller acheter mon ordinateur dans un gros point de vente de la banlieue parisienne qui pratique les prix intéressants. Les portées-imites varient en fonction inverse des prix de vente.
Le coût-plafond intervient également. À dix minutes de chez moi, un bon artisan fait son pain lui-même, et ses croissants sont excellents. Tant que possible, je fais mes achats chez lui. Pourtant, le coût effectif de ses croissants, qui inclut le coût direct et indirect de mon déplacement, est pour moi élevé. Si je fréquente ce commerçant, c'est que mon coût-plafond pour de bons croissants reste supérieur à ce coût effectif. En revanche, mon coût-plafond pour des croissants médiocres est plus bas, et il faut vraiment qu'on les vende en bas de chez moi pour que je les achète les jours de pluie. La portée-limite varie en fonction directe du coût plafond.
On peut synthétiser ces éléments en opposant les services banals et anomaux. Les premiers correspondent à des coûts-plafonds bas et à des déplacements fréquents ; les seconds à des coûts-plafonds élevés et à des déplacements plus rares. En conséquence, les services banals ont des portées-limites faibles ; les services anomaux, des portées-limites grandes. Il existe ainsi un grand nombre de portées-limites, d'aires maximales de marché et de chalandise dont la taille varie selon le caractère du service.

• La formation d'une place centrale

La multiplicité des aires de chalandise ne se traduit pourtant pas par une désorganisation complète de la distribution géographique des services. En effet, pour bénéficier d'économies externes (la fréquentation par les clients des services existant déjà dans un lieu), les prestataires de services différents auront tendance à se rassembler. Ce sont surtout les commerces à portée-limite équivalente qui se regroupent (le boulanger et le boucher avec l'épicier). Même dans une ville où les densités seraient homogènes, se formeraient des quartiers commerçants.
Il y a une explication à ce phénomène, dans le cadre du modèle de Christaller. En effet, le client qui fréquente en même temps des commerces regroupés diminue son coût de transport pour chaque service (un coût est divisé entre tous les services). Du fait de cette baisse des coûts de transport, les portées-limites, les aires de marché maximales et les aires de chalandise grandissent, en même temps que le nombre de clients et le bénéfice du magasin.
Ce lieu de regroupement des services est une **place centrale**. Sa fonction est de fournir les services à la population environnante. L'importance de cette place centrale dépend des types de services qu'elle offre.

2 - Des prestataires en concurrence

Jusqu'à présent, on a considéré que, pour chaque service, il n'y avait qu'un prestataire. De ce fait, il n'y avait pas concurrence, et l'ensemble de l'espace et de la population n'était pas desservi. Que se passe-t-il quand plusieurs prestataires sont en concurrence pour desservir toute la clientèle ?

• Aire maximale de marché et aire de chalandise

Si, au-delà de 17,5 km, les lecteurs de quotidien ne se déplacent plus jusqu'au premier marchand de journaux, il peut y avoir de la place pour un second qui s'installerait plus près d'eux. Si les conditions de base sont les mêmes pour un second marchand de journaux, sa portée-limite et son aire de rentabilité seront identiques à celles du premier. Pour éviter la concurrence avec lui, il a intérêt à s'installer à 35 km, afin que leurs aires de chalandise effectives ne puissent pas se chevaucher. Le processus est identique pour les autres marchands de journaux qui viendraient s'installer. À terme, on se retrouverait avec une distribution semblable à celle du croquis suivant.

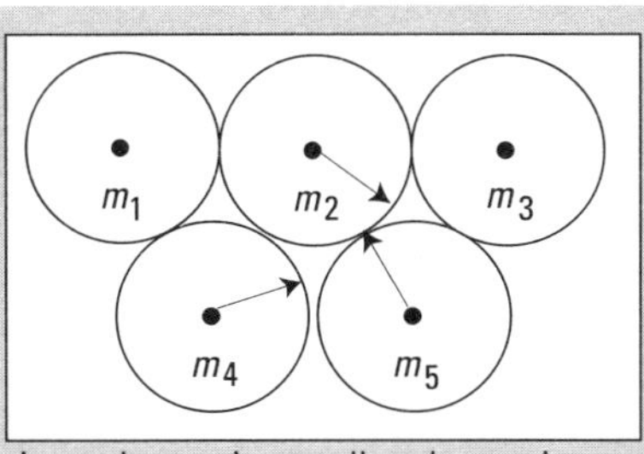

Ce n'est pas le cas, car un problème apparaît. Les personnes qui vivent dans les zones interstitielles, entre les cercles, n'achètent pas de journaux, car elles se trouvent au-delà de toutes les portées-limites. Cette clientèle à saisir peut inciter à la venue de nouveaux distributeurs dans ces zones. Nécessairement, les aires maximales de marché de ces nouveaux marchands, installés dans les interstices, chevauchent celles des anciens, ce qui pose des problèmes de concurrence. Les aires de chalandise effectives auront tendance à adopter une forme et une taille qui évitent les recoupements, tout en assurant une desserte complète de la clientèle (tout en occupant tout l'espace). Les aires de chalandise, confondues avec les aires de marché maximales en l'absence de concurrence, se contractent alors légèrement et adoptent la forme d'hexagones réguliers. La meilleure solution géométrique réside en effet dans le pavage de l'espace par des hexagones continus, formant une structure en « nid d'abeilles ». Cette structure est celle qui minimise les coûts de transport totaux entre chaque point du territoire et les lieux de services.

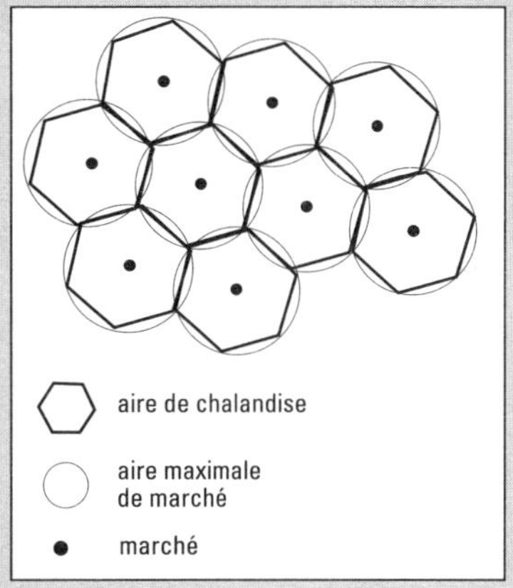

• L'aire de rentabilité et l'aire de chalandise

Si les aires de rentabilité sont inférieures aux aires de chalandise, les marchands de journaux obtiennent un profit supplémentaire. Ce profit disponible attire des investisseurs, qui savent qu'ils obtiendront leur part en ouvrant des magasins de journaux à la périphérie des aires maximales de marché des premiers. Ils espèrent ainsi leur prendre une clientèle. Cette multiplication des points de vente entraîne une contraction des aires de chalandise (en même temps que leur forme circulaire évolue vers une forme hexagonale). Tant qu'il y a une clientèle disponible, c'est-à-dire tant que des aires de chalandise sont supérieures à des aires de rentabilité, de nouveaux centres se créent. Le processus ne prend fin que quand toutes les aires de chalandise se superposent aux aires de rentabilité. La superficie des hexagones des aires de chalandise tend à se réduire pour égaler *in fine* celle des aires de rentabilité. Au terme du processus, aucun prestataire de service ne fait de profit : c'est une situation limite à laquelle on ne parvient évidemment jamais dans la réalité.

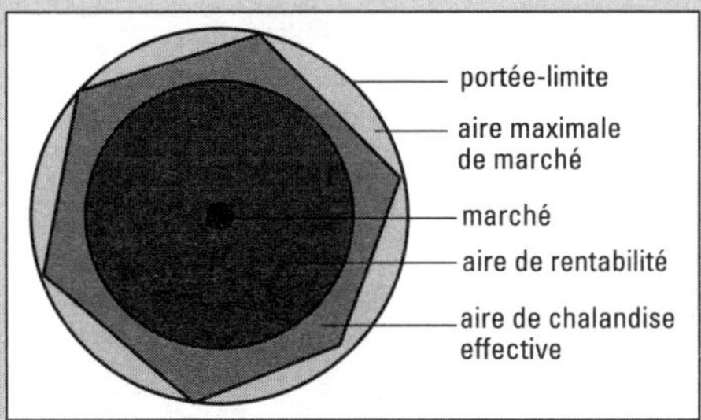

• La variation de la surface des aires de chalandise

Comme on l'a écrit plus haut, il existe des services de niveaux différents, dont les portées-limites ont des longueurs différentes. Dans le cadre de la concurrence entre centres de services, la longueur des portées-limites intervient au début du processus, puisque c'est à partir de celles-ci que se forment, par contraction, les hexagones. Au début du processus, les différentes grilles correspondant à chaque type de service sont constituées d'hexagones de tailles différentes. À la fin du processus, la taille des hexagones est déterminée par celle des aires de rentabilité.

Précisément, leur taille varie *in fine* en fonction de celle des aires de ren-

Les seuils de rentabilité de différents commerces, selon le volume de population nécessaire

commerce	petit	grand
confection homme	800	3 000[1]
radio, TV, disques	3 000	6 000[2]
supermarché	8 000	30 000[1]
hypermarché		> 30 000[1]
centre commercial régional		> 100 000[1]

1. nombre de foyers ; 2. nombre de personnes

Comité belge de distribution

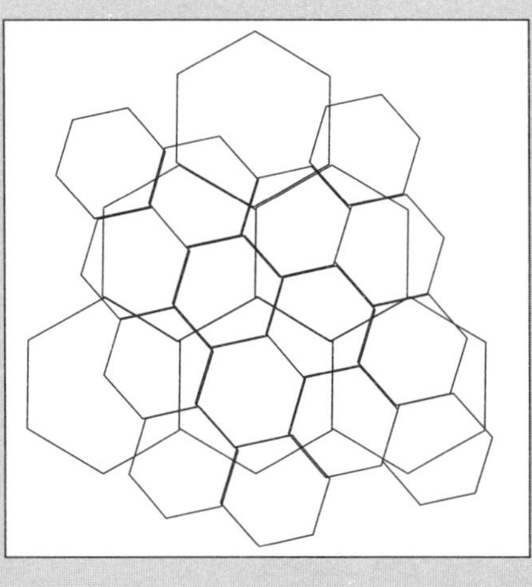

tabilité, spécifique à chaque service. D'une part, le seuil de rentabilité d'un service (le chiffre d'affaires minimal) varie selon les services. D'autre part, pour un même seuil de rentabilité et une même densité, l'aire de rentabilité varie selon la fréquence avec laquelle les habitants ont recours au service. Plus le service est anomal, plus faible est le pourcentage d'habitants, qui y a recours journellement. Pour atteindre le nombre minimum de clients, la surface de rentabilité doit être grande. À l'inverse, plus le service est banal, plus on y recourt fréquemment, plus la surface contenant le nombre de clients suffisant peut être réduite. Le boulanger est visité tous les jours par un adulte sur deux, son aire de rentabilité est petite ; l'opticien reçoit un habitant sur deux, qui ne vient que deux fois par an ; son aire de rentabilité est plus large.

La taille des aires de chalandise effectives (les hexagones) varie donc en fonction de la portée-limite du service au cours du processus de concurrence, en fonction de la surface de rentabilité du service au terme du processus.

La superposition des grilles de maillage différent correspondant aux aires de rentabilité des différents services pourrait *a priori* déboucher sur une situation très complexe, dans la mesure où il n'y a, pour l'instant, pas de raison pour que les grilles se superposent, pas de raison pour que les hexagones s'emboîtent (voir schéma ci-dessus).

• La formation d'une hiérarchie de places centrales

Dans le cadre de la théorie des lieux centraux, on a vu que les différents prestataires de services de même niveau ont intérêt à se regrouper au même endroit pour élargir leur portée-limite et donc leur aire de chalandise effective. Tant que le processus de concurrence n'est pas parvenu à son terme, les portées-limites interviennent : des centres de prestataires assurant différents services de même niveau se constituent. L'intérêt du regroupement est surtout marqué pour les services qui ont des portées-limites et des fréquentations comparables. On voit bien pourquoi le boucher et le marchand de fruits et légumes s'installent au même endroit. Les services anomaux, qui sont rares et qui commandent des aires de chalandise vastes, tendent à se regrouper dans des places centrales de niveau supérieur. Les services banals sont fréquents et possèdent des aires de chalandise restreintes ; ils se regroupent dans des centres de niveau inférieur. Les services qui ont les mêmes portées-limites se rassemblent dans les mêmes centres, si bien que les hexagones qu'ils commandent se superposent.

Par ailleurs et pour d'autres raisons, les services de niveaux différents (dont la portée-limite n'est pas la même) se regroupent dans certains centres. La cause manifeste de ce regroupement est la constitution de villes, qui sont des pôles de la demande. Ainsi, on comprend que le rassemblement de services rares (université, hôpitaux...) ait pour cause ou effet une concentration de population, d'équipements... qui attire en plus les services de niveau inférieur (épicerie, médecin...). Ce sont les économies d'agglomération qui rendent compte du phénomène (*cf.* chap. 4). Mais ces explications font appel à des concentrations de population. Or, le modèle de Christaller se fonde sur un espace où les densités sont homogènes, où il n'y a pas de ville : il vise précisément à expliquer la formation de centres urbains, regroupant plusieurs niveaux de service. Le regroupement des services en un même lieu, surtout s'il s'agit de services de niveau différent, peut difficilement être interprété dans le cadre de la théorie des lieux centraux. Le modèle de Christaller, d'ailleurs, n'explique pas pourquoi les services de niveau supérieur se localisent là où se trouvent déjà des services de niveau inférieur (c'est-à-dire pourquoi les grilles de maillage différent se superposent). La concentration spatiale des services fait donc appel à un postulat : l'existence de concentrations de population.

Si on en accepte le principe, on aboutit à la formation d'une hiérarchie des places centrales. Les très rares services de niveau A se localisent sur certaines des rares implantations des services de niveau B ; les services de niveau B sont situés au même endroit que certains sites de services de niveau C, etc. Ceci se résume par la règle suivante : dans une place centrale de niveau donné se trouvent tous les différents services correspondant à ce niveau, et tous les services de niveau inférieur.

Les grilles d'hexagones sont donc superposées et calées sur des centres hiérarchisés. Chaque place est au centre d'hexagones emboîtés, dont le nombre est fonction des niveaux de service qu'elle offre.

Hiérarchie des places centrales selon Christaller

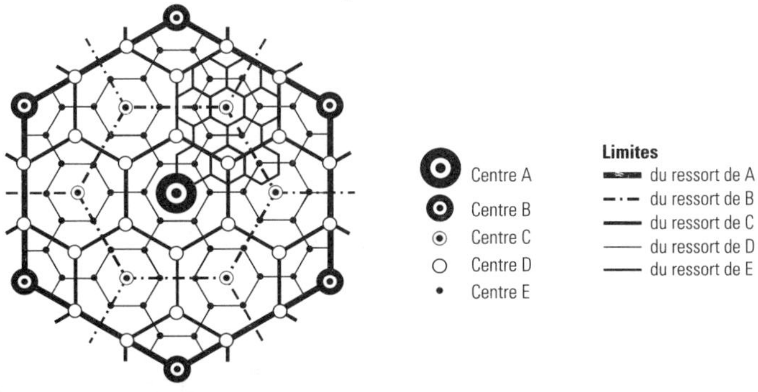

Cette superposition des centres des hexagones de différentes tailles minimise les déplacements totaux des consommateur, et maximise donc l'utilité sociale. On aboutit à un résultat très logique, mais le processus qui y conduit est complexe.

EXERCICE PROPOSÉ

Les cinémas de Brozoufland

Le Brozoufland est une plaine homogène dont la densité (*d*) est de 50 hab./km² et la superficie (S) de 1000 km² .

Ses habitants sont cinéphiles : chaque semaine, en moyenne, 2 habitants sur 10 vont à une séance. Le prix (*p*) du billet est de 10 Brozoufs (Bz). Le coût-plafond (*m*) qu'ils sont prêts à payer est de 50 Bz. Le coût de transport direct et indirect (*t*) est de 4 Bz/km.

Pour qu'un cinéma soit rentable, il faut que son chiffre d'affaires (*c*), chaque semaine, soit de 2 000 Bz.

QUESTIONS

– On peut calculer : la portée-limite d'un cinéma (*p*), la surface de rentabilité d'un cinéma (*r*).

– Le cinéma est-il une activité rentable ? Selon Christaller, combien doit-on trouver de cinémas à Brozoufland, et vers quelle superficie doit tendre la zone de chalandise effective de chaque cinéma ? Pourquoi ?

– La distance entre le centre d'un hexagone symétrique et le milieu d'un de ses côtés (appelée « apothème » : *a*) se calcule d'après la superficie (*s*) de l'hexagone : $a = \frac{\sqrt{s}}{2}$

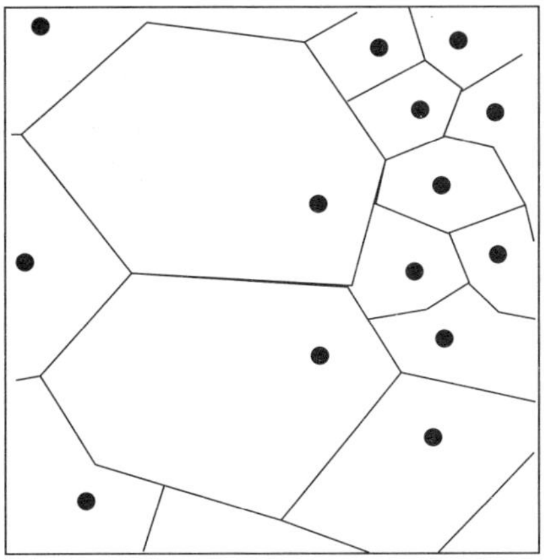

– Quelle distance sépare deux cinémas ?

– Si la densité du Brozoufland double, quelle variation observe-t-on dans la distance séparant deux cinémas ?

– En fait, le Brozoufland ne satisfait pas aux hypothèses simplificatrices de Christaller : la densité n'y est pas homogène. Ainsi, les aires de chalandise des cinémas présentent dans le Sud du pays la structure ci-contre. Quelle explication peut-on envisager ?

– On peut relâcher d'autres hypothèses du modèle de Christaller. Quelles en sont les conséquences ?

Documents à commenter

Services banals et anomaux dans l'Ontario (Canada)

L'aire d'enquête : le sud-est de l'Ontario

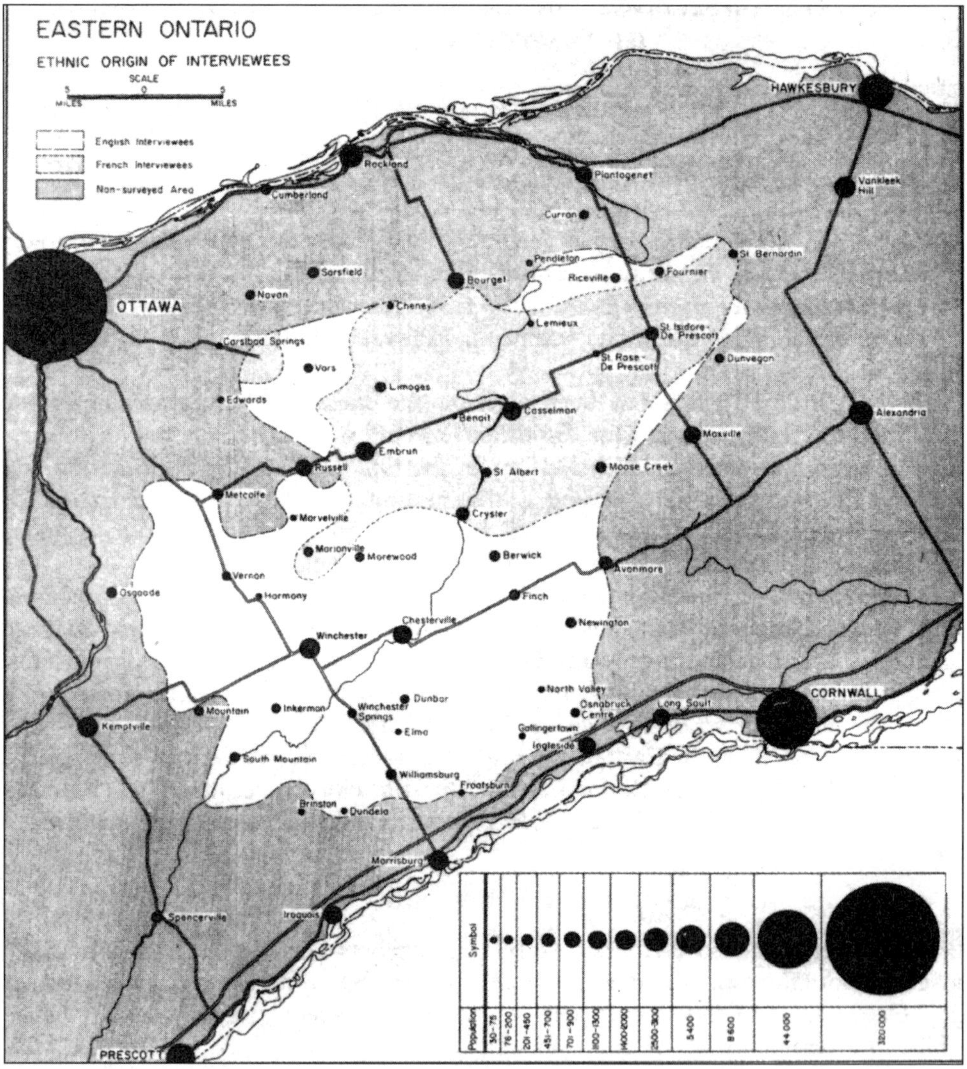

Les flux de déplacements des personnes

Achats de nourriture

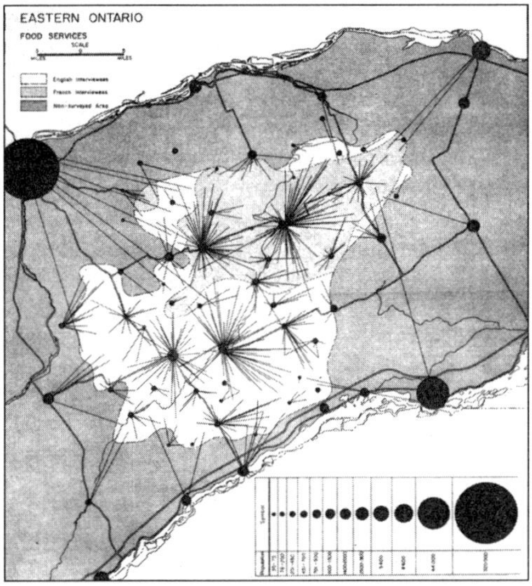

Médecins

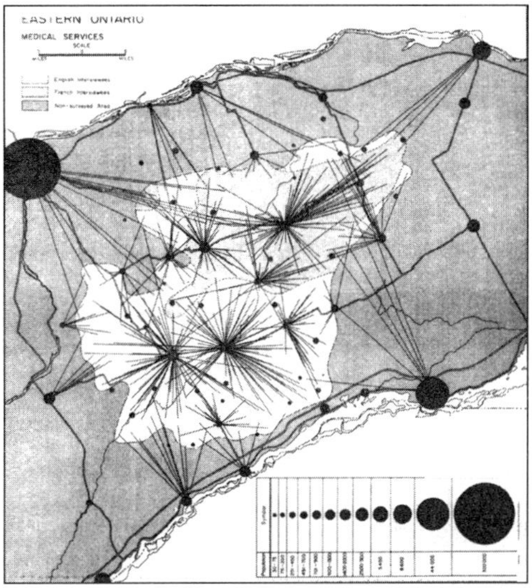

Dentistes

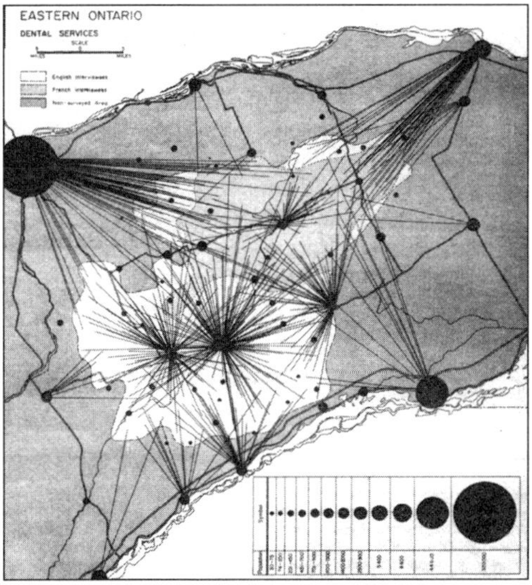

Opticiens

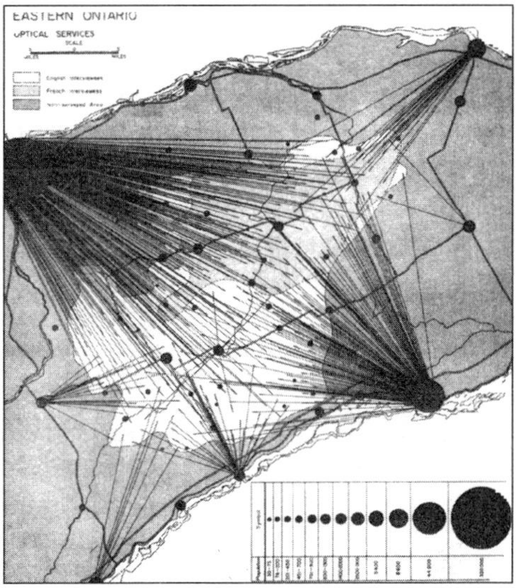

D.M. Ray, « Cultural differencies in consumer travel behaviour in eastern Ontario », *Canadian Geographer*, tome 11, n° 3, 1967, pp. 143-156.

QUESTIONS

– Dans quelle mesure la théorie des lieux centraux permet-elle de comprendre la localisation des différents services et leurs aires de chalandise ?

– Quels éléments peuvent expliquer les écarts au modèle ?

Documents à commenter

Les services en France

Hiérarchie des niveaux

Environ 7 000 communes, toutes rurales, et souvent parmi les plus petites (la plupart de celles de moins de 100 habitants sont dans ce cas), sont totalement dépourvues de tout commerce ou service. Leurs habitants, heureusement assez peu nombreux (5 % de la population française) doivent parcourir 7 à 8 kilomètres en moyenne pour se procurer les biens les plus élémentaires. Audessus, entre 100 et 500 habitants, la plupart des communes possèdent ensemble les trois équipements élémentaires les plus fréquents : l'école, le café (souvent combiné avec la vente des journaux ou le bureau de tabac), et l'office religieux hebdomadaire. Ces trois équipements sont présents dans 63 à 80 % des communes, 93 à 98 % de la population les trouvent sur place dans leur commune de résidence. Les fonctions élémentaires qui permettent la rencontre et l'échange social et culturel sont donc en moyenne plus proches des Français que celles répondant à des besoins matériels. Ceux-ci se trouvent satisfaits dans des villages-centres de 500 à 1 000 habitants qui regroupent les commerces alimentaires de base (épicerie, boulangerie, boucherie) et quelques artisans. Les commerces non alimentaires (librairie, vêtements, électroménager, combustibles), des professions médicales, le bureau de poste, la pharmacie, la banque, etc. , apparaissent plutôt dans des bourgs de 1 000 à 2 500 habitants. Cette hiérarchisation des équipements se poursuit dans les villes : les chefs-lieux de canton et les toutes petites villes (jusqu'à 5 000 habitants) ont le magasin de meubles, d'articles de sport, la caisse d'épargne, les pompiers, la perception, la gendarmerie, le collège, le supermarché. Les petites villes (jusqu'à 20 000 habitants) ajoutent à ces équipements le cinéma, l'hôpital et la maternité, le laboratoire d'analyses médicales, le bureau de Sécurité sociale, la piscine, les médecins spécialistes. Les transports urbains sont partout présents à partir de 50 000 habitants. C'est seulement à partir de 100 000 habitants que l'on trouve systématiquement des hypermarchés et des centres commerciaux, des musées..., et au-dessus de 200 000 habitants les grands magasins et magasins populaires, les crèches, une gamme complète d'équipements culturels, les universités. Ces niveaux de centres présentent des variations qui dépendent davantage de la situation de la commune ou de la ville dans la trame du peuplement que de sa localisation dans telle ou telle région. Ainsi, les communes où l'habitat est dispersé sont-elles sous-équipées par rapport aux communes d'habitat groupé de même taille. Les communes du « rural profond », c'est-à-dire essentiellement agricoles et situées loin des villes, sont mieux équipées que les communes rurales sous influence urbaine, mais sont beaucoup plus éloignées des équipements qu'elles ne possèdent pas ; les communes de banlieue sont sous-équipées (une banlieue de 10 000 habitants à l'équipement d'une ville-centre de 4 000 habitants) mais plus proches des équipements qu'elles ne possèdent pas. Le sous-équipement des banlieues est d'autant plus prononcé qu'elles appartiennent à des unités urbaines de grande taille. Ce n'est que pour les équipements sociaux que les communes de la périphérie des plus grandes agglomérations échappent à cette pénalisation due à l'écart de taille de population d'avec la commune-centre.

Toutes choses égales quant à leur population, les chefs-lieux de canton sont les mieux équipés,

Proportion de communes équipées en commerces

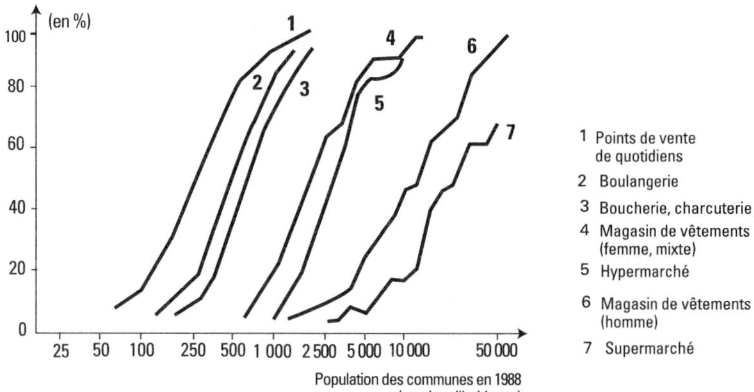

surtout pour les services publics, les commerces non alimentaires et les services privés. Le suréquipement est d'autant plus manifeste qu'ils sont de petite taille : vers 500 habitants, ils sont deux fois mieux équipés que l'ensemble des communes ; on ne rejoint la moyenne que vers 20 000 habitants. Sont également suréquipées, les communes touristiques avec des taux du même ordre que les chefs-lieux de canton et, assez curieusement, davantage pour l'infrastructure administrative que pour les commerces alimentaires. Les variations régionales de la proportion des communes équipées s'expliquent, pour une très grande part, par les inégalités de la population des communes. Lorsque cet effet est corrigé, [on note que] la France du Sud (Corse exceptée) est mieux équipée que la France du Nord en commerces et services élémentaires. Cette disposition vaut pour l'ensemble des communes, comme pour les seules communes rurales.

D. Pumain et Th. Saint-Julien, « France » in *France, Europe du Sud*, Paris, Hachette/Reclus, coll. « Géographie universelle », 1990, pp. 79-80.

Hypermarchés et petits commerces ruraux

Joli pied de nez à l'antienne selon laquelle les grandes surfaces tuent le petit commerce, aggravant ainsi la désertification rurale, Intermarché a trouvé un moyen original de faire taire les mauvaises langues : puisque les petits commerces se meurent, pourquoi ne pas leur venir en aide ?

Le contrat est le suivant : Intermarché fournit l'enseigne (Relais des Mousquetaires) et le matériel de vente (armoires réfrigérantes, têtes de gondoles...) ; en échange, l'épicier s'approvisionne auprès de l'Intermarché ou de l'Écomarché le plus proche, aux prix affichés dans la grande surface. Pour rester compétitif, il revend ses produits à des tarifs qui ne sont supérieurs que de 10 % en moyenne à ceux pratiqués en supermarché. Résultat : depuis le début des années 90, Intermarché a créé ou ressuscité 370 épiceries en zone rurale.

« C'est une idée du président fondateur d'Intermarché, Jean-Pierre Le Roch, qui s'était aperçu que sur les îles du golfe du Morbihan, les dernières épiceries mettaient la clé sous la porte », se souvient Jean Guilloux, PDG de deux Intermarché en Saône-et-Loire et président du conseil d'administration des Relais. Ainsi est né – dès 1987, à titre expérimental –, dans une école désaffectée de l'Ile-aux-Moines (300 habitants en basse saison), le premier Relais des Mousquetaires. Sept ans plus tard, son responsable, Christian Boutin, ancien militaire, et sa femme, coiffeuse de formation, jubilent : « Notre Relais est le plus grand de France et surtout, c'est celui qui réalise le plus beau chiffre d'affaires : 5 millions de francs par an. » Chiffre réalisé majoritairement l'été avec les habitants des résidences secondaires, « mais aussi pendant les petites vacances : à la Toussaint par exemple, nous avons été littéralement dévalisés », raconte Blandine Boutin. L'attirance des vacanciers est confirmée par Laurence Delan qui dirige le Relais de Viens dans le Vaucluse : « Notre chiffre d'affaires, qui atteint 100 000 francs mensuels l'hiver, triple pendant les mois d'été. »

Implantés dans des communes de moins de 1 500 habitants (« Pour être viable, un commerce doit desservir au moins un millier d'habitants », indique-t-on au ministère des Entreprises et du Développement économique), les Relais sont toujours installés avec le soutien des mairies qui mettent généralement les locaux à disposition, moyennant un loyer raisonnable. Confrontés au dépeuplement de leur commune, les maires sont souvent les premiers à solliciter Intermarché : « Nous avons mis dix-huit mois à réaliser notre projet : outre le problème du local, il a fallu trouver quelqu'un dont le profil corresponde au poste et qui soit accepté par Intermarché pour les représenter », témoigne Georges Jeanjean, maire d'Orsan (966 habitants) dans le Gard, où un Relais des Mousquetaires s'est ouvert en février.

Épicerie, crémerie, fruits et légumes, surgelés, alcools, droguerie, etc. : chaque Relais propose au moins 400 références. Compte tenu du chiffre d'affaires réalisé en moyenne (100 000 francs par mois) et de la faiblesse relative du revenu mensuel que peut attendre l'épicier (7 000 ou 8 000 francs), celui-ci a toute latitude pour exploiter des services annexes : boulangerie, dépôts de gaz, de tabac, de journaux... D'après Intermarché, 67 % des Relais offrent au moins un de ces services.

La clé du succès ? D'après Jean Guilloux, elle réside dans le fait que les Relais disposent de toute la logistique nécessaire à proximité, à savoir 1 800 Intermarché et 200 Écomarché répartis dans toute la France. L'épicerie de proximité serait-elle devenue le stade suprême de la grande distribution ? Toujours est-il que l'expérience fait des émules, notamment chez Promodès, qui a ouvert depuis six mois sept magasins de ce type, sous l'enseigne Ami, et ambitionne d'en ouvrir une quarantaine d'ici à fin 1995.

La « main tendue » d'Intermarché au petit commerce va dans le sens de l'opération « Mille villages » lancée par le ministère des Entreprises en juillet 1993 : depuis, l'État a apporté son concours (à hauteur de 20 % des investissements engagés) à la création ou au développement de 500 commerces « multi-services » – dont une vingtaine de Relais des Mousquetaires – *via* la subvention allouée par le Fisac (Fonds d'intervention pour la sauvegarde des activités commerciales, qui gère l'excédent financier du produit de la taxe sur les grandes surfaces initiée par la loi Royer de 1973).

Ph. Baverel, « Les petits épiciers d'Intermarché », *Le Monde*, 29 novembre 1994.

Comment vendre des bijoux dans les hypermarchés ?

L'hypermarché Cora de Saint-Quentin (Aisne) vient de se lancer dans une aventure sans précédent : la vente à prix cassés, dans son enceinte, de bijoux haut de gamme. Il s'agit d'un lot de neuf cent pièces provenant de chez Fred, le prestigieux bijoutier parisien de la place Vendôme, acheté par un intermédiaire spécialisé dans le « marché parallèle » au cours d'une classique opération de déstockage. Au lieu d'être dispersé auprès de bijouteries de quartier, le lot est racheté en bloc par l'hypermarché, qui ouvre un rayon spécial et met le lot en vente à des prix très inférieurs à ceux de la place Vendôme : en moyenne 52 % de réduction, parfois plus de 60 %.

Malgré l'importance des rabais, Jérôme, directeur de l'hypermarché, savait que sa clientèle n'allait pas se ruer sur des montres à 115 000 francs, ni même à 40 000 francs : « Nous sommes implantés dans une petite ville où le pouvoir d'achat est inférieur à la moyenne nationale. »

Mais avec Internet, l'opération prenait tout son sens. M. Richard publie d'abord sur le Web un catalogue détaillé de son stock de bijoux. Puis il lance une campagne publicitaire, à la fois dans la presse nationale et sur quelques sites Web (Yahoo France, Voila et Wanadoo...) : « Très vite, des clients, qui avaient fait leur choix en ligne, sont arrivés de tout le nord de la France, de Cherbourg, de Chartres, de la région parisienne. » M. Richard compte renouveler l'expérience : « Nous avons de plus en plus de produits à proposer, mais la taille des hypermarchés est réglementée, les autorisations d'extension difficiles à obtenir. Or, cette opération montre qu'Internet rend obsolète la notion de zone de chalandise : avec des gros rabais sur des produits chers comme des bijoux ou des automobiles, on peut faire venir la clientèle de très loin. »

Cette initiative ne plaît pas à tout le monde : le jour de son ouverture, le site de l'hypermarché est victime d'une tentative de piratage : « Nous avons reçu une avalanche inexplicable de messages et de connexions, ce qui a saturé le serveur et aurait pu le faire sauter. » M. Richard a fait procéder à un constat d'huissier et a commandé une enquête. De son côté, l'intermédiaire qui a revendu les bijoux à Cora (et qui souhaite conserver l'anonymat) reste très prudent, mais remarque : « Les bijoutiers traditionnels n'avaient pas mesuré l'impact conjugué de la grande distribution et de l'Internet sur leur secteur. »

Y. Eudes, « WWW. cora.or.com », *Le Monde*, 16 décembre 1999.

GUIDE POUR LE COMMENTAIRE

– Qu'exprime le graphique du premier texte ? Comment expliquer la hiérarchie qu'on y observe ? Comment se traduit-elle dans l'espace ? La théorie des lieux centraux rend-elle compte de la hiérarchie des centres de services et de la desserte de l'espace français ? Quels sont les facteurs qui expliquent les écarts entre la réalité et le modèle ? Remettent-ils en cause la pertinence du modèle ?

– D'après le deuxième texte, quelles sont les difficultés du petit commerce classique ? Peut-on les expliquer dans le cadre de la théorie des lieux centraux ? Comment expliquer l'existence des « petits épiciers d'Intermarché », et quelles sont les raisons de leur succès ? Peut-on en rendre compte grâce à la théorie des lieux centraux ?

– Le troisième texte fait état d'un nouveau type de distribution commerciale. En quoi est-il lié à l'essor de nouvelles technologies de télécommunication ? Dans quelle mesure la logique christallérienne s'applique-t-elle à ce type de service ?

– Les trois documents évoquent trois types de commerce et de localisation commerciale différents. À quoi tiennent ces différences, et quels sont les principaux facteurs qui les expliquent ? Quelles sont les conséquences des ces trois logiques sur l'organisation de l'espace géographique ?

13

GÉOGRAPHIE DE LA RICHESSE

Ce chapitre traite de la richesse et des aspects économiques du développement. Le développement comporte bien sûr d'autres dimensions. Les études – surtout les plus récentes – portant sur les contrastes de développement à l'échelle de la planète accordent ainsi une large place à la démographie, et particulièrement à la transition démographique. L'Indice de développement humain (IDH), élaboré par le PNUD (Programme des Nations unies pour le développement) en 1989 intègre, à parts égales, l'espérance de vie, le niveau d'éducation et le PIB/hab. Le développement inclut le développement économique – et donc la croissance –, mais ne s'y réduit pas. À y regarder de plus près, le développement déborde aussi de la démographie : la liberté, l'intégration sociale, la richesse culturelle, la vie spirituelle, etc., n'en sont-ils pas des éléments essentiels ? Une bonne géographie du développement serait peut-être une géographie du bonheur, ce qui n'est pas un mince enjeu, mais ce n'est pas le but de cet ouvrage.

Il s'agit ici de rendre compte de la distribution inégale des richesses dans l'espace. La richesse est un stock, constitué par le patrimoine, les richesses accumulées. Ce stock est modifié par des flux positifs ou négatifs, de divers types, qui accroissent ou diminuent la richesse (ainsi les entrées ou sorties de capitaux). Analyser les différentiels de richesse dans l'espace, c'est aussi bien, et même davantage, s'intéresser à la géographie du patrimoine qu'à celle de son évolution. Toutefois, la richesse n'est que le résultat d'une accumulation au cours des temps. L'expliquer revient donc à analyser où, comment, pourquoi, à quel moment le patrimoine, sans doute faible au départ, a cru ou décru au fil des années. La géographie de la richesse est celle d'un espace opaque, hétérogène, plus ou moins doté en ressources. Elle reflète les circuits économiques de don/contre don, de redistribution et de marché qui l'ont irriguée de flux. Elle rend compte de l'évolution des localisations des activités économiques. En ce sens, ce chapitre joue un rôle conclusif : comment comprendre la géographie de la richesse sans maîtriser tous les aspects de la géographie économique ?

Dans la première partie, on fera un bilan de l'inégale répartition des richesses dans l'espace, à plusieurs échelles. Pour l'expliquer, on examinera ce qui détermine l'aptitude à la croissance, puis dans quelle mesure la circulation des biens peut rendre compte de la distribution spatiale des richesses. On terminera par l'analyse du rapport entre la mondialisation et les inégalités.

BIBLIOGRAPHIE DU CHAPITRE

Ouvrages de base

ABDELMALKI L. et MUNDLER P., *Économie du développement. Les théories, les expériences, les perspectives*, Paris, Hachette, 1995, 311 p.
COHEN D., *Richesse du monde, pauvretés des nations*, Paris, Flammarion, 1997, 167 p.
GIRAUD P.-N., *L'Inégalité du monde. Économie du monde contemporain*, Paris, Gallimard, 1996, 352 p.
HUGON Ph., *Économie et développement*, Paris, Dalloz, 1989, 156 p.
Sciences humaines, « Tiers-monde. La fin des mythes », n° 50, mai 1995, pp. 14-31.

Ouvrages et articles de référence

AYDALOT Ph., *Milieux innovateurs en Europe*, Paris, GREMI, 1986, 361 p.
BENKO G. et LIPIETZ (dir.), *Les Régions qui gagnent*, Paris, PUF, 1992, 424 p.
HIRSCHMAN A.-O., *La Stratégie du développement économique*, 1964 (1re éd. 1958), Les Éditions ouvrières, 248 p.
LACOSTE Y., *La Géographie du sous-développement*, Paris, PUF, 1966, 284 p.
MILTON SANTOS, *L'Espace partagé*, Paris, M.-Th. Génin, 1975, 405 p.
PERROUX F., « Note sur la notion de pôle de croissance », *Économie appliquée*, n° 2, 1955, pp. 307-320.
ROSTOW W.W., *Les Étapes de la croissance économique*, Paris, Le Seuil, 1963, (1re éd. 1960), 219 p.
WALLERSTEIN I., 1995, *Impenser la science sociale. Pour sortir du XIXe siècle*, Paris, PUF, pp. 51-143 (éd. angl. 1991).

Ouvrages spécialisés

BENKO G. et LIPIETZ A. (dir.), *La Richesse des régions. La nouvelle géographie socio-économique*, Paris, PUF, 2000, 564 p.
CHAPUIS R. et BROSSARD T., *Les Quatre Mondes du tiers-monde*, Paris, Armand Colin, 1997, 247 p.
CLAVAL P., *La Géographie culturelle*, Paris, Nathan, 1995, chap. 13 « Modernisation et occidentalisation », 384 p.
COUPLET X. et HEUCHENNE D., *Religions et développement*, Paris, Économica, 1998, 352 p.
GILLIS et *al.*, *Économie du développement*, Bruxelles, De Bœck, 1998, 784 p. (trad. de la 4e éd. américaine).
HÄGERSTRAND T., *Innovation Diffusion as a Spatial Process*, Chicago, University of Chicago Press, 1968, 334 p.
HIRSCHMAN A.-O., « Grandeur et décadence de l'économie du développement », in *L'Économie comme science morale et politique*, Gallimard/Le Seuil, Paris, 1984.
KRUGMAN P., *Development, Geography and Economic Theory*, Cambridge (MA), MIT Press, 1995, 117 p.
MORISHIMA M., *Capitalisme et confucianisme, technologie occidentale et éthique japonaise*, Paris, Flammarion, 1987, 316 p. ; traduit de l'anglais : *Why has Japan « succeeded »* ?, Cambridge University Press, 1982.
PNUD, *Rapport mondial sur le développement humain 1998*, Paris, Économica, 1998, 254 p., *1999*, Bruxelles, De Boeck, 262 p. (publication annuelle).
REICH R., *L'Économie mondialisée*, Paris, Dunod, 1993 (éd. angl. 1991), 336 p.
RIST G., *Le Développement. Historique d'une croyance occidentale*, Paris, Presses de la Fondation nationale des sciences politiques, 1996, 427 p.
SALAMA P. et VALIER J., *Pauvretés et inégalités dans le tiers-monde*, Paris, La Découverte, 1994, 223 p.
STORPER M. et SCOTT A., *Pathways to Industrialization and Regional Development*, London, Routledge, 1992, 405 p.
STORPER M., *The Regional World : Territorial Development in a Global Economy*, NewYork, Guilford Press, 1997, 338 p.
VETZ P., *Mondialisation, villes et territoires. L'économie d'archipel*, Paris, PUF, 1996, 261 p.

A

L'INÉGALE RÉPARTITION SPATIALE DE LA RICHESSE

1 - QU'EST-CE QUE LA RICHESSE, COMMENT L'ÉVALUER ?

La richesse matérielle peut se définir comme l'abondance de biens matériels. On peut être riche parce que l'on dispose de quelques biens de prix (deux Gauguin) ou de très nombreux biens de peu de valeur (5 000 tonnes de pommes de terre). Tout objet ne constitue pas un bien : pour qu'il acquière ce statut, il faut qu'on lui accorde une valeur. Or, les valeurs sont liées à des systèmes culturels, elles ne sont pas universelles. Pour moi, l'or est un bien ; il ne l'est pas pour le chasseur bushman. Pour telle ethnie africaine, un type précis de coquillage est très précieux ; pour moi, il ne vaut rien. Si je suis riche (ou pauvre), c'est donc en fonction des valeurs qui prévalent dans *mon* système de référence culturel et économique.

Cartographier la richesse devrait donc passer, premièrement, par une délimitation d'aires où les valeurs sont homogènes (des aires culturelles), deuxièmement par le dessin de la distribution des biens tels qu'ils sont définis dans l'aire où ils se trouvent. Au Vanuatu, on cartographie la répartition des cochons à dents ; en France, celle – entre autres – du patrimoine financier.

Ce n'est pourtant pas ainsi que procèdent le géographe ou l'économiste occidentaux, pour deux raisons discutables. D'une part, ils considèrent que certaines valeurs (les leurs) sont universelles, prétention de nature ethnocentrique, mais aussi fondée sur l'efficacité avec laquelle les sociétés occidentales ont réussi à diffuser et faire accepter leurs valeurs à travers le monde. Ainsi, je considère que l'or est un bien en soi, sans spécifier qu'il n'a de valeur qu'au sein d'un certain système culturel et économique, il est vrai très dominant. D'autre part, avec l'extension du système de marché, nous pensons disposer d'une mesure des biens insensible à la diversité culturelle des valeurs : le prix. Par exemple, même si je considère que les nids d'hirondelles n'ont aucune valeur en eux-mêmes, je sais que, parce que les Asiatiques en sont très friands, ils se vendent là-bas à des prix très élevés. J'accepte donc l'idée qu'un commerçant qui en a beaucoup en stock est riche. Pour cartographier la richesse, il suffirait alors de cartographier le prix, souvent formulé en dollars, que vaut l'ensemble des biens possédés. Les chiffres sur le sujet sont rares et peu utilisables. Par exemple, le gouvernement français comptabilise le « patrimoine national », mais n'y inclut ni les biens durables, ni les œuvres d'art possédées par les particuliers, ni les monuments historiques, ni le domaine public... On comprend alors pourquoi ce patrimoine national se limite à 3,7 fois le PIB français. On connaît beaucoup mieux les chiffres de la croissance de la richesse (le **PIB**). Paradoxalement, on est mieux informé sur l'évolution de la richesse que sur la richesse elle-même.

Le PIB, un mauvais indicateur de la richesse.
Le PIB mesure la production d'une année, et donc l'évolution de la richesse, non la richesse elle-même. Or, l'évolution de la richesse ne dit pas grand-chose sur la richesse. Tel particulier, qui dispose d'un capital important, peut connaître une mauvaise année, où ses affaires ne sont pas bonnes ; cela ne l'empêche pas de rester riche. De même, une ville riche de son patrimoine peut connaître une crise qui n'entame pas sa richesse, laquelle reste supérieure à celle d'une autre ville, peut-être en pleine croissance économique, mais dont le patrimoine est faible. De plus, le PIB ne prend en compte que les biens qui passent par le marché officiel : les richesses fournies par la production domestique (les légumes du potager) ou l'économie souterraine (la drogue), celles qui circulent dans des systèmes de don/contre-don (les services entre voisins) ne sont pas comptabilisées. Enfin, la production est évaluée par le biais de son prix, qui mesure théoriquement le rapport entre l'offre et la demande au sein du système économique concerné (disons, pour faire simple, le marché mondial). Pour éviter les distorsions, le calcul du PIB/hab. ppa (produit intérieur brut par habitant en parité de pouvoir d'achat) prend en compte les variations de taux de change et de prix, ainsi que le pouvoir d'achat réel des monnaies. Ceci tend à réduire assez nettement les contrastes entre pays pauvres et pays riches.
Le PIB n'est donc pas proportionnel à la richesse, mais à la production récente de biens qui passent par le marché, évaluée par le prix de ces biens sur ce marché. Si l'on se sert de cet indicateur, c'est parce que l'on n'en a longtemps pas eu d'autre, et parce que le modèle économique libéral de l'économie de marché s'est imposé presque partout.

2 - La répartition des richesses

■ À l'échelle des pays

On pourrait croire que les pays riches sont ceux qui ont longtemps et beaucoup accumulé. On peut considérer l'accumulation de richesses en Europe comme le résultat d'un processus enclenché au Moyen Âge. Les pays qui sont entrés de manière précoce dans l'ère industrielle comptent ainsi aujourd'hui parmi les plus riches.

Pourtant, la richesse ne nécessite pas toujours des siècles pour se constituer. Des pays sont devenus prospères très rapidement. Ainsi, l'économie japonaise ne décolle qu'avec l'ouverture de l'ère Meiji ; la Californie ne constituait pas un pôle économique avant le XXe siècle, voire les années 1950 ; la prospérité des nouveaux pays industrialisés (Singapour, Corée du Sud, Taiwan) ne date que de quelques dizaines d'années. Le PIB par habitant de Hong Kong est désormais supérieur à celui du Royaume-Uni, l'ancienne puissance coloniale qui avait fait de cette île son entrepôt pour le commerce avec la Chine.

Inversement, certains pays, qui avaient une tradition industrielle ancienne, ont perdu leur place dans le palmarès des nations les plus riches et se sont appauvris. Les pays de l'ancien bloc socialiste, les vieilles régions industrielles du nord de la France ont été plus prospères qu'ils ne le sont aujourd'hui.

Deux phénomènes biaisent les effets de simple accumulation, et font que la richesse ne résulte pas seulement de la régulière et progressive constitution d'un magot : d'une part, la croissance et, d'autre part, les flux de facteurs de productions et de biens. Un pays qui connaît la récession durant quelques années s'appauvrit, comme cela a été le cas pour les États-Unis après la crise de 1929. Dans les phases de forte croissance, un pays s'enrichit rapidement (par exemple, les pays du Sud-Est asiatique dans les années 1980). Le départ ou l'arrivée de capitaux, de main-d'œuvre (qualifiée, particulièrement) expliquent d'un côté la stagnation économique de l'Irlande, de l'autre la rapidité du décollage de la côte Nord-Est des États-Unis.

On peut distinguer les situations suivantes :

– des pays d'industrialisation ancienne et qui n'ont pas connu de longues phases de récession, figurant parmi les plus riches : Europe occidentale, États-Unis ;

– des pays qui ont connu un décollage économique récent, mais avec une croissance tellement vigoureuse qu'ils ont rapidement atteint un niveau de richesse très élevé : Japon, NPI ;

– des pays qui ont connu une industrialisation précoce, mais dont la croissance a été par moment très faible, voire négative, si bien qu'en termes de richesses, ils se trouvent dans une situation intermédiaire : ex-URSS, Europe de l'Est ;

– des pays qui, tardivement industrialisés, ont connu un décollage récent et ambigu, marqué par une croissance irrégulière, un fort endettement, une faiblesse financière et une structure productive incomplète. Eux aussi occupent un rang intermédiaire : Mexique, Brésil, Inde ;

– des pays qui, pauvres jusque-là, bénéficient de taux de croissance très forts et s'enrichissent rapidement, mais dans le cadre fragile d'une économie très dépendante de l'extérieur : Chine, Philippines, Malaisie, etc. ;

– des pays pas encore industrialisés qui ne bénéficient pas d'une croissance notable, et n'attirent aucun flux d'investissement ; ils comptent parmi les plus pauvres : tiers-monde ;

– des pays très riches parce qu'ils bénéficient – depuis plus ou moins longtemps – de flux financiers constants : Luxembourg, Suisse, Bermudes, etc. ;

– des pays ayant acquis d'un coup une richesse importante grâce à la découverte et l'exploitation de gisements de ressources naturelles : Arabie Saoudite, Koweït, etc.

La carte du PIB/hab. ppa (*cf.* page 434) est très contrastée. En 1997, le Luxembourg est en tête avec 30 863 $ ppa ; le Sierra Leone est dernier avec 410 $ ppa. La France est classée au quinzième rang avec 22 030 $ ppa. Dans les pays classés comme les moins avancés (PMA), le PNB/hab. est inférieur à 1 500 $ ppa. L'Afrique, une partie de l'Asie, et – dans une moindre mesure – de l'Amérique du Sud, constituent des zones de pauvreté. Pour 1997, la Banque mondiale distingue 19 pays à haut revenu (> 12 000), parmi lesquels, on compte, par ordre décroissant et en dehors de l'Europe, le Japon, les Bermudes, Singapour, les États-Unis, Hong-Kong, l'Australie, le Canada, la Nouvelle-Zélande, Israël, la Corée du Sud.

Selon le PNUD, les trois personnes ***les plus riches du monde*** ont une fortune supérieure au PIB total des 48 pays les plus pauvres.

L'écart entre les pays les plus pauvres et les pays les plus riches (selon le PIB/hab.) va s'amplifiant. En 1960, entre les 20 % ***les plus riches*** et les 20 % les plus pauvres, il était de 1 à 30 ; en 1995, de 1 à 82. Il faut prendre la mesure de l'ampleur et de la vitesse de cette « dérive des continents », qui, dans les deux siècles qui ont suivi la révolution industrielle, a fait s'écarter les économies de plus en plus les unes des autres. Jusqu'au XIXe siècle, les écarts de revenus ou de niveaux de vie entre continents étaient inférieurs à 30 %...

Si, dans les années 1960, on espérait voir se produire une « convergence » économique, grâce à laquelle les pays « en voie de développement » rattraperaient tous le niveau économique des pays riches ; cet espoir d'un rattrapage s'est désormais éloigné, et l'on raisonne plutôt en termes de « ***convergence conditionnelle*** ».

Convergence conditionnelle : pour qu'un pays connaisse le développement économique, il est nécessaire qu'il remplisse un certain nombre de conditions relatives aux « fondamentaux » : fort investissement, forte scolarisation, forte ouverture sur l'extérieur. Seuls les NPI d'Asie du Sud-Est les ont pour l'instant remplies (*cf.* p. 437).

Terminologie. Pays pauvres, pays sous-développés, pays en voie de développement (PVD), pays du tiers-monde, « Sud »... Si les termes sont nombreux pour désigner la même réalité, c'est qu'il y a plusieurs manières de la décrire. « Pays sous-développés » ? On reproche à cette expression d'être trop péjorative et pessimiste. « Pays en voie de développement » : l'expression est plus positive, mais semble mal convenir à des pays (africains par exemple) qui s'appauvrissent. Selon le PNUD, ce ne sont pas moins de 100 pays « en développement » qui ont connu un recul économique sérieux depuis les trente dernières années. Dans tous les cas, ces appellations confondent trop développement et croissance économique, et supposent qu'il n'y a qu'une voie qu'on peut suivre, en passant par différents stades. « Tiers-monde » : cette expression proposée par Sauvy en 1952 renvoie au Tiers-État de la révolution française, et met l'accent sur la dimension politique et sur l'exploitation des pays riches par les pays pauvres (on a aussi parlé de « nations prolétaires ») ; elle laisse supposer que la solution doit passer par une révolution. Mais « le » tiers-monde ne forme pas un bloc : il est très divers, et le terme a quelque peu été emporté par le reflux des idéologies tiers-mondistes. « Sud » : l'expression met l'accent sur l'opposition entre un « Nord » riche et puissant et un « Sud » dominé et pauvre ; or, des pays riches sont parfois au Sud (Nouvelle-Zélande), et le Nord comporte des poches de pauvreté (Albanie). L'expression « pays pauvres » sera préférentiellement utilisée parce qu'elle semble la moins chargée idéologiquement, et parce qu'elle décrit bien la réalité qu'elle désigne (tant que l'on garde en tête, bien sûr, qu'il y a des riches dans les pays pauvres, des pauvres dans les pays riches, que la pauvreté est relative, et que la richesse n'est pas tout).

À L'ÉCHELLE DES RÉGIONS

À l'échelle régionale, les contrastes de richesse sont souvent moins marqués. Les régions d'un pays possèdent bien sûr des niveaux de richesse différents selon leur histoire, leur fonction, leur centralité, etc., mais le gouvernement central veille généralement à un certain équilibre – au sein duquel la capitale a souvent un statut privilégié. À travers les circuits de redistribution (la richesse circule à l'intérieur du pays) ou l'aménagement du territoire, l'État veille à la cohésion du pays pour éviter des **inégalités régionales** trop criantes, sources potentielles de conflits.

Inégalités régionales en Italie. L'exemple de l'Italie est intéressant. L'Italie du Sud est plus pauvre que l'Italie du Nord. L'État italien et l'Union européenne, par des systèmes de subventions et de primes, essayent de réduire ces inégalités. La Ligue lombarde, parti politique du Nord, supporte mal le « boulet » économique que représente un Mezzogiorno – régions du Sud – à la traîne, et prône l'indépendance de la « Padanie », ce qui montre bien les risques politiques que font peser les déséquilibres trop criants.

C'est en fait dans les pays pauvres que les inégalités spatiales régionales sont les plus fortes, entre une capitale vitrine de la modernité où se focalisent tous les investissements et où habitent les plus riches, et un arrière-pays encore rural et traditionnel (c'est le cas dans nombre de pays africains), ou entre des régions affectées de manière très inégale par la modernisation économique (au Brésil ou en Inde).

À L'ÉCHELLE DES LOCALITÉS

C'est à l'échelle locale que l'on retrouve des inégalités de richesse marquées : au sein de l'espace rural, entre espace rural et espace urbain, entre villes, entre quartiers au sein de la même ville.

Les spécialisations économiques, primaires, secondaires ou tertiaires des espaces amènent à la constitution de zones spécialisées dans des activités plus ou moins productrices de plus-values. La géographie des richesses correspondante s'explique par les choix de localisation des activités, précédemment examinés.

Les contrastes de richesses sont les plus forts à l'échelle locale, car c'est celle de la ségrégation sociale. Personne n'est gêné par la présence de « gens qui ne sont pas du même milieu » à 200 kilomètres ou même 5 kilomètres de son domicile. Ce que certains refusent, c'est de les côtoyer au quotidien. Riches et pauvres cohabitent sans trop de problèmes dans la même région, dans la même ville, rarement dans le même quartier. Les contrastes de richesse, très vifs à l'échelle locale, s'expliquent par les stratégies spatiales de groupes de statut économique relativement homogène.

Revenu médian par foyer en 1989 à Detroit

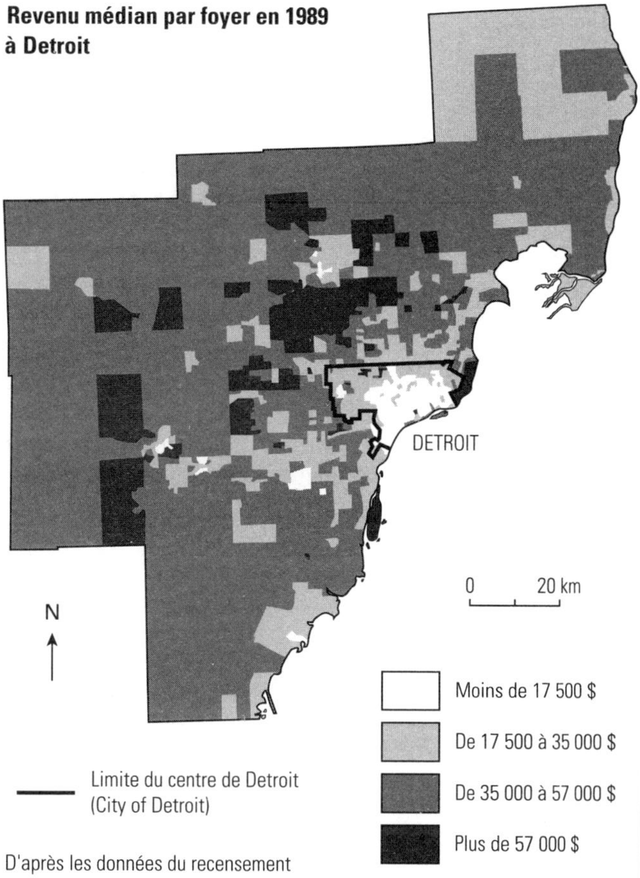

J.-F. Staszak, « Détruire Detroit. La matrice culturelle de la crise urbaine », *Annales de géographie*, n° 607, mai-juin 1999, p. 281.

3 - Un espace riche ?

L'inégale répartition des richesses est à comprendre en fonction de l'opacité et de l'hétérogénéité de l'espace. Si le déplacement des hommes pouvait se faire sans obstacle ni coût d'aucune sorte, tous les êtres humains (pour autant qu'ils cherchent à s'enrichir ou à élever leur niveau de vie) se rueraient dans l'instant vers les espaces les plus développés. La contrainte d'accès favorise donc le maintien de l'hétérogénéité de l'espace en matière de richesses.

L'hétérogénéité de l'espace en matière de richesses est toujours le fruit de l'activité économique. Aucun espace n'est *naturellement* riche. La richesse d'un espace résulte de l'accumulation des biens dans cet espace. Dans certains cas, les biens ont été produits sur place : il faut alors expliquer comment ils ont été produits, mais aussi comment, souvent grâce à la contrainte d'accès, les profits occasionnés se sont maintenus sur place et ont été réinvestis. Dans d'autres cas, la richesse d'un espace résulte de l'accumulation de biens venus d'ailleurs : il faut alors expliquer comment certains espaces parviennent à capter des richesses, alors que d'autres sont vidés de leur substance.

La question de l'inégale distribution spatiale de la richesse se pose donc dans les termes qui suivent :

– pourquoi un espace (plutôt qu'un autre) connaît-il des mutations économiques et une croissance qui dégagent de plus en plus de biens ? Pourquoi la croissance privilégie-t-elle certains espaces ?

– pourquoi un espace particulier (contrairement à un autre) parvient-il à protéger ses richesses ou même à s'approprier les richesses d'autres espaces ? Pourquoi la richesse qui se dégage ne se répartit-elle pas uniformément dans l'espace, mais se concentre de manière à former des zones riches et des zones pauvres ?

B

CROISSANCE ENDOGÈNE : FACTEURS ET PROCESSUS

Imaginons ainsi une île isolée, un pays dont les frontières sont fermées, qui n'échange aucun bien avec l'extérieur. Tous les flux prennent place au sein d'un circuit économique qui n'est pas ouvert sur le reste du monde. Comment peut-il s'enrichir ? La richesse reposant sur la possession de biens, la croissance mesure l'augmentation du nombre de ces biens. Comment produit-on davantage ?

1 - La croissance et la néguentropie

On a vu que l'activité économique est fondamentalement néguentropique. Produire, c'est prélever de l'énergie dans le milieu en le désorganisant. Produire plus, c'est parvenir à capter davantage d'énergie. La croissance économique se fonde sur une croissance de la néguentropie. Elle passe donc par l'invention et l'emploi de nouveaux convertisseurs énergétiques, capables de prélever plus d'énergie dans le milieu, ou une forme d'énergie plus facile à utiliser. Ainsi, les grandes mutations économiques qu'a connues l'Europe sont liées au passage du moulin (à eau ou à vent) à la machine à vapeur, de la machine à vapeur au moteur à explosion, puis au réacteur nucléaire. Le **progrès technique**, c'est-à-dire la capacité à inventer de nouvelles techniques ou à adopter des techniques venues de l'extérieur, est essentiel à la **croissance**, davantage certainement que les « capacités » du milieu à fournir des ressources naturelles et de l'énergie.

Progrès technique et croissance. Le progrès technique constitue la contribution à la croissance la plus importante, mais son estimation est difficile. Depuis 1945, il expliquerait à lui seul, en France, plus de la moitié du taux de croissance observé. Le progrès technique permet d'augmenter la production en diminuant la peine fournie pour avoir ce résultat. L'innovation revêt trois formes principales :
- de procédés (processus) : introduction de nouvelles techniques de production ;
- organisationnelle : amélioration de l'organisation du travail, de la production ou de la gestion d'entreprise ;
- de produits : introduction de nouveaux biens et services.

Seules les deux premières formes améliorent l'efficacité de la production. Cette efficacité est mesurée par la productivité des facteurs de production.

Le milieu est toutefois pris en compte par les partisans – de plus en plus nombreux – d'une croissance durable ou soutenable. Parallèlement, les questions de « justice environnementale » rencontrent de plus en plus d'échos : certains dénoncent le fait que c'est au sein de l'environnement des pays pauvres que la croissance des pays riches occasionne le plus d'entropie (pollution, destruction des ressources...).

2 - Les facteurs de la croissance endogène

La croissance ne pourrait se produire que dans certaines conditions. On a ainsi identifié, avec plus ou moins de pertinence, des facteurs qui bloqueraient, ralentiraient ou bien autoriseraient et accéléreraient la croissance.

■ Les facteurs physiques et démographiques

Sur la carte du développement, les régions tropicales abritent la majorité des pays pauvres. Les conditions climatiques et géologiques qui prévalent sous les tropiques sont-elles un frein au développement ? Certes, les sols tropicaux sont fragiles, les inondations parfois chroniques (Bangladesh), la sécheresse sévère (Sahel), les endémies catastrophiques (paludisme), etc. Tristes tropiques ? Pourtant, la géographie physique n'est jamais une fatalité. Le développement n'est pas le propre des pays tempérés (voir l'Albanie et la Floride). La rareté des ressources naturelles ne fait pas du Japon un pays pauvre ; de même la « manne pétrolière » n'a pas suffi à résoudre les problèmes des pays exportateurs de pétrole. On peut toutefois souligner que l'isolement géographique semble être un frein au développement. Sans nier les effets néfastes de la colonisation, on observe que les régions qui ont été coupées du reste du monde (Afrique noire, Océanie) sont fréquemment les plus pauvres. Aujourd'hui, les pays les moins avancés (PMA) sont souvent enclavés. Les zones à l'écart des flux d'informations, de biens, de personnes, et donc d'innovations, souffrent certainement d'un « handicap ».

Un taux d'accroissement naturel élevé entrave-t-il la croissance économique ? Quand les progrès médicaux ont entraîné, dans de nombreux pays du tiers-monde, une baisse notable de la mortalité et donc une forte croissance démographique, la production agricole n'a pas augmenté en rapport. Conformément à la théorie de Malthus (on parle de néo-malthusianisme), ce hiatus entre les rythmes des croissances démographique et économique a fait craindre une crise majeure et des famines. Des politiques antinatalistes (stérilisations, contraception, incitations à l'enfant unique...) ont visé à pallier ce risque (Chine, Inde). Une stabilisation démographique serait la condition du développement économique. En fait, la relation qui unit production et population est très complexe. L'histoire ne donne d'ailleurs pas d'exemple où une population « trop » importante ait bloqué le développement économique, alors que les problèmes posés par des régimes démographiques déprimés par le vieillissement de la population ou une forte émigration sont connus. En revanche, la hausse de la production entraîne souvent une baisse de la croissance démographique en même temps qu'une amélioration du niveau de vie.

■ Les facteurs institutionnels et culturels

De nombreux auteurs ont mis l'accent sur le rôle joué par les institutions dans le développement économique. Un régime juridique stable, un droit commercial clair, une administration intègre et dont les décisions sont respectées sont autant de facteurs propices au développement économique. Cela passe souvent par l'existence d'un État central fort, capable par ailleurs d'intervenir dans le domaine économique, que ce soit pour donner une impulsion à la croissance ou pour l'encadrer au plus près, comme en Corée du Sud. L'existence d'un climat de confiance, où la parole compte, où l'engagement est respecté, est essentielle à la conduite des affaires. À l'inverse, l'instabilité politique et juridique, l'insécurité, un climat de méfiance constituent des obstacles majeurs. Les pays qui ont connu des guerres civiles se sont enfoncés dans la misère (Cambodge, Soudan, Somalie).

Il est une condition *sine qua non* de la croissance que l'on souligne rarement assez, c'est la volonté de changement et d'enrichissement. Elles ne vont pas de soi. Dans une société où le respect de la tradition est une valeur de premier plan, où le bonheur est affaire d'épanouissement de l'esprit et n'a rien à voir avec les biens matériels, la croissance ne peut être recherchée. D'ailleurs, l'acquisition des richesses matérielles n'est pas une fin en soi : elle vise, pour une large part, la possession de biens symboliques, qui attestent d'une réussite sociale. Dans une société bloquée, où la mobilité sociale est réduite (régime de castes, structures familiales très rigides, *apartheid*...), les espoirs d'ascension sociale sont faibles, et les richesses matérielles de peu d'intérêt. On a ainsi souvent souligné le lien entre démocratie et croissance. Le **développement économique de l'Europe occidentale**, entre la Renaissance et le XXe siècle, est directement lié à une **culture spécifique**.

Culture et croissance capitaliste en Europe et au Japon. Selon la thèse classique de Max Weber (*L'Éthique protestante et l'Esprit du capitalisme,* 1905), l'éthique protestante a servi de fondement au capitalisme : elle a quelque chose à voir avec le développement. La naissance du capitalisme marchand et, plus tard, la révolution industrielle se sont appuyées sur une idéologie qui valorisait :
- l'individu, la liberté et la réussite individuelle, au détriment du groupe et de l'intégration sociale ;
- la technique, la domination de la nature contre le respect de celle-ci ou la soumission à celle-ci ;
- le monde matériel contre le monde spirituel ;
- la raison, la science, contre le sentiment, le mythe, la magie.

Le développement économique passerait par l'adoption de ces valeurs fondatrices du capitalisme. Le Japon constitue une exception à cette règle, dans la mesure où son développement économique n'est pas passé par une occidentalisation, ou seulement par une forme très superficielle de celle-ci. La réussite économique s'est appuyée sur le nationalisme, sur l'efficacité d'une bureaucratie très ancienne, la solidarité de la société, la valorisation confucéenne du savoir, une classe moyenne apparue dès le début du XXe siècle... Les valeurs occidentales ne sont donc pas les seules à pouvoir dynamiser les sociétés et à les propulser sur la voie de la croissance : valeurs familiales, pragmatisme intellectuel et sens de l'honneur conduisent à des résultats voisins.

Il y a peu de chances (ou de risques) qu'une culture qui ne partage pas les valeurs européennes puisse servir de cadre à un développement économique comparable. De fait, les essais d'occidentalisation des pays pauvres ont souvent été inefficaces ; les conséquences ont pu être plus négatives que positives. Ces tentatives ont quelquefois rendu les classes dominantes, souvent formées en Europe ou aux États-Unis, en partie étrangères à leur propre société, dont elles ont ainsi accentué la dualité. L'occidentalisation a fréquemment fragilisé les structures sociales et les économies traditionnelles, sans offrir de vraie solution de rechange.

Certes, la diffusion de la culture occidentale et de son aspiration aux biens de consommation ont facilité l'apprentissage de nouvelles attitudes, plus compatibles avec le travail au bureau ou à l'usine que les comportements traditionnels. On a pu dire que la clé du développement était l'éducation (occidentale, bien sûr), et les programmes d'alphabétisation (notamment ceux de l'Unesco) ont eu des succès spectaculaires. Mais, si l'occidentalisation a créé un désir d'accéder aux modes de consommation qu'elle valorise et des aspirations égalitaires, elle ne donne pas partout les moyens de les satisfaire.

3 - Les étapes de la croissance

Que se passe-t-il si les obstacles à la croissance sont levés ? Jusqu'aux années 1960, on considérait que la croissance s'effectuait automatiquement, en suivant un certain nombre d'étapes. Les pays pauvres seraient simplement en retard, le rattrapage ne serait qu'une question de temps. Chaque pays devrait franchir certains stades avant d'accéder au stade ultime du développement. Cette vision très linéaire de l'histoire économique était celle des classiques et des libéraux, elle prédominait aux États-Unis. **Rostow** propose ainsi une théorie dynamique de l'évolution économique en **cinq étapes**. Tous les pays passeraient par là avant de connaître l'ère heureuse de la consommation de masse.

Les cinq étapes de la croissance selon Walt W. *Rostow*.

1. La société traditionnelle : économie agricole, progrès technique faible, société hiérarchisée, pouvoir central faible, fatalisme dominant.

2. La phase de transition : émergence de valeurs progressistes, développement de l'éducation, hausse du taux d'épargne et développement du système bancaire. Des entrepreneurs apparaissent et introduisent l'innovation. Un État national centralisé met en place un système juridique. Dans le cas de l'Angleterre, cette phase va de la fin du XVIIe siècle aux années 1780.

3. Décollage ou *take-off* : la résistance au changement disparaît, l'économie connaît une forte croissance, alimentée par des taux d'épargne et d'investissement élevés. Des gains de productivité bénéficient à l'industrie et l'agriculture. La classe des entrepreneurs se développe, ainsi que le rôle de l'État dans l'économie. En Angleterre, le décollage se produit entre les années 1780 et 1840.

4. La marche vers la maturité : la croissance et l'effort d'investissement se poursuivent et se concentrent dans de nouveaux secteurs de l'industrie de transformation (chimie, machines, etc.). L'intégration au commerce international entraîne une spécialisation importante. Le développement s'appuie sur un fort sentiment nationaliste. Cette phase dure en Angleterre des années 1840 aux années 1950.

5. L'ère de la consommation de masse : hausse du revenu réel par tête, consommation de masse et développement de la production, élargissement de la classe moyenne. Le rôle de l'État s'accroît, notamment à travers sa fonction redistributive (Sécurité sociale, biens collectifs, etc.).

W. W. Rostow (1916-) : professeur d'économie puis conseiller spécial de Kennedy. Célèbre pour son ouvrage paru en 1960 : *Les Étapes de la croissance économique.*

Le passage d'une étape à l'autre peut s'avérer en fait très difficile. La théorie des cercles vicieux ou de la pauvreté auto-entretenue, développée par R. Nurske dans les années 1950, présente le sous-développement comme un ***équilibre keynésien de bas niveau***, qui peut être d'une grande stabilité. L'économie est maintenue à un bas régime par une série de cercles vicieux, qui empêchent tout progrès ou développement véritables.

Équilibre keynésien de bas niveau : équilibre économique qui conjugue sous-emploi, faiblesse de la consommation et des investissements.

Deux principaux cercles vicieux

1. Cercle vicieux de l'épargne-investissement

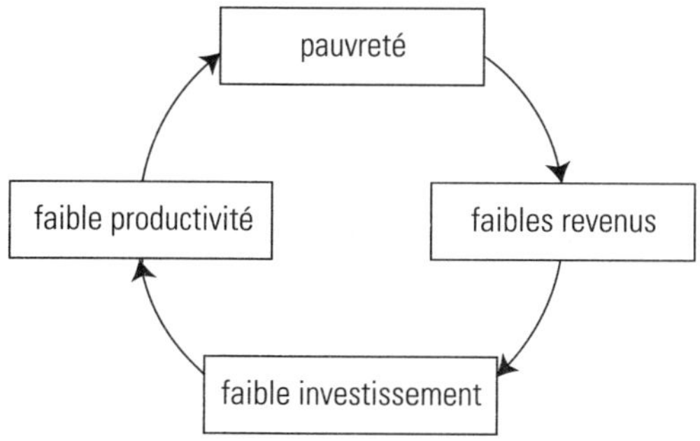

2. Cercle vicieux de la consommation-investissement

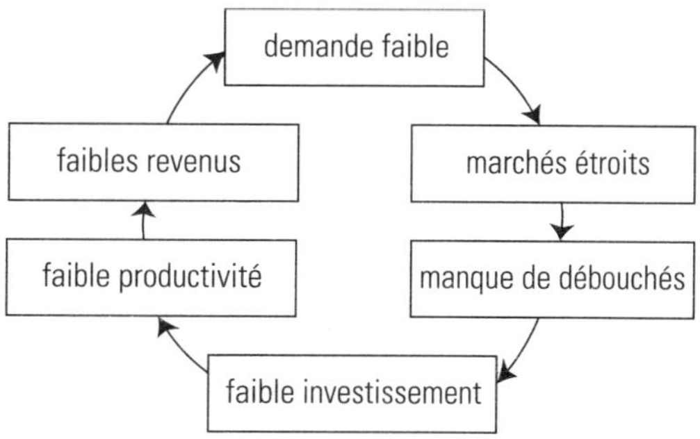

Ces manières de voir supposent que l'histoire économique de l'Europe occidentale constitue non seulement un modèle, mais le seul type possible et souhaitable d'évolution de tout système économique. Des lois universelles du développement économique ont ainsi été induites de l'observation d'un cas unique (le développement du capitalisme en Europe occidentale).

Ces modèles inspirés de l'expérience des pays industrialisés insistent surtout sur la déficience en capital des pays pauvres. Ils proposent des techniques pour dégager la masse de capitaux nécessaire au décollage économique (épargne intérieure, aide des organismes internationaux) et incitent à privilégier les secteurs nationaux où l'investissement est le plus efficace. Dans tous les cas, le sous-développement résulte de blocages, d'isolements, de pesanteurs dont les pays pauvres doivent se débarrasser, avec l'aide des pays riches et en suivant leur exemple. Ces explications présentent quelques faiblesses. Elles ont une dimension tautologique (les pays sont sous-développés parce qu'ils sont pauvres), et elles n'expliquent pas le décollage effectif, sans aide extérieure notable, de l'économie des NPI.

4 - Le multiplicateur et la croissance

Keynes définit l'effet ***multiplicateur*** comme un processus selon lequel une variation d'une grandeur économique produit, au cours d'une période donnée, une variation amplifiée d'une autre grandeur.

Ces théories présentant les facteurs qui permettent ou interdisent la croissance ne disent pas grand-chose du processus lui-même. On peut en trouver une explication dans la théorie du ***multiplicateur*** de l'investissement. Keynes a montré qu'un investissement exerce des effets positifs sur la croissance, bien au-delà du domaine dans lequel il s'effectue. Si j'investis dans une usine automobile, j'obtiens bien sûr une croissance (du nombre de voitures produites, par exemple). Mais, pour ce faire, il me faut davantage d'ouvriers, davantage de matières premières et de produits semi-finis.

En aval, les ouvriers que je fais embaucher dépensent leur salaire chez les commerçants pour l'achat de biens de consommation. Le commerce et l'industrie des biens de consommation, grâce à cette augmentation de la demande, connaissent une croissance. À leur tour, les commerçants embauchent des commis ; les industriels, des ouvriers. Ces nouveaux consommateurs gonflent la demande, etc. Les effets cumulatifs de croissance liés aux salaires correspondant à l'investissement initial sont appelés *effets indirects*.

En amont, on observe le même processus : j'achète plus de biens à mes fournisseurs, qui doivent donc produire davantage (croissance de la production) et, pour cela, embaucher plus d'ouvriers (croissance de la consommation), commander plus de produits de base à leur propres fournisseurs, eux-même entraînés alors dans la croissance, etc. Les effets cumulatifs de croissance liés à la contagion de l'augmentation de la production, en amont et en aval, sont appelés *effets induits*.

Un versement de revenu, une dépense d'investissement peuvent ainsi provoquer des ondes successives de demande, d'accroissement de la production, de distribution des revenus, etc. Ils favorisent donc la croissance.

5 - Le local et le global

Les facteurs endogènes de la croissance peuvent se combiner avec des facteurs exogènes. Le développement local s'explique par les facteurs endogènes que nous venons de voir (institutions, cultures spécifiques...), mais ces s'accompagnent souvent d'une capacité à capter les flux extérieurs de richesse. Les thématiques de la *glocalisation* (mot-valise associant le global –*ie*. mondial en anglais – et le local) ou *local globalisation* mettent précisément en perspective l'échelle locale et l'échelle mondiale. Les espaces économiques nationaux ne sont pas indifférenciés, mais constitués de lieux ayant des caractéristiques spécifiques : une entreprise qui investit en France choisit une ville, une région particulière. Chaque ville ou région se trouve d'ailleurs en concurrence avec ses voisines quand il s'agit d'accueillir une entreprise étrangère. En ce sens, l'économie est à la fois localisée et globalisée (mondialisée) : les investisseurs viennent du monde entier, mais décident de la localisation d'une usine en fonction d'atouts très locaux : capacités d'innovation, qualification de la main-d'œuvre, présence de sous-traitants et d'infrastructures de tous types, avantages fiscaux consentis par les communautés locales, etc. Les politiques du développement local visent à épanouir ces qualités susceptibles d'attirer les investisseurs internationaux.

C

CROISSANCE EXOGÈNE : LA CIRCULATION DES BIENS

Outre les capacités d'un pays à opérer des mutations économiques et à soutenir une croissance, le développement est également lié aux flux de biens. Un pays peut s'enrichir en évitant la fuite de ses biens et en captant ceux de ses voisins, avec ou sans leur accord. De même, un pays peut s'enfoncer dans la pauvreté parce que ses richesses sont pillées. Pour raisonner sur la distribution des richesses, il faut aussi prendre en compte la circulation des biens, et non seulement la croissance globale de leur production. Ainsi, au sein d'un continent qui ne connaît globalement pas de croissance, les pays qui accaparent les richesses de leurs voisins connaissent une croissance économique. Le rôle des flux extérieurs dans la croissance a surtout été mis en avant pour expliquer le différentiel économique entre les pays industrialisés et ceux du tiers-monde. L'enjeu théorique (et politique) consiste davantage à expliquer la pauvreté des seconds que la richesse des premiers. Les théories de la croissance exogène sont d'abord des théories du sous-développement.

1 - L'aide au développement

Selon la théorie de Nurske, les cercles vicieux de la pauvreté empêchent la croissance de s'enclencher. Le développement devrait alors passer par la rupture de ces cercles vicieux. Pour Nurske, c'est en apportant des ressources extérieures que l'on peut enfin accroître les investissements et la productivité, et sortir du piège de la pauvreté.

Le développement des pays pauvres serait alors lié à des flux de capitaux venant des pays riches. Les dons, qui peuvent prendre la forme plus discrète de prêts à long terme et à taux faibles ou nuls, peuvent être motivés par des raisons humanitaires, ou encore par le souci de réduire des inégalités porteuses de trouble. Les investissements procèdent d'une autre logique. Les pays pauvres sont ceux qui n'ont pas encore connu de décollage économique. Si celui-ci se produit, ils bénéficient alors de taux de croissance très forts, qui garantissent largement une rémunération des investissements. Les investisseurs qui acceptent de prendre quelques risques, et qui ont de bonnes raisons de croire que tel pays pauvre est à la veille du décollage, peuvent donc décider d'y investir. Ils aident ainsi ce pays à sortir des cercles vicieux de la pauvreté tout en opérant un bon investissement. Les rapports entre pays développés et sous-développés, selon cet ordre de vue, paraissent illustrer à merveille la thèse de l'harmonie des intérêts : les pays développés fournissent les capitaux manquants et l'ensemble fonctionnera harmonieusement, sur le modèle du ***plan Marshall***.

Le plan Marshall a été lancé en 1947 par le secrétaire d'État (et général) américain G.C. Marshall. Cette aide américaine, constituée de prêts à long terme et surtout de dons, devait aider à la reconstruction d'une Europe dévastée par la guerre. Acceptée par seize pays d'Europe occidentale, l'aide fut refusée par l'Union soviétique et les partis communistes, qui y voyaient une manœuvre impérialiste.

2 - Pillage et impérialisme

Dans les années 1960-1970, les échecs des politiques de développement, la stagnation économique de la plupart des pays pauvres remettent en cause l'optimisme et l'assurance de la période précédente, et laissent place à un pessimisme généralisé, mêlé de culpabilité. C'est ce que l'on a appelé depuis lors le « tiers-mondisme ». Des économistes s'éloignent alors des explications classiques et cherchent dans le marxisme, et spécialement dans la théorie marxiste de l'***impérialisme***, une interprétation du sous-développement.

Impérialisme : selon les marxistes (Rosa Luxemburg, Lénine), extension de l'économie capitaliste dans des espaces non capitalistes. Le système capitaliste cherche toujours de nouveaux débouchés extérieurs pour compenser ses profits déclinants.

Selon cette interprétation, la richesse des pays développés et la misère du tiers-monde ne sont que les deux faces d'une même structure économique d'exploitation. C'est en confisquant les richesses des pays sous-développés que les pays riches ont connu le développement, et le maintien de leur prospérité se traduit par l'enfermement du tiers-monde dans sa misère. Ces théories n'expliquent pas seulement le sous-développement, même si c'est cette dimension qui a eu le plus d'échos. Elles rendent compte aussi du développement, lié à l'enrichissement des puissances coloniales ou impérialistes. La fortune de villes comme Nantes était due au commerce triangulaire et à une véritable saignée de l'Afrique jusqu'au XVIIIe siècle ; le développement de l'économie anglaise au XIXe s'appuie sur le « pillage » de l'Inde.

3 - Commerce, pillage et croissance

Cette exploitation des pays pauvres par les pays riches n'apparaît aujourd'hui certes plus aussi clairement qu'au temps des empires coloniaux. Le pillage prend une forme différente : il se dissimulerait derrière le commerce international.

■ Les termes de l'échange

Contrairement aux libéraux selon lesquels le développement du commerce international est favorable à l'ensemble des nations, les tiers-mondistes considèrent que le commerce favorise, par le biais des termes de l'échange, les pays développés au détriment des pays pauvres. Non seulement les pays riches achètent la production des pays pauvres à un prix trop faible et leur vendent la leur à un prix trop élevé (termes de l'échange défavorables aux pays pauvres), mais ce hiatus tend à s'accentuer. Le cours des matières premières, souvent l'unique marchandise offerte par les pays pauvres, tend à baisser, grâce à des progrès de productivité mais aussi sous la pression des acheteurs. En revanche, le prix des produits finis, qui ne sont guère vendus que par les pays riches et sont de plus en plus sophistiqués, tend à augmenter. On observerait une dégradation des termes de l'échange pour les pays pauvres.

L'évolution des termes de l'échange (mesure de l'échange inégal).
L'indice des termes de l'échange pour un pays donné est calculé à partir du rapport suivant :

$$ITE = \frac{\text{indice des prix des exportations}}{\text{indice des prix des importations}} \times 100$$

Trois cas sont alors envisageables :
- si ITE = 100, il y a stabilité des termes d'échanges ;
- si ITE > 100, il y a amélioration des termes de l'échange. Le prix des exportations du pays concerné augmente plus vite que celui de ses importations ;
- si ITE < 100, il y a détérioration des termes de l'échange.

À partir d'une étude du commerce extérieur de la Grande-Bretagne (1876-1938), R. Prebisch et H. Singer (1950) montrent une détérioration des termes de l'échange au détriment de l'Amérique latine.

Ce mécanisme aboutit à un échange inégal. Les pays pauvres connaissent une dégradation de leurs termes de l'échange, puisque le prix de leurs exportations (matières premières) diminue alors que le prix de leurs importations (produits manufacturés) reste stable ou augmente. Les pays pauvres doivent exporter de plus en plus pour financer l'importation des mêmes quantités. À l'inverse, les pays riches connaissent une amélioration de leurs termes de l'échange. En payant de plus en plus mal les marchandises achetées aux pays pauvres, en leur vendant des produits de plus en plus onéreux, les pays riches effectueraient un véritable racket à l'encontre des pays pauvres. Cette analyse a suscité de nombreuses critiques. Les travaux récents concluent ainsi plutôt à une stabilité des termes de l'échange à l'échelle du siècle.

La croissance, le commerce et les rapports centre/périphérie

Samir Amin considère la colonisation et le pillage économique qui l'a accompagnée comme la cause fondamentale du sous-développement. La périphérie constituée par le tiers-monde a eu à subir un développement extraverti, où l'essentiel de l'activité productive est orientée vers le centre (les pays riches, anciennes puissances coloniales). Les profits effectués dans la périphérie sont rapatriés au centre par les firmes étrangères, sous la forme de redevances ou d'intérêts prohibitifs. Les recettes d'exportation servent à financer les dépenses de la minorité au pouvoir (armée, police, bourgeoisie, ***compradores***) et ne bénéficient en rien au secteur économique traditionnel, caractérisé par sa quasi-autarcie. Le ***dualisme*** entre ces deux secteurs produit une désarticulation entre secteurs non complémentaires : les bénéfices réalisés dans le secteur « moderne » ne peuvent aider au décollage du secteur traditionnel.

Dans sa théorie de la dépendance, l'historien et sociologue Immanuel Wallerstein (1930 -) généralise la théorie de l'échange inégal et des rapports de force centre/périphérie afin de rendre compte de l'économie mondiale : un centre puissant (pays développés et anciennes puissances coloniales) exploite et appauvrit une périphérie faible (pays du tiers-monde, anciennes colonies). Les échanges centre/périphérie (ou Nord/Sud) se réduiraient à un rapport d'exploitation, à un prélèvement par les pays riches (le « Nord ») du surplus produit par les pays pauvres (le « Sud »). Ces échanges assurent ainsi la croissance du « Nord », et maintiennent le « Sud » dans la pauvreté.

La théorie de la division internationale du travail

Au-delà de l'échange inégal, le « pillage » des pays du tiers-monde passerait aussi par une division internationale du travail. La DIT viendrait consolider dans

S. Amin : économiste égyptien né en 1931. Un des chefs de file des tiers-mondistes. (*L'Impérialisme et le Développement inégal*, 1976).

Compradores : marchands chinois qui commerçaient avec les Européens. Les tiers-mondistes parlent de « bourgeoisie compradore » pour dénoncer l'élite politique et économique occidentalisée des pays pauvres, qui accapare les profits du secteur moderne.

Dualisme : les pays en voie de développement ont des économies à deux secteurs, l'un moderne, l'autre traditionnel, n'ayant entre eux que des liens ténus. Ce dualisme s'observe dans les secteurs agricole (culture des grandes plantations destinées à l'exportation *vs.* exploitations vivrières) et industriel (industrie extractive *vs.* industrie manufacturière locale). Ce dualisme a aussi une dimension sociale et spatiale, que le géographe brésilien Milton Santos a analysée.

l'espace les rapports de dépendance et de domination. Un centre dominant se réserve les activités manufacturières et tertiaires, cantonnant une périphérie dominée à la production et à l'exportation de biens primaires, agricoles et miniers. Les activités les plus novatrices et rémunératrices, celles qui assurent la plus forte croissance et la maîtrise économique sont le monopole du centre, qui confisque ainsi tout le potentiel de développement. La périphérie est réduite à une économie de faible qualification, où les revenus sont bas et les perspectives de croissance limitées.

■ Pour un développement autocentré

Les tiers-mondistes soutenaient que, pour parvenir au développement, les pays pauvres devaient se débarrasser de la pression exercée sur eux par les pays riches, à travers le commerce international notamment. Samir Amin préconise une « déconnexion » des économies des pays du tiers-monde, qui, en se détachant du marché mondial, peuvent espérer connaître la croissance. Il s'agit de recourir à un développement « autocentré ». Pour échapper à des termes de l'échange et à une DIT défavorables, les pays du tiers-monde devaient développer leur propre secteur industriel et connaître un développement abrité des marchés internationaux. Le célèbre rapport de Prebish à l'ONU en 1963 propose le développement d'***industries de substitution aux importations*** dans les pays du tiers-monde.

Industrialisation par substitution aux importations : politique de développement visant à arrêter l'importation des produits de base consommés par la population locale, et à développer un secteur industriel national pour répondre à cette demande.

4 - Polémiques autour des théories tiers-mondistes

La vision tiers-mondiste remporta un immense succès dans les années 1960-1970, lors desquelles elle fut très influente dans des organismes de l'ONU, notamment la ***Cnuced***. La crise culturelle, idéologique et politique de l'époque était un terreau fertile pour les théories tiers-mondistes, qui rendaient les puissances occidentales coupables de tous les maux et érigeaient les pays pauvres en martyrs. On a souligné le fond de culpabilité qui faisait le succès des théories tiers-mondistes. Le décollage économique de certains pays du tiers-monde (Asie du Sud-Est) a semblé constituer un certain démenti. L'échec des politiques alternatives qui suscitait alors l'enthousiasme, comme le « socialisme africain » de J. Nyerere en Tanzanie, constituait un autre problème.

Cnuced : Conférence des Nations unies pour le commerce et le développement. Elle a pour fonction de promouvoir des échanges internationaux qui profitent davantage aux pays pauvres.

Le reflux idéologique des années 1980 s'est bien sûr accompagné d'une vive remise en cause des théories tiers-mondistes et d'un fort regain de la pensée économique libérale. Les théories tiers-mondistes et même les travaux sur le sous-développement connaissent aujourd'hui un déclin remarquable. Les institutions internationales (FMI, Banque mondiale, Gatt...) en sont revenues aux modèles explicatifs classiques des années 1950. Le sous-développement y est de nouveau considéré comme un simple retard, qui peut se corriger par des mesures économiques rigoureuses. On y souligne que le sous-développement a d'abord des causes internes. On y défend l'économie de marché, les programmes de libéralisation, de privatisation, d'ouverture vers l'extérieur et le libre-échange.

5 - Comment protéger ses richesses ?

Si la circulation des biens peut enrichir les uns et appauvrir les autres, il faut, pour s'enrichir et rester riche, préserver ses biens des convoitises extérieures. L'opacité de l'espace constitue une bonne protection. Dès que la circulation est plus facile, la protection d'une économie passe par la construction de barrières destinées à compenser l'amélioration des transports.

Une politique de défense militaire protège des prédations violentes qui accompagnent les invasions. Si l'on considère que le commerce est une forme de prédation, ce sont des mesures économiques qu'il faut adopter. Pour les mercantilistes, qui pensent qu'il y a toujours un perdant lors des échanges internationaux, on doit choisir une politique protectionniste qui prémunit les richesses nationales de la concurrence d'autres économies grâce à un arsenal de normes et de taxes pesant sur les importations. Les marxistes, pour qui le commerce international cache l'impérialisme et le néo-colonialisme, estiment que préserver son économie passe par un refus des marchés internationaux : soit on choisit l'autarcie (Albanie jusqu'à la fin des années 1980), soit on n'accepte de commercer qu'avec les pays frères, dont en théorie il n'y a pas lieu de soupçonner les intentions (dans le cadre du CAEM par exemple). Certains pays pauvres, sur la base des théories tiers-mondistes, tentent de se protéger des ponctions des pays riches en contrôlant les échanges, en limitant les rapatriements des bénéfices des multinationales, etc. Même les pays qui semblent avoir totalement adopté l'économie de marché et affichent la plus grande foi dans la théorie ricardienne des avantages comparatifs n'ignorent pas ce genre de précautions, qu'ils dissimulent derrière des normes ou des subventions.

Préserver ses richesses nationales, c'est empêcher les voisins de les accaparer, mais c'est aussi décourager les acteurs de placer leurs richesses à l'étranger. Dans les pays pauvres, certains parviennent certes à posséder des fortunes considérables, mais qu'ils placent là où le rapport et la sécurité sont les plus sûrs : dans les pays riches (en Suisse, par exemple). *In fine*, ces richesses dégagées sur le sol national ne profitent guère au pays. C'est un problème que l'émergence de ***firmes globales*** rend encore plus sensible.

Pour les firmes globales qui rassemblent de nombreuses entreprises, vendent leurs produits à l'échelle du monde, et les fabriquent dans différents pays selon les opportunités qu'ils présentent, la nationalité n'a plus guère de sens, et elles peuvent très bien déplacer leur siège social d'un pays à un autre, pour des raisons fiscales par exemple.

D

LES FORMES SPATIALES DE LA CROISSANCE

Une géographie de la richesse ne consiste pas seulement dans l'élaboration d'une typologie des espaces selon leur croissance, ni dans l'identification des facteurs qui expliquent la croissance. Il faut aussi s'interroger sur les formes spatiales que prend la croissance.

Nous avons principalement envisagé jusqu'à présent des espaces, connaissant ou non la croissance, doués ou non pour celle-ci. Nous avons ainsi envisagé les pays comme des points, des espaces sans dimension. Ce qu'ils ne sont pas. Quand un pays connaît une croissance, il est possible, et même probable, que celle-ci n'affecte pas l'espace national de manière homogène, indifférente. Elle peut se disperser, se concentrer, privilégier certaines régions, en oublier d'autres : adopter des formes spatiales.

1 - Une indifférenciation spatiale ?

Pour les économistes néo-classiques, la notion même de forme spatiale de la croissance n'a guère de pertinence. Toute répartition inégale de la croissance ne peut, selon eux, qu'être transitoire. Dans le cadre d'une concurrence pure et parfaite, pareille inégalité serait vite compensée par des mouvements de capitaux, de travailleurs ou de consommateurs. Tous les pays dont l'économie est ouverte sur l'extérieur verront donc leur économie converger. Les pays qui ferment plus ou moins leurs frontières peuvent seuls se démarquer par des différentiels de croissance sur le long terme.

Cette assertion est bien sûr démentie par l'observation. Certains espaces, à certains moments, connaissent une croissance plus forte que d'autres, parfois sur de longues périodes, et même au sein des pays développés où règne le libre-échange. Les théories du développement local visent à expliquer pourquoi et comment, au sein d'un espace économique relativement homogène, la croissance bénéficie à certaines régions plutôt qu'à d'autres. Qu'est-ce qui fait le succès de régions comme la Troisième Italie, le Choletais, le Corridor M6 (Angleterre), la Bavière, alors que le Mezzogiorno, la Lorraine, les Highlands, la Ruhr connaissent la crise ?

Les inégalités spatiales de croissance n'invalident pas totalement la théorie néo-classique de la convergence. Celle-ci affirme que les déséquilibres tendent à se combler si les conditions de parfaite mobilité des facteurs de production (main-d'œuvre, par exemple) sont remplies. Même à l'échelle d'un pays qui constitue un marché unique, l'opacité de l'espace est telle que ces conditions ne sont pas satisfaites ; elle ne permet pas le bon déroulement des processus de rattrapage. Les formes spatiales de la croissance et les théories qui les expliquent tiennent toutes à l'opacité de l'espace, au fait que la croissance d'une région affecte d'abord, et souvent seulement, celle des régions voisines.

2 - La croissance par contiguïté spatiale

On observe en effet rarement un pays pauvre au milieu de pays riches, ou une région riche au milieu de régions pauvres. Ce phénomène d'autocorrélation spatiale tient à ce que la croissance est marquée par des effets de contiguïté.

■ Les pôles de croissance

Fr. Perroux (1903-1987) : économiste français hétérodoxe qui accordait une place centrale à l'analyse des rapports de pouvoir dans l'économie.

Selon ***François Perroux***, la croissance n'est pas un processus qui affecte uniformément un espace : elle se concentre sur certains pôles (pôles de croissance), et, si tout se passe bien, se diffuse à partir de ces pôles dans leur environnement proche.

Considérons une usine qui s'implante dans une région. Elle y produit des effets multiplicateurs indirects et induits, en aval et en amont ; or, ces effets bénéficient surtout aux acteurs proches : les sous-traitants qui approvisionnent l'usine, ainsi que les commerces où se rendent ses employés, sont groupés autour de celle-ci, en raison de l'opacité de l'espace. Se forment ainsi des pôles de croissance, à partir desquels celle-ci se diffuse de proche en proche.

Dans les années 1950, les pôles de croissance ont été érigés en principe de développement par les disciples de Perroux (J. Boudeville, G. Destanne de Bernis). Ils préconisent des investissements massifs dans des industries industrialisantes (à fort effet multiplicateur, comme la sidérurgie), placées dans des pôles de développement choisis, destinés à entraîner derrière eux leur région. Annaba en Algérie et Tarente en Italie ont constitué deux des applications les plus connues de cette politique économique. Ces tentatives se sont souvent soldées par des échecs : on a parlé de « cathédrales dans le désert ». Les effets multiplicateurs, surtout en amont, ont en effet peu joué, car on a souvent eu recours à des fournisseurs extra-régionaux en raison de la révolution des transports.

Les districts industriels

Pourtant, depuis les années 1970, on a vu réapparaître des districts industriels comme au XIXe siècle. C'est que, dans le cadre du système de production post-fordiste, les effets multiplicateurs et la diffusion de la croissance s'opèrent à une échelle régionale ou locale. Les besoins de flexibilité, la production en flux tendus, le besoin d'échanger fréquemment des informations complexes qui nécessitent le face-à-face, ont redonné une grande importance aux faits de proximité. Les firmes, qui tendent à externaliser une bonne partie de leur production, s'entourent d'une nébuleuse d'entreprises avec lesquelles elles doivent être en contact permanent. Les technopôles, pont-aux-ânes de l'aménagement dans les années 1980, participent de la même logique : le développement économique se fonde sur la synergie entretenue localement entre les industries de pointe, l'enseignement supérieur et la recherche. La diffusion des innovations, à la base de la croissance au sein de « ***milieux innovateurs*** », s'appuie également sur des rapports de proximité.

Milieu innovateur : selon des travaux de Ph. Aydalot, système de production dont les performances en matière d'innovation reposent sur l'existence de synergies entre les entreprises et les institutions d'un même milieu. Exemple : la région de l'arc jurassien, où se concentre l'industrie horlogère.

Pour les tenants de l'école californienne (Scott, Storper, Walker), qui mettent les effets de proximité et les coûts de transaction au cœur de leurs analyses, les districts industriels sont non seulement la forme spatiale caractéristique de l'économie postfordiste, mais aussi le moteur même de la croissance dans ce système de production.

3 - La forme de l'archipel

Les faits de proximité ne semblent pas *a priori* rendre compte du phénomène de métropolisation que l'on observe à diverses échelles. Pourquoi l'économie mondiale se polarise-t-elle sur des métropoles (New York, Los Angeles, Tokyo, Hong Kong, Londres, Paris, etc.) ?

Si Paris est une ville attractive pour les investisseurs internationaux, est-ce en fonction de son voisinage immédiat, grâce à la Brie, à la Beauce, ou même plus loin à la Picardie ou à la Sologne ? Certainement pas : la région parisienne est en l'occurrence de peu d'importance. L'agglomération parisienne est attractive parce que Paris est une ville mondiale. Elle dispose du premier aéroport de l'Europe continentale, d'agences de presses, de sièges sociaux, d'activités très internationalisées, etc. Les atouts de Paris tiennent plus à la qualité de ses relations avec les autres villes mondiales qu'à ses liens avec Amiens ou Arras. Le lieu, le voisinage, les régions autour de Paris comptent moins que le réseau des grandes métropoles dans lequel la capitale française joue un rôle de carrefour.

La mondialisation met en place une économie d'archipel, qui donne un rôle de premier plan à quelques métropoles bien reliées entre elles (les îles), et fait passer au second plan l'espace qui les entoure (l'océan). La proximité spatiale d'une métropole à la région qui l'environne compte moins que sa proximité, au sein du réseau archipélagien, aux métropoles de même niveau. En conséquence, les effets multiplicateurs de la croissance dans une métropole concernent peu son arrière-pays immédiat, mais peuvent se faire ressentir dans les métropoles avec lesquelles elle entretient des échanges économiques.

Une politique économique qui viserait à appuyer les dynamiques internes, conformément aux théories du développement local, manquerait son but. Soutenir la croissance d'une grande métropole au sein d'une économie mondialisée, c'est améliorer sa position de carrefour intercontinental, y abriter des événements mondiaux, ouvrir son économie sur l'extérieur, faciliter les échanges, etc.

4 - À QUI PROFITE LA MONDIALISATION ?

Une question suscite la polémique : la mondialisation garantit-elle la prospérité de tous, ou tend-elle à accentuer les inégalités économiques ? Quelles sont les conséquences de l'explosion des échanges sur la répartition des richesses ?

■ MONDIALISATION ET INÉGALITÉS

La théorie des avantages comparatifs de Ricardo soutient que tous les pays qui s'ouvrent sur les marchés extérieurs et se spécialisent dans le secteur où ils sont relativement meilleurs ou moins mauvais s'enrichissent. Cet enrichissement est global, mais de nombreux économistes ont montré qu'il pouvait (ou devait) s'accompagner d'un accroissement des inégalités à l'intérieur de chaque pays.

Au milieu du XIXe siècle, l'Angleterre a abandonné toute politique protectionniste et s'est ouverte au marché mondial. Les villes industrielles en ont certes alors profité : elles se sont enrichies de manière spectaculaire du fait de la spécialisation de l'économie dans l'industrie, pour laquelle le pays disposait d'un avantage comparatif. Mais l'agriculture nationale a été sacrifiée car sa production était beaucoup plus chère que celle offerte par les États-Unis. La céréaliculture anglaise a été « remplacée » par l'importation de blé américain, entraînant misère des paysans (ainsi que colère des ***Landlords***) et dépopulation des campagnes.

Landlords : propriétaires terriens.

Aujourd'hui, la mondialisation tend à mettre en avant de nouveaux avantages comparatifs : dans les pays riches, la main-d'œuvre qualifiée et la production d'« idées » ; dans les pays pauvres, la main-d'œuvre bon marché et la production d'« objets ». Ainsi, on dessine les chaussures Nike aux États-Unis, et elles sont fabriquées en Asie du Sud-Est. Les logiciels sont conçus aux États-Unis par Microsoft, qui laisse la fabrication des ordinateurs aux NPI. C'est sans aucun doute une opportunité pour les pays pauvres, qui peuvent ainsi participer au commerce mondial, se spécialiser, s'enrichir conformément à la théorie de Ricardo, et ainsi espérer rattraper le niveau économique des pays riches (à l'instar de la Corée du Sud, de Hong Kong…). Les pays riches profitent également de cette meilleure exploitation de leurs avantages comparatifs – mais, comme pour l'Angleterre au XIXe siècle, les bénéfices ne vont pas à tous.

La spécialisation des pays riches dans le traitement de l'information et les secteurs à haute qualification profite aux « ***manipulateurs de symboles*** », ceux qui ont des diplômes, parlent plusieurs langues, surfent sur Internet... Elle ne profite pas aux travailleurs non qualifiés, « ***routiniers*** », que la mutation économique laisse de côté, comme ont été laissés de côté les paysans (et les *Landlords*) dans l'Angleterre qui s'industrialisait. Dans une économie postfordiste, les travailleurs non qualifiés trouvent difficilement un travail : ce sont précisément leurs emplois qui ont été « délocalisés » dans les NPI. Ils subissent de plein fouet le chômage, la précarité du travail, sont mal rémunérés et exclus des structures de production. Ainsi, les inégalités sociales et les écarts de salaires s'accroissent au

Manipulateurs de symboles, travailleurs ***routiniers*** : terminologie de l'économiste américain R. Reich.

sein des pays riches. Ainsi, la mondialisation accroît également les inégalités au sein des pays pauvres, car elle tend à profiter au seul secteur moderne de l'économie, aggravant le dualisme de la société.

■ Où se concentre la croissance ?

Or, dans ces pays riches, la répartition des différentes activités économiques et celle de la qualification de la main-d'œuvre ne sont pas homogènes, et ceci à toutes les échelles. Certaines régions (par opposition à d'autres), certaines villes (par opposition à d'autres villes, mais aussi par rapport à l'espace rural), certains quartiers urbains (par rapport à d'autres, par rapport aux banlieues) abritent les activités et la main-d'œuvre qui profitent de la mondialisation, alors que les activités et les travailleurs laissés pour compte par celle-ci se concentrent dans d'autres espaces. Comme les inégalités sociales et économiques s'accentuent à cause de la mondialisation, il en va nécessairement de même des inégalités spatiales internes. Par exemple, les écarts de richesse entre, d'un côté les régions post-industrielles (la Côte d'Azur), les grandes métropoles (Paris), les quartiers aisés (l'Ouest de Paris), de l'autre les vieilles régions industrielles (la Lorraine), les petites villes (Longwy), les quartiers « sensibles » (La Courneuve), vont croissant. À l'intérieur des pays riches, la géographie de la richesse tend à être plus contrastée, à quelque échelle qu'on l'examine.

La mondialisation n'est pas directement responsable de l'accroissement des inégalités (ni du chômage) à l'intérieur d'un pays donné, puisqu'elle nourrit un enrichissement du pays pris comme un tout, qui pourrait profiter à tous, être partagé. La responsabilité du fossé social et spatial qui se creuse de plus en plus incombe donc aux choix sociaux et politiques qui sont faits en matière de redistribution des profits, au sein de la société et dans l'espace.

La mondialisation peut donc accroître la richesse globale du pays qu'elle affecte, et réduire sans doute les inégalités de richesse entre les pays, mais elle risque de les accentuer à l'intérieur des pays, à plusieurs échelles.

À MAÎTRISER

Problématiques globales

Hétérogénéité spatiale de la distribution des richesses à diverses échelles ; théorie de la convergence ; convergence conditionnelle et clubs de convergence ; facteurs de la croissance endogènes ; culture et croissance ; étapes de la croissance ; cercles vicieux du sous-développement ; théorie keynesienne du multiplicateur ; facteurs exogènes de la croissance ; croissance et termes de l'échange ; théorie de la dépendance ; croissance et DIT ; croissance et libre-échange ; théories du développement local ; théorie des pôles de croissance ; économie d'archipel ; mondialisation et inégalités.

Concepts importants

IDH ; PIB ; PIB/hab. ppa ; croissance ; développement ; richesse ; multiplicateur ; glocalisation ; plan Marshall ; impérialisme ; termes de l'échange ; *compradores* ; DIT ; industrialisation par substitution aux importations ; firme globale ; pôle de croissance ; districts industriels ; milieux innovateurs.

Chronologie

Évolution des théories du développement ; évolution de l'hétérogénéité spatiale en matière de richesse.

Auteurs et courants à situer

M. Weber, W. W. Rostow, R. Nurske, tiers-mondisme, S. Amin, Fr. Perroux, école californienne, Ph. Aydalot.

DOCUMENTS PROPOSÉS

Les disparités de PIB/hab. et d'IDH à l'échelle du monde

PIB/hab., en $ ppa en 1997

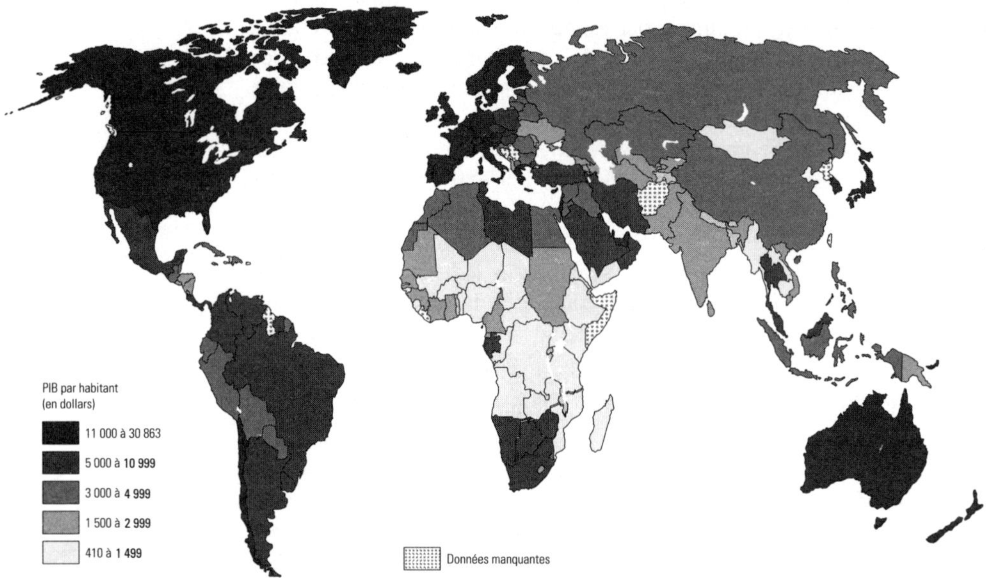

D'après PNUD, *Rapport mondial sur le développement humain*, 1999.

L'indicateur du développement humain (IDH) en 1997

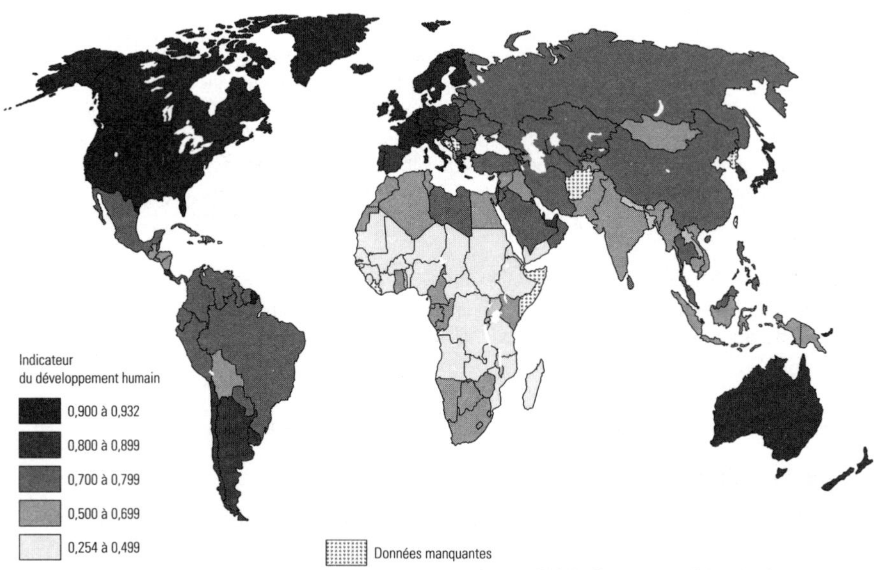

D'après PNUD, *Rapport mondial sur le développement humain*, 1999.

« Pour la Banque mondiale, un lagon = une usine »

Quel est le peuple le plus riche du monde ? Les Américains ? Les Japonais ? Les Suisses ? Non, les Australiens. Réponse surprenante, tirée d'un récent rapport de la Banque mondiale qui risque de provoquer quelques remous. L'Australie, pays dont les 18 millions d'habitants appartiennent en majorité à une classe moyenne concentrée dans les banlieues, n'a jamais été connue pour sa grande richesse financière. Mais le « pays élu » vient en tête depuis que les économistes de la Banque mondiale ont décidé de prendre en compte dans leur classement les ressources naturelles – des richesses minières aux terres cultivées, en passant par les zones protégées comme le récif coralien de la Grande Barrière. L'étude, publiée fin septembre, classe 192 pays d'après de nouveaux critères de mesure de la richesse et en fonction de leur potentiel de développement économique.
Rétrogradant des paramètres traditionnels comme le produit intérieur brut, le rapport donne une importance accrue aux ressources naturelles, à la qualité de l'environnement, à l'éducation, à la flexibilité sociale ainsi qu'à un certain nombre d'atouts généralement sous-évalués mais qui peuvent constituer les moteurs d'une croissance durable. « En évaluant la richesse et plus seulement le revenu, le nouveau système remet en cause le mode de raisonnement classique », explique Ismail Scrageldin, responsable de l'étude. « Il élargit le concept de richesse au-delà des capitaux et des investissements ». Avec la nouvelle approche, les pays peu peuplés mais disposant d'une main-d'œuvre relativement qualifiée et d'abondantes ressources naturelles obtiennent les meilleures notes. Ainsi le Canada arrive-t-il deuxième en termes de richesse par habitant. Il est suivi, dans l'ordre, par le Luxembourg, la Suisse, le Japon et la Suède. Les États-Unis, généralement considérés comme le pays le plus riche du monde, ne viennent qu'en douzième position. L'Éthiopie, le Népal et le Burundi sont les États les plus pauvres.
Pour les besoins de l'étude, on attribue une valeur en dollars à trois types de richesses nationales. La première concerne les « ressources manufacturées », comme les machines-outils, les usines, le réseau routier et autres infrastructures nécessaires à l'industrie. Ensuite, viennent les ressources naturelles, non seulement les gisements miniers mais aussi les terres et l'eau, entre autres. Enfin, les ressources humaines sont mesurées d'après des critères tels que les niveaux de nutrition et d'éducation. Les estimations quantitatives représentent une « suite complexe de supposition éclairées », qui demandent à être soigneusement revues, admettent les économistes qui ont effectué ces recherches.
Anticipant d'éventuelles critiques sur leur mode de calcul, auquel on risque de reprocher l'extrême confusion, les fonctionnaires de la Banque mondiale arguent que le système actuel, qui néglige certaines ressources, conduit à prendre des décisions inappropriées et contraires à la logique économique. Les économistes espèrent donc infléchir la réflexion des gouvernements et des populations en matière de développement.
Selon le rapport, dans la majorité des pays, les ressources humaines constituent les deux tiers de la richesse nationale. Par comparaison, les ressources manufacturées, comme les produits finis, ne représentent que 20 % du total : à Madagascar, par exemple, la proportion est d'environ 16 %, soit approximativement la même qu'aux États-Unis. L'énorme écart de développement entre les deux pays s'explique essentiellement par la part qu'occupe le capital humain dans la richesse américaine. "Les pays les plus riches sont en général ceux qui investissent le plus dans les ressources humaines", conclut le rapport.

Times, 1995.

Les 20 pays les plus riches

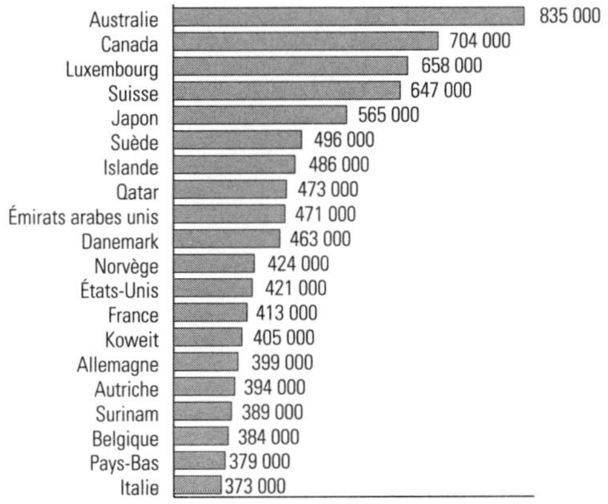

Les 20 pays les plus pauvres

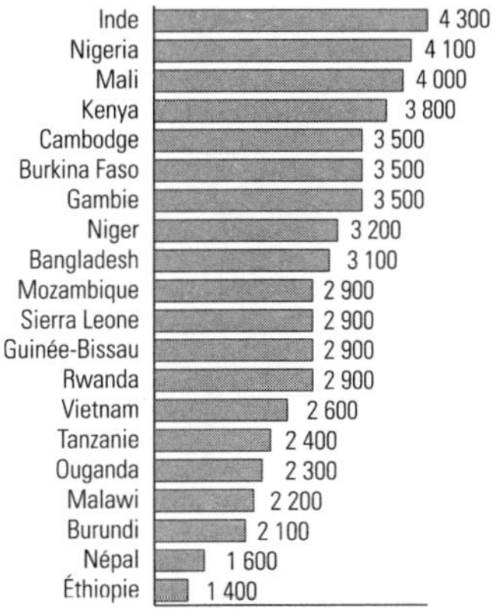

QUESTIONS

– Quels sont les éléments pris en compte par chacun des indicateurs ? Pourquoi le PNUD en 1990, la Banque mondiale en 1995, ont-ils ressentis le besoin de proposer de nouveaux indicateurs ?

– Dans quelle mesure ces indicateurs permettent-ils d'évaluer le revenu, la richesse, le niveau de vie, le développement, le bonheur ?

– Repérer et tenter d'expliquer les différences entre les deux cartes. Quelle nouvelle configuration apparaîtrait sur une carte de l'indicateur proposé par la Banque mondiale ?

– Pour chacun des indicateurs, les pays riches et les pays pauvres se répartissent-ils par ensembles géographiques ?

– Quels facteurs sont susceptibles d'expliquer la géographie de chacun des indicateurs ?

Documents à commenter

Réalités de la convergence économique

1 – DÉFINITIONS

Il y a **convergence** entre l'économie de plusieurs pays si les écarts entre les revenus par habitant de ceux-ci tendent à se réduire au cours de la période considérée. Le plus souvent, le PIB/hab. est l'indice utilisé (fig. 1). Il existe différents types de convergence.

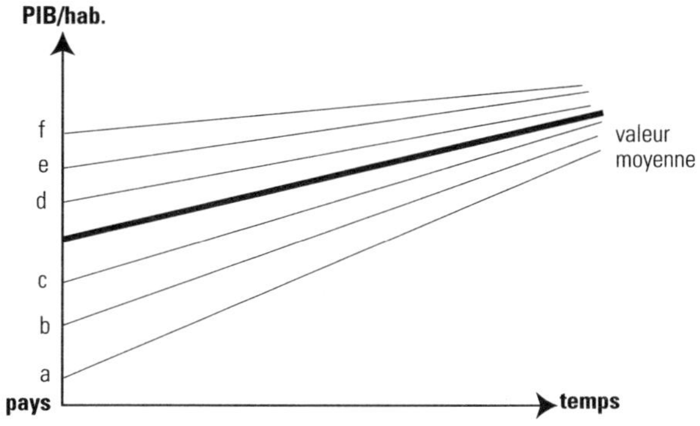

Fig. 1 : convergence

La **sigma-convergence** (σ-convergence) correspond à la réduction de l'écart à la moyenne (écart type) au sein d'un groupe de pays. Ainsi, il y a σ-convergence dans la période si les valeurs des différents pays se rapprochent de la valeur moyenne.

La **béta-convergence** (β-convergence) ou **convergence absolue** s'étudie en examinant la corrélation entre le taux de croissance et le PIB/hab. au début de la période considérée. Si les taux de croissance sont d'autant plus forts que les PIB/hab. sont plus faibles (corrélation négative), l'économie des pays riches tend à stagner, voire à régresser, alors que celle des pays pauvres tend à se développer d'autant plus qu'ils sont pauvres : il y a β-convergence.

La **convergence conditionnelle** développée dans le modèle de Solow est relative aux caractéristiques structurelles des pays, que les économistes appellent les « fondamentaux ». Les taux d'investissement, de croissance démographique, la maîtrise technologique, etc., déterminent un **sentier d'équilibre** à long terme, c'est-à-dire une croissance optimale vers laquelle tend l'économie. On parle de convergence conditionnelle si l'on observe une convergence absolue entre les pays qui ont le même sentier d'équilibre (fig. 2). Les pays qui ne partagent pas les mêmes fondamentaux, et donc suivent des sentiers différents, ne convergent que dans la mesure où leurs sentiers convergent, ce qui n'est pas nécessairement le cas.

La notion de **club de convergence** met l'accent sur les conditions initiales, c'est-à-dire sur le capital physique et humain. Même si différents pays partagent les mêmes structures économiques (le même sentier d'équilibre), ils ne peuvent converger que s'ils partent du même niveau. Si leurs conditions initiales sont différentes, les PIB/hab., bien qu'ils croissent au même rythme, ne se rejoignent pas. Il n'y a donc convergence qu'entre les pays du même club, qui partagent les mêmes conditions de départ et des structures identiques (et donc un même sentier).

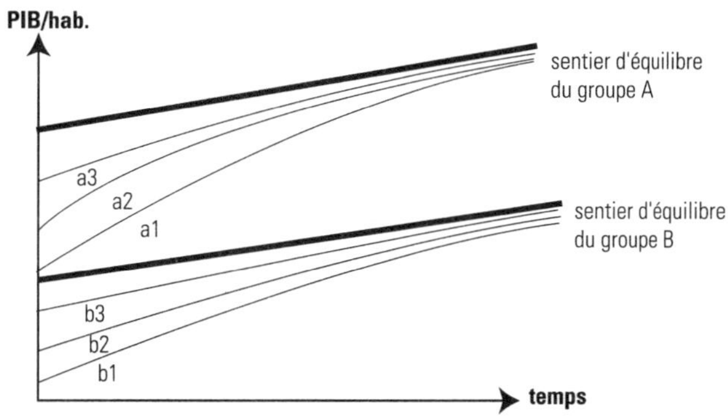

Fig. 2 : convergence conditionnelle

« L'Europe du Sud va-t-elle rattraper le Nord ? »

La croissance permettra-t-elle aux régions les plus pauvres d'Europe de rattraper les zones riches ? En trente-cinq ans, les inégalités de niveau de vie se sont nettement réduites entre les Quinze. Formée autour d'un bloc relativement homogène (si l'on en retire le Sud de l'Italie), la Communauté s'est ouverte également à des pays aux niveaux de vie plus divers, certains forts riches, d'autres moins développés, mais en croissance relativement rapide. L'entrée dans l'Union n'a fait souvent qu'accélérer un processus d'intégration économique préexistant, lié au mouvement général d'ouverture des marchés. Mais la dynamique des marchés ne provoque pas spontanément une convergence des niveaux de développement. Ce sont d'abord les stratégies nationales qui ont permis à certains pays de réaliser un réel rattrapage, au-delà de l'effet des fonds structurels européens, qui a profité aux régions les plus en retard.

L'axe Flandres-Méditerranée

La fracture est aujourd'hui nette entre, d'une part, le Portugal et la Grèce, dont le niveau de vie tourne autour de 5 000 dollars par habitant et par an et, d'autre part, le reste de l'Europe. [...] Dans la partie la plus riche de l'Europe, le PIB par habitant s'échelonne de 18 000 à 22 000 dollars par an. On a là un des grands pôles de la richesse mondiale, que seules les côtes est et ouest américaines, ainsi que le Japon, arrivent à égaler (si l'on exclut la rente pétrolière dont vivent certaines régions). Le Sud de l'Europe demeure constitué d'économies qui reposent encore pour une bonne part sur une agriculture aux faibles rendements et sur une industrie peu développée par rapport au Nord. [...]

Les moyennes nationales masquent des inégalités de niveau de vie plus complexes. Les pôles de développement s'organisent en partie autour de logiques nationales : la hiérarchie nationale des centres de décision, favorable aux capitales ou aux métropoles régionales dans les pays les moins centralisés ou d'unification récente, joue un rôle essentiel. Mais, sans attendre la diminution des droits de douane au sein de la Communauté et, aujourd'hui, la monnaie unique, les échanges et les activités se sont aussi développés autour de zones géographiques qui se sont jouées des frontières. L'axe Flandres-Méditerranée, le rôle historique des ports de la mer du Nord dans les échanges commerciaux, le développement d'infrastructures de communication mais aussi de formation de la main-d'œuvre notamment, se sont ajoutés pour bâtir une vaste zone de niveau de vie élevé qui traverse le continent du Danemark au Nord de l'Italie, en englobant les Pays-Bas. Vu des régions, le cœur de l'Europe de la richesse se trouve dans le Sud de l'Allemagne (Bavière, Bade-Wurtemberg) et dans le Nord de l'Italie. Pourtant, avec un revenu de 15 400 dollars par habitant et par an, l'Italie ne se classe pas dans le club des plus riches européens. En réalité, de la Lombardie à l'Émilie Romagne en passant par le Val d'Aoste, le Nord de la péninsule a peu à envier à la Bavière. Les moyennes sont trompeuses. [...]

Un rattrapage à deux vitesses

Le Portugal va-t-il rattraper la Suède dans la première moitié du prochain siècle ? En réalité, on en est bien loin. La période qui s'échelonne de 1960 à 1995 comprend en fait deux phases. Dès la fin des Trente Glorieuses, le rattrapage est net. En 1960, le revenu par habitant du pays le plus riche valait 7 fois celui du plus pauvre, contre 4,5 fois seulement en 1980. L'expansion générale de l'Europe a tiré la croissance des pays les plus démunis, qui ont alors réduit significativement leur retard. Mais, de 1980 à aujourd'hui, le constat est différent ! L'écart s'est à peine réduit, de 4,5 à 4,4, de l'ordre du niveau d'incertitude des instruments de mesure. Le processus de rattrapage semble s'être arrêté au cours des quinze dernières années. La crise est passée par là. Dans une

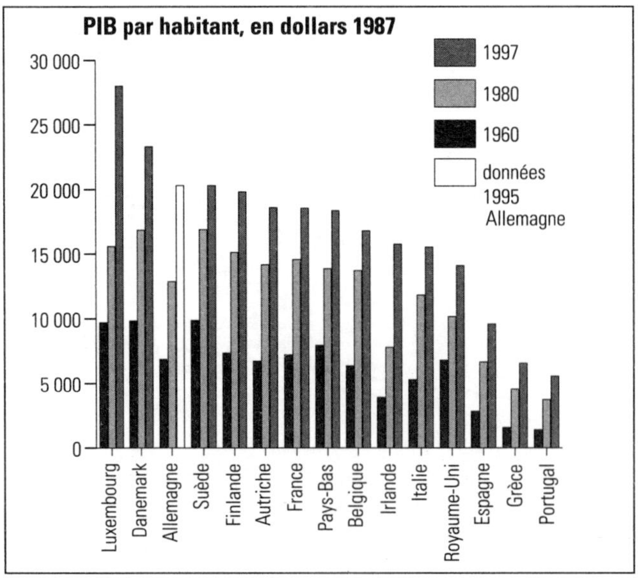

période de stagnation, les pays pauvres n'ont pas mieux tiré leur épingle du jeu que les riches. Une analyse par région ne modifierait pas ce constat : sur la période 1980-1996, les disparités de niveau de vie entre les régions d'Europe ne se sont pas réduites de manière significative. [...]
Le budget de l'Union (moins de 1,3 % de son PIB) demeure encore trop faible pour organiser une redistribution forte des richesses en Europe : le montant des fonds structurels destinés aux régions les moins développées ne constitue que 0,5 % du PIB des Quinze. Mais ces fonds – qui représentent tout de même jusqu'à 4 % des PIB grec et portugais – demeurent efficaces pour favoriser la convergence. Un effort de solidarité accru à travers les instruments déjà disponibles permettrait sans nul doute d'accroître encore la rapidité de cette convergence.

L. Maurin, *Alternatives économiques*, hors série n° 41, 1999, pp. 26-27.

2.1 - QUESTIONS

– Dans quelle mesure les croissances économiques des pays de l'Union sont-elles en phase ? Tenter d'expliquer certains décalages.

– Interpréter les processus mentionnés dans ces documents en termes de σ-convergence, de convergence conditionnelle et de club de convergence.

– Expliquer pourquoi l'évolution des disparités de revenu ne s'effectue pas de la même manière à toutes les échelles.

– Quels sont, en Europe, les facteurs qui permettent la convergence, ceux qui la rendent difficile ?

– Quels sont le rythmes de la convergence ? Comment les expliquer ?

– Comment s'effectue, en Europe, la diffusion spatiale de la croissance ?

Taux de croissance et PIB par habitant (1960-1997)

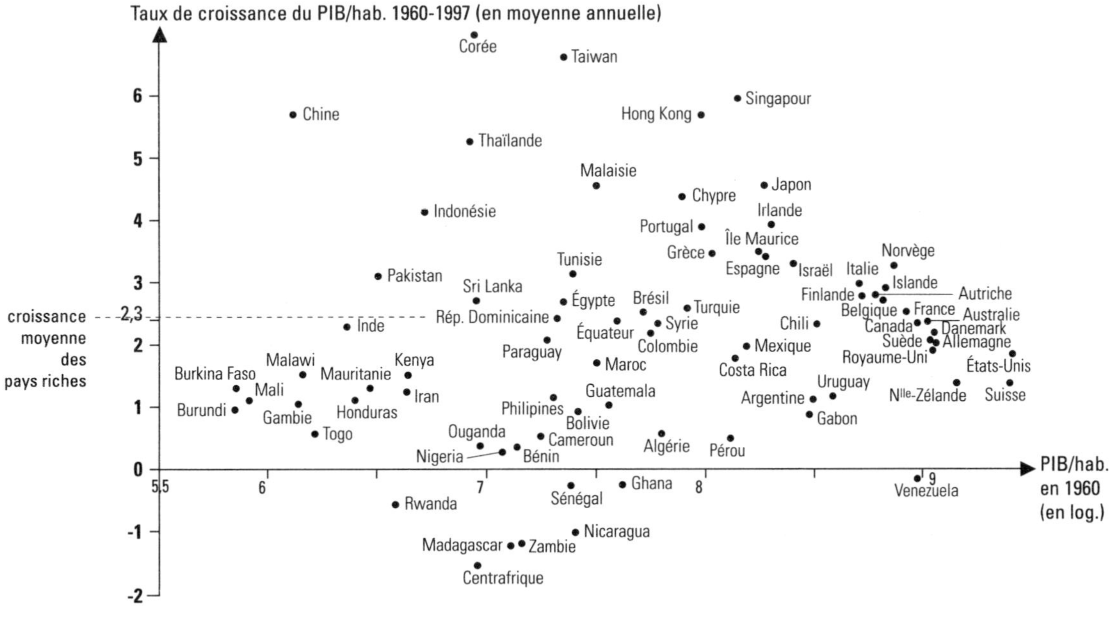

I. Bensidoun et L. Boone, « La notion de convergence », *in* CEPII, *L'Économie mondiale 1999*, Paris, La Découverte, 1998, p. 98.

2.2 - QUESTIONS

– Les conditions initiales (le PIB/hab. en 1960) jouent-elles un rôle déterminant dans la croissance des 30 années suivantes ? Ce graphique valide-t-il l'hypothèse d'une β-convergence à l'échelle de la planète sur la période 1960-1997 ? Ce graphique montre-t-il l'existence de « clubs de convergence » ?

– Déterminer le groupe de pays qui se sont éloignés des pays riches, ceux qui s'en sont rapprochés ? Quels sont les caractères que partagent les pays au sein de chaque groupe ?

Évolution du PIB/hab (1820-1992)

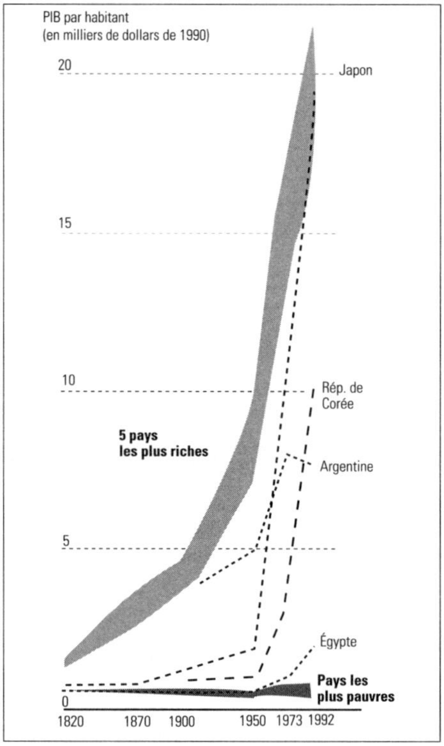

PNUD, 1999.

2.3 - QUESTIONS

– Ce graphique valide-t-il l'hypothèse d'une convergence à l'échelle de la planète et sur la période ?

– Quels sont les pays qui ont convergé, et à quelle date le processus s'est-il enclenché ? Pour quelles raisons ?

Pour aller plus loin

Bensidoun I. et Boone L., « La notion de convergence », *in* CEPII, *L'Économie mondiale 1999*, Paris, La Découverte, 1998, pp. 94-103.

Le Pen Y., « Convergence internationale des revenus par tête : un tour d'horizon », *Revue d'économie politique*, n° 107, 1997, novembre/décembre, pp. 715-756.

« Compétitivité structurelle : l'approche macro-économique », *in* Rapport du CEPII, *Compétitivité des Nations*, Paris, Économica, 1998, pp. 53-66.

Documents proposés

Les grandes fortunes

Dans le monde

Répartition des milliardaires dans le monde en 1999 (en US $)

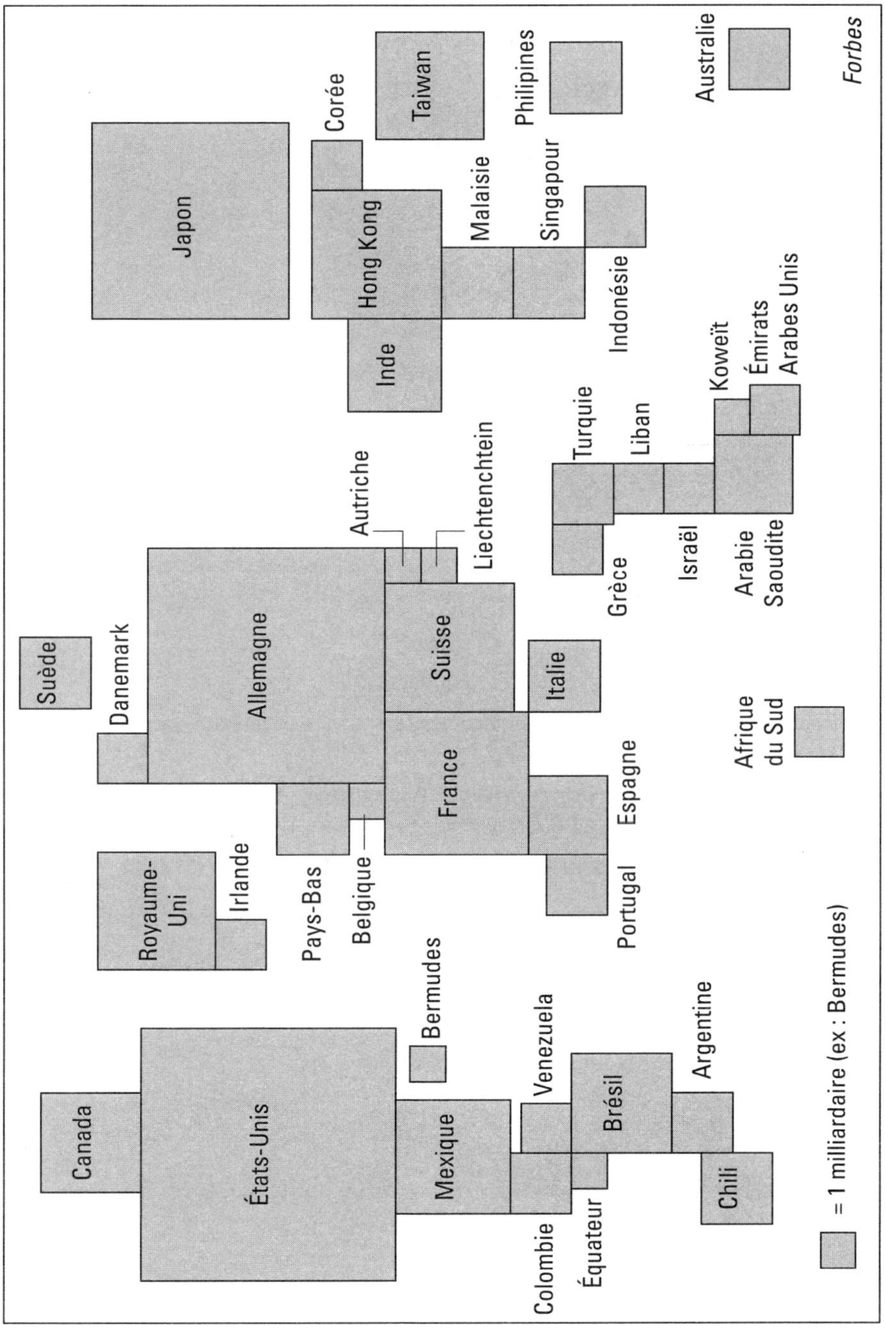

Remarque : parmi les dix plus grandes fortunes mondiales, sept sont états-uniennes (record mondial : Bill Gates, 90 milliards de $).

En France

Nombre de patrimoines individuels ou familiaux de plus de 50 millions de francs en 1998

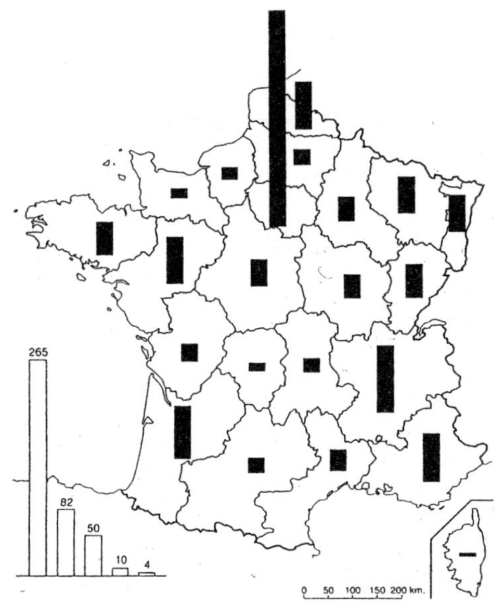

M. Chevalier, « Les régions et les fortunes », *Annales de géographie*, n° 607, 1999, p. 306.

Foyers soumis à l'impôt sur les grandes fortunes en Île-de-France en 1994

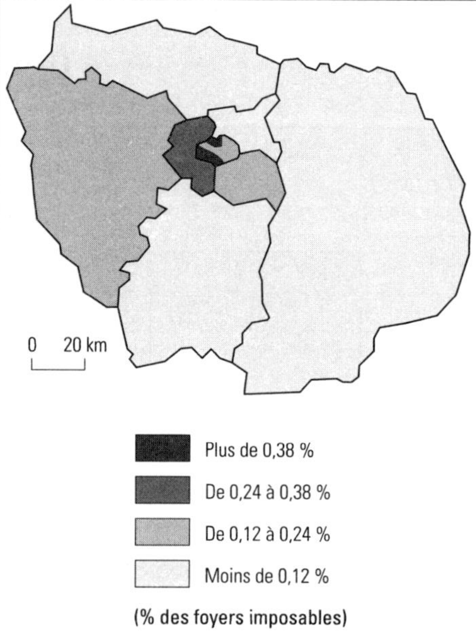

M. Pinçon, M. Pinçon-Charlot, « Le grégarisme des grandes fortunes », *in* D. Pumain et M.-F. Mattei (dir.), *Données Urbaines*, Paris, Anthropos, 1998, p. 237.

QUESTIONS

– Quelle fiabilité peut-on *a priori* accorder à ces données ?

– À l'échelle du monde et à celle de la France, quels sont les principaux facteurs qui rendent compte de la distribution des grandes fortunes ?

– Les espaces les plus riches en termes de PIB/hab. (voir carte p. 438) sont-ils toujours ceux qui abritent les plus de grandes fortunes ? Pourquoi ?

– Expliquer les scores médiocres de l'Est parisien, la région Midi-Pyrénées, l'Italie, la Russie.

– Expliquer les bons résultats de l'Aquitaine, l'Ouest parisien, Hong Kong, le Mexique, la Suisse.

Documents proposés

Deux visions du tiers-monde

– Conclusion du livre *Géographie du sous-développement* d'Y. Lacoste –

Le sous-développement, fait actuel d'apparition relativement récente, est le résultat de causes qui se sont mises en place, combinées et relayées depuis plusieurs siècles : absence de bourgeoisie, ankylose économique et sociale, alliance des privilégiés autochtones et des colonisateurs, faible résistance à l'expansion coloniale, dépendance politique et économique, constitution des pouvoirs exorbitants de la minorité privilégiée, dislocation des structures traditionnelles, réduction du marché intérieur, orientation du secteur d'économie moderne vers l'exportation, évolution défavorable des *terms of trade*, nécessité d'améliorations sanitaires, croissance démographique accélérée. Ces causes sont, les unes fort anciennes et elles ont parfois cessé d'exister (ankylose des sociétés traditionnelles), les autres ne sont parfois apparues que depuis quelques décennies (essor démographique). Parmi elles, les unes ont précédé et conditionné, les autres ont suivi la cause qui apparaît primordiale : mise en place d'une minorité privilégiée qui dispose d'extraordinaires moyens de pressions et de prélèvements, résultat d'une véritable adultération des rapports de production de type capitaliste.

Le sous-développement procède fondamentalement de l'intrusion du système capitaliste au sein de sociétés ankylosées dans des structures sociales moins évoluées au profit d'une minorité (étrangère ou autochtone) dotée d'exorbitants pouvoirs politiques, économiques et sociaux. Ses prélèvements restreignent de façon telle le marché intérieur que les activités économiques modernes sont limitées et essentiellement fonction des marchés étrangers. La pauvreté générale et le sous-emploi massif qui en résulte favorisent la persistance d'une très forte natalité qui, combinée aux effets des nécessaires améliorations sanitaires, provoque une forte augmentation de population. Sa croissance tend a être plus rapide que celle des ressources dont elle dispose effectivement. [...]

Les freins qui empêchent l'essor économique des pays sous-développés, sont, nous l'avons vu, très variés : la faim, les déficiences des populations, l'analphabétisme, le sous-emploi, l'absence d'intégration nationale, la dépendance des marchés extérieurs, l'inarticulation des secteurs économiques, certains handicaps naturels, la faiblesse des équipements et des capitaux, les pouvoirs des minorités privilégiées. S'ils ont été mis en place à des époques différentes, par des forces dont certaines n'existent plus aujourd'hui, ils s'enchevêtrent pour ligoter le présent. Tous n'ont pas la même puissance. Certains peuvent être très rapidement supprimés à la condition que les hommes le veuillent et fassent le nécessaire. D'autres ne pourront être desserrés qu'avec de longs efforts et qu'après certains progrès. Ainsi la misère, l'ignorance ne pourront être que progressivement refoulées. Or, et c'est un fait essentiel, la cause première du sous-développement – les exorbitants pouvoirs des privilégiés – est à la fois le frein majeur, l'obstacle dirimant qui empêche le démarrage d'un véritable effort de développement, et l'entrave qui peut être le plus rapidement brisée. À la différence de la plupart des autres freins dont la suppression exige au préalable un certain développement, les pouvoirs des privilégiés peuvent être liquidés par un processus politique, rapide, en dépit des grandes difficultés qu'il doit affronter : la Révolution.

Y. Lacoste, *Géographie du sous-développement*, Paris, PUF, 1968, pp. 238-241.

1.1 - QUESTIONS

– Quelles sont, selon l'auteur, les causes du sous-développement ? Comment les hiérarchise-t-il ?

– Quels sont, selon l'auteur, les moyens pour sortir du sous-développement ?

– À quel cadre idéologique le vocabulaire employé renvoie-t-il ?

– Qui est Yves Lacoste ? Quel rôle a-t-il joué dans la géographie française ?

– Comment caractériser rapidement le contexte idéologique et politique qui prévalait en France au moment où le livre a été publié ?

– Comment globalement qualifier cette vision du tiers-monde ?

Le sous-développement selon Plantu

1.2 - QUESTIONS

– Qui est Plantu ? Comment caractériser le contexte de l'année où le recueil a été publié ?

– Expliquer l'idée présentée par chacun des dessins.

– En quoi ces dessins reprennent certains des arguments d'Yves Lacoste ?

– En quoi la vision de Plantu diffère-t-elle de celle d'Yves Lacoste ? Comment l'expliquer ?

– À quoi fait allusion le titre du recueil de Plantu ?

2 - COMMENTAIRE

– Les explications fournies par les deux auteurs sont-elles datées ?

– Reprendre chacune des explications avancées, et énoncer les types de contre-arguments qu'ont peut leur opposer. Dans quel cadre idéologique s'inscrivent-ils ?

Plantu, *Les Cours du caoutchouc sont trop élastiques*, Paris, La Découverte, 1982, p. 14, 16, 19.

TABLE DES CARTES

INDEX

A

B

C

D

E

P

Q - R

S

T - U

V - W - Z